Obstzüchtung und wissenschaftliche Grundlagen

Magda-Viola Hanke · Henryk Flachowsky

Obstzüchtung und wissenschaftliche Grundlagen

Springer Spektrum

Magda-Viola Hanke
Institut für Züchtungsforschung an Obst
Julius Kühn-Institut (JKI)
Dresden, Deutschland

Henryk Flachowsky
Institut für Züchtungsforschung an Obst
Julius Kühn-Institut (JKI)
Dresden, Deutschland

ISBN 978-3-662-54084-8   ISBN 978-3-662-54085-5 (eBook)
DOI 10.1007/978-3-662-54085-5

Die Deutsche Nationalbibliothek verzeichnet diese Publikation in der Deutschen Nationalbibliografie; detaillierte bibliografische Daten sind im Internet über http://dnb.d-nb.de abrufbar.

Springer Spektrum
© Springer-Verlag GmbH Deutschland 2017

Gedruckt auf säurefreiem und chlorfrei gebleichtem Papier.

Springer Spektrum ist Teil von Springer Nature
Die eingetragene Gesellschaft ist Springer-Verlag GmbH Germany
Die Anschrift der Gesellschaft ist: Heidelberger Platz 3, 14197 Berlin, Germany

Vorwort

Dieses Buch ist eine Einführung in die theoretischen Grundlagen und die praktischen Methoden der Obstzüchtung als Teil der Pflanzenzüchtung. Es ist nicht als umfassendes Standardwerk gedacht, das alle Fragen und Probleme der Obstzüchtung bis ins Detail erläutert. Es richtet sich vielmehr an Studenten verschiedener Fachrichtungen der Agrarwissenschaften, der Biologie und des Gartenbaus, die keine oder nur wenige Erfahrungen im Obstbau und zur Thematik der Obstzüchtung haben. Aufseiten des Lesers wird deshalb wenig Hintergrundwissen vorausgesetzt. Das Buch orientiert sich zwar im Wesentlichen an dem Standardwerk *Pflanzenzüchtung* von Heiko Becker, dennoch werden da, wo es zwingend notwendig erscheint, auch Begriffe definiert. Das Buch richtet sich gleichermaßen an erfahrene Wissenschaftler anderer Fachrichtungen, die interessiert sind, sich mit Fragen des Obstes intensiver zu beschäftigen. Wir hoffen, dass es auch für interessierte Praktiker im Gartenbau, im Obstbau und im Baumschulwesen von Nutzen sein kann, um aus der Vogelperspektive einen Blick auf dieses Fachgebiet zu werfen und weitreichende Zusammenhänge erfassen zu können. Ebenso möchten wir alle Hobbygärtner, Pomologen, Kleingartenvereine und die vielen enthusiastischen Menschen ansprechen, die das Pillnitzer Institut in den letzten Jahrzehnten zu unterschiedlichen Veranstaltungen besuchten, Führungen wahrgenommen haben, unsere Publikationen, auch populärwissenschaftlicher Art, anfragten, uns auf Messen und Ausstellungen angesprochen haben und telefonisch all ihre obstbaulichen Probleme mitteilten. Mit diesem Buch hoffen wir, einen Teil der vielen Fragen beantworten zu können.

Was hat uns bewogen, ein solches Buch zu schreiben? Zuerst möchten wir unsere Lehrtätigkeit an unterschiedlichen Hochschulen und Universitäten unseres Lands nennen. Stets mussten wir fast ausschließlich auf englischsprachige Literatur verweisen. Ein deutschsprachiges Nachschlagewerk zur Obstzüchtung liegt leider nicht vor, dabei haben gerade deutsche Wissenschaftler einen enormen Beitrag zur internationalen Entwicklung dieses Wissenschaftszweigs geleistet. Weiterhin war es unser breiter Erfahrungsschatz, den wir gemeinsam in unserem Arbeitsumfeld über Jahrzehnte erarbeitet haben, den wir gern nach neuestem Stand zusammenfassen wollten und den wir mit Freude an interessierte Menschen weitergeben möchten. Und schließlich war es das Arbeitsumfeld selbst, hier in Pillnitz an der Elbe. Dieser Standort mit einer inzwischen fast 100-jährigen Historie des Obstbaus und der Obstzüchtung hat uns beflügelt und ermutigt.

Mehrere Wissenschaftlerinnen und Wissenschaftler waren so freundlich, Anmerkungen zum Text und Vorschläge zur Überarbeitung zu machen sowie Bildmaterial zur Verfügung zu stellen. Wir sind zu großem Dank verpflichtet: Gerhard Baab (Dienstleistungszentrum Ländlicher Raum Rheinpfalz), Johannes Hadersdorfer (TU München), Maureen Möwes (Sächsisches Landesamt für Umwelt, Landwirtschaft und Geologie), Magdalene Pietsch (Julius Kühn-Institut), Erik Schulte, Karin Riemer und Barbara Sohnemann (Bundessortenamt), Jens Wünsche (Universität Stuttgart-Hohenheim). Ganz besonders danken wir unseren Kolleginnen und Kollegen im Julius Kühn-Institut, Institut für Züchtungsforschung an Obst Dresden-Pillnitz: Monika Höfer, Andreas Peil, Johanna Pinggera, Marcel von Reth, Mirko Schuster, Susan Schröpfer, Thomas Wöhner, die uns mit Rat und Tat zur Seite standen, sowie Vadim Girichev, Regina Gläß, Uta Hille und Ute Sonntag für einen Teil des Bildmaterials. Eine sehr große Hilfe war uns Martina Tanner, die uns bei der deutschen Orthographie unterstützte.

Wir möchten uns ganz besonders bei unseren Familien bedanken, die nicht nur während der Arbeit an diesem Buch Verständnis und Unterstützung aufgebracht haben. In allen Jahren der wissenschaftlichen Arbeit, wo wir viele zusätzliche Stunden im Labor, auf dem Feld und vor dem Computer verbrachten, waren unsere Familien unser Rückhalt und der Ort für Erholung und Wärme.

Dresden-Pillnitz, September 2016   Magda-Viola Hanke und Henryk Flachowsky

Cartoons und Grafiken: Magda-Viola Hanke, Henryk Flachowsky

Kap. 2: Abb. 2.2 © M. Höfer/A. Peil (JKI), Abb. 2.3 © A. Peil (JKI), Abb. 2.4 © M. Schuster (JKI), Abb. 2.5 © R. Gläß (JKI)

Kap. 3: Abb. 3.2 © A. Proft/S. Reim, Abb. 3.3 und 3.4 © M. Höfer (JKI)

Kap. 4: Abb. 4.1 © H. Flachowsky (JKI)

Kap. 5: Abb. 5.2 © H. Flachowsky (JKI), Abb. 5.8 © R. Gläß/M. Höfer (JKI), Abb. 5.9 © T. Fischer/W. Dierend, Abb. 5.10 © R. Gläß/A. Peil (JKI), Abb. 5.11 © H. Flachowsky (JKI), Abb. 5.14 © H. Flachowsky (JKI), Abb. 5.15 © T. Schlegel (LLG)

Kap. 6: Abb. 6.1 © U. Hille (JKI), Abb. 6.3 bis 6.7 © T. Strunz (JKI), Abb. 6.8 und 6.9 © M. Höfer (JKI), Abb. 6.13 © M.-V. Hanke (JKI), Abb. 6.15 und 6.16 © U. Hille (JKI)

Kap. 7: Abb. 7.10 © U. Hille (JKI)

Kap. 9: Abb. 9.1 © A. Peil (JKI), Abb. 9.7 © J. Schiffler (JKI)

Kap. 13: Abb. 13.2 © M. Höfer (JKI); Abb. 13.3 © K. Richter (JKI), Abb. 13.4 © T. Wöhner (JKI), Abb. 13.5, 13.6, 13.7 © R. Gläß/M. Höfer, Abb. 13.8 © https://www.weltkarte.com/europa/europakarte/satellitenfoto-europa.htm. Public Domain Datei, Abb. 13.9 © C. Grafe/A. Peil (JKI), Abb. 13.10 bis 13.15 © A. Peil (JKI)

Kap. 14: Abb. 14.1 bis 14.13 © R. Gläß/M. Höfer (JKI), Abb. 14.14 © K. Richter (JKI), Abb. 14.15. © R. Gläß/M. Höfer (JKI)

Kap. 16: Abb. 16.1 © A. Peil/M. Höfer (JKI), Abb. 16.2, 16.3 © U. Sonntag/M. Höfer (JKI), Abb. 16.4 © T. Wöhner (JKI), Abb. 16.5 © https://www.weltkarte.com/europa/europakarte/satellitenfoto-europa.htm. Public Domain Datei, Abb. 16.6 © T. Wöhner (JKI), Abb. 16.7 © M. Schuster (JKI), Abb. 16.8 © U. Hille/H. Flachowsky (JKI)

Kap. 17: Abb. 17.1 © M. Höfer/R. Gläß (JKI), Abb. 17.2 bis 17.11 © R. Gläß (JKI), Abb. 17.12 © R. Gläß/A. Peil (JKI)

Kap. 18: Abb. 18.1 © A. Peil (JKI)

Kap. 19: Abb. 19.1 bis 19.3 © U. Sonntag/M. Höfer (JKI), Abb. 19.4 © U. Hille (JKI)

Kap. 20: Abb. 20.1 © J. Pinggera/T. Wöhner (JKI), Abb. 20.2 © https://upload.wikimedia.org/wikipedia/commons/3/30/ViennaDioscoridesPlant.jpg, Urheberschaft von Unbekannt [Public domain], via Wikimedia Commons, Abb. 20.4 © N. Richelhof (JKI), Abb. 20.5 bis 20.7 © V. Girichev, Abb. 20.8 © R. Gläß/V. Girichev (JKI), Abb. 20.9 bis 20.11 © Bundessortenamt

Kap. 22: Abb. 22.1 © M. Höfer (JKI)

Kap. 23: Abb. 23.1 © M. Höfer (JKI)

Kap. 24: Abb. 24.1 © R. Gläß/M. Höfer (JKI), Abb. 24.2 © M. Höfer (JKI), Abb. 24.3 und 24.4 © R. Gläß/M. Höfer (JKI), Abb. 24.5 und 24.6 © M. Höfer (JKI)

Sämtliche Bilder wurden von Andreas Peil (JKI) nachbearbeitet.

Wir danken für die Bereitstellung von Bildern:

Bundessortenamt, Prüfstelle Wurzen

Werner Dierend, Hochschule Osnabrück

Thilo Fischer, Technische Universität München

Anke Proft, Grüne Liga Osterzgebirge e. V.

Stefanie Reim, Staatsbetrieb Sachsenforst

Thomas Schlegel, LA Landwirtschaft und Gartenbau Sachsen-Anhalt (LLG)

Peter Schlottmann, Stiftung Herzogtum Lauenburg

Inhaltsverzeichnis

1.1 Wirtschaftliche Bedeutung von Obst

Die deutsche Obstproduktion hat mit Verkaufserlösen von rund 0,6 Mrd. Euro netto (2012) nach wie vor einen hohen ökonomischen Stellenwert (BMEL 2014). Mit 1,33 Mio. t fiel die deutsche Obsternte im Jahr 2015 vergleichsweise groß aus, wenn sie auch nicht den Spitzenwert von 2014 erreichte. Die Baumobsternte betrug 1,12 Mio. t, bei Strauchbeeren waren es rund 34.450 t und bei Erdbeeren 172.600 t (Abb. 1.1). In mehr als 5500 Obstbaubetrieben wurde im Jahr 2015 Obst auf einer Fläche von 67.720 ha angebaut (Abb. 1.2). Damit blieb die Anbaufläche nahezu unverändert im Vergleich zum Vorjahr. Lediglich bei Sauerkirschen hat sich der starke Trend zur Flächeneinschränkung fortgesetzt. Im Jahr 2013 wurde Baumobst auf einer Fläche von 45.300 ha produziert. Das entspricht rund 81 Mio. Bäumen. Führende Kultur im Anbau ist der Apfel mit etwa 70 % der Anbaufläche. Hier wurden 2013 etwa 800.000 t Früchte produziert (BMEL 2014). Gemessen an der Anbaufläche ist Baden-Württemberg das bedeutendste Apfelland, gefolgt von Niedersachsen. Beide Länder machen zusammen 58 % der deutschen Apfelanbaufläche aus (AMI Markt Bilanz Obst 2016). An zweiter Stelle stehen Pflaumen (49.000 t), gefolgt von Birnen (40.000 t) und Süßkirschen (24.000 t). Im Jahr 2013 produzierten rund 2400 Betriebe Erdbeeren auf einer Fläche von 19.434 ha. Strauchbeerenobst wurde auf rund 7300 ha produziert (BMEL 2014).

© Springer-Verlag GmbH Germany 2017
M.-V. Hanke und H. Flachowsky, *Obstzüchtung und wissenschaftliche Grundlagen*,
DOI 10.1007/978-3-662-54085-5_1

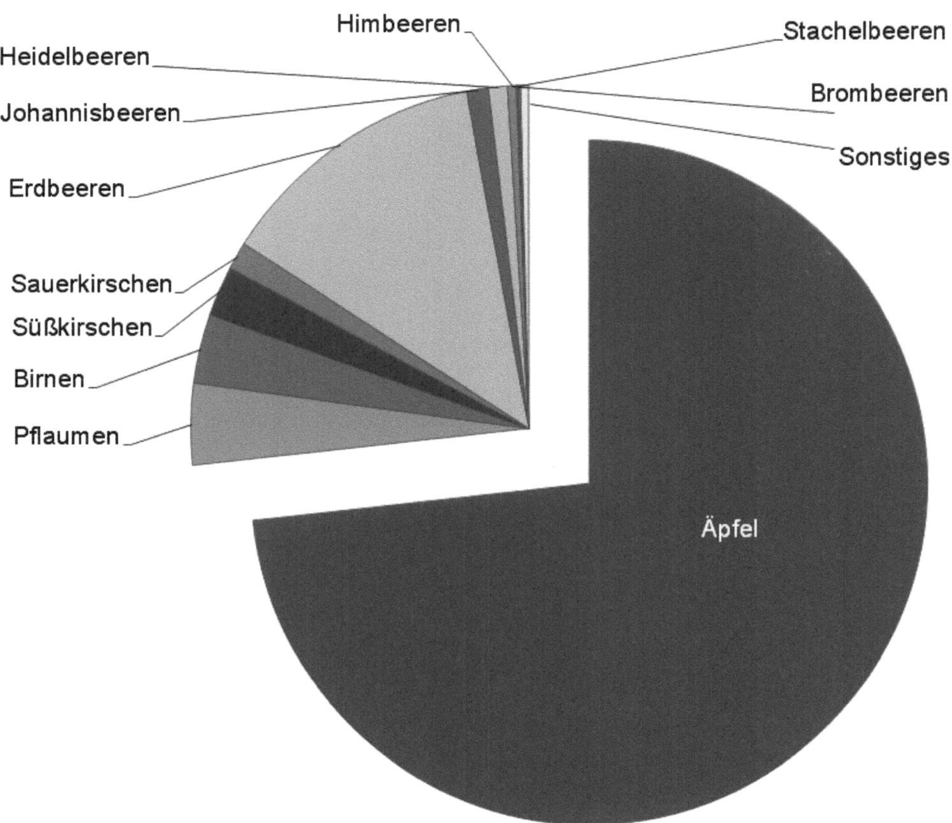

Abb. 1.1 Obsternte 2015 in Deutschland. Anteile der einzelnen Obstarten an der Gesamtobsternte in Prozent. (AMI Markt Bilanz Obst 2016)

Im Jahr 2015 leistete Deutschland Obstimporte in Höhe von 5,21 Mio. t, was einem Wert von 5,20 Mrd. Euro entspricht. Neben der großen Menge an Bananen und Zitrusfrüchten werden immerhin 510.000 t Tafeläpfel importiert. Zu den meistgekauften Obstarten zählen Äpfel mit 19 kg je Haushalt (2015). Damit liegen sie noch vor Bananen und Orangen. Der Verbrauch an Erdbeeren lag vergleichsweise bei 4,4 kg und Birnen bei 3,4 kg je Haushalt (AMI Markt Bilanz Obst 2016).

In der Europäischen Union wurden im Jahr 2015 insgesamt rund 38,13 Mio. t Frischobst geerntet (Tab. 1.1).

In der Welt wurden im Jahr 2013 insgesamt 676,67 Mio. t Obst produziert (Tab. 1.2).[1]

---

[1] FAOSTAT http://faostat3.fao.org/ (Stand 28.7.2016).

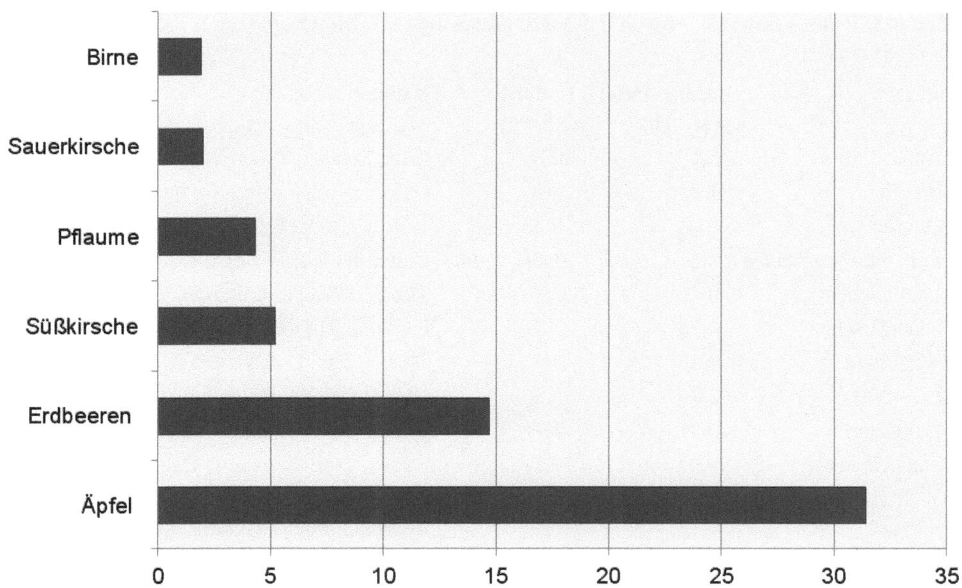

Abb. 1.2 Anbau von Obst in Deutschland 2015. Angaben in 1000 ha. (AMI Markt Bilanz Obst 2016)

Tab. 1.1 Erntemenge der wichtigsten Obstarten in der EU-28 im erwerbsmäßigen Anbau 2015. (AMI Markt Bilanz Obst 2016)

Obstart	Erntemenge (Mio. t)
Äpfel	12,0
Zitrus (Orangen, Mandarinen, Zitronen)	10,2
Pfirsiche, Nektarinen	3,8
Birnen	2,4
Tafeltrauben	1,7
Pflaumen	1,5
Erdbeeren	1,2
Süß- und Sauerkirschen	0,94
Aprikosen	0,58

Tab. 1.2 **Produktion von Obst in der Welt. (Auswahl an Obstarten).** (FAOSTAT http://faostat3. fao.org/, Stand 28.7.2016)

Obstart	Anbaufläche (Mio. ha)	Erntemenge (Mio. t)	Hauptproduzenten
Äpfel	5,2	80,8	China, USA, Türkei, Polen, Italien
Birnen	1,8	25,2	China, USA, Italien, Argentinien, Türkei
Quitten	0,08	0,63	Türkei, China, Usbekistan, Marokko, Iran
Pfirsiche, Nektarinen	1,5	21,6	China, Italien, Spanien, USA, Griechenland
Süßkirschen	0,41	2,3	Türkei, USA. Iran, Italien, Usbekistan
Sauerkirschen	0,23	1,3	Ukraine, Russland, Polen, Türkei, USA
Aprikosen	0,50	4,1	Türkei, Iran, Usbekistan, Algerien, Italien
Pflaumen	2,7	11,5	China, Serbien, Rumänien, Chile, Türkei
Erdbeeren	0,36	7,7	China, USA, Mexiko, Türkei, Spanien
Stachelbeeren	0,03	0,16	Deutschland, Russland, Polen, Ukraine, Tschechien
Johannisbeeren	0,12	0,71	Russland, Polen, Ukraine, Österreich, Frankreich
Heidelbeeren	0,09	0,42	USA, Kanada, Polen, Deutschland, Mexiko
Cranberries	0,03	0,54	USA, Kanada, Weißrussland, Aserbaidschan, Lettland
Himbeeren	0,10	0,58	Russland, Polen, USA, Serbien, Mexiko

1.2 Gesundheitswert von Obst

Obst gehört aufgrund seines Gehalts an Vitaminen, Mineral- und Ballaststoffen sowie antioxidativ wirkenden Substanzen zu den gesündesten Lebensmitteln. Die Weltgesundheitsorganisation (WHO) empfiehlt deshalb gemeinsam mit der Ernährungs- und Landwirtschaftsorganisation der Vereinten Nationen (FAO) die tägliche Einnahme von mindestens 400 g Obst und Gemüse. Medizinische Studien zeigen, dass eine Ernährung, die reich an Obst und Gemüse ist, chronischen Herz- und Kreislauferkrankungen, Krebs, Diabetes und Fettleibigkeit vorbeugt (WHO 2003). Zu den Inhaltsstoffen und dem Gesundheitswert der einzelnen Obstarten gibt es eine umfangreiche, insbesondere an den Verbraucher gerichtete Literatur. Einige Beispiele sind in Tab. 1.3 für die einzelnen Obstarten zusammengestellt. Dabei ist zu beachten, dass es zwischen den Obstarten Unterschiede im Gehalt an Inhaltsstoffen gibt, die auch zwischen den Sorten einer Obstart bestehen können. Weiterhin ist es schwierig, die einzelnen Inhaltsstoffe quantitativ als Sortenkriterium zu beschreiben. Beispielsweise unterscheiden sich beim Apfel die einzelnen Sorten in ihrem Vitamin C-Gehalt; allerdings schwankt dieser in Abhängigkeit vom Reife- und Erntezeitpunkt der Frucht und nimmt insbesondere während der Lagerung ab.

Tab. 1.3 Inhaltsstoffe und Gesundheitswert von Obstarten im Rohzustand (Angaben der Mineralstoffe, Vitamine). (USDA-ARS National Nutrient Database https://ndb.nal.usda.gov/ndb, Stand 28.7.2016)

Obstart	Mineralstoffe (mg je 100 g Obst)	Vitamine (mg je 100 g Obst)	Sonstiges	Wirkung
Apfel	K 107 P 11 Ca 6 Mg 5 Na 1 Fe 0,12 Mn 0,035 Zn 0,04 Cu 0,027	C 4,6 E 0,18 B3 0,091 B5 0,061 B6 0,041 B2 0,026 B1 0,017 A 54 IU K, Folsäure	Reich an Ballaststoffen (z. B. Pektine in der Schale), Flavonoiden, Karotinoiden	Fördert Verdauung, Gallenfluss, Lebertätigkeit und Fettabbau, Schlankmacher, cholesterinsenkend, entwässernd, stärkt das Immunsystem
Aprikose	K 259 P 23 Mg 10 Ca 13 Na 1 Fe 0,39 Zn 0,20	C 10 E 0,89 B3 0,6 B2 0,04 B1 0,03 B6 0,054 A 1926 IU K, Folsäure	Salizylsäure	Schlankmacher, stärkt das Immunsystem, kräftigt Haare und Nägel, antibakteriell wirkend
Birne	K 116 P 12 Ca 9 Mg 7 Na 1 Fe 0,18 Zn 0,10	C 4,3 B3 0,161 E 0,12 B6 0,029 B2 0,026 B1 0,012 A 25 IU K, Folsäure		Nährwert ähnlich Apfel, entwässernd, Stärkung des Nervensystems
Brombeere	K 162 Ca 29 P 22 Mg 20 Na 1 Fe 0,62 Zn 0,53	C 21 E 1,17 B3 0,646 B6 0,030 B2 0,026 B1 0,02 A 214 IU K, Folsäure	Flavonoide, Anthozyane	Harntreibend, blutzuckersenkend, blutgefäßreinigend, entzündungshemmend, krebsvorbeugend
Cranberry	K 80 P 11 Ca 8 Mg 6 Na 2 Fe 0,23 Zn 0,09	C 14 E 1,32 B3 0,101 B6 0,057 B2 0,02 B1 0,012 A 63 IU K, Folsäure	Zitronensäure, Chlorogensäure, Benzoesäure	Gegen Skorbut

Tab. 1.3 (Fortsetzung)

Obstart	Mineralstoffe (mg je 100 g Obst)	Vitamine (mg je 100 g Obst)	Sonstiges	Wirkung
Erdbeere	K 153 P 24 Mg 13 C 16 Na 1 Fe 0,41 Zn 0,14	C 58,8 E 0,29 B6 0,047 B3 0,386 B1 0,024 B2 0,022 A 12 IU K, Folsäure	Reich an Antioxidanzien, Salizylsäure	Schlankmacher, senkt Bluthochdruck, gegen Blutarmut, schützt Knochen und Herz, gegen Gicht und Rheuma
Heidelbeere	K 77 P 23 Ca 6 Mg 6 Fe 0,28 Na 1 Zn 0,16	C 9,7 E 0,57 B3 0,418 B2 0,041 B6 0,052 B1 0,037 A 54 IU K, Folsäure	Reich an Antioxidanzien	Schlankmacher, beugt Krebs, Diabetes, Arteriosklerose vor, entzündungshemmend, fettabbauend, stoffwechselfördernd
Himbeere	K 151 P 29 Ca 25 Mg 22 Na 1 Fe 0,69 Zn 0,42	C 26,2 E 0,87 B3 0,598 B2 0,038 B1 0,032 A 33 IU K, Folsäure	Flavonoide, Phenolsäure (z. B. Ellagsäure)	Verdauungsregulierend, reinigend, reguliert Nerven und Muskeln, antibakteriell, entzündungshemmend, schützt Blutgefäße, wirkt adstringierend auf Haut und Schleimhäute
Johannisbeere, rot und weiß	K 322 P 59 Ca 33 Mg 24 Na 2 Fe 1 Zn 0,27	C 41 E 0,1 B3 0,1 B6 0,07 B2 0,05 B1 0,04 A 42 IU K, Folsäure	Reich an Ballaststoffen, Flavonoiden	Entzündungshemmend, harntreibend, stärkt Immunsystem, schützt Schleimhäute, beruhigt Nerven, cholesterinsenkend, fiebersenkend, blutdruckregulierend
Johannisbeere, schwarz	K 275 Ca 55 P 44 Mg 13 Fe 1,54 Na 1 Zn 0,23	C 181 E 1 B3 0,3 B6 0,07 B2 0,05 B1 0,05 A 230 IU		

Tab. 1.3 (Fortsetzung)

Obstart	Mineralstoffe (mg je 100 g Obst)	Vitamine (mg je 100 g Obst)	Sonstiges	Wirkung
Pfirsich	Ca 6 Fe 0,25 Mg 9 P 20 K 190 Zn 0,17	C 6,6 B3 0,806 E 0,73 B2 0,031 B6 0,025 B1 0,024 A 326 IU K, Folsäure		Stärkt Immunsystem, wirkt entwässernd, entlastet Herz, Kreislauf und Lunge, reguliert Verdauung, Stoffwechsel
Pflaume	K 157 P 16 Mg 7 Ca 6 Fe 0,17 Z 0,1	C 9,5 E 0,26 B3 0,417 B6 0,029 B1 0,028 B2 0,026 A 345 IU K, Folsäure		Anregend für Kohlenhydratstoffwechsel, stärkt Nervensystem, Darmtätigkeit und Nieren, fiebersenkend, appetitanregend
Preiselbeere	Ca 26 Fe 0,4 P 21	C 21 B3 0,4 B1 0,02 B2 0,08 A 90 IU	Flavonoide, Anthozyane	Harnwegsreinigend, gegen Blasenentzündung, antibakteriell, antioxidativ
Sauerkirsche	Ca 16 Fe 0,32 Mg 9 P 15 K 173 Na 3 Zn 0,1	C 10 B6 0,44 B3 0,4 B2 0,04 B1 0,03 A 1283 IU K, Folsäure	Flavonoide, Kumarine, Anthozyane, Catechine	Reinigend, entwässernd, Schlankmacher
Süßkirsche	Ca 13 Fe 0,36 Mg 11 P 21 K 222 Zn 0,07	C 7 B3 0,154 E 0,07 B6 0,049 B2 0,033 B1 0,027 A 64 IU K, Folsäure		
Stachelbeere	Ca 25 Fe 0,31 Mg 10 P 27 K 198 Na 1 Zn 0,12	C 27,7 E 0,37 B3 0,3 B6 0,08 B1 0,04 B2 0,03 A 290 IU Folsäure	Polyphenole, Quercetin, Catechine, Silizium	Darmreinigend, entwässernd, entgiftend, kräftigt Gefäße und Bindegewebe, stärkt Herz und Muskeln, krebshemmend, reinigt Gefäße

B1 Thiamin; *B2* Riboflavin; *B3* Niacin; *B6* Pyridoxin; *E* Tocopherol; *IU* internationale Einheit.

Obstzüchtung im weitesten Sinn ist die zielgerichtete genetische Verbesserung von Obstpflanzen durch Selektion (Auslese), Hybridisierung, Mutationsinduktion, gentechnische Verfahren und sog. „Neue Techniken der Pflanzenzüchtung" (z. B. Zinkfingernukleasetechnik, reverse Züchtung) mit dem Ziel der Anpassung an die Bedürfnisse des Menschen, der Umwelt und der Produktion. Obstzüchtung existiert bereits seit dem Zeitpunkt der Domestikation erster Obstarten und dem Beginn des Anbaus von Obstbäumen durch den Menschen. Sie ist daher eine mehrere Jahrtausende alte Technologie, deren methodisches Spektrum sich stetig im Gleichklang mit der Entwicklung von wissenschaftlichen Disziplinen erweitert hat und die von Beginn an sehr eng mit dem Obstbau und seinen Problemstellungen verbunden war.

2.1 Domestikation von Obstpflanzen und Anfänge der Obstzüchtung

Die Anfänge der Obstzüchtung fallen mit dem Prozess der Domestikation in der Vorgeschichte und Antike zusammen, als der Mensch begann, die ersten Obstarten zu kultivieren und durch fortlaufende Auslese zu verbessern. Über mehrere Jahrtausende hinweg wurde dann eine genetische Verbesserung von Obstpflanzen durch den Menschen (erst ungerichtet, später gerichtet) betrieben. Dies erfolgte zunächst durch Selektion einzelner Individuen mit herausragenden Eigenschaften (z. B. Aussehen und Geschmack der Früchte) aus natürlichen Populationen (Zufallssämlinge) und später dann durch den Anbau dieser selektierten Formen und deren vegetative Vermehrung. In Bereichen, wo Wildformen der Obstpflanzen und in Kultur genommene Klone in räumlicher Nähe standen, kam es immer wieder zu spontanen Hybridisierungen, in deren Nachkommenschaften gelegentlich verbesserte Formen gefunden wurden. Während sich einige Arten, wie der Pfirsich, aufgrund einer kontinuierlichen Selektion und genetischen Rekombination sowohl genotypisch als auch phänotypisch weit von ihren Wildformen entfernt haben, gibt

© Springer-Verlag GmbH Germany 2017

M.-V. Hanke und H. Flachowsky, *Obstzüchtung und wissenschaftliche Grundlagen*,

DOI 10.1007/978-3-662-54085-5_2

es auch heute noch einige Obst- und Nussarten, die sich seit der Antike nur wenig verändert haben. Zu diesen gehören z. B. Feigen, Datteln und Mandeln.

Der Anbau von Obst begann in der Jungsteinzeit und der Bronzezeit in verschiedenen Gebieten der Welt, z. B. im Fruchtbaren Halbmond und anderen Teilen Asiens, in Nordafrika, in Südamerika wie auch in Australien und Neuguinea. Vor etwa 8000 Jahren fand im Fruchtbaren Halbmond die zweite Phase der neolithischen Revolution statt, eine Phase in der sich urbane Gemeinschaften entwickelten und zunehmend eine sesshafte Landwirtschaft betrieben wurde. Der Beginn des Obstanbaus fiel mit dieser Periode zusammen, denn das Anpflanzen von Obstbäumen erforderte eine langfristige, oftmals jahrzehntelange Bindung des Menschen mit einem Stück Land. Es wird deshalb vermutet, dass insbesondere der Obstanbau die Menschen zum Sesshaftwerden bewegt hat. Der Obstanbau entwickelte sich wahrscheinlich um etwa 4000–3000 v. Chr. und entstand zunächst an zwei Orten – an Euphrat und Tigris im Zweistromland sowie im Nildelta in Ägypten (Zohary und Spiegel-Roy 1975). Die ersten Obstarten, die zu dieser Zeit domestiziert wurden, waren Dattelpalmen, Oliven, Reben, Mandeln, Feigen und Granatäpfel (Abb. 2.1). Ein Grund für ihre frühe Domestikation war, dass diese Arten sehr einfach durch Bewur-

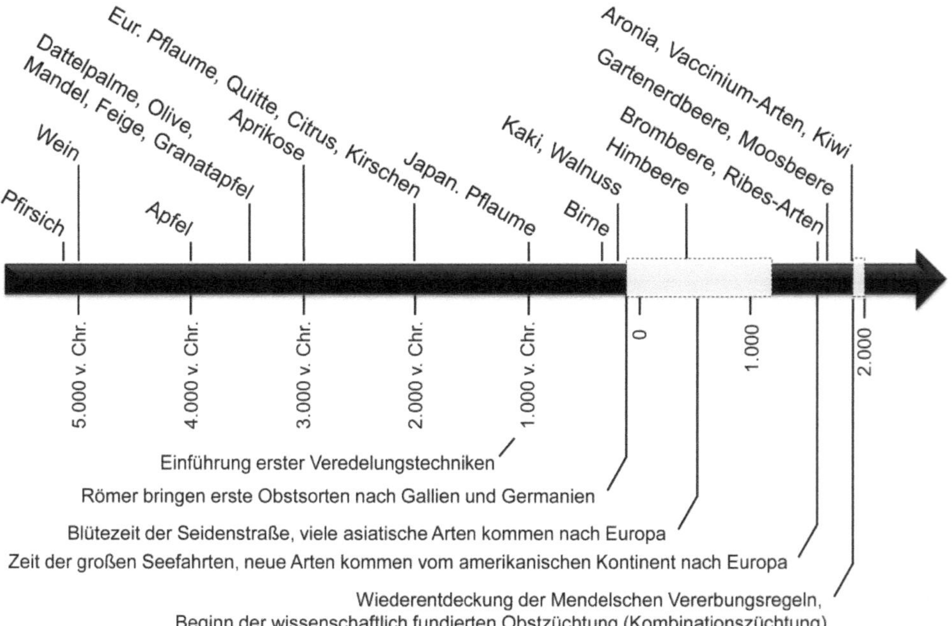

Abb. 2.1 Überblick über die Domestikation ausgewählter Obstarten und einige wichtige Eckdaten für die Entwicklung der Obstzüchtung. Die Zeitangaben sind nur als ungefähr zu betrachten, da sie in der Literatur z. T. sehr stark schwanken und vielfach Begriffe wie Evolution und Domestikation fälschlicherweise gleichgesetzt werden. Veredelungstechniken wie das Pfropfen waren wahrscheinlich schon einige tausend Jahre vorher bekannt. Die erste gesicherte Erwähnung stammt aber aus einer Zeit von etwa 1000 v. Chr.

zelung von Stecklingen oder über Wurzelschosser vegetativ vermehrt werden konnten. Im Gegensatz dazu wurden die meisten Obstarten der gemäßigten Klimazone, z. B. Birne, Quitte, Mispel, Aprikose, Kirsche und Pfirsich, erst später in der Antike domestiziert. Das liegt v. a. daran, dass sich diese Arten nicht so einfach durch die oben genannten Technologien vermehren lassen. Für den erfolgreichen Anbau dieser Obstarten war erst die Erfindung von Veredelungstechniken (z. B. Pfropfen) notwendig. Die Kunst der Veredelung bei Obstpflanzen war die Voraussetzung für deren genetisch identische Vermehrung und Erhaltung und damit der Ursprung dessen, was wir heute unter dem Begriff der Sorte verstehen. Die Kunst der Veredelung ist bereits seit der Antike aus dem Mittelmeerraum bekannt. Wahrscheinlich beherrschte man diese Technologie aber auch schon im Altertum in den asiatischen Genzentren der Obstarten. Mit der Sesshaftigkeit konnten die Völker in diesen Gebieten wertvolle Obstgehölze in der Nähe der Wohnstätten kultivieren und Gehölze von geringem Wert durch Veredelung aufwerten. Seit dem Mittelalter wird die Veredelung auch in Mitteleuropa praktiziert. Die Erfindung der Veredelungstechnik war somit Grundvoraussetzung und Motor für die Domestikation vieler Obstarten und stellte einen entscheidenden Punkt in deren geschichtlichen Entwicklung dar.

Viele Zitrusfrüchte wurden bereits im frühen China domestiziert und erreichten die westliche Welt schubweise, beginnend mit der Zitrone. Die tropischen asiatischen Früchte wie Mango und Banane und die Früchte Amerikas wie Avocado, Papaya und Ananas wurden bereits zu vorgeschichtlichen Zeiten angebaut. Andere, heute ökonomisch bedeutende Obst- und Nussarten wurden erst im späten 18. bis zum 20. Jahrhundert domestiziert. Zu diesen gehören z. B. verschiedene *Rubus*-Arten und Kiwis. Andere Obstarten befinden sich noch immer im Prozess der Domestikation. Das ist z. B. bei einigen Arten innerhalb der Gattung *Vaccinium* der Fall. Die Tab. 2.1 zeigt einige ausgewählte Obstarten und gibt Auskunft über den Ort ihrer Domestikation.

Ein beträchtlicher Teil der im Römischen Reich konsumierten Früchte stammte nach wie vor von wild gewachsenen Bäumen und Sträuchern. Dennoch ist bereits aus der Antike bekannt, aus den Schriften der Griechen und Römer, dass Obstpflanzen zu dieser Zeit vielfach einen Sortennamen erhielten. Ihre Kultivierung erfolgte in Obstgärten, de-

Tab. 2.1 **Domestizierte Obstarten mit Anbaubedeutung für die gemäßigte Klimazone**

Obstart	Botanische Bezeichnung	Chromosomenzahl	Herkunft
Kernobst			
Apfel	*Malus domestica*, Rosaceae	$x = 17$ $2\,n = 34$ bzw. 51	Zentralasien
Birne (asiatische)	*Pyrus pyrifolia*, Rosaceae	$x = 17$ $2\,n = 34$ bzw. 51	Ostasien
Birne (europäische)	*Pyrus communis*, Rosaceae	$x = 17$ $2\,n = 34$ bzw. 51	Zentralasien
Quitte	*Cydonia oblonga*, Rosaceae	$x = 17$ $2\,n = 34$	Kaukasus, Transkaukasien

Tab. 2.1 (Fortsetzung)

Obstart	Botanische Bezeichnung	Chromosomenzahl	Herkunft
Steinobst			
Aprikose	*Prunus armeniaca*, Rosaceae	$x = 8$ $2\,n = 16$	Zentral-, Ostasien
Mandel	*Prunus dulcis*, Rosaceae	$x = 8$ $2\,n = 16$	Südwestasien
Pfirsich	*Prunus persica*, Rosaceae	$x = 8$ $2\,n = 16$	China
Pflaume (Amerikanische)	*Prunus americana*, Rosaceae	$x = 8$ $2\,n = 16$	Nordamerika
Pflaume (Japanische)	*Prunus salicina*, Rosaceae	$x = 8$ $2\,n = 16$ bzw. 32	China
Pflaume (Europäische)	*Prunus domestica*, Rosaceae	$x = 8$ $2\,n = 48$	Europa
Sauerkirsche	*Prunus cerasus*, Rosaceae	$x = 8$ $2\,n = 16$ bzw. 32	Westasien
Süßkirsche	*Prunus avium*, Rosaceae	$x = 8$ $2\,n = 16$	Mitteleuropa, Westasien
Beerenobst und Weinreben			
Erdbeere	*Fragaria ananassa*, Rosaceae	$x = 7$ $2\,n = 56$	Ursprung *F. virginiana* und *F. chiloensis*, Nord- und Südamerika
Himbeere	*Rubus idaeus*, Rosaceae	$x = 7$ $2\,n = 14$	Europa, Amerika
Brombeere	*Rubus* spec., Rosaceae	$x = 7$ $2\,n = 28$ bzw. 35, 42, 56 oder 84	Europa, Nordamerika
Cranberry (Große Moosbeere)	*Vaccinium macrocarpon*, Ericaceae	$x = 12$ $2\,n = 24$	Nordostamerika
Heidelbeere	*Vaccinium myrtillus*, Ericaceae	$x = 12$ $2\,n = 24$	Europa, Nordamerika
Preiselbeere	*Vaccinium vitis-idea*, Ericaceae	$x = 12$ $2\,n = 24$	Eurasien, Nordamerika
Johannisbeere	*Ribes rubrum, Ribes nigrum*, Grossulariaceae	$x = 8$ $2\,n = 16$	Europa, Asien
Stachelbeere	*Ribes uva-crispa*, Grossulariaceae	$x = 8$ $2\,n = 16$	Europa, Asien, Nordwestafrika
Kiwi	*Actinidia deliciosus, Actinidia sinensis*, Actinidiaceae	$x = 29$ $2\,n = 58$ bzw. 174	China
Weinrebe	*Vitis vinifera*, Vitaceae	$x = 19$ $2\,n = 38$	Transkaukasien, Mittelasien

ren Anlage mit der Romanisierung einherging. Um 100 v. Chr. brachten die Römer dann verschiedene Obstsorten nach Gallien und Germanien. Von da an wurden Obstsorten in Europa überwiegend in Gärten kultiviert und blieben über Jahrhunderte exklusives Gut der wohlhabenden Bevölkerung. Im Mittelalter fand die Auslese von Obstsorten in Klöstern und Herrschaftsgärten statt, was zu zahlreichen, heute noch bekannten Sorten führte.

Durch Veredelung konnten diese Sorten über Jahrhunderte erhalten werden. Ein Beispiel dafür ist die Apfelsorte 'Goldparmäne', die ursprünglich aus der Normandie (Frankreich) stammt und vermutlich schon seit 1510 bekannt ist. Ein anderes Beispiel ist die Apfelsorte 'Sternapi' ('Api-etoilé'), die wohl primitivste der kultivierten Apfelsorten. Die Frucht bildet mit ihren fünf Kanten eine botanische Urform, die u. a. auch bei *Malus orientalis*, dem kaukasischen Wild-Apfel, zu finden ist (Abb. 2.2). Laut dem Pomologen Olivier de Serres (1539–1619) stammt diese Sorte bereits aus der Römerzeit. Über die Entstehung vieler anderer Obstsorten herrscht jedoch völlige Ungewissheit. Bei manchen kennt man lediglich das ungefähre Alter. Bis zum Ende des 18. Jahrhunderts sind von den meisten Sorten auch keine Eltern bekannt, da es sich offenbar generell um Zufallssämlinge handelt, die in der freien Natur gefunden und selektiert worden waren. Ein in der zweiten Hälfte des 18. und im frühen 19. Jahrhundert in vielen Ländern angewandtes Verfahren war die Aussaat von Samen ausgewählter Mutterbäume. So wurde z. B. die Apfelsorte 'Prinz Albrecht von Preußen' 1865 von Hofgärtner C. Braun im Schlossgarten zu Kamenz bei Glatz (Schlesien) als Sämling der Sorte 'Kaiser Alexander' ausgelesen. Ein anderes Beispiel ist die Apfelsorte 'Jonathan'. Diese wurde von Philip Rick um 1820 in

Abb. 2.2 Domestikation bei Apfel, von der Wildform zum Kulturapfel. a Moderne Apfelsorte 'Pinova' aus Pillnitzer Züchtung; **b** Hybridsämling zwischen Kulturapfel und Wild-Apfel, gefunden in Georgien; **c** typische Exemplare der kaukasische Wildform *Malus orientalis* aus dem Südkaukasus; **d** primitive Apfelsorte 'Sternapi' ('Api-etoilé'), wahrscheinlich aus der Römerzeit, noch heute in Genbanken vorhanden

Woodstock (New York, USA) als Sämling der Sorte 'Esopus Spitzenberg' selektiert. Auch in England war diese Technik verbreitet. So hat z. B. Richard Cox um 1830 die Apfelsorten 'Cox Orange' und 'Cox Pomona' aus Samen der Sorte 'Ribston Pepping' gezogen. Auch bei anderen Obstarten gibt es namhafte Sorten, die zu dieser Zeit aus Samen gezogen wurden. Bei Süßkirschen zählen hier z. B. 'Büttners Rote Knorpelkirsche' (um 1800 in Halle/Saale durch Büttner aus einer Sämlingspopulation ausgelesen), 'Schneiders Späte Knorpelkirsche' (um 1850 als Zufallssämling in Guben/Neiße auf dem Grundstück von Schneider gefunden) und 'Drogans Gelbe Knorpelkirsche' (Zufallssämling, von Drogan in Guben gezogen). Bei Birnen sind es z. B. die Sorten 'Doppelte Philippsbirne' (Zufallssämling, um 1800 von van Mons in Belgien gefunden) und 'Frühe aus Trévoux' (von Treyve in Trévoux gefunden und 1862 erstmals beschrieben).

In Deutschland wurden erst um 1800 gezielte züchterische Arbeiten begonnen. Dies war sicher auch die Folge einer überschwemmungsartigen Einfuhr neuer Obstsorten von französischen Obstzüchtern. Da die Züchtung und Kultur von neuen Sorten zu dieser Zeit den internationalen Stand der Wissenschaft auf den Gebieten der Botanik und des Gartenbaus repräsentierte, ist es nicht verwunderlich, dass auch deutsche Naturwissenschaftler, zu denen namhafte Pomologen wie Johann Ludwig Christ (1739–1813), August Friedrich Adrian Diel (1756–1839) und Johann Georg Dittrich (1783–1842) zählten, ein zunehmendes Interesse an der Obstzüchtung zeigten. Als Pionier der deutschen Obstzüchtung ist August Friedrich Diel anzusehen, der bereits Ende des 18., Anfang des 19. Jahrhunderts verschiedene Techniken der Obstzüchtung formulierte, indem er bewusst durchgeführte Kreuzungen mit Kastration, Verkürzung der Zeitspanne bis zum ersten Fruchten durch Pfropfung auf schwachwüchsige Unterlagen und die Verwendung der Topfobstkultur propagierte. Bei den von Diel angewandten Techniken handelte es sich um obstzüchterische Maßnahmen, die noch heute von Bedeutung sind. In der Folge wurden diese Techniken auch von anderen Pomologen angewandt. Die Erzeugung von Nachkommen erfolgte dabei meist ungerichtet, da zu dieser Zeit noch nichts über die genetischen Grundlagen der Merkmalsausprägung und deren Vererbung bekannt war. Auch in anderen Ländern der Erde wurden zu dieser Zeit erste Arbeiten auf dem Gebiet der Kreuzungszüchtung bei Obst durchgeführt. So führte der britische Botaniker und Pomologe Thomas Andrew Knight (1759–1838) erstmals mithilfe von künstlicher Bestäubung Kreuzungen durch, selektierte Nachkommen aus Kreuzungspopulationen und entwickelte eine Reihe von verbesserten Obstsorten bei Apfel, Birne, Kirsche, Erdbeere und Pflaume.

Es ist heute nicht mehr genau nachzuvollziehen, wer als erster eine gezielte Kreuzung durch Bestäubung einer Muttersorte mit dem Pollen einer ausgewählten Vatersorte durchgeführt hat. Es ist jedoch sicher, dass dies irgendwann in der ersten Hälfte des 19. Jahrhunderts erfolgte. Hinweise dafür gibt es aus verschiedenen Ländern. So ist z. B. die Sorte 'Ontarioapfel' um 1820 im Ontario County (New York, USA) aus einer Kreuzung der Sorten 'Wagnerapfel' × 'Northern Spy' selektiert worden. Die Sorte 'Adersleber Kalvill' ist 1839 aus einer Kreuzung der Sorten 'Weißer Winterkalvill' und 'Gravensteiner' auf dem Klostergut Adersleben (Wegeleben, Sachsen-Anhalt) entstanden und die Sorte 'Lanes Prinz Albert' wurde 1840 in England aus einer Kreuzung 'Russett Nonpareil' × 'Wellington' ausgelesen. Andere Sorten, wie die von Dietrich Uhlhorn aus Grevenbroich gezüchteten Apfelsorten 'Zuccalmaglio' ('Ananasrenette' × 'Purpurroter Agatapfel') und 'Berlepsch' ('Ananasrenette' × 'Ribston Pepping') stammen aus der zweiten Hälfte des 19. Jahrhunderts. Aus dieser Zeit stammen auch Apfelsorten wie 'Geheimrat Dr. Oldenburg' ('Minister von Hammerstein' × 'Baumanns Renette'), die ihren Ursprung in der Lehranstalt in Geisenheim haben.

Der Beginn einer systematischen Obstzüchtung erfolgte etwa 1910 zuerst in England und in den USA. Grundvoraussetzungen dafür waren die Wiederentdeckung der Mendelschen Vererbungsregeln (1900 unabhängig voneinander durch Hugo de Vries, Carl Correns und Erich Tschermak-Seysenegg[1]) und deren Vereinigung mit der von August Weismann (1885) sowie Walter Sutton und Theodor Boveri (ab 1902) begründeten Chromosomentheorie der Vererbung. Infolge der Entdeckung dieser Gesetzmäßigkeiten, dass sich die materiellen Träger der Vererbung im Zellkern befinden und nach streng vorgegebenen Regeln auf Nachkommen übertragen lassen, war es erstmals möglich, Merkmale gezielt durch Kreuzung ausgewählter Eltern in Nachkommen zu kombinieren. Damit war der Grundstein für eine wissenschaftsbasierte Pflanzen- und damit auch Obstzüchtung gelegt.

Die Domestikation von Obstpflanzen führte im Lauf der Zeit zu einer Reihe von genetischen Merkmalsveränderungen (Tab. 2.2). So hat die kontinuierliche Auslese dazu geführt, dass die Früchte unserer heutigen Kulturformen aufgrund einer besonderen Kombination von Zucker, Säure und Aroma sehr wohlschmeckend sind und eher keine toxischen oder adstringierenden Substanzen mehr enthalten. Bei dieser Verbesserung des Geschmacks durch natürliche Selektion haben möglicherweise auch Säugetiere und Vögel

Tab. 2.2 **Merkmale von Obstpflanzen, die im Verlauf der Domestikation einer Veränderung unterlagen bzw. unterliegen**

Verminderung bzw. Verlust	Verbesserung bzw. Erwerb	Beispiele
Diözie	Monözie und Zwittrigkeit der Blüten	Erdbeere, Feige, Papaya, Weinrebe
Selbstinkompatibilität	Selbstfertilität	Kirsche, Mandel
Samenbildung	Parthenokarpie und Samenlosigkeit	Ananas, Birne, Banane, Feige, Weinrebe, Zitrus, Kiwi
Diploidie	Polyploidie, insbesondere Allopolyploidie	Apfel, Banane, Birne, Brombeere, Erdbeere, Heidelbeere, Himbeere, Kiwi, Pflaume
Verzweigung	Säulenwuchs	Apfel, Birne, Kirsche
Behaarung	Haarlosigkeit	Nektarine
Ausbildung von Dornen, Stacheln	Dornen- bzw. Stachellosigkeit	Ananas, Apfel, Birne, Pfirsich, Zitrus, Himbeere, Brombeere, Stachelbeere

---

[1] Bezüglich der Rolle Tschermaks als Wiederentdecker bestehen neuerdings Zweifel.

einen Beitrag durch die Verbreitung von Samen der schmackhaftesten Früchte über ihren Kot geleistet. Auch andere Merkmale, wie die Haltbarkeit und Lagerfähigkeit der Früchte, wurden durch Selektion verbessert. Dabei war die Verbesserung bei vielen Merkmalen ein langsamer und schrittweiser Prozess. Bei anderen Merkmalen kam es durch das Auftreten spontaner Mutationen zu einer plötzlichen und damit sprunghaften Verbesserung. Viele domestizierte Obstarten unterscheiden sich von ihren Wildformen in Merkmalen, die zunächst als Mutationen auftraten. Oftmals sind derartige Mutationen nicht vorteilhaft in einer natürlichen Umwelt, da sie die Fitness der betroffenen Individuen eher verringern. Waren diese Mutationen jedoch für den Menschen von Vorteil, wurden sie in der Selektion bevorzugt. Beispiele für auf Mutationen beruhende Verbesserungen sind die Verminderung von Bitterstoffen in den Samen (z. B. Mandel) oder das Auftreten samenloser bzw. parthenokarper Früchte (z. B. Banane, Kiwi). Samenlosigkeit würde unter natürlichen Bedingungen die Verbreitung der Nachkommen ausschließen und ist damit eine negative Fitnesskomponente.

2.2   Obstzüchtung auf wissenschaftlicher Grundlage

Obstzüchtung auf wissenschaftlicher Grundlage existiert erst seit dem Beginn des 20. Jahrhunderts. Ihr Entstehen war eng verbunden mit der rasanten Entwicklung auf anderen Wissenschaftsgebieten, wie der Mathematik, der Biologie und der Chemie. Insbesondere die Entdeckungen auf dem Gebiet der Genetik hatten eine große Bedeutung. Das hatte in der Folge nicht nur einen direkten Einfluss auf die Kreuzungs- und Selektionsarbeiten, sondern führte auch zur Entwicklung der Züchtungsforschung als wichtigen Bestandteil züchterischen Schaffens. So hatten z. B. die Erkenntnisse aus der Vererbungslehre und die Entdeckung von Genen als kleinste genetische Einheit einen starken Einfluss auf die Entwicklung neuer Züchtungsmethoden. Die Erkenntnis, dass Merkmale in Eltern genetisch fixiert sind und nach geregelten Prinzipien an Nachkommen vererbt werden, hatte nicht nur die gezielte Auswahl von Eltern für künftige Kreuzungsarbeiten zur Folge, sondern war v. a. auch der Startschuss für die Entwicklung von Methoden zur zielgerichteten Evaluierung genetischer Ressourcen und das Studium der Vererbung einzelner Merkmale. So gehören Züchtung und Züchtungsforschung bei Obstarten seit Beginn des 20. Jahrhunderts zu den Forschungsgebieten an vielen Universitäten, Hochschulen und Forschungseinrichtungen weltweit. Auch privatwirtschaftlich tätige Unternehmen widmen sich dieser Aufgabe. Neben der klassischen Kreuzung von Elitepflanzen wurden zunehmend auch Versuche zur interspezifischen Hybridisierung durchgeführt. Diese hatten das Ziel, neue Arten zu kreieren oder Merkmale in bestehende Arten einzuführen, wenn diese innerhalb der Art nicht vorkamen. Mit der zunehmenden Introgression von Merkmalen aus weiter entfernten Arten entwickelte sich auch die Verdrängungszüchtung. Später folgten dann die Mutations- und Ploidiezüchtung, die ihren Höhepunkt in den 60er-, 70er- und 80er-Jahren des letzten Jahrhunderts hatten. In den 1980er-Jahren kam es dann zunehmend zur Entwicklung biotechnologischer Verfahren wie der Embryokultur, der

Protoplastenfusion und der Transgenesis. Die 1990er-Jahre waren geprägt vom Beginn der Entwicklung einer markergestützten Züchtung, die dann zu Beginn des 21. Jahrhunderts ihre routinemäßige Anwendung in der praktischen Obstzüchtung fand. Mit der Isolierung erster Gene des Apfels und der stetigen Weiterentwicklung gentechnischer Verfahren entstand ab 2006 das Konzept der Cisgenese. Neuere Züchtungstechnologien, die auf der Anwendung gentechnischer Verfahren beruhen, z. B. die Fast Breeding-Technologie, entwickelten sich ebenfalls in dieser Zeit. In der zweiten Hälfte des 20. Jahrhunderts wurden auf der Grundlage umfangreicher Zuchtprogramme bei vielen Obstarten deutliche Fortschritte erreicht. Erstmals wurden Zufallssämlinge (z. B. die Apfelsorte 'Golden Delicious'), die bis dahin den Anbau dominierten, durch leistungsstarke Hybriden (z. B. 'Idared', 'Gala', 'Elstar' und 'Pinova') aus zielgerichteten Kreuzungen nach und nach zurückgedrängt.

Die Entwicklung der Obstzüchtung kann wie folgt eingeteilt werden:

- Auslesezüchtung. Vegetative Vermehrung von selektierten Formen, Selektion von Zufallssämlingen und deren Vermehrung als Klone,
- Konventionelle Züchtung. Kreuzung von Elitepflanzen, interspezifische Hybridisierung, Verdrängungszüchtung, Mutations- und Ploidiezüchtung,
- Biotechnologische Züchtung. Embryokultur, Protoplastenfusion, markergestützte Züchtung, Transgenesis, Cisgenesis, Fast Breeding-Technologie.

2.3   Die systematische Obstzüchtung in Deutschland

Der Beginn

Mit der Gründung des Kaiser-Wilhelm-Instituts für Züchtungsforschung 1928 in Müncheberg, geleitet von Erwin Baur (1875–1933), standen auch die Entwicklung von Methoden der Obstzüchtung und die Selektion von ertragreichen Obstsorten im Mittelpunkt. Dies war der Beginn einer systematischen Obstzüchtung in Deutschland. Das Verdienst von Baur und seinen Nachfolgern Carl Friedrich Rudloff (1899–1962) und Martin Schmidt (1905–1955) auf dem Gebiet der Obstzüchtung war es, die anwendungsorientierte Obstzüchtung mit genetischen, pflanzenphysiologischen und resistenzbiologischen Untersuchungen zu verbinden. Als Aufgaben wurden u. a. formuliert:

- die Aufklärung der Befruchtungs- und Fertilitätsverhältnisse; es hatte sich gezeigt, dass sehr viele Obstsorten selbststeril und auch kreuzsteril sind;
- die Verbesserung der Frosthärte bei Baumobst und der Mehltauresistenz bei *Ribes*;
- die Beschleunigung der Generationsfolge durch technische Maßnahmen und Entwicklung von Frühselektionsmethoden am Sämling;
- die Artkreuzungen zur Erzielung von Widerstandsfähigkeit und zur Schaffung neuer Obstarten, z. B. Brombeer-Himbeer-Kreuzungen (Rudloff 1931).

Die Arbeiten von Schmidt zum Apfelschorf bilden noch heute die Grundlage für die Züchtung von Apfelsorten mit dauerhafter Resistenz. Insbesondere die Nutzung der russischen Sorte 'Stein-Antonovka' mit polygener Resistenz war der Ausgangspunkt für die Schorfresistenzzüchtung in vielen Instituten weltweit.

Mit dem Ende des Zweiten Weltkriegs erfolgte im März 1945 die Auslagerung eines Teils des Instituts aus Müncheberg (u. a. wissenschaftliche Unterlagen und wertvolles Zuchtmaterial) in westliche Richtung. Mit diesem Material wurde die Grundlage für die Obstzüchtung im späteren Max-Planck-Institut für Züchtungsforschung in Köln-Vogelsang geschaffen. In Müncheberg nahm das Forschungsinstitut unter neuem Namen und mit neuer Ausrichtung Ende 1945 seine Arbeit wieder auf. Die Züchtungsarbeiten wurden hier in der Abteilung Obstzüchtung weitergeführt.

In Pillnitz bei Dresden war bereits 1922 die Höhere Lehranstalt für Gartenbau in Pillnitz an der Elbe gegründet worden, deren erster Direktor Otto Schindler (1876–1936) war. Otto Schindler begann mit der Erdbeerzüchtung noch während seiner Zeit als Direktor des Königlich Preußischen Pomologischen Instituts in Proskau und setzte dies später als Direktor der Höheren Staatslehranstalt für Gartenbau in Pillnitz fort. Die Sorte 'Oberschlesien' war bis zum Zweiten Weltkrieg aufgrund des hohen Ertrags und ihrer guten Anpassungsfähigkeit an die gegebenen Umweltbedingungen die bedeutendste Sorte im deutschen Anbau. In Pillnitz entstand Schindlers legendäre Sorte 'Frau Mieze Schindler'. Diese Sorte ist für den Hausgarten bestimmt und wurde nach Otto Schindlers Ehefrau benannt. Die heute als 'Mieze Schindler' bekannte Sorte ist noch immer wegen ihres Geschmacks geschätzt. Schindlers Sorten 'Johannes Müller', 'Herbstfreude' und 'Mathilde' sind ebenfalls zu nennen. Walther Gleisberg (1891–1968) und Schindler begannen auch mit der Selektion und Klonauslese bei Obstunterlagen. Die Erdbeer- und die Unterlagenzüchtung wurden in Pillnitz nach dem Krieg unter Horst Müller (1921–1993) weitergeführt. Mit der Teilung Deutschlands entwickelte sich die Obstzüchtung in den beiden deutschen Staaten unabhängig voneinander.

In der DDR

In der DDR war die Obstzüchtung staatlich organisiert. Die Züchtungsarbeiten bei Apfel, Sauerkirsche und Pflaume wurden vorerst in Müncheberg fortgesetzt. Für die Züchtung von Süßkirschen und Birnen wurden 1963 und 1965 Züchtungsprogramme in Naumburg angesiedelt. Ab 1971 wurden alle Forschungskapazitäten auf dem Gebiet der Obstzüchtung an das Institut für Obstforschung nach Dresden-Pillnitz verlagert. Das ehemalige Institut für Obstzüchtung der Biologischen Zentralanstalt in Naumburg war schon vorher in eine Zweigstelle des Pillnitzer Instituts umgewandelt worden. In Naumburg gab es umfangreiche Erfahrungen in der Züchtungspraxis. Von besonderer Bedeutung war das Birnenzüchtungsprogramm unter Leitung von Gisela Mildenberger (1922–1999). Aus diesem Programm ist eine Reihe von erfolgreichen Birnensorten hervorgegangen. In Naumburg befand sich auch ein *Malus*-Wildartensortiment, das in den Jahren 1951–1958 wesentlich erweitert worden war und ab 1973 nach Pillnitz umgepflanzt wurde. Das Sortiment umfasste damals 237 Akzessionen verschiedener Arten und Varietäten und stellt noch heute ein sehr wertvolles Reservoir für die Obstzüchtung dar. Weiterhin erfolgte die Eingliederung der Obstzüchtung aus dem damaligen Institut für Acker- und

Pflanzenbau Müncheberg, wo lediglich eine Außenstelle der Pillnitzer Züchtung verblieb. Die Obstzüchtung in Pillnitz wurde von Heinz Murawski (1921–1978) und später von Manfred Fischer geleitet. Das Aufgabenfeld der Züchtung wurde in dieser Zeit wesentlich erweitert. Klassische Züchtungsverfahren wurden mit der Methodenentwicklung in der Züchtungsforschung verbunden. In der Sortenzüchtung fokussierte man sich auf die Verbesserung der Resistenz gegenüber Schaderregern und der Toleranz gegenüber abiotischen Faktoren. Schwerpunkt der Arbeiten bildete die Apfelzüchtung. Christa Fischer entwickelte in den 1980er-und 1990er-Jahren bis Anfang 2000 eine Reihe von qualitativ hochwertigen Apfelsorten (Serie 'Pi'-) in unterschiedlichen Reifegruppen und mit unterschiedlichen Verwendungsrichtungen. Weiterhin entstanden aus ihren Arbeiten die Re-Sorten®, Apfelsorten mit Resistenzeigenschaften gegenüber Krankheiten und Schädlingen sowie Toleranz gegenüber verschiedenen Umweltfaktoren. Auch die Naumburger Süßkirschzüchtung wurde unter Leitung von Hans Mihatsch (1927–1992) in Pillnitz fortgesetzt. Aus ihr ging eine Reihe von Sorten mit der Vorsilbe 'Na'- (für Naumburg) hervor. Das bereits in Müncheberg begonnene Zuchtprogramm bei Sauerkirsche wurde durch Brigitte Wolfram in Pillnitz fortgesetzt. Es entstand eine Reihe von Sorten, die Eingang in den Obstbau gefunden haben, insbesondere da sie für maschinelle Ernteverfahren gut geeignet waren. Brigitte Wolfram widmete sich in Dresden-Pillnitz auch der Unterlagenzüchtung bei Kirsche, die bereits 1965 in Müncheberg begonnen worden war. Diese Arbeiten konzentrierten sich auf die Erstellung schwachwachsender Unterlagen auf der Basis von Arthybridisierungen. Sie führten zur Serie der 'Piku'-Unterlagen (Pillnitz, Kirschenunterlagen).

Auch die Pflaumenzüchtung hatte ihren Ursprung in Müncheberg. Sie wurde später recht halbherzig in Dresden-Pillnitz fortgesetzt.

In der BRD

Auf dem Gebiet der damaligen Bundesrepublik wurde die Obstzüchtung sowohl in staatlichen Forschungseinrichtungen als auch an Universitäten und von Privatpersonen betrieben. So war die Obstzüchtung beispielsweise an der Justus-Liebig-Universität Gießen ein Schwerpunkt, wo 1962 eine Professur für Obstbau und Obstzüchtung neu geschaffen wurde. Werner Gruppe (1920–2009) baute in der Folge ein Institut auf, das später zum Institut für Pflanzenbau und Pflanzenzüchtung II wurde. Die Forschungsarbeiten dieses Instituts konzentrierten sich v. a. auf die Züchtung von schwachwuchsinduzierenden Unterlagen für Süßkirschen. Für dieses Zuchtziel wurde ein breites genetisches Material auf der Basis von Artkreuzungen in der Gattung *Prunus* erstellt. Aus diesem Material gingen die inzwischen weltweit verwendeten Gießener-Selektion-Unterlagen (GiSelA®) hervor, die zu einem deutlichen Aufschwung des Kirschanbaus beigetragen haben. In der Obstbauversuchsstation Jork wurde seit den 1960er-Jahren unter Leitung von Ernst-Ludwig Loewel (1906–1997) Apfelzüchtung betrieben. Aus diesem Zuchtprogramm ging u. a. die in Europa verbreitete Sorte 'Gloster' hervor. Aus der Jorker Süßkirschzüchtung stammt auch die Sorte 'Regina', die in den letzten Jahren das Sortiment positiv beeinflusst und sich europaweit zur meistgepflanzten Sorte entwickelt hat. Hanna Schmidt (1934–2013), aus

Gießen kommend, setzte züchterische Arbeiten an Obst seit Ende der 1970er-Jahre an der Bundesforschungsanstalt für gartenbauliche Pflanzenzüchtung in Ahrensburg fort. Im Mittelpunkt ihrer Arbeiten stand die Züchtung von schorfresistenten Apfelsorten sowie großfrüchtigen Süßkirschsorten. Besonderes Interesse in der obstbaulichen Praxis besteht heute an der großfrüchtigen, qualitativ hochwertigen Süßkirschsorte 'Areko', die ebenfalls aus den Arbeiten von H. Schmidt stammt und später in Pillnitz weiterbearbeitet worden ist. Mehr als 20 neue Obstsorten hat Helmut Jacob während seiner züchterischen Tätigkeit im Fachgebiet Obstbau der Forschungsanstalt Geisenheim geschaffen. Bei Pflaumen und Zwetschen lag der züchterische Schwerpunkt auf der Reifezeit und der Verbesserung der Scharka-Toleranz. Neuzüchtungen, die mit der Silbe Top- beginnen, z. B. 'Topfirst', stammen aus Geisenheim und haben inzwischen einen festen Platz im Anbau. Bei der Sauerkirsche ist die Sorte 'Gerema' bekannt. Seit Mitte der 1990er-Jahre widmete sich Jacob immer stärker der Züchtung von Apfelsorten mit kolumnarem Wuchstyp (Säulenwuchs). Inzwischen gibt es zwei Serien aus diesem Programm, die 'Proficats' und die 'Procats'. Pflaumen- und Zwetschenzüchtung fanden auch an der Universität Stuttgart-Hohenheim statt. Hier lag der Schwerpunkt auf der Verbesserung der Scharka-Toleranz. Aus den Arbeiten von Walter Hartmann gingen u. a. die Scharka-resistenten Sorten 'Jojo' und 'Jofela' hervor. Arbeiten im Bereich der Obstsortenzüchtung erfolgten auch am 1953 gegründeten Lehrstuhl für Obstbau der Technischen Universität München. Aus der Münchener Züchtung, an der u. a. Hermann Schimmelpfeng einen maßgeblichen Anteil hatte, sind v. a. die Apfelsorte 'Weirouge', die Himbeersorte 'Wei-Rula', die Kirschunterlagen 'Weiroot', die Mini-Kiwi 'Weiki' und die Erdbeersorte 'Florika' bekannt.

Europaweite Bedeutung erlangte auch die in Müncheberg begonnene und nach dem Krieg in Ahrensburg weitergeführte Erdbeerzüchtung unter Reinhold von Sengbusch (1898–1985). Ab 1942 befasste sich von Sengbusch in der Erdbeerzüchtung mit dem Ziel, die spezifischen Anforderungen der Verarbeitungsindustrie, insbesondere für die Herstellung von Tiefgefrierware, in neuen Sorten zu verwirklichen. Die ersten Ergebnisse zeigten sich 1951 mit der Einführung von Senga-Sorten, die nummeriert waren, z. B. 'Senga 29'. Diese Sorten wurden jedoch 1954 von 'Senga Sengana' verdrängt (Box 2.1). Diese von Sengbusch gezüchtete Sorte entwickelte sich wegen ihrer Ertragsleistung, besonderen Ackerfestigkeit und vielseitigen Verwendbarkeit zu der jahrzehntelang bedeutendsten europäischen Sorte im Anbau. Später entstanden aus dem Züchtungsprogramm der Sengana GmbH Sorten wie 'Senga Precosa' als früh reifende Sorte und 'Senga Gigana' als sehr großfrüchtige Sorte.

Box 2.1 'Senga Sengana' – die Erfolgsgeschichte (unter Verwendung von Darrow 1966)

- Im Jahr 1942 kontaktierte Reinhold von Sengbusch (1898–1985) die Industrie, die nach Gemüsearten und Erdbeeren für die industrielle Verarbeitung zu Tiefgefrierware suchte. Keine der vorhandenen Erdbeersorten war für die industrielle Verarbeitung geeignet.

- Beginn der Erdbeerzüchtung in Luckenwalde in der privaten Forschungsstelle v. Sengbusch.
- Prüfung von Sorten, die in der Konservenindustrie verwendet werden, auf ihre Eignung als Tiefgefrierware. Die Sorte 'Markee' besaß ein extrem festes Fruchtfleisch und behielt die Form nach dem Auftauen, jedoch hatte sie keinen Geschmack und geringen Ertrag.
- Im Jahr 1944 wurde eine F1-Generation mit 40.000 Sämlingen hergestellt, von denen ungefähr 10.000 auf Tiefgefriereignung ($-20\,°C$) geprüft wurden. Davon wurden 1500 Sämlinge selektiert, vermehrt und ab 1945 mehrortig im Feld in Luckenwalde, Glienicke und Barby geprüft.
- Selektion der Klone 29, 54, 145, 188 und 242 und Überführung des Zuchtmaterials 1948 nach Hamburg.
- Infolge der Auswirkungen des Kriegs wurde die Tiefgefrierindustrie eingestellt, sodass die Züchtungsaktivitäten neu ausgerichtet werden mussten.
- Ab 1950 Selektion von Klonen mit Marktfähigkeit (hoher Ertrag, Krankheitsresistenz, hohe Fruchtqualität, allgemeine Anbaufähigkeit).
- 1949 starker Befall mit der Erdbeerweichhautmilbe (*Tarsonemus pallidus*), keine Bekämpfungsmöglichkeit vorhanden. Drei Klone aus der Kreuzung 'Markee' × 'Sieger' zeigten keine Infektion und hohe Ertragsleistung im zweiten Jahr.
- Im Jahr 1954 wurde der ertragsreichste Klon unter dem geschützten Handelsnamen 'Senga Sengana' in den Markt eingeführt.
- Im Jahr 1954 gründete v. Sengbusch die Sengana GmbH.

Bei der Züchtung von Beerenobst machte sich besonders Rudolf Bauer aus Breitbrunn (später am Max-Planck-Institut für Züchtungsforschung in Köln) verdient. Bauer züchtete u. a. Sorten von Himbeere, Schwarzer Johannisbeere, Stachelbeere und Jostabeere. Er schuf u. a. eine dekaploide Hybride *Fragaria vescana*, die die Eigenschaften der Monatserdbeere *F. vesca* var. *semperflorens* mit denen der oktoploiden Kultur-Erdbeere kombiniert.

Seit 1990

Seit der Wiedervereinigung Deutschlands erfolgt die systematische Obstzüchtung in ihrer gesamten Bandbreite, von der Sammlung und Erhaltung obstgenetischer Ressourcen über die Entwicklung von Evaluierungs- und Züchtungsmethoden bis hin zur praktischen Obstsortenzüchtung, weiterhin in Dresden-Pillnitz. Hier existiert heute das Institut für Züchtungsforschung an Obst, das zum Julius Kühn-Institut (JKI), Bundesforschungsinstitut für Kulturpflanzen, gehört. In Pillnitz wird schwerpunktmäßig an der Sortenzüchtung bei Apfel und Birne sowie Süß- und Sauerkirsche, Erdbeere und Himbeere gearbeitet. Daneben gibt es auch Aktivitäten im Bereich der Züchtungsforschung.

Darüber hinaus gibt es noch andere Akteure, die sich in staatlichen und nichtstaatlichen Forschungseinrichtungen, in Vereinen oder als Privatpersonen mit Obstzüchtung beschäftigen. Ein kurzer Überblick über diese Aktivitäten soll im Folgenden gegeben werden.

Apfelzüchtung heute

In Deutschland ist die Apfelzüchtung staatlich organisiert, aber es gibt auch private Züchter. Kleinere Apfelsortenzüchtungsprogramme existieren bei der Züchtungsinitiative Niederelbe (ZIN), dem Bayerischen Obstzentrum in Hallbergmoos, dem Kompetenzzentrum Obstbau Bodensee in Bavendorf, der Staatlichen Lehr- und Versuchsanstalt für Wein- und Obstbau (LVWO) Weinsberg und dem Dienstleistungszentrum Ländlicher Raum (DLR) Rheinpfalz.

Im Institut für Züchtungsforschung an Obst Dresden-Pillnitz des Julius Kühn-Instituts werden die bis 1990 durchgeführten Arbeiten auf dem Gebiet der Apfelzüchtung kontinuierlich fortgesetzt. Ein besonderer Schwerpunkt liegt seit Gründung des Züchtungsstandorts auf der Resistenzzüchtung gegenüber Schaderregern, wobei sich das Spektrum der Pathogene stark erweitert hat. So schließen die Forschungsarbeiten *Venturia inaequalis* (Apfelschorf), *Podosphaera leucotricha* (Apfelmehltau), *Erwinia amylovora* (Feuerbrand) und *Diplocarpon mali* (*Marssonina*-Blattfallkrankheit) ein. Ziel der Sortenzüchtung ist die Bereitstellung von robusten Apfelsorten für den integriert kontrollierten Intensivobstbau, aber auch zunehmen für die ökologische Bewirtschaftung von Sorten

Abb. 2.3 Die Apfelsorte 'Rea 2' wurde am Julius Kühn-Institut in Dresden-Pillnitz gezüchtet und entstammt einer Kreuzung der Sorten 'Prima' und 'Remo'. 'Rea 2' verdankt ihren Namen der scharlachroten Färbung der großen, etwas gerippten Frucht. Das süßliche Fruchtfleisch ist mittelfest, saftig und knackig mit einem feinen Aroma. Der mittelstark wachsende Baum ist mäßig verzweigt mit mittel bis langem, dünnen Fruchtholz, das in einem flachen Winkel vom Baum abgeht. Der robuste Baum besitzt das Schorfresistenzgen *Rvi6*, ist sehr widerstandsfähig für Feuerbrand und wenig empfindlich für Mehltau. Vor allem für Direktvermarkter und den Haus- und Kleingartenbereich stellt 'Rea 2' eine hervorragende Alternative dar

im Obstbau und Kleingarten. Die praktische Sortenzüchtung basiert auf der Evaluierung genetischer Ressourcen in der Gattung *Malus* anhand von phänotypischen und genotypischen Merkmalen und wird begleitet durch züchtungsmethodische Forschungsarbeiten auf den Gebieten Biotechnologie, Molekulargenetik und Phytopathologie. Seit 2003 ist Andreas Peil als Apfelzüchter tätig. Ein Ergebnis seiner jüngsten Arbeiten ist in Abb. 2.3 zu sehen.

Kirschenzüchtung heute

Auch Süß- und Sauerkirschzüchtung sind in Deutschland bis heute staatlich organisiert. Nach Zusammenführen der Züchtungsaktivitäten aus Naumburg und Müncheberg in den 1970er-Jahren nach Pillnitz und von Ahrensburg bei Süßkirsche im Jahr 1999 erfolgt nunmehr die Weiterführung am Institut für Züchtungsforschung an Obst Dresden-Pillnitz des Julius Kühn-Instituts. Der Schwerpunkt züchterischer Arbeiten bei Süßkirsche liegt auf der Widerstandsfähigkeit gegenüber biotischen Schaderregern, der Verbesserung der Fruchtqualität bezüglich Größe, Festigkeit und Geschmack sowie auf der Verbesserung der Selbstfertilität. Dies hat inzwischen zu beachtlichen Erfolgen in der Züchtung von qualitativ hochwertigen, großfrüchtigen Sorten geführt.

Abb. 2.4 **Die Süßkirschsorte 'Bolero' entstammt einer Kreuzungspopulation 'Krupnoplodnaâ' × 'Moldavska tschernaâ' und wurde am Julius Kühn-Institut in Dresden-Pillnitz als Sorte selektiert.** Durch die sehr guten Fruchteigenschaften von 'Bolero' und ihre Reifezeit am Ende der vierten Kirschwoche, etwa fünf Tage vor der Sorte 'Kordia', ist sie eine interessante Bereicherung für den Erwerbs- und selbstversorgenden Anbau. Die großen Früchte sind nierenförmig, braunrot und fest. Der sehr gute Geschmack wird durch den hohen Gehalt an Zucker verbunden mit Säure beschrieben. Der Fruchtbehang ist regelmäßige und hoch. 'Bolero' blüht früh, etwa fünf Tage vor der spät blühenden Sorte 'Regina'. Die Sorte ist selbstinkompatibel und besitzt die *S*-Allele *S1S3*. Der Baum wächst mittelstark mit guter Verzweigung und kann gut als Spindel auf einer schwachwüchsigen Unterlage erzogen werden

Bei Sauerkirsche sind die Hauptzuchtziele Verbesserung der Fruchtqualität, Fertilität, Widerstandsfähigkeit gegenüber biotischen Faktoren wie Monilia-Spitzendürre, und Eignung für maschinelle Ernteverfahren. Seit 2001 ist Mirko Schuster als Kirschzüchter sowohl an Süß- als auch bei Sauerkirsche tätig. Ein Ergebnis seiner jüngsten Arbeiten repräsentiert Abb. 2.4.

Pflaumenzüchtung heute

Das 1978 in Geisenheim begonnene Pflaumenzüchtungsprogramm ist heute nicht mehr aktiv, wie auch das seit 1980 in Stuttgart-Hohenheim etablierte Programm. Aus diesem Programm stammt die erste Scharka-resistente Sorte 'Jojo' (Abb. 2.5). Das meiste Zuchtmaterial aus Hohenheim wurde an die TU München-Weihenstephan überführt, wo 2005 ein neues Züchtungsprogramm initiiert worden ist, das mittlerweile (in Kooperation) am Bayerischen Obstzentrum Halbergmoos fortgesetzt wird.

Beerenobstzüchtung heute

Erdbeerzüchtung findet am Institut für Züchtungsforschung an Obst in Dresden statt. Privatwirtschaftliche Aktivitäten sind bei der Hansabred GmbH & Co. KG in Dresden, bei Erdbeeren Putfarken in Hohenhorn und bei der Reinhold Hummel GmbH & Co. KG Erdbeerzüchtung in Stuttgart etabliert.

In Deutschland gibt es keine Züchtungsaktivitäten bei Johannisbeeren, die in den letzten beiden Jahrzehnten zu einer Anmeldung zum Sortenschutz beim Bundessortenamt geführt haben. Stachelbeerzüchtung wird an der Universität in Geisenheim durchgeführt.

Große Verdienste bei der Etablierung des Anbaus von Heidelbeeren und Cranberries in Deutschland hat die Firma Wilhelm Dierking Beerenobst in Nienhagen (www.dierking. de). Diese Firma beschäftigt sich seit vielen Jahren u. a. mit der Testung von Neuzüch-

Abb. 2.5 Die erste Scharka-resistente Zwetschensorte 'Jojo', eine Kreuzung aus 'Ortenauer' × 'Stanley' aus der Züchtung von W. Hartmann, Universität Stuttgart-Hohenheim

tungen aus verschiedenen Ländern. Sie stehen dabei in engem Kontakt mit Züchtern aus Neuseeland, Australien und den USA.

In Deutschland gab es im letzten Jahrhundert eine Reihe von Himbeerzüchtern, die an staatlichen Institutionen und als Privatzüchter tätig waren. In den letzten mehr als 15 Jahren gab es in Deutschland kein staatlich gefördertes Züchtungsprogramm mehr. Vor wenigen Jahren wurden im Zusammenhang mit dem Zusammenbruch des Himbeeranbaus aufgrund von Rutenkrankheiten erste Initiativen zur Züchtung von robusten Himbeeren am Julius Kühn-Institut wieder etabliert.

Zu den genetischen Ressourcen einer Art gehört das gesamte genetische Material, das für die Züchtung dieser Art von tatsächlichem oder potenziellem Wert ist. Dazu gehören im Fall von Pflanzen:

- Sorten (Lokalsorten, historische und moderne Sorten) der gleichen Art sowie von allen anderen sexuell kompatiblen Arten,
- Akzessionen aus Wildbeständen der gleichen Art sowie von allen anderen sexuell kompatiblen Arten.

Die genetischen Ressourcen einer Art umfassen die Gesamtheit der genetischen Information (in Viren, Bakterien, Pilzen, Pflanzen, Säugetieren etc.), die auf unserer Erde verfügbar ist. Insgesamt lassen sich die genetischen Ressourcen einer Art in drei Gruppen einteilen: den primären, den sekundären und den tertiären Genpool (Box 5.1). Die Erhaltung pflanzengenetischer Ressourcen (PGR) kann auf unterschiedliche Art und Weise erfolgen (Box 3.1).

Box 3.1 Begriffserklärungen
In-situ-Erhaltung. Erhaltung von Ökosystemen und natürlichen Lebensräumen sowie die Bewahrung und Wiederherstellung lebensfähiger Populationen von Arten in ihrer natürlichen Umgebung und – im Fall domestizierter oder gezüchteter Pflanzenarten – in der Umgebung, in der sie ihre besonderen Eigenschaften entwickelt haben.

Ex-situ-Erhaltung. Erhaltung genetischer Ressourcen außerhalb ihres natürlichen Lebensraums, z. B. in Genbanken, botanischen Gärten, Feldkollektionen.

© Springer-Verlag GmbH Germany 2017
M.-V. Hanke und H. Flachowsky, *Obstzüchtung und wissenschaftliche Grundlagen*,
DOI 10.1007/978-3-662-54085-5_3

On-farm-Bewirtschaftung. Besondere Form der In-situ-Erhaltung; Erhaltung und Weiterentwicklung lokaler und regional angepasster sog. Landsorten in der Umgebung, in der sie ihre besonderen Eigenschaften entwickelt haben, d. h. im landwirtschaftlichen Betrieb im weiteren Sinn.

3.1　Nationale und internationale Rahmenbedingungen

Die Grundlagen für den internationalen Rahmen zur Erhaltung von PGR wurden mit dem Übereinkommen über die biologische Vielfalt (CBD) im Jahr 1992 gelegt. Mit diesem Übereinkommen verpflichteten sich die Unterzeichnerstaaten, die in ihrem Hoheitsgebiet vorhandene biologische Vielfalt zu erhalten und nachhaltig zu nutzen. Die Unterzeichnerstaaten sind damit zur Entwicklung und Anpassung von nationalen Strategien, Programmen und Plänen aufgerufen. Im gleichen Jahr wurde mit der Agenda 21 ein Maßnahmenplan zur Erhaltung der genetischen Ressourcen für Ernährung und Landwirtschaft sowie für den Forstbereich beschlossenen. Der nächste Schritt war die Verabschiedung eines Globalen Aktionsplans (GPA). Dies erfolgte im Jahr 1996 im Rahmen der 4. Internationalen Technischen Konferenz der Food and Agriculture Organization of the United Nations (FAO) in Leipzig. Der GPA enthält Maßnahmenvorschläge für die Entwicklung von nationalen Programmen. Im Jahr 2000 verabschiedete dann die Vertragsstaatenkonferenz des CBD ein überarbeitetes Arbeitsprogramm für die landwirtschaftliche Biodiversität und erkennt darin erstmals den Beitrag der Landwirte zur Erhaltung und nachhaltigen Nutzung landwirtschaftlicher Biodiversität an. Im Jahr darauf kam es während der 31. FAO-Konferenz zur Verabschiedung des Internationalen Vertrags über PGR für Ernährung und Landwirtschaft (ITPGR). Der ITPGR bildet heute den internationalen Rahmen für die Erhaltung und nachhaltige Nutzung von PGR für Ernährung und Landwirtschaft.

In Europa wurde das Europäische Kooperationsprogramm für PGR (ECPGR) gegründet, das auf der Basis von Zusammenarbeit und Arbeitsteilung dazu beitragen soll, dass eine nachhaltige Erhaltung und eine umfangreiche Nutzung von PGR in Europa gewährleistet werden können. Dieses Programm befindet sich inzwischen in der neunten Phase (2014–2018). Seit Beginn seiner Gründung im Jahr 1980 ist die Anzahl der Teilnehmerländer von 21 auf 42 gestiegen. Innerhalb des ECPGR gibt es artenspezifische Netzwerke, u. a. für die Obstarten *Malus/Pyrus* und für *Prunus*. Eine weitere wichtige Aufgabe des ECPGR ist der Aufbau einer virtuellen „Europäischen Genbank" (engl. A European Genebank Integrated System), mit der die Erhaltungsinfrastruktur für PGR in Europa effizienter gestaltet werden soll.

In der Bundesrepublik Deutschland ist für die Erhaltung und nachhaltige Nutzung von PGR land- und gartenbaulicher Kulturpflanzen das Bundesministerium für Ernährung und Landwirtschaft (BMEL) zuständig. Neben der Umsetzung von internationalen Verpflichtungen beinhaltet dies auch die Koordinierung der Aktivitäten der Bundesländer, die für die Durchführung der Tätigkeiten zur Erhaltung von PGR, einschließlich Forschung und Ausbildung, zuständig sind.

Alle Maßnahmen zur Erhaltung von PGR in Deutschland sind im Nationalen Fachprogramm für PGR verankert. Dieses Fachprogramm dient als Grundlage für die langfristige Erhaltung, Nutzung, Forschung und Entwicklung der genetischen Ressourcen im landwirtschaftlichen und gartenbaulichen Bereich der Kultur- und Wildpflanzen. Das erste Nationale Fachprogramm für PGR wurde im Jahr 2002 veröffentlicht; eine Neuauflage mit Darstellung aller relevanten Aktivitäten und der notwendigen Handlungsbedarfe erschien im Jahr 2012 und 2015.

Das Nationale Fachprogramm orientiert sich am GPA der FAO und seinen vier Hauptbereichen (Abb. 3.1).

Die Ziele des Nationalen Fachprogramms für PGR landwirtschaftlicher und gartenbaulicher Kulturpflanzen sind:

- **Ressourcen sichern.** Die Vielfalt der wild wachsenden und der kultivierten PGR langfristig in wissenschaftlich abgesicherter und kosteneffizienter Weise *in situ* und *ex situ* erhalten.

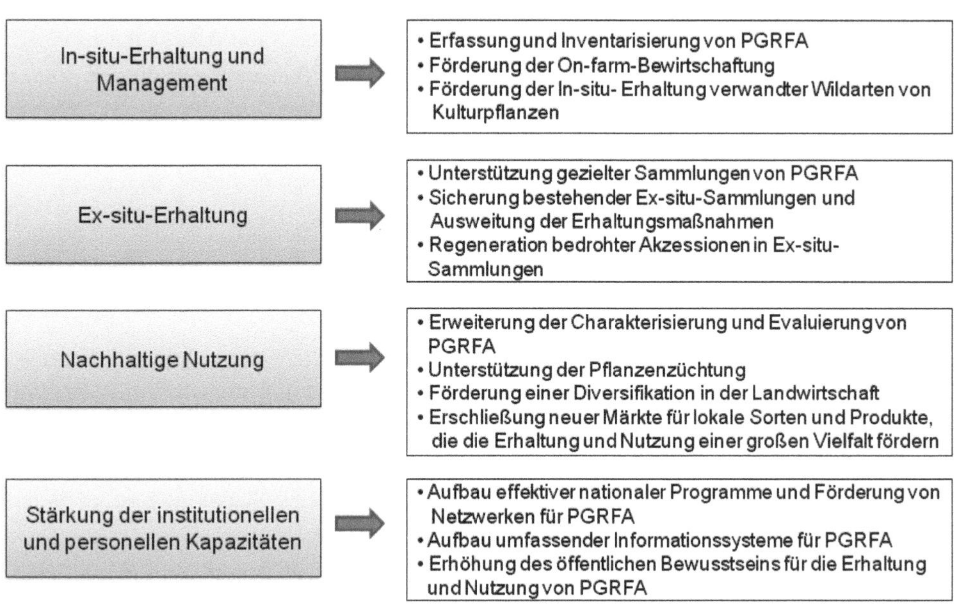

Abb. 3.1 Globaler Aktionsplan mit vier Hauptaufgabenbereichen und den entsprechenden Aktionsfeldern. (Mod. entsprechend für Obstpflanzen)

- **Ökosysteme erhalten.** Einen Beitrag zur Erhaltung und Wiederherstellung landwirtschaftlich und gartenbaulich geprägter Ökosysteme einschließlich der obstbaulichen und Grünlandökosysteme leisten.
- **Vielfalt nutzen.** PGR durch geeignete Maßnahmen, u. a. durch Charakterisierung, Evaluierung, Dokumentation, züchterische Erschließung, Bildungs- und Öffentlichkeitsarbeit verstärkt nutzbar machen.
- **Anbau diversifizieren.** Eine größere Vielfalt landwirtschaftlicher und gartenbaulicher Kulturpflanzenarten und -sorten (einschließlich Zierpflanzen) in Deutschland nachhaltig wirtschaftlich nutzen.
- **Zuständigkeiten darlegen.** Mehr Transparenz bei den verteilten Zuständigkeiten und Verantwortlichkeiten von Bund, Ländern und Gemeinden sowie den auf dem Gebiet tätigen Organisationen und Institutionen bei der Erhaltung und Nutzung der PGR herstellen.
- **National und international zusammenarbeiten.** Synergien nutzen, die sich aus einer verstärkten Zusammenarbeit auf der nationalen, überstaatlich-regionalen und internationalen Ebene ergeben können und diese fördern.

Bei der Umsetzung des Nationalen Fachprogramms wird das BMEL vom Beratungs- und Koordinierungsausschuss für genetische Ressourcen landwirtschaftlicher und gartenbaulicher Kulturpflanzen (BEKO) sowie vom Informationszentrum Biologische Vielfalt (IBV) unterstützt. Das IBV ist bei der Bundesanstalt für Landwirtschaft und Ernährung (BLE) angesiedelt und nimmt neben den Aufgaben zur Koordinierung nationaler Aktivitäten auch repräsentative Aufgaben im internationalen Rahmen wahr. Alle Daten zu PGR in Deutschland werden in der online verfügbaren Datenbank Pflanzengenetische Ressourcen Deutschland (PGRDEU, http://pgrdeu.genres.de/) gesammelt, die von der BLE betreut wird. Die PGRDEU ist das Nationale Inventar für PGR in Deutschland und dient als Schnittstelle zu anderen internationalen Informationssystemen in diesem Bereich.

3.2 In-situ-Erhaltung

Die Maßnahmen zur In-situ-Erhaltung von Obstarten erstrecken sich auf die Erhaltung von Populationen botanischer Arten in ihrer natürlichen Umgebung sowie auf die Erhaltung von Kulturlandschaften, z. B. Streuobstwiesen, bestehend aus Kultursorten. Im Gegensatz zur Ex-situ-Erhaltung schließt das Konzept der In-situ-Erhaltung oder On-farm-Bewirtschaftung evolutionäre Prozesse bewusst mit ein, sodass eine Anpassung an veränderte Umweltbedingungen (z. B. Klima, Krankheitsdruck) möglich ist.

In Deutschland gibt es nur noch wenige Vorkommen von heimischen Wildarten als Vorfahren unserer Obstkultursorten (Tab. 3.1).

Einige von ihnen sind inzwischen in ihrer Existenz gefährdet und erfordern gut koordinierte Erhaltungsmaßnahmen. Zu diesen Arten gehört z. B. auch der europäische Wild-Apfel *Malus sylvestris*. Obwohl sein Verbreitungsgebiet (Europa bis Ural) relativ groß

Tab. 3.1 Heimische Wildarten von ausgewählten Obstpflanzen in Deutschland

Gattung	Art	Größere Vorkommen
Malus	*sylvestris* (Holz-Apfel)	Südwestdeutschland (Oberrhein, Schwarzwald, Franken), Mitteldeutschland (mittlere Elbe, Nord-Thüringen), Osterzgebirge, Nord-Brandenburg, Ostseeküste Mecklenburg-Vorpommern
Pyrus	*communis* subsp. *pyraster* (Wild-Birne)	Süddeutschland (Franken), Nord- und Mittel-Thüringen, mittlere Elbe, Nordbrandenburg, Küstenregion Mecklenburg-Vorpommern
Prunus	*avium* (Vogel-Kirsche)	Südniedersachsen, Rheinland-Pfalz, Nord- und Mittelhessen, Franken, Bodenseeraum
	fruticosa (Steppen-Kirsche)	Südliches Rheinhessen
Fragaria	*vesca* (Wald-Erdbeere)	Deutschlandweit mit wenigen Ausnahmen im Nordwesten
	viridis (Knack-Erdbeere)	Zerstreut vorkommend in Mittel- und Süddeutschland
	moschata (Moschus-Erdbeere)	Zerstreut vorkommend im Südosten von Deutschland und im äußersten Norden
Rubus	*idaeus* (Himbeere)	Deutschlandweit

erscheint, kommt diese auch als Holz-Apfel bekannte Apfelwildart nur sehr zerstreut und vorwiegend in Einzelexemplaren vor. Der Holz-Apfel bevorzugt als lichtliebendes Gehölz Standorte in lichten Wäldern, auf Steinrücken, in Hecken und Gebüschen. Er kommt aber aufgrund seiner relativ geringen Ansprüche auch auf Nischenstandorten, wie in Flussauen und Auwäldern, vor. Geeignete Lebensräume für den Holz-Apfel gehen zunehmend durch Urbanisierung und Intensivierung der Landwirtschaft verloren. Das hat zur Folge, dass der Holz-Apfel in einigen Bundesländern bereits heute auf der Roten Liste gefährdeter Arten steht. Hinzu kommt, dass es aufgrund der möglichen Hybridisierung mit dem Kultur-Apfel *Malus domestica* zu einer Vermischung des Erbguts beider Arten kommen kann. Trotz seiner geringen wirtschaftlichen Bedeutung ist der Beitrag des Holz-Apfels zur Artenvielfalt nicht zu unterschätzen. Er dient u. a. als Niststätte für viele Vogelarten, bietet Quartier für Fledermäuse und liefert Blätter, Blüten und Früchte als Nahrung für zahlreiche Tiere. Initiativen zur Erhaltung des Holz-Apfels gibt es inzwischen in verschiedenen Bundesländern (z. B. Sachsen, Sachsen-Anhalt, Niedersachsen). In Sachsen bemüht sich v. a. die Grüne Liga Osterzgebirge e. V. um die Erhaltung dieser und anderer Wildobstarten. Die Strategie zur Erhaltung des Holz-Apfels beinhaltet neben der Bestimmung und Erfassung auch den Schutz der ursprünglichen Wildapfelmutterbäume sowie die Nutzung derselben sowohl zum Aufbau von Samenplantagen (Abb. 3.2) als auch zur Erzeugung von Pflanzgut zum Auspflanzen im Wald und in der Kulturlandschaft. Ziel ist die Erhaltung bzw. Vergrößerung der natürlich vorkommenden Populationen.

Neben dem Holz-Apfel gibt es aber auch noch Wildobstvorkommen von anderen Arten, wie z. B. der Mispel (*Mespilus germanica*), dem Speierling (*Sorbus domestica*), der Eberesche (*Sorbus aucuparia*), dem Holunder (*Sambucus nigra*) oder dem Sanddorn (*Hip-

Abb. 3.2 Samenplantagen des europäischen Wild-Apfels *Malus sylvestris* im Osterzgebirge für die Gewinnung von Saatgut. In dieser Anlage ist es möglich, Hybridisierungen mit dem Kultur-Apfel durch gezielte Kreuzungen auszuschließen und artreines Saatgut für weitere Erhaltungsmaßnahmen, z. B. im Rahmen der Aufforstung, zu gewinnen

pophae rhamnoides). Beim Schalenobst gibt es noch Vorkommen der Gewöhnlichen Hasel (*Corylus avellana*) und der echten Walnuss (*Juglans regia*). Beim Beerenobst gibt es neben den Wilderdbeerarten eine Vielzahl von *Rubus*- (Himbeere, Brombeere), *Ribes*- (Johannisbeere, Stachelbeere) und *Vaccinium*-Arten (Moosbeere, Heidelbeere).

3.3   Ex-situ-Erhaltung

Im Lauf der Jahrhunderte hat sich im Obstbau eine große Arten- und Sortenvielfalt entwickelt. Dabei sind viele regionale Besonderheiten entstanden. Diese decken nicht nur unterschiedliche Reifezeiten ab, sondern weisen auch eine breite Palette von Verbrauchseigenschaften[1] auf. Es wird geschätzt, dass dabei etwa 40 Arten und innerhalb dieser zwischen 5000–6000 Sorten oder Herkünfte genutzt wurden. Allein beim Apfel existierten in Deutschland weit über 2000 verschiedene Sorten.

Beginnend mit den Autarkiebestrebungen zur Zeit des Nationalsozialismus und als Folge des akuten Nahrungsmangels in der Nachkriegszeit kam es zu einer starken Intensivierung des Obstbaus. Diese Intensivierung hat in den letzten Jahrzehnten durch ständig fallende Lebensmittelpreise und eine zunehmende Globalisierung der Märkte zu einer starken Spezialisierung in der Produktion geführt. Gleichzeitig kam es aufgrund der zunehmenden Urbanisierung zu einem dramatischen Rückgang der traditionellen Obstwiesenbestände. Eine solche Entwicklung hat mittel- und langfristig den Verlust vieler alter und traditioneller Obstsorten zur Folge. Ein Teil der alten Sorten ist heute bereits un-

---

[1] Die Zuordnung zu Reifegruppen (z. B. Süßkirschsorten 'Zum Feldes Frühe Schwarze', 'Früheste der Mark', 'Späte Spanische') und Verbrauchseigenschaften ('Champagner Bratbirne', 'Erbachhofer Mostapfel', 'Oberösterreichische Weinbirne', 'Altländer Pfannkuchenapfel') war früher teilweise bereits am Sortennamen erkennbar.

Tab. 3.2 Vor- und Nachteile verschiedener Formen der Ex-situ-Erhaltung

Bewertungskriterium	Feldsammlung	In-vitro-Lagerung	Kryolagerung
Aufwand und Kosten für Etablierung	Gering	Hoch	Hoch
Aufwand und Kosten für Unterhaltung	Mittel	Hoch	Gering
Möglichkeit zur Evaluierung	Ja	Bedingt	Nein
Aufwand und Kosten für Materialabgabe	Gering	Hoch	Mittel
Möglichkeit zur Materialabgabe[a]	Ja	Ja	Ja
Flächenbedarf	Hoch	Gering	Gering
Anforderungen an technische Ausstattung	Gering	Hoch	Hoch
Risiko für Infektionen bzw. Verlust	Hoch	Niedrig	Kein

[a]Die Abgabe von Material aus Feldsammlungen ist nur möglich, wenn dieses frei von Infektionen mit Quarantäneschaderregern ist. Das wird in Deutschland in den letzten Jahren aufgrund des Auftretens von Krankheiten wie Feuerbrand, Apfeltriebsucht und Birnenverfall zunehmend schwieriger. Aus In-vitro- und Kryolagerbeständen ist die Abgabe prinzipiell immer möglich. Allerdings ist hier nur eine Abgabe von vergleichsweise geringen Stückzahlen möglich.

wiederbringlich verschwunden. Um diesem Prozess entgegenzuwirken sind seit Beginn des 20. Jahrhunderts zahlreiche Sammlungen von Sorten und Obstarten in privater, kommunaler, staatlicher und nichtstaatlicher Trägerschaft entstanden, die als Feldbestände von Bäumen angelegt worden sind. Die Maßnahmen der Ex-situ-Erhaltung bilden u. a. auch die genetische Basis für die Züchtung neuer Sorten. Darüber hinaus sind die in solchen Sammlungen erhaltenen Sorten ein Teil unseres kulturellen Erbes und bilden die Grundlage zur Erhaltung der Struktur unserer Kulturlandschaft.

Neben den Maßnahmen der Ex-situ-Erhaltung in Feldbeständen wird auch an der In-vitro- und/oder Kryolagerung von Pflanzenmaterial aus Sammlungen obstgenetischer Ressourcen gearbeitet. Damit soll verhindert werden, dass es zu Verlusten aufgrund extremer Witterungsbedingungen (z. B. Frost, Trockenheit) oder eines Befalls mit Krankheiten und Schädlingen kommt. Jede Erhaltungsform hat Vor- und Nachteile (Tab. 3.2). Deshalb muss im Vorfeld genau überlegt werden, welche Form für die Bedingungen eines an der Erhaltung interessierten Akteurs am besten geeignet ist.

3.4   Die Obstgenbank in Dresden-Pillnitz

Die seit 1935 angelegten Müncheberger Sammlungen von Apfelkultursorten sowie *Prunus*-Arten und -Sorten sowie die in Naumburg seit 1922 entstandenen *Malus*- und *Pyrus*-Artensammlungen wurden ab 1971 in Dresden-Pillnitz etabliert. Ab 1991 wurden die Sammlungen als Genbank Obst Dresden-Pillnitz im Rahmen einer Außenstelle der Genbank für landwirtschaftliche und gärtnerische Kulturpflanzen des Instituts für Kulturpflanzenforschung Gatersleben (IPK) geführt. Ab 2003 wurden die Sammlungen dann an das

Abb. 3.3 Die Sammlung der Wildarten bei *Malus* in einem Freilandbestand. Es werden je Akzession drei Bäume *ex situ* aufgepflanzt

in Dresden-Pillnitz tätige Obstzüchtungsinstitut angegliedert. Heute stellen die Sammlungen an Obstsorten und Wildarten der dazugehörigen Gattungen den wohl umfangreichsten und bedeutendsten Schatz an obstgenetischen Ressourcen in Deutschland dar.

Die Obstgenbank wird gegenwärtig vom Institut für Züchtungsforschung an Obst des Julius Kühn-Instituts als obstartenspezifische Feldsammlung (Aktivsammlungen) mit einem Gesamtumfang von derzeit etwa 3000 Akzessionen geführt (Abb. 3.3 und 3.4). Diese verteilen sich auf die sieben Obstarten Apfel, Birne, Süßkirsche, Sauerkirsche, Pflaume, Erdbeere und Himbeere sowie auf verschiedene Wildobstarten wie Holunder, Eberesche, Sanddorn, Walnuss u. a. Erhalten werden weiterhin Akzessionen verschiedener Wildarten der Gattungen *Malus*, *Pyrus*, *Prunus*, *Fragaria* und *Rubus*. Die Wildartenakzessionen stammen aus anderen Genbankbeständen oder von Sammlungsreisen in die Ursprungsgebiete unserer Obstarten (z. B. Kaukasus, Tien Shan).

Abb. 3.4 Die Sammlung der Wildarten und Sorten bei *Fragaria* im Freiland wird in Balkonkästen aufgepflanzt. Jede Akzession besteht aus sechs Pflanzen. Diese Methode der Erhaltung wurde gewählt, damit eine verwechselungsfreie Aberntung der Jungpflanzen erfolgen kann, die sich an den herabhängenden Stolonen bilden

Die Auswahl der zu erhaltenden Sorten wurde nach folgenden Kriterien getroffen:

- deutsche Sorten, einschließlich deutscher Neuzüchtungen;
- Sorten mit soziokulturellem, lokalem und historischem Bezug zu Deutschland;
- Sorten mit wichtigen obstbaulichen Merkmalen für Forschungs- und Züchtungszwecke.

Neben der Erhaltung dieser Bestände mit jeweils mehreren Bäumen/Pflanzen pro Akzession wird daran gearbeitet, einen Teil des Materials *in vitro* und/oder in Kryolagerung zu erhalten. Neben diesen Erhaltungsaufgaben engagiert sich das Institut als Koordinator der Deutschen Genbank Obst, berät das BMEL im Rahmen des BEKO und vertritt Deutschland in den obstartenspezifischen Arbeitsgruppen des ECPGR auf europäischer Ebene.

3.5   Das Netzwerk der Deutschen Genbank Obst

Um die Erhaltung obstgenetischer Ressourcen in Deutschland langfristig und effizient zu sichern und deren Verfügbarkeit für Forschung, Züchtung sowie obstbauliche und landschaftsgestaltende Zwecke gewährleisten zu können, wurde die Deutsche Genbank Obst

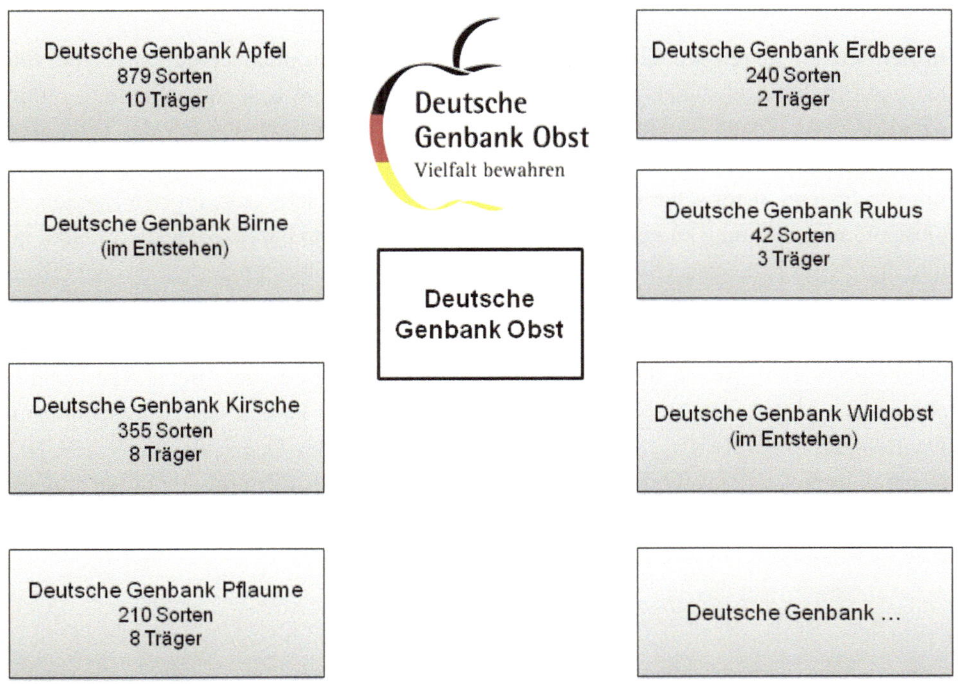

Abb. 3.5 **Die Deutsche Genbank Obst mit ihren Netzwerken (Stand 2016)**

(DGO) gegründet. Die DGO ist ein nationales Netzwerk von Bundes- und Landeseinrichtungen sowie nichtstaatlichen Organisationen, das dezentral aufgebaut ist. Verantwortlich für die zentrale Koordination der vielfältigen Aktivitäten zur Sammlung von Obstarten und -sorten ist das Julius Kühn-Institut, Institut für Züchtungsforschung an Obst in Dresden-Pillnitz. Unter dem Dach der DGO sind mehrere obstartenspezifische Netzwerke tätig. Gegenwärtig existieren Netzwerke für Apfel, Kirsche, Erdbeere, Pflaume und Rubus (Abb. 3.5). Geplant sind zukünftig Netzwerke für Birne und für Wildobstarten. Die Träger der DGO sind Bundes- und Landeseinrichtungen, Landkreise und Städte sowie in Einzelfällen auch Privatpersonen. Die einzelnen Netzwerke bestehen aus sammlungshaltenden Partnern, die durch ihre Zusammenarbeit einen entscheidenden Beitrag zur Erfüllung des Nationalen Fachprogramms für PGR leisten. Der Erhalt von wertvollen Sorten wird im Rahmen von Duplikatsammlungen bei mehreren sammlungshaltenden Partnern gesichert. Ein weiterer Schwerpunkt der Arbeiten innerhalb der Netzwerke ist die Echtheitsprüfung der zu erhaltenden Sorten. Dazu wird langfristig jeder Baum in jeder Sammlung einer pomologischen und molekulargenetischen (DNA-Fingerprint) Sortenprüfung unterzogen. Die Datenbank der DGO stellt eine benutzerfreundliche Lösung für die Aufnahme, Archivierung und Auswertung von Passport- und Evaluierungsdaten dar. Die hier gesammelten Daten fließen auf direktem Weg mit in das Nationale Inventar (PGRDEU) ein.

3.6　Andere Erhaltungsinitiativen

In den letzten Jahren wurden von verschiedenen Akteuren unterschiedlichste Aktivitäten zur Erhaltung obstgenetischer Ressourcen initiiert. Eine besondere Stellung nimmt dabei der Pomologen-Verein e. V. ein. Dieser Verein engagiert sich bei der Erfassung, Kartierung, Sammlung und Beschreibung der noch in Deutschland vorhandenen Vielfalt vorwiegend historischer Obstsorten. Er bemüht sich, Nachwuchs für den Bereich der Obstsortenbestimmung zu gewinnen, diesen auszubilden und hat in den letzten Jahren ein umfangreiches Erhalternetzwerk Obstsortenvielfalt (www.obstsortenerhalt.de) aufgebaut. Darüber hinaus unterstützt der Pomologen-Verein e. V. das Netzwerk der DGO als Mitglied in dessen Fachbeirat sowie bei der Bestimmung der in den Sammlungen der DGO erhaltenen Sorten. Neben dem Pomologen-Verein e. V. gibt es aber auch noch zahlreiche andere Akteure in Deutschland. Hervorzuheben sind hier u. a. der Naturschutzbund Deutschland e. V. (NABU), der Bund für Umwelt und Natur Deutschland e. V. (BUND) sowie zahlreiche Baumschulen und die noch verbliebenen Reisermuttergärten. Zunehmend engagieren sich aber auch Kommunen, Landkreise, Vereine und zahlreiche interessierte Privatpersonen auf diesem Gebiet.

Biologische Grundlagen der Züchtung

4

4.1 Biologische Besonderheiten der Obstzüchtung

Die Obstzüchtung hat im Vergleich zur Züchtung vieler anderer Kulturpflanzen mit einer Reihe von biologischen Besonderheiten zu kämpfen, die den Züchtungsprozess schwieriger und langwieriger gestalten. Zu diesen gehören neben einem hohen Grad an Heterozygotie, dem häufigen Auftreten von Mutationen und Polyploidie v. a. auch verschiedene Mechanismen der Selbst- bzw. Kreuzungsinkompatibilität sowie eine lange juvenile Phase.

4.1.1 Heterozygotie

Das Genom der meisten Obstarten ist sehr stark heterozygot (mischerbig). Das liegt v. a. daran, dass die meisten Obstarten Fremdbefruchter sind und Inzucht durch bestehende Selbstinkompatibilitätsmechanismen effektiv unterbunden wird. Durch das hohe Maß an Heterozygotie kommt es bei jeder meiotischen Zellteilung zur Rekombination und folglich zu unzähligen Neukombinationen innerhalb des elterlichen Erbguts. Damit ist jede der gebildeten Geschlechtszellen (Pollen bzw. Eizelle) genetisch einzigartig. Infolge einer Befruchtung und Verschmelzung von zwei genetisch so unterschiedlichen Geschlechtszellen, entstehen stets neue Genotypen, die in ihren Merkmalen untereinander eine enorm große Aufspaltung zeigen. Gerade dieses hohe Maß an Rekombination sowie die Unterbindung einer Selbstbefruchtung durch die bestehende Selbstinkompatibilität machen es unmöglich, dass z. B. qualitativ hochwertige Sorten unter Beibehaltung ihres sortentypischen Charakters in einzelnen Merkmalen verbessert werden können. Es besteht ebenfalls auch keine Möglichkeit, eine Sorte unter Beibehaltung aller Merkmale über Samen zu vermehren.

© Springer-Verlag GmbH Germany 2017
M.-V. Hanke und H. Flachowsky, *Obstzüchtung und wissenschaftliche Grundlagen*,
DOI 10.1007/978-3-662-54085-5_4

4.1.2 Mutationen

Mutationen sind sprunghafte Veränderungen in den Erbanlagen, die in vielen Fällen Veränderungen in der Merkmalsprägung nach sich ziehen. Sie können einzelne Gene (Genmutation), einzelne Chromosomen bzw. -bereiche (Chromosomenmutation) oder auch ganze Genome (Genommutation) betreffen. All diese Formen sind bei Obstarten beschrieben. Die Ursachen für das Auslösen einer Mutation können unterschiedlichster Natur sein (z. B. Fehler in der Replikation der Desoxyribonukleinsäure [DNA], Auswirkung natürlicher Mutagene, Ortsveränderung aktiver Retroelemente im Genom). Ein Beispiel für eine Mutation, die infolge einer Integration eines Retroelements entstanden ist, ist in Abb. 4.1 dargestellt. Genmutationen sind die häufigsten bislang bei Obst gefundenen Mutationen. Zu ihnen gehören Substitutionen (Austausch einer Base gegen eine andere), Deletionen (Verlust einzelner Basen, Genabschnitte, Gene, Chromosomenabschnitte), Insertionen (Einbau einzelner Basen, Genabschnitte, Gene, Chromosomenabschnitte) und Duplikationen (Verdopplung einzelner Sequenzabschnitte, ganzer Gene oder Chromosomenabschnitte). Mutationen sind seltene Ereignisse und bleiben bei vielen Pflanzenarten auch oft unentdeckt. Dennoch konnten gerade bei Obst in der Vergangenheit viele Mutationen gefunden werden. Das liegt v. a. daran, dass Obstgehölze einen wesentlich längeren Lebenszyklus haben als viele andere Kulturpflanzen. Damit sind Einzelpflanzen

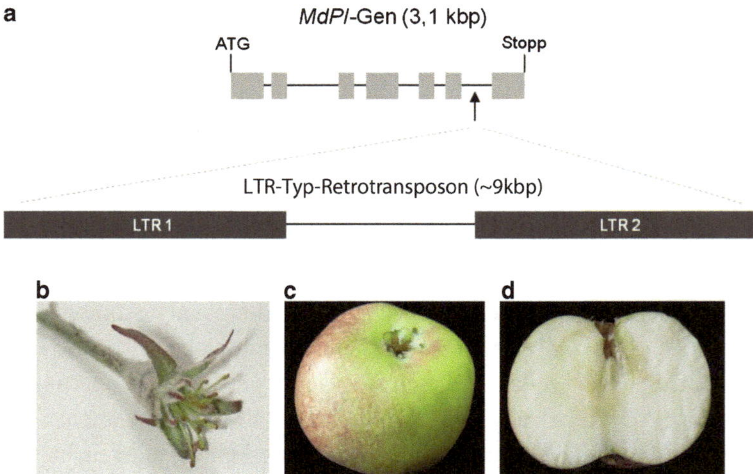

Abb. 4.1 Stark veränderter Blüten- und Fruchtaufbau als Folge einer LTR-Typ-Retrotransposon-Integration in das *PISTILLATA*-homologe Gen der Sorte 'Spencer Seedless'. **a** Zerstörung des homologen *PISTILLATA*-Gens *MdPI* (zentrales Gen in der Blütenorganbildung) durch die Integration eines etwa 9 kbp langen Retrotransposons in das sechste Intron; **b** durch die Mutation sind die Blüten in ihrem Aufbau derart verändert, dass nur noch Kelch- und Fruchtblätter gebildet werden, wodurch die Blüten für bestäubende Insekten unattraktiv sind und i. d. R. keine Bestäubung stattfindet; **c, d** Früchte entstehen durch Parthenokarpie und sind meist kernlos

länger mutationsfördernden Umweltbedingungen, z. B. UV-Strahlung, ausgesetzt. Einen begünstigenden Einfluss hat auch die vegetative Form der Vermehrung. Sind Mutationen aufgetreten, dann werden sie durch diese Form der Vermehrung erhalten.

4.1.3 Polyploidie

Das Auftreten von unterschiedlichen Ploidiestufen innerhalb einer Art oder auch zwischen den Arten einer Gattung ist bei Obstpflanzen nicht selten. Häufig gibt es unter den nahe verwandten Arten einer Kulturobstart eine ganze Reihe verschiedener Ploidiestufen. Kreuzungen zwischen Pflanzen mit unterschiedlichen Ploidiestufen sind prinzipiell möglich, führen aber nicht immer zu fertilen Nachkommen. Das liegt in den meisten Fällen daran, dass es in der Meiose zu einer fehlerhaften Verteilung der Chromosomen kommt. Besonders betroffen sind davon Pflanzen mit einer ungeraden Anzahl an Chromosomensätzen. Züchter sind deshalb meist bestrebt, Kreuzungen zwischen verschiedenen Ploidiestufen nach Möglichkeit zu umgehen.

4.1.4 Selbst- und Kreuzungsinkompatibilität

Kreuzungen zwischen Pflanzen innerhalb einer Art bzw. zwischen nahe verwandten Arten sind nicht immer erfolgreich. Das haben in der Vergangenheit unzählige Kreuzungsexperimente gezeigt. Oft wurde deshalb von einer bestehenden Selbst- oder Kreuzungsinkompatibilität (bzw. -sterilität) gesprochen. Bei einigen Pflanzenarten (z. B. Kirsche, Aprikose, Pfirsich) wurden sogar sog. Inkompatibilitätsgruppen beschrieben. In eine Inkompatibilitätsgruppe werden alle Genotypen eingeordnet, die untereinander nicht kreuzbar sind. Die Verwendung von z. T. so unterschiedlichen Begriffen für ein an sich gleiches Phänomen lag v. a. an der Unkenntnis über die genetischen Ursachen, denen diese Inkompatibilität zugrunde liegt. Heute wissen wir, dass es im Wesentlichen zwei Ursachen für das Ausbleiben eines Kreuzungserfolgs gibt. Die eine Ursache besteht in den bereits beschriebenen Schwierigkeiten, die auftreten können, wenn Pflanzen mit unterschiedlichen Ploidiestufen gekreuzt werden. Die andere Ursache besteht in der Existenz von genetischen Selbstinkompatibilitätsmechanismen. Diese werden in späteren Kapiteln näher erläutert.

4.1.5 Juvenile Phase

Sämlinge durchlaufen zunächst eine juvenile Phase (Jugendphase), in der sie aus physiologischen Gründen nicht in der Lage sind, Blüten zu bilden. Bei Pflanzen, die in dieser Phase sind, kommt es folglich auch nicht zur Bildung von Früchten. Das hat einen entscheidenden Einfluss auf das Selektions- und Kreuzungsprogramm. Während der juvenilen Phase kann der Züchter am Sämling nur Merkmale bewerten, die an vegetativen Geweben (Blatt,

Spross, Wurzel) auftreten. Die Bewertung von Blüten- und Fruchtmerkmalen ist erst möglich, wenn die Pflanze die juvenile Phase beendet und nach einer Transitionsphase die adulte Phase erreicht. Das trifft auch auf mögliche Kreuzungsarbeiten zu, die der Züchter mit dieser Pflanze realisieren möchte. Die Jugendphase eines Sämlings ist abhängig von der Pflanzenart und vom Genotyp der verwendeten Eltern. Bei einigen Baumobstarten kann sie u. U. 7–12 Jahre dauern. In manchen Fällen dauert es auch noch länger. Aus diesem Grund hat es in der Vergangenheit zahlreiche Versuche zur Entwicklung von Methoden zur Brechung der juvenilen Phase gegeben. Viele der dabei entwickelten Verfahren waren nur begrenzt erfolgreich oder führten zu Ergebnissen, die nur z. T. reproduzierbar waren. Durchgesetzt hat sich (zumindest in der Apfelzüchtung) ein System zur Generationsbeschleunigung, bei dem Sämlinge mit optimaler Versorgung (Düngung, Wasser, Zusatzlicht) innerhalb einer Saison als eintriebige Pflanze ohne Seitenverzweigung bis zu einer Höhe von etwa 3 m im Wachstum beschleunigt werden. Anschließend werden oberhalb einer Höhe von ungefähr 180 cm Veredelungsreiser geschnitten. In diesem Bereich befinden sich die Meristeme in den Knospen in der Transitionsphase zum adulten Stadium und sind erstmals in der Lage, Blüten zu bilden. Diese Knospen werden dann für die Veredelung auf Unterlagen verwendet. Auf diese Weise kann man an Sämlingen bereits im zweiten oder dritten Jahr nach der Veredelung erste Blüten induzieren.

4.1.6 Samendormanz

Viele Obstarten haben eine stark ausgeprägte Phase der Samendormanz (Keimruhe). In dieser Phase ist der Stoffwechsel im Samen stark reduziert und Wachstums- bzw. Entwicklungsprozesse laufen nur sehr eingeschränkt weiter. Der Eintritt in die Dormanz erfolgt parallel mit dem Voranschreiten der Samenreife (engl. *seed maturation*). In dieser Phase erfolgt eine Anreicherung von Substanzen, die für die nachfolgende Samenlagerung von Bedeutung sind, sowie die Entwicklung einer zunehmenden Austrocknungstoleranz und die zeitweilige Stilllegung der metabolischen Aktivität. Im Anschluss an die Samenreife schließt sich eine Phase an, die als Samenlagerung (engl. *seed storage*) bezeichnet wird. Diese Phase dient dem Überdauern von ungünstigen Umwelteinflüssen. Die Tiefe der Dormanz wird dabei von verschiedenen Faktoren wie tiefen Temperaturen, dem Gehalt an Abscisinsäure (ABA), dem Verhältnis zwischen ABA und Gibberellinsäure (GA) oder dem Vorkommen von Stickstoffmonoxid, Nitrat und verschiedenen Sauerstoffspezies bestimmt. ABA fördert die Dormanz. Sie wird während der Eintrittsphase in die Samenlagerung sowohl im Embryo als auch im Endosperm gebildet, verhindert das vorzeitige Auskeimen des Embryos und ist maßgeblich an der Etablierung der Austrocknungstoleranz beteiligt. Im fortschreitenden Verlauf dieses Prozesses ist ABA v. a. für die Aufrechterhaltung der Dormanz notwendig. Mit zunehmender Samenreife verstärkt sich die Samenschale. Sie bietet damit zunehmend Schutz vor mechanischer Beschädigung des Samens und reduziert gleichzeitig die Permeabilität für Wasser, Gase und Hormone. Zusätzlich verhindern phenolische Substanzen (vorwiegend Flavonoide) in der Samenschale den vorzeitigen Abbau von ABA. Mit zunehmender Dauer der Dormanz geht der Gehalt an ABA sukzessive zurück. Ein Grund dafür ist das Auftreten von aktiven Sauerstoffspezies, die diesen Prozess fördern. Gleichzeitig kommt es zu einem Anstieg von GA, die als Gegenspieler von ABA fungiert und die Keimung des Embryos durch die Induktion hydrolytischer Enzyme induziert. Diese machen nachfolgend sowohl das Endosperm als auch die Samenschale durchlässiger, mobilisieren Reservestoffe und regen den Embryo zum Wachsen an. Etwa zur gleichen Zeit kommt es zur Anreicherung von Ethylen, das mit dem ABA-Stoffwechsel interagiert, sowie zur Bildung von Stickstoffmonoxid, Nitrat und verschiedenen Sauerstoffspezies, die alle einen stimulierenden Einfluss auf die Keimung haben.

Die Samendormanz stellt bei der Züchtung einiger Obstarten (z. B. *Prunus*-Arten, *Rubus*-Arten) ein großes Problem dar. Aufgrund der immer noch anhaltenden Dormanz nach der Aussaat liegt die Keimungsrate bei diesen Arten oft nur im unteren Prozentbereich (0–20 %). Das macht die Anzucht großer Kreuzungsnachkommenschaften sehr schwierig. Bei einigen Arten (z. B. *Rubus*) kann dieses Problem durch die Aussaat größerer Mengen an Saatgut zumindest teilweise kompensiert werden. Die Früchte dieser Arten besitzen ausreichend viele Samen, sodass die Produktion größerer Mengen an Saatgut keinen so bedeutenden Mehraufwand während der Kreuzungszeit bedeutet. Bei anderen Arten (z. B. *Prunus*) ist das aufgrund der Tatsache, dass jede Frucht nur einen Stein enthält, nicht möglich. Deshalb versuchen Züchter schon seit Langem Verfahren zu entwickeln, mit deren Hilfe sie die Samendormanz effektiv brechen können. Eine Möglichkeit besteht in der Stratifikation der Samen. Hierbei werden die Samen für einen längeren Zeitraum kälteren Temperaturen (< 4 °C) ausgesetzt, was zur Induktion der GA-Biosynthese führt. Neben der Stratifikation kann man auch eine Skarifikation durchführen. Unter Skarifikation versteht man das gezielte Verletzen der Samenschale, um diese durchlässig für Gase, Wasser und Hormone zu machen. Bei *Rubus* wird eine solche Skarifikation z. B. in konzentrierter Schwefelsäure realisiert. Bei den *Prunus*-Arten werden die Steine mechanisch geknackt und die Samenschale entfernt. Im Anschluss an Stratifikation und Skarifikation sind noch Behandlungen mit GA und anderen dormanzbrechenden Substanzen möglich.

4.2 Blütenentwicklung

4.2.1 Blühinduktion, Blüteninitiation und Blütendifferenzierung

Die Blühinduktion erfolgt bei den meisten Obstarten im Jahr vor der Blüte. Eine Ausnahme hiervon sind z. B. herbsttragende Himbeeren sowie remontierende Erdbeeren. Bei Apfel erfolgt die Blühinduktion Ende Juni für das darauffolgende Jahr. Von Mitte Juli bis Anfang August findet die Blüteninitiation statt und anschließend beginnt die Blütenorgandifferenzierung. Die Differenzierung der Kelchblätter (Sepalen) erfolgt zwischen Ende August und Anfang September; es folgen die Kronblätter (Petalen) und Ende September die Staubblätter (Stamina). Im Oktober und November findet die Differenzierung der

Fruchtblätter (Karpelle) statt. In dieser Zeit erfolgt auch der Übergang in die Knospenruhe (Knospendormanz). Sämtliche Entwicklungsprozesse werden nahezu stillgelegt. Erst ab Mitte März geht die Entwicklung in der Blüte mit der Differenzierung des Archespors in den Pollensäcken und dem Verwachsen der Karpelle weiter. Später erfolgt dann die Differenzierung von Tapetum und Pollenmutterzellen sowie von Samenanlagen und Narben. Anfang April differenzieren sich die Pollentetraden und Ende April, Anfang bis Mitte Mai sind die Pollenkörner voll ausgebildet sowie Embryosack und Eizelle differenziert. Direkt im Anschluss erfolgt die Blüte.

Bei junitragenden Erdbeeren erfolgt die Blühinduktion Anfang bis Mitte August, gefolgt von der Entwicklung der Infloreszenz in der ersten Hälfte im September. In der zweiten Septemberhälfte startet die Differenzierung der Blütenorgane beginnend mit den Primordien der Kelchblätter sowie des Kelchs und der Staubbeutel (Antheren) Anfang Oktober. Der Blütenboden mit den Primordien der Fruchtblätter entwickelt sich Ende Oktober bis Mitte November. Zur gleichen Zeit entwickelt sich das Archespor. Im November findet auch die Meiose statt, gefolgt von der Mikrosporogenese und der Formierung der Fruchtblätter. Bevor die Blütenknospe in eine Art Semidormanz geht, ist der Blütenboden bereits gewachsen und Antheren und Karpelle sind differenziert. Die tiefste Phase der Dormanz beginnt Ende Dezember bis Anfang Januar. Von dieser Zeit bis zum Beginn der Vegetation findet nahezu keine Weiterentwicklung mehr statt.

Die genaue Kenntnis über diese phänologischen Entwicklungszyklen ist für den Züchter wichtig. Nur mit ihrer Kenntnis wird er in der Lage sein, den Zuchtprozess (Anzucht von Kreuzungseltern, Pollengewinnung, künstliche Bestäubung etc.) zu optimieren. In Abb. 4.2 wird einen ungefährer Überblick über diese Phasen bei ausgewählten Obstarten gegeben.

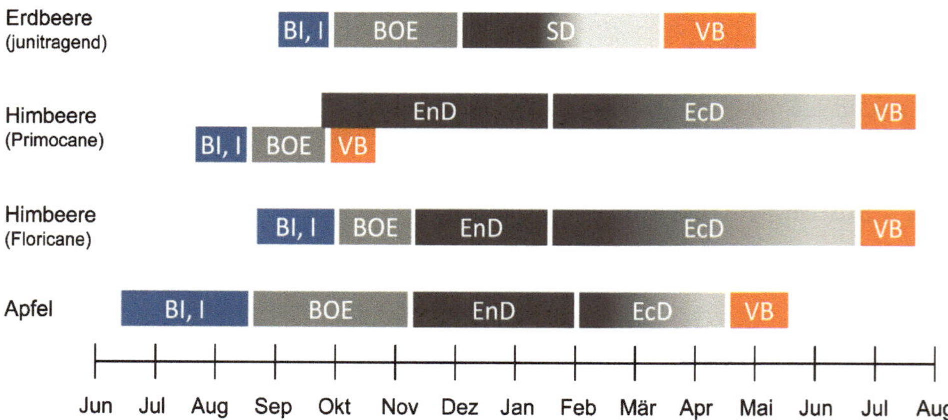

Abb. 4.2 Phänologischer Zyklus der Blütenbildung bei ausgewählten Obstarten. Der hier dargestellte Zyklus ist sehr grob und kann in Abhängigkeit von Standort und Sorte zeitlich variieren. Dennoch bietet er eine ungefähre Vorstellung über den zeitlichen Verlauf der Blütenbildung bei einigen, beispielhaft gewählten Obstarten. *BI* Blühinduktion, *I* Blüteninitiation, *BOE* Blütenorganentwicklung, *EnD* Endodormanz, *EcD* Ecodormanz, *SD* Semidormanz, *VB* Vollblüte

4.2.2 Knospendormanz und Knospenaufbruch

Die Knospen der heimischen Obstbäume gehen im Herbst, wenn die Tage kürzer werden und die Temperaturen sinken, in eine Ruhephase, die auch als Knospenruhe oder Knospendormanz bezeichnet wird. In dieser Phase werden Stoffwechselprozesse im Inneren der Knospe stark reduziert und z. T. ganz stillgelegt. Die Knospenruhe kann in verschiedene Phasen eingeteilt werden, die als Endo-, Para- und Ecodormanz bekannt sind. Endo- und Paradormanz werden dabei als „echte Ruhe" bezeichnet.

Die Endodormanz ist genetisch bedingt und wird durch äußere Einflüsse (vorwiegend Temperatur[1]) hervorgerufen. In der Endodormanz befindliche Knospen sind nicht in der Lage auszutreiben. Sie treiben auch nicht aus, wenn diese Knospen günstigeren Wachstumsbedingungen ausgesetzt werden. Zur Brechung der Endodormanz muss die Knospe einer für diesen Genotyp spezifischen Anzahl an Kältestunden (Kältebedürfnis, engl. *chilling requirement*) ausgesetzt sein. Infolge dieser Kälteeinwirkung kommt es zu einer epigenetisch gesteuerten Regulation in der Expression von Transkriptionsfaktoren, die die Knospenruhe und/oder das Wachstum steuern. Bei den Genen, die diese Transkriptionsfaktoren codieren, handelt es sich um dormanzassoziierte MADS-Box-Gene (DAM-Gene). Für einige dieser DAM-Gene wurde in unterschiedlichen Obstarten (Pfirsich, Birne, Apfel) bereits gezeigt, dass es infolge der anhaltenden Kälteeinwirkung zu Histonmethylierungen in der DNA im Bereich eines dieser Gene oder seiner regulatorischen Elemente (Promoter, Introns, Terminator) kommt. Dies hat einen deutlichen Rückgang der DAM-Genexpression zur Folge. Ob es sich bei diesen Genen um solche handelt, die das Wachstum der Knospe unterdrücken oder fördern, ist nicht zweifelsfrei geklärt. Bei Pfirsich spricht zumindest vieles dafür, dass diese Gene das Wachstum unterdrücken.

Im Unterschied zur Endodormanz ist bei der Paradormanz das später ruhende Organ, z. B. die Knospe, nicht der Ort, an dem das ruheinduzierende Signal wahrgenommen wird. Paradormanz spielt v. a. bei der Dormanz lateraler Knospen an den Zweigen der Obstbäume eine Rolle. Wachstum und Dormanz dieser Knospen unterliegen v. a. den Einflüssen der apikalen Dominanz, die von der terminalen Knospe ausgeht. So können laterale Knospen in der Dormanz verweilen, auch wenn die zur Brechung der Dormanz notwendige Anzahl an Kältestunden bereits erreicht ist. Der Effekt der apikalen Dominanz ist umso stärker, je aufrechter die Äste stehen. Die apikale Dominanz wird durch einen basipetalen Auxintransport hervorgerufen, der das Wachstum der lateralen Knospen inhibiert. Wird die terminale Knospe entfernt oder der Ast in eine waagerechte Position gebracht, so wird die apikale Dominanz reduziert bzw. gebrochen. In der Folge können laterale Knospen wesentlich früher austreiben.

Als Ecodormanz bezeichnet man die Phase nach dem Erfüllen des Kältebedürfnisses bis zum Knospenaufbruch. In dieser Phase befinden sich die Knospen in freier Natur noch in der Ruhe. Werden jedoch wachstumsfördernde Umweltbedingungen (höhere Temperaturen, Zusatzlicht) appliziert, dann können diese Knospen bereits austreiben.

---

[1] Bei Apfel führen längere Perioden mit Temperaturen unter 12 °C zum Eintritt in die Dormanz.

Der Knospenaufbruch wird vorwiegend von Umweltbedingungen gesteuert. Den größten Einfluss scheint hier die Temperatur im Wurzelbereich zu haben. Obstbäume lagern im Winter Reservestoffe, z. B. Aminosäuren, in die Wurzeln ein. Steigen im Frühjahr die Temperaturen, werden die Stoffe remobilisiert und in die Knospen transportiert. Dort werden sie durch einsetzende Stoffwechselprozesse verbraucht und die Knospen beginnen auszutreiben. Die Regulation des Knospenaufbruchs ist unabhängig vom Brechen der Endo- und Paradormanz.

4.3 Selbstinkompatibilität

Viele Pflanzenarten besitzen Mechanismen, die nach der Bestäubung die Befruchtung durch eigene oder genetisch ähnliche Pollen verhindern. Die unter dem Begriff Selbstinkompatibilität (SI) zusammengefassten Mechanismen unterscheidet man v. a. nach dem Ort, an dem die Erkennungsreaktion stattfindet. Erfolgt diese im Inneren des keimenden Pollenschlauchs, also im haploiden Gametophyten, so spricht man von einer gametophytischen SI (GSI). Wichtig für die Erkennungsreaktion bei diesem SI-Mechanismus ist der haploide Genotyp des väterlichen Gametophyten. Basiert die Erkennungsreaktion jedoch auf Merkmalen der Pollenoberfläche (äußere Pollenwandschicht – Exine), die vom diploiden väterlichen (pollenbildenden) Sporophyten auf das Pollenkorn aufgelagert wird, dann spricht man von einer sporophytischen SI (SSI). Wichtig für die Erkennungsreaktion ist hier der diploide Genotyp des väterlichen Sporophyten. Für beide Formen gibt es noch Unterformen. Darüber hinaus gibt es auch eine Mischform und auch solche Mechanismen, die auf unterschiedlichen morphologischen Merkmalen, z. B. einer unterschiedlichen Griffellänge, beruhen. Die meisten angebauten Obstarten mit kommerzieller Bedeutung besitzen ein System der GSI, das auf einem RNase-Mechanismus beruht. Dabei werden im Griffelgewebe verschiedene Allele einer griffelspezifischen RNase exprimiert, die dann in den sich entwickelnden Pollenschlauch einwandern. Obwohl das Grundprinzip bei allen Stein- und Kernobstarten gleich ist, existieren doch gravierende Unterschiede im Aufbau des genomischen SI-Lokus sowie im Mechanismus der Erkennungsreaktion.

4.3.1 Das Selbstinkompatibilitätssystem bei Prunus

Die *Prunus*-Arten besitzen einen S-Lokus, an dem sich zwei eng gekoppelte Gene befinden (Abb. 4.3). Das eine Gen kodiert für eine griffelspezifische RNase, die sog. S-RNase. Das zweite Gen kodiert für ein pollenspezifisches F-Box-Protein, das auch als SFB-Protein (engl. *S-haplotype-specific F-box-Protein*) bezeichnet wird. Vom S-Lokus existieren in den einzelnen *Prunus*-Arten jeweils unterschiedliche Allele, die mit *S* und einer fortlaufenden Zahl gekennzeichnet werden (z. B. *S1, S2, S3*). Einige dieser Allele kommen auch artübergreifend vor. Die S-RNase und das SFB-Gen, die am gleichen Lokus liegen, sind auch vom gleichen Alleltyp (z. B. *S1*). Die diploiden Arten der Gattung *Prunus* be-

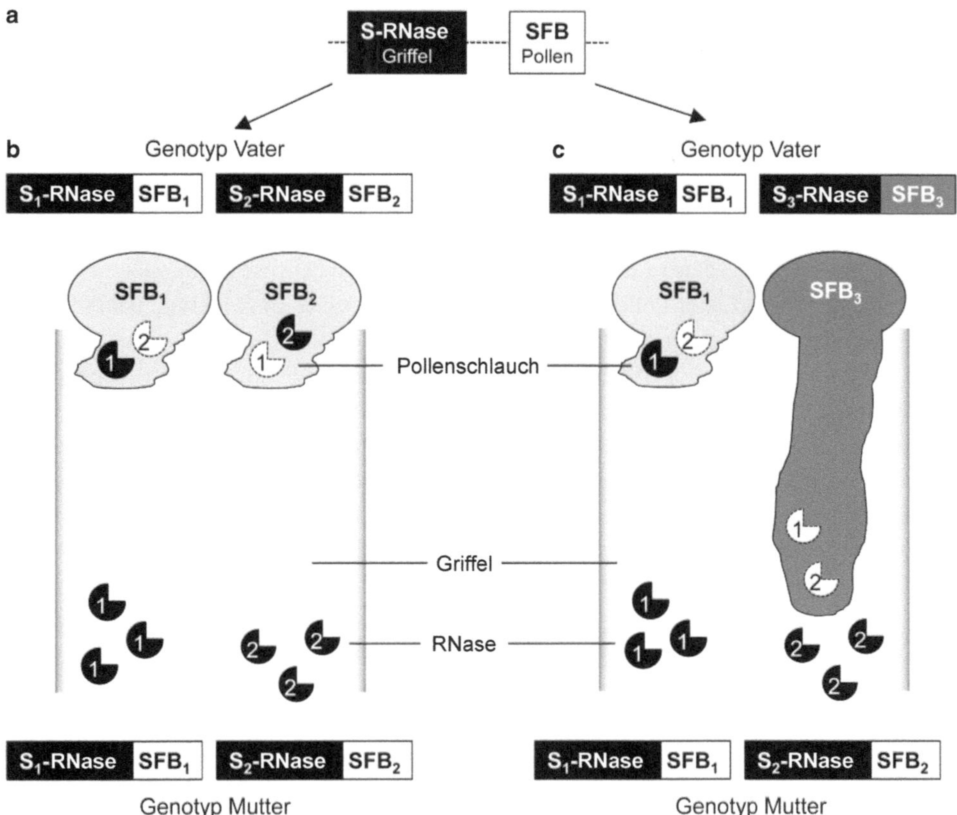

Abb. 4.3 **Das gametophytische Selbstinkompatibilitätssystem der *Prunus*-Arten. a** Struktureller Aufbau des S-Lokus mit dem Gen für eine griffelspezifische S-RNase sowie einem Gen für ein pollenspezifisches F-Box(*SFB*)-Protein in räumlicher Nähe. **b** Vater und Mutter mit gleichem S-Allelgenotyp *S1/S2*; diploides Griffelgewebe der Mutter exprimiert beide Allele der S-RNase (*S1* und *S2*); haploide Pollenschläuche des väterlichen Pollens exprimieren jeweils nur ein Allel des SFB-Proteins (SFB1 bzw. SFB2), nehmen aber jeweils beide S-RNase-Typen auf, wodurch in jedem Pollenschlauch die S-RNasen vom SFB-Protein gleichen Alleltyps vor Abbau durch RNase-Inhibitor geschützt werden (*S1* durch SFB1 bzw. *S2* durch SFB2). Es kommt zum RNA-Abbau und der Pollenschlauch wird geschädigt. **c** Vater (*S1/S3*) und Mutter (*S1/S2*) unterscheiden sich in einem S-Allel. Pollenschläuche, die das SFB3-Allel exprimieren, können keines der beiden S-RNase-Allele erkennen; folglich werden beide abgebaut und der Pollenschlauch bleibt intakt. Griffelspezifische S-RNasen mit *schwarzem Hintergrund* sind intakt. Griffelspezifische S-RNasen mit *weißem Hintergrund* sind inaktiviert

sitzen bis zu zwei verschiedene Allele des S-Lokus (z. B. *S1/S2* oder *S1/S3*). Polyploide Pflanzen besitzen folglich mehr. Bei den diploiden Pflanzen ist der Pollenschlauch haploid und exprimiert damit nur ein Allel des SFB-Proteins (*S1* oder *S2* bzw. *S1* oder *S3*; Abb. 4.3). Das Griffelgewebe dieser Pflanzen ist diploid und exprimiert beide Allele der S-RNase (*S1* und *S2* bzw. *S1* und *S3*; Abb. 4.3a). Wächst ein Pollenschlauch in einen

Griffel ein, so nimmt der Pollenschlauch die beiden im Griffel exprimierten Allele der S-RNase auf. Das im Pollenschlauch exprimierte SFB-Protein erkennt dabei griffelspezifische S-RNasen vom eigenen Alleltyp und schützt diese vor dem Abbau durch einen generellen RNase-Inhibitor (Abb. 4.3b). Damit bleibt dieses Allel der S-RNase aktiv und verhindert die Bildung von Proteinen. Der Pollenschlauch wird in seiner weiteren Entwicklung behindert und kann nicht weiter bis zur Eizelle einwachsen. Andere (fremde) Allele der S-RNase werden von dem Allel des SFB-Proteins nicht erkannt und bleiben ungeschützt. Sie werden in der Folge von dem generellen RNase-Inhibitor im Pollenschlauch deaktiviert. Der Pollenschlauch wird nicht in seiner Entwicklung behindert und kann weiter erfolgreich einwachsen (Abb. 4.3c).

Die Kenntnis über den S-Allel-Genotyp einer Sorte ist wichtig für den Anbauer und auch für den Züchter. Da die meisten Sorten vieler *Prunus*-Arten selbstinkompatibel sind, brauchen sie einen zweiten Genotyp in ihrer Nähe als Befruchter. Früher wurden geeignete Befruchter über aufwendige Bestäubungsversuche identifiziert. Heute hat man eine genaue Kenntnis über den strukturellen Aufbau und die DNA-Sequenz der Gene am S-Lokus. Damit war es möglich, auf PCR-basierende Methoden zu entwickeln, mit denen man den S-Allel-Genotyp einfach und schnell bestimmen kann. Für die Bestimmung des S-RNase-Allels wurden in der Vergangenheit meist die PCR-Primer-Kombinationen PaConsI_F/PaConsI_R bzw. PaConsII_F/PaConsII_R verwendet (Abb. 4.4). Die Primer beider Kombinationen liegen in konservierten Regionen des S-RNase-Gens. Jedes Primer-Paar flankiert dabei ein Intron. In diesen Regionen unterscheiden sich die einzelnen Allele der S-RNase. Auf diese Weise erhält man für unterschiedliche Allele der S-RNase PCR-Produkte unterschiedlicher Länge. Der Nachweis der PCR-Produkte sowie die Bestimmung deren Fragmentlänge erfolgt bei diesen Primer-Kombinationen mithilfe der

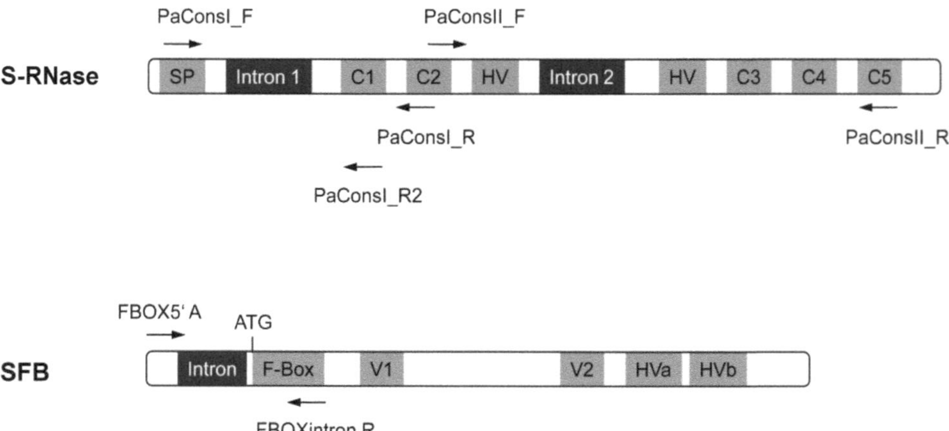

Abb. 4.4 Schematischer Aufbau der Gene für die S-RNase und das SFB-Gen sowie die ungefähre Position der für die Bestimmung der einzelnen Allele verwendeten PCR-Primer. *SP* Signalpeptid; *C1–C5* konservierte Regionen; *HV, Hva, HVb* hypervariable Regionen; *V1, V2* variable Regionen; *Pfeile* markieren ungefähre Primer-Position

Agarosegelelektrophorese. Wesentlich genauer geht das heute mit der Primer-Kombination PaConsI_F/PaConsI-R2. Hier kann man mithilfe von fluoreszenzmarkierten Primern die Fragmentlänge eines Allels automatisch unter Verwendung moderner Kapillarelektrophoresegeräte ermitteln. Für die Bestimmung der SFB-Gen-Allele wird meistens die Primer-Kombination FBOX5′ A/FBOXintron R verwendet (Abb. 4.4). Auch für dieses Paar kann man die Fragmentlängen mithilfe der Kapillarelektrophorese ermitteln.

4.3.2 Das Selbstinkompatibilitätssystem bei den Maleae

Die Pflanzen im Tribus Maleae haben einen S-Lokus, der sich in Aufbau und Funktion deutlich vom S-Lokus der *Prunus*-Arten unterscheidet. An diesem Lokus befindet sich ein Gen für eine griffelspezifische S-RNase, das ebenfalls in verschiedenen Allelen vorkommen kann (z. B. *S1*, *S2*, *S3*). Dieses Gen ist umgeben von mehreren eng gekoppelten Genen, die für unterschiedliche Allele eines pollenspezifischen F-Box-Proteins kodieren. Diese F-Box-Proteine werden auch als SFBB-Proteine (engl. *S-locus F-box-brothers*) bezeichnet. Die Allele des SFBB-Proteins unterscheiden sich dabei nicht nur untereinander, sie unterscheiden sich auch von dem Allel der S-RNase. So kann z. B. das S-RNase-Allel *S1* gemeinsam mit den SFBB-Allelen *2, 3, 4, 5* gekoppelt sein, das Allel *S2* mit den SFBB-Allelen *1, 3, 4, 5* und *S3* mit *1, 2, 4, 5* (Abb. 4.5a). Der haploide Pollenschlauch exprimiert somit alle Allele des SFBB-Box-Proteins, z. B. *2, 3, 4* und *5*, die gemeinsam mit einem der beiden S-RNase-Allele (in diesem Fall *S1*) des diploiden Genotyps (*S1/S2*) gekoppelt sind (Abb. 4.5). Jedes Allel des SFBB-Proteins ist in seiner Funktion gegen ein oder mehrere Allele der S-RNase gerichtet und in der Lage, diese zu inaktivieren. Gemäß ihrer Funktion werden die Allele des SFBB-Proteins auch mit *anti-S*, z. B. *anti-S1*, wenn das SFBB-Allel gegen das S-RNase-Allel *S1* gerichtet ist, bezeichnet. Exprimiert der Griffel ein Allel der S-RNase, für das es kein anti-S-Allel des SFBB-Proteins im Pollenschlauch gibt, dann bleibt dieses S-RNase-Allel aktiv, unterbindet die Proteinbildung und damit die weitere Entwicklung des Pollenschlauchs (Abb. 4.5b). Exprimiert der Griffel jedoch nur S-RNase-Allele, für die es ein anti-S-Allel des SFBB-Proteins im Pollenschlauch gibt, dann werden alle S-RNase-Allele inaktiviert und der Pollenschlauch kann ungehindert weiterwachsen (Abb. 4.5c).

Auch bei Apfel und Birne hat es bereits Bemühungen gegeben, Methoden zu entwickeln, mit denen man die *S*-Allele eines Genotyps schnell und einfach bestimmen kann. Leider ist das bislang nicht so gut gelungen, wie das bei den *Prunus*-Arten der Fall ist. Zur Bestimmung der Allele des *SFBB*-Gens, versucht man i. d. R. zuerst, das gesamte Gen oder zumindest einen größeren Bereich davon zu amplifizieren. Anschließend wird das PCR-Produkt sequenziert. Auf der Basis kleinerer allelspezifischer Sequenzabschnitte werden dann PCR-Primer entwickelt, die für dieses Allel spezifisch sind. Damit muss jeder Genotyp auf die Anwesenheit jedes bekannten *SFBB*-Allels separat untersucht werden. Ähnlich schwierig ist auch die Analyse der S-RNase. Hier wurden verschiedenste Primer-Kombinationen entwickelt, um ein einfaches, möglichst universelles Genotypisie-

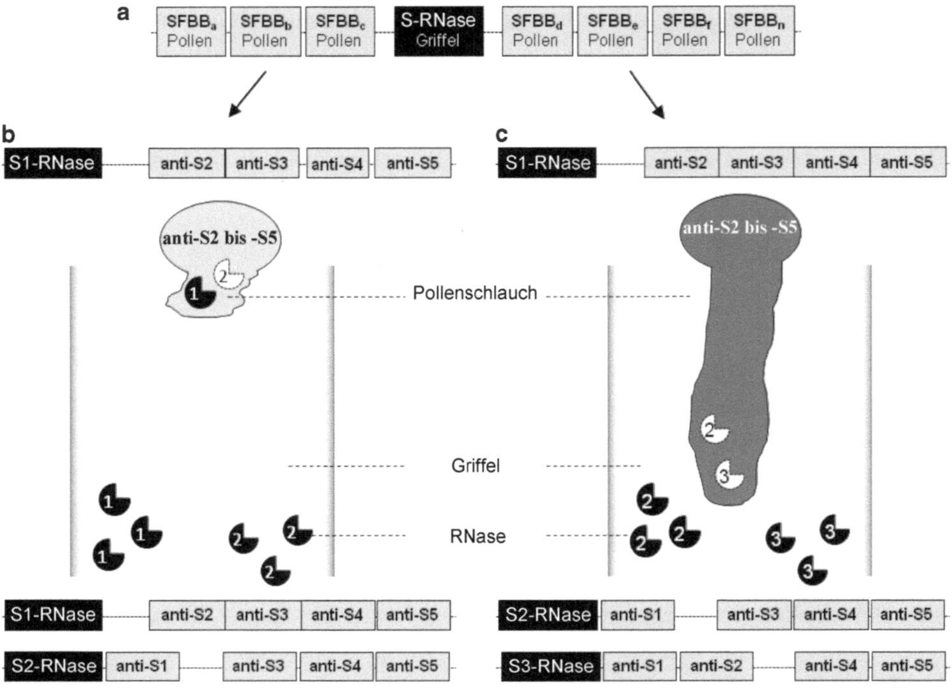

Abb. 4.5 **Das gametophytische Selbstinkompatibilitätssystem der Maleae-Arten. a** Struktureller Aufbau des S-Lokus mit dem Gen für griffelspezifische S-RNase sowie mehreren Allelen eines Gens für pollenspezifisches F-Box-Protein in räumlicher Nähe. **b** Pollenkorn vom Genotyp *S1* trifft auf mütterliche Narbe vom Typ *S1/S2*, wachsender Pollenschlauch nimmt S-RNase-Allele *S1* und *S2* auf. Der Pollenschlauch exprimiert die Allele *2, 3, 4* und *5* des F-Box-Proteins, die gegen die S-RNase ihres eigenen Alleltyps gerichtet sind und deshalb mit *anti-S2* bis *anti-S5* gekennzeichnet sind. In der Folge erkennt das anti-S2-Protein die S-RNase Typ S2 und baut diese ab. Die S-RNase Typ S1 wird jedoch nicht erkannt, da dem Pollenschlauch das anti-S1-Protein fehlt. Die S1-RNAse bleibt aktiv und schädigt den Pollenschlauch. **c** Wachsender Pollenschlauch mit passendem anti-S-Allel für jedes mütterliche S-RNase-Allel; alle S-RNasen werden inaktiviert und Pollenschlauch wächst ungehindert weiter. Griffelspezifische S-RNasen mit *schwarzem Hintergrund* sind intakt. Griffelspezifische S-RNasen mit *weißem Hintergrund* sind inaktiviert

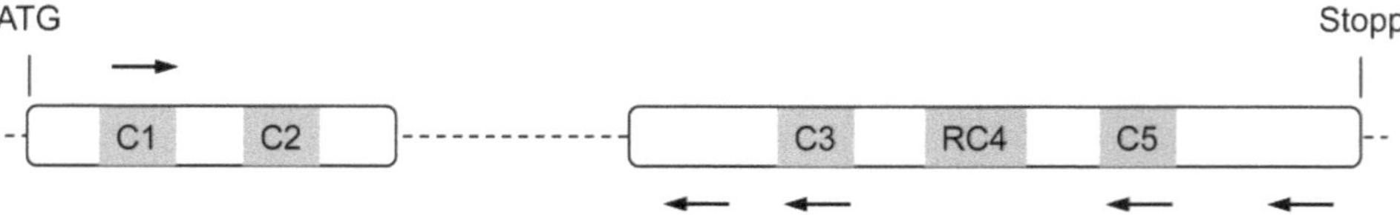

Abb. 4.6 **Schematischer Aufbau des S-RNase-Gens sowie die ungefähre Position der für die Bestimmung der einzelnen Allele bislang verwendeten PCR-Primer.** *C1–C5, RC4* Konservierte Regionen; *umrandete Boxen* Exons; *gestrichelte Linie* Intron; *Pfeile* markieren ungefähre Primer-Position

rungsverfahren zu entwickeln (Abb. 4.6). Alle entwickelten Verfahren funktionieren zwar für einige Allele hinreichend gut, für andere Allele aber nicht oder nur mithilfe zusätzlicher Nachweisverfahren. So existieren auch hier für einige Allele allelspezifische Primer-Kombinationen, mit denen man exakt dieses eine Allel nachweisen kann. Bei anderen Allelen ist es so, dass das man mit den gleichen PCR-Primern verschiedene Allele nachweisen kann. Um herauszufinden, um welches dieser Allele es sich handelt, muss das PCR-Produkt noch mit einer Restriktionsendonuklease gespalten werden.

4.4 Resistenz und Toleranz

Wenn eine Pflanze widerstandsfähig gegenüber einem Schaderreger ist, so ist das die beste Möglichkeit, um das Auftreten von Pflanzenkrankheiten zu reduzieren. Das Ausbleiben einer Infektion nach erfolgter Inokulation mit einem Pathogen kann dabei sowohl an mangelhaften Infektionsbedingungen (Temperatur, Luftfeuchte, Dichte des Inokulums etc.) als auch am Auftreten pflanzlicher Abwehrmechanismen wie Toleranzen oder Resistenzen liegen (Abb. 4.7).

Unter einer Toleranz versteht man in diesem Zusammenhang das Fehlen von Befallssymptomen oder das Ausbleiben eines Leistungsabfalls trotz nachweisbarem Befall der Pflanze mit dem Pathogen. Dabei ist die Toleranz nicht direkt gegen den Erreger gerich-

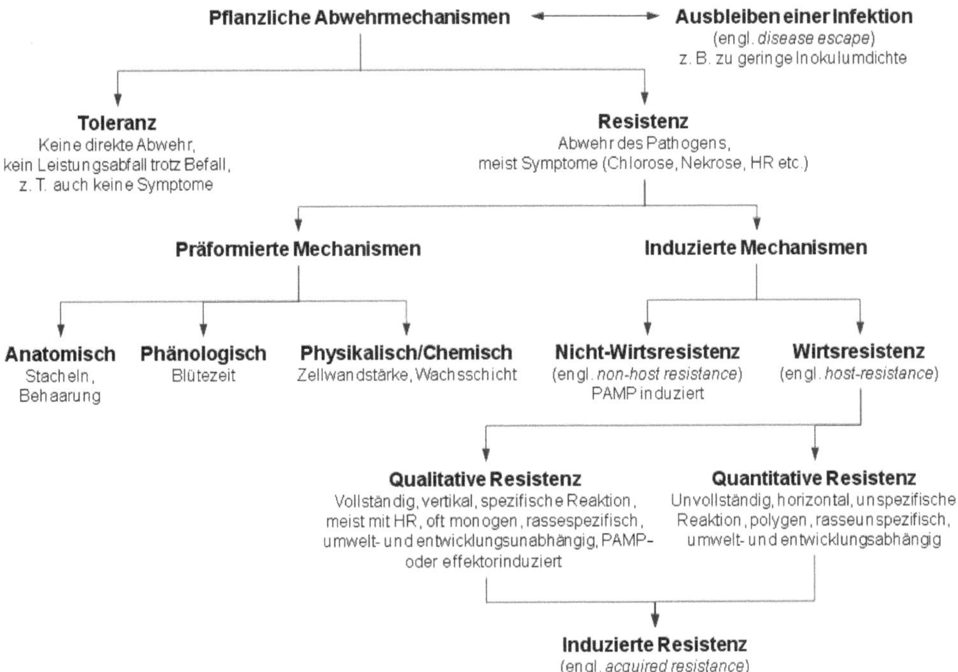

Abb. 4.7 Verschiedene Formen der pflanzlichen Pathogenabwehr

tet. Dieser kann sich auf oder in der Pflanze mehr oder weniger ungestört entwickeln. Das ist bei einer Resistenz anders.

Unter dem Begriff Resistenz versteht man im Allgemeinen die Widerstandsfähigkeit eines Wirts, z. B. eine Kulturpflanze, die gegen einen biotischen Schaderreger, z. B. Bakterien, Pilze, Viren, Insekten, gerichtet ist und diesen an seiner weiteren Ausbreitung auf oder in der Pflanze hindert. Diese Form der Widerstandsfähigkeit kann dabei genetisch sowie (zumindest teilweise) nichtgenetisch bedingt sein. Die nichtgenetischen Faktoren[2], die die Widerstandsfähigkeit der Pflanze fördern, sind vielseitiger Natur und haben ihre Ursachen oft im Anbausystem, beispielsweise einer besseren Durchlüftung des Bestands, oder im schnelleren Bilden von Abschlussgeweben. Die genetischen Ursachen einer Resistenz sind ebenfalls sehr vielfältig (Abb. 4.7), was sich auch in der Anzahl an Modellen widerspiegelt, die die pflanzliche Pathogenabwehr zu erklären versuchen. Da sich gerade dieses Gebiet der Pflanzenforschung im Moment sehr rasch entwickelt, was immer wieder zu neuen Modellen und Sichtweisen führt, sollen hier nur ausgewählte und grundlegende Beispiele besprochen werden, die ein generelles Verständnis für diese Problematik schaffen helfen.

Eine erste Barriere im Kampf gegen einen Pathogenbefall bilden verschiedene präformierte Mechanismen, über die die Pflanze konstitutiv (dauerhaft, auch ohne Pathogenbefall) verfügen kann.

Darüber hinaus verfügen alle Pflanzen über ein sehr wirksames System, das als Nichtwirtsresistenz bezeichnet wird. So können Krankheitserreger, die eine Pflanzenart sehr effektiv infizieren können, andere Pflanzenarten gar nicht infizieren. Ein Beispiel für diese Form der Resistenz aus dem Obstbereich ist die Nichtwirtsresistenz des Apfels gegenüber dem Erreger des Birnenschorfs *Venturia pyrina*. Obwohl viele Apfelsorten anfällig gegenüber dem nah verwandten Erreger des Apfelschorfs *Venturia inaequalis* sind, können sie vom Birnenschorf nicht infiziert werden. Die Nichtwirtsresistenz basiert auf einer Vielzahl von verschiedenen extrazellulären Plasmamembran-assoziierten Rezeptoren (engl. *pattern recognition receptors*, PRR), die die Pflanze i. d. R. konstitutiv exprimiert (Abb. 4.8). Diese extrazellulären PRR erkennen als MAMP (engl. *microbial associated molecular pattern*) oder PAMP (engl. *pathogen associated molecular pattern*) bezeichnete Oberflächenstrukturen von Mikroorganismen, z. B. das Flagellin der Flagellen verschiedener Bakterien, und werden durch diese aktiviert. Infolge einer solchen Aktivierung leiten die PRR ein Signal ins Innere der Zelle und initiieren dort eine Reprogrammierung der Transkription. Diese hat die Expression verschiedener Abwehrkaskaden zur Folge, mit deren Hilfe das Pathogen abgewehrt und an seiner weiteren Ausbreitung gehindert werden soll. PRR sind i. d. R. LRR(engl. *leucine-rich-repeat*)-Kinasen oder LysM(engl. *lysine-motif*)-Kinasen. Einigen PRR fehlt jedoch die Kinasedomäne. Diese PRR brauchen einen Co-PRR für die Signalweiterleitung (Abb. 4.8). Die Nichtwirtsresistenz gilt als stabilste und dauerhafteste Form der Resistenz. Es gibt nur sehr wenige Hinweise darüber, dass Pathogene in der Lage waren, ihr Wirtsspektrum zu ändern.

---

[2] Der nichtgenetisch bedingte Teil einer Resistenz wird auch als Prädisposition bezeichnet.

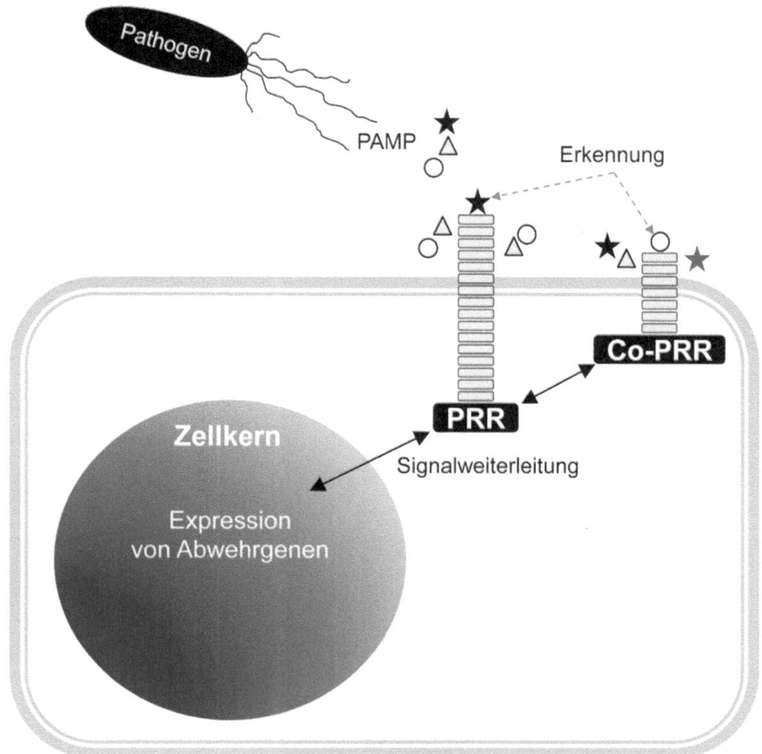

Abb. 4.8   PAMP-gesteuerte Immunität als eine Form der Nichtwirtsresistenz der Kulturpflanzen. Plasmamembranassoziierte Rezeptoren (PRR) erkennen außerhalb der Zelle (extrazellulär) allgemeine Oberflächenmuster von Mikroorganismen (PAMP). Infolge der Erkennung dieser möglichen Bedrohung für die Pflanze wird von dem PRR ein Signal ins Innere der Zelle geleitet, um Abwehrmechanismen in Gang zu setzen. PRR, denen wichtige Motive für die Signalweiterleitung fehlen, fungieren als Co-PRR. Sie benötigen einen anderen PRR für die Signalweiterleitung. *PAMP pathogen associated molecular pattern, PRR pattern recognition receptor*

Neben der Nichtwirtsresistenz können Pflanzen auch über unterschiedliche Formen einer Wirtsresistenz verfügen, bei denen man v. a. die qualitativen von den quantitativen Resistenzen unterscheidet.

Qualitative Resistenzen sind meist monogen vererbt und führen zu sehr starken und hochspezifischen Abwehrreaktionen, die oft mit einem programmierten Zelltod (engl. *hypersensitive response*, HR) der befallenen Zelle einhergehen. Ausgelöst wird diese Reaktion infolge einer Gen-für-Gen-Interaktion. Diese kann extrazellulär oder intrazellulär erfolgen. Die extrazelluläre Erkennung erfolgt wie bei der Nichtwirtsresistenz mithilfe von PRR, die spezifische PAMP oder MAMP erkennen. Im Gegensatz zur Nichtwirtsresistenz kann hier die Erkennungsreaktion auch rassespezifisch sein (Abb. 4.9). Die intrazelluläre Erkennung basiert auf der Existenz eines intrazellulären NLR(engl. *nucleotide-*

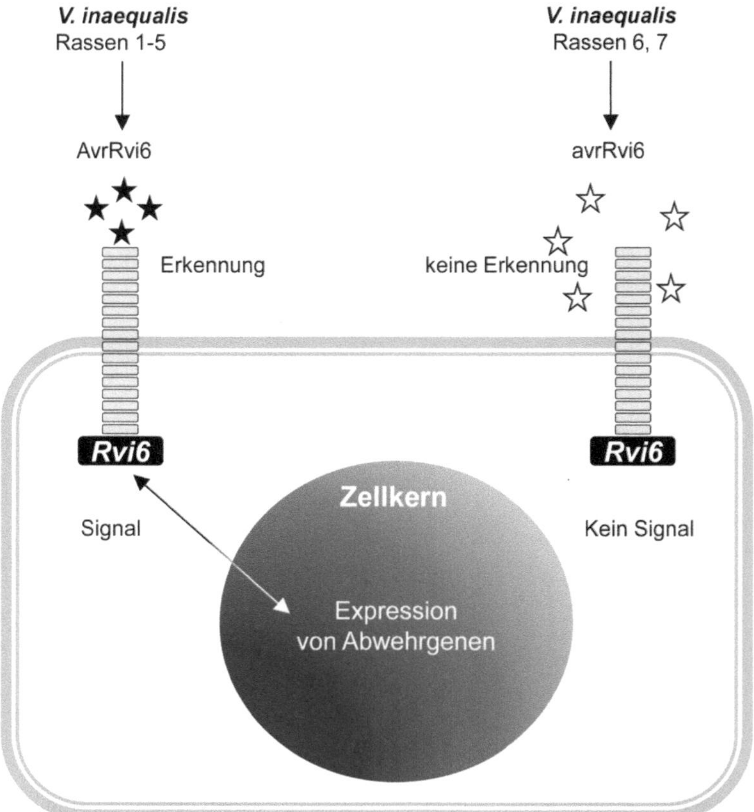

Abb. 4.9 Beispiel für einen extra- und intrazellulären Resistenzmechanismus bei Apfel. Ein Beispiel für eine extrazelluläre Erkennung ist das Schorfresistenzgen *Rvi6* (früher *HcrVf2*) aus dem Vf-Schorfresistenzlokus von *Malus floribunda* 821. Dieses rezeptorähnliche Protein interagiert mit dem AvrRvi6-Protein von *Venturia inaequalis*. Die Schorfrassen 1–5 und 8, die über AvrRvi6 verfügen, werden erkannt und führen zur Resistenzreaktion. Die Rassen 6 und 7 besitzen ein rezessives Allel, das mit avrRvi6 bezeichnet wird und dessen Produkt vom Rvi6-Rezeptorprotein nicht erkannt werden kann. Aus diesem Grund wird auch keine Resistenzreaktion ausgelöst

binding leucine-rich repeat)-Rezeptors der Wirtspflanze. Dieser kann sog. Effektoren des Pathogens direkt oder indirekt erkennen (Abb. 4.10). Effektoren werden von Pathogenen in die Pflanzenzelle geschleust[3], um Abwehrmechanismen zu blockieren[4] und dem Pathogen auf diese Weise die Infektion und weitere Ausbreitung zu erleichtern. Somit haben Effektoren einen Einfluss auf die Virulenz des Erregers und stellen wichtige Virulenzfaktoren dar. NLR-Rezeptoren der Pflanze können einen Effektor erkennen. Sie können

---

[3] Unterschiedliche Pathogene haben unterschiedliche Systeme entwickelt, um Effektoren in Pflanzenzellen zu schleusen. Pilze und Oomyzeten können das z. B. über Haustorien, Bakterien über ein Typ-III-Sekretionssystem (molekulare Nadel) und Insekten über ihren Saugapparat.

[4] Effektoren können z. B. PRR verändern, sodass diese in ihrer Funktion gestört sind.

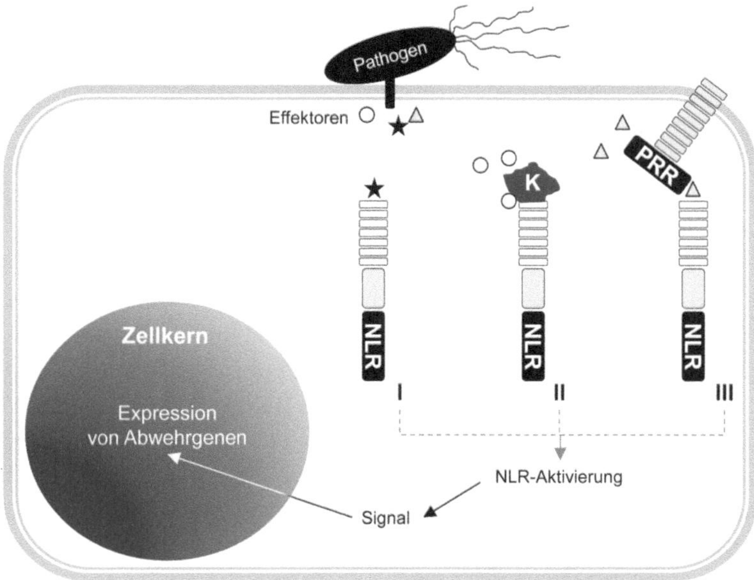

Abb. 4.10 Schematische Darstellung einer effektorgesteuerten Abwehrreaktion als eine Form der qualitativen Resistenz. Ein NLR-Rezeptor erkennt einen Effektor (*Stern*), der von einem Pathogen in die Zelle sekretiert wurde (*I*). Ein NLR-Rezeptor erkennt die Interaktion eines Köders (*K*) mit einem Effektor (*Kreis*), der vom Pathogen ins Zellinnere sekretiert wurde (*II*). Ein NLR-Rezeptor erkennt Veränderungen an einem PRR-Rezeptor, die als Folge einer Interaktion mit einem Effektor (*Dreieck*) entstanden sind (*III*). Jede der Erkennungsreaktionen führt zu einer Aktivierung des NLR-Rezeptors, der in der Folge ein Signal in den Zellkern sendet, um Abwehrmechanismen zu induzieren. PRR Pattern-recognition-Rezeptor. *NLR nucleotide-binding leucine-rich repeat, PRR pattern recognition receptor*

aber auch einen Liganden erkennen, der als Lockvogel oder Köder (engl. *decoy*) mit einem Effektor interagiert. Manche Rezeptoren sind auch in der Lage, ein durch einen Effektor verändertes Target, z. B. PRR, zu erkennen (Abb. 4.10). Erfolgt eine solche Erkennung, wird der NLR-Rezeptor aktiviert und löst sofort eine Reihe von spezifischen Abwehrmechanismen in der Zelle aus. In der Folge kommt es zur Ausbildung einer Resistenzreaktion. Durch diese spezifische Form der Erkennung wird der Erreger avirulent. Das ursprüngliche Virulenzgen, das für diesen Effektor kodiert, fungiert in dieser spezifischen Interaktion als Avirulenzgen (*Avr*-Gen). Für das Schorfresistenzgen *Rvi12* (Vb) aus Hansen's baccata #2 wurden erste Kandidatengene identifiziert. Auch spricht vieles für einen extrazellulären Erkennungsmechanismus.

Quantitative Resistenzen werden oft auch als horizontale Resistenz oder Feldresistenz bezeichnet. Ihre Vererbung ist i. d. R. polygen bedingt und damit genetisch sehr komplex. Quantitative Resistenzen sind zwar dauerhaft und rassenunspezifisch, aber zumeist unvollständig, d. h. Genotypen mit einer quantitativen Resistenz sind dennoch anfällig. Vor diesem Hintergrund erscheint es sinnvoller, eher von einer verringerten Anfälligkeit zu sprechen statt von einer Resistenz. Bei der Testung von Sorten und Zuchtmaterial im Hinblick auf deren Anfälligkeit gegenüber einem Erreger ist es häufig der Fall, dass es Genotypen gibt, die zwar anfällig sind, jedoch einen statistisch signifikant geringeren Befall zeigen als andere. Im Grad der Anfälligkeit sind dabei alle Abstufungen von vollständig befallen (100 %) bis gar kein Befall möglich. Das bedeutet, Genotypen mit einer geringeren Anfälligkeit (quantitativen Resistenz) zeigen eine quantitativ messbare Verbesserung in ihrem Abwehrverhalten im Vergleich zu einem anfälligeren Genotyp. Da die Abstufungen in der Anfälligkeit quantitativ messbar sind, wird diese Form der Widerstandsfähigkeit auch quantitative Resistenz genannt. Die quantitative Resistenz eines Genotyps trifft nicht nur für eine einzelne Rasse des Erregers, sondern für alle Rassen zu. Zwar kann ein Genotyp mit quantitativer Resistenz in seiner Anfälligkeit gegenüber verschiedenen Rassen des Erregers variieren, er wird jedoch immer signifikant weniger anfällig sein als der anfällige Genotyp. Bei einer quantitativen Resistenz gibt es folglich keine rassespezifischen Wirt-Pathogen-Interaktionen. Die Bewertung von quantitativen Resistenzen erfolgt anhand von Bewertungsskalen (Boniturskalen), die so aufgebaut sein müssen, dass sie möglichst alle Abstufungen in der Ausprägung dieses Merkmals erfassen. Solche Bonituren werden für alle Organe benötigt, in denen die quantitative Resistenz bewertet werden soll. Quantitative Resistenzen sind organspezifisch. Es ist also nicht zwingenderweise der Fall, dass Genotypen mit guter Resistenz im Blatt auch weniger Anfälligkeit in der Frucht zeigen. In der Züchtung sind quantitative Resistenzen schwieriger zu handhaben als qualitative Resistenzen. Um ihre Vererbung zu verstehen, müssen aufwendige statistische Kartierungsverfahren durchgeführt werden. Dabei können im Genom einer Pflanze ein bis viele Regionen identifiziert werden, die alle einen prozentualen Beitrag zur Ausprägung dieses quantitativen Merkmals leisten. Diese Regionen werden deshalb auch als QTL (engl. *quantitative trait loci*) bezeichnet. Interessant für den Züchter sind v. a. solche QTL, die einen Großteil der phänotypischen Varianz (Ausprägung) des Merkmals erklären.

Die induzierte Resistenz ist eine Form der Widerstandsfähigkeit, die infolge einer Infektion in Pflanzen mit qualitativer und/oder quantitativer Resistenz gefunden werden kann. Beide Formen der Resistenz (qualitativ und quantitativ) beruhen auf physiologischen Veränderungen in der Pflanze. Sind diese Prozesse einmal aktiviert, bleiben sie auch noch für einige Zeit erhalten. Gewebe einer solchen Pflanze, das von einem Erreger einmal infiziert wurde, kann zu einem etwas späteren Zeitpunkt von dem gleichen Erreger nicht mehr oder zumindest nicht mehr so stark infiziert werden. Die Beschreibung der induzierten Resistenz hatte ihren Höhepunkt in der Pflanzenforschung Ende des 20. Jahrhunderts bis in die ersten Jahre des 21. Jahrhunderts. Die großen Hoffnungen, die viele in diese Form der Resistenz steckten, blieben jedoch weitestgehend unerfüllt. In der Obstzüchtung wird der induzierten Resistenz kaum Bedeutung beigemessen.

Die ontogenetische oder auch entwicklungsbedingte Resistenz ist eine Form der Resistenz, die bei Obst sehr häufig zu beobachten ist und bei der auch Sortenunterschiede beschrieben sind. So werden bei Apfel infolge einer Schorfinfektion meist nur die jüngeren Blätter infiziert, während ältere Blätter nur wesentlich verzögert oder gar keine Symptome zeigen. Die ontogenetische Resistenz hängt v. a. vom Alter, der Wachstumsrate und dem physiologischen Zustand des Blatts ab. Sie kann infolge steigender Temperaturen, z. B. durch die Klimaerwärmung, oder lang anhaltender Infektionsbedingungen in einzelnen Jahren teilweise oder auch vollständig gebrochen werden.

Beispiele für eine intrazelluläre Erkennung bei Apfel sind das Schorfresistenzgen *Rvi15 (Vr2)* aus dem Genotyp GMAL 2473 sowie das Feuerbrandresistenzgen *FB_Mr5* aus *Malus robusta* 5.

Züchtungsmethoden

5

5.1 Einordnung der Obstzüchtung in die Züchtungssystematik

In der klassischen Pflanzenzüchtung werden grundsätzlich vier Sortentypen (Liniensorten, Populationssorten, Klonsorten und Hybridsorten) unterschieden (Abb. 5.1). Diese Sortentypen werden den vier Züchtungskategorien Linienzüchtung, Populationszüchtung, Klonzüchtung und Hybridzüchtung zugeordnet (Schnell 1982). Die entscheidenden Kriterien für die Zuordnung eines Sortentyps zu einer Züchtungskategorie sind die natürliche Fortpflanzungsweise der jeweiligen Pflanzenart sowie der Vermehrungsprozess, durch den das Saat- bzw. Pflanzgut einer Sorte erzeugt wird.

Bei der natürlichen Fortpflanzungsweise von Kulturpflanzen unterscheiden wir Selbstbefruchter, z. B. Weizen und Gerste, von den Fremdbefruchtern, z. B. Roggen und die meisten Obstarten. Beim Vermehrungsprozess unterscheiden wir die sexuelle (generative) Vermehrung von der asexuellen (vegetativen) Vermehrung. Die generative Vermehrung erfolgt über Saatgut, während die vegetative Vermehrung über Spross-, Blatt- oder Wurzelteile erfolgt. Neben diesen vier klassischen Züchtungskategorien und den dazugehörigen Züchtungsmethoden gibt es heute eine Reihe von sog. modernen Methoden der Pflanzenzüchtung. Zu diesen gehört beispielsweise auch der Gentransfer. Die modernen Methoden der Pflanzenzüchtung sind i. d. R. unabhängig von der Fortpflanzungsweise und dem Vermehrungsprozess anwendbar und lassen sich somit keiner der vier klassischen Züchtungskategorien zuordnen. Aus diesem Grund werden sie gesondert besprochen.

Die meisten in Europa heimischen bzw. angebauten Obstarten gehören zu den Fremd- bzw. partiellen Fremdbefruchtern. Ihr Genom ist aufgrund der Fremdbefruchtung stark heterozygot. Jeder Sämling, der aus einer sexuellen Rekombination (Selbstung, Kreuzung) hervorgeht, hat somit einen individuellen und völlig neuen Geno- bzw. Phänotyp. Die Erhaltung und Vermehrung von genetisch identischem Pflanzgut erfolgt vegetativ (Abb. 5.2). Dazu können verschiedene Pflanzenteile genutzt werden (Tab. 5.1). Durch diese vegetative Form der Vermehrung entstehen Klone, die untereinander und zu ihrer Mutterpflanze genetisch identisch sind.

© Springer-Verlag GmbH Germany 2017
M.-V. Hanke und H. Flachowsky, *Obstzüchtung und wissenschaftliche Grundlagen*,
DOI 10.1007/978-3-662-54085-5_5

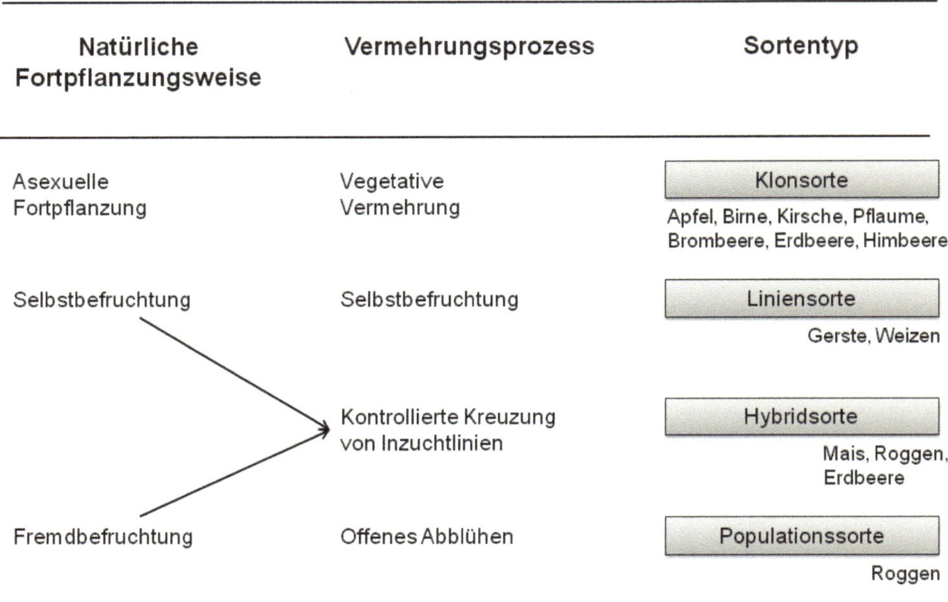

Abb. 5.1 Sortentypen nach der Züchtungssystematik von Schnell (1982)

Abb. 5.2 Vegetative Vermehrung von Erdbeeren über Ausläufer

Tab. 5.1 Fortpflanzung und am häufigsten zur Vermehrung genutzte Pflanzenteile ausgewählter Obstarten

	Art	Fortpflanzung/Kompatibilität	Pflanzgut
Kernobst	**Apfel**, *Malus domestica*	Fremdbefruchtend, selbstinkompatibel	Pfropfreiser
	Europäische Birne, *Pyrus communis*	Fremdbefruchtend, selbstinkompatibel	Pfropfreiser
	Quitte, *Cydonia oblonga*	Fremdbefruchtend, teilweise selbstkompatibel	Pfropfreiser
Steinobst	**Pfirsich**, *Prunus persica*	Fakultativ fremdbefruchtend, selbstkompatibel	Pfropfreiser, Steine
	Aprikose, *Prunus armeniaca*	Gemischte Befruchtung, selbstkompatibel	Pfropfreiser
	Europäische Pflaume, *Prunus domestica*	Fakultativ fremdbefruchtend, selbstinkompatibel	Pfropfreiser
	Süßkirsche, *Prunus avium*	Fremdbefruchtend, selbstinkompatibel	Pfropfreiser
	Sauerkirsche, *Prunus cerasus*	Fremdbefruchtend, selbstinkompatibel	Pfropfreiser
Beerenobst	**Erdbeere**, *Fragaria ananassa*	Gemischte Befruchtung, selbstkompatibel	Ausläufer
	Himbeere, *Rubus idaeus*	Fakultativ fremdbefruchtend, selbstkompatibel	Nodien, Wurzelstecklinge
	Brombeere, *Rubus fruticosa*	Fakultativ fremdbefruchtend, selbstkompatibel	Stängelstecklinge, Wurzelstecklinge, Sprossspitzenkultur

Die Züchtung neuer Obstsorten erfolgt vorwiegend über Klonzüchtung. Eine Ausnahme ist die Erdbeere. Hier gibt es neben der Klonzüchtung (hauptsächlich angewandte Züchtungskategorie) auch erste Ansätze zur Hybridzüchtung. Bei Aprikose und auch bei Pfirsich wird oftmals eine rekurrente Massenauslese als Werkzeug der Populationszüchtung betrieben. Die anderen Züchtungskategorien finden beim Obst keine Anwendung und werden deshalb nicht näher behandelt.

Im Lauf der Geschichte hat sich die Obstzüchtung von der ungerichteten Auslesezüchtung (Selektion von Individuen aus einer natürlich auftretenden Vielfalt) zu einer immer stärker zielorientierten Kombinationszüchtung (Selektion aus einer künstlich erzeugten Variabilität unter Berücksichtigung der angestrebten Zuchtziele) entwickelt. Für die künstliche Erzeugung genetischer Variabilität stehen dem Züchter heute zahlreiche Methoden, z. B. intra- und interspezifische sowie intergenerische Hybridisierung, Mutagenese, Polyploidisierung, Protoplastenfusion und Gentechnik, zur Verfügung. Die Entscheidung für die Anwendung einer dieser Methoden hängt von verschiedenen Faktoren ab, wie

- dem Zuchtziel;
- der Art der genetischen Ressourcen, in denen ein gewünschtes Merkmal vorkommt;

- der Wahrscheinlichkeit, mit der angewandten Methode einen Zuchterfolg zu realisieren;
- dem Verhältnis aus Kosten und Nutzen sowie
- der gesellschaftlichen Akzeptanz der am besten geeigneten Methode.

Die meisten dieser Methoden sind unabhängig von der Züchtungskategorie und dem Befruchtungssystem der jeweiligen Art anwendbar. Um dem Leser die Vielfalt der Möglichkeiten aufzuzeigen, die dem Obstzüchter zur Verfügung stehen, werden sie in diesem Buch jedoch im Zusammenhang mit der Klonzüchtung (s. Abschn. 5.2) besprochen. Eine Ausnahme bilden alle Methoden, die auf der Anwendung biotechnologischer Verfahren, z. B. Protoplastenfusion, Gentechnik, beruhen. Da diese Methoden Grundkenntnisse aus anderen Bereichen erfordern, wie z. B. der In-vitro-Kultur, werden sie in einem eigenständigen Kapitel behandelt.

5.2 Klonzüchtung

Klonzüchtung ist eine Züchtungskategorie, die v. a. bei vegetativ vermehrbaren Pflanzenarten Anwendung findet. Zu diesen gehören auch die heimischen bzw. in Europa angebauten Obstarten. Diese Obstarten sind i. d. R. Fremdbefruchter und ihr Genom ist in hohem Maß heterozygot. Die Erhaltung und Vermehrung individueller Genotypen erfolgt ausschließlich vegetativ in Form von Klonen.

Das Grundprinzip der Klonzüchtung besteht darin, einzelne Individuen aus einer natürlich vorkommenden oder künstlich erzeugten Variabilität auszulesen. Diese Individuen werden in der Folge ausschließlich vegetativ vermehrt und erhalten (Abb. 5.3).

Zur Erzeugung der genetischen Variabilität wird die vegetative Fortpflanzungsweise ausnahmsweise durch eine sexuelle Rekombination, z. B. durch Kreuzung, Mutation oder Gentransfer, unterbrochen. Anschließend werden aus der Nachkommenschaft einzelne Individuen ausgelesen, die dann wieder vegetativ vermehrt und erhalten werden.

Die Erzeugung genetischer Vielfalt durch Kreuzung, also intra- und interspezifische sowie intergenerische Hybridisierung, ist heute die am häufigsten in der Obstzüchtung angewandte Methode. Bei ihr kommt es während der Bildung der Gameten aufgrund der Heterozygotie beider Eltern zu einer starken Aufspaltung aller Merkmale. Die Nachkommen zeigen deshalb eine große genetische Variabilität (Varianz). Aus jedem Samen entsteht ein neuer, völlig individueller Genotyp. Die Aufspaltung der Merkmale erfolgt bei diesen Pflanzenarten bereits in der ersten Filialgeneration (F1). Jeder F1-Sämling kann somit potenziell zu einer neuen Sorte werden. In der Klonzüchtung kann folglich die gesamte genetische Varianz (Additiv-, Dominanz- und Epistasievarianz) genutzt werden. Die besten Sämlinge werden ausgelesen und von diesen werden dann durch vegetative Vermehrung mehrere genetisch identische Pflanzen, die Klone, erzeugt. Diese Pflanzen werden im darauffolgenden Jahr angebaut und als sog. A-Klone geprüft (Abb. 5.4). Die besten A-Klone werden ausgelesen und zu B-Klonen vermehrt. Von diesen werden die

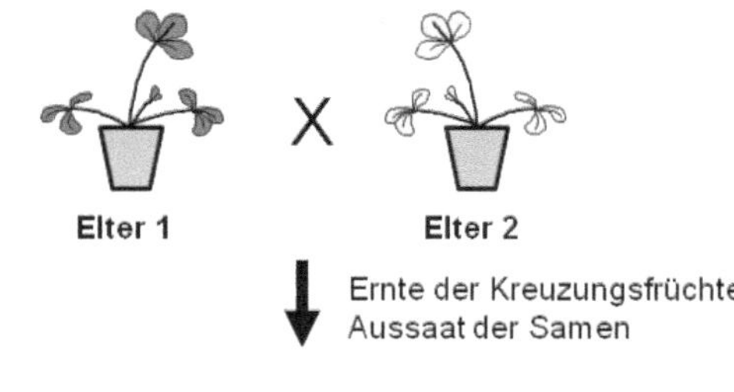

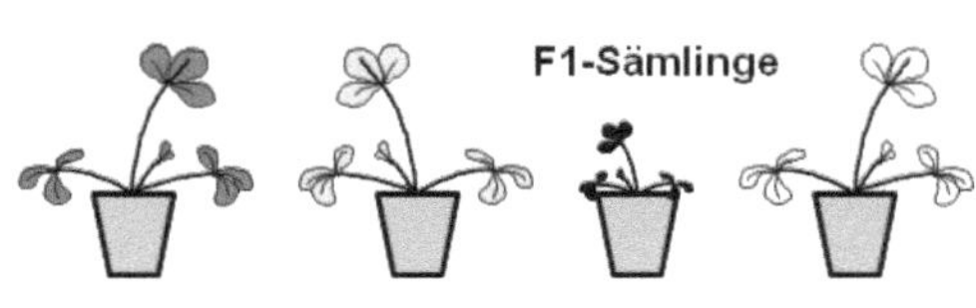

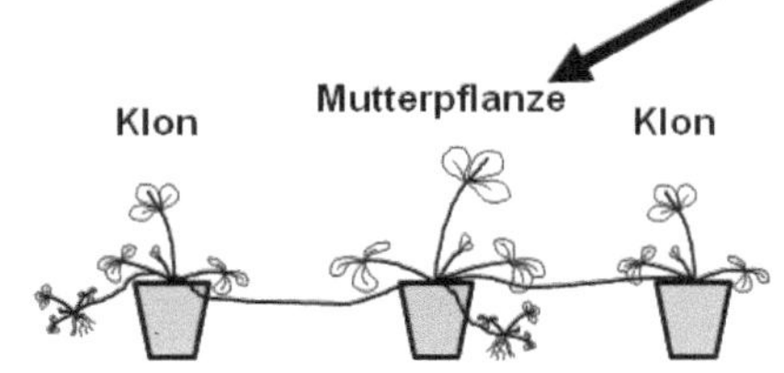

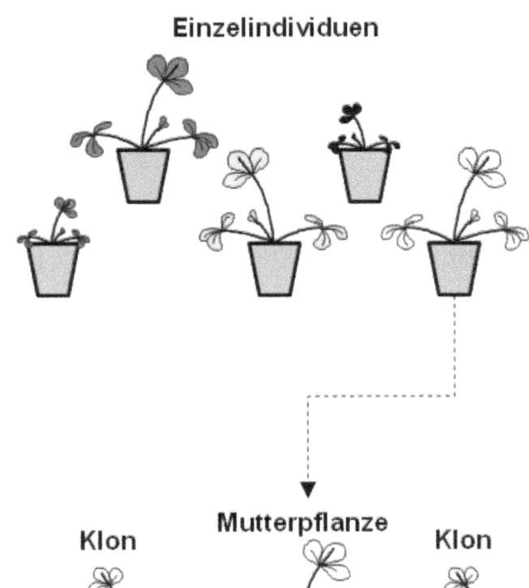

Abb. 5.3 **Grundprinzip der Klonzüchtung am Beispiel der Erdbeere**

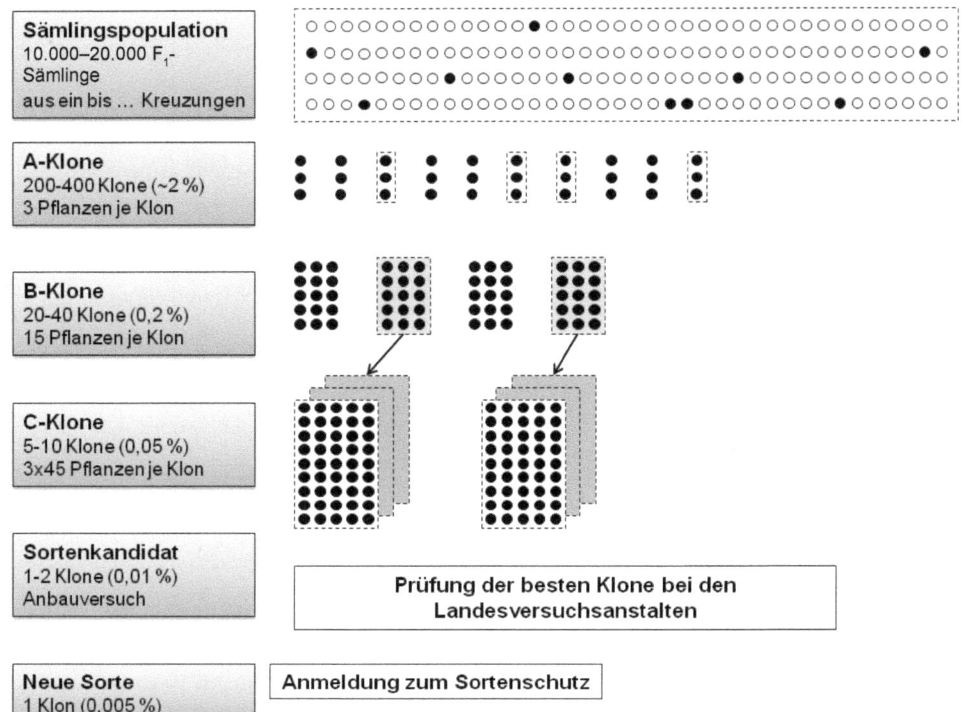

Abb. 5.4 **Schematischer Ablauf der Klonzüchtung im Rahmen eines Kreuzungsprogramms am Beispiel der Erdbeere.** Die Erzeugung der genetischen Variabilität erfolgt durch Kreuzung zweier Eltern. Das Ergebnis dieser Kreuzung ist eine F1-Sämlingspopulation. Die Anzahl an Sämlingen, Zuchtklonen und Klonstufen (A, B, C, …) ist variabel. Sie hängt von verschiedenen Faktoren, wie z. B. dem Zuchtziel, ab und wird vom Züchter im Vorfeld festgelegt

Besten dann zu C-Klonen. Durch dieses mehrstufige Selektions- und Prüfverfahren wird die Anzahl der Klone mit zunehmender Selektionsstufe A, B, C usw. reduziert, um am Ende des Verfahrens den oder die besten Klone selektiert zu haben. Der oder die besten Klone werden anschließend als Sortenkandidaten zur Prüfung an verschiedene Sortenprüfer, z. B. Landesversuchsanstalten, Baumschulkonsortien, Vermehrungsbetriebe, abgegeben. Sortenkandidaten, die sich aufgrund ihrer Merkmale als geeignet für den Anbau oder für verschiedene Nutzungsformen erweisen, können als neue Sorte zum Sortenschutz angemeldet werden.

5.2.1 Auslesezüchtung

Die Auslesezüchtung ist die älteste Form der Pflanzenzüchtung. Sie ist unabhängig von der Züchtungskategorie und dem Befruchtungssystem. Sie ist in einer Zeit entstanden, in der noch nichts über Befruchtungsvorgänge und Vererbung von Merkmalen bekannt war. Die Auslesezüchtung ist auch die älteste Form der Obstzüchtung. Sie existiert bereits seit der Zeit, als der Mensch begonnen hat, verschiedene Obstarten zu domestizieren. Dabei wurden bei den früh domestizierten Arten, wie z. B. Apfel, Birne, Olive, Pflaume, über mehrere Jahrtausende hinweg einzelne Individuen aus einer natürlich auftretenden genetischen Variabilität als Zufallssämlinge ausgelesen. Diese wurden dann über Stecklinge, Wurzelschosser oder durch Pfropfung vegetativ vermehrt und in der Nähe der Wohnstätten kultiviert.

Später, ab der zweiten Hälfte des 18. Jahrhunderts, erfolgte die Auslese von Individuen immer häufiger aus einer künstlich erzeugten Vielfalt. Diese Vielfalt beruhte anfänglich auf der Aussaat von Samen ausgewählter Mutterpflanzen. Mit der Etablierung von Methoden zur Kastration und künstlichen Befruchtung gegen Ende des 18., Anfang des 19. Jahrhunderts war es erstmals möglich, genetische Variabilität durch Kreuzung zweier ausgewählter Eltern zu erzeugen. Da zu dieser Zeit jedoch noch nichts über die Gesetzmäßigkeiten der Genetik bekannt war, erfolgte die Auswahl der Eltern ausschließlich auf der Basis ihres Phänotyps, also z. B. der Fruchtgröße, Fruchtform, Fruchtfarbe, des Geschmacks, der Pflanzengesundheit, und nicht auf der Basis von wissenschaftlichen

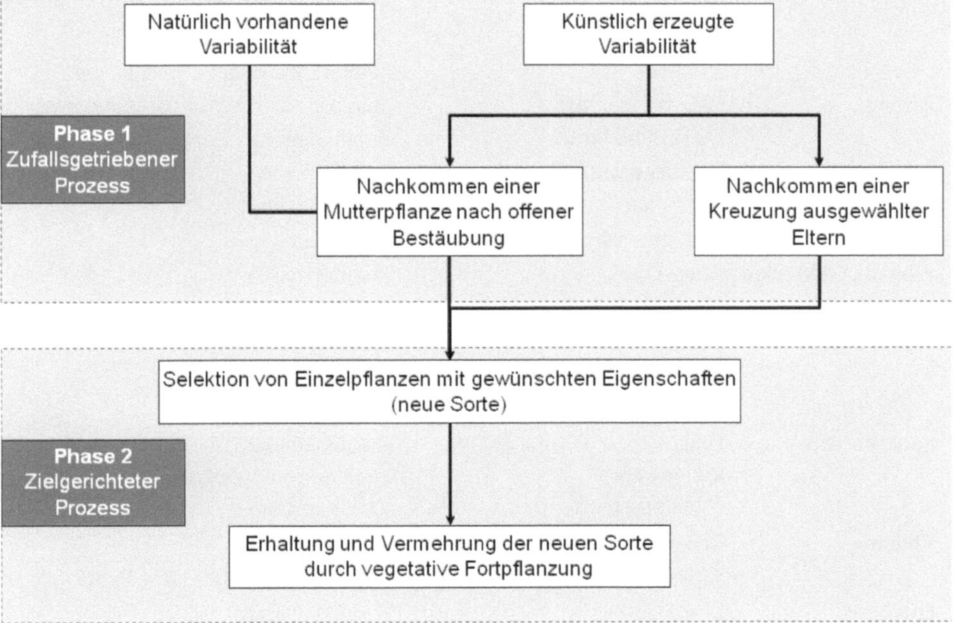

Abb. 5.5 Grundprinzip der Auslesezüchtung. Der Züchter liest aus einer vorhandenen oder künstlich erzeugten Variabilität (Phase 1) zielgerichtet Genotypen aus, die dem Zuchtziel entsprechen (Phase 2). Die Erzeugung der Variabilität erfolgt dabei mehr oder weniger zufällig. Gesetzmäßigkeiten der Vererbung sind unbekannt oder werden nicht beachtet

Erkenntnissen über die Vererbung dieser Eigenschaften. Die Erzeugung genetischer Variabilität war somit ein in hohem Maß zufallsgetriebener Prozess (Abb. 5.5).

Die wesentliche Innovation des Züchters bestand bei dieser Methode in der gezielten Auslese von Individuen, die seinen Vorstellungen (Zuchtzielen) entsprachen. Dies erfolgte sowohl aus einer natürlichen als auch aus einer künstlich erzeugten Variabilität. Ein Zuchtfortschritt ist mithilfe der Auslesezüchtung nur über sehr lange Zeiträume zu erreichen, da ein möglicher Erfolg sehr stark vom Zufall abhängig ist. Dennoch sind in der Vergangenheit viele Obstsorten mithilfe der Auslesezüchtung entstanden (Tab. 5.2). Einige von ihnen haben große Bedeutung im Anbau erlangt. So ist z. B. die Apfelsorte 'Golden Delicious' aus einem Zufallssämling entstanden, der in den USA gefunden wurde und seit 1916 im Anbau ist. 'Golden Delicious' gehört heute noch immer zu den führenden Sorten im Erwerbsobstbau. Im Jahr 2011 wurden mit dieser Sorte noch 33 % aller in Europa erzeugten Äpfel produziert (Schwartau und Görgens 2011).

Tab. 5.2 **Beispiele von Sorten verschiedener Obstarten, die durch Auslesezüchtung entstanden sind**

Art	Sorte	Ursprung
Apfel	Golden Delicious	Zufallssämling
	Cox Orange	Sämling von Ribston Pepping
	Braeburn	Zufallssämling
	Jonathan	Sämling von Esopus Spitzenburg
Birne	Clapps Liebling	Sämling von Holzfarbige Butterbirne
	Diels Butterbirne	Zufallssämling
	Köstliche von Charneu	Zufallssämling
Quitte	Champion	Zufallssämling
	Portugiesische Birnenquitte	Zufallssämling
Pfirsich, Nektarine	Royal Glory	Zufallssämling
	Snow Queen	Zufallssämling
Süßkirsche	Namati	Sämling von Boppacher Kracher
	Teickners Schwarze Herzkirsche	Zufallssämling
	Starking Hardy Giant	Zufallssämling
Sauerkirsche	Fanal	Zufallssämling
	Kelleris 16	Sämling von Zufallssämling
	Újféhértoi fürtös	Zufallssämling
Pflaume	Reine Claude d'Oullins	Zufallssämling
	Althann	Sämling von Große Grüne Reneklode
Himbeere	Lloyd George	Zufallssämling
	Multiraspa	Sämling von Preußen
	Saxa Bliss	Sämling von Autumn Bliss
Brombeere	Wilsons Frühe	Zufallssämling

5.2.2 Kombinationszüchtung

Die Kombinationszüchtung ist eine Weiterentwicklung der Auslesezüchtung. Sie existiert in der Obstzüchtung etwa seit der Mitte der 1920er-Jahre und basiert auf dem Wissen über die Existenz mathematischer Regeln bei der Vererbung von Eigenschaften, den Mendelschen Regeln. Erst nach der Wiederentdeckung dieser Regeln im Jahr 1901 und der Entdeckung des Gens als kleinste Einheit, die für die Vererbung eines Merkmals verantwortlich ist, entstand der Gedanke, dass einzelne Merkmale, z. B. die Resistenz oder die Winterfrosthärte, durch Kreuzung ausgewählter Eltern gezielt kombiniert werden können. Damit ist der Erfolg einer möglichen Kombination mathematisch vorhersagbar. Die Umsetzung dieses Grundgedankens bezeichnet man als den Beginn der wissenschaftlich fundierten Obstzüchtung.

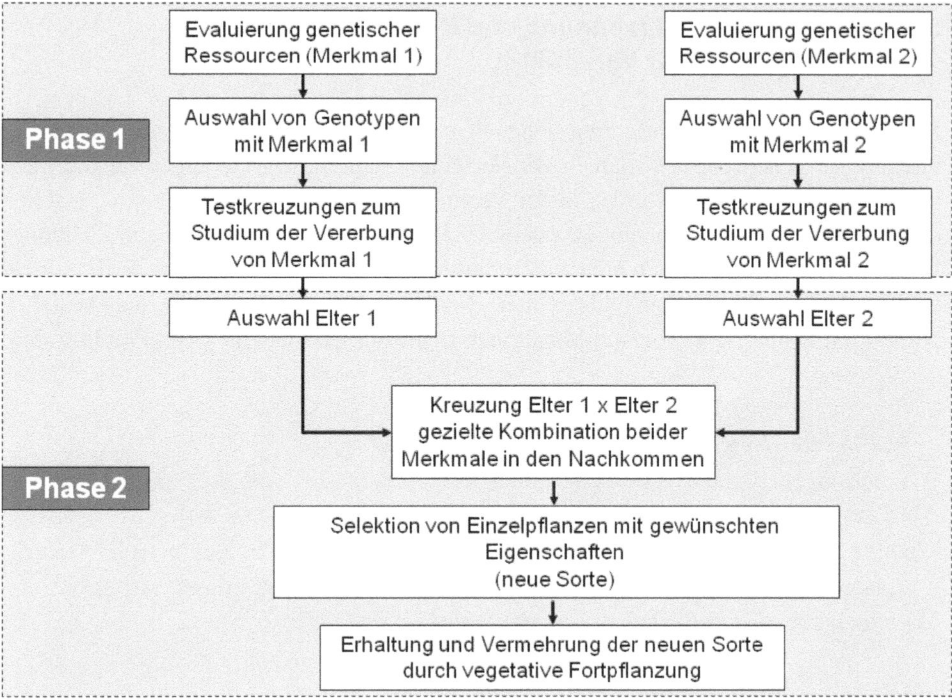

Abb. 5.6 Grundprinzip der Kombinationszüchtung. Der Züchter wählt die Eltern gezielt auf der Basis seiner Kenntnisse über deren Merkmale und ihre Vererbung aus. Das Ziel der Kombinationszüchtung besteht darin, ausgewählte Merkmale einzelner Eltern in den Nachkommen zu kombinieren. Das dafür notwendige Wissen wird in Phase 1, im Vorfeld des eigentlichen Züchtungsprogramms, erarbeitet. Diese Phase fällt in den Bereich der Züchtungsforschung und wird entweder vom Züchter selbst (parallel zu laufenden Züchtungsarbeiten) oder von anderen durchgeführt. In den meisten Fällen beginnt das Zuchtprogramm in Phase 2. Das notwendige Wissen ist bereits aus eigenen Vorarbeiten oder aus der Literatur vorhanden

Die Kombinationszüchtung ist wesentlich zielgerichteter als die Auslesezüchtung. Sie ist heute die am häufigsten angewandte Strategie in der Obstsortenzüchtung. Im Gegensatz zur Auslesezüchtung erfordert sie jedoch umfassende Kenntnisse über das Vorkommen einzelner Merkmale in potenziellen Eltern sowie über deren Vererbung. Aus diesem Grund müssen im Vorfeld eines jeden Züchtungsprogramms umfangreiche Evaluierungsprogramme zur Identifizierung von Genotypen durchgeführt werden, die das gesuchte Merkmal tragen. Mit diesen Genotypen werden dann Testkreuzungen durchgeführt, um zu untersuchen, ob und in welcher Form (monogen bzw. polygen) das Merkmal an die Nachkommen weitergegeben wird (Abb. 5.6).

Die genetische Variabilität wird in der Kombinationszüchtung künstlich erzeugt. Dazu stehen dem Züchter verschiedene Methoden zur Verfügung, von denen einige im Anschluss kurz vorgestellt werden.

5.2.3 Methoden zur Erzeugung und Nutzbarmachung von genetischer Variabilität

Für die Züchtung neuer Obstsorten stehen dem Züchter, in Abhängigkeit von der Obstart, vielfältigste genetische Ressourcen zur Verfügung. Um diese Ressourcen für die Züchtung nutzbar zu machen, wurden in der Vergangenheit verschiedene Methoden etabliert, die unabhängig vom Befruchtungssystem der Pflanze und der dazugehörigen Züchtungskategorie Anwendung finden können. Zu diesen Methoden gehören neben der intraspezifischen, der interspezifischen und der intergenerischen Hybridisierung v. a. auch Verfahren zur Induktion und Detektion von Mutationen sowie zur Überwindung von Ploidiestufen.

Box 5.1 Pflanzengenetische Ressourcen und Genpool
Pflanzengenetische Ressourcen werden drei Gruppen zugeordnet:

Der **primäre Genpool** umfasst die botanische Art selbst (z. B. Kultur-Apfel *Malus domestica*) sowie weitere Arten, die ohne Schwierigkeiten mit dieser Art gekreuzt werden können (z. B. Kaukasus-Apfel *Malus orientalis*).

Der **sekundäre Genpool** umfasst Arten, aus denen Gene nur mit Schwierigkeiten übertragbar sind. Meist zeigen Kreuzungen mit diesen Arten keinen Fruchtansatz oder die Nachkommen sind nicht fertil. Ein Beispiel dafür ist für Apfel die Nashi-Birne. Zwar ist es möglich, Kreuzungen zwischen Nashi-Birne und Apfel durchzuführen, jedoch sind die Nachkommen meist letal (Shimura et al. 1980). In einigen Fällen wurden jedoch fertile Nachkommen erzeugt (Inoue et al. 2003).

Der **tertiäre Genpool** umfasst Arten, die nur mithilfe aufwendiger Spezialverfahren, z. B. der somatischen Hybridisierung, gekreuzt werden können. Zu diesen gehört beispielsweise Gillets Kirschorange (*Citropsis gilletiana*), die nicht mit Mandarinen kreuzbar ist, aber über wichtige Resistenzen verfügt. Durch somatische Hybridisierung ist es gelungen, intergenerische Hybriden zu erzeugen (Grosser et al. 1990).

Intraspezifische Hybridisierung

Die intraspezifische Hybridisierung ist heute die am häufigsten angewandte Kreuzungsmethode in der Obstzüchtung. Bei ihr werden Kreuzungen zwischen ausgewählten Eltern durchgeführt, die beide zur selben Art (z. B. *Malus domestica*) gehören. Sie beschränkt sich ausschließlich auf den primären Genpool (Box 5.1).

Bei der intraspezifischen Hybridisierung handelt es sich oft um reine Sortenkreuzungen oder Kreuzungen mit Zuchtklonen höherer Selektionsstufen (engl. *advanced breeding clone*). Ziel solcher Kreuzungen ist es, Nachkommen zu schaffen, die dem Zuchtziel entsprechen und als neue Sortenkandidaten bereits in der F1 ausgelesen werden können. Beide Eltern verfügen in den meisten Fällen über ein ähnlich hohes Maß an Fruchtqua-

Tab. 5.3 Auswahl von Sorten verschiedener Obstarten, die aus Sortenkreuzungen hervorgegangen sind

Art	Sorte	Ursprung
Apfel	Pinova	Clivia × Golden Delicious
	Elstar	Golden Delicious × Ingrid Marie
	Gala	Kidds Orange × Golden Delicious
	Idared	Jonathan × Wagnerapfel
Birne	David	Jules Guyot × Vereinsdechant
	Dessertnaâ	Bosc's Flaschenbirne × Olivier de Serres
	Harrow Gold	Harvest Queen × Harrow Delight
Süßkirsche	Naprumi	Hedelfinger × Souvenir de Charmes
	Regina	Schneiders Späte Knorpel × Rube
	Vic	Bing × Schmidt
Sauerkirsche	Achat	Köröser × (Fanal × Kelleriis 16)
	Jachim	Köröser × Safir
Erdbeere	Daroyal	Elsanta × Parker
	Clery	Sweet Charlie × Marmolada
	Elsanta	Gorella × Holiday
Himbeere	Meeker	Willamette × Cuthbert
	Tulameen	Nootka × Glen Prosen
Brombeere	Jersey Black	Thornless Evergreen × Eldorado
	Loch Ness	SCRI 75131 D1 × SCRI 74126 RA8

lität. Dadurch sind i. d. R. keine weiteren Kreuzungsschritte mehr notwendig und neue Sortenkandidaten können in überschaubaren Zeiträumen bereitgestellt werden.

In privatwirtschaftlich finanzierten Züchtungsprogrammen und solchen, die hauptsächlich auf die Schaffung neuer Sorten fokussiert sind (Ausnahmen können staatliche Programme sein, die sich im Rahmen ihrer Vorsorgepflicht mehr auf Züchtungsforschung und Vorlaufzüchtung konzentrieren), ist der prozentuale Anteil von Sortenkreuzungen am gesamten Kreuzungsprogramm aus Gründen des Erfolgsdrucks sehr hoch. Er beträgt oftmals nahezu 100 %. Aus solchen Sortenkreuzungen sind viele der heute am Markt vertretenen Sorten entstanden. In Tab. 5.3 sind einige ausgewählte Beispiele für Sorten aufgeführt, die aus einer intraspezifischen Hybridisierung hervorgegangen sind.

Die intraspezifische Hybridisierung beschränkt sich auf die in einer Art vorhandene Variabilität. Merkmale, z. B. die Resistenz, die in dieser Art nicht natürlicherweise vorkommen, können folglich mithilfe einer intraspezifischen Hybridisierung züchterisch nicht verbessert werden.

Interspezifische Hybridisierung

Im Gegensatz zur intraspezifischen Hybridisierung ist die interspezifische Hybridisierung nicht nur auf die vorhandene Variabilität innerhalb der Art angewiesen. Bei ihr werden Kreuzungen über die Artgrenze hinaus durchgeführt. Interspezifische Hybriden resultieren aus Kreuzungen zwischen Eltern verschiedener Arten der gleichen Gattung. Solche Kreuzungen können in der Natur spontan auftreten oder werden vom Züchter gezielt durchgeführt.

Die interspezifische Hybridisierung beschränkt sie sich bei einigen Obstarten, wie dem Apfel, vorwiegend auf Kreuzungspartner aus dem primären Genpool. Der Apfel gehört zur Gattung *Malus*, die aus einer relativ großen Anzahl an Arten besteht, die mehr oder weniger gut miteinander kreuzbar sind und fertile Nachkommen hervorbringen. Die vorhandene genetisch bedingte Variabilität innerhalb und zwischen diesen Arten ist so groß, dass weiterführende Kreuzungen über die Gattungsgrenze hinweg eigentlich nicht notwendig sind.

Bei anderen Obstarten wie der Erdbeere und verschiedenen *Prunus*-Arten wurden und werden auch Kreuzungen mit Arten des sekundären Genpools durchgeführt. Hier kommt es bei einer interspezifischen Hybridisierung aufgrund bestehender Unterschiede im Ploidiegrad zwischen den verschiedenen Arten der gleichen Gattung häufig zu Fertilitätsstörungen.

Dennoch gab es in der Vergangenheit eine ganze Reihe von spontanen, d. h. natürlich verursachten, interspezifischen Hybridisierungsereignissen, aus denen in der Folge einige der heutigen Obstarten hervorgegangen sind. Beispiele dafür sind die Europäische Pflaume *Prunus domestica*, die Sauerkirsche *Prunus cerasus* (Tab. 5.4) und verschiedene Zitrusarten wie Orangen *Citrus sinensis* und Grapefruit *Citrus paradisi* (Abb. 5.7). Das Auftreten spontaner Hybridisierungen zwischen zwei verschiedenen Arten ist v. a. dort zu erwarten, wo sich die natürlichen Verbreitungsgebiete beider Arten überschneiden.

Tab. 5.4 Ausgewählte Obstarten, die durch interspezifische bzw. intergenerische Hybridisierung entstanden sind

Hybridisierungsart	Obstart
Interspezifische Hybridisierung	**Europäische Pflaume** (*Prunus domestica*), mögliche Entstehung: I) Kirschpflaume (*P. cerasifera*) × Schlehe (*P. spinosa*) II) Autopolyploider Bastard der Kirschpflaume (*P. cerasifera*) III) Kirschpflaume (*P. cerasifera*) × Japanische Pflaume (*P. salicina*)
	Sauerkirsche (*Prunus cerasus*): Süßkirsche (*P. avium*) × Steppen-Kirsche (*P. fruticosa*)
	Garten-Erdbeere (*Fragaria ananassa*): Chile-Erdbeere (*F. chiloensis*) × Virginia-Erdbeere (*F. virginiana*)
	Taybeere (*Rubus loganobaccus*): Himbeere (*R. idaeus*) × Brombeere (*R. spec.*)
	Jochelbeere (*Ribes × nidigrolaria*): Schwarze Johannisbeere (*R. nigrum*) × Stachelbeere (*R. uva-crispa*) Andere *Ribes*-Wildarten wurden auch verwendet, z. B. *R. divaricatum*
Intergenerische Hybridisierung	**Hagebuttenbirne** (*Sorbopyrus auricularis*): Mehlbeere (*Sorbus aria*) × Europäische Birne (*Pyrus communis*)

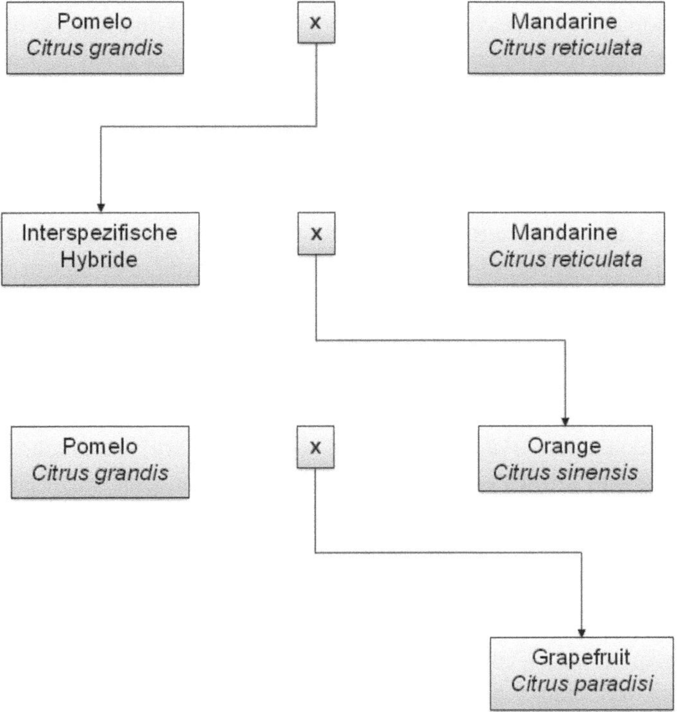

Abb. 5.7 Orange und Grapefruit – Produkte interspezifischer Hybridisierungen

Neben dem Auftreten spontaner Hybridisierungsereignisse können interspezifische Hybriden auch gezielt durch Kreuzung erzeugt werden. Die Ziele für die Durchführung interspezifischer Hybridisierungen können dabei unterschiedlicher Natur sein. Sie reichen von der Schaffung neuer, z. T. exotischer Obstarten, bis zur Resynthese bereits existierender Arten und zur Übertragung (Introgression) ausgewählter Eigenschaften von Wildartenakzessionen in die Kulturart. Beispiele für die Schaffung neuer Obstarten mithilfe interspezifischer Hybridisierungen sind die Taybeere sowie die Josta- oder Jochelbeere (Tab. 5.4). Ziel dieser Kreuzungen war die Schaffung widerstandsfähiger Obstsorten. Dennoch haben viele interspezifische Hybriden kaum Bedeutung im Erwerbsobstbau erlangt. Das gilt auch für Jochelbeeren. Sorten der Jochelbeere sind jedoch in vielen Gartenkatalogen zu finden und spielen heute z. T. im Haus- und Kleingarten eine Rolle.

Bekanntestes Beispiel für die Resynthese einer Art ist die Garten-Erdbeere *Fragaria ananassa*. Die Garten-Erdbeere ist eine interspezifische Hybride, die Anfang des 18. Jahrhunderts aus Kreuzungen zwischen der südamerikanischen Art *F. chiloensis* und der nordamerikanischen *F. virginiana* entstanden ist. Ihr Ursprung geht auf eine überschaubare Anzahl von Hybridisierungsereignissen zwischen wenigen Genotypen zurück. Viele der heute existierenden Erdbeersorten sind somit weitläufige Nachfahren dieser Ausgangshybriden. Damit ist der arteigene Genpool der Garten-Erdbeere sehr begrenzt. Um diesen Genpool zu erweitern, hat es in der Vergangenheit zahlreiche Bemühungen zur Introgression von Merkmalen aus verschiedenen anderen *Fragaria*-Wildarten gegeben. Nur wenige dieser Bemühungen waren jedoch erfolgreich und haben letztendlich zur Entstehung neuer Sorten geführt. Damit haben diese Experimente vielfach keinen echten Beitrag zur Erweiterung des Genpools erbracht. Aus diesem Grund wurde die Resynthese der Art aus vorher selektierten Eliteklonen von *F. virginiana* und *F. chiloensis* vorgeschlagen (Hancock et al. 1993). Ziele dieser Resynthese sind die Erweiterung des Genpools sowie das Erreichen eines höheren Grads an Heterozygotie. Erste Experimente dazu haben gezeigt, dass auf diese Art und Weise ein substanzieller Züchtungsfortschritt zu erreichen ist (Luby et al. 2008).

Eines der bekanntesten Beispiele für die Introgression von Merkmalen ist die Übertragung der *Vf*-Schorfresistenz aus der Wildapfelakzession *Malus floribunda* 821 (Abb. 5.8) in den Kultur-Apfel *M. domestica*. Erste Kreuzungen mit dem Ziel der Übertragung dieses Merkmals wurden bereits 1914 durchgeführt (Crandall 1926). Die Früchte der Nachkommen dieser Kreuzungen waren jedoch sehr klein und von schlechtem Geschmack. Aus diesem Grund wurden in der Folge immer wieder Kreuzungen zwischen resistenten Nachkommen und Apfelsorten mit exzellenter Fruchtqualität durchgeführt. Mindestens fünf Kreuzungsgenerationen waren notwendig, bevor die ersten *Vf*-resistenten Apfelsorten viele Jahrzehnte nach der Ausgangskreuzung erfolgreich in den Markt eingeführt werden konnten (Bakker et al. 1999). Heute existieren weit über 100 Apfelsorten mit *Vf*-Schorfresistenz weltweit (Tab. 5.5). Die wohl bislang erfolgreichste Sorte ist 'Topas'. Diese Sorte ist heute in fast jedem Supermarkt zu finden.

Abb. 5.8 *Malus floribunda* 821 – Donor der *Vf*-Resistenz gegenüber dem Apfelschorf *Venturia inaequalis*

Tab. 5.5 Auswahl an Apfelsorten mit *Vf*-Schorfresistenz aus verschiedenen Züchtungsprogrammen

Sorte	Herkunft	Stammbaum
Rebella	Institut für Obstforschung bzw.	Golden Delicious × Remo
Recolor	Institut für Obstzüchtung Dresden	Regine × Reglindis
Regia	Pillnitz; Deutschland	Clivia × BX 44,9
Rekarda		Golden Delicious × Remo
Remo		James Grieve × BX 44,14
Rewena		(Cox Orange × Oldenburg) × BX 44,14
Topas	Institut für Experimentelle Botanik,	Rubin × Vanda
Otava	Station für Resistenzzüchtung an	Sampion × Jolana
Rubinola	Apfel; Pěnčín, Tschechien	Prima × Rubin
Resista	Research and Breeding Institute of Pomology Holovousy Ltd. Holovousy; Tschechien	Prima × NJ 56
Santana	Plant Research International	Elstar × Priscilla
Natyra	Wageningen; Niederlande	Elise × CPRO 80015-47
Ecolette		Elstar × Prima
GoldRush	COOP; Purdue University Rutgers,	Golden Delicious × Coop 17
Crimson Crisp	The State University New Jersey, University of Illinois, USA	Golden Delicious × Coop 17
Ariwa	Agroscope Wädenswil; Schweiz	Golden Delicious × A 849-5
Ladina		Topaz × Fuji
Galiwa		Gala × K1R20A44
Ariane	INRA Angers/Novadi Angers; Frankreich	(Florina × Prima) × Golden Delicious

Interspezifische Hybridisierungen werden heute v. a. im Bereich der Vorlaufzüchtung in staatlichen Züchtungsinstituten durchgeführt. Bei diesen Arbeiten geht es vorwiegend um die Introgression von Resistenzen aus genetisch entfernten Wildartenakzessionen.

Intergenerische Hybridisierung

Die intergenerische Hybridisierung beschränkt sich nicht nur auf die vorhandene Variabilität innerhalb der Gattung der zu bearbeitenden Pflanzenart. Hier werden Kreuzungen über Gattungsgrenzen hinaus durchgeführt. Solche Kreuzungen sind i. d. R. problematisch, da es entweder gar nicht erst zum Samenansatz nach erfolgter Bestäubung kommt oder die Nachkommen eine geringe Fertilität besitzen. Dennoch wurden in der Vergangenheit zahlreiche Versuche bei verschiedenen Obstarten unternommen, intergenerische Hybriden herzustellen. Verglichen zur Gesamtzahl der durchgeführten Versuche war der bislang erzielte Erfolg eher sehr gering. Die meisten Arbeiten hatten das Ziel, zu prüfen, ob eine Hybridisierung zwischen den gewählten Arten generell möglich ist. Die entstandenen Hybriden wurden im Anschluss entweder verworfen oder waren nutzlos für die Sortenzüchtung. Erfolgreiche Arbeiten, die auf die Übertragung oder Kombination von ausgewählten Merkmalen ausgerichtet waren, sind nur sehr wenige bekannt. Dennoch gab es einige wenige Versuche, die zumindest theoretisch einen Erfolg erhoffen lassen. So existieren heute Hybriden zwischen dem Kulturapfel und der Europäischen Birne. Diese Hybriden sind fertil und wurden bereits erfolgreich mit Apfel rückgekreuzt (Abb. 5.9). Damit ist es theoretisch denkbar, die Resistenz gegen Obstbaumkrebs der Birne in den Apfel zu übertragen. Ob dieses Vorhaben praktisch realisierbar ist, kann derzeit nicht beantwortet werden, da unbekannt ist, worauf diese Resistenz beruht und wie sie vererbt wird.

Abb. 5.9 Früchte einer BC1-Hybride aus einer interspezifischen Kreuzungen zwischen (*Malus* × *Pyrus*) × *Malus*

Mutationen als wichtiges Werkzeug für die Obstzüchtung
Die Selektion von Mutanten hat in der Obstzüchtung eine sehr große Bedeutung. Die Gründe dafür liegen in der vorherrschenden Fremdbefruchtung, der daraus resultierenden Heterozygotie und den großen Schwierigkeiten bei der Etablierung neuer Sorten am Markt.

Bei Selbstbefruchtern können etablierte Sorten durch Introgression von ausgewählten Merkmalen aus genetisch entferntem Zuchtmaterial in einer oder in wenigen Eigenschaften verbessert werden. Dazu wird die Sorte mit dem Donor der Eigenschaft gekreuzt. Anschließend werden Nachkommen mit der gewünschten Eigenschaft solange mit der Ausgangssorte rückgekreuzt, bis die aus diesen Rückkreuzungen entstehenden Nachkommen wieder nahezu identisch mit der Ausgangssorte sind. Die neue Sorte unterscheidet sich von der Ausgangssorte im Idealfall nur in dem übertragenen Merkmal. Der Sortencharakter der Ausgangssorte bleibt in jedem Fall erhalten.

Das geht bei Fremdbefruchtern nicht. Durch das hohe Maß an Heterozygotie im Genom beider Eltern kommt es bei jeder sexuellen Rekombination (Kreuzung bzw. Selbstung) zu einer großen Aufspaltung der Merkmale in den Nachkommen. Dadurch entstehen immer neue, genetisch völlig individuelle Genotypen. Der Ausgangsgenotyp der erfolgreichen Sorte sowie der für sie typische Sortencharakter gehen folglich verloren. Erschwerend kommt hinzu, dass viele Obstarten selbstinkompatibel sind. Rückkreuzungen können, wenn überhaupt, nur über aufwendige Verfahren erzwungen werden. In jedem Kreuzungsprogramm entstehen folglich ausschließlich neue Sorten. Die Etablierung einer solchen neuen Sorte am Markt ist oft ein langwieriger und schwieriger Prozess. Im Fall der Pillnitzer Apfelsorte 'Pinova' hat es 17 Jahre von der Erteilung des Sortenschutzes an gedauert, bis diese Sorte in einem ökonomisch nennenswerten Umfang angebaut wurde.

All diese Gründe sind Ursache und Triebkraft für das Bestreben vieler Züchter, Mittel und Wege zu finden, erfolgreiche Sorten in einzelnen Merkmalen zu verbessern. Eine Möglichkeit ist die Auslese von Mutanten. Mutationen können natürlicherweise auftreten oder mithilfe chemischer Mutagene bzw. mutationsauslösender Strahlung erzeugt werden. Gerade bei vegetativ vermehrten Arten kommt es infolge der asexuellen Vermehrung zu einer Erhaltung von solchen Mutationen. Erfolgt die Mutation in einem wertgebenden Merkmal, z. B. der Fruchtschalenfarbe, Fruchtfleischfarbe, Fruchtform, Reifezeit, Behaarung oder Samenlosigkeit, so kann die Mutante eine erfolgreiche Sorte werden. Wir sprechen in einem solchen Fall von einer abgeleiteten Sorte.

Spontan auftretende Mutationen kommen bei Obstgehölzen verhältnismäßig häufig vor. Dabei kann der Mutationsvorgang bereits vor der Organdifferenzierung in einer Zelle eines Sprossvegetationspunkts stattfinden. Im Ergebnis entstehen mutierte Sprosse oder Sprossteile (Knospen- oder Sprossmutationen), die in der Obstzüchtung als Sports bezeichnet werden. Unabhängig davon kann es auch zur Bildung von chimären, also aus genetisch unterschiedlichen Zellen bestehenden Geweben kommen. Das ist z. B. der Fall, wenn die Mutation in einer somatischen Zelle während der Organogenese erfolgt. Solche Mutationen, die beispielsweise die Verfärbung von Sektoren der Fruchtschale verursachen, sind nur in einzelnen Organ- bzw. Gewebeteilen vorhanden.

In Tab. 5.6 gibt eine Auswahl bekannter Sports von Sorten verschiedener Obstarten. Eine der in Deutschland bekanntesten Farbmutanten bei Apfel ist die Sorte 'Roter Gravensteiner'. Bei dieser Sorte handelt es sich um eine rotschalige Mutante der weitverbreiteten und vielfach beliebten Sorte 'Gravensteiner'. Neben diesen eher historischen Sports gibt es aber auch solche, die derzeit erwerbsmäßig angebaut werden. Ein Beispiel dafür ist die Apfelsorte 'Evelina'. Diese Sorte ist eine rotschalige Farbmutante der Apfelsorte 'Pinova' (Abb. 5.10), die derzeit sehr erfolgreich am internationalen Markt vertreten ist.

Neben der Selektion zufällig auftretender Mutationen wurden immer wieder Versuche unternommen, Mutationen künstlich zu erzeugen. Die auf diese Weise erzeugten Mutan-

Tab. 5.6 **Auswahl von Sorten verschiedener Obstarten, die durch Mutationen entstanden sind**

Art	Sorte	Ursprungssorte, Entstehung	Merkmal
Apfel	Roter Gravensteiner	Gravensteiner	Fruchtschalenfarbe
	Evelina	Pinova	Fruchtschalenfarbe
	Elshof	Elstar	Fruchtschalenfarbe
	Gala Galaxy	Gala	Fruchtschalenfarbe
	Grand Gala	Gala	Fruchtgröße
	McIntosh Wijcik	McIntosh	Säulenwuchs
Birne	Max-Red Bartlett	Williams (Bartlett)	Fruchtschalenfarbe
	Regal Red Comice	Vereinsdechantsbirne	Fruchtschalenfarbe
	Sweet Sensation	Vereinsdechantsbirne	Fruchtschalenfarbe, Geschmack
	Red Clapp's Favorite	Clapps Liebling	Fruchtschalenfarbe
Nashi-Birne	Suisho	Niitaka	Fruchtschalenfarbe
Süßkirsche	JI 2420[a]	Bestäubung der Sorte Emperor Francis mit	Selbstkompatibilität
	JI 2434[b]	bestrahltem Pollen der Sorte Napoleon	Selbstkompatibilität
	Compact Stella	Stella	Wuchsform
Sauerkirsche	Kobold	Schattenmorelle	Wuchsform
Chinesische Pflaume	Late Santa Rosa	Santa Rosa	Reduziert klimakterisch
	Sweet Miriam	Santa Rosa	Nicht klimakterisch
	Early Rosa	Santa Rosa	Reifezeitpunkt
Himbeere	Golden Bliss	Autumn Bliss	Fruchtfarbe
	Golden Everest	Autumn Bliss	Fruchtfarbe
	Wilkran	Zefa 2	Stachellosigkeit
	Golden Queen	Cuthbert	Fruchtfarbe
	Lumina	Autumn Bliss	Fruchtfarbe
Brombeere	Thornless Evergeen	Oregon Evergreen	Stachellosigkeit

[a]Donor des mutierten $S4'$-Selbstinkompatibilitätsallels für die selbstkompatiblen Sorten 'Stella', 'Sweetheart', 'Newstar', 'Sandra Rose', 'Sonata' und 'Lapins'.
[b]Donor des mutierten $S3'$-Selbstinkompatibilitätsallels (Sonneveld et al. 2001; Ushijima et al. 2004).

Abb. 5.10 'Evelina' (*links*) – eine rotschalige Mutante der Apfelsorte 'Pinova' (*rechts*)

ten waren i. d. R. letal, nicht fertil oder wurden nicht entdeckt, da die Mutation aufgrund des heterozygoten Genoms der Ausgangssorte von einem noch intakten Allel des gleichen Gens überdeckt wurde. Solche rezessiven Mutationen werden erst im homozygoten Zustand nach Selbstung der Mutante an 25 % der S1-Nachkommen sichtbar. Selbstungen sind aber bei Obst aus den bereits genannten Gründen nicht oder nur sehr bedingt möglich. Dennoch gab es hin und wieder Beispiele, bei denen eine induzierte Mutation zur Verbesserung in einem züchterisch interessanten Merkmal führte. Bestes Beispiel dafür ist die Erzeugung selbstfertiler Mutanten bei der Süßkirsche (Tab. 5.6).

Überwindung von Ploidiestufen zur Nutzbarmachung von Vielfalt

Das Auftreten von Polyploidie (Box 5.2) ist bei der Züchtung verschiedener Obstarten von besonderer Bedeutung, da innerhalb der Art und/oder im Genpool der Art Individuen unterschiedlicher Ploidiestufen vorkommen können. So sind beispielsweise bei der Europäischen Birne *Pyrus communis* sowohl diploide als auch triploide und tetraploide Formen bekannt. Das macht die Züchtung innerhalb der Art schwierig. Kreuzungen mit triploiden Partnern sind i. d. R. wenig erfolgreich, da es in der Meiose zu einer fehlerhaften Verteilung der Chromosomen kommt. Kreuzungen zwischen diploiden und tetraploiden Partnern führen meist zu triploiden Nachkommen. Diese können als Sorte aber sehr erfolgreich sein, wie es z. B. bei den Apfelsorten 'Jonagold', 'Grafensteiner' und 'Red Prince' der Fall ist. Für eine Nutzung als Kreuzungspartner sind sie jedoch meist ungeeignet. Um dieses Problem zu lösen und Merkmale von Pflanzen unterschiedlicher Ploidiestufen nutzen zu können, hat der Züchter verschiedene Möglichkeiten. Zum einen kann er versuchen, Polyploide durch Verdopplung der Chromosomenzahl mithilfe von Colchicin zu erzeugen (Box 5.2). Zum anderen kann der Züchter auch versuchen, Ploidiestufen durch Brückenkreuzungen zu überwinden (Box 5.3). Ziel solcher Brückenkreuzungen ist es, Merkmale aus kreuzbaren Individuen einer anderen Ploidiestufe in die Kulturart zu übertragen. Da dies vielfach nicht auf direktem Weg geht, benutzt der Züchter einen dritten Partner als Kreuzungsbrücke. Dabei wird der dritte Partner so gewählt, dass er in Kombination mit dem Donor der gewünschten Eigenschaft zu Nachkommen führt, die einen Ploidiegrad aufweisen, der nach Möglichkeit dem der Kulturart entspricht.

Box 5.2 Polyploide Pflanzen

Viele Pflanzen sind diploid $(2\,n = 2\,x)$[1] und besitzen den einfachen (haploiden) Chromosomensatz (n) in doppelter Ausführung. Die einzelnen Chromosomen (1, 2, 3, ...) kommen als homologe (gleichartige) Paare vor. Ausnahmen von dieser Regel bilden die Geschlechtschromosomen einiger diözischer (zweihäusiger) Arten. Polyploide Pflanzen enthalten in ihren Zellen mehr als zwei Chromosomensätze. Sie können triploid $(2\,n = 3\,x)$, tetraploid $(2\,n = 4\,x)$, pentaploid $(2\,n = 5\,x)$ und höherploid sein. Polyploidie entsteht durch Genommutation. Solche Genommutationen können mit Colchicin induziert werden. Aufgrund des fehlenden Spindelapparats durch die Wirkung des Colchicins kommt es zu einer nicht korrekten Anordnung der Chromosomen (Metaphase) und einer Verteilung der Schwesterchromatiden (Anaphase) auf die beiden neu entstehenden Zellen. Es entsteht in der Folge eine Zelle mit und eine ohne (nicht lebensfähig) Zellkern. Die Zelle mit Kern verdoppelt in der Interphase die Chromatiden, was zur Polyploidisierung führt.

Box 5.3 Brückenkreuzungen zur Überwindung von Ploidiestufen

Bei Erdbeeren gibt es viele verschiedene Arten, die alle zur Gattung *Fragaria* gehören. Innerhalb der Gattung gibt es sowohl diploide $(2\,n = 2\,x)$ als auch tetra- $(2\,n = 4\,x)$, penta- $(2\,n = 5\,x)$, hexa- $(2\,n = 6\,x)$, okto- $(2\,n = 8\,x)$ und deka-ploide $(2\,n = 10\,x)$ Arten. Die Garten-Erdbeere *F. ananassa* ist oktoploid. Um Merkmale aus diploiden Arten für die Erdbeerzüchtung nutzbar machen zu können, müssen diese in oktoploides Zuchtmaterial eingebracht werden. Um dieses Ziel zu erreichen, kann man eine sog. Brückenkreuzung durchführen. Dazu kreuzt man eine diploide $(2\,n = 2\,x = 14$ Chromosomen) Form mit einer dekaploiden $(2\,n = 10\,x = 70$ Chromosomen). Dabei entstehen in der Nachkommenschaft teilweise hexaploide $(2\,n = 6\,x = 42$ Chromosomen) Individuen. Es können aber auch Nachkommen anderer Ploidiestufen (z. B. $8\,x$) entstehen (Abb. 5.11), die u. U. direkt für die Sortenzüchtung nutzbar sind. Werden die hexaploiden Nachkommen wieder mit dekaploiden Partnern gekreuzt, kommt es in der Nachkommenschaft zu oktoploiden Pflanzen $(2\,n = 8\,x = 56$ Chromosomen). Sind diese fertil, können sie in der Folge mit Sorten der Garten-Erdbeere gekreuzt werden.

---

[1] Beispiel: Die Garten-Erdbeere *Fragaria ananassa* $(2\,n = 8\,x = 56)$ ist oktoploid $(8\,x)$, hat eine Chromosomenzahl von 56 in den Körperzellen, eine Chromosomenzahl von 28 in den Geschlechtszellen und eine Chromosomengrundzahl von 7.

Abb. 5.11 Beispiel für eine Brückenkreuzung bei Erdbeeren. Nachkommen einer Kreuzung der Sorte *Fragaria vesca* 'Alexandria' (2 n = 2 x = 14 Chromosomen) mit der Sorte *F. vescana* 'Florika' (2 n = 10 x = 70 Chromosomen). Unter den Nachkommen dieser Kreuzung befindet sich eine Pflanze mit 2 n = 8 x = 56 Chromosomen. Diese könnte direkt mit *F. ananassa* gekreuzt werden. Eine andere Pflanze hat 2 n = 6 x = 42 Chromosomen. Diese könnte als Brücke dienen und mit *F. vescana* gekreuzt werden, um oktoploide Nachkommen zu erzeugen

5.3 Hybridzüchtung

Die Hybridzüchtung (Abb. 5.12) wird heute bei vielen samenvermehrbaren Arten, z. B. Mais, Zuckerrüben, Roggen und Raps, angewandt. Sie ist die einzige Züchtungskategorie, bei der die Heterosis gezielt genutzt werden kann. Die Heterosis wird maßgeblich durch den Grad an Heterozygotie der neuen Sorte bedingt. Der Heterosiseffekt ist umso größer, je höher der Grad an Heterozygotie ist. Der Grad an Heterozygotie ist v. a. bei den fremdbefruchtenden und vegetativ vermehrten Arten sehr hoch. Die Gesamtheit der genetischen Information, die in den Nachkommen einer Kreuzung vereint wurde, bleibt bei ihnen aufgrund der vegetativen Vermehrung in unveränderter Form erhalten.

Das ist bei samenvermehrbaren Arten anders. Hier wird das Saatgut durch offene Abblüte (Populationssorten) oder Selbstbefruchtung (Liniensorten) erzeugt. Der Anbau stellt jedoch neben einer hohen Ertragsleistung auch sehr hohe Anforderungen an die Homogenität einer Sorte. Dieses Ziel ist bei Populationssorten aufgrund der ständigen Fremdbefruchtung bei der Saatguterzeugung nur sehr schwer zu erreichen. Hier kann die Homogenität zwar durch schrittweise Einschränkung der genetischen Diversität innerhalb der Population (z. B. durch wiederholte Selektion des besten Teils der Population sowie offene Abblüte dieser Individuen untereinander) verbessert werden, jedoch führt diese Einschränkung auch zu einem teilweisen Verlust der Heterozygotie und damit der Heterosis. Bei Liniensorten ist das noch gravierender. Hier wird durch wiederholte Selbstung

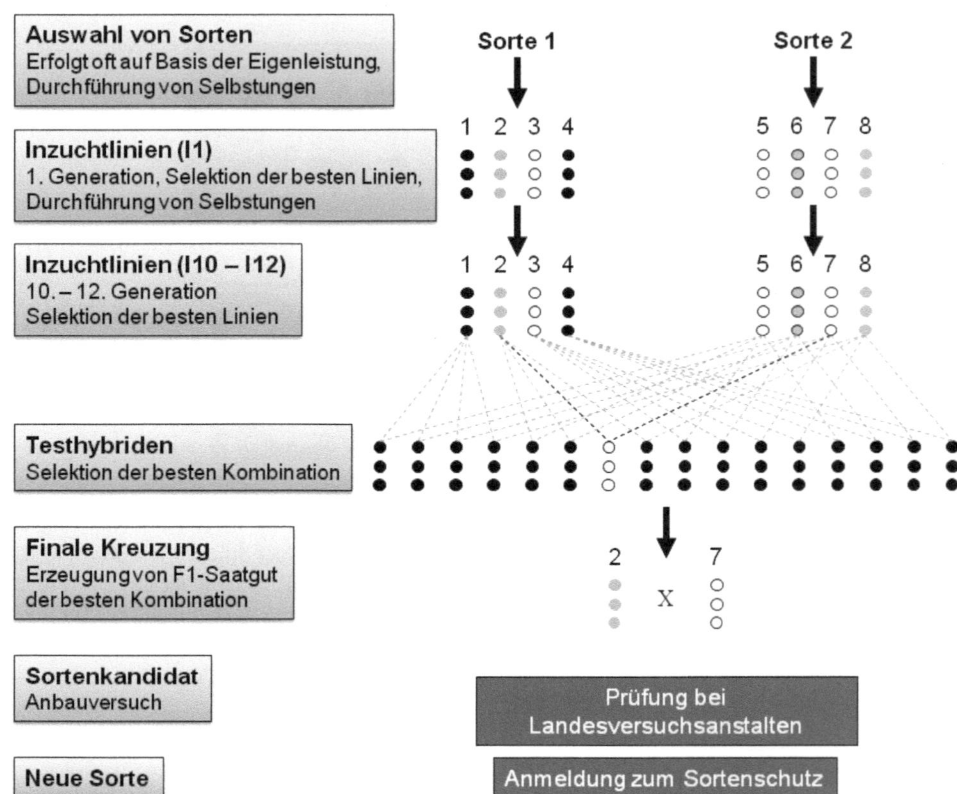

Abb. 5.12 Schematischer Ablauf eines Hybridzüchtungsprogramms am Beispiel der Erdbeere

ein sehr hohes Maß an Homogenität erreicht. Gleichzeitig kommt es aber zu einer starken Abnahme an Heterozygotie und damit zu einem Verlust der Heterosis. Dieses Nachlassen der Ertragsleistung bezeichnet man als Inzuchtdepression.

Einen Ausweg aus dieser Situation bietet die Hybridzüchtung. Hier werden mithilfe von Hybridmechanismen nahezu homozygote Inzuchtlinien erstellt. Kreuzt man zwei solcher Inzuchtlinien miteinander, entsteht eine heterozygote, aber homogene F1-Generation. Je weiter die beiden Inzuchtlinien genetisch voneinander entfernt sind, umso höher sind die zu erwartende Heterozygotie und damit auch die Heterosis. Der Züchter vermarktet das Kreuzungssaatgut als neue Hybridsorte. Durch die Möglichkeit zur Nutzung der Heterosis sind Hybridsorten den Sorten der klassischen Kreuzungszüchtung ertragsmäßig deutlich überlegen. Gleichzeitig hat der Züchter den Vorteil, dass ein Nachbau der Hybridsorte durch selbstproduziertes Saatgut nur wenig Sinn macht. Durch diesen Nachbau sinkt der Grad an Heterozygotie von Generation zu Generation. Damit sinkt auch die Heterosis. Die Sorte lässt im Ertrag zunehmend nach.

Bei vegetativ vermehrten Arten macht die Hybridzüchtung normalerweise wenig Sinn. Hier sind aufgrund der Fremdbefruchtung und der Art der Vermehrung der Grad an Heterozygotie und Homogenität naturgemäß sehr hoch. Dennoch könnte die Hybridzüchtung bei einzelnen Arten, z. B. der Erdbeere, entscheidende Vorteile bringen. Diese Vorteile sind neben der höheren Ertragsleistung v. a. im phytosanitären Bereich zu sehen. Viele Pflanzenkrankheiten (verschiedene Viren, Pilze und Bakterien), die im Erdbeeranbau eine tragende Rolle spielen, werden mithilfe der vegetativen Vermehrung verbreitet. Das ist v. a. für pflanzguterzeugende Betriebe ein großes Problem. Die Erzeugung von sauberem Pflanzgut erfordert große Anstrengungen, die sich v. a. in den Produktionskosten niederschlagen. Da die Vermehrung bei der Hybridzüchtung durch Samen erfolgt, wäre dieses Problem weitestgehend behoben, da die meisten dieser Krankheiten nicht samenvermehrbar sind. Eine Steigerung des Ertrags ist bei Hybriderdbeeren v. a. dadurch zu erwarten, dass die Pflanze aufgrund der Vermehrung über Samen nicht mehr auf die Ausläuferproduktion angewiesen ist. Die Pflanze kann die Energie, die normalerweise für die Produktion von Ausläufern verwendet wird, für die Entwicklung zusätzlicher Blütenanlagen für die kommende Saison nutzen. Ob diese theoretischen Überlegungen in der Praxis tatsächlich zum Erfolg führen, ist bislang nicht geklärt. Erste einfache Hybridzüchtungsprogramme, wie in Abb. 5.12 dargestellt, werden aber derzeit von verschiedenen Züchtern geprüft.

5.4 Erhaltungszüchtung

Für die Organisation und Durchführung der Erhaltungszüchtung ist der Züchter nach § 50 Saatgutverkehrsgesetz selbst verantwortlich. Die Erhaltung seiner Sorten liegt aber auch in seinem eigenen Interesse. Die Ziele der Erhaltungszüchtung liegen v. a. im Erhalt der sortentypischen Charaktereigenschaften sowie in der Bereitstellung von gesundem Ausgangsmaterial für die Vermehrung. Die Erhaltungszüchtung wird je nach Züchter und Pflanzenart sehr unterschiedlich organisiert. Der dabei betriebene Aufwand hängt v. a. von der Obstart und dem Anbauumfang (Erfolg) der Sorte ab. Bei Erdbeeren ist der Sortenwechsel am Markt sehr groß. Viele Sorten sind nur wenige Jahre erfolgreich. Danach werden sie von neuen Sorten abgelöst. Sorten, die über mehrere Jahrzehnte erfolgreich sind, wie 'Senga Sengana' (mehr als 50 Jahre) und 'Elsanta' (40 Jahre), gibt es immer seltener. Deshalb investieren manche Erdbeerzüchter wenig in die Erhaltungszüchtung. Andere verkaufen ihre Sorten sogar mit allen Rechten und Pflichten an Vermehrungsbetriebe, die die Sorte dann vermarkten. In diesem Fall übernimmt der Vermehrungsbetrieb auch die Verantwortung für die Erhaltungszüchtung. Baumobstsorten können u. U. mehrere Jahrzehnte erfolgreich sein. Hier ist der Züchter gut beraten, zumindest die Verfügbarkeit von gesundem Pflanzenmaterial dauerhaft sicherzustellen.

Der Erhalt einer Sorte ist bei vegetativ vermehrten Arten (Klonsorten) relativ unproblematisch, da genetische Veränderungen durch eine Aufspaltung der Merkmale und ungewollte Fremdeinkreuzung aufgrund der vegetativen Vermehrung ausgeschlossen sind. Einzige Möglichkeiten zum Auftreten genetischer Veränderungen sind Mutationen und epigenetische Ereignisse, die aber verhältnismäßig selten sind. Wesentlich schwieriger gestaltet sich die Bereitstellung von gesundem Pflanzenmaterial. Viele Viruskrankheiten werden mithilfe der vegetativen Vermehrung und nicht über Samen verbreitet (Box 5.4).

Box 5.4 Viruskrankheiten verschiedener Obstarten

Die meisten Obstarten können von einer Vielzahl an Viren und Phytoplasmen befallen werden. Um die Bereitstellung von gesundem Pflanzenmaterial zu gewähr-leisten, werden diese Erreger von der European and Mediterranean Plant Protection Organization (EPPO) gelistet. Die EPPO empfiehlt, auf welche Erreger und mit welchem Test entsprechendes Pflanzenmaterial getestet werden sollte. Ihre Emp-fehlungen veröffentlicht die EPPO in den OEPP/EPPO Bulletins.

Apfel (*Malus* spp.). *Apple chlorotic leafspot virus, Apple mosaic virus, Apple stem-grooving virus, Apple stem-pitting virus, Apple proliferation phytoplasma* (Bulletin 29:239–252)

Birne (*Pyrus* und *Cydonia* spp.). *Apple chlorotic leafspot virus, Apple stem-groo-ving virus, Apple stem-pitting virus, Pear decline phytoplasma* (Bulletin 29:239–252)

Kirsche (*Prunus* spp.). *Apple chlorotic leafspot virus, Apple mosaic virus, Arabis mosaic virus, Petunia asteroid mosaic virus, Carnation Italian ringspot virus, Cher-ry green ring mottle virus, Cherry leaf roll virus, Little cherry viruses, Cherry mottle leaf virus, Prunus dwarf virus, Prunus necrotic ringspot virus, Raspberry ringspot virus, Strawberry latent ringspot virus, Tomato black ring virus* (Bulletin 31:447–461)

Pflaume (*Prunus domestica*). *Apple chlorotic leafspot virus, Apple mosaic virus, Myrobalan latent ringspot virus, Plum pox virus, Prunus dwarf virus, Prunus ne-crotic ringspot virus, European stone fruit yellows phytoplasma* (Bulletin 31:463–478)

Himbeere und Brombeere (*Rubus*). *Black raspberry necrosis virus, Cucumber mosaic virus, Raspberry leaf mottle, Raspberry leafspot virus, Raspberry vein chlo-rosis virus, Raspberry yellow spot virus, Arabis mosaic virus, Cherry leaf roll virus, Raspberry ringspot virus, Strawberry latent ringspot virus, Tomato black ring virus, Apple mosaic virus, Raspberry bushy dwarf virus, Rubus stunt phytoplasma* (Bulle-tin 39:271–277)

Erdbeere (*Fragaria*). *Strawberry crinkle virus, Strawberry mild yellow edge virus, Strawberry mottle virus, Strawberry veinbanding virus, Strawberry green petal phy-*

toplasma, Arabis mosaic virus, Raspberry ringspot virus, Strawberry latent ringspot virus, Tomato black ring virus (Bulletin 38:430–437)

Für eine dauerhafte Gesunderhaltung von Pflanzenmaterial sind Verfahren wie die Kryokonservierung und die In-vitro-Kultur von virusfreiem Material am besten geeignet. Bei beiden Erhaltungsformen sind Neuinfektionen ausgeschlossen. Beide Verfahren erfordern jedoch eine entsprechende technische Ausstattung, über die nicht jeder Züchter verfügt. Darüber hinaus haben sie den Nachteil, dass eine direkte Abgabe von vermehrungsfähigem Pflanzenmaterial an Baumschulen und Vermehrungsbetriebe i. d. R. langwierig ist. Das *in vitro* kultivierte Pflanzenmaterial muss erst zwischenvermehrt und dann in ein Substrat überführt werden (z. B. bei Erd- und Himbeere). Beim Baumobst müssen durch Veredelung auf Unterlagen Bäume hergestellt werden, von denen dann Pfropfreiser gewonnen werden können. Eine dauerhafte Erhaltung von Genotypen in der In-vitro-Kultur erhöht zudem das Risiko für das Auftreten von somaklonaler Variation.

Bei verschiedenen Beerenobstarten, wie der Erdbeere, ist der Aufbau von virusfreiem Pflanzenmaterial über eine Meristemkultur, gegebenenfalls gekoppelt mit Thermotherapie, optimal (Abb. 5.13). Dazu werden Meristeme aus Ausläufern gewonnen und über

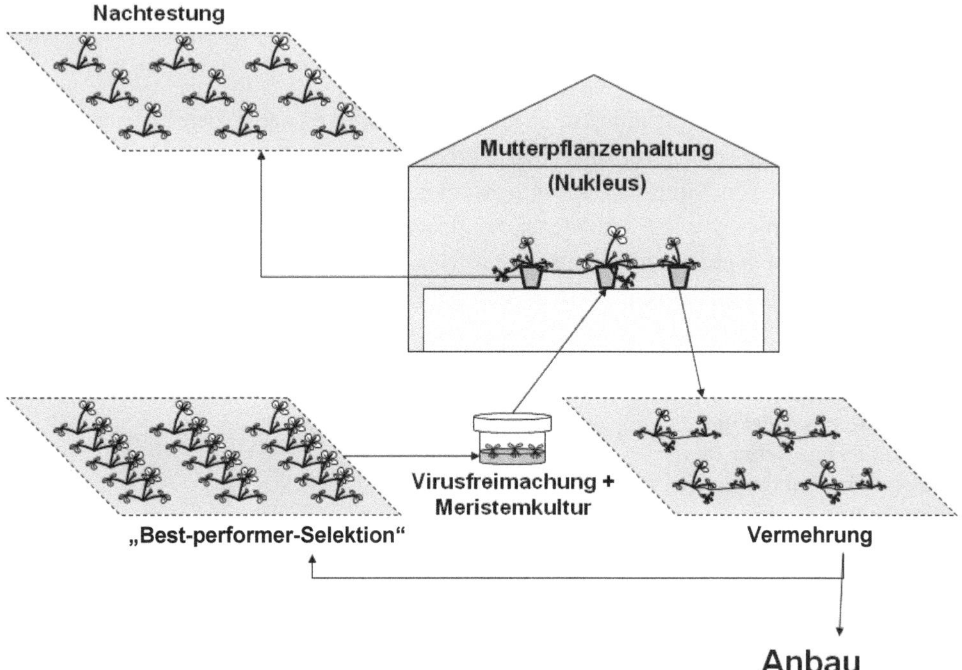

Abb. 5.13 Schematischer Ablauf eines Programms zur Erhaltungszüchtung bei Erdbeeren

Abb. 5.14 Erhaltung von Mutterpflanzen bei Baumobst in einem insektensicheren Gewächshaus

Nacht in einer flüssigen Schüttelkultur inkubiert. Ziel ist es dabei, den Erreger aus dem Pflanzengewebe zu spülen. Im Anschluss wird die Schüttelkultur (i. d. R. durch PCR) auf das Vorkommen von Viren und anderen Krankheitserregern (z. B. *Xanthomonas fragariae* bei Erdbeeren) getestet. Meristeme, bei denen keine Viren mehr in der Schüttelkultur nachgewiesen werden können, werden in vitro kultiviert. Diese Meristemkultur dient zum Aufbau einer In-vitro-Stockkultur, die dann unter annähernd sterilen Bedingungen

Abb. 5.15 Reisermutterbäume von Apfel und versandfertige Reiser im Reiserschnittmuttergarten Magdeburg

erhalten wird. Von dieser In-vitro-Stockkultur werden Pflanzen ins Gewächshaus oder Saranzelt überführt. Dort werden sie als Mutterpflanzen erhalten, die später nochmals zur Sicherheit auf das Vorkommen von Viren und anderen Krankheitserregern getestet werden. Von den Mutterpflanzen werden dann Ausläufer gewonnen, die zum Zweck der Vermehrung in ein Hochbeet oder ins Freiland gepflanzt werden. Von diesen Pflanzen können dann Klone gewonnen und an Vermehrungsbetriebe abgegeben werden. Aus frühen Vermehrungsstufen werden immer wieder einzelne Klone ausgewählt und in ein Testquartier gepflanzt. Hier bewertet der Züchter die verschiedenen Klone anhand der Ausprägung von sortentypischen Eigenschaften und wählt die besten Klone (best performer) aus. Von ihnen gewinnt er eine neue Meristemkultur. Dieses Vorgehen hilft dem Züchter, das Auftreten somaklonaler Variation zu vermeiden und den Abbau der Sorteneigenleistung zu verhindern. Dieses Grundschema kann verschiedenartig modifiziert werden. So können z. B. die Anzahl der In-vitro-Stockkulturen variieren oder mehrere Tests in verschiedenen Stufen des Programms erfolgen.

Beim Baumobst erfolgt die Erhaltung von getesteten, virusfreien Pflanzen idealerweise in einem Saranzelt (Abb. 5.14). Da die wenigsten Züchter aber über ein solches verfügen, suchen sie nach alternativen Möglichkeiten. Aus diesem Grund haben Baumobstzüchter in der Vergangenheit ihr Material oft an verschiedenen Orten in Deutschland erhalten. Neben dem Erhalt der Sorte in einem eigenen Reiserschnittquartier (Abb. 5.15), werden vielfach Reiserschnittbäume in sog. Reiserschnittgärten aufgepflanzt bzw. Duplikate bei verschiedenen Versuchsanstellern und Sortenprüfern erhalten.

Bio- sowie gentechnologische Verfahren stellen eine methodische Erweiterung für die klassische Pflanzenzüchtung dar. Mit ihrer Hilfe ist es möglich, Zuchtziele zu realisieren, die mit klassischer Züchtung allein nicht oder nur unvollständig erreicht werden können und/oder eines unverhältnismäßig langen Zeitraums bedürfen. Die Vielfalt an Verfahren ist in den letzten beiden Jahrzehnten sehr stark angestiegen. Doch nicht jedes Verfahren hat tatsächlich zu einem potenziellen Nutzen für die Obstzüchtung geführt. Aus diesem Grund sollen im Folgenden diejenigen Verfahren behandelt werden, die im Rahmen der Obstzüchtung von Bedeutung sind und deren Eignung experimentell nachgewiesen worden ist.

6.1 Zell- und Gewebekultur

Unter der pflanzlichen Gewebekultur (auch In-vitro-Kultur, lat. *in vitro* – im Glas) versteht man Methoden der Kultivierung von Zellen, Geweben und Organen unter sterilen Bedingungen in Gefäßen und auf speziellen Nährmedien mit dem Ziel, wieder vollständige Pflanzen zu regenerieren und zu produzieren. Die Gewebekultur ist eine Technologie, die erst im 20. Jahrhundert entwickelt worden ist (Box 6.1). Zunächst bestand das Ziel darin, aus Explantaten genetisch identische Pflanzen (Klone) herzustellen.

Box 6.1 Geschichtliche Entwicklung der pflanzlichen Gewebekultur

1838 Matthias Schleiden formuliert die Zelltheorie für Pflanzen.
1902 Gottlieb Haberlandt gelingt die Kultur von isolierten Pflanzenzellen.
1934 Philip White beschreibt ein einfach zusammengesetztes hormonfreies Nährmedium, das ein Pflanzenwachstum im Glas ermöglicht.

© Springer-Verlag GmbH Germany 2017
M.-V. Hanke und H. Flachowsky, *Obstzüchtung und wissenschaftliche Grundlagen*,
DOI 10.1007/978-3-662-54085-5_6

1946   Ernest Ball beschreibt eine Methode für die Regeneration von Pflanzen aus Sprossspitzen und die Überführung bewurzelter Pflanzen in Erdkultur.

1952   George Morel und Claude Martin stellen virusfreie Dahlienpflanzen über Meristemkultur her.

1957   Folke Skoog und Carlos Miller zeigen, dass die Spross- und Wurzelbildung vom Auxin-zu-Zytokinin-Verhältnis im Nährmedium abhängt.

1960   George Morel beschreibt die vegetative Vermehrung von Orchideen über Meristemkultur.

1962   Toshio Murashige und Folke Skoog publizieren ein Nährmedium, das in seiner Zusammensetzung die Gewebekultur revolutionierte und das heute für die In-vitro-Kultur der meisten Kulturpflanzen genutzt wird (MS-Medium).

1974   Phillippe Boxus publiziert die Mikrovermehrung bei Erdbeere (Boxus 1974).

1976   Anthony Abbott und Mitarbeiter publizieren erstmalig zur Mikrovermehrung bei Apfel (Abbott und Whiteley 1976).

Der Erfolg der Gewebekultur hängt im Wesentlichen vom verwendeten Genotyp, vom Explantat und vom Nährmedium ab. Der Genotyp ist der wesentliche Einflussfaktor bei allen In-vitro-Techniken. Eine Übertragung etablierter Versuchsprotokolle auf einen ande-

Abb. 6.1   **Blick in einen Raum zur Kultivierung von Obstpflanzen** *in vitro*

ren Genotyp ist oftmals nicht möglich. Beim Explantat spielen neben der Art des Gewebes (Wurzel, Spross, Blatt) sowohl das Stadium der Differenzierung als auch der physiologische Zustand eine Rolle. Das Nährmedium setzt sich im Wesentlichen aus anorganischen Salzen (Makro- und Mikronährstoffe), organischen Zusätzen, Vitaminen, Kohlehydraten und Hormonen zusammen, die in ihrer Konzentration und Zusammensetzung die Teilungs- und Differenzierungsfähigkeit des Explantats bestimmen. Inzwischen werden für viele Einsatzbereiche kommerziell erzeugte Nährmedien angeboten, die nach einer entsprechenden Rezeptur unter Beachtung der molaren Verhältnisse ihrer Komponenten hergestellt werden. Die Kultivierung des pflanzlichen Materials erfolgt *in vitro* unter definierten Wachstumsbedingungen (Licht und Temperatur) und auf Flüssig- oder Festmedien (Abb. 6.1).

6.1.1 Mikrovermehrung

Ziel der Mikrovermehrung ist die Herstellung von genetisch identischen Klonen einer Ausgangspflanze. Bei Obstarten spielt diese Technologie dann eine Rolle, wenn folgende Fälle vorliegen:

- Eine konventionelle In-vivo-Vermehrung ist sehr langsam; es werden zu geringe Vermehrungsraten erreicht oder sie ist gar nicht möglich. Mit der Mikrovermehrung kann man in kurzen Zeitabschnitten hohe Vermehrungsraten erzielen und eine relativ große Anzahl an genetisch identischen Pflanzen herstellen.
- Die Ausgangspflanzen sollen einer Gesundung über Pathogeneliminierung unterzogen werden.

Mikrovermehrung wird u. a. für die schnelle Vermehrung von neuen Sorten sowie für die Erhaltung von traditionellen Sorten in Genbanken angewandt. Weiterhin stellt diese Technologie eine Voraussetzung für den Gentransfer dar.

Als Ausgangsmaterial werden für die Mikrovermehrung bei Baum- und Strauchobstarten i. d. R. Sprossspitzen mit wenigen Blättchen verwendet. Diese enthalten terminale und laterale Knospen in den Blattachseln und sind daher für eine axillare Sprossvermehrung geeignet. Bei Erdbeeren verwendet man die Spitzen der Stolonen, die sich aus den Axillarknospen der Mutterpflanze bilden.

Die Erdbeere war die erste Obstart, bei der die Mikrovermehrung erfolgreich durchgeführt wurde (Box 6.1). Die schnelle Vermehrung von Erdbeeren in großen Stückzahlen basiert auf der Zugabe des hormonell wirkenden Benzylaminopurins (BAP) zum Nährmedium, das zur Gruppe der Zytokinine gehört. Dieses Hormon führt zu einer Induktion der schlafenden Axillarknospen an der Sprossspitze. Aus jeder Axillarknospe entsteht in der Folge ein neuer Spross (Tochterpflanze). Von einer Subkultur zur nächsten steigt dadurch die Anzahl der entstehenden Tochterpflänzchen exponentiell an. Ist die gewünschte Anzahl an Tochterpflanzen erreicht, werden diese dann hormonfrei weiterkultiviert. Dadurch wird die Axillarsprossbildung eingestellt und es werden bei der Erdbeere Wurzeln gebildet. Die erste kommerzielle Anwendung der Mikrovermehrung bei Erdbeeren erfolgte in Deutschland Ende der 1970er-Jahre. Bereits 10 Jahre später betrug die jährliche Produktion von mikrovermehrten Erdbeerpflanzen in der Welt 7,5 Mio. Stück. Diese Pflanzen stellen u. a. auch die Mutterpflanzen für die anschließende Feldvermehrung dar. Heute ist die Mikrovermehrung bei Erdbeeren, wie auch bei anderen Obstkulturen, eine Routinemaßnahme in vielen kommerziellen In-vitro-Laboren.

Für eine erfolgreiche Mikrovermehrung werden fünf Phasen beschrieben (Abb. 6.2), die im Folgenden am Beispiel des Apfels präzisiert werden:

- **Phase 0:** Auswahl der Mutterpflanzen und deren Vorbereitung.
  Die Qualität des Explantats wird entscheidend durch den phytosanitären und den physiologischen Zustand der Ausgangspflanze bestimmt. Die Ausgangspflanzen sollten daher unter kontrollierten, möglichst keimarmen Bedingungen (z. B. Gewächshaus) angezogen werden und sich in einem wüchsigen Zustand befinden.
  Apfel: Im Winter werden von Bäumen im Freiland während der Ruhephase Zweige geschnitten, die bei Raumtemperatur vorgetrieben werden (Abb. 6.3a). Bei Erdbeere verwendet man ab Juni die Spitzen der Stolonen (Abb. 6.3b).

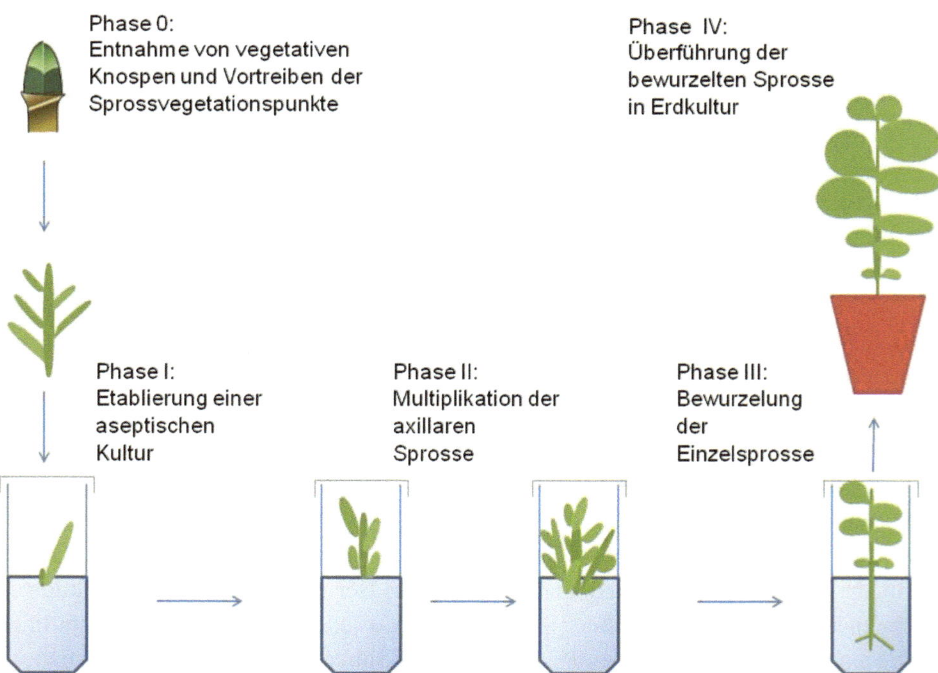

Abb. 6.2 **Ablauf der Mikrovermehrung am Beispiel des Apfels**

Abb. 6.3 Gewinnung des Ausgangsmaterials für eine Mikrovermehrung a bei Apfel aus austreibenden Blattknospen und b bei Erdbeere aus Stolonen

- **Phase I.** Etablierung einer aseptischen Kultur.
  Für die Etablierung einer aseptischen Kultur sind Explantate geeignet, die Meristeme enthalten. Das können vegetative Knospen, Sprossspitzen oder Nodiumsegmente sein. Die Explantate müssen entsprechend präpariert und oberflächlich sterilisiert werden, um eine mikrobielle Kontamination auszuschließen. Bei Baumobstarten besteht das besondere Problem in der Verbräunung des Mediums durch die Oxidation phenolischer Substanzen, die das Explantat ausscheidet und welche toxisch sind.
  Apfel: Die jungen Sprossspitzen werden entnommen und in Wasser und Desinfektionsmittel gespült, um oberflächlich Pathogene abzutöten. Anschließend werden unter dem Mikroskop Meristeme mit den jüngsten Blattanlagen präpariert und auf Nährmedium aufgesetzt (Abb. 6.4).

Abb. 6.4 **Etablierung der aseptischen Kultur bei Apfel. a** Spülen der jungen Sprossspitzen, die von vorgetriebenen Reisern gewonnen werden; **b** Präparation der Meristeme mit den jüngsten Blattanlagen; **c** Meristeme zum Aufsetzen auf Nährmedium

Abb. 6.5 **Multiplikationsphase bei Apfel. a** Bildung der Sprossbüschel; **b** Kultivierung der Pflanzen im Kulturenraum

- **Phase II.** Proliferation der axillaren Sprosse (Multiplikation).
  Durch Wirkung der Hormone aus dem Medium werden verschiedene Zellteilungs- und -streckungsprozesse initiiert. Für die Phase der Proliferation sind generell Zytokinine notwendig. Aufgrund der Totipotenz der Pflanzenzelle erfolgen Differenzierung und Wachstum des Ausgangsexplantats. Es kommt zur Bildung von Axillarsprossen aus Meristemen. Dieser Prozess kann mehrmals wiederholt werden, sodass große Mengen von Mikrosprossen entstehen, die wiederum als Ausgangsmaterial für die nächste Subkultur verwendet werden können.
  Apfel: Die Meristeme in den Blattachseln entwickeln sich zu Mikrosprossen und bilden schnell ein Sprossbüschel aus Axillarsprossen. Dieses Büschel wird alle vier Wochen geteilt und die Mikrosprosse werden vereinzelt (Abb. 6.5).
- **Phase III.** Bewurzelung der Sprosse.
  Um aus den Mikrosprossen vollständige Pflanzen entstehen zu lassen, wird über die Zusammensetzung des Mediums eine Bewurzelung der Sprosse hervorgerufen, wofür i. d. R. Auxine verwendet werden.
  Apfel: Jeder Einzelspross wird auf frischem Nährmedium bewurzelt (Abb. 6.6).

Abb. 6.6 **Bewurzelung der Einzelsprosse** *in vitro* **bei Apfel**

Abb. 6.7 Überführung der bewurzelten Apfelsprosse in das Gewächshaus. **a** Die Töpfe befinden sich während der Abhärtung in Kleingewächshäusern und **b** werden danach offen weiterkultiviert

- **Phase IV.** Überführung in die natürliche Umwelt (Transplantation).
  Die bewurzelten Pflänzchen werden in Erdkultur gebracht und im Gewächshaus weiterkultiviert. Dafür ist eine Akklimatisation notwendig, während der die Pflanzen normal ausgebildete Blätter und Wurzeln entwickeln.
  Apfel: Die bewurzelten Sprosse werden in das Gewächshaus überführt, schrittweise akklimatisiert und später getopft. Sie befinden sich auf eigener Wurzel (Abb. 6.7).

6.1.2 Meristemkultur und Virusbereinigung

Die Entdeckung, dass virusbereinigte Pflanzen erzeugt werden können, wenn als Ausgangsmaterial Meristeme verwendet werden, führte zu einer breiten Anwendung der Meristemkultur für die routinemäßige Bereinigung von Viren, phytopathogenen Pilzen und Bakterien. Erstmals wurde dieses Verfahren von Morel und Martin (1952) beschrieben. Meristeme (Bildungsgewebe) bestehen aus undifferenzierten Zellen, die unbegrenzt teilungsfähig sind und in denen eine hohe Zellteilungsaktivität vorliegt. Sie befinden sich an den äußeren Spross- und Wurzelspitzen, werden unter dem Mikroskop aus ihrem natürlichen Gewebeverband präpariert und anschließend auf ein Nährmedium gesetzt. Die Virusbereinigung basiert auf der Tatsache, dass in meristematischem Gewebe bei Pflanzen keine Viren oder wenn, dann nur in sehr geringen Konzentrationen vorhanden sind. Die Gründe dafür sind nach wie vor ungeklärt.[1] Die Viruskonzentration nimmt im Spross basipetal zu. Der Erfolg der Virusbereinigung hängt daher stark davon ab, welche Größe das

---

[1] Eine Vermutung ist, dass das Meristem vor einer Infektion geschützt ist, da es keine direkte Verbindung zum Leitgefäßsystem besitzt. Es kann folglich nur von Zelle zu Zelle infiziert werden. Da sich das Meristem schneller teilt, als die Viren neue Zellen infizieren können, wächst der Spross folglich der Infektion davon.

für die Meristemkultur verwendete Gewebe hat. Je kleiner das präparierte Gewebestück ist, umso größer ist die Wahrscheinlichkeit einer erfolgreichen Virusbereinigung. Die Erfolgschance kann durch die Kombination der Meristemkultur mit einer vorgeschalteten Thermotherapie noch deutlich erhöht werden. Für eine Thermotherapie werden entweder die Ausgangspflanzen (von denen die Explantate entnommen werden sollen) oder Mikrosprosse verwendet. Demzufolge findet die Thermotherapie entweder in Klimakammern (Ganzpflanzen) oder aber in der In-vitro-Phase (Mikrosprosse) statt. Dabei werden die Gewebeteile für eine längere Zeit (bis mehrere Wochen) bei einer Temperatur von 37 bis 42 °C inkubiert. Die Höhe der Temperatur und die Dauer der Behandlung hängen von der zu behandelnden Pflanzenart und dem zu eliminierenden Virus ab. Die Thermotherapie bei Obstpflanzen erfolgt i. d. R. bei 37 °C über mehrere Wochen.

6.1.3 In-vitro-Erhaltung und Kryokonservierung

Die Erhaltung von Pflanzen, z. B. genetische Ressourcen, im Gewächshaus oder Freiland hat den Nachteil, dass sie einer ständigen Pflege bedürfen und es aufgrund von Umweltbedingungen zum Befall oder der vollständigen Vernichtung der Bestände durch biotische (Krankheiten und Schädlinge) und abiotische Stressfaktoren (z. B. Hitze, Trockenheit, Frost) kommen kann. Da die Obstpflanzen zu den vegetativ vermehrbaren Arten gehören, ist eine sortenechte Bewahrung von individuellen Genotypen (z. B. Sorten) über Klone notwendig. Eine Erhaltung durch Samen führt i. d. R. dazu, dass die Nachkommen in den Merkmalen aufspalten und der Genotyp der Sorte nicht mehr erhalten wird. Die Erhaltung von Klonen in der In-vitro-Kultur verhindert, dass es zu Verlusten an Pflanzenmaterial aufgrund von Schadeinflüssen durch die Umwelt kommt, und stellt somit eine nachhaltige, kosteneffiziente Lösung dar. Es gibt dafür prinzipiell drei Methoden:

- **In-vitro-Kultur.** Erhaltung als mikrovermehrte Sprosskulturen mit einem Kultivierungszyklus von etwa vier Wochen bei 23 °C. Diese Methode ist aufgrund der regelmäßigen Subkultivierung arbeitsaufwendig und für größere Bestände kaum realisierbar.
- **In-vitro-Kühllagerung (Depothaltung).** Erhaltung als In-vitro-Sprosse, Sprossbüschel oder bewurzelte Pflänzchen bei 4 °C auf einem minimalen Nährmedium zur Wuchsreduzierung und bei reduzierter Belichtung (Abb. 6.8). Die Erhaltung ist in Abhängigkeit von der Obstart und der Sorte über 12–36 Monate ohne Subkultivierung möglich. Anschließend ist zur Regeneration des Materials eine Rückführung in den Kulturenraum mit üblichen Bedingungen für die Mikrovermehrung notwendig. Nach einigen Monaten kann das Material erneut für die Kühllagerung vorbereitet und eingelagert werden.

Abb. 6.8 Erhaltung von Pflanzenmaterial *in vitro* unter Kühlbedingungen am Beispiel der Erdbeere. a Von den Ausgangspflanzen werden einzelne Sprosse präpariert, **b** auf speziellen nährstoffarmen Medien in Kunststoffpäckchen luftdicht verschlossen und **c** in einem großen Kühlschrank eingelagert. Bei Bedarf kann jederzeit eine Rückführung des Materials erfolgen. **d** Nach der Lagerung zeigen die In-vitro-Sprosse braune Blätter und oftmals auch phenolische Ausscheidungen in das Nährmedium, aber auch vitale Sprossachsen. Die vitalen Sprosse werden wieder auf Nährmedium aufgesetzt und in der In-vitro-Kultur multipliziert

Abb. 6.9 Kryolagerung von In-vitro-Material. a,b Mikroskopische Präparation von Meristemen bei Erdbeere, **c** Einlagerung der Proben in flüssigem Stickstoff bei −196 °C in einer Kryoanlage unter **d** Verwendung von Kryoröhrchen, **e** Rückführung der Meristeme bei Erdbeere nach der Lagerung in die In-vitro-Kultur und Multiplikation für die Überführung in Erde. **f** Bei Apfel werden die gelagerten Augen im Feld auf Unterlagen veredelt, sodass **g** die Vitalität nach dem Austrieb bewertet werden kann

- **Kryolagerung in flüssigem Stickstoff.** Zur Erhaltung werden Triebstücken mit ruhenden Knospen, z. B. Apfel, oder Meristemen, z. B. Erdbeere, bei −196 °C gelagert (Abb. 6.9). Diese Methode scheint am effizientesten zu sein, insbesondere wenn größere Genbankbestände erhalten werden sollen. Allerdings ist sie nicht für alle Obstarten methodisch entwickelt und bedarf als Grundvoraussetzung eines technischen Aufwands an Geräten. Die Erhaltung ist über sehr lange Zeiträume möglich.

6.1.4 Embryokultur

Unter Embryokultur versteht man die Kultivierung von Embryonen, die aus befruchteten Samen isoliert worden sind, *in vitro* und deren Entwicklung zu vollständigen Pflanzen (Abb. 6.10). Diese Technik findet in der Obstzüchtung v. a. in zwei Fällen Anwendung:

- Durch das Brechen der Samenruhe wird die Entwicklung des Embryos beschleunigt. In diesem Fall ist die Samenschale zu entfernen, da sie eine Keimungssperre darstellt.
- Nicht entwicklungsfähige Embryonen aus Art- und Gattungsbastardierungen sollen kultiviert werden. In diesem Fall werden die unreifen Embryonen geerntet; das nicht

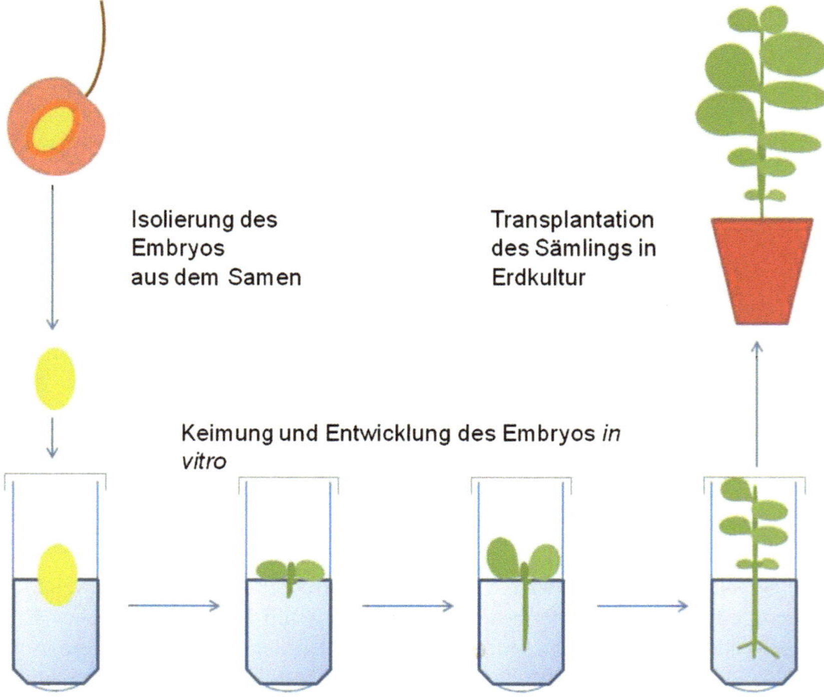

Abb. 6.10 **Ablauf der Embryokultur am Beispiel der Süßkirsche**

funktionsfähige Endosperm wird durch ein geeignetes Nährmedium ersetzt. Diese Technik wird auch als Embryo rescue bezeichnet und findet insbesondere in der Steinobstzüchtung bei Süßkirsche, Pflaume und Pfirsich Anwendung.

6.1.5 Haploidentechnik

Mit der Haploidentechnik werden reinerbige (homozygote) Pflanzen erzeugt, die für den Züchter von besonderem Wert sind. Homozygote Pflanzen, oft auch als Doppelhaploide (DH) bezeichnet, sind die Grundvoraussetzung für den Aufbau eines Hybridzüchtungsprogramms. Mit ihrer Hilfe kann der Züchter Heterosis in vollem Umfang nutzen. Darüber hinaus sind DH-Pflanzen von großem Wert für die Sequenzierung ganzer Genome, da sowohl die Assemblierung der Sequenz als auch die Annotation von Genen und Genfamilien erleichtert wird, weil es bei DH-Pflanzen keine Variabilität durch das Auftreten verschiedener Allele gibt. Vorteilhaft ist auch, dass man mit DH-Pflanzen rezessive Allele eines Gens und deren Funktion studieren kann, da diese in den DH-Pflanzen homozygot vorliegen.

Wenn züchterisch wertvolle Merkmale homozygot vorliegen, erfolgt in den Folgegenerationen keine weitere Aufspaltung des Merkmals. Reinerbige Pflanzen werden aus Geschlechtszellen, die nur einen einfachen, haploiden Chromosomensatz besitzen, erzeugt. Dabei gibt es zwei Wege:

- **Haploide über Gynogenese.** Verwendet werden Zellen des Megagametophyten (Embryosack) als Ausgangsmaterial. Eine Entwicklung von Haploiden kann manchmal auch von isolierten Fruchtknoten, Samenanlagen und unbefruchteten Eizellen (Parthenogenese) ausgehen. Um diese Entwicklung zu induzieren, werden physikalische oder chemische Reize, wie z. B. eine Reizbestäubung[2], angewendet.
- **Haploide über Androgenese.** Verwendet werden Zellen des Mikrogametophyten (unreifer Pollen/Mikrosporen) oder isolierte Antheren.

In Abb. 6.11 ist die Haploidentechnik am Beispiel des Apfels dargestellt.

Das übliche Verfahren läuft auf dem Weg der Mikrosporenkultur oder der Antherenkultur. Die Androgenese wird in beiden Fällen über entsprechende Hormonzusätze im Medium gesteuert, sodass es zu einer Kallus- und/oder indirekten Embryoidbildung kommt. Bereits in frühen Stadien der Entwicklung kann eine Verdopplung des Chromosomensatzes der Zellen von haploid zu diploid erfolgen. Im Ergebnis entstehen doppelhaploide (DH)-Pflanzen. Bei anderen Kulturpflanzen ist zur Aufdoppelung des Chromosomensatzes eine Colchizinbehandlung notwendig, die bewirkt, dass die Zellteilung unterbleibt und damit ein doppelter Chromosomensatz entstehen kann.

---

[2] Für eine Reizbestäubung wird die Narbe mit Pollen belegt, der nicht zur Befruchtung führen kann. Das kann zum Beispiel Pollen sein, der mit einer Strahlendosis behandelt wurde, die den Pollen zwar nicht abtötet, aber sterilisiert. Durch eine solche Reizbestäubung wird die Entwicklung des Embryos initiiert, ohne dass es zur Befruchtung kommt.

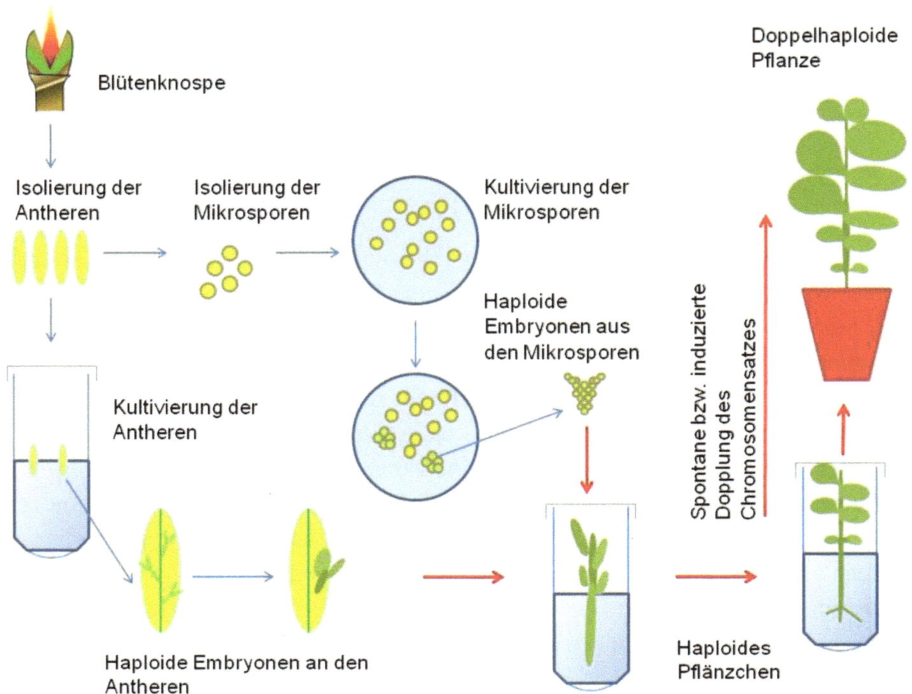

Abb. 6.11 **Ablauf der Haploidentechnik über Antheren- oder Mikrosporenkultur am Beispiel des Apfels**

6.1.6　Protoplastentechnologie

Protoplasten sind Zellen ohne Zellwand. Die Protoplastentechnologie kann für folgende Ziele Verwendung finden:

- **Fusionierung von Protoplasten im Rahmen einer somatischen Hybridisierung.** Mit der Verschmelzung zweier zellwandloser, sozusagen nackter Pflanzenzellen aus zwei nah verwandten Pflanzenarten können genetische Eigenschaften dieser Arten kombiniert werden. Dies macht sich der Züchter zunutze, wenn sich die nah verwandten Arten sonst nur schwer kreuzen lassen.
- **Direkter Gentransfer.** Da Protoplasten keine Zellwand besitzen, ist die Aufnahme von Makromolekülen, wie DNA oder Peptide, erleichtert. Durch die Aufnahme dieser Moleküle kann der Züchter gezielt einzelne Eigenschaften verändern. Voraussetzung für die Gewinnung von Pflanzen mithilfe dieser Technologie ist es jedoch, aus Protoplasten wieder fertile vollständige Pflanzen zu regenerieren.

In Abb. 6.12 ist die Protoplastentechnologie am Beispiel des Apfels dargestellt.

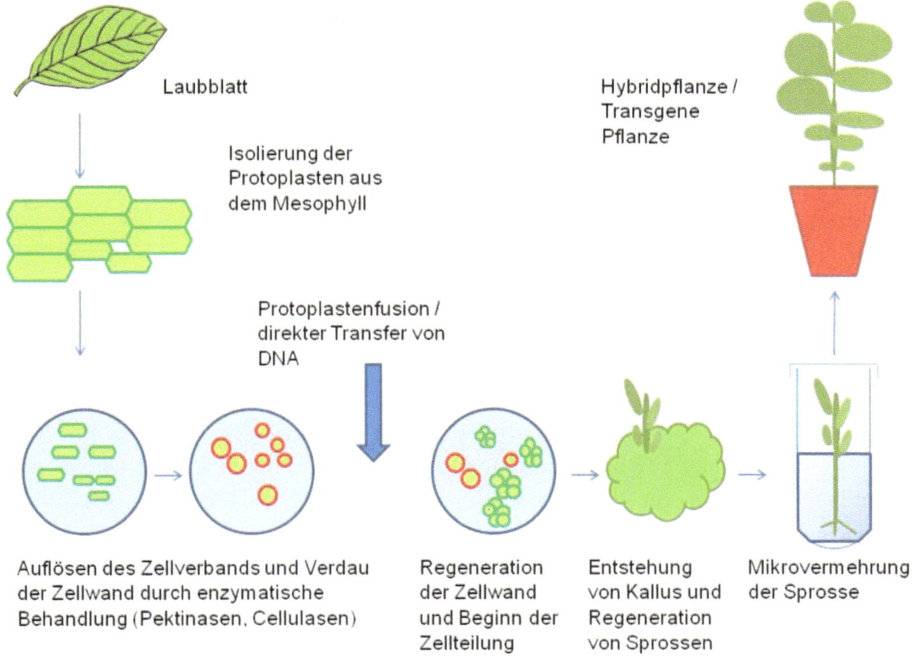

Abb. 6.12   **Ablauf der Protoplastentechnologie am Beispiel des Apfels**

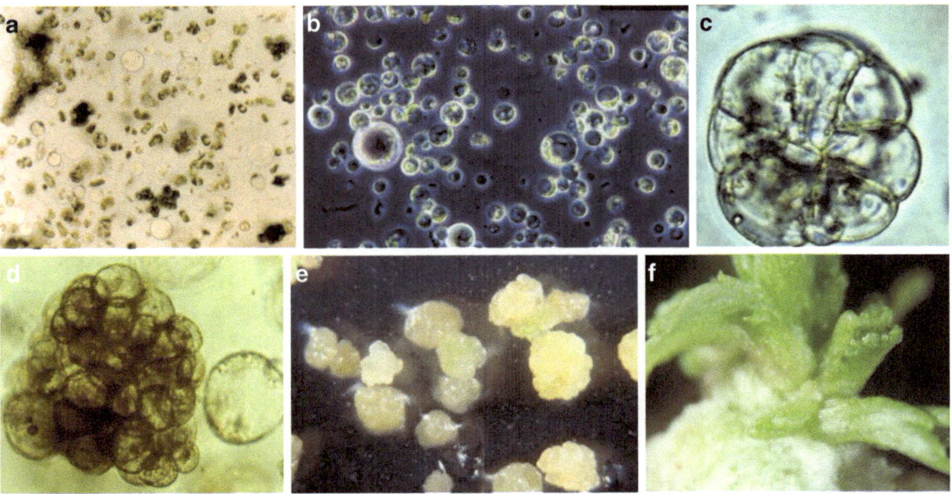

Abb. 6.13   Protoplastentechnologie bei Apfel. Protoplastensuspension, die aus Blattgewebe gewonnen worden ist, **a** ungereinigt und **b** aufgereinigt; **c** ein Protoplast in beginnender Teilung mit Plasmafäden; **d** Zellhaufen, der aus sich teilenden Zellen besteht; **e** Mikrokalli; **f** Entstehung eines Sprosses an einem Kallus

Aus In-vitro-Blättern werden Gewebe und Einzelzellen durch enzymatische Verdauung herausgelöst und Protoplasten aus Einzelzellen hergestellt. Dafür werden Zellverband und Zellwand enzymatisch aufgelöst. Es entsteht eine Suspension, die anschließend durch Zentrifugation aufgereinigt wird. Die dabei gewonnenen Protoplasten werden ausplattiert und können dann im Sinn der Verwendung eingesetzt werden. Durch Hormonzusätze im Medium kann eine Regeneration von Pflanzen induziert werden, die über mehrere Kallusphasen, an denen letztendlich Sprosse entstehen, realisiert wird (Abb. 6.13).

6.2 Gentransfer

Bei einer Kreuzung im Rahmen der klassischen Züchtung werden Gene und damit Merkmale von zwei Eltern in den Nachkommen nach den Regeln der Vererbung unabhängig voneinander neu kombiniert. Es bleibt immer dem Zufall überlassen, welche Merkmale in den Nachkommen zum Ausdruck kommen und welche verloren gehen. Mithilfe gentechnischer Verfahren können bestimmte Merkmale aus einer Pflanze entfernt, verstärkt, abgeschwächt oder neu eingebracht werden. Darüber hinaus werden gentechnische Methoden auch zur Aufklärung von Genfunktionen eingesetzt. Ziel ist es, einzelne Gene oder Allele von Genen zu identifizieren, die für die Ausprägung wertbestimmender Eigenschaften maßgeblich verantwortlich sind. Mithilfe dieser Informationen können zukünftige Zuchtprozesse effektiver gestaltet und die Selektion von möglichen Sortenkandidaten wesentlich vereinfacht und beschleunigt werden.

Mithilfe des Gentransfers ist es möglich, ein bestimmtes Merkmal als definiertes, isoliertes Gen in das Genom der Kulturpflanze zu übertragen, wobei man auf zwei verschiedene Verfahren zurückgreifen kann:

- **Direkter Transfer.** Inkubation von Protoplasten mit isolierter DNA in Flüssigkultur oder mithilfe der Partikelbeschusstechnik. Bei dieser Technik wird mit einer ballistischen Methode DNA in die Pflanzenzelle hineingeschossen. Weitere Möglichkeiten sind Mikroinjektion und Elektroporation.
- **Indirekter Transfer.** Für die Integration von Fremdgenen in das Pflanzengenom werden als natürliche Vektoren die Bodenbakterien *Agrobacterium tumefaciens* oder *A. rhizogenes* genutzt. *A. tumefaciens* induziert an vielen dikotylen Pflanzen undifferenzierte Tumoren (engl. *crown galls*); *A. rhizogenes* induziert überwiegend haarige Wurzeln. Beide Bakterien enthalten Plasmide, die in der Lage sind, DNA-Stücke (sog. Transfer- oder kurz T-DNA) in das Pflanzengenom zu übertragen. Es ist zunächst notwendig, die zu übertragenden Gene in die T-DNA zu integrieren.

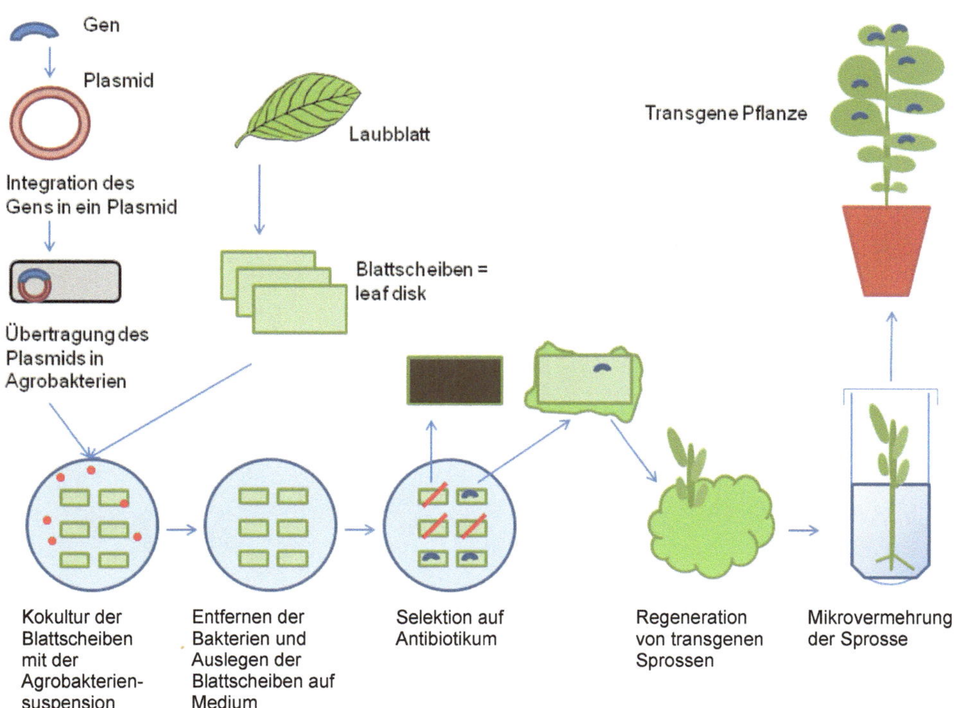

Abb. 6.14 Ablauf des *Agrobacterium-tumefaciens*-vermittelten Gentransfers mithilfe der Leaf-disk-Technik am Beispiel des Apfels

Bei Obstarten wird im Wesentlichen das indirekte Verfahren unter Verwendung von *A. tumefaciens* angewendet. In Abb. 6.14 ist die Technik des Gentransfers bei Apfel dargestellt.

Zunächst werden Blattscheiben (Stücke) geschnitten, mit *A. tumefaciens* in einem Flüssigmedium inkubiert und dann auf festen Nährboden in Petrischalen ausgelegt (Kokultur). Die Agrobakterien übertragen ihre T-DNA mit den entsprechenden Fremdgenen in die Zellen an den Wundrändern der Explantate. Nach einigen Tagen werden die Bakterien durch Waschen entfernt. Anschließend werden die Explantate auf sprossinduzierendes Medium übertragen. Im Medium befindet sich ein selektiv wirksames Agens, das den transgenen Zellen ermöglicht zu wachsen, während nichttransgene Zellen absterben. In der Regel wird Kanamycin als Antibiotikum verwendet, da meistens ein selektierbares Markergen für Kanamycinresistenz in der T-DNA verwendet wird. An den Rändern der Explantate entwickeln sich putativ transgene Sprosse, die anschließend mikrovermehrt und bewurzelt werden (Abb. 6.15). In Abb. 6.16 ist das Prinzip der Selektion auf einem antibiotikahaltigen Nährmedium illustriert.

Abb. 6.15 Gentransfer bei Apfel. Als Ausgangsmaterial dienen eine Kultur von **a** *Agrobacterium tumefaciens* und **b** In-vitro-Pflanzen des Ausgangsgenotyps, der zu transformieren ist. Die Blätter der In-vitro-Pflanzen werden mit einer Pinzette verletzt und **c** in einer *A.-tumefaciens*-Suspension inkubiert, **d** anschließend zu einer Kokultur auf Nährmedium ausgelegt, in Streifen geschnitten und **e** zur Selektion auf Selektionsmedium mit Antibiotikum kultiviert. **f** An den Blattexplantaten bilden sich transgene Regenerate, die vereinzelt und zu einer transgenen Linie verklont werden

Abb. 6.16 Selektion von Blattzellen auf einem antibiotikahaltigen Nährmedium. a Zellen, die mit *Agrobacterium tumefaciens* infiziert worden sind und in deren Genom das Gen für den Selektionsmarker, z. B. für Neomycintransferase II (*nptII*) eingebaut worden ist, sind in der Lage auf Selektionsmedium Sprosse zu regenerieren, die dann ebenfalls dieses Gen tragen. **b** Gewebe, deren Zellen dieses Gen nicht besitzen, sterben auf einem Selektionsmedium ab und verfärben sich weiß bis braun

6.3 Fazit

Im Bereich der Zell- und Gewebekultur ist es gelungen, bei vielen Obstarten anwendungsbereite Verfahren zu entwickeln. Dabei liegt der besondere Vorteil darin, dass Obstpflanzen generell zu den vegetativ vermehrbaren Arten gehören. Die Mikrovermehrung von Beerenobst und Obstbaumunterlagen ist seit Jahrzehnten eine etablierte Methode in der Jungpflanzenanzucht einer Reihe von privatwirtschaftlichen Unternehmen. Dabei wird die In-vitro-Kultur für die Massenvermehrung und für die Schaffung von virus- und bakterienfreien Pflanzenbeständen eingesetzt. Im Rahmen der Obstzüchtung stellen die Methoden der Mikrovermehrung die Basis für die Etablierung und Nutzung der anderen Methoden der Zell- und Gewebekultur wie auch für den Gentransfer dar. Die Entwicklung von Methoden der Erhaltung und Konservierung von wertvollen Pflanzen *in vitro* nimmt insbesondere für das Management von etablierten Genbanken zu. Die Kryokonservierung stellt eine erfolgversprechende Methode dar, wobei jedoch in Abhängigkeit von der Obstart noch erheblicher Forschungsbedarf besteht, ehe eine praktische Anwendbarkeit erreicht werden kann. Die Embryokultur wurde zu einer nutzbaren Methode im Rahmen des Embryo rescue entwickelt und hat insbesondere Bedeutung in der Steinobstzüchtung. Wenn der Embryo aus verschiedenen Gründen in der Entwicklung nicht ausreift, kann diese Methode auch in der Kernobstzüchtung angewendet werden. Die Erzeugung von homozygoten Pflanzen über Antheren- oder Mikrosporenkultur und über Parthenogenese durch Reizbestäubung wurde bei Apfel entwickelt und bei Kirsche erprobt. Aufgrund der geringen Effizienz in der Regeneration von Pflanzen und der geringen Erfolgschance, tatsächlich Homozygote zu erhalten, hat diese Methode im Vergleich zu anderen Kulturpflanzen jedoch kaum eine Bedeutung für den Obstzüchter. Die Protoplastentechnologie wurde sowohl für den direkten Gentransfer als auch für die somatische Hybridisierung entwickelt, insbesondere für Apfel. Eine Nutzung in der Obstzüchtung kann allerdings im Vergleich zu anderen Kulturpflanzen ausgeschlossen werden, da das Kultursystem überaus diffizil ist und die Regeneration von Pflanzen lediglich in Ausnahmefällen gelingt. Anders verhält es sich mit gentechnologischen Verfahren. Sie haben die Züchtungsforschung bei Obst revolutioniert und könnten dies auch im Rahmen der praktischen Sortenzüchtung leisten. Die Anwendung dieser Techniken im Rahmen der Obstzüchtung wird davon abhängen, ob und in welchem Maß gentechnisch veränderte Pflanzen von Politik und Verbraucher akzeptiert und gewünscht werden.

Neue Techniken der Pflanzenzüchtung

In den letzten beiden Jahrzehnten wurde eine Reihe von neuen Techniken der Pflanzenzüchtung entwickelt, deren Einordnung in den derzeit in der EU geltenden rechtlichen Rahmen nicht ganz einfach ist. All diesen Techniken ist gemein, dass sie zu einem bestimmten Zeitpunkt des Züchtungsprozesses gentechnische Verfahren nutzen, die Endprodukte jedoch keine gentechnischen Veränderungen in ihrem Genom mehr enthalten. Alle anderen Veränderungen, beispielsweise Mutationen oder DNA-Methylierungen, die im Endprodukt des Züchtungsprozesses noch vorhanden sind, hätten mit klassischen Züchtungsmethoden in identischer Form erzeugt werden können. Damit können die Endprodukte, die durch Anwendung dieser neuen Techniken entstehen, nicht mehr von denen der klassischen Züchtung unterschieden werden. In der EU ist deshalb eine Debatte darüber entbrannt, ob es sich bei diesen Produkten um gentechnisch veränderte Organismen (GVO) handelt oder nicht. Für eine Einstufung als GVO spricht, dass diese Organismen mithilfe gentechnischer Verfahren erzeugt wurden. Gegen eine Einstufung als GVO spricht die nach wie vor gültige EU-Richtlinie 2001/18/EC zur gezielten Freisetzung von GVO innerhalb der EU. Dort heißt es unter den Definitionen: „Ein gentechnisch veränderter Organismus (GVO) meint einen Organismus, mit Ausnahme des Menschen, dessen genetisches Material in einer Art und Weise verändert wurde, wie es auf natürlichem Wege durch Paarung und Rekombination nicht möglich gewesen wäre". Da das Produkt der neuen Techniken jedoch keine Veränderungen mehr enthält, die nicht auch durch Kreuzung und Rekombination hätten erreicht werden können, fallen sie streng genommen nicht unter diese Definition[1]. Bei den unter dem Begriff „Neue Techniken der Pflanzenzüchtung" zusammengefassten Methoden handelt es sich im Einzelnen um:

---

[1] Ausgeschlossen von dieser EU-Richtlinie sind Organismen, die mithilfe von Mutagenese oder durch Protoplastenfusion erzeugt worden sind (vgl. Annex I B, EU-Richtlinie 2001/18/EC). Diese Ausnahmeregelung ist gerade bei Obst sinnvoll, da hier seit vielen Jahrzehnten zahlreiche Mutanten den Anbau entscheidend mitbestimmen.

© Springer-Verlag GmbH Germany 2017
M.-V. Hanke und H. Flachowsky, *Obstzüchtung und wissenschaftliche Grundlagen*,
DOI 10.1007/978-3-662-54085-5_7

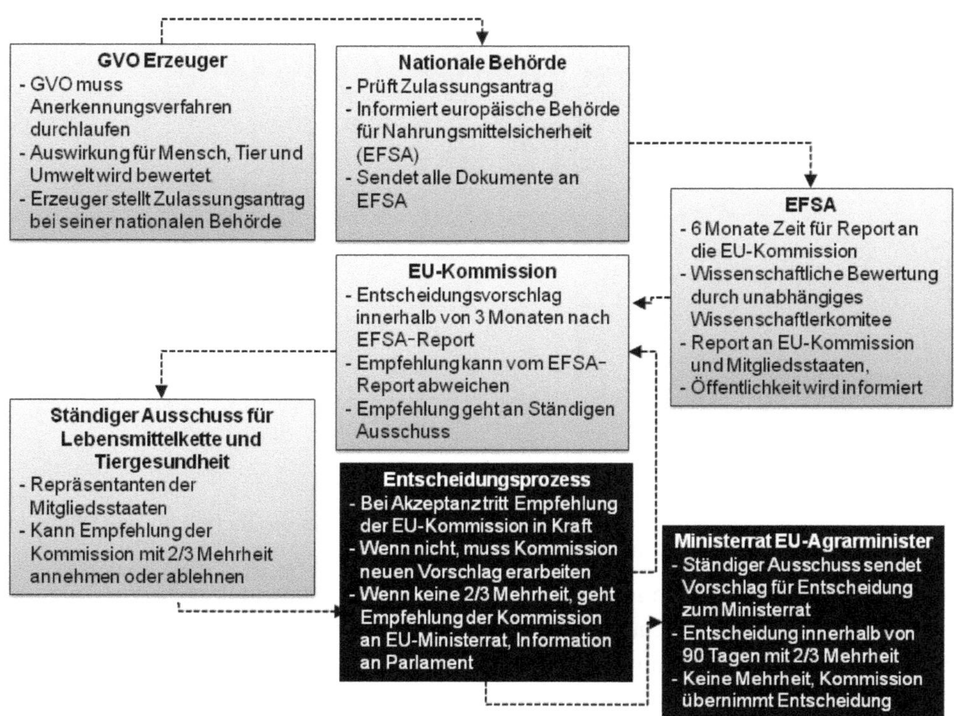

Abb. 7.1 Entscheidungsprozess zum Inverkehrbringen von GVO innerhalb der EU. In Deutschland ist das Bundesamt für Verbraucherschutz und Lebensmittelsicherheit (*BVL*) die nationale Behörde, die über Freisetzungsanträge zu wissenschaftlichen Zwecken entscheidet bzw. bei Antrag auf Inverkehrbringen eine Stellungnahme an die Europäische Behörde für Lebensmittelsicherheit (*EFSA*) sendet. Sowohl die Entscheidungen zu Freisetzungsanträgen als auch die Stellungnahmen bei Marktzulassungen erfolgen unter Beteiligung der Benehmensbehörden. Bei Entscheidungen über Freisetzungen von GVO sind in Deutschland das Bundesamt für Naturschutz (*BfN*), das Bundesamt für Risikobewertung (*BfR*) und das Robert Koch-Institut (*RKI*) als Benehmensbehörden beteiligt. Das Julius Kühn-Institut (*JKI*), die Zentrale Kommission für Biologische Sicherheit (*ZKBS*) und die zuständige Behörde des betroffenen Bundeslands geben jeweils fachliche Stellungnahmen dazu ab

- Zinkfingernuklease(ZFN)-Technologien[2],
- Oligonukleotidgesteuerte Mutagenese (ODM),
- Cis- und intragene Pflanzen,
- RNA-abhängige DNA-Methylierung,
- Veredelung von Nicht-GVO-Pflanzenteilen auf GVO-Unterlagen,
- Reverse Züchtung (einschließlich Fast Breeding-Technologie),
- Agroinfiltration,
- Synthetische Genomik.

Momentan wird die Debatte über die Einordnung der Produkte der neuen Züchtungstechniken in der EU-Kommission geführt. Um diesen Prozess besser einordnen zu können, gibt Abb. 7.1 einen Überblick über den Entscheidungsprozess zum Inverkehrbringen von GVO innerhalb der EU.

7.1   Genome Editing

Unter Genome Editing (dt. Genomeditierung) werden verschiedene Verfahren, die auf der Anwendung von ZFN (engl. *zinc finger nuclease*), TALEN (engl. *transcription activator-like effector nuclease*)[3] oder CRISPR/Cas9 (engl. *clustered regularly interspaced short palindrom repeats/CRISPR associated*) beruhen, zusammengefasst. Das Grundprinzip all dieser Verfahren ist sehr ähnlich. Aus diesem Grund soll es hier am Beispiel des CRISPR/Cas9-Systems stellvertretend für alle dargestellt werden (Abb. 7.2, Box 7.1). Ein Protein, in diesem Fall die Endonuklease Cas9, wird im Zellkern exprimiert und mithilfe einer Sonde, im Fall des CRISPR-/Cas9-Systems als Guide-RNA bezeichnet, zu einer vorher festgelegten Stelle in der genomischen DNA (Zielsequenz) geleitet.[4]

---

[2] Technologien, die auf der Anwendung von sequenzspezifischen Nukleasen wie ZFN (engl. *zinc finger nuclease*), TALEN (engl. *transcription activator-like effector nuclease*) oder CRISPR/Cas9 (engl. *clustered regularly interspaced short palindrom repeats*) basieren, werden neuerdings häufig unter dem Begriff Genome Editing zusammengefasst.

[3] ZFN und TALEN sind künstlich entwickelte Restriktionsenzyme, die mithilfe einer vorher angepassten DNA-Bindedomäne an eine Zielsequenz binden und dadurch an einer definierten Stelle zielgerichtet schneiden können.

[4] Der Vorteil des CRISPR-/Cas9-Systems besteht darin, dass für ein Experiment nicht das Enzym (Cas9), sondern nur die Sonde verändert werden muss. Bei ZFN und TALEN muss die DNA-Bindedomäne des Enzyms immer wieder an die entsprechende DNA-Zielsequenz angepasst werden. Vorteilhaft ist auch, dass Cas9 DNA-Doppelstrangbrüche induziert. ZFN und TALEN fügen nur einen Einzelstrangbruch ein. Für den zweiten Strang wird deshalb eine zweite Version des jeweiligen Enzyms benötigt.

Abb. 7.2 Schematischer Ablauf des Genome-Editing-Verfahrens am Beispiel des CRISPR/Cas9-Systems. a Ein mit einer Guide-RNA gekoppeltes Cas9-Protein wird in den Zellkern eingeschleust. **b** Die Guide-RNA führt das Cas9-Protein zu einer zu ihr komplementären DNA-Sequenz und bindet an diese. Das Cas9-Protein schneidet an dieser Stelle die DNA, wodurch ein DNA-Doppelstrangbruch entsteht. **c** Die Reparaturmechanismen der Zelle reparieren den Bruch durch nichthomologe Rekombination. Dabei können kleine Fehler, z. B. der Verlust von einzelnen Basen an der Bruchstelle, entstehen, die zu Mutationen führen

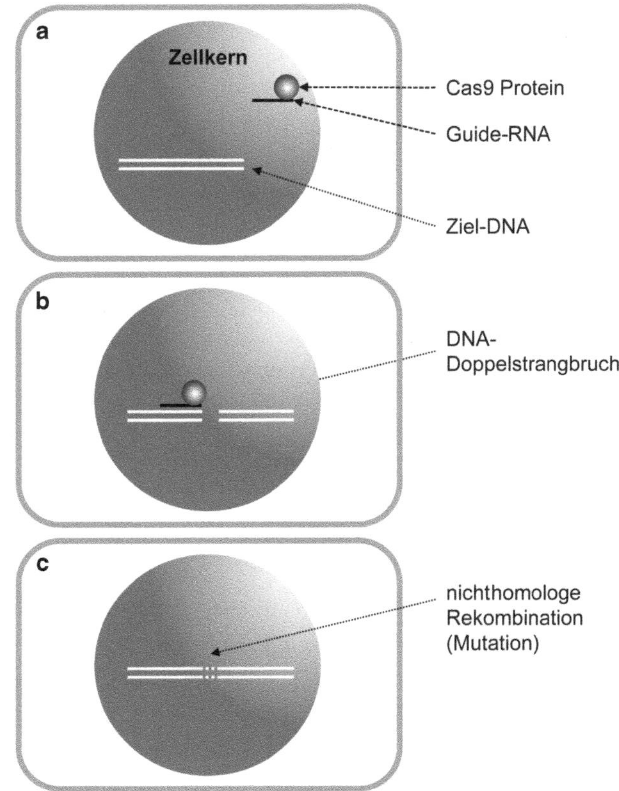

Box 7.1 Möglichkeiten zur Expression eines CRISPR-/Cas9-Konstrukts in einer Pflanzenzelle

Um das Cas9-Protein sowie die Guide-RNA in der Pflanzenzelle zu exprimieren, gibt es verschiedene Möglichkeiten, von denen hier drei beispielhaft aufgeführt sind:

- Das CRISPR/Cas9-Konstrukt wird in eine T-DNA integriert und mithilfe von *Agrobacterium tumefaciens* stabil ins Genom der Pflanzenzelle integriert. Nach erfolgter Expression des Konstrukts muss dieses zusammen mit der restlichen T-DNA wieder aus dem Pflanzengenom entfernt werden (z. B. durch Auskreuzen).
- Das CRISPR/Cas9-Konstrukt wird mithilfe der Agroinfiltration nur transient (zeitweilig) in der Zelle exprimiert. Es erfolgt kein Einbau ins pflanzliche Genom. Da das Konstrukt nicht zur Replikation befähigt ist, geht es nach getaner Arbeit infolge der fortschreitenden Zellteilungen nach und nach wieder verloren.

- Das CRISPR/Cas9-Konstrukt wird in ein zirkuläres Plasmid verpackt und mit Partikelbeschuss oder mithilfe von zellpenetrierenden Peptiden in die Pflanzenzelle geschleust. Dort wird es transient exprimiert. Es erfolgt kein Einbau ins Pflanzengenom und es geht nach und nach wieder verloren.

Das Cas9-Protein ist in der Lage, an einer definierten Stelle in diesem Bereich einen DNA-Doppelstrangbruch zu induzieren. Anschließend reparieren die zelleigenen DNA-Reparaturmechanismen den Bruch wieder. Das erfolgt normalerweise über nichthomologe Rekombination der Enden beider Bruchstücke. Dabei kann es zu kleinen Mutationen kommen.

Das besondere an den Genome-Editing-Verfahren ist, dass es nicht zwangsläufig notwendig ist, Fremd-DNA ins Genom der Pflanzenzelle zu integrieren, um dort zielgerichtet und sequenzspezifisch eine Modifikation, z. B. eine Mutation, herbeizuführen. Im Fall von CRISPR/Cas9 werden das Cas9-Protein und die Guide-RNA zwar in der Zelle exprimiert, gehen aber im Anschluss wieder verloren. Das Endprodukt enthält lediglich eine Mutation, die auch natürlicherweise, beispielsweise durch DNA-schädigende UV-Strahlung, hätte entstehen können. Damit können die Endprodukte nicht von natürlichen Mutanten

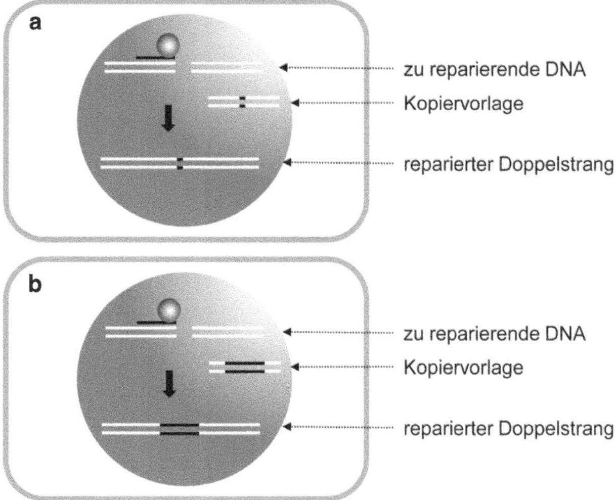

Abb. 7.3 Möglichkeiten zum Einfügen von DNA-Sequenzen an einer gewünschten Stelle im Genom. a Zur Reparatur des Doppelstrangbruchs (*oben*) wird den Reparaturmechanismen der Zelle ein zum Bruch homologes DNA-Molekül als Kopiervorlage angeboten (*Mitte*), das direkt im Bereich der Bruchstelle eine kurze, ein oder wenige Basenpaare große zusätzliche DNA-Sequenz (*schwarz*) enthält. Diese wird bei der Reparatur in die Bruchstelle integriert (*unten*). **b** Zur Reparatur des Doppelstrangbruchs (*oben*) wird eine Kopiervorlage angeboten (*Mitte*), die direkt im Bereich der Bruchstelle eine größere zusätzliche DNA-Sequenz, z. B. ein Gen, enthält. Diese wird bei der Reparatur in die Bruchstelle integriert (*unten*)

unterschieden werden.[5] Neben der einfachen Reparatur durch nichthomologe Rekombination kann den Reparaturmechanismen der Zelle auch eine Kopiervorlage angeboten werden (Abb. 7.3). Dazu wird eine DNA-Matrize in die Zelle eingeschleust, die homolog zu den flankierenden Bereichen der Bruchstelle ist. Genau an der Bruchstelle enthält sie jedoch eine zusätzliche DNA-Sequenz, die so in der Genomsequenz der Ausgangspflanze nicht vorkommt. Die Reparatur des DNA-Doppelstrangbruchs erfolgt in diesem Fall über einen weiteren Reparaturmechanismus der Zelle, die homologe Rekombination. Dabei wird das eingeschleuste, zum Bruch homologe DNA-Molekül als Kopiervorlage genutzt, wodurch die zusätzlich vorhandenen Sequenzen in die Bruchstelle integriert werden. Auf diese Weise können gezielt kleine Mutationen, z. B. Stopp-Codons, in ein Gen eingefügt werden. Auch dieses Verfahren ist den natürlichen Mutationen gleich. Möglich ist jedoch, dass mithilfe der Kopiervorlage ganze Gene an einer vorher definierten Stelle integriert werden. Bei einer Veränderung dieser Größenordnung ist zu erwarten, dass die dabei entstehenden Produkte künftig als GVO zu kennzeichnen sind.

7.2 Oligonukleotidgesteuerte Mutagenese

Die oligonukleotidgesteuerte Mutagenese (ODM) (engl. *oligonucleotide directed mutagenesis*) basiert auf den natürlichen Reparaturmechanismen der Zelle (Abb. 7.4). Mit ihrer Hilfe ist es möglich, ganz gezielt kleine Mutationen an einer gewünschten Stelle im Genom einer Pflanze zu induzieren. Dieses Verfahren ist jedoch nicht sehr effizient und wird i. d. R. bei Transformationsmethoden angewandt, die auf der Anwendung einer Protoplastenkultur beruhen. Das Einbringen der kurzen Oligonukleotidsequenz erfolgt entweder chemisch mit Polyethylenglycol (PEG) oder mithilfe von Partikelbeschuss. Bei Obstgehölzen ist das alles sehr ineffizient. Aus diesem Grund wurde dieses Verfahren bislang nicht etabliert. Ob es in Zukunft etabliert werden wird, ist fraglich, da die neuen Genome-Editing-Verfahren zum gleichen Ergebnis führen, jedoch wesentlich effizienter sind. Bei anderen Pflanzenarten wie Raps[6] gibt es bereits Produkte, die mit ODM erzeugt wurden und von einigen nationalen Behörden von den GVO-Regulierungen ausgenommen wurden.

---

[5] In den USA wurde im April 2016 mit einem nicht bräunenden Zuchtchampignon der Firma DuPont Pioneer ein erstes mit CRISPR/Cas9 editiertes Produkt von den GVO-Regulierungen ausgeschlossen und als Nicht-GVO deklariert.

[6] Die Firma Cibus™ LLC hat mit SU Canola™ eine herbizidtolerante Rapssorte auf den Markt gebracht, die mit ODM erzeugt wurde. An derartigen Sorten bei Flachs, Kartoffel und Reis arbeitet die Firma Cibus™ LLC gerade (http://www.cibus.com/products.php).

Abb. 7.4 Oligonukleotid-gesteuerte Mutagenese.
a Ein Molekül (DNA/DNA oder DNA/RNA) einer Länge von 20 bis 100 bp wird in den Zellkern gebracht. Dieses Molekül ist bis auf einen Unterschied von 1 bis 2 bp identisch zur Zielsequenz.
b Dieses Molekül bindet an die sonst komplementäre Zielsequenz. Es entstehen aufgrund des Unterschieds ein bis wenige Falschpaarungen (engl. *mismatches*). Natürliche Reparaturmechanismen der Zelle erkennen diese Falschpaarungen und reparieren sie. **c** Dabei können mutierte Zellen entstehen, die die Sequenz von 1 bis 2 bp in ihr Genom integriert haben

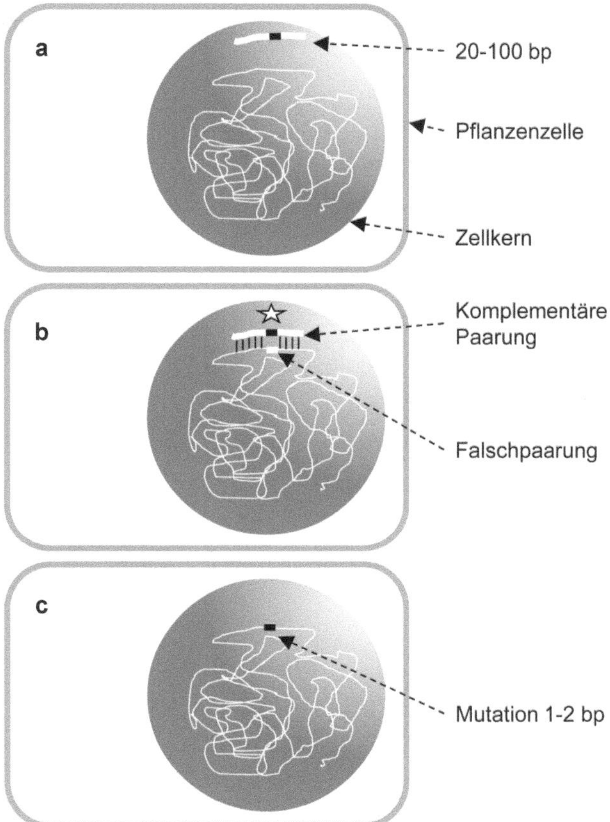

7.3 Cis- und intragene Pflanzen

Beim Prozess der Erzeugung transgener Pflanzen werden i. d. R. nicht alle Zellen gentechnisch verändert. Ein Teil der Zellen bleibt unverändert. Deshalb wird meist neben der DNA-Sequenz (z. B. Gen), die man zur Verbesserung des Ausgangsgenotyps übertragen möchte, auch noch eine zweite Sequenz übertragen, die nur für den technischen Prozess der Erzeugung transgener Pflanzen notwendig ist. Bei dieser Sequenz handelt es sich um das sog. Markergen. Markergene vermitteln transgenen Zellen unter bestimmten Laborbedingungen[7] einen Vorteil, z. B. eine Antibiotikumresistenz. Werden also Zellen, gentechnisch veränderte und unveränderte, auf einem Nährmedium mit Antibiotikum kultiviert, dann sterben die unveränderten Zellen ab. Die gentechnisch veränderten Zellen überleben und können auf diese Weise schnell und zielgerichtet identifiziert werden. Aus

---

[7] Markergene werden so ausgewählt, dass sie der Pflanze in der freien Natur keinen Überlebensvorteil im Vergleich zu den Ausgangspflanzen vermitteln.

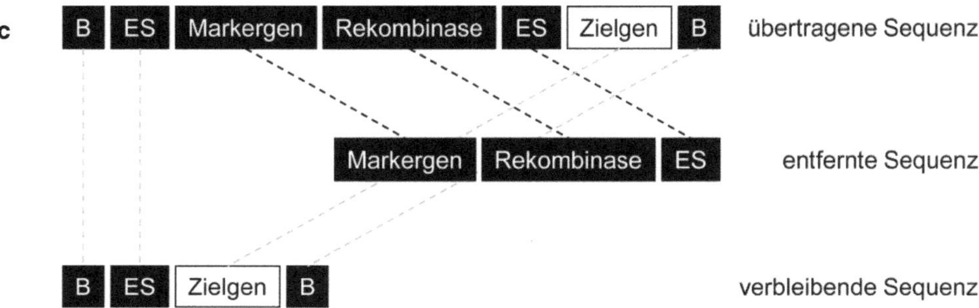

Abb. 7.5 Unterschiedliche Strategien zur Erzeugung gentechnisch veränderter Pflanzen.
a Die übertragene Sequenz enthält sowohl das Zielgen zur Verbesserung der Ausgangssorte als auch das Markergen zur Selektion gentechnisch veränderter Zellen. Beide verbleiben im Endprodukt. **b** Die zu übertragende Sequenz enthält nur das Zielgen. Die Identifizierung von gentechnisch veränderten Zellen erfolgt mit molekularen Methoden, z. B. durch PCR. Diese Verfahren sind nicht immer anwendbar. Sie sind nur dann erfolgreich, wenn die Regeneration ganzer Pflanzen aus Einzelzellen und nicht aus Zellhaufen erfolgt, die einen Mix gentechnisch veränderter und unveränderter Zellen darstellen. **c** Die übertragene Sequenz enthält das Zielgen, das Markergen und ein Gen für eine Rekombinase sowie Erkennungssequenzen, die die Rekombinase benötigt. Nach erfolgter Selektion gentechnisch veränderter Zellen wird die Rekombinase gezielt aktiviert. In der Folge entfernt die Rekombinase das Markergen, sich selbst und eine der Erkennungsstellen wieder aus dem Genom. *ES* Erkennungssequenz; *B* Border-Sequenz (kurze DNA-Sequenz, die den zu übertragenden Teil begrenzt)

ihnen werden dann intakte Pflanzen regeneriert, die nicht mehr auf das Markergen angewiesen sind.

Da sich die Kritik der Gegner gentechnisch veränderter Pflanzen v. a. auch gegen die Anwesenheit solcher Markergene gerichtet hat, wurden verschiedene Methoden entwickelt, bei denen man entweder auf das Markergen ganz verzichten kann oder es im Anschluss an die Selektion gentechnisch veränderter Zellen wieder vom Genom entfernt (Abb. 7.5).

Abb. 7.6 Verschiedene Formen von Pflanzen, die mithilfe von Transformationstechniken erzeugt werden können. Dargestellt sind die im Endprodukt noch enthaltenen DNA-Sequenzen, die mithilfe von Transformationstechniken ins Pflanzengenom übertragen wurden. Diese können in Abhängigkeit von der jeweiligen Transformationsmethode auch geringfügig anders aufgebaut sein. *Schwarz* Sequenzen aus anderen sexuell nicht kompatiblen Arten; *grau* Sequenzen aus derselben oder einer sexuell kompatiblen Art, die aber nicht vom gleichen Gen stammen; *weiß* Sequenzen aus derselben oder einer sexuell kompatiblen Art, die sich in der richtige Orientierung an ihrer natürlichen Position befinden; *B* Border-Sequenzen; *P* Promoter; *T* Terminator; *ES* Erkennungssequenz für eine Rekombinase

Bei transgenen Pflanzen kann die Zielsequenz (Zielgen) auch aus anderen Organismen, z. B. Bakterien oder Pilzen bzw. auch aus Viren, stammen. Neuere Formen der genetischen Modifikation von Pflanzen setzen ausschließlich auf Gene aus der eigenen Art oder zumindest aus nah verwandten, sexuell kompatiblen Arten. Zu diesen neuen Methoden gehört die Erzeugung intragener und cisgener Pflanzen. In beiden Fällen wird, ähnlich wie bei der Erzeugung transgener Pflanzen, ein Stück DNA mithilfe genetischer Transformation in eine Pflanzenzelle übertragen.

Bei intragenen Pflanzen kann die zu übertragende DNA-Sequenz eine Neukombination von Teilen, z. B. Promoter, Gen oder Terminator, verschiedener Gene des gleichen Organismus sein (Abb. 7.6). Bei cisgenen Pflanzen werden Gensequenzen in ihrer natürlichen Form übertragen. Dabei steht die kodierende Gensequenz unter der Kontrolle ihrer eigenen regulatorischen Sequenzen, wie Promoter, Introns oder Terminator, die sowohl an der richtigen Stelle innerhalb der Gensequenz als auch in der richtigen Orientierung (sense bzw. antisense) in diesem Komplex vorhanden sein müssen (Abb. 7.6). Cis- und intragene Pflanzen dürfen keine Markergensequenzen mehr besitzen.

Intragene Pflanzen gibt es bei mehreren Obstarten. Sie stellen eine Weiterentwicklung der transgenen Pflanzen dar. Da intragene Pflanzen aber Neukombinationen von Sequenzen verschiedener Gene enthalten, die so in der Natur nicht ohne Weiteres vorkommen, ist damit zu rechnen, dass sie in der EU als GVO eingestuft werden.

Etwas anders ist die Situation bei den cisgenen Pflanzen. Diese Pflanzen enthalten nur Gensequenzen, die in dem Organismus oder in einer kreuzbaren Art in genau der gleichen Form vorkommen. Aus diesem Grund geht von ihnen erst einmal kein höheres Risiko für Mensch, Tier und Umwelt aus als von Pflanzen, die dieses Gen auf dem Weg der natürlichen Kreuzung bekommen haben. Dennoch können cisgene Pflanzen in Abhängigkeit von der Transformationsmethode noch kurze Stücke fremder DNA enthalten. Da diese Stücke nicht kodierend sind, stellen sie für Befürworter dieser Technologie kein Risiko dar. Kritiker sehen das jedoch anders. Fraglich ist im Einzelfall, welchen Einfluss der Ort der Integration des Cisgens im Genom hat. Da die Integration i. d. R. zufällig und ungerichtet erfolgt, können dadurch Gensequenzen unterbrochen bzw. neue Leseraster geöffnet werden. Befürworter sehen hierin keine größere Gefahr als das z. B. beim Anbau von natürlichen Mutanten der Fall ist. Bei Apfel entstehen viele dieser Mutanten beispielsweise durch eine Transposonintegration. Transposons, auch Retroelemente genannt, sind DNA-Segmente, die ihre Position im Genom verändern können. Durch den Einbau eines solchen Segments an einem neuen Ort können ebenfalls Gene zerstört oder neue Leseraster geschaffen werden. Bei der derzeitigen Diskussion über diese Technologie ist zu erwarten, dass Pflanzen mit Restsequenzen aus anderen Organismen mit einer Länge $\geq 20\,$bp als GVO eingestuft werden. Ob das bei cisgenen Pflanzen, die gar keine Fremd-DNA mehr enthalten, auch der Fall sein wird, bleibt abzuwarten. Sollten diese Pflanzen als GVO eingestuft werden, dann hat der Gesetzgeber ein für ihn derzeit nicht zu lösendes Problem. Er ist mit allen heute verfügbaren Technologien, einschließlich der Genomsequenzierung, nicht in der Lage, Verstöße gegen diese Regelung rechtskräftig nachzuweisen. Aus diesem Grund ist es fraglich, wie sinnvoll und wie wirksam eine solche Einstufung auch vor dem Hintergrund eines globalen Handels im gegebenen Fall ist.

Cisgene Pflanzen gibt es bei Obst v. a. bei Apfel. Hier gibt es inzwischen cisgene Linien bei den Sorten 'Gala', 'Pinova' und 'Brookfield® Baigent' (Mutante von 'Gala Tenroy'), die das *Rvi6*-Schorfresistenzgen aus dem Wildapfel *M. floribunda* 821 besitzen. Von 'Gala' gibt es Linien, die das Schorfresistenzgen *Rvi15* aus dem russischen Wildapfelsämling R12740-7A tragen und auch solche, die das Feuerbrandresistenzgen *Fb_Mr5* aus *M. robusta5* besitzen. All diese Pflanzen wurden mit einer Technologie erzeugt, bei der das Markergen mit einer Rekombinase wieder entfernt wurde. Es gibt auch eine rotfleischige cisgene Linie der Sorte 'Gala', die aus einer Transformation mit einer Variante des *MdMYB10*-Gens aus der Wildart *M. pumila* var. *niedzwetzkyana* stammt. Diese wurde mit einer Technologie erzeugt, bei der für die Transformation kein Markergen verwendet worden ist.

7.4 RNA-abhängige DNA-Methylierung

Die RNA-abhängige DNA-Methylierung (RdDM) basiert auf natürlichen Mechanismen der Zelle zur Regulation der Aktivität von Genen. Die Methylierung von Cytosinbasen gehört zu den bedeutendsten epigenetischen Veränderungen in der Zelle.[8] Beim Verfahren der RdDM werden DNA-Sequenzen in eine Zelle eingebracht, stabil oder auch nur transient, die haarnadelförmige RNA, die eine Sequenz aus dem Promoter des Zielgens in Sense- und Antisense-Orientierung enthalten, exprimieren. Dadurch kommt es zur Expression von Doppelstrang-RNA (dsRNA), die homolog zum Promoterbereich ist. DsRNA kommen jedoch in Pflanzenzellen natürlicherweise nicht vor. Sie sind eher charakteristisch für einige Viren, die Pflanzen befallen können. Pflanzen haben deshalb Mechanismen entwickelt, die solche dsRNA erkennen und abbauen können (Abb. 7.7). Die Abbauprodukte können jedoch zu einer Methylierung der komplementären Sequenz im Promoter des Zielgens führen, wodurch die Transkription dieses Gens unterbunden wird. DNA-Methylierungsmuster können über Generationen hinweg stabil vererbt werden, auch wenn die eingebrachte DNA-Sequenz in dieser Zelle gar nicht mehr vorhanden ist. Auf diese Weise entsteht ein Individuum, dessen genomische DNA-Sequenz zu 100 % identisch zum Ausgangsgenotyp ist. Lediglich eines seiner Gene ist nicht mehr in gleicher Weise aktiv. Ein

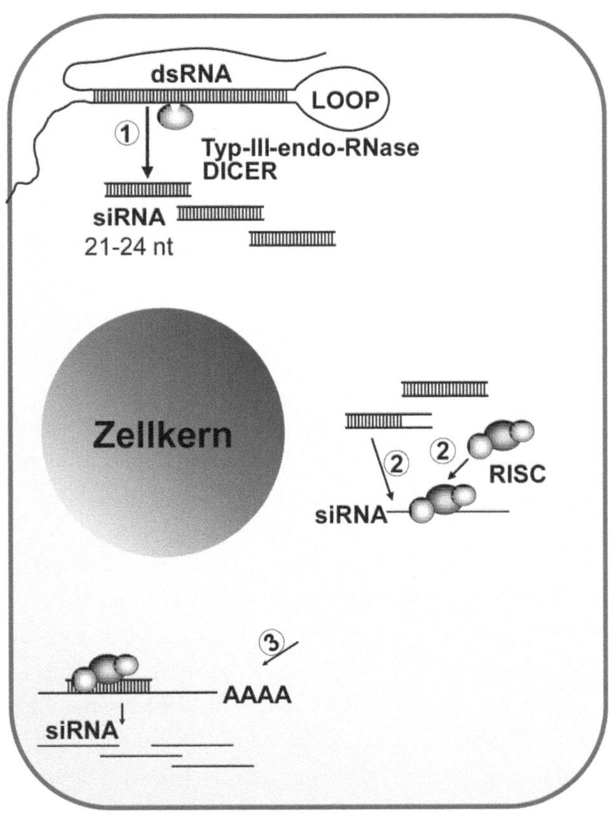

Abb. 7.7 Vereinfachtes Schema der RNA-Silencing-Maschinerie in eukaryotischen Zellen. In der Pflanzenzelle wird ein Doppelstrang-RNA(*dsRNA*)-Konstrukt exprimiert, das eine Zielsequenz (150–300 bp) in Sense- und Antisense-Orientierung enthält. (1) Diese dsRNA wird von der Zelle erkannt und von sog. DICER-Proteinen zu kurzen siRNA (engl. *short interfering RNA*) abgebaut. (2) Die siRNA assoziieren mit einem Komplex aus ARGONAUTE-Proteinen, dem sog. RISC-Komplex (engl. *RNA induced silencing complex*). (3) Diese binden an die mRNA-Zielmoleküle. Die gebundenen mRNA-Moleküle werden durch den RISC-Komplex abgebaut

---

[8] Umweltbedingte Unterschiede in DNA-Methylierungsmustern sind u. a. eine der Hauptursachen, warum eineiige Zwillinge trotz ihrer genetisch identischen Information z. T. phänotypisch ganz unterschiedlich sein können.

Nachweis, ob diese Inaktivierung natürlicherweise entstanden ist oder künstlich induziert wurde, ist mit den heutigen Analyseverfahren unmöglich, da sich DNA-Methylierungs-muster in einem Organismus ständig und in Abhängigkeit von den Umweltbedingungen und dem Lebenszyklus ändern können. Eine auf diese Weise erzeugte Pflanze kann also nicht von einer spontan gefundenen Mutante unterschieden werden. Bei Obst ist bislang noch kein Fall beschrieben, bei dem dieses Verfahren erfolgreich und zielgerichtet ange-wandt wurde. Ob es in Zukunft eine Rolle spielen wird, ist eher fraglich. Auch hier wird es v. a. davon abhängen, inwieweit die Genome-Editing-Verfahren von den europäischen GVO-Regulierungen ausgeschlossen werden oder nicht.

7.5 Veredelung auf GVO-Unterlagen

Obstgehölze bestehen i. d. R. aus wenigstens zwei Teilen, der Unterlage (Wurzelstock) und dem Edelreis (fruchttragende Sorte). In manchen Fällen kann sich zwischen Unterlage und Edelreis auch noch ein dritter Genotyp (Stammbildner) befinden. Wird die fruchttra-gende Sorte gentechnisch verändert, so muss sie (einschließlich der Früchte) als GVO gekennzeichnet werden und unterliegt den geltenden gesetzlichen Bestimmungen. Ist die Unterlage (bzw. der Stammbildner) gentechnisch verändert, nicht aber der fruchttragen-de Teil des Baums, so entsteht eine fragliche Situation, die vom Gesetzgeber nicht ganz einfach zu beantworten ist.

Unterlagen und Stammbildner können z. B. in der Weise verändert werden, dass ein Signal, beispielsweise eine RNA, ein Protein oder Metabolit, in den fruchttragenden Teil des Baums transportiert wird (Abb. 7.8). Dieses Signal führt dort zur zeitweiligen oder dauerhaften Veränderung in einem Merkmal. Die genomische DNA-Sequenz des frucht-tragenden Teils dieses Baums bleibt jedoch unverändert. Die Frage, ob der fruchttragende Teil ein GVO ist oder nicht, ist nicht ganz einfach zu beantworten. Sein Genom ist mit Bäumen der gleichen Sorte, die nicht auf GVO-Unterlagen gepfropft wurden, absolut identisch. Da der Baum aber physikalisch eine Einheit mit der GVO-Unterlage bildet, ist es ziemlich sicher, dass ein solcher Baum in Zukunft in der EU als GVO gekennzeichnet werden muss.

Was ist jedoch mit den Früchten solcher Bäume nach der Ernte? Diese Früchte können nicht mehr von Früchten unterschieden werden, die von Nicht-GVO-Bäumen stammen. In der EU ist das sicher kein Problem. Hier ist es aufgrund der bestehenden Regulierungen nahezu ausgeschlossen, dass jemand versuchen wird, ein solches Anbausystem in Verkehr zu bringen. Anders wird es sein, wenn Früchte aus Ländern importiert werden, die solche Anbauverfahren deregulieren. Die EU kann dann zwar auf einer GVO-Kennzeichnung be-stehen, hat aber derzeit keine technischen Möglichkeiten, Verstöße gegen diese Auflagen rechtskräftig nachzuweisen. Vor diesem Hintergrund stellt sich die Frage, wie sinnvoll eine solche Regulierung gegebenenfalls wäre.

Dass dieses System reale Anwendungen im Obstbereich erfahren könnte, soll ein Beispiel demonstrieren. Woran möglicherweise derzeit gearbeitet wird, ist die Virusfrei-machung bei *Prunus*-Arten. Dafür werden Unterlagen erzeugt, die Doppelstrang-RNA

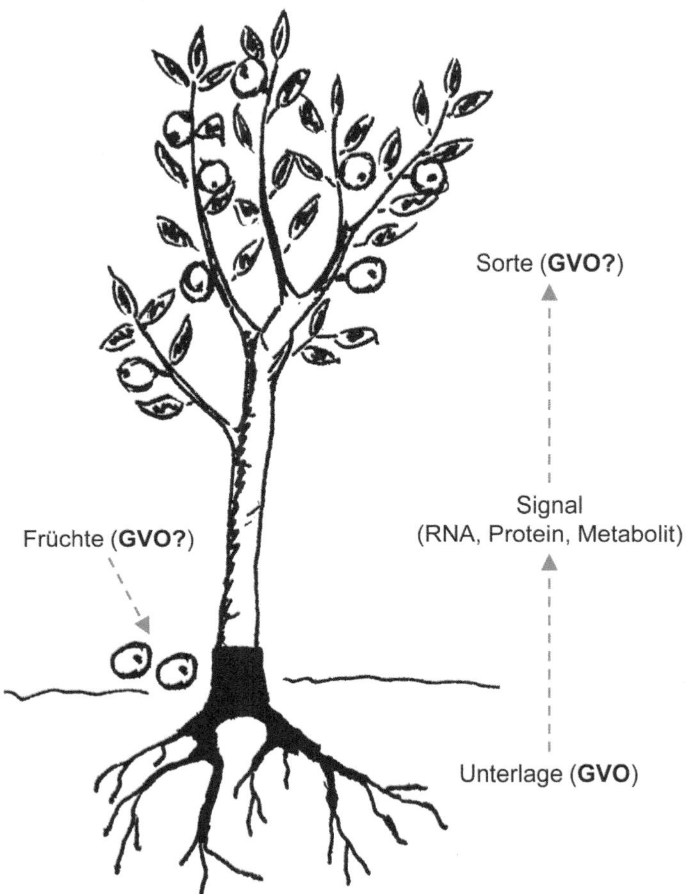

Abb. 7.8 Veredelung auf eine GVO-Unterlage. Die Unterlage wurde gentechnisch in der Art verändert, dass sie ein Signal in den fruchttragenden Teil des Baums transportiert. Dieser Teil der Pflanze wurde in seiner genomischen DNA nicht verändert, die somit identisch zu der von Bäumen derselben Sorte ist, die auf Nicht-GVO-Unterlagen veredelt wurden

(dsRNA) für einen Teil eines Virus, z. B. Scharka, exprimieren. Diese dsRNA werden von der Pflanzenzelle erkannt und zu kleinen RNA-Molekülen, den siRNA (engl. *short interfering RNA*) von 18 bis 21 bp Länge abgebaut. Die siRNA sind in der Lage, sich von der GVO-Unterlage ausgehend im Rest der Pflanze zu verbreiten. Dort binden sie an komplementäre RNA-Moleküle des jeweiligen Virus. Es kommt erneut zur Bildung von dsRNA und zu deren Abbau. Auf diese Weise kann ein Baum virusfrei gemacht werden. Werden Reiser von einem solchen virusfreien Baum geschnitten und das Reis so von der GVO-Unterlage getrennt, dann erhält es auch keine neuen siRNA mehr. Die noch im Gewebe vorhandenen siRNA bauen sich innerhalb weniger Wochen vollständig ab und sind nicht mehr nachweisbar. Die Funktionalität dieses Systems wurde bereits bei Süßkirsche und dem *Prunus necrotic ringspot virus* (PNRS) gezeigt.

7.6　Reverse Züchtung, einschließlich Fast Breeding-Technologie

Die Reverse Züchtung ist ein Verfahren zur einfachen Erzeugung doppelhaploider (DH) Pflanzen. DH-Pflanzen sind das Ausgangsmaterial für ein erfolgreiches Hybridzüchtungsprogramm. Normalerweise werden sie über z. T. sehr zeit- und arbeitsintensive Inzuchtprogramme oder über In-vitro-Verfahren, z. B. Antherenkultur, erzeugt.

Die Reverse Züchtung bietet hier eine elegante Alternative. Bei diesem Verfahren wird in einer Ausgangspflanze die meiotische Rekombination durch Stilllegen (engl. *silencing*) von Genen, wie *DCM1* und *SPO11*, die für die Meiose notwendig sind, unterbunden. In der Regel wird dazu eine GVO-Pflanze erzeugt, in der eine zu diesen Genen komplementäre dsRNA stabil oder transient exprimiert wird. Diese wird von der Pflanzenzelle erkannt und führt in der Folge (Abb. 7.7) zum Abbau der mRNA beider Gene. Dadurch wird die meiotische Rekombination unterbunden. In der Folge entstehen DH-Nachkommen. Die gentechnische Veränderung wird dabei nur an einen Teil (0 % bzw. 50 % in Abhängigkeit davon, ob die Sequenz für die dsRNA transient oder stabil exprimiert wurde) der Nachkommen weitergegeben. Es entstehen demnach DH-Pflanzen, die keine gentechnische Veränderung mehr in sich tragen. Diese Pflanzen hätten mit klassischen Verfahren in identischer Weise hergestellt werden können. Der Gesetzgeber kann letztendlich nicht mehr feststellen, welches Verfahren zur Erzeugung der DH-Pflanze verwendet wurde. Dieses Verfahren ist v. a. für die Hybridzüchtung von Interesse. Bei Obst wäre das für Erdbeeren und *Rubus*-Arten interessant. Gerade bei Erdbeeren versucht man derzeit in vielen Ländern der Erde, effektive Hybridzüchtungsprogramme aufzubauen. Es ist also nicht auszuschließen, dass in einigen Jahren erste Sorten auf den Markt kommen werden, die mithilfe einer solchen Strategie gezüchtet worden sind.

Eine von der methodischen Vorgehensweise sehr ähnliche Strategie ist das Fast Breeding, das auch unter anderen Bezeichnungen wie „Fast Track Breeding" oder „Rapid Crop Cycle Breeding" bekannt ist. Dieses Verfahren zielt auf die zeitliche Verkürzung des Zuchtprozesses ab. Obstgehölze haben eine lange Jugendphase von mehreren Jahren, die z. B. bei Apfel sechs bis zehn Jahre und in manchen Fällen noch länger dauern kann. In dieser Zeit ist die Pflanze nicht in der Lage, zu blühen. Damit sind auch keine Kreuzungen mit einer blühunfähigen Pflanze möglich. Mithilfe eines gentechnischen Ansatzes kann man die Jugendphase heute deutlich verkürzen. GVO-Pflanzen, die ein blühförderndes Gen exprimieren, blühen bereits *in vitro* bzw. wenige Monate nach der Überführung in Erde. Nutzt man diese GVO-Pflanzen für Kreuzungen, dann wird die gentechnische Veränderung an 50 % der Nachkommen weitergegeben[9] (Abb. 7.9). Diese Sämlingspflanzen werden ebenfalls innerhalb weniger Monate nach der Aussaat blühen. Interessant ist dieses Verfahren v. a. für die Introgression von Merkmalen aus Wildarten. Die Früchte

---

[9] Für diese Arbeiten werden gentechnisch veränderte Linien selektiert, die das Transgen nur in Form einer Einzelkopie (engl. *single copy*) an nur einem Lokus (engl. *single locus*) besitzen. Da *A. tumefaciens* die T-DNA auch nur in eines der beiden homologen Chromosomen integriert, ist die transgene Pflanze für diesen Lokus heterozygot.

von Wildarten sind meist sehr klein und qualitativ minderwertig. Nutzt man also eine Wildartenakzession als Donor für ein bestimmtes Merkmal, z. B. eine Resistenz, dann sind wenigstens fünf bis sechs Pseudorückkreuzungen mit qualitativ hochwertigen Sorten notwendig, bis in der Nachkommenschaft Genotypen entstehen, die Früchte mit einer vermarktungsfähigen Qualität produzieren. In solchen Kreuzungen zwischen einem Genotyp (Wildart) mit einem monogenen Zielmerkmal und einer früh blühenden GVO-Pflanze entstehen 25 % der Nachkommen, die sowohl das Zielmerkmal als auch das Gen für frühes Blühen haben. Aus diesen Nachkommen werden dann Genotypen ausgewählt und direkt

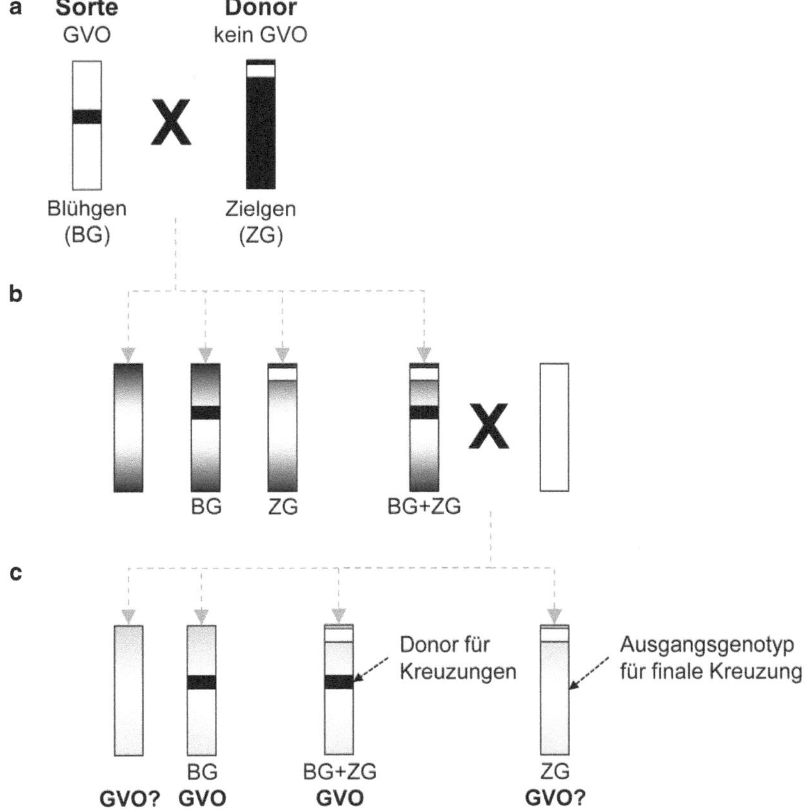

Abb. 7.9 Schematischer Ablauf eines Fast Breeding-Programms. a Kreuzung einer GVO-Pflanze mit einem Gen für frühe Blüte mit einem Donor, z. B. einer Wildartenakzession, der ein monogenes Zielmerkmal, z. B. ein Resistenzgen, besitzt. **b** Ein Viertel aller Nachkommen hat sowohl das Gen für frühes Blühen als auch das Zielmerkmal. Diese Genotypen werden für weitere Züchtungsschritte benutzt. **c** Am Ende des Zuchtprozesses werden einzelne Genotypen aus den 25 % der Nachkommenschaft ausgewählt, die nur das Zielmerkmal besitzen. Diese Genotypen besitzen keine gentechnische Veränderung mehr. Es ist noch fraglich, ob sie in Zukunft dennoch als GVO in der EU gekennzeichnet werden müssen. Das trifft auch für alle künftigen Nachkommen und für die 25 % der Population zu, die weder das Zielmerkmal noch das Gen für frühe Blüte besitzen

für Pseudorückkreuzungen benutzt. Dieses Vorgehen wird in mehreren Schritten wiederholt, bis die Fruchtqualität der Sämlinge ein bestimmtes Niveau erreicht hat. Zu diesem Zeitpunkt werden dann jedoch solche Genotypen ausgewählt, die nur das Zielmerkmal in sich tragen, nicht aber das Gen für frühes Blühen. Diese Genotypen kommen auch zu etwa 25 % in einer Nachkommenschaft vor (Abb. 7.9) und können dann als Elter für eine finale Kreuzung verwendet werden. Auf diese Weise können in wenigen Jahren mehrere Rückkreuzungsgenerationen realisiert werden und der Zuchtprozess verkürzt sich um wenigstens zwei Jahrzehnte. Das Endprodukt enthält keine gentechnische Veränderung mehr in seinem Genom. Dennoch ist bislang nicht geklärt, ob eine solche Pflanze in der EU als GVO zu kennzeichnen ist oder nicht. Außerhalb der EU wird dieses Verfahren bereits erfolgreich zum Züchten neuer Sorten bei Apfel, Birne und Pflaume verwendet. Es ist also nicht auszuschließen, dass in absehbarer Zeit Früchte auf den Markt kommen werden, die von Sorten stammen, die mit diesem System gezüchtet worden sind. Im Fall einer Entscheidung für die Kennzeichnung einer solchen Pflanze als GVO wird der Gesetzgeber dann die Schwierigkeit haben, rechtskräftig nachzuweisen, ob die Sorte, von der diese Früchte stammen, mit Hilfe dieses Verfahrens gezüchtet wurde oder nicht.

Das erste Fast Breeding-Programm für Apfel wurde im Jahr 2011 publiziert (Flachowsky et al. 2011). Es basiert auf der Verwendung von früh blühenden Genotypen der Apfelsorte 'Pinova', die das Blühgen *BpMADS4* aus der Silberbirke exprimieren und

Abb. 7.10 Fast Breeding-Technologie bei Apfel. a Die Integration eines blühfördernden Gens in die Apfelsorte 'Pinova' führt dazu, dass bereits in der In-vitro-Phase an den transgenen Pflanzen Blüten gebildet werden. **b** Nach Überführung der In-vitro-Sprosse in Erdkultur im Gewächshaus entstehen Pflanzen mit einem anormalen Wuchshabitus, die gleichzeitig Blüten und Früchte bilden. **c** Diese Pflanzen können für Rückkreuzungen mit Kultursorten genutzt werden. **d** An den bestäubten Blüten entstehen Früchte, die die Nachkommen der folgenden Generationen als Samen enthalten (s. Abb. 7.9)

bereits in der In-vitro-Phase anfangen zu blühen (Flachowsky et al. 2007). Diese Pflanzen wurden für Kreuzungen mit *Malus*-Arten verwendet, um Resistenzgene gegenüber Apfelschorf, Mehltau und Feuerbrand zu übertragen. Es war möglich, ein Kreuzungsprogramm zu etablieren, bei dem jährlich ein weiterer Kreuzungsschritt realisiert wurde. Inzwischen wurde das System weiterentwickelt, z. B. durch Überexpression von apfeleigenen Blühinduktoren und Stilllegung von Blührepressoren, und an weiteren Apfelsorten erprobt. Pflanzenmaterial aus diesen Experimenten ist in Abb. 7.10 gezeigt. Die beschriebene Methode wird inzwischen in den USA im Rahmen der Feuerbrandresistenzzüchtung bei Apfel sowie in der Resistenzzüchtung bei Pflaume praktiziert.

7.7 Agroinfiltration

Bei der Agroinfiltration werden pflanzliche Gewebe (meist Blattstücke) mit einer Lösung von Agrobakterien infiltriert. Diese Agrobakterien tragen Genkonstrukte in sich, die im pflanzlichen Gewebe zeitweilig oder dauerhaft exprimiert werden sollen. Die Zielstellungen einer solchen Agroinfiltration sind ganz unterschiedlicher Natur. Deshalb werden hier mindestens drei Verfahren unterschieden.

- Beim ersten Verfahren handelt es sich um die „Agro-Infiltration im engeren Sinn" (lat. *sensu stricto*). Bei diesem Verfahren enthalten die Agrobakterien Genkonstrukte, die in Pflanzenzellen nicht repliziert und nicht in andere Zellen transportiert werden können.[10] Diese Konstrukte werden nur im Zielgewebe und nur für einen überschaubaren Zeitraum exprimiert. Sie werden jedoch nicht in die genomische DNA der Zellen des infiltrierten Gewebes eingebaut. Bei den Konstrukten könnte es sich z. B. um solche handeln, die ein Protein eines Krankheitserregers (z. B. Feuerbrand, Schorf, *Xanthomonas* etc.) exprimieren. Auf diese Weise kann das Abwehrverhalten von Pflanzen sehr schnell und einfach untersucht werden. Resistente Pflanzen könnten auf diese Weise selektiert und dann als Eltern für Kreuzungen verwendet werden. Die Nachkommen aus diesen Kreuzungen würden jedoch weder die Agrobakterien noch das Genkonstrukt oder das von ihm exprimierte Protein enthalten. Auch hier hätte der Gesetzgeber keine Möglichkeit nachzuweisen, dass eine neue Sorte aus Kreuzungen mit einem Baum stammt, an dem in der Vergangenheit solche Experimente durchgeführt wurden.
- Beim zweiten Verfahren handelt es sich um die Agroinokulation. Dabei werden mithilfe von Agrobakterien virale Vektoren in das Gewebe (meist Blattstücke) eingeschleust. Virale Vektoren sind Viruspartikel, die durch gentechnische Verfahren so verändert wurden, dass man mit ihrer Hilfe Material, wie DNA oder RNA, in Wirtszellen, z. B. Pflanzenzellen, exprimieren kann. Der Vorteil dieser viralen Vektoren besteht darin,

---

[10] Zum Einschleusen solcher Konstrukte in die Pflanzenzelle können neben Agrobakterium auch andere Möglichkeiten, beispielsweise der Partikelbeschuss oder zellpenetrierende Peptide (engl. *cell penetrating peptides*, CPP) genutzt werden.

dass sie sich in der gleichen Weise wie die unveränderten Ausgangsviren in der gesamten Pflanze systemisch ausbreiten können. Dabei tragen sie die DNA oder RNA immer mit sich. In der Regel handelt es sich dabei um DNA- bzw. RNA-Sequenzen, die in den befallenen Pflanzenzellen exprimiert werden sollen. Für die Inokulation von Pflanzen mit viralen Vektoren gibt es verschiedene Möglichkeiten. Zum einen können diese Vektoren *in vitro* transkribiert, aufwendig gereinigt und über eine klassische Inokulationsmethode, z. B. durch Verletzen von pflanzlichem Gewebe beispielsweise mit Karborund, in die Pflanzen gebracht werden. Diese Methode ist unabhängig von einer Transformation mit Agrobakterien. Wesentlich einfacher ist es jedoch, Ti-Plasmide von Agrobakterien so zu verändern, dass sie die Information des gesamten Viruspartikels einschließlich der zu exprimierenden Sequenz in ihrer T-DNA enthalten. Dann schleust das Agrobakterium das Viruspartikel in einige wenige Pflanzenzellen ein, das Virus wird dort synthetisiert und kann sich von da aus im Rest der Pflanze ausbreiten. Auf diese Weise kann mit vergleichsweise wenig experimentellem Aufwand eine Sequenz in einer gesamten Pflanze exprimiert werden, ohne dafür eine stabil transformierte Pflanze erzeugen zu müssen. Pflanzen, die solche Virusvektoren enthalten, sind mit Sicherheit als GVO zu kennzeichnen. Was ist jedoch mit den Nachkommen dieser Pflanzen, wenn die Virusvektoren beispielsweise von Viren stammen, die nicht samenübertragbar sind? Ein Beispiel soll das im Folgenden verdeutlichen: Eine japanische Arbeitsgruppe hat ein System auf der Basis eines latenten Apfelvirus, dem *Apple latent spherical virus* (ALSV), entwickelt. Der dabei entstandene ALSV-Vektor wurde u. a. bereits verwendet, um Proteine bzw. RNA-Moleküle zu exprimieren, die den Baum bereits wenige Wochen nach der Aussaat zum Blühen bringen. Werden solche ALSV-infizierten Bäume für Kreuzungen verwendet, so enthalten die Samen der Früchte weder den Virusvektor noch irgendeine Veränderung, die auf diesen zurückgeführt werden kann. Mithilfe dieses Systems wird lediglich der Zuchtprozess beschleunigt. Da dieses System bereits in einigen Ländern der Erde getestet wird, ist damit zu rechnen, dass es in absehbarer Zeit Sorten auf dem Weltmarkt geben wird, die auf diese Weise gezüchtet wurden.

- Beim dritten Verfahren handelt es sich um die Floral-Dip-Methode. Dabei werden Blütenstände in eine Suspension mit Agrobakterien getaucht. Die Agrobakterien übertragen ein Genkonstrukt in die sich bildenden Embryonen. Aus dem auf diese Weise genetisch veränderten Samen entstehen Pflanzen, die gentechnisch verändert sind und damit auch als GVO gekennzeichnet werden müssen. Das Verfahren hat allerdings den Vorteil, dass hier keine aufwendigen Versuche zur Regeneration von Pflanzen aus transformierten Einzelzellen durchgeführt werden müssen. Es findet v. a. Anwendung bei *Arabidopsis thaliana*. Bei verschiedenen Obstarten, z. B. *Fragaria vesca*, wurde es ebenfalls getestet. Jedoch war es bei diesen Pflanzen bislang nicht so erfolgreich.

7.8 Synthetische Genomik

Die synthetische Genomik befasst sich mit der Resynthese von bereits existierenden Genomen. Die meisten Genome haben im Verlauf der Evolution viel evolutionären Müll (engl. *junk DNA*) angesammelt. Darunter versteht man DNA-Sequenzen, die im Genom vorhanden sind, aber für den Organismus keine Bedeutung haben. Ein Beispiel dafür sind die sog. Retroelemente, oft auch Transposon genannt. Diese genetischen Elemente können im Genom ihre Position verändern. Einige von ihnen hinterlassen dabei am Ursprungsort eine Kopie von sich selbst und bauen am Zielort eine zweite Kopie ein. Mit jeder Ortsveränderung eines solchen Retroelements vergrößert sich deren prozentualer Anteil am gesamten Genom. Man vermutet, dass diese Elemente einen viralen Ursprung haben. Viele Retroviren besitzen nahezu identische Elemente. Bei Apfel macht der Anteil solcher Retroelemente am gesamten Genom rund 42,4 % aus. Dass viele Elemente im Apfel noch aktiv zu sein scheinen, lässt die hohe Anzahl an Mutanten vermuten, die immer wieder gefunden werden. Die synthetische Genomik befasst sich damit, existierende Genome von diesem Müll zu befreien. Bei Mikroorganismen, wie *Mycoplasma genitalium,* ist das bereits gelungen. *M. genitalium* ist eine Mykoplasmose, die bei Menschen zur Harnröhrenentzündung führt. Das gesamte Genom dieses Erregers wurde im Labor künstlich neu erzeugt und dabei wesentlich verkleinert. Im Pflanzenbereich spielt diese Technik derzeit keine Rolle.

Aufbau eines Züchtungsprogramms 8

Der Aufbau eines Züchtungsprogramms beginnt mit der Festlegung der Zuchtziele. In dieser Phase definiert der Züchter das von ihm angestrebte Produkt. Dabei sollte im bewusst sein, dass es i. d. R. nicht möglich sein wird, eine neue Obstsorte zu schaffen, die alle an sie gestellten Anforderungen perfekt erfüllt.

Wie schwierig das ist, zeigt das Beispiel in Tab. 8.1. Würde man voraussetzen, dass jedes der gewünschten Merkmale von einem einzelnen Gen bestimmt wird und alle Merkmale frei rekombinieren, dann würde man bei n Genen $\frac{1}{2}^n$ Nachkommen in der F1-Generation erwarten, die alle gewünschten Gene erhalten. Dieses Beispiel ist sicher etwas konstruiert. Zum einen werden viele Merkmale von mehreren Genen bedingt, die dann auch noch in verschiedenen Allelen vorliegen können; darüber hinaus werden nicht alle dieser Gene in jedem Fall frei rekombinieren. Zum anderen wird ein Züchter auch nie beim Punkt Null anfangen, da er i. d. R. bereits über Zuchtmaterial verfügt, das sich zumindest für einen Teil der angestrebten Eigenschaften auf recht hohem Niveau befindet. Dennoch ist dieses Beispiel sehr gut geeignet, um sich im Vorfeld eines jeden Züchtungsprogramms folgende Fragen zu beantworten:

- Wie viele Nachkommen sind mindestens notwendig, um eine Chance zu haben, die angestrebten Ziele zu erreichen?
- Welche Kapazitäten, also Fläche, Technik, Zeit und Mitarbeiter, sind für die Realisierung dieser Ziele notwendig und stehen diese zur Verfügung?
- Welche der Ziele sind die wichtigsten und wo bestehen Möglichkeiten, Abstriche zu machen?
- Welche Möglichkeiten bestehen in der Optimierung des Selektionsprogramms, um möglichst große Populationen bearbeiten zu können?

Die Beantwortung dieser und andere Fragen hilft dem Züchter, seine Ziele zu überdenken, zu präzisieren und damit die Chance auf Erfolg zu erhöhen.

Wie so etwas in der Praxis aussehen kann, zeigt das Beispiel in Tab. 8.2.

© Springer-Verlag GmbH Germany 2017
M.-V. Hanke und H. Flachowsky, *Obstzüchtung und wissenschaftliche Grundlagen*,
DOI 10.1007/978-3-662-54085-5_8

Tab. 8.1 Beispiel für das Abschätzen notwendiger Populationsgrößen im Vorfeld eines angestrebten Züchtungsprogramms

Anzahl Gene (n)	Nachkommen mit gewünschten Allelen von n Genen (%)	Populationsgröße für 1000 Nachkommen mit gewünschten Allelen von n Genen
1	50	2000
2	25	4000
3	12,5	8000
4	6,25	16.000
10	0,098	1.024.000

Die neue Sorte soll neben den gewünschten Genen auch noch über z. B. eine gute Fruchtqualität verfügen. Folglich braucht der Züchter eine Vielfalt an Nachkommen, aus der er die besten selektieren kann. Dafür wurde in diesem Beispiel eine Populationsgröße von 1000 angenommen.

Ziel des Programms in Tab. 8.2 war die Schaffung neuer Zuchtklone mit möglichst zwei Resistenzgenen gegenüber Schorf und zwei Resistenzgenen gegenüber Mehltau. In einer Population von 94 Nachkommen wurde jedoch nur ein Nachkomme gefunden, der alle vier Resistenzgene besitzt, obwohl laut Tab. 8.1 etwa sechs erwartet werden. Da es zu diesem Zeitpunkt am Markt jedoch nur resistente Apfelsorten mit dem *Rvi6*-Resistenzgen gab, stellen alle Genotypen mit einer Kombination von zwei bzw. drei Genen einen deutlichen Zuchtfortschritt dar. Beschränkt sich der Züchter nun in seinen Anforderungen auf eine Kombination von drei Resistenzgenen, so hat er in dieser Population bereits 18 Genotypen mit drei (etwa zwölf erwartet laut Tab. 8.1) und den einen mit vier Resistenzgenen. Alle 19 Genotypen stellen eine deutliche Verbesserung dar. Je klarer also ein Züchter seine Ziele formuliert und je stärker es ihm gelingt, diese auf das notwendigste Maß zu beschränken, desto höher sind seine Erfolgschancen. Eine neue Sorte wird i. d. R. ein Kompromiss zwischen Wunsch und Machbarkeit sein.

Tab. 8.2 Beispiel zur Pyramidisierung von verschiedenen Resistenzgenen gegenüber Schorf und Mehltau aus einem Apfelzüchtungsprogramm

Merkmale			Mehltauresistenz			
	Gene[a]	*pl1 pl2*	*pl1 Pl2*	*Pl1 pl2*	*Pl1 Pl2*	$\sum$
Schorfresistenz	*rvi6 rvi15*		4	7	3	14
	rvi6 Rvi15	3	5	3	2	13
	Rvi6 rvi15	29	3	8	9	49
	Rvi6 Rvi15	10	1	6	1	18
		42	13	24	15	94

[a]*Rvi6* und *Rvi15* – zwei Resistenzgene gegenüber dem Apfelschorf, wobei *Rvi* für *resistance to Venturia inaequalis* steht; *Pl1* und *Pl2* – zwei Resistenzgene gegenüber dem Apfelmehltau, wobei Pl für *Podosphaera leucotricha* steht. Das dominante Allel beginnt mit einem Großbuchstaben.

Für die Definition der Zuchtziele muss der Züchter die Anforderungen seiner Zielgruppe genau kennen. Das können je nach angestrebtem Zweck der Verwendung ganz unterschiedliche Nutzergruppen sein, z. B. Baumschuler, Erwerbsobstbauer, Verarbeitungsindustrie oder Kleingärtner. Er muss dabei auch berücksichtigen, dass die Anforderungen dem Wandel der Zeit unterliegen und sich demzufolge ändern können (Box 8.1). Da die Züchtung einer neuen Obstsorte viele Jahre (> 10 Jahre bei Erdbeere, 20–40 Jahre bei Apfel) dauert, muss ein Züchter langfristig denken und möglichst nachhaltige Zuchtziele für die Entwicklung seiner Sorten formulieren. Merkmale, die kurzfristigen Trends unterliegen (z. B. Rotfleischigkeit) sollten nur bearbeitet werden, wenn zufällig Zuchtmaterial mit der gewünschten Eigenschaft auf möglichst hohem Niveau verfügbar ist. Der Aufbau eines Züchtungsprogramms für neue Sorten, die einen solchen Trend bedienen, lohnt sich i. d. R. nicht. Meist ist dieser Trend bereits nach wenigen Jahren vorüber, bevor der Züchter einen erfolgreichen Sortenkandidaten hat.

Box 8.1 Veränderungen in den Anforderungen des Markts haben einen deutlichen Einfluss auf den Erfolg einer Sorte am Markt

Ein gutes Beispiel sind die Re-Sorten® aus Pillnitz.

Viele dieser Apfelsorten stammen aus einem Züchtungsprogramm zur Sicherung der Saftproduktion in der damaligen DDR. Neben der Verbesserung der Resistenz gegenüber Schorf, Mehltau und Feuerbrand sowie der Toleranz gegenüber abiotischen Schadfaktoren (z. B. Frost) sollten diese Sorten auch verbesserte Eigenschaften im Hinblick auf die maschinelle Ernte besitzen. Die Produktion von Früchten für die Saftproduktion spielt heute in Deutschland aufgrund des niedrigen Preisniveaus für die Erzeuger aber nur noch eine untergeordnete Rolle. Meist werden Überschüsse aus der Tafelproduktion, die dort nicht zu den deutlich höheren Preisen vermarktet werden können, in die Verarbeitung gegeben. Für die Tafelproduktion waren die Re-Sorten® in der Vergangenheit jedoch nur partiell geeignet, z. B. im ökologischen Anbau, da ihre Fruchtqualität nicht in jedem Fall mit führenden Tafelapfelsorten vergleichbar war. Das war aber zur Zeit der Etablierung des Züchtungsprogramms auch nicht das Ziel. Deshalb spielen diese Sorten heute in Deutschland leider eine untergeordnete Rolle (Ökoanbau, Klein- und Hausgarten, Streuobst, Direktvermarktung). In anderen Ländern, in denen die Obstproduktion für die Vermarktung derzeit boomt, beispielsweise in Ungarn und der Ukraine, werden diese Sorten neuerdings verstärkt verwendet und mit Interesse angefragt. In Ungarn werden Re-Sorten® derzeit auf etwa 4000 ha angebaut, Tendenz steigend. Durch ihre Eignung für die maschinelle Ernte, den geringen Schnittaufwand und die geringen Anforderungen an Pflanzenschutzmittel (etwa 30 % im Vergleich zu den Sorten aus kontrollierter integrierter Produktion) kann mit den Re-Sorten® unter den Bedingungen in Ungarn sehr preisgünstig produziert werden. Das haben viele Produzenten erkannt und setzen deshalb auf diese Sorten. In Ungarn und der Ukraine gestaltet sich der Anbau der Re-Sorten® auch zunehmend in Richtung Tafelapfelproduktion. Im Lauf der Jahre haben die neuen Sorten dieses Zuchtprogramms (nunmehr bekannt als Rea-Sorten) weiter an Qualität gewonnen und entsprechen in ihren Eigenschaften den Ansprüchen des Verbrauchers.

Im Anschluss an die Festlegung der Zuchtziele macht sich der Züchter Gedanken über deren praktische Realisierung. Hierfür benötigt er Informationen über einzelne Genotypen, deren Eigenschaften und die genetischen Grundlagen, die zur Ausprägung dieser Eigenschaften führen. Diese Informationen kann der Züchter, wenn verfügbar, in der Literatur finden, aus Genbanken erhalten, von anderen Züchtern bekommen, wenn diese ihr Wissen preisgeben, oder er muss sie sich selbst oder in Kooperation mit anderen erarbeiten. Spätestens an dieser Stelle wird vielen bewusst, dass ein Züchtungsprogramm i. d. R. nicht nur aus der Kreuzung von zwei Sorten und der anschließenden Auslese der besten Nachkommen bestehen kann. Ein nachhaltig angelegtes Züchtungsprogramm besteht deshalb meist aus den drei großen Bereichen: Forschung und Entwicklung, Vorstufenzüchtung und Sortenzüchtung. Was diese einzelnen Bereiche beinhalten und wie sie miteinander verknüpft sind, zeigt Abb. 8.1. Ob und in welchem Umfang ein Züchter in die Bereiche Forschung und Entwicklung und Vorstufenzüchtung investiert, hängt von verschiedenen Voraussetzungen, beispielsweise der Größe des Züchtungsprogramms, der verfügbaren Kapazitäten, der Verfügbarkeit der Merkmale und Informationen in bereits vorhandenem Material oder den kalkulierten möglichen Erlösen im Erfolgsfall etc., ab. In einem wirtschaftlich orientierten Züchtungsprogramm wird der Anteil von Forschung und Entwicklung und Vorstufenzüchtung am gesamten Programm vielfach weit unter 10 % liegen. Bei einigen der in Europa bekannten Obstzüchtungsprogramme tendiert dieser Anteil sogar gegen Null. Das ist aus wirtschaftlicher Sicht nachvollziehbar, birgt aber eine Reihe von Gefahren. Dies wird bei der Betrachtung der aktuellen Situation bei den schorfresistenten Apfelsorten auf dem internationalen Markt deutlich (Box 8.2). Je weniger hochwertiges Vorstufenmaterial geschaffen wird, desto stärker beschränken sich alle auf den gleichen, z. T. stark begrenzten Genpool. Um auch in Zukunft noch auf Probleme züchterisch reagieren zu können, investieren v. a. staatliche Programme, die weniger unter dem Druck der Marktwirtschaft stehen, in den Aufbau neuen Vorstufenmaterials.

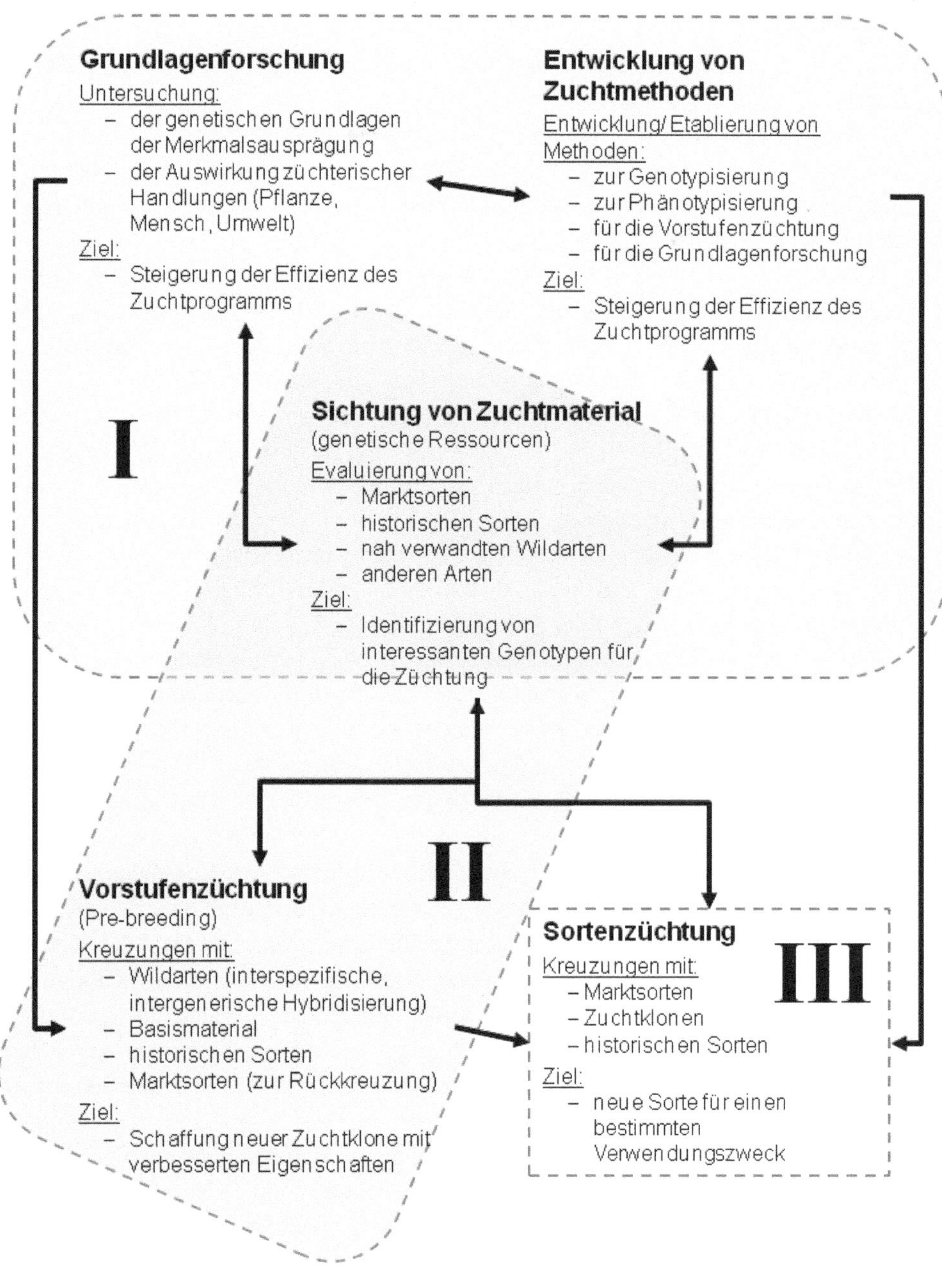

Abb. 8.1 Schematischer Aufbau eines nachhaltigen Obstzüchtungsprogramms, das aus den Bereichen Forschung und Entwicklung (*I*), Vorstufenzüchtung (*II*) und Sortenzüchtung (*III*) besteht

Box 8.2 Die meisten schorfresistenten Apfelsorten haben lediglich eine monogene Resistenz, die auf dem gleichen Gen beruht

Das *Rvi6*-Gen aus *Malus floribunda* 821 war das erste Schorfresistenzgen, das intensiv im Rahmen der Sortenzüchtung verwendet wurde. Erste Kreuzungen mit diesem Gen wurden in den 1920er-Jahren in den USA durchgeführt. Die erste Sorte mit Marktreife war 'Prima' im Jahr 1970.

Da dieses Gen bis in die 1990er-Jahre weltweit ungebrochen war[1] und viele Züchter nicht über Material mit anderen Schorfresistenzen verfügten, wurden 'Prima' und Nachkommen dieser Sorte in zahlreichen internationalen Züchtungsprogrammen verwendet. Heute gibt es weit über 100 Sorten mit diesem Gen, das in der Zwischenzeit in vielen Regionen der Erde gebrochen ist. Am Aufbau von Material mit anderen Resistenzen haben nur wenige Züchter in der Welt gearbeitet. Deshalb ist es heute nicht einfach, Sorten mit pyramidisierter Resistenz auf den Markt zu bringen. Da viele der wirtschaftlich orientierten Züchtungsprogramme auch heute nur sehr wenig in die Bereichen Forschung und Entwicklung und Vorstufenzüchtung investieren, ist zu erwarten, dass es nach Einführung neuer Resistenzen am Markt zu einer analogen Entwicklung kommen wird.

Die aus dem Pillnitzer Zuchtprogramm stammenden Rea-Sorten besitzen inzwischen zwei und mehr Resistenzgene gegenüber Schorf, die aus unterschiedlichen Resistenzquellen stammen, gegen verschiedene Rassen des Schorfpilzes wirken und sich auf unterschiedlichen Chromosomen des Apfels befinden.

Hat der Züchter alle Informationen sowie das notwendige Ausgangsmaterial zusammengestellt, dann beginnt er mit der Planung. Er stellt Kreuzungspläne auf, entwirft ein Selektionsschema, schätzt den zeitlichen Rahmen des Programms und plant die Versuchsflächen sowie die personellen und materiellen Kapazitäten, die er dafür benötigt. Der zeitliche Rahmen eines einzelnen Zyklus in seinem Züchtungsprogramm umfasst die Zeit von der Auswahl der Eltern und der Durchführung der Kreuzung bis hin zur Anmeldung möglicher Sortenkandidaten zur Sortenschutzprüfung beim Bundessortenamt und der Bereitstellung neuer Sorten für den Anbau.

Dieser Prozess der Züchtung von der Kreuzung bis zur Bereitstellung einer neuen Sorte für den Anbau dauert beim Baumobst im Idealfall 20 bis 22 Jahre (s. Abb. 9.9). In diesem Zyklus entsteht im ersten Jahr eine Anzahl an Samen, die dann im Jahr 2 zur Aussaat gebracht und im Gewächshaus als F1-Sämlinge angezogen werden. Ab Jahr 3 kommt das gesamte Material ins Feld, wo es verbleibt. Hier wird es schrittweise bis etwa zum Jahr 18 oder 20 reduziert. Dabei werden stets die besten Individuen selektiert, um am Ende einen möglichst erfolgreichen Sortenkandidaten zu haben.

---

[1] Der erste Nachweis über den Zusammenbruch der *Vf*-Schorfresistenz (*Rvi6*) wurde von Parisi et al. (1993) publiziert.

Bei der Planung des Umfangs an Pflanzen für das angedachte Programm kann der Züchter nicht nur die Pflanzen dieses einen Zyklus zugrunde legen. Ihm sollte bewusst sein, dass auch im Jahr 2 und in den folgenden Jahren wieder Kreuzungen durchgeführt werden, bei denen neues Zuchtmaterial entsteht.

Wie so etwas über einen Zeitabschnitt von 19 Jahren aussieht, ist in Abb. 8.2 dargestellt. Aus dieser Abbildung wird ersichtlich, dass das Züchtungsprogramm im Jahr 17 seinen maximalen Umfang erreicht. Hier stehen die Sämlinge aus den Jahren 12 bis 15, die Pflanzen der ersten Zuchtklonprüfung aus den Jahren 5 bis 8 und die Pflanzen der zweiten Zuchtklonprüfung aus den Jahren 1 bis 4 im Feld. Gleichzeitig befinden sich die selektierten Sämlinge der Jahre 9 bis 11 in der Vermehrung und die Sämlinge von Jahr 16 im Gewächshaus. Dieses gesamte Material muss der Züchter berücksichtigen. Er muss es auf der ihm zur Verfügung stehenden Fläche unterbringen (dabei Rotationsflächen und Anbaupausen bedenken) und dafür Sorge tragen, dass der Umfang des Materials nur so groß ist, dass er es mit den gegebenen personellen und materiellen Kapazitäten sinnvoll bearbeiten kann. Mit dieser Planung hat er aber lediglich den Bereich Sortenzüchtung seines Programms abgedeckt. Zusätzlich muss er sich nun Gedanken machen, welche Kapazitäten er für die Bereiche Forschung und Entwicklung sowie Vorstufenzüchtung zur Verfügung stellen möchte. Er muss sich überlegen, wie viel Fläche er für die Schaffung von Vorstufenmaterial benötigt, wie groß die Kollektion zur Evaluierung genetischer Ressourcen sein soll und wie viele Forschungspopulationen er mit wie vielen Genotypen

Jahr																			
1	K																		
2	AZ F1	K																	
3	AZ F1	AZ F1	K																
4	SP	AZ F1	AZ F1	K															
5	SP	SP	AZ F1	AZ F1	K														
6	SP	SP	SP	AZ F1	AZ F1	K													
7	SS VZ	SP	SP	SP	AZ F1	AZ F1	K												
8	SS VZ	SS VZ	SP	SP	SP	AZ F1	AZ F1	K											
9	SS VZ	SS VZ	SS VZ	SP	SP	SP	AZ F1	AZ F1	K										
10	1. ZKP	SS VZ	SS VZ	SS VZ	SP	SP	SP	AZ F1	AZ F1	K									
11	1. ZKP	1. ZKP	SS VZ	SS VZ	SS VZ	SP	SP	SP	AZ F1	AZ F1	K								
12	1. ZKP	1. ZKP	1. ZKP	SS VZ	SS VZ	SS VZ	SP	SP	SP	AZ F1	AZ F1	K							
13	1. ZKP	1. ZKP	1. ZKP	1. ZKP	SS VZ	SS VZ	SS VZ	SP	SP	SP	AZ F1	AZ F1	K						
14	2. ZKP	1. ZKP	1. ZKP	1. ZKP	1. ZKP	SS VZ	SS VZ	SS VZ	SP	SP	SP	AZ F1	AZ F1	K					
15	2. ZKP	2. ZKP	1. ZKP	1. ZKP	1. ZKP	1. ZKP	SS VZ	SS VZ	SS VZ	SP	SP	SP	AZ F1	AZ F1	K				
16	2. ZKP	2. ZKP	2. ZKP	1. ZKP	1. ZKP	1. ZKP	1. ZKP	SS VZ	SS VZ	SS VZ	SP	SP	SP	AZ F1	AZ F1	K			
17	2. ZKP	2. ZKP	2. ZKP	2. ZKP	1. ZKP	1. ZKP	1. ZKP	1. ZKP	SS VZ	SS VZ	SS VZ	SP	SP	SP	AZ F1	AZ F1	K		
18		2. ZKP	2. ZKP	2. ZKP	2. ZKP	1. ZKP	1. ZKP	1. ZKP	1. ZKP	SS VZ	SS VZ	SS VZ	SP	SP	SP	AZ F1	AZ F1	K	
19			2. ZKP	2. ZKP	2. ZKP	2. ZKP	1. ZKP	1. ZKP	1. ZKP	1. ZKP	SS VZ	SS VZ	SS VZ	SP	SP	SP	AZ F1	AZ F1	K

Abb. 8.2 **Zeitlicher Ablauf eines Züchtungsprogramms bei Baumobst mit wiederkehrenden Zyklen über einen Zeitraum von 19 Jahren.** *K* Kreuzung, *AZ F1* Anzucht der F1-Nachkommen, *SP* Sämlingsprüfung, *SS VZ* Selektion von Sämlingen und Vermehrung von Zuchtklonen, *1. ZKP* erste Zuchtklonprüfung, *2. ZKP* zweite Zuchtklonprüfung. Die Abbildung wurde unterhalb von Jahr 19 abgeschnitten. Alle Zyklen, die in Jahr 4 und später starten, gehen in analoger Weise über Jahr 19 hinaus

je Population und Pflanzen je Genotyp benötigt. Spätestens an dieser Stelle wird klar, dass sich der Züchter bereits bei der Planung des Züchtungsprogramms Gedanken machen muss, wie er den Umfang der Pflanzen auf ein notwendiges Minimum reduzieren kann. Die beste Möglichkeit dazu besteht in Jahr 2 jedes einzelnen Zyklus. Hier stehen die Sämlinge im Gewächshaus und die Anzahl der Einzelpflanzen ist am größten. Der Züchter ist also gut beraten, wenn er ein Selektionsschema entwirft, das ihm ermöglicht, die Anzahl der Pflanzen bereits in dieser Phase deutlich zu reduzieren.

Aufbau der Selektion

9

Der Aufbau einer effektiven und zielgerichteten Selektion ist eine der wichtigsten und zugleich auch schwierigsten Aufgaben des Züchters. Von der Effektivität der Selektion hängt der Erfolg des gesamten Züchtungsprogramms ab. Es müssen nicht nur die Merkmale, auf die selektiert werden soll, definiert und nach Möglichkeit gewichtet werden, es muss auch der beste Zeitpunkt für die Bewertung eines jeden Merkmals gefunden und dafür dann die effizienteste und kostengünstigste Selektionsmethode ausgewählt werden. Darüber hinaus müssen möglichst exakte Kenntnisse über die Vererbung der einzelnen Merkmale vorhanden sein, um den Zuchterfolg im Vorfeld des Zuchtprogramms abschätzen und Selektionsgrenzen definieren zu können. Das nun folgende Kapitel geht von einer Idealvorstellung aus, die in der Theorie plausibel und nachvollziehbar ist. In der Praxis werden viele Entscheidungen jedoch oftmals intuitiv getroffen. Das Züchtungsprogramm unterliegt einer Vielzahl von Einflüssen, z. B. Witterung, auf die der Züchter nur begrenzt Einfluss hat. Oft muss er flexibel auf solche Einflüsse reagieren, was zu Abweichungen im Züchtungsprogramm führen kann. Das kann z. B. daran liegen, dass

- Pflanzen, die als Kreuzungseltern gedacht waren, im dementsprechenden Jahr nicht blühen oder
- Erreger bzw. Umweltbedingungen, die für die Bewertung einzelner Merkmale, z. B. Resistenz und Toleranz, notwendig wären, nicht oder nur unzureichend auftreten.

Dennoch hat jeder Züchter ein mehr oder weniger klares Bild von seinem angestrebten Produkt und eine Strategie, wie er dieses Ziel erreichen möchte, vor Augen.

9.1 Auswahl der zu selektierenden Merkmale

Die Auswahl der Merkmale, auf die selektiert werden soll, richtet sich nach dem Ziel des Züchtungsprogramms. Sie definieren das zu schaffende Produkt. Besteht das Ziel z. B.

© Springer-Verlag GmbH Germany 2017
M.-V. Hanke und H. Flachowsky, *Obstzüchtung und wissenschaftliche Grundlagen*,
DOI 10.1007/978-3-662-54085-5_9

in der Introgression einer neuen Resistenz aus genetisch weit entferntem Zuchtmaterial, so wird der Fokus der Selektion v. a. auf dem Merkmal Resistenz und danach auf der allgemeinen Vitalität der Pflanze und ihrer sexuellen Fertilität liegen. In einem solchen Programm geht es v. a. darum, die neue Resistenz in Zuchtmaterial der zu bearbeitenden Art zu übertragen und dabei Nachkommen zu gewinnen, die möglichst fertil sind. Diese Nachkommen stellen das Ausgangsmaterial für weiterführende Kreuzungsschritte dar. Merkmale wie Fruchtqualität und Ertrag spielen in so frühen Phasen eines Züchtungsprogramms erst einmal eine untergeordnete Rolle. Nach der Erstellung von fertilem Ausgangsmaterial besteht das Ziel dann i. d. R. in der Verbesserung von Qualitäts- und Ertragseigenschaften. In dieser Phase spielen neben dem Merkmal Resistenz auch noch viele andere Eigenschaften wie Geschmack, Aussehen der Früchte, Fruchtgröße, Behang und Ertrag eine wesentliche Rolle.

Steht die Auswahl der Merkmale fest, empfiehlt es sich, diese in einfache und komplexe Merkmale zu unterteilen. Einfache Merkmale wie Fruchtfarbe, Bedornung, Fruchtgröße oder Blühzeitpunkt können direkt bewertet werden. Komplexe Merkmale bestehen aus einer Vielzahl von einfachen Merkmalen. Diese müssen meist alle separat bewertet werden. Erst dann ist es möglich, einen Rückschluss auf das komplexe Merkmal zu ziehen. Ein Beispiel für komplexe Merkmale ist die Fruchtqualität. Die Fruchtqualität bei Apfel wird u. a. von Geschmack, Knackigkeit, Saftigkeit, Schalen- und Fruchtfleischfestigkeit, Textur des Fruchtfleischs, Schalenfarbe (Grund- und Deckfarbe), Fruchtfleischfarbe, Fruchtform und -größe, Berostung, Lagereignung (für Normal-, Kühl-, CA (engl. *controlled atmosphere*)- oder ULO (engl. *ultra low oxygen*)-Lager), Shelf life und Gehalt an verschiedenen Inhaltsstoffen wie Zucker oder Säure bestimmt. Um trotz der Vielzahl dieser einzelnen Merkmale den Überblick zu bewahren und möglichst effektiv selektieren zu können, ist es ratsam, für komplexe Merkmale einen Index zu etablieren. Dieser Index drückt die Bewertung aller Einzelmerkmale des komplexen Merkmals in einer einzigen Note aus.

Im Anschluss daran werden die Methoden für die Selektion ausgewählt und zeitlich und fachlich sinnvoll ins Züchtungsprogramm integriert. Dabei ist es angebracht, die Reihenfolge der Merkmalsbewertung nach deren Bedeutung, der Effizienz der Selektionsmethode und der Möglichkeit zur Durchführung der Methode, z. B. in Abhängigkeit vom Lebenszyklus der Pflanze oder der Vegetationsperiode, auszurichten. Somit entsteht ein stufenweiser Aufbau der Selektion. Während die bedeutendsten Merkmale an allen Nachkommen zu bewerten sind, werden weniger bedeutende Merkmale erst im Anschluss an einer geringeren vorselektierten Auswahl an Nachkommen bewertet.

9.2 Auswahl der Methoden für die Selektion

Die Auswahl der am besten geeigneten Selektionsmethode richtet sich danach, ob und welche Methoden für die Bewertung eines Merkmals zur Verfügung stehen, welche Aussage die Methode liefert, ob die dafür notwendige Ausstattung verfügbar ist, wie hoch die Kosten für die Durchführung sind, welchen Nutzen man aus dem Ergebnis ziehen kann usw. Das zur Verfügung stehende Methodenspektrum reicht dabei oft von klassischen Selektionsmethoden (Bonituren) bis hin zu zytologischen, biochemischen und molekulargenetischen Verfahren. Das Geschick des Züchters besteht nicht darin, die modernste und teuerste Methode zu wählen, sondern die schnellste, aussagekräftigste und nach Möglichkeit kosteneffizienteste. Oftmals kann eine einfache, aber geschickt gewählte Bonitur das Gleiche für weniger Geld erreichen.

9.2.1 Klassische Selektionsmethoden

Durchführung von Bonituren

Bei den klassischen Verfahren zur Beurteilung von Merkmalen handelt es sich um sog. Bonituren. Diese beinhalten sowohl das Zählen, z. B. der Früchte je Ast, und das Messen, z. B. der Trieblänge, als auch die Bewertung der Merkmalsausprägung unter Nutzung einer definierten Boniturskala (Bundessortenamt 2000). Für züchterisch genutzte Boniturskalen werden in Anlehnung an internationale Absprachen meist Noten von 1 (Merkmal sehr gering oder nicht ausgeprägt) bis 9 (Merkmal sehr stark ausgeprägt) vergeben. Box 9.1 zeigt ein Beispiel für eine Boniturskala zur Bewertung des Befalls der Pflanze mit Krankheiten und Schädlingen. Solche Skalen werden für jedes zu bewertende Merkmal etabliert.

Box 9.1 Boniturskala zur Bewertung des Befalls der Pflanze mit Krankheiten und Schädlingen

Note:

1 = keine Symptome (0 %),
2 = Symptome sehr gering bis gering (> 0–2 %),
3 = Symptome gering (> 2–5 %),
4 = geringe bis mittelstarke Symptome (> 5–8 %),
5 = mittelstarke Symptome (> 8–14 %),
6 = mittelstarke bis starke Symptome (> 14–22 %),
7 = starke Symptome (> 22–37 %),
8 = starke bis sehr starke Symptome (> 37–61 %),
9 = sehr starke Symptome (> 61–100 %).

Für die Bewertung eines Genotyps mit mehreren Pflanzen in einem Bestand kann ein Gesamtbefall ausgewiesen werden:

Gesamtbefall (%) = befallene Pflanzen (%) × befallene Pflanzenteile (%) : 100

Befallshäufigkeit ist der prozentuale Anteil befallener Pflanzen in einer Stichprobe.

Befallsstärke ist der prozentuale Anteil befallener Pflanzenteile je Pflanze.

Neben Befallshäufigkeit und Befallsstärke wird häufig noch der Befallstyp bestimmt. Das erfolgt mit einer gesonderten Skala.

Ein Beispiel ist die Skala zur Bewertung des Befalltyps an Apfel mit Apfelschorf (*Venturia inaequalis*) nach Chevalier et al. (1991). Viele Resistenz(*R*)-Majorgen-Loci zeigen bei Apfel eine unterscheidbare phänotypische Reaktion (Abb. 9.1), sodass Resistenzklassen definiert werden konnten.

0   = resistent, keine Symptome,
1   = resistent, hypersensitive Reaktion (HR),
2   = resistent, Chlorosen, keine Sporulation des Erregers,
3a = schwach resistent, Chlorosen und Nekrosen, vereinzelt oder zusammen, geringe Anzeichen für Sporulation,
3b = schwach anfällig, Chlorosen und Nekrosen, vereinzelt oder zusammen, mit Sporulation,
4   = anfällig, starke Sporulation ohne Chlorosen und Nekrosen.

Gibt es mehrere Merkmale, die eine komplexe Eigenschaft beschreiben, dann ist es ratsam, geeignete Boniturbögen zu erstellen. Diese sollten übersichtlich gestaltet sein, damit sie ein schnelles und effizientes Arbeiten unterstützen. Die Abb. 9.2 zeigt ein Beispiel für einen Boniturbogen für die Bewertung von Äpfeln im Rahmen von Verkostungen.

Um Ergebnisse zwischen Züchtern und Versuchsanstellen möglichst vergleichbar zu machen, werden für eine Vielzahl von Merkmalen standardisierte Boniturskalen verwendet. Eine Zusammenstellung solcher Skalen für die Durchführung von obstbaulichen Leistungsprüfungen bei unterschiedlichen Obstarten ist auf der Homepage der Dienstleistungszentren Ländlicher Raum Rheinland-Pfalz (DLR, http://www.dlr-rheinpfalz.rlp.de)

Abb. 9.1 Phänotypische Resistenzreaktionen an Apfelblättern gegenüber dem Erreger des Apfelschorfs *Venturia inaequalis*. a Nadelstichartige Vertiefungen (engl. *pin point pit*), eine hypersensitive Reaktion, die durch das *Rvi4*-Gen hervorgerufen wird; **b** Sternnekrose (engl. *stellate necrosis*), hervorgerufen durch das *Rvi2*-Gen; **c** Chlorose mit begrenzter Sporulation, hervorgerufen durch *Rvi6*

Sorte/Klon-Nr.										
Frucht-fleisch-festigkeit (11451)	1	sehr weich/mehlig			1			1		
	3	weich			3			3		
	5	mittel			5			5		
	7	fest			7			7		
	9	sehr fest			9			9		
Schalen-festigkeit (11450)	1	sehr weich			1			1		
	3	weich			3			3		
	5	mittel			5			5		
	7	fest			7			7		
	9	sehr fest			9			9		
Saftig-keit (11465)	1	sehr trocken			1			1		
	3	trocken			3			3		
	5	mittel			5			5		
	7	saftig			7			7		
	9	sehr saftig			9			9		
Zucker-/Säure-verhältnis (11484)	1	sehr süß			1			1		
	3	eher süßlich			3			3		
	5	ausgewogen			5			5		
	7	eher säuerlich			7			7		
	9	sehr sauer			9			9		
Aroma (11488)	1	fehlend (fade)			1			1		
	3	schwach			3			3		
	5	mittel			5			5		
	7	stark			7			7		
	1	negativ			1			1		
	9	positiv			9			9		
Gesamtbeurteilung — Aussehen (11454)	1	sehr unattraktiv			1			1		
	3	unattraktiv			3			3		
	5	mittel			5			5		
	7	attraktiv			7			7		
	9	sehr attraktiv			9			9		
Gesamtbeurteilung — Geschmack (11490)	1	sehr schlecht			1			1		
	3	schlecht			3			3		
	5	mittel			5			5		
	7	gut			7			7		
	9	sehr gut			9			9		
Gesamtbeurteilung — Gesamt-einschätzung	1	extrem schlecht			1			1		
	2	sehr schlecht			2			2		
	3	schlecht			3			3		
	4	unter mittel			4			4		
	5	mittel			5			5		
	6	mittel bis gut			6			6		
	7	gut			7			7		
	8	sehr gut			8			8		
	9	ausgezeichnet			9			9		
Reife-zustand zur Verkostung	1	unreif			1			1		
	3	knapp reif			3			3		
	5	vollreif			5			5		
	7	hochreif			7			7		
	9	überreif			9			9		

Bemerkungen:	
Datum:	Name:
Alter:	weiblich: O
	männlich: O

Abb. 9.2 Boniturbogen für Verkostungen bei Apfel

unter „Fachinformationen/Gartenbau/Obstbau/Versuchswesen/Versuchsrichtlinie" zu finden. Eine Zusammenstellung von Boniturskalen, die für eine Anmeldung zum Sortenschutz benötigt werden, ist auf der Homepage der International Union for the Protection of New Varieties of Plants (UPOV) unter „Test Guidelines" zu finden. Eine Zusammenstellung von Bonituren für die Evaluierung genetischer Ressourcen ist auf der Homepage des European Cooperative Programme for Plant Genetic Resources (ECPGR) unter „Working Groups/Documents developed by the Working Group …/Descriptors" zu finden.

Selektion mit Hilfsmerkmalen

Die Selektion auf ein bestimmtes Merkmal kann direkt oder auch indirekt erfolgen. Bei der direkten Selektion wird das zu verbessernde Merkmal selbst, z. B. eine Pilzresistenz, bewertet. Bei der indirekten Selektion wird ein sog. Hilfsmerkmal bewertet. So kann u. a. die Selektion auf eine lockere Dichte des Laubs bei Erdbeeren zu einer besseren Durchlüftung des Bestands und somit zu einer Verminderung der Luftfeuchte führen. Gut durchlüftete Bestände sind weniger anfällig für einen Befall mit verschiedenen Pilzkrankheiten, wie Grauschimmelfäule, hervorgerufen durch den Erreger *Botrytis cinerea*. Damit

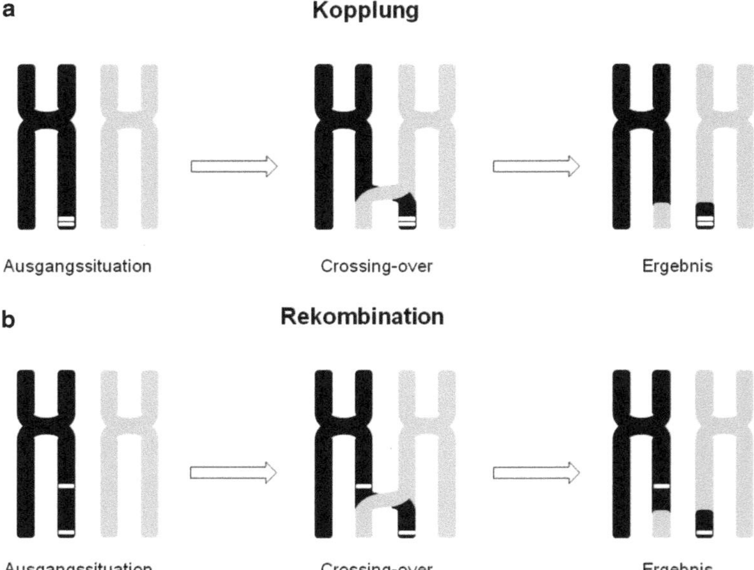

Abb. 9.3 Kopplung und Rekombination von Merkmalen. a Liegen zwei Merkmale auf einem Chromosom (*weiße Balken* auf dem *schwarzen* Chromosom) in physikalischer Nähe, dann spricht man von Kopplung der Merkmale. Je stärker die Kopplung ist (je näher die Merkmale beieinander liegen), umso höher ist die Wahrscheinlichkeit, dass beide Merkmale gemeinsam an die Nachkommen vererbt werden. Man spricht in diesem Fall auch von einem Kopplungsungleichgewicht (engl. *linkage disequilibrium*), da das Auftreten beider Merkmale nicht unabhängig voneinander und damit nicht zufällig ist. Weist man ein Merkmal in einem Individuum nach, kann man davon ausgehen, dass das andere Merkmal auch vorhanden ist. **b** Findet im Bereich der beiden Merkmale ein Crossing-over zwischen den beiden homologen Chromosomen während der Meiose statt, dann kommt es zur Rekombination. In der Folge werden beide Merkmale voneinander getrennt. Die Wahrscheinlichkeit für eine Rekombination ist umso höher, je weiter die beiden Merkmale voneinander entfernt sind

hat die Selektion auf eine lockere Dichte des Laubs einen indirekten Einfluss auf die Anfälligkeit gegenüber *B. cinerea*.

Die indirekte Selektion macht v. a. dann Sinn, wenn das Hilfsmerkmal schneller und
einfacher an einer großen Anzahl von Individuen analysiert werden kann als das Zielmerkmal. Darüber hinaus sind eine hohe Heritabilität des Hilfsmerkmals sowie eine ausreichend hohe Korrelation zwischen Hilfs- und Zielmerkmal erforderlich. Im Idealfall sind
Hilfs- und Zielmerkmal genetisch gekoppelt (Abb. 9.3). In diesen Fällen kann das Hilfsmerkmal als Marker (s. Abschn. 9.2.2) für das Zielmerkmal verwendet werden.

Selektion auf komplexe Merkmale

Die Bewertung von komplexen Merkmalen, z. B. der Fruchtqualität, ist oft sehr schwierig. Zum einen muss der Züchter den Überblick über die Vielzahl der zu bewertenden
Einzelmerkmale behalten. Zum anderen wird es kaum Individuen geben, die in allen
Einzelmerkmalen hervorragend sind. Die Entscheidung für einen neuen Sortenkandidaten wird deshalb meistens ein Kompromiss sein, der der Idealvorstellung möglichst nah
kommt, in einzelnen Kriterien jedoch davon abweicht. Um solche Genotypen in einer
großen Anzahl an Nachkommen treffsicher finden zu können, bieten sich verschiedene
Strategien an. Dazu gehören die Selektion nach unabhängigen Grenzen oder die Verwendung von Indices.

Bei der Selektion nach unabhängigen Grenzen legt der Züchter für jedes Merkmal
einen Wert fest, der mindestens erreicht werden muss. Genotypen, die in allen Merkmalen besser sind als der Grenzwert, kommen in die nächste Selektionsstufe. Nachteilig
bei dieser Strategie ist, dass Genotypen, die in einem Merkmal hervorragend sind, in
anderen Merkmalen aber unter dem Grenzwert liegen, nicht weiter berücksichtigt werden. Bei Anwendung dieser Strategie wäre u. U. die Erdbeersorte 'Malwina' niemals in
die nähere Auswahl gekommen. 'Malwina' hat einen extrem späten Reifezeitpunkt. Es
ist derzeit die mit Abstand späteste Sorte im Anbau. Aufgrund dieser späten Reife ist
'Malwina' eine sehr gute Ergänzung im Sortiment und hat deshalb eine recht beachtliche
Bedeutung erlangt. 'Malwina' hat jedoch große Probleme in der Widerstandsfähigkeit
gegenüber *Xanthomonas fragariae*. Wäre dieses Merkmal in eine Selektion nach unabhängigen Grenzen eingeflossen, dann hätte 'Malwina' wahrscheinlich nicht den Sprung
in den Anbau geschafft, was im Nachhinein betrachtet für den Anbau ein Verlust gewesen
wäre.

Eine andere Möglichkeit besteht in der Bildung eines Index, in dem alle Einzelmerkmale in einer möglichst aussagekräftigen Zahl zusammengefasst werden. Für die Erstellung
solcher Indices gibt es viele Möglichkeiten.

Eine Möglichkeit besteht in der Bildung eines Rangsummenindex (Abb. 9.4). Hierbei wird für jedes Merkmal eine Rangfolge der Genotypen aufgestellt, wobei Rang 1 die
beste Ausprägung des Merkmals beinhaltet. Diese Rangfolgen werden dann summiert
und Genotypen mit den niedrigsten Rangsummen werden ausgelesen. Dieses Verfahren
ist einfach und praktikabel, hat aber den Nachteil, dass alle Merkmale mit der gleichen
Gewichtung einfließen.

Frucht	S	Regia		Pinova		Pia20		Pia16		Pia17		Pia32		Pia31	
		B	R	B	R	B	R	B	R	B	R	B	R	B	R
Größe	1 - 9	6	2	6	2	5	7	6	2	6	2	6	2	7	1
Homogenität	1 - 5	3	4	4	1	3	4	3	4	4	1	4	1	4	1
Festigkeit	1 - 9	4	7	7	1	7	1	6	4	6	4	6	4	7	1
Saftigkeit	1 - 9	5	7	7	1	7	1	7	1	7	1	6	6	7	1
Aussehen	1 - 9	5	7	7	1	6	4	6	4	7	1	6	4	7	1
Geschmack	1 - 9	6	4	7	1	7	1	6	4	6	4	6	4	7	1
Lagereignung	1 - 5	3	4	4	1	3	4	3	4	3	4	4	1	4	1
Rangsumme		**35**		**8**		**22**		**23**		**17**		**22**		**7**	

Abb. 9.4 Rangsummenindex für sieben unterschiedliche Merkmale, ermittelt an zwei Sorten und fünf Zuchtklonen bei Apfel. S Boniturskala für die Merkmale, B Boniturwert für den Genotyp, R Rang des Genotyps für dieses Merkmal innerhalb der hier dargestellten Genotypen, Rangsumme Selektionskriterium. Je kleiner die Rangsumme, umso besser ist der Genotyp. (Originalwerte A. Peil, unveröffentlicht)

Frucht	S	F	K.O.	Min.		Max.		Regia		Pinova		Pia20		Pia16		Pia17		Pia32		Pia31	
								B	I	B	I	B	I	B	I	B	I	B	I	B	I
Größe	1 – 9	0,05	< 5, > 7	5	0,25	7	0,35	6	0,3	6	0,3	5	0,25	6	0,3	6	0,3	6	0,3	7	0,35
Homogenität	1 - 5	0,1	< 3	3	0,3	5	0,5	3	0,3	4	0,4	3	0,3	3	0,3	4	0,4	4	0,4	4	0,4
Festigkeit	1 - 9	0,15	< 5	5	0,75	9	1,35	4	0,6	7	1,1	7	1,05	6	0,9	6	0,9	6	0,9	7	1,05
Saftigkeit	1 - 9	0,1	< 5	5	0,5	9	0,9	5	0,5	7	0,7	7	0,7	7	0,7	7	0,7	6	0,6	7	0,7
Aussehen	1 - 9	0,2	< 6	6	1,2	9	1,8	5	1	7	1,4	6	1,2	6	1,2	7	1,4	6	1,2	7	1,4
Geschmack	1 - 9	0,1	< 6	6	0,6	9	0,9	6	0,6	7	0,7	7	0,7	6	0,6	6	0,6	6	0,6	7	0,7
Lagereignung	1 - 5	0,1	< 3	3	0,3	5	0,5	3	0,3	4	0,4	3	0,3	3	0,3	3	0,3	4	0,4	4	0,4
Summe				**3,9**		**6,3**		**3,6**		**5**		**4,5**		**4,3**		**4,6**		**4,4**		**5**	

Abb. 9.5 Linearer Index für sieben unterschiedliche Merkmale, ermittelt an zwei Sorten und fünf Zuchtklonen bei Apfel. S Boniturskala für die Merkmale, F Faktor zur Gewichtung einzelner Merkmale (Das Aussehen der Frucht hat in diesem Index das vierfache Gewicht im Vergleich zur Fruchtgröße. Marktstudien zeigen, dass das Aussehen das entscheidendste Kriterium bei der Kaufentscheidung ist.), *K.O.* Knock-out-Kriterium ('Regia' liegt in zwei Einzelmerkmalen unter dem Schwellenwert, *schwarz* hinterlegt). Unter Anwendung dieses Index würde 'Regia' in der Selektion nicht weiter berücksichtigt werden. *Min.* Minimalwert (Faktor x unterer K.O.-Wert), *Max.* Maximalwert (Faktor x oberer K.O.-Wert bzw. höchste Boniturnote), B Boniturwert für den Genotyp, I Indexwert (Boniturwert x Faktor; in der Summe für den Indexwert liegt 'Regia' unter dem zulässigen Minimum (*schwarz* hinterlegt)), *Summe* Selektionskriterium, je höher diese Summe ist, umso besser ist ein Genotyp im Verhältnis zu allen anderen geprüften Genotypen. (Originalwerte A. Peil, unveröffentlicht)

Eine dritte Möglichkeit besteht in der Konstruktion eines linearen Index (Abb. 9.5), bei dem jedes Merkmal mit einem Faktor multipliziert wird. Dieser Faktor gibt dem Merkmal je nach dessen Bedeutung ein Gewicht. Als Gewichte können Heritabilitäten, ökonomische Gewichte oder willkürliche Faktoren zur Gewichtung ganz spezieller Zuchtziele dienen (vgl. Becker 2011, S. 156–159).

Aus den Abb. 9.4 und 9.5 wird ersichtlich, dass Pia31 und 'Pinova' bei beiden Indices am besten abschneiden. Danach kommt Pia17. 'Regia' schneidet in beiden Fällen am schlechtesten ab. Beide Indices zeigen ein sehr ähnliches Bild. Bei einer Selektion nach unabhängigen Grenzen wäre 'Regia' aus der weiteren Bewertung herausgefallen, da sie bei zwei Merkmalen unter dem Schwellenwert liegt (Abb. 9.5). Eine Gruppierung der restlichen Genotypen wäre mithilfe dieses Verfahrens nicht so einfach möglich gewesen.

9.2.2 Markergestützte Selektionsmethoden

Zu den modernen Verfahren für die Beurteilung von Merkmalen gehören v. a. molekulare Marker. Unter einem Marker versteht man im Allgemeinen ein Hilfsmerkmal, das sich leicht an vielen Individuen nachweisen lässt und mit dem Zielmerkmal genetisch gekoppelt ist (Abb. 9.3). Marker können sowohl morphologisch sichtbare Merkmale sein, wie auch solche, die mithilfe von verschiedenen Verfahren der Zytologie, der Biochemie oder der Molekularbiologie sichtbar gemacht werden können. Folglich lassen sich Marker in morphologische, zytologische, biochemische und molekulare Marker unterteilen (Box 9.2).

Box 9.2 Marker, die in der Züchtung genutzt werden können
Morphologische Marker sind sichtbare Merkmale, z. B. Blatt- oder Stängelbehaarung, Wuchsform, Färbung verschiedener Pflanzenteile. Die Anzahl von Merkmalen, die mit einem Zielmerkmal gekoppelt sind, ist stark begrenzt. Dennoch finden einige von ihnen in der praktischen Obstzüchtung Anwendung.

Zytologische Marker sind Unterschiede an einzelnen Chromosomen, die mikroskopisch sichtbar gemacht werden können. Solche Unterschiede können sowohl die Größe einzelner Chromosomen, z. B. das Y-Chromosom einiger diözischen Arten, oder Bandenmuster sein, die durch Chromosomenfärbe- bzw. Hybridisierungstechniken erzeugt werden können. Zytologische Marker spielen in der praktischen Obstzüchtung keine Rolle.

Biochemische Marker sind Proteinmuster oder messbare Enzymaktivitäten. Am weitesten verbreitet waren in der Vergangenheit Isoenzyme. Da diese Technologien sehr aufwendig sind und in den meisten Fällen nur eine begrenzte Aussagekraft haben, konnten sie sich nicht durchsetzen. In der praktischen Obstzüchtung spielen sie keine Rolle.

Molekulare Marker sind eindeutig identifizierbare DNA-Muster, deren Position im Genom bekannt ist bzw. deren Kopplung mit dem Zielmerkmal nachgewiesen wurde (Abb. 9.6). Das Sichtbarmachen dieser Muster kann mithilfe von Restriktionsenzymen, durch Hybridisierung, PCR oder Kombinationen davon erfolgen. Heute finden verschiedene Markertypen Anwendung in der Obstzüchtung.

Morphologische Marker sind die ältesten, einfachsten und preiswertesten Marker. Sie sind besonders hilfreich, da für ihren Nachweis keine besondere technische Ausstattung benötigt wird und außer Arbeitszeit keine weiteren finanziellen Investitionen notwendig sind. Im Folgenden sind zwei ausgewählte Beispiele für morphologische Marker beschrieben, die in der praktischen Obstzüchtung ihre Anwendung finden.

Bei dem ersten Beispiel handelt es sich um die rote Laubfarbe, die bei Apfelwildartenakzessionen gelegentlich auftritt. Genotypen, die bereits als Sämling im Keimblattstadium eine rote Blatt- und Stängelfärbung aufweisen, werden später mit großer Wahrscheinlichkeit auch Früchte mit einer roten Fruchtfleischfarbe tragen (Abb. 9.7). Die rote Blattfarbe und die rote Fruchtfleischfarbe sind oft gekoppelt. Sie werden beide vom Gen *MdMYB10* gesteuert. Der Züchter kann also mithilfe der roten Blattfärbung bereits alle Sämlinge auf rote bzw. nicht rote Fruchtfleischfarbe selektieren.

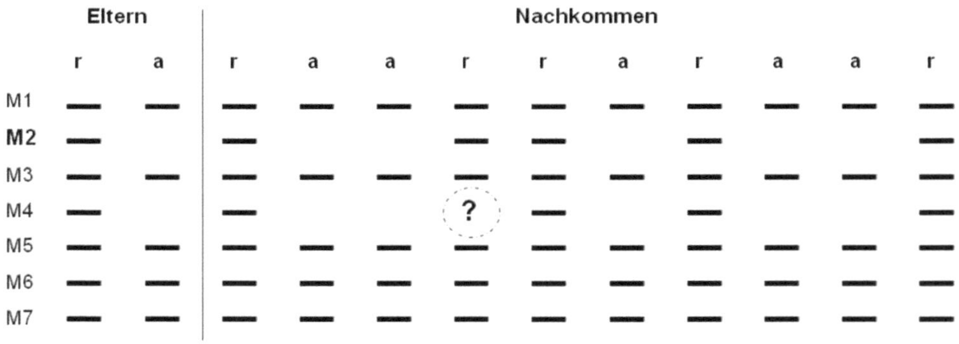

Abb. 9.6 Nutzung molekularer Marker in der Selektion. Komplexes DNA-Profil für zwei Eltern einer Kreuzungspopulation und zehn F1-Nachkommen. Das Profil besteht aus sieben einzelnen Markern (M1–M7). Einige Marker (M1, M3, M5, M6 und M7) kommen in beiden Eltern und allen Nachkommen vor. Solche Marker sind nutzlos, da sie keine Information liefern. Interessant sind v. a. Marker, die nur in einem Elter vorkommen und in den Nachkommen aufspalten (M2 und M4). Die Eltern dieser Population unterscheiden sich in ihrer Resistenz. Die Mutter ist resistent (*r*), während der Vater anfällig (*a*) ist. Marker M2 ist mit der Resistenz eng gekoppelt. Er kommt nur in der resistenten Mutter und den resistenten Nachkommen vor. Dieser Marker wäre für eine Selektion hilfreich. Marker M4 ist ähnlich, zeigt aber eine Rekombination (*?*), d. h. er kommt in vier resistenten Nachkommen vor, in einem jedoch nicht. Ob dieser Marker nutzbar ist, hängt von der Häufigkeit solcher Rekombinationsereignisse ab

Abb. 9.7 In-vitro-Sprosse der Apfelsorte 'Pinova' (*links*) sowie von einer gentechnisch veränderten Pflanze der gleichen Sorte, in die ein Allel des.*MdMYB10* Gens aus einer rotlaubigen Apfelwildartenakzession übertragen wurde (*rechts*). Durch Übertragung dieses Allels des in Apfel natürlich vorkommenden Transkriptionsfaktors *MdMYB10* werden alle vegetativen Organe, wie Blätter und Sprosse, rot gefärbt

Ein anderes Beispiel für einen morphologischen Marker stellt das Gen *H* aus Himbeeren dar. Dieses Gen liegt am proximalen Ende des langen Arms von Chromosom 2. Genotypen der Konstitution *HH* und *Hh* führen zu einer flaumigen Behaarung (engl. *pubescence*) der Ruten, während der Typ *hh* glatte, unbehaarte Ruten hervorbringt. Gen *H* liegt genau in einem Bereich für einen QTL, der den Ruten eine hohe Widerstandsfähigkeit gegenüber der Graufäule (*Botrytis cinerea*) und dem Rutensterben (*Didymella applanata*) vermittelt. Gleichzeitig führt seine Anwesenheit aber zu einer erhöhten Anfälligkeit der Ruten gegenüber der Brennfleckenkrankheit (*Elsinoe veneta*), dem Echten Mehltau (*Sphaerotheca macularis*) und dem Himbeerrost (*Phragmidium rubi-idaei*). Da die feine Behaarung der Ruten bereits an Sämlingen kurz nach der Aussaat sichtbar wird, kann dieses Merkmal sehr gut als Marker für Resistenz bzw. Anfälligkeit der Ruten gegenüber den genannten Krankheiten benutzt werden.

In der modernen Obstsortenzüchtung spielen neben einigen wenigen morphologischen Markern v. a. molekulare Marker eine Rolle. Obwohl eine Vielzahl verschiedener Markertypen im Rahmen der Züchtungsforschung getestet wurde, finden nur einige Anwendung in der praktischen Züchtung (Box 9.3).

Box 9.3 Auswahl an molekularen Markern, die häufig Anwendung finden
AFLP (*amplified fragment length polymorphisms*) beruhen auf einem Restriktionsverdau der DNA. An die Restriktionsenden werden Adaptersequenzen ligiert. Anschließend wird mithilfe einer PCR ein Teil der Fragmente sichtbar gemacht. AFLP sind arbeitsaufwendig und dominant[1]. Sie finden z. T. noch Verwendung bei

---

[1] Dominante Marker besitzen nur ein Allel (A). A kann anwesend (A) oder abwesend (0) sein. Eine Unterscheidung von homozygoten Genotypen (AA) und heterozygoten Genotypen (A0) ist nicht möglich, da beide die Anwesenheit von A zeigen.

der genetischen Kartierung. In der praktischen Selektion bei Obst finden sie keine Anwendung.

RAPD (*random amplified polymorphic DNA*) beruhen auf einer PCR mit einem kurzen Primer (etwa 10 bp) mit einer zufälligen DNA-Sequenz. Im Genom gibt es nach dem Zufallsprinzip eine Reihe homologer Sequenzen, an die sich der Primer anlagert. Auf diese Weise wird ein Muster für jeden Genotyp erzeugt. RAPD sind dominant und schlecht reproduzierbar, weshalb sie nur noch selten angewandt werden. In der Vergangenheit wurden sie oft sequenziert und in spezifische Marker (z. B. SCAR, CAPS) umgewandelt.

SSR (*simple sequence repeats*) beruhen auf einer PCR mit Primern, die eine einfache Sequenzwiederholung (z. B. ... ATATATAT ...) flankieren. Genotypen können sich in der Anzahl des AT-Motivs an diesem Lokus unterscheiden. Der Nachweis erfolgt durch PCR und anschließender Elektrophorese. SSR sind kodominante Marker[2], die häufig Anwendung finden.

SCAR (*sequence characterized amplified regions*) beruhen auf einer PCR mit zwei sequenzspezifischen Primern. Das kann z. B. die Sequenz eines isolierten RAPD sein. SCAR können dominant oder kodominant sein.

CAPS (*cleaved amplified polymorphic sequence*) beruhen auf einem PCR-Fragment, das eine alterierende Schnittstelle für ein Restriktionsenzym flankiert. Während die Schnittstelle bei einem Teil der Genotypen intakt ist, haben andere Genotypen aufgrund von DNA-Polymorphismen eine defekte Schnittstelle. Dieser Unterschied wird nach Restriktionsverdau sichtbar. CAPS-Marker sind kodominante Marker.

SNP (*single nucleotide polymorphism*) beruhen auf Unterschieden auf Einzelbasenniveau in einer definierten DNA-Sequenz. Zum Nachweis dieser Unterschiede gibt es eine Vielzahl von Verfahren, die sowohl auf Restriktion-, PCR-, Hybridisierungs- oder Sequenzierungstechnologien basieren können. SNP sind kodominant und im Moment die am häufigsten genutzten Marker.

Die heute im Rahmen der MAS gebräuchlichsten Markertypen bei Obst sind SSR-, SCAR-, CAPS- und SNP-Marker. SNP-Marker haben in den letzten Jahren immer mehr an Bedeutung gewonnen. Sie scheinen die Marker der Zukunft zu sein. Bei den Analyseverfahren haben sich in den letzten Jahren v. a. die SNP-basierten Microarrays durchgesetzt. Der Vorteil dieser Technologie liegt im hohen Informationsgehalt (viele tausend Marker in einem Experiment), den vergleichsweise niedrigen Kosten und der hohen Reproduzierbarkeit. Mittlerweile gibt es für eine ganze Reihe von Obstarten etablierte SNP-

---

[2] Kodominante Marker besitzen wenigsten zwei Allele (A und a). Damit kann man die Typen AA, Aa und aa unterscheiden. Die Genotypen A0 bzw. a0, denen ein Allel fehlt (Nullallel), können nicht von den homozygoten Typen (AA bzw. aa) unterschieden werden.

Tab. 9.1 Ausgewählte Beispiele für SNP-basierte Microarrays verschiedener Obstarten

Obstart	Ungefähre Anzahl an SNP-Markern	Referenz
Apfel	8000	Chagné et al. (2012)
	20.000	Bianco et al. (2014)
	480.000	Bianco (2016)
Birne	9000	Montanari et al. (2013)
Pfirsich	9000	Verde et al. (2012)
Kirsche	6000	Peace et al. (2012)
Erdbeere	90.000	Bassil et al. (2015)

Arraysysteme, die z. T. auch schon von kommerziellen Anbietern zur Verfügung gestellt werden (Tab. 9.1).

Neben den arraybasierten Systemen gewinnen zunehmend auch die neuen Sequenzierungsmethoden (engl. *next-generation-sequencing*) an Bedeutung. Mithilfe dieser Verfahren können schnell und unkompliziert viele tausend SNP-Marker für bislang noch nicht charakterisierte Genome erzeugt und analysiert werden. Strategien, die auf der Nutzung solcher Sequenzierungstechnologien beruhen, sind in der Literatur vielfach unter den Abkürzungen GBS (engl. *genotyping-by-sequencing*) oder MBS (engl. *mapping-by-sequencing*) zu finden. Erste Versuche zur Etablierung von GBS-Ansätzen wurden u. a. an Apfel (Gardner et al. 2014), Birne (Montanari et al. 2013), Pfirsich (Bielenberg et al. 2015), Kirsche (Guajardo et al. 2015), Erdbeere (Davik et al. 2015b) und Himbeere (Ward et al. 2013) durchgeführt. Ob diese Technologie eines Tages die arraybasierten Verfahren ablösen wird, kann bisher noch nicht abgeschätzt werden.

9.3 Aufbau einer stufenweisen Selektion

Das Prinzip der stufenweisen Selektion beruht auf der zeitlichen (im Lebenszyklus, im Jahresverlauf) und fachlich sinnvollen Anordnung zur Durchführung einzelner Selektionsarbeiten. Das sollte immer unter dem Aspekt vom Bedeutenden zum weniger Bedeutenden, vom Einfachen zum Komplizierten (Box 9.4) erfolgen.

Box 9.4. Beispiele für mögliche Entscheidungen beim Aufbau einer stufenweisen Selektion

Beispiel 1. Das Ziel besteht in der Züchtung einer Erdbeersorte, die in ihrem Reifetermin deutlich vor der frühen Sorte 'Clery' liegt. Der Reifetermin ist hier das oberste Ausschlusskriterium. Deshalb ist es sinnvoll, dieses Merkmal zuerst zu bewerten. Für Genotypen, die nach 'Clery' reifen, macht es keinen Sinn, eine Vielzahl von weiteren Merkmalen zu erfassen. Diese Genotypen fallen aus der weiteren Bewertung heraus.

Beispiel 2. Das Ziel besteht in der Züchtung einer Apfelsorte mit pyramidisierter Resistenz gegenüber Apfelschorf. Am einfachsten ist die Bewertung der Resistenz mithilfe einer künstlichen Inokulation im Gewächshaus. Hier kann zumindest anfällig von resistent unterschieden werden. Ob ein Individuum ein, zwei oder drei Resistenzgene besitzt, kann auf diese Weise nur bedingt festgestellt werden. Das geht wesentlich einfacher mithilfe von molekularen Markern. Deshalb werden alle resistenten Individuen auf das Vorkommen einzelner Resistenzgene analysiert. Dieser Test ist aufwendiger und teurer. Deshalb ist es sinnvoll, zuerst die anfälligen Genotypen durch künstliche Inokulation auszuschließen. Für die anfälligen Genotypen macht der Test mit molekularen Markern auch keinen Sinn.

Jedes Selektionsschema beginnt mit der Auswahl geeigneter Eltern. Dies kann auf der Basis von Literaturdaten, eigenen Bonituren oder Informationen von Fachkollegen erfolgen. Oftmals werden auch Testkreuzungen durchgeführt, um die Möglichkeit für einen Erfolg besser abschätzen zu können. Solche Testkreuzungen können (zumindest beim Beerenobst) auch in Form eines diallelen Kreuzungsansatzes (Abb. 9.8 und 9.9) erfolgen. Dabei werden von einer Auswahl möglicher Eltern Nachkommenschaften erzeugt, indem jeder Elter mit jedem Elter gekreuzt wird. Dadurch entstehen für jeden Elter mehrere Nachkommenschaften, die innerhalb der Nachkommenschaft Vollgeschwister und zwischen den Nachkommenschaften Halbgeschwister sind. Alle Nachkommenschaften werden dann im Hinblick auf das Zielmerkmal (z. B. Fruchtgröße, Reifezeit) untersucht. Aus den Daten der einzelnen Nachkommenschaften können dann die allgemeine und die spezielle Kombinationseignung jedes Elters für das Merkmal bestimmt werden.

Für Merkmale, für die Marker existieren, empfiehlt es sich, geeignete Eltern mithilfe einer markergestützten Elternselektion (MAPS, engl. *marker assisted parent selection*) zu selektieren. Das erfolgt heute i. d. R. für Merkmale, die monogen vererbt werden (z. B. Schorfresistenz bei Apfel). Für quantitativ vererbte Merkmale (polygen) ist das auch möglich. Das erfolgt bei Obst i. d. R. durch eine klassische QTL-Analyse.

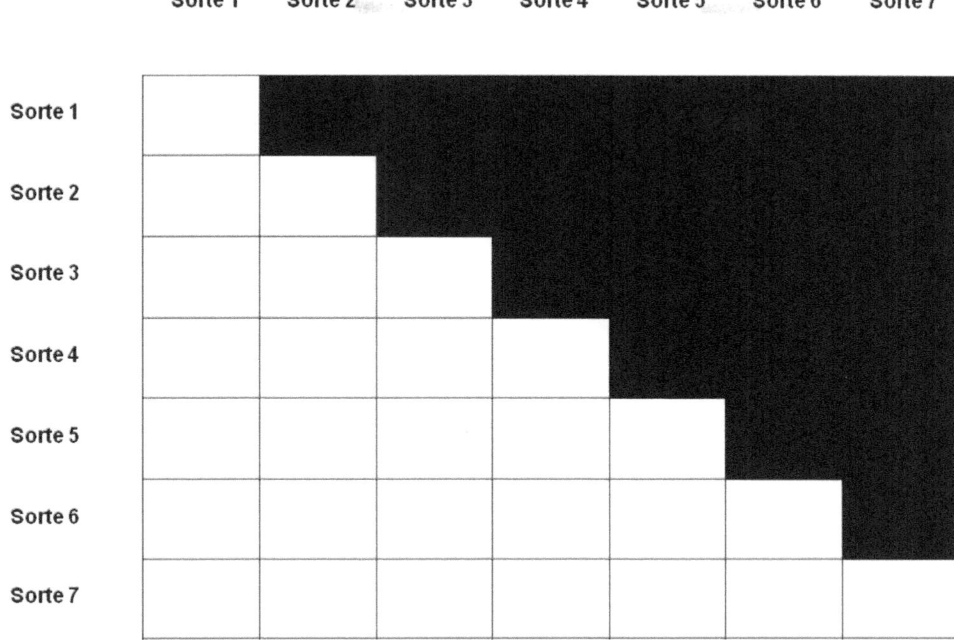

Abb. 9.8 Schema eines unvollständigen Diallels, wie es häufig in der Beerenobstzüchtung zur Anwendung kommt. Bei einem Diallel werden mehrere Elterngenotypen miteinander gekreuzt. Dabei wird jeder Genotyp mit jedem anderen gekreuzt. Wird jeder Genotyp bei jeder Kombination sowohl als Vater als auch als Mutter verwendet, spricht man von einem vollständigen Diallel. Wird jeder Genotyp nur einmal je Kombination (entweder als Mutter oder als Vater) verwendet, spricht man von einem unvollständigen Diallel. *Schwarze* Felder markieren die Kreuzungen, die in diesem Fall durchgeführt werden

Nachdem die Eltern ausgewählt sind, erfolgen die Kreuzung und danach die schrittweise Selektion der Sämlinge und Zuchtklone mithilfe markergestützter Sämlingsselektion (MASS, engl. *marker assisted seedling selection*). Ein Beispiel für ein solches Selektionsschema aus der Pillnitzer Apfelzüchtung zeigt Abb. 9.9.

Beim näheren Betrachten von Abb. 9.9 wird deutlich, dass der Züchter im Verlauf einer Saison sowohl Selektionsarbeiten zur Auswahl neuer Eltern, zur Selektion von Sämlingen im Gewächshaus, im Labor und Freiland sowie im Rahmen der ersten und zweiten Selektionsstufe durchführen muss.

Damit wird deutlich, dass ein Züchter v. a. in der Lage sein muss, verschiedene Arbeiten gleichzeitig durchzuführen und diese möglichst gut zu koordinieren.

Abb. 9.9 Selektionsschema für ein Resistenzzüchtungsprogramm bei Apfel. Die Reduktion des Zuchtmaterials beginnt bereits nach der künstlichen Schorfinokulation im Gewächshaus. Alle anfälligen Sämlinge werden verworfen. Danach werden ein Test auf Resistenz gegenüber Mehltau sowie eine Markeranalyse für Schorf- und Mehltauresistenzgene durchgeführt. Sämlinge mit bestimmten Kombinationen an Resistenzgenen werden selektiert, alle anderen verworfen

Zum Schutz seines geistigen Eigentums stehen dem Züchter mit dem Sortenschutz, dem Patentschutz und dem Markenschutz verschiedene strategische Möglichkeiten zur Verfügung. Davon ausgehend hat sich in den letzten beiden Jahrzehnten bei Obst vielfach das Konzept der Clubsorten etabliert, das sich zum einen die sich aus dem Sortenschutz ergebenden Verbietungsrechte an Pflanzenmaterial sowie der geschützten Sortenbezeichnung und zum anderen die sich aus dem Markenschutz ergebenden Verbietungsrechte an der Verwendung einer verkaufsfördernden Handelsbezeichnung oder Marke zu eigen macht.

10.1 Sorten und Sortenschutz

Der Internationale Code der Nomenklatur der Kulturpflanzen (*International Code of Nomenclature for Cultivated Plants*, ICNCP[1]) regelt die einheitliche Benennung von Sorten bei Kulturpflanzen. Der Code dient der Verständigung zwischen Züchtern, Produzenten und Konsumenten im nationalen und internationalen Rahmen und soll die eindeutige Identifizierbarkeit von Kulturpflanzen anhand ihres Namens gewährleisten. Lediglich die Namen der Sorten, nicht deren Einteilung, ihre Merkmale oder rechtliche Aspekte des Sortenschutzes sind Gegenstand des ICNCP. Nach Definition des ICNCP von 2016 ist eine Sorte (bezeichnet als *cultivar*) eine Pflanzengemeinschaft, die aufgrund eines oder mehrerer Merkmale selektiert wurde, sich bezüglich dieser Merkmale von anderen Pflanzengemeinschaften unterscheidet, in diesen Merkmalen einheitlich und stabil ist und diese Merkmale bei zweckmäßiger Vermehrung beibehält (Artikel 2.3). Dabei kommt es nicht auf eine bestimmte Entstehungs- und Vermehrungsart an (Artikel 2.4). Sortenbezeichnungen sind Epitheta zur wissenschaftlichen Bezeichnung (kursiv) der Pflanzen und werden mit Hochkommas geschrieben. Markennamen sind nicht durch ICNCP geregelt. Um Mar-

---

[1] Die erste Fassung von ICNCP erschien 1953, derzeit ist die 9. Fassung von 2016 aktuell.

© Springer-Verlag GmbH Germany 2017   149
M.-V. Hanke und H. Flachowsky, *Obstzüchtung und wissenschaftliche Grundlagen*,
DOI 10.1007/978-3-662-54085-5_10

kennamen besser erkennen zu können, sollten sie in einer anderen Schrift ausgeführt werden, z. B. in Versalschrift. Sie dürfen nicht in Ausführungszeichen gesetzt werden.

Beispiel. *Malus domestica* 'Jonagold' – wissenschaftlicher Name für den Kultur-Apfel kursiv geschrieben, daran anschließend die Sortenbezeichnung mit Hochkommas.

Der Sortenschutz ist ein Schutzrecht, das das geistige Eigentum des Züchters an Pflanzenzüchtungen schützt. Er wurde in der Bundesrepublik Deutschland mit dem Gesetz über Sortenschutz und Saatgut von Kulturpflanzen vom 27. Juni 1953 eingeführt und ermöglicht es dem Züchter, seine Sorte wirtschaftlich zu verwerten, um damit eine Entlohnung für seine (intellektuellen und finanziellen) Vorleistungen zu erhalten. Der Sortenschutz berechtigt allein den Sortenschutzinhaber oder seinen Rechtsnachfolger, Vermehrungsmaterial (Pflanzen und Pflanzenteile einschließlich Samen) einer geschützten Sorte zu gewerblichen Zwecken in Verkehr zu bringen, hierfür zu erzeugen oder einzuführen oder die Vermehrung des Materials über Dritte vertraglich zu regeln (Lizenzvergabe). Die Verwendung einer geschützten Sorte für die Züchtung einer neuen Sorte (Züchtervorbehalt) bedarf hingegen nicht der Zustimmung des Sortenschutzinhabers. Seit 1997 fallen unter die Schutzwirkung einer geschützten Sorte auch die von dieser im Wesentlichen abgeleitete Sorte[2].

Als Züchter oder Entdecker einer neuen Sorte kann man den Sortenschutz mit Wirkung für Deutschland auf der Grundlage des Sortenschutzgesetzes (SortSchG) beim Bundessortenamt[3] beantragen. Im SortSchG werden Voraussetzungen und Inhalt des Sortenschutzes geregelt sowie die Aufgaben und Zuständigkeiten des Bundessortenamts festgelegt. Das Bundessortenamt ist zuständig für die Erteilung des Sortenschutzes und die hiermit zusammenhängenden Angelegenheiten. Weiterhin kann der Sortenschutz EU-weit beantragt werden. Dieser gemeinschaftliche Sortenschutz wird vom Gemeinschaftlichen Sortenamt (*Community Plant Variety Office*, CPVO) in Angers (Frankreich) erteilt.

Schutzfähig ist nach § 1 SortSchG eine Sorte, wenn sie die in Box 10.1 beschriebenen Kriterien erfüllt.

Die Prüfung der Unterscheidbarkeit (D, engl. *distinctness*), Homogenität (U, engl. *uniformity*) und Beständigkeit (S, engl. *stability*) (DUS) wird in einer Registerprüfung (Anbauprüfung) durchgeführt und erfolgt anhand der Ausprägung der Merkmale der Sorte. Soweit möglich, werden für die Feststellung der DUS-Kriterien und die genaue Beschreibung der Sorten Merkmale herangezogen, die nur in geringem Maß von Umweltfaktoren

---

[2] Im Wesentlichen abgeleitete Sorten werden i. d. R. direkt oder indirekt aus einer bereits existierenden, sortenrechtlich geschützten Sorte (Ursprungssorte) gewonnen und entsprechen dieser in den wesentlichen Merkmalen. Abgeleitete Sorten können z. B. durch die Auslese einer natürlichen oder künstlichen Mutante, einer somaklonalen Variante, durch Rückkreuzung (Selbstbefruchter) oder gentechnische Transformation entstehen.

[3] Das Bundessortenamt ist eine selbstständige Bundesoberbehörde im Geschäftsbereich des Bundesministeriums für Ernährung und Landwirtschaft. Es wurde 1948 als Sortenamt für Nutzpflanzen gegründet und 1953 umbenannt. Das Bundessortenamt hat seinen Sitz in Hannover und ist zuständig für die Zulassung von Pflanzensorten und den Sortenschutz.

beeinflusst werden. Dabei handelt es sich vorwiegend um morphologische und phänologische Merkmale, die zwischen den Sorten einer Pflanzenart eine hinreichende Variation aufweisen. Es besteht keine Notwendigkeit, dass diese Merkmale einen wesentlichen gewerbsmäßigen Wert aufweisen. Die Ausprägung der Merkmale wird durch Anbau im Freiland oder Gewächshaus oder durch ergänzende Untersuchungen im Labor erfasst. Die für die einzelnen Pflanzenarten wesentlichen Merkmale sind in nationalen und internationalen Richtlinien festgelegt. Die Dauer des Sortenschutzes beträgt 25 Jahre, bei Hopfen, Kartoffel, Rebe und Baumarten 30 Jahre. Für die Beantragung des Sortenschutzes sowie die Durchführung der Registerprüfung sind vom Züchter einmalige Gebühren zu entrichten. Für die Aufrechterhaltung des Sortenschutzes sind jährliche Gebühren zu leisten.[4]

Box 10.1 Kriterien für die Erteilung des Sortenschutzes

Unterscheidbarkeit (D, distinctness). Eine Sorte ist unterscheidbar, wenn sie sich in der Ausprägung wenigstens eines Merkmals von jeder anderen am Antragstag allgemein bekannten Sorte[5] deutlich unterscheiden lässt.

Homogenität (U, uniformity). Eine Sorte ist homogen, wenn sie in der Ausprägung der für die Unterscheidbarkeit maßgebenden Merkmale (im Phänotyp) hinreichend einheitlich ist. Genetische Homogenität ist nicht erforderlich.

Beständigkeit (S, stability). Eine Sorte ist beständig, wenn sie in der Ausprägung der für die Unterscheidbarkeit maßgebenden Merkmale nach jeder Vermehrung oder nach jedem Vermehrungszyklus unverändert bleibt. Die Beständigkeit ist konstitutiv für das Bestehen einer Sorte. Die für die Unterscheidbarkeit maßgebenden Merkmale müssen nach jeder Vermehrung den für die Sorte festgestellten Ausprägungen entsprechen, d. h. weiterhin vorhanden sein.

Neuheit. Eine Sorte gilt als neu, wenn Pflanzen oder Pflanzenbestandteile mit Zustimmung des Berechtigten oder seines Rechtsvorgängers vor dem Antragstag nicht oder nur innerhalb eines Zeitraums von einem Jahr im Inland oder von vier Jahren (bei Baumobst sechs Jahre) im Ausland zu gewerblichen Zwecken an andere abgegeben worden sind.

---

[4] Die Gebühren für die Antragstellung belaufen sich gegenwärtig auf 600 €. Die Prüfgebühren betragen gegenwärtig für Obstsorten 1270 €. Die Jahresgebühr zur Aufrechterhaltung des Sortenschutzes liegt derzeit bei 60 € und steigt bis zum sechsten Jahr und folgende auf 350 € an.

[5] Allgemein bekannte Sorten im Sinn des § 3 Abs. 2 SortSchG sind u. a. alle geschützten oder zugelassenen Sorten sowie solche, für die ein Antrag auf Erteilung eines Züchterrechts oder auf Eintragung einer Sorte in ein amtliches Sortenregister in irgendeinem Land vorliegt, sofern dieser Antrag zu einer Erteilung des Schutzes oder der Zulassung führt; außerdem Sorten, von denen es eine veröffentlichte Beschreibung gibt, von denen Vermehrungsmaterial oder Erntegut gewerbsmäßig verwertet wird oder von denen lebendes Pflanzenmaterial in öffentlich zugänglichen Pflanzensammlungen vorhanden ist.

Eintragbare Sortenbezeichnung. Eine Sortenbezeichnung ist eintragbar, wenn kein Ausschließungsgrund vorliegt. Ein Ausschließungsgrund kann vorliegen, wenn die Kennzeichnung sprachlich nicht geeignet ist, keine Unterscheidungskraft hat, irreführend ist oder mit einer Sortenbezeichnung derselben oder verwandten Art übereinstimmt oder verwechselt werden kann[6].

10.2 Patentschutz

Neben dem Sortenschutz ist in der Pflanzenzüchtung auch der Patentschutz von Bedeutung. Patente schützen in erster Linie innovative Produkte und Verfahren vor Nachahmung. Die Möglichkeit, Pflanzen und Züchtungsverfahren zu patentieren, war wegen fehlender Reproduzierbarkeit lange umstritten. Da mit der Entwicklung molekularer und biotechnologischer Methoden immer mehr technische Innovationen Einzug in die Sortenzüchtung erlangten, wurde im Jahr 1998 die Richtlinie 98/44/EG (Biopatentrichtlinie) des Europäischen Parlaments und des Europäischen Rats verabschiedet. Dort heißt es in Art. 4 Abs. 2: „Erfindungen, deren Gegenstand Pflanzen und Tiere sind, können patentiert werden, wenn die Ausführung der Erfindung technisch nicht auf eine bestimmte Pflanzensorte oder Tierrasse beschränkt ist."

Der Patentschutz kann sowohl technisch neue Verfahren als auch Stoffe, d. h. hier Pflanzen und Tiere mit einer technischen Innovation, umfassen. Er darf sich aber nicht nur auf bestimmte Pflanzensorten bzw. Tierrassen beschränken, sondern geht i. d. R. darüber hinaus, indem z. B. die gesamte Gattung (Apfel, Birne, Kirsche etc.) einschließlich ihrer Arten und Sorten geschützt ist.

Die Tragweite dieser Möglichkeit des Schutzes wird erst dann deutlich, wenn Pflanzen sowohl Sorten- als auch Patentschutz in sich vereinen. In diesem Fall gilt der Züchtervorbehalt nur eingeschränkt. Zwar darf mit einer solchen Sorte gezüchtet werden, eine daraus resultierende neue Sorte mit einer patentgeschützten Eigenschaft bedarf aber für ihre Vermarktung der Zustimmung des Patentinhabers. Beim Obst spielt der Patentschutz bislang eine untergeordnete Rolle, könnte aber mit dem Einsatz von modernen Methoden der Präzisionszüchtung (z. B. CRISPR/*Cas*9) in Zukunft an Bedeutung gewinnen.

10.3 Markenschutz

Die dritte Möglichkeit besteht im Markenschutz. Eine Marke dient der Kennzeichnung von Waren oder Dienstleistungen eines Unternehmens. Schutzfähig sind Zeichen, z. B. Wörter, Buchstaben, Zahlen, Abbildungen, aber auch Farben und Hörzeichen, die geeignet

---

[6] Die Sortenbezeichnung der geschützten Sorte muss auch nach Ablauf des Sortenschutzes beim Inverkehrbringen vom Vermehrungsmaterial verwendet werden (§ 14 Abs. 1 Satz 2 SortSchG).

sind, Waren oder Dienstleistungen eines Unternehmens von denjenigen anderer Unternehmen zu unterscheiden. Der Markenschutz hat die Wirkung, dass die Verwendung der Marke durch Dritte untersagt ist oder gegen Entrichtung einer Lizenzgebühr gestattet werden kann. Der Markenschutz ist daher kein Recht, aus dem Verbietungsrechte hinsichtlich des Pflanzenmaterials abgeleitet werden können.

Der Markenschutz kann beim Deutschen Patent- und Markenamt beantragt werden. Dieser bietet einen Schutz für die Bundesrepublik Deutschland. Es können auch Marken europaweit als Unionsmarke oder international geschützt werden. Die Unionsmarke ermöglicht einen einheitlichen Schutz für alle Mitgliedstaaten der Europäischen Union. Das Amt der Europäischen Union für geistiges Eigentum (*European Union Intellectual Property Office*, EUIPO) ist für die Eintragung zuständig.

In der Praxis werden im Wesentlichen Wort- und Bildmarken geschützt, unter denen dann Sorten oder Sortengruppen vermarktet werden können. Eingetragene Marken können mit dem Registrierhinweis ® für registered (Registrierte Marke)[7] gekennzeichnet werden. Dies ist ein Hinweis für Dritte, dass es sich um eine geschützte, eingetragene Marke handelt. Der Markenschutz ist für einzelne Züchter von besonderem Interesse, da die Marken einen hohen Wiedererkennungswert haben. Marken spielen zunehmend auch bei der Vermarktung von Clubsorten eine Rolle.

Beispiele:

- Die Wort- und Bildmarke RUBINETTE® ist in der Schweiz und international als Wort- und Bildmarke registriert und geschützt. Sie wird für die sortenschutzrechtlich geschützte Apfelsorte 'Rafzubin' verwendet.
- Die Wortmarke RE-SORTE® wurde für Deutschland unter Nr. 2065092 am 18.05.1994 eingetragen, Anmelder ist das Sächsische Landesamt für Landwirtschaft. Die Bezeichnung einer resistenten Sorte aus dem Pillnitzer Zuchtprogramm darf also lauten RE-SORTE®Relinda, aber nicht Relinda®, da Relinda kein geschützter Markenname[8], sondern eine Sortenbezeichnung ist.
- Das Bayerische Obstzentrum hat sich den Begriff DOCERA® als Wortmarke schützen lassen, unter der es die hypersensiblen Pflaumenunterlagen anbietet.
- Dr. Neumüller hat die Wortmarke BAYA® registrieren lassen. Unter dieser Marke werden durch das Bayerische Obstzentrum inzwischen die Apfelsorten BAYA®Marisa, BAYA®Franconia und die Pflaumensorte BAYA®Aurelia vertrieben.

Es ist sehr problematisch und fehlerbehaftet, wenn man sich anhand von Baumschulkatalogen oder der im Internet verfügbaren Beschreibungen über sortenschutzrechtlich geschützte Sorten oder Markennamen informieren möchte. Der Registrierhinweis ® wird oftmals zur Kennzeichnung des Sortenschutzes verwendet und Sortenschutz wird mit

---

[7] Das Zeichen kann neben einer eingetragenen Marke angebracht werden. Das Gesetz verpflichtet nicht zur Verwendung des Zeichens ® für eine registrierte Marke.

[8] Die Bezeichnungen Markenname und Handelsbezeichnung werden oftmals synonym verwendet.

Markenschutz verwechselt. Es ist daher stets sinnvoll, entsprechende Recherchen bei folgenden Quellen durchzuführen:

- Gemeinschaftliches Sortenamt (CPVO; http://www.cpvo.fr/main/de/home/databases/cpvo-variety-finder),
- Bundessortenamt (https://www.bundessortenamt.de/internet30/index.php?id=21),
- Amt der Europäischen Union für geistiges Eigentum (EUIPO; https://euipo.europa.eu/ohimportal/de/search-availability),
- Recherche bei TMview (Information über Marken; https://www.tmdn.org/tmview/welcome.html?lang=de#).

10.4 Clubsorten und Clubkonzept

Eine Clubsorte ist eine Obstsorte, die nur von ausgewählten Produzenten, dem Club, auf der Basis eines Anbauvertrags angebaut werden darf und bestimmte Kriterien erfüllen muss. Diese Sorten werden nicht unter ihrem Sortennamen, sondern i. d. R. unter einem eigenen Markennamen in den Handel gebracht (z. B. Apfelsorte 'Cripps Pink' als Markenname PINK LADY®). Während der Sortenschutz für neugezüchtete Sorten für 30 Jahre besteht, kann der Markenname als Markenzeichen unbeschränkt lange weiter geschützt werden.[9]

Das Konzept der Clubsorten ist Ende des 20. Jahrhunderts aufgekommen und befindet sich noch im Aufschwung. Vorangetrieben wird diese Entwicklung v. a. aus Europa. Clubsorten sind zumeist neu gezüchtete Sorten und daher durch den Sortenschutz geschützt. Die Lizenzeinnahmen werden u. a. zum Marketing für die Sorte verwendet. Produzenten müssen bestimmte Bedingungen im Anbau und die Früchte bestimmte Qualitätskriterien erfüllen, um unter dem Markennamen in den Handel zu gelangen. Früchte, die die Mindestanforderungen nicht erfüllen, dürfen nicht unter dem Markennamen gehandelt werden. Anbieter versprechen sich davon ein konzentriertes Marketing sowie höhere Preise durch eine Qualitätskontrolle und ein begrenztes Angebot. Der Absatz erfolgt i. d. R. über Erzeugerorganisationen, die ebenfalls Mitglied im Club sind. Clubsorten verhindern bewusst den Anbau durch andere Anbieter oder Direktvermarkter. Kritisch sind Clubsorten auch im Hinblick auf den Züchtervorbehalt zu betrachten. Es ist dem Züchter zwar nicht offiziell verboten, mit diesen Sorten zu züchten, nur hat er u. U. keine Chance, offiziell an Pflanzen (oder Pollen) solcher Sorten zu gelangen, wenn er nicht Mitglied im Club ist. Damit wird der Züchtervorbehalt zwar nicht komplett umgangen, jedoch ist die freie Verfügbarkeit dieser genetischen Ressourcen sehr stark eingeschränkt.

---

[9] Nach Ablauf des Sortenschutzes kann dann nur noch ein Verbietungsrecht für die Benutzung der Handelsbezeichnung oder der Marke gegenüber Dritten geltend gemacht werden. Dagegen kann das Pflanzgut der dann nicht mehr geschützten Sorte von diesem Zeitpunkt an von jeder daran interessierten Person zu kommerziellen Zwecken in Verkehr gebracht werden, ohne dass dies vom vormaligen Sortenschutzinhaber untersagt werden könnte.

Tab. 10.1 Bekannte Clubsorten bei Apfel (*A*) und Birne (*B*)

Sorte	Markenname	Lizenzgeber, kommerzielle Verwertung
Caudle (A)	CAMEO®	Dalival, Cameo® Partners International
Cepuna (B)	MIGO®	European Fruit Cooperation c.v.b.a. (EFC)
Civni (A)	RUBENS®	Consorzio Italiano Vivaisti (C.I. V.), u. a. Elbe-Obst, VOG, Dansk Kernfrugt
Cripps Pink (A)	PINK LADY®	International Pink Lady Alliance
Brak[a] (A)	KIKU®	Kiku GmbH
Fresco (A)	WELLANT®	Inova Fruit
Nicoter (A)	KANZI®	European Fruit Cooperation c.v.b.a. (EFC)
Nicogreen (A)	GREENSTAR®	European Fruit Cooperation c.v.b.a. (EFC)
Milwa (A)	JUNAMI®	Inova Fruit
RoHo 3615[b] (A)	EVELINA®	Evelina® Deutschland GmbH
Rote Vereinsdechant[c] (B)	SWEET SENSATION®	Licensed Varieties Editors

[a] Mutante von 'Fuji'.
[b] Mutante von 'Pinova'.
[c] Mutante von 'Vereinsdechant'.

Von den Obstsorten, die als Clubsorten angebaut werden, sind Äpfel und Birnen am weitesten verbreitet (Tab. 10.1). Allerdings gibt es inzwischen auch bei Süßkirsche Clubsorten, z. B. '13S2009', die unter der Marke STACCATO® vertrieben wird.

10.5 Verwertung und Markteinführung von Obstsorten

Weltweit arbeiten Züchter daran, mit neuen Sorten bereits im Markt etablierte Sorten zu übertreffen. Die Anforderungen von Produktion und Vermarktung an neue Obstsorten sind jedoch sehr hoch. Nur Sorten, die von der Ertragsfähigkeit über die Fruchtqualität, die Transport- und Lagerfähigkeit bis hin zur Beliebtheit bei den Konsumenten keine wesentlichen Schwächen zeigen, haben Wettbewerbschancen. Immer wichtiger wird die Robustheit im Anbau. Krankheitsresistente Sorten sind bei Weitem nicht nur für die ökologische Produktion von Interesse. Produktive, qualitativ gute Sorten, die sich wenigstens teilweise selbst vor Krankheiten schützen, werden zukünftig auch in der integrierten Produktion (IP) eine immer wichtigere Rolle spielen. Sie tragen zur Schonung der Umwelt bei, eröffnen neue Perspektiven im Hinblick auf die Vermeidung von Pflanzenschutzmittelrückständen und verringern nicht zuletzt das Risiko finanzieller Verluste durch Krankheiten.

In den letzten Jahren fand international im Bereich der Obstzüchtung ein Wertewandel statt. Öffentliche Züchtungsprogramme wie beispielsweise East Malling Research (England) und Hort Research (Neuseeland), die bis in die 1990er-Jahre bekannt waren, wurden reorganisiert und z. T. privatisiert. Weil die Züchtung in vielen Ländern zunehmend in privaten Händen ist und neue Sorten immer öfter als Clubsorten in den Markt eingeführt werden, wird es immer schwieriger, rechtzeitig Informationen zu Sortenneuheiten und Vermehrungsmaterial dieser neuen Sorten zu bekommen. Hinzu kommt, dass auch die Sortenprüfung zunehmend stärker privat finanziert wird. Mit steigender Privatfinanzierung nimmt im internationalen Maßstab jedoch die Offenheit zwischen Sortenprüfern für den Austausch von Erfahrungen und Ergebnissen ab. Die Folge ist, dass Anbauer aus Un-

Tab. 10.2 **Auswahl an Organisationen und Konsortien zur Entwicklung, Vermarktung und zum Anbau von neuen Obstsorten**

Artevos	Baumschulkonsortium zur Vermarktung von Obstneuheiten für Erwerbsobstbau und Hobbygartenbau; Deutschland; www.artevos.de
Associated International Group of Nurseries (AIGN)	Internationales Konsortium von Baumschulen zur Vermarktung neuer Sorten; Kooperation mit der Obstindustrie weltweit; www.aign.org
Better3fruit	Züchtungsunternehmen für Kernobst; Belgien; www.better3fruit.com
Consortium Deutscher Baumschulen (CDB)	Baumschulkonsortium zur Vermarktung von Veredlungsunterlagen für Kirsche, Pflaume und Birne; www.cdb-rootstocks.com
Consorzio Italiano Vivaisti (C.I. V.)	Baumschulkonsortium zur Züchtung und Markeinführung von Sorten (Erdbeere, Apfel, Birne); Italien; www.centroin-novazionevarietale.it
Dalival	Baumschulunternehmen, entstanden durch Fusion der Baumschulen Pépinières du Valois und DL Davodeau-Ligonnière in Frankreich; Obstbaumproduzenten und Vermarkter neuer Sorten von Kern-, Stein- und Mostobst; www.dalicom.com
IFORED	Konsortium von Obstvermarktern aus fünf Kontinenten, Entwicklung und Markteinführung neuer rotfleischiger Apfelsorten
Inova Fruit	Unternehmen für Züchtung und Kommerzialisierung, Entwicklung von krankheitsresistenten Obstsorten; Sortenmanager; Niederlande; www.inovafruit.nl
International Fruit Obtention (IFO)	Konsortium von Unternehmen zur Züchtung und Entwicklung neuer Obstsorten; www.ifo-fruit.com
Kiku GmbH	Vermarktung von KIKU®; www.kiku-apple.com
Meiosis Ltd.	Internationales Konsortium zur Züchtung, Einführung, Testung und Vermarktung neuer Beerenobstsorten für den Obstbau, vereinzelt auch Apfel, Birne und Unterlagen; www.meiosis.co.uk
N.V. Johan Nicolai	Baumschulunternehmen zur Markteinführung neuer Obstsorten; Belgien; www.johan-nicolai.com
Prevar (Premium Variety)	Konsortium zur Züchtung und globalen Kommerzialisierung neuer Sorten bei Apfel und Birne aus der Züchtung von Plant & Food Research Neuseeland; weltweite Prüfung der Sorten durch AIGN; Unterstützung der Obstindustrie in Neuseeland und Australien; www.prevar.co.nz
VariCom (Variety Commercialization Variety Communication)	Gesellschaft zur nationalen und internationalen Markteinführung neuer Obstsorten aus dem Schweizerischen Züchtungsprogramm der Eidgenössischen Forschungsanstalt Agroscope; www.varicom.ch

sicherheit und Angst einen Trend zu verpassen, vielfach neue Sorten pflanzen, von denen sie bereits nach wenigen Jahren enttäuscht sind. Eine solche Vorgehensweise ist nicht nur unrentabel und schwächt die Wettbewerbsfähigkeit des deutschen Obstbaus, sie führt auch zu einem starken Vertrauensverlust in züchterische Neuheiten. Um diesem Trend entgegenzuwirken, bedarf es in Zukunft ganzheitlicher Züchtungs- und Marketingkonzepte, um die langjährige Züchtung ausreichend zu refinanzieren und eine neue Sorte erfolgreich national und international platzieren zu können. In einzelnen Ländern wie Belgien, Italien und Frankreich gibt es dafür bereits erfolgreiche Strategien, indem alle Beteiligten von der Kreuzung über die gemeinsame Selektion von Sortenkandidaten, der Sortenprüfung in unterschiedlichen Produktionsformen und unter verschiedenen Umweltbedingungen bis zur Kommerzialisierung und zum professionellen Marktauftritt an einem Strang ziehen. In Tab. 10.2 wird ein Überblick über Organisationen und Konsortien, die zur Entwicklung, Vermarktung und zum Anbau neuer Obstsorten beitragen, gegeben.

In verschiedenen Anbauregionen sind Sortenkommissionen oder Gebietskonsortien entstanden, in denen durch die Zusammenarbeit zwischen Anbauern, Beratern und Versuchsanstalten und auf der Basis von Sortenprüfungen Entscheidungen über die Einführung von Sortenneuheiten getroffen werden.

In Deutschland und Europa haben Erzeugerorganisationen einen wichtigen Anteil an der Sortenverwertung, denn nur über sie können neue Sorten schnell und in großem Stil in einem Gebiet etabliert werden. Sie sind in der Lage, ein sortenspezifisches Qualitätsmanagement umzusetzen und die Vermarkter auf der Ebene des Lebensmitteleinzelhandels zu überzeugen (Tab. 10.3).

Tab. 10.3 **Beispiele für Erzeugerorganisationen und Konsortien zur Sortenverwertung in Deutschland**

European Fruit Co-operation (EFC)	Länderübergreifende Vereinigung von Erzeugerorganisationen in Europa; u. a. Einführung von neuen Obstvarietäten; weltweite Organisation der Baumanzucht; Anbau von Ausgangsmaterial für neue Sorten; Sitz in Belgien; www.efcfruit.com
Marktgemeinschaft Bodenseeobst (Ma-Bo)	Bündelung der Obstproduktion und -vermarktung am Bodensee; Bewirtschaftung von Clubsorten wie Cameo® und KIKU®; www.mg-bodenseeobst.de
Württembergische Obstgenossenschaft Raiffeisen (WOG)	Produktion von Tafelobst und Vermarktung eines breiten Sortenspektrums am Bodensee; Bewirtschaftung von Clubsorten wie Kanzi® und Greenstar®; www.wog-obst.de
Marktgemeinschaft Altes Land (MAL)	Anbau und Vermarktung von Obst an der Niederelbe
Vertriebsgesellschaft für Obst (VEOS)	Zusammenarbeit der Erzeugerbetriebe in Sachsen, Sachsen-Anhalt, Brandenburg und Thüringen beim Marketing und Vertrieb von Obst; Bewirtschaftung von Clubsorten wie Evelina® und Kanzi®; www.veos.de
Deutsches Obstsorten Konsortium (DOSK)	Einführung und Etablierung von Produktionsinnovationen in den deutschen Obstmarkt; Zusammenschluss von deutschen Erzeugerorganisationen; www.dosk.eu

11.1 Allgemeine Grundlagen

Um Pflanzen- oder Vermehrungsmaterial von Obstarten in die Europäischen Union (EU) einführen und innerhalb der EU verbringen zu dürfen, müssen verschiedene Anforderungen erfüllt sein. Diese fokussieren sich sowohl auf die Vermarktung (Qualitätsanforderungen an Pflanzgut) als auch auf die Pflanzengesundheit (z. B. Quarantäneregelungen). Diese Anforderungen verfolgen das Ziel, die Abnehmer mit gesundem und hochwertigem Vermehrungs- und Pflanzmaterial zu versorgen, einheitliche Qualitäts- und Gesundheitsstandards für die zu vermarktenden Kategorien von Obstpflanzgut innerhalb der EU zu gewährleisten sowie die genetische Vielfalt zu erhalten und zu nutzen. Das Inverkehrbringen[1] von Vermehrungsmaterial und Pflanzen von Obstarten zur Fruchterzeugung wird in der EU durch die Ratsrichtlinie 2008/90/EG geregelt. Zu dieser Ratsrichtlinie gibt es eine Reihe von Durchführungsbestimmungen, die in Tab. 11.1 aufgeführt sind.

In Deutschland sind die gesetzlichen Grundlagen für das Inverkehrbringen von Vermehrungsmaterial im Saatgutverkehrsgesetz (SaatG) und im Pflanzenschutzgesetz (PflSchG) festgelegt (Box 11.1). Darauf aufbauende Detailvorschriften hat das Bundesministerium für Ernährung und Landwirtschaft (BMEL) in der Verordnung über das Inverkehrbringen von Anbaumaterial von Gemüse-, Obst- und Zierpflanzenarten (kurz Anbaumaterialverordnung, AGOZV) verankert. Die AGOZV dient u. a. der Umsetzung der in Tab. 11.1 genannten EU-Richtlinien und enthält dafür detaillierte Regelungen.

Wer Anbaumaterial zu gewerblichen Zwecken in Verkehr bringen oder aus einem Drittland (Nicht-EU) einführen will, wird von der zuständigen Behörde der Bundesländer gemäß AGOZV in einem amtlichen Verzeichnis unter einer Nummer registriert. Diese Betriebe haben dann besondere Anforderungen zu erfüllen, die insbesondere der Sicher-

---

[1] Verkauf, Besitz im Hinblick auf den Verkauf, Anbieten zum Verkauf und jede Überlassung, Lieferung oder Übertragung von Vermehrungsmaterial/Pflanzen von Obstarten an Dritte, entgeltlich oder unentgeltlich, zum Zwecke der kommerziellen Nutzung (Art. 2 Nr. 10 Richtlinie 2008/90/EU).

© Springer-Verlag GmbH Germany 2017
M.-V. Hanke und H. Flachowsky, *Obstzüchtung und wissenschaftliche Grundlagen*,
DOI 10.1007/978-3-662-54085-5_11

Tab. 11.1 Durchführungsbestimmungen zum Inverkehrbringen von Vermehrungsmaterial und Pflanzen von Obstarten

Durchführungsbestimmungen	Anwendung	
	Bis 31.12.2016	Ab 01.01.2017
Anforderungen an das Pflanzenmaterial (zertifiziertes und Conformitas-Agraria-Communitatis[CAC]-Material)	Richtlinie 93/48/EWG	Richtlinie 2014/98/EU
Anforderungen an Kennzeichnung, Plombierung und Verpackung	Richtlinie 93/48/EWG	Richtlinie 2014/96/EU
Registrierung von Versorgern und Sorten		Richtlinie 2014/97/EU
Überwachung, Überprüfung von Versorgern	Richtlinie 93/64/EWG	Aufgehoben
Von Versorgern geführte Sortenlisten	Richtlinie 93/79/EWG	Aufgehoben

stellung pflanzengesundheitlicher Anforderungen an das Anbaumaterial dienen sowie innerbetrieblicher Kontrollen einschließen.

Gleichzeitig muss der Betrieb nach Pflanzenbeschauverordnung (PBVO) registriert sein. Die PBVO fordert für das Verbringen von Pflanzen und Pflanzenteilen (Unterlagen, Edelreiser) von Obstarten innerhalb der EU sowie für die Einfuhr aus Nicht-EU-Staaten die Freiheit von gefährlichen Schadorganismen. Um diesem Anspruch gerecht zu werden, erfolgen jährliche Kontrollen der Bestände in den einzelnen Betrieben durch die zuständige Landesbehörde (z. B. Pflanzenschutzamt). Betriebe, die nach PBVO registriert sind, werden bei der Registrierung nach AGOZV unter derselben Nummer registriert. Die amtlichen Kontrollen nach AGOZV und PBVO werden im Allgemeinen kombiniert durchgeführt.

> **Box 11.1 Gesetzliche Grundlagen und Verordnungen**
> Das **Saatgutverkehrsgesetz (SaatG)** schafft die Grundlagen für insbesondere Sorten- und Qualitätsaspekte des Inverkehrbringens von Saatgut und Vermehrungsmaterial.
>
> Das **Pflanzenschutzgesetz (PflSchG)** schafft die Grundlagen für die pflanzengesundheitlichen Aspekte des Inverkehrbringens von Saatgut und Vermehrungsmaterial.
>
> Die **Anbaumaterialverordnung (AGOZV)** dient der Umsetzung von EU-Richtlinien für die Vermarktung von Vermehrungsmaterial und Pflanzen, u. a. von Obstarten, zur Fruchterzeugung gemäß Anlage 1. Es legt weiterhin Gesundheits- und Qualitätskategorien für Standardmaterial und anerkanntes Anbaumaterial fest.

Die **Pflanzenbeschauverordnung (PBVO)** regelt Einfuhr und Verbringen von Pflanzen und pflanzlichen Produkten zum Schutz vor Einschleppung und Weiterverbreitung von gefährlichen (Quarantäne-)Schadorganismen beim Warenverkehr.

Jegliches Anbaumaterial (Box 11.2) muss beim Inverkehrbringen von einem Pflanzenpass (Etikett und/oder Lieferschein[2]) begleitet werden, der mit den Kennzeichnungsvorgaben nach AGOZV (z. B. Sorte, Kategorie) kombiniert werden kann. Unter Anbaumaterial versteht man bei Obst z. B. Bäume und Sträucher zum Anpflanzen, Edelreiser, Unterlagen und Saatgut.

Die spezifischen Anforderungen an die Erzeugung, Erhaltung und Vermarktung von Anbaumaterial sind in der EU in der Richtlinie 2014/98/EU geregelt. Diese Anforderungen umfassen neben der Gewährleistung der Sortenechtheit u. a. auch die Gesundheit des Pflanzenmaterials. Vorgaben zu Vermehrungs- und Haltungsbedingungen sowie amtlichen Inspektionen und Untersuchungen stellen die Freiheit des Pflanzguts von Qualitätsschadorganismen sicher.

Box 11.2 Begriffsbestimmungen

Vermehrungsmaterial (SaatG). Pflanzen und Pflanzenteile von Gemüse, Obst und Zierpflanzen, die für die Erzeugung von Pflanzen und Pflanzenteilen, bzw. von Gemüse und Obst, die zum Anbau bestimmt sind.

Anbaumaterial (AGOZV). Auch Vermehrungsmaterial nach SaatG ist Standardmaterial oder anerkanntes Material, u. a. von Obstarten.

Standardmaterial (AGOZV). Anbaumaterial, das die Mindestanforderungen erfüllt, einschließlich Conformitas-Agraria-Communitatis-Material (CAC-Material)[3].

Anerkanntes Anbaumaterial von Obstarten zur Fruchterzeugung (AGOZV). Vorstufen-, Basis- und zertifiziertes Material mit speziellen Anforderungen.

Vorstufenmaterial. Anbaumaterial, das von einer dem Basismaterial vorhergehenden Vermehrungsstufe gewonnen wurde und amtlich anerkannt ist.

---

[2] Für zertifiziertes Material gibt es zusätzlich spezielle Vorgaben zur Verpackung, Plombierung und amtlichen Kennzeichnung. Für CAC-Material wird das Kennzeichnungsdokument zur Begleitung der Ware vom Versorger selbst erstellt.
[3] RL 92/34/EWG: CAC-Material ist Vermehrungsmaterial und Pflanzen von Obstarten, die die Mindestanforderungen für diese Kategorie gemäß der Artentabelle nach Artikel 4 erfüllen.

Basismaterial. Anbaumaterial, das aus Vorstufenmaterial gewonnen wurde und amtlich anerkannt ist.

Zertifiziertes Material. Anbaumaterial, das aus Basismaterial, Vorstufenmaterial oder zertifiziertem Material zur Erzeugung von Anbaumaterial gewonnen wurde und amtlich anerkannt ist.

Basierend auf der EU-Richtlinie 2008/90/EG darf in der EU nur noch Anbaumaterial von Sorten in Verkehr gebracht werden, die entweder sortenschutzrechtlich geschützt, amtlich eingetragen bzw. zugelassen oder allgemein bekannt[4] sind. Darüber hinaus ist aber auch Anbaumaterial von Amateursorten[5] und genetischen Ressourcen sowie von Material für wissenschaftliche Zwecke sowie für die Züchtung[6] verkehrsfähig.

Die Anerkennung von höherwertigem Anbaumaterial (Vorstufen-, Basis-, zertifiziertes Material) ist eine Kann-Bestimmung, die freiwillig und auf Antrag erfolgt. Die Anforderungen an Vermehrungsmaterial bzw. an Pflanzen von Obstarten sind in Richtlinie 2014/98 formuliert (Abb. 11.1).

Das Antragsverfahren auf Zertifizierung ist in § 6 der AGOZV beschrieben. Für Kern- und Steinobst kommt es meistens nur in Reisermuttergärten oder Unterlagenbaumschulen zur Anwendung. In normalen Baumschulen können aus zertifizierten Unterlagen und zertifizierten Edelreisern zertifizierte Bäume erzeugt werden. Ab 2017 wird es auch Anerkennungsverfahren für Beerenobstarten geben. Aus phytosanitärer Sicht ist eine Zertifizierung von Anbaumaterial natürlich wünschenswert, da das zertifizierte Material aus getestetem Material hervorgeht, das von Viren und anderen Schadorgansimen als frei befunden wurde. Anerkannt werden können

- Mutterpflanzen der Kategorie Vorstufenmaterial sowie Anbaumaterial der Kategorien Vorstufen-, Basis- und zertifiziertes Material, z. B. Reiserschnittbäume in Reisermuttergärten, sowie
- zertifizierte Obstpflanzen zur Fruchterzeugung, z. B. Beerenobst- einschließlich Erdbeerpflanzen oder in einer Baumschule erzeugte Bäume aus zertifizierter Unterlage und zertifiziertem Edelreis.

---

[4] Allgemein bekannt im Sinn der Richtlinie 2008/90/EG sind Sorten, wenn sie in einem anderen Mitgliedstaat eingetragen, geschützt bzw. zugelassen sind, Sortenschutz oder eine amtliche Eintragung in einem anderen Mitgliedstaat beantragt wurde oder die Sorte vor dem 30.09.2012 in Verkehr gebracht worden ist und zu ihr eine amtlich anerkannte Beschreibung vorliegt.

[5] Amateursorten sind Sorten ohne direkten Wert für den Anbau zu kommerziellen Zwecken. Für sie muss eine amtlich anerkannte Beschreibung vorliegen und sie dürfen nur im Hoheitsgebiet des eigenen Mitgliedstaats und nur als CAC-Material vermarktet werden.

[6] Darf im Hoheitsgebiet des Mitgliedstaats in geeigneten Mengen in Verkehr gebracht werden.

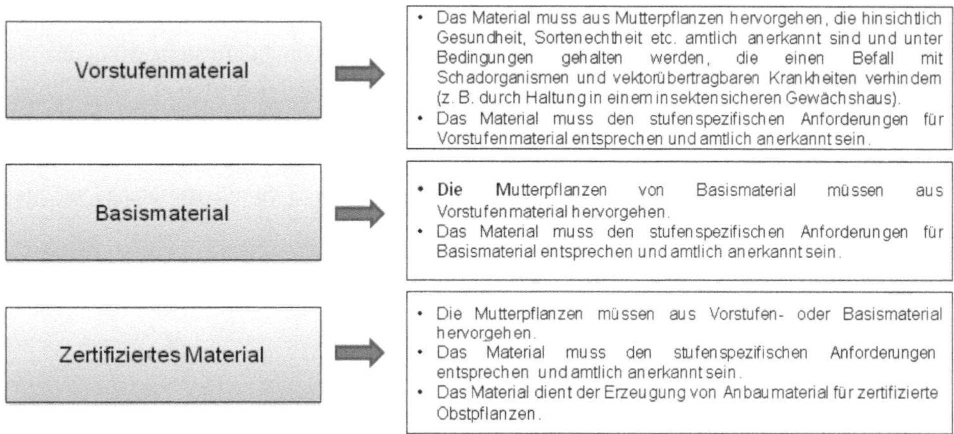

Abb. 11.1 Anforderungen an anerkanntes Anbaumaterial

Voraussetzung für die Anerkennung ist die Zugehörigkeit des Materials zu einer zugelassenen oder geschützten Sorte oder einer Sorte mit amtlich anerkannter Beschreibung, die vor dem 30.09.2012 in Verkehr gebracht worden ist. Um welche Sorten es sich hierbei handelt, wird für Deutschland vom Bundessortenamt veröffentlicht. Darüber hinaus wird es ein gemeinsames Sortenverzeichnis geben, das alle innerhalb der EU anerkennungsfähigen Sorten auflisten wird.

11.2   Amtliches Verzeichnis für Obstsorten

Basierend auf den Regelungen für das Inverkehrbringen von Vermehrungsmaterial und Pflanzen von Obstarten ist nach Art. 3 der Richtlinie 2014/97/EU eine Eintragung von Obstsorten in ein amtliches Verzeichnis notwendig. Für das Verfahren der Sortenregistrierung, den Aufbau einer Gesamtliste der Obstsorten und das Führen dieses amtlichen Verzeichnisses ist das Bundessortenamt im Auftrag des BMEL zuständig.

Die novellierten Vertriebsvorschriften treten nach dem 1. Januar 2017 in Kraft. Nach der Rechtslage sind Inverkehrbringen und Vermarktung von Obstsorten danach nur wie folgt möglich:

- Als zertifiziertes Material oder als Standardmaterial (CAC) innerhalb der EU. Hierzu zählen alle national oder EU-weit geschützten oder zugelassenen Sorten, Sorten, die vor dem 30.09.2012 in den Verkehr gebracht worden sind und für die ein amtliche anerkannte Sortenbeschreibung vorliegt.
- Als Standardmaterial nur in Deutschland. Hierzu zählen Sorten ohne besonderen Wert für den Anbau zu kommerziellen Zwecken und sog. Amateursorten mit amtlich anerkannter Sortenbeschreibung.
- Als pflanzengenetische Ressource nur in Deutschland in begrenzten Mengen ohne Zugehörigkeit zu einer Vermarktungskategorie. Hierzu zählen Sorten, die als pflanzengenetische Ressource bezeichnet werden und einen Beitrag im Rahmen der Erhaltung der Biodiversität leisten. Eine amtlich anerkannte Sortenbeschreibung ist nicht gefordert. Die Vermarktung als zertifiziertes Material oder Standardmaterial ist nicht vorgesehen.

Obstzüchtung ist immer nur lösbar mit sehr viel Arbeit, sehr viel Geld und sehr viel Zeit[7] (Erwin Baur 1921).

---

[7] Roemer und Rudorf (1950).

12.1 Botanische Beschreibung und Systematik

Der Mensch hat im Lauf der Zeit eine Vielzahl an Obstarten domestiziert, die zu ganz unterschiedlichen Pflanzenfamilien gehören. In Mitteleuropa sind das neben Arten der Rosengewächse (Rosaceae) v. a. Vertreter der Stachelbeer- (Grossulariaceae) sowie der Heidekrautgewächse (Ericaceae). Zum besseren Überblick über die in Mitteleuropa angebauten Obstarten werden im Folgenden die drei Pflanzenfamilien kurz vorgestellt.

12.1.1 Familie der Rosengewächse (*Rosaceae*)

Die Vorfahren der heutigen Rosaceae sind vermutlich vor etwa 50–40 Mio. Jahren während des Eozäns im Gebiet des Okanagan-Hochlands (British Columbia, Kanada und Washington State, USA) entstanden (Abb. 12.1). Diese These wird durch entsprechende Fossilienfunde belegt (Juniper und Mabberley 2009).

Die Familie Rosaceae gliedert sich in die drei Unterfamilien Amygdaloideae, Dryadoideae und Rosoideae und umfasst etwa 200 Gattungen mit insgesamt etwa 3000 Arten[1]. Die heimischen Obstarten Apfel, Aprikose, Birne, Brombeere, Eberesche, Erdbeere, Himbeere, Kirsche, Mandel, Mispel, Pfirsich, Pflaume und Quitte gehören alle zur Familie der Rosengewächse (Rosaceae). Diese Familie ist weltweit verbreitet und umfasst krautige Pflanzen, Sträucher und Bäume. Einige Merkmale der Rosaceen sind in Tab. 12.1 aufgeführt. Detailliertere Informationen werden später bei der Beschreibung der einzelnen Arten gegeben.

Hauptmerkmal für die systematische Zuordnung von Pflanzen zur Familie der Rosengewächse waren in der Vergangenheit v. a. morphologische Merkmale wie Blüten und

---

[1] GRIN Germplasm Resources Information Network, https://npgsweb.ars-grin.gov/gringlobal/taxonomyfamily.aspx?id=497 (Stand 1.9.2016).

© Springer-Verlag GmbH Germany 2017
M.-V. Hanke und H. Flachowsky, *Obstzüchtung und wissenschaftliche Grundlagen*,
DOI 10.1007/978-3-662-54085-5_12

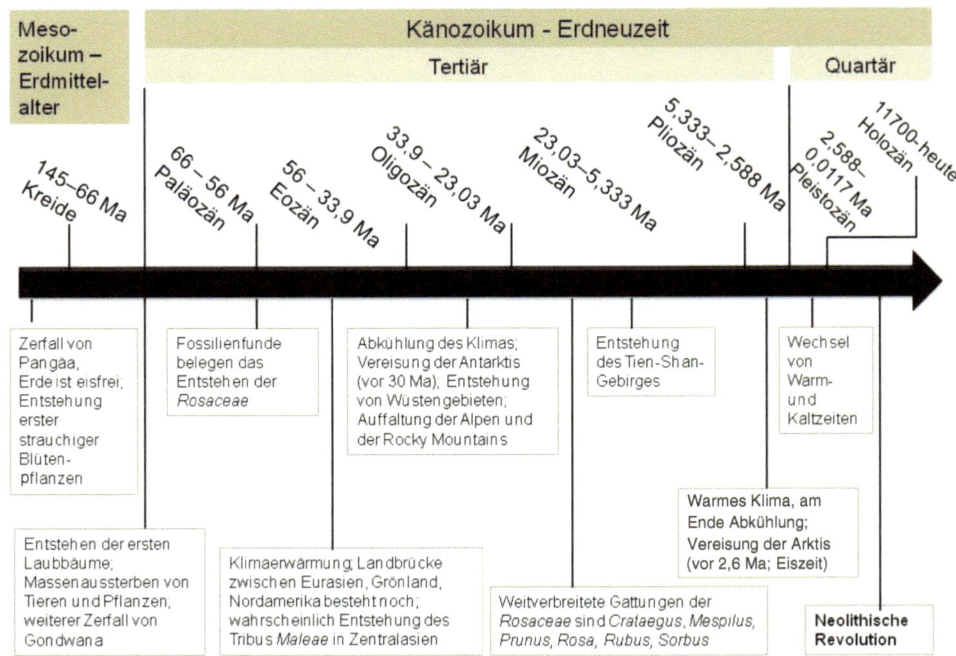

Abb. 12.1 **Überblick über die Erdzeitalter. Die zeitlichen Abstände sind nicht maßstabsgerecht.** *Ma* Millionen Jahre. (Mod. nach Juniper und Mabberley 2009)

Tab. 12.1 **Botanische Beschreibung der Familie Rosaceae.** (Jäger 2011)

Merkmale	Beschreibung
Pflanze	Kräuter, Sträucher, Bäume; immergrün oder laubabwerfend; viele Nutz- und Zierpflanzen
Blatt	Blätter wechselständig, meist mit Nebenblättern
Blütenstand	Traube, Rispe, Ähre, Köpfchen
Blüte	Radiär symmetrisch, meist zwittrig und mit ungleichartiger Blütenhülle, (drei-) fünfzählig; Kelch oft mit Außenkelch; Krone freiblättrig oder fehlend; Staubblätter ein bis meist viele; Fruchtknoten viele bis einer, ober-, mittel- oder unterständig, meist chorikarp; Kapseln, Nüsse, Steinfrüchte, Beeren, Apfelfrüchte, Sammelfrüchte
Blütenformel	$*K_5C_5A_\infty G_{\infty-5-1}$
Chromosomenzahl	Grundzahl x = 7, 8, 9, 15, 17 (7 oder 9 gelten als ursprünglich)
Inhaltsstoffe	Cyanogene Glykoside oft vorhanden; Sorbitol oft vorhanden als Kohlenhydratreservestoff

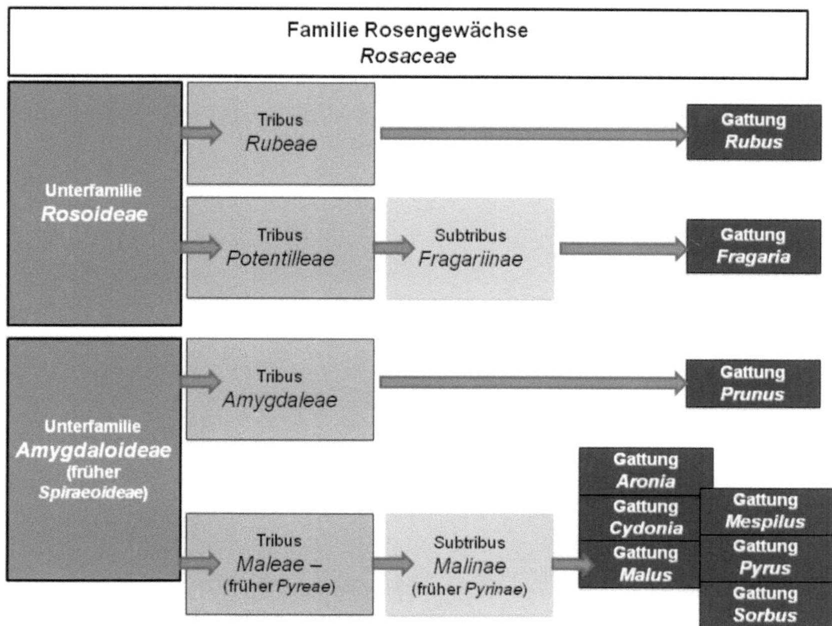

Abb. 12.2 Systematisierung der Familie Rosaceae entsprechend GRIN. Dargestellt ist eine Auswahl von Triben, Subtriben und Gattungen, die relevante Obstarten enthalten

Früchte. Inzwischen finden insbesondere molekulargenetische Analysen Eingang. In der Folge dieser methodisch veränderten Vorgehensweise bei der systematischen Klassifizierung fand durch Potter et al. (2007) eine Revision der intrafamiliären Klassifikation unter phylogenetischen Gesichtspunkten statt. Die bisherigen Unterfamilien der Prunoideae und Maloideae wurden in die Unterfamilie der Amygdaloideae (früher Spiraeoideae) eingegliedert. Damit bilden die Stein- und Kernobstgewächse keine eigenen Unterfamilien mehr und die Familie der Rosaceae gliedert sich nun in drei Unterfamilien auf. Die Abb. 12.2 zeigt einen Auszug aus der neuen Systematik, wie sie aktuell in GRIN beschrieben wird.

12.1.2 Familie der Stachelbeergewächse (*Grossulariaceae*)

Stachelbeeren und Johannisbeeren gehören zur Familie der Stachelbeergewächse (Grossulariaceae), die die Gattung *Ribes* mit den Untergattungen Ribes und Grossularia enthält (Abb. 12.3). Diese Gattung umfasst etwa 200 Arten mit Genzentren in der gemäßigten Zone Nordamerikas, Eurasiens und den Anden. Die größte Zahl an Arten kommt in Nordamerika vor.[2] Es handelt sich im Wesentlichen um laubabwerfende Sträucher, die fleischige Beeren tragen.

---

[2] GRIN Germplasm Resources Information Network, https://npgsweb.ars-grin.gov/gringlobal/taxonomyfamily.aspx?id=497 (Stand 1.9.2016).

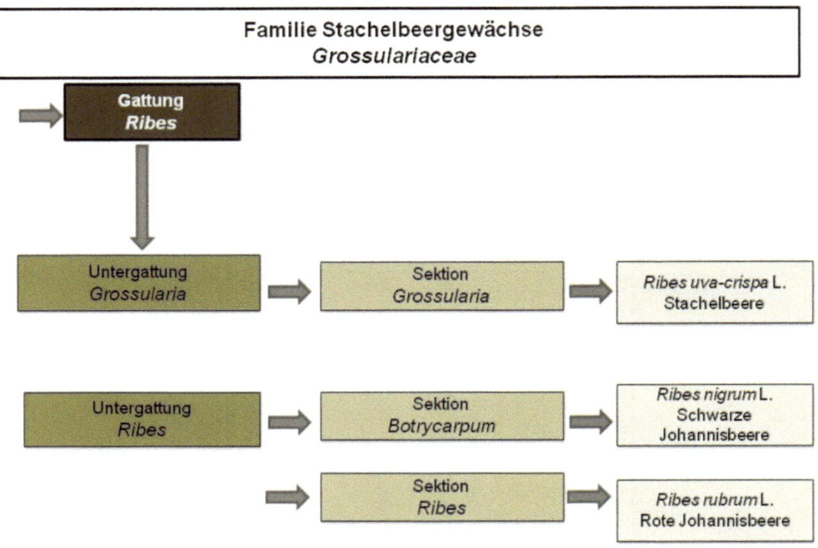

Abb. 12.3 **Systematisierung der Familie Grossulariaceae entsprechend GRIN.** Dargestellt ist eine Auswahl an Gattungen, Untergattungen und Sektionen, die relevante Obstarten enthalten

12.1.3   Familie der Heidekrautgewächse (*Ericaceae*)

Die Heidekrautgewächse (Ericaceae) bilden eine Familie mit etwa 126 Gattungen und etwa 4000 Arten, die weltweit vorkommen.[3] Zu dieser Familie gehören viele Zierpflanzen, aber auch Heidelbeeren, Preiselbeeren und Moosbeeren. Eine der acht Unterfamilien der Gattung stellen die Vaccinioideae mit der Tribus Vaccinieae dar, der gattungsreichsten Tribus, in der die genannten Beerenfrüchte vorkommen (Abb. 12.4).

12.2   Wortherkunft bei Obstarten

Die Bezeichnungen der heimischen Obstarten sind unterschiedlichen Ursprungs (Tab. 12.2). Nur wenige Namen gehen auf die Sprache der Germanen zurück. Das Wort für Apfel wurde wahrscheinlich für den Holz-Apfel verwendet, der in den Siedlungsgebieten der Germanen indigen vorkam. Als mit dem römischen Imperium der Kulturapfel nach Mitteleuropa kam, wurde das bereits bekannte Wort auf letzteren angewandt. Eine Bezeichnung mit germanischem oder deutschem Ursprung tragen lediglich noch die Beerenobstarten. Andere Obstarten wie Aprikose, Kirsche, Pfirsich und Pflaume haben eine Wortentlehnung aus anderen Sprachen, insbesondere dem Griechischen und

---

[3] GRIN Germplasm Resources Information Network, https://npgsweb.ars-grin.gov/gringlobal/taxonomyfamily.aspx?id=419 (Stand 1.9.2016).

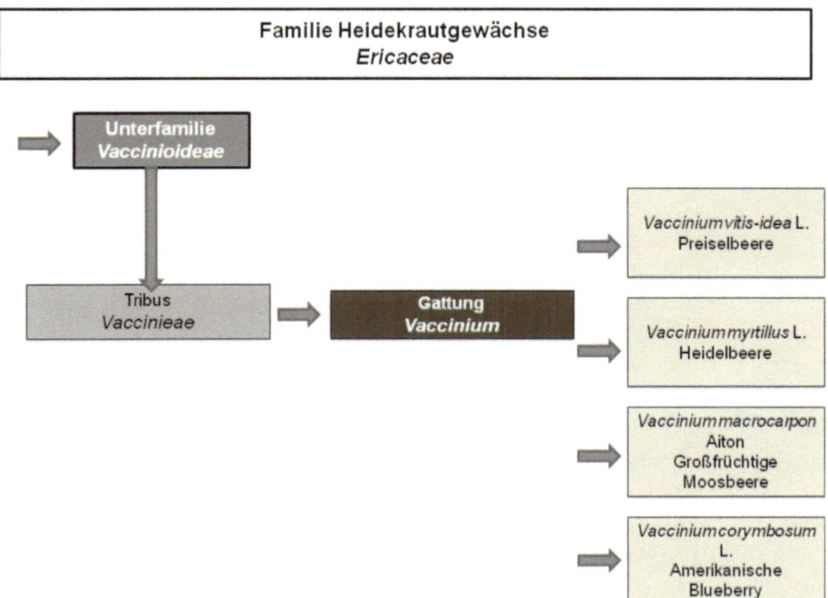

Abb. 12.4 Systematische Eingliederung von Preisel-, Heidel- und Moosbeeren in die Familie Ericaceae entsprechend GRIN. Dargestellt ist eine Auswahl an Unterfamilien, Triben und Gattungen, die relevante Obstarten enthalten

dem Lateinischen, und zeigen uns damit, woher sie ursprünglich stammen und wo ihre Entstehungsgebiete als Kulturpflanzen sind. Als die Römer im 1. Jahrhundert v. Chr. nach Mitteleuropa vordrangen und ihre Provinzen gründeten, befand sich der Obstbau in den Siedlungsgebieten der Kelten und Germanen noch im Anfangsstadium. Die Römer brachten ihre Kulturpflanzen in die neuen Gebiete mit, so auch viele Obstarten und Technologien für den Anbau.

Tab. 12.2 Etymologie der Obstarten. (Aus: Das Herkunftswörterbuch. http://origin_de.deacademic.com/)

Apfel	urger. *aplaz*, ahd. *apful*, *afful*, mhd. *apfel* idg. Ursprung mit der Grundform *$h_2ébōl$, Fortsetzung in nordwestidg. Sprachen, wie kelt. *ubull*, baltoslaw., russ. *jabloko*, oder aber Entlehnung aus nicht-germ. Sprache, wie kasach. *alma*
Aprikose	lat. *praecoquus* (früh reifend), vlat. (persica) *praecocia* (früh reifender Pfirsich), arab. *al-barqūq*, span. *albaricoque*, frz. *abricot*; Entlehnung aus dem Latein und Verstümmelung
Birne	vlat. *pira*, lat. *pirum*, ahd. *bira*, mhd. *bir‹e›*, germ. Name nicht bewahrt, entlehnt aus dem Lateinischen
Brombeere	ahd. *brāmberi*, mhd. *brāmber*; germ. Ursprung, Zusammensetzung aus Dornstrauch und Beere
Erdbeere	ahd. *erdberi*, mhd. *ertber* für nahe an der Erde
Heidelbeere	ahd. *heitperi*, mhd. *heidelber*, *heitber* zu mhd. *heide*, ahd. *heida* für unbebautes, wildgrünes Land, bedeutet also Wildnisbeere (Marzell 1977)
Himbeere	westgerm. *hinda-basja*, ahd. *hint peri*, mhd. *hintberi*; geht zurück auf *Hinde* (Hirschkuh) und Beere: Beere, die die Hinde gern frisst
Kirsche	gr. *kérasos*, *kerásion*, vlat. *cerasia*, *ceresia*, lat. *cerasus*, ahd. *chirsa*, mhd. *kirs(ch)e*, *kerse* Nicht nach der Stadt Kerasunt (gr. *Kerasoûs*) am Pontus, heute Giresun, in Nordostanatolien, die vielmehr ihren Namen nach gr. *kerasos* trägt (Genaust 1976)
Pfirsich	gr. *mêlon Persikón*, lat. *malum persicum*, mhd. *pfersich* für persischer Apfel, entlehnt aus dem Lateinischen
Pflaume	gr. *pro-ūmnon*, vlat. *pruna*, lat. *prunum*, ahd. *pfrūma*, mhd. *pflūme*, *pfrūme*, entlehnt aus dem Lateinischen, kleinasiatischer Ursprung
Quitte	gr. *kydónia* (*mēla*), vlat. *quidonea*, lat. *cydonea* (*mala*); ahd. *qitina*, mhd. *quiten* kleinasiatischer Ursprung, im Griechischen volksetymologisch auf den Namen der Stadt Kydōnía (heute Chania auf Kreta) bezogen

ahd. althochdeutsch (750–1050), *arab.* arabisch, *frz.* französisch, *germ.* germanisch, *gr.* griechisch, *idg.* indogermanisch, *kasach.* kasachisch, *kelt.* keltisch, *lat.* lateinisch, *mhd.* mittelhochdeutsch (1050–1350), *russ.* russisch, *span.* spanisch, *vlat.* vulgärlateinisch.

Apfel (*Malus domestica*)

In meinem kleinen Apfel, da sieht es lustig aus: Es sind darin fünf Stübchen, grad' wie in einem Haus. In jedem Stübchen wohnen zwei Kernchen schwarz und fein, die liegen drin und träumen vom lieben Sonnenschein [...] (Kinderlied. Melodie von W. A. Mozart)

13.1 Einführung

Lateinisch	*Malus domestica* Borkh.
Deutsch	Apfel
Englisch	apple
Russisch	âbloko
Französisch	pomme

Der Kulturapfel *Malus domestica*[1] Borkh. gehört zu den wichtigsten Obstarten der gemäßigten Klimazone. Er nimmt nach den Zitrusfrüchten, Weinreben und Bananen den vierten Platz in der weltweiten Obstproduktion mit etwa 81 Mio. t Äpfeln im Jahr 2013 ein (FAOSTAT). Die größten Produzenten sind China und die USA.

In Europa sind die drei größten Erzeugerländer Polen, Italien und Frankreich. Im Jahr 2015 wurden für die EU 12 Mio. t erwartet (Tab. 13.1) und 11,96 Mio. t erbracht (AMI Markt Bilanz Obst 2015). Dabei standen als Tafelware rund 7,7 Mio. t zur Verfügung. Die Apfelernte setzt sich aus nur wenigen Hauptsorten zusammen. Die Sorte 'Golden Delicious' ist in Europa immer noch die am meisten angebaute Sorte. Allerdings verlagern die europäischen Konsumenten ihr Interesse zunehmend auf zweifarbige Äpfel.

In Deutschland wurden im Jahr 2015 973.500 t Äpfel produziert (AMI Markt Bilanz Obst 2015). Die wichtigsten Anbauregionen liegen am Bodensee, an der Niederelbe im Alten Land, in Sachsen und im Rheinland. In Deutschland sind die Top 10-Apfelsorten

---

[1] Lat. *malus*, *malum* für Apfelbaum, Apfel; entlehnt aus gr. *mêlon*.

© Springer-Verlag GmbH Germany 2017
M.-V. Hanke und H. Flachowsky, *Obstzüchtung und wissenschaftliche Grundlagen*,
DOI 10.1007/978-3-662-54085-5_13

Tab. 13.1 Apfelproduktion nach Sorten in der EU-28 und Deutschland, Prognose 2015. (Schwartau 2015)

Apfelsorte	Menge (1000 t)	
	EU-28	Deutschland
Boskoop	86	24
Braeburn	295	91
Cox Orange	31	5
Cripps Pink	236	
Elstar	373	164
Fuji	333	179
Gala	1331	70
Gloster	177	12
Golden Delicious	2546	33
Granny Smith	379	
Idared	1111	45
Jonagold	575	91
Jonagored[a]	430	78
Red Jonaprince	94	47
Pinova	90	37
Red Delicious	644	
Shampion	494	14
Holsteiner Cox		17
RUBINETTE®[b]		10

[a] Mutante von 'Jonagold'.
[b] Mutante von 'Rafzubin'.

'Elstar', 'Braeburn', 'Jonagold', 'Gala', PINK LADY®, 'Jonagored', 'Golden Delicious', 'Boskoop', 'Granny Smith' und 'Holsteiner Cox'.

Äpfel werden als Frischobst mit hohem Qualitätsstandard verkauft. Spezielle Kühllagerbedingungen erlauben seit den 1950er-Jahren einen Verkauf von der Ernte bis in den späten Winter. Seit der Einführung der Lagerung bei kontrollierter Atmosphäre (CA-Lager bei erhöhtem Gehalt an Kohlendioxid und niedrigem Gehalt an Sauerstoff) kann die Lagerdauer bis zur nächsten Erntesaison verlängert werden. Äpfel mit geringerer Qualität werden verarbeitet.

13.2 Botanische Beschreibung

13.2.1 Gattung *Malus* Mill.

Die Gattung *Malus* (Box 13.1) wird in sechs Sektionen (*Chloromeles*, *Docyniopsis*, *Eriolobus*, *Gymnomeles*, *Malus* und *Sorbomalus*) unterteilt. Sie besteht nach Robinson et al. (2001) aus 25–47 Arten und nach Forsline et al. (2003) aus 27 Arten.

Die Benennung der Sektionen, die Einteilung der Arten zu den Sektionen und deren Verbreitung erfolgt analog des USDA-ARS Germplasm Resources Information Networks (GRIN). Hier sind 59 Arten aufgeführt (Abb. 13.1).[2]

Box 13.1 Botanische Zuordnung der Gattung *Malus*

Familie	Rosaceae
Unterfamilie	Amygdaloideae
Tribus	Maleae
Subtribus	Malinae
Gattung	*Malus* Mill.

Die meisten *Malus*-Arten sind selbstinkompatibel und können mit anderen Arten hybridisieren. Dies führte in der Evolution zu einer Reihe von Sekundärarten (Wildartenhybride) wie

M. arnoldiana (*M. baccata* × *M. floribunda*),

M. asiatica (*M. sieversii* × *M. baccata*),

M. atrosanguinea (*M. halliana* × *M. toringo* oder *M. halliana* × *M. fusca*),

M. dawsoniana (*M. domestica* × *M. fusca*),

M. floribunda,

M. hartwigii (*M. baccata* × *M. halliana*),

M. magdeburgensis (*M. pumila* × *M. spectabilis*),

M. micromalus (? *M. spectabilis* × *M. baccata*),

M. platycarpa (*M. domestica* × *M. coronaria*),

M. prunifolia,

M. purpurea (*M. atrosanguinea* × *M. pumila* var. *niedzwetzkyana*),

M. robusta (*M. baccata* × *M. prunifolia*),

---

[2] GRIN Germplasm Resources Information Network, https://npgsweb.ars-grin.gov/gringlobal/taxonomygenus.aspx?id=7215 (Stand 12.7.2016).

Sektion Chloromeles
- *M. angustifolia* (Aiton) Michx.
- *M. coronaria* (L.) Mill.
- *M. ioensis* (Alph. Wood) Britton

Sektion Docyniopsis
- *M. doumeri* (Bois.) A. Chev.
- *M. leiocalyca* S. Z. Huang.
- *M. tschonoskii* (Maxim.) C. K. Schneid..

Sektion Eriolobus
- *M. trilobata* (Poir.) C. K. Schneid.

Sektion Gymnomeles
- *M. baccata* (L.) Borkh.
- *M. halliana* Koehne
- *M. hupehensis* (Pampan.) Rehder.
- *M. mandshurica* (Maxim.) Kom. ex Skvortsov
- *M. sikkimensis* (Wenz.) Koehne ex C. K. Schneid.
- *M. spontanea* (Makino) Makino
- *M. xiaojinensis* M. H. Cheng & N. G. Jiang

Sektion Malus
- *M. adstringens* Zabel
- *M. arnoldiana* (Rehder) Sarg. ex Rehder
- *M. asiatica* Nakai
- *M. chitralensis* Vassilcz.
- *M. crescimannoi* Raimondo
- *M. floribunda* Siebold ex Van Houtte
- *M. gloriosa* Lemoine
- *M. hartwigii* Koehne
- *M. magdeburgensis* Hartwig
- *M. micromalus* Makino
- *M. muliensis* T. C. Ku
- *M. orientalis* Uglitzk.
- *M. prunifolia* (Willd.) Borkh.
- *M. pumila* Mill.
- *M. purpurea* (A. Barbier) Rehder
- *M. robusta* (Carriere) Rehder
- *M. scheideckeri* (L. H. Bailey) Spath ex Zabel
- *M. sieversii* (Ledeb.) Roem.
- *M. spectabilis* (Aiton) Borkh.
- *M. sylvestris* (L.) Mill.
- *M. zhaojiaoensis* N. G. Jiang

Sektion Sorbomalus
- *M. florentina* (Zuccagni) C. K. Schneid.
- *M. fusca* (Raf.) C. K. Schneid.
- *M. honanensis* Rehder
- *M. kansuensis* (Batalin) C. K. Schneid.
- *M. komarovii* (Sarg.) Rehder
- *M. ombrophila* Hand.-Mazz.
- *M. prattii* (Hemsl.) C. K. Schneid.
- *M. sargentii* Rehder
- *M. toringo* (Siebold) de Vries
- *M. toringoides* (Rehder) Hughes
- *M. transitoria* (Batalin) C. K. Schneid.
- *M. yunnanensis* (Franch.) C. K. Schneid.
- *M. zumi* (Matsum.) Rehder

Abb. 13.1 Systematisierung der Gattung *Malus*. (Nach GRIN)

M. soulardii (? *M. ioensis* × *M. pumila*),

M. spectabilis,

M. sublobata (*M. prunifolia* × *M. toringo*),

M. zumi u. a.[3]

Zur Sektion *Malus* gehört *M. floribunda*[4], der wahrscheinlich eine Hybride darstellt. Einzelne Individuen sind resistent gegen den Erreger des Apfelschorfs (*Venturia inaequalis*), einem verbreiteten pilzlichen Schaderreger des Kulturapfels. Im frühen 20. Jahrhundert wurde in Europa und Nordamerika begonnen, die schorfresistente Abstammung *M. floribunda* 821 dieser Wild-Apfelart mit dem Kulturapfel zu kreuzen, um daraus schorfresistente Sorten des Kulturapfels zu züchten. Darüber hinaus besitzen einige Abstammungen auch eine gute Resistenz gegenüber der Bakteriose Feuerbrand, hervorgerufen durch *Erwinia amylovora*. Weiterhin gehört zu dieser Sektion *M. orientalis*[5], der in Bergwäldern und an Waldrändern im Kaukasus vorkommt und neben *M. sieversii*[6] zweitwichtigster Vorfahre des Kulturapfels ist. *M. sieversii* ist ein Wild-Apfel, der in den Bergwäldern Zentralasiens von Tadschikistan bis Westchina vorkommt und wahrscheinlich die Hauptstammform des Kulturapfels darstellt. Ein weiterer Vertreter dieser Sektion ist der Holz-Apfel (auch Europäischer Wild-Apfel) *M. sylvestris*[7], der von Westasien bis Europa verbreitet ist und nach neuesten Untersuchungen keine Stammform des Kulturapfels darstellt, jedoch möglicherweise einzelne Merkmale durch Einkreuzung beigesteuert hat (Box 13.2). Daneben zählen u. a. noch der Kulturapfel *M. domestica* und die zwei Arthybriden *M. purpurea*[8] *und M. robusta*[9] zur Sektion *Malus*. *M. purpurea* wird aufgrund der dekorativen Blüten und der auffallenden Früchte häufig als Ziergehölz verwendet. *M. robusta* ist eine natürliche Wild-Apfelarthybride zwischen den Apfelwildarten *M. baccata*[10] und *M. prunifolia*[11], die aus Sibirien und Zentralasien stammen. *M. prunifolia* gehört ebenfalls zur Sektion *Malus*. Die Akzession *M. robusta* 5 ist eine wichtige genetische Ressource für die Züchtung neuer Apfelsorten, u. a. als Quelle für Resistenz gegenüber Feuerbrand.

Zur Sektion *Gymnomeles* gehört *M. baccata*, der sich durch eine überdurchschnittliche Winterhärte auszeichnet und Temperaturen bis −50 °C übersteht. *M. baccata* kommt

---

[3] In der englischsprachigen Literatur werden Wild-Äpfel als *crabapple* bezeichnet. *crabapple* entlehnt aus dem mittelenglischen Wort *crabbe*, sauer schmeckend; wird verwendet für Bäume der Gattung *Malus*, die weiß, pink oder rote Blüten und kleine sauer schmeckende apfelähnliche Früchte haben (British Dictionary).

[4] Lat. *floribundus* für reichblühend.

[5] Lat. *orientalis* für morgenländisch.

[6] Nach Johann Sievers, einem russischen Botaniker und Reisenden deutscher Herkunft, 18. Jahrhundert.

[7] Lat. *silvestris* für Wald bzw. wild.

[8] Lat. *purpureus* für purpurrot, violett, dunkelrot.

[9] Lat. *robustus* für aus Hartholz, hart, fest, kräftig.

[10] Lat. baccatus für mit Perlen besetzt (beerentragend).

[11] Lat. *prunifolia* für pflaumenblättrig.

speziell in Sibirien vor. *M. mandshurica*, *M. halliana*, *M. hupehensis* oder auch *M. sikkimensis*[12] und *M. xiaojinensis*[13] sind weitere Vertreter dieser Sektion.

Zur Sektion *Sorbomalus* gehören u. a. die Arten *M. fusca*[14] sowie *M. zumi*. *M. fusca* stammt aus Nordamerika und wird ebenfalls in der modernen Züchtung als Quelle für Feuerbrandresistenz verwendet. *M. zumi* ist eine sekundäre Art aus Japan, die eine Quelle für Resistenz gegenüber dem Erreger des Apfelmehltaus (*Podosphaera leucotricha*), einem pilzlichen Schaderreger bei Apfel, darstellt. Weiterhin gehören zu dieser Sektion *M. toringo* mit Individuen, die sehr tolerant gegenüber Trockenheit und Apfeltriebsucht sind, und *M. transitoria*[15] mit Individuen, die Toleranz gegenüber salzhaltigen Böden aufweisen.

Die Sektion *Chloromeles* enthält nur Arten, die in Nordamerika heimisch sind, wie *M. ioensis*, *M. coronaria*[16] und *M. angustifolia*[17], während die Sektion *Docyniopsis* Arten aus Asien enthält, wie *M. doumeri* (China, Taiwan, Laos, Vietnam), *M. leiocalyca* (China) und *M. tschonoskii* (Japan). Die Sektion *Eriolobus* besitzt nur eine einzige Art, *M. trilobata*[18], deren Heimat in Bulgarien, Griechenland, Libanon, Israel und der Türkei liegt.

In Europa sind fünf *Malus*-Arten heimisch:

- *M. crescimannoi* – indigen vorkommend auf Sizilien,
- *M. florentina* – indigen vorkommend in Albanien, Griechenland, Italien, Mazedonien, Serbien und in der Türkei,
- *M. pumila* – indigen vorkommend in Osteuropa (europäischer Teil Russlands), in Mitteleuropa (Österreich, Slowakei, Tschechien, Ungarn) und Südosteuropa (Albanien, Bulgarien, Kroatien, Griechenland, Mazedonien, Rumänien, Serbien, Slowakei),
- *M. trilobata* – indigen vorkommend in Westasien (Israel, Libanon, Türkei) und Südosteuropa (Bulgarien, Griechenland),
- *M. sylvestris* – indigen vorkommend in Osteuropa, Mitteleuropa, Nordeuropa, Südosteuropa und Südwesteuropa (Box 13.2).

---

[12] Nach dem östlichen Bundesstaat Sikkim in Indien.

[13] Aus dem Kreis Xiaojin im Norden der chinesischen Provinz Sichuan.

[14] Lat. *fuscus* für braun, dunkelgetönt, dunkelbraun.

[15] Lat. *transitorius* für Durchgangs-, vorübergehend.

[16] Lat. *coronarius* für Kronen-, Kranz-.

[17] Lat. *angustifolius* für schmalblättrig.

[18] Lat. *trilobatus* für dreilappig.

Box 13.2 *Malus sylvestris* – der Holz-Apfel (Abb. 13.2)

Verbreitung. Albanien, Belgien, Bosnien, Bulgarien, Dänemark, Deutschland, Estland, Finnland, Frankreich, Griechenland, Großbritannien, Herzegowina, Irland, Italien, Kroatien, Lettland, Litauen, Mazedonien, Moldawien, Montenegro, Niederlande, Norwegen, Österreich, Polen, Rumänien, Russland (europäischer Teil), Schweden, Schweiz, Serbien, Slowakei, Slowenien, Spanien, Ukraine, Ungarn, Tschechien, Portugal, Weißrussland.

Vorkommen. Zerstreut in lichten Laub- und Kiefernwäldern, Auwäldern, Felddickichten, Gebüschen, an Waldrändern, auf sonnigen, felsigen Abhängen, auf Felsschutt; meist nicht über 900 m; wächst auf allen Böden (Hegi 1995b, S. 298–328).

Botanische Beschreibung. Sträucher oder bis zu 10 m hohe Bäume mit abstehenden Ästen und meist dornigen, anfangs locker behaarten oder ganz kahlen, dunkelbraunen Zweigen. Knospen kahl oder locker behaart. Blätter breit-eiförmig, breitelliptisch oder fast kreisrund, 3–11 cm × 2,5–5,5 cm, in eine kurze etwas schiefe Spitze verschmälert, am Rand einfach oder doppelt gekerbt-gesägt, anfänglich auf der Ober- und Unterseite durch Haare kurzwollig-kraus, später verkahlend. Blattstiele 1,0–3,5 cm lang, locker zottig oder kahl, am Grund etwas verdickt. Blüten in armblütigen, aufrechten Doldentrauben, an den Enden der Kurztriebe, auf 1,0–2,5 cm langen, kahlen oder spärlich behaarten Stielen. Blütenbecher kahl oder gegen den Grund behaart. Kelchblätter 5–6 cm lang, dreieckig, auf der Außenseite kahl, auf der Innenseite ± dichtwollig-zottig-filzig. Kronblätter 1,3–2,0 cm lang, eirundlich bis verkehrt-eiförmig, in den kurzen Nagel rasch verschmälert, kahl oder oberseits locker-zottig behaart, weiß oder rosa. Staubblätter etwa 10 mm lang. Griffel anfangs kürzer, später länger als Staubblätter, kahl oder am Grund locker behaart, nur ganz am Grund miteinander verwachsen. Blüten proterogyn. Früchte kugelförmig oder eirundlich, am Grund genabelt, 2,0–3,5 cm im Durchmesser, gelbgrün, an der Sonnenseite oft rot, im frischen Zustand herb, ± bitter und sauer, im gedörrten oder gekochten Zustand schmackhaft. Samen schwach giftig (Hegi 1995b, S. 298–328).

Variabilität der Art. Sehr formenreich; Hybridisierungen mit dem Kulturapfel möglich.

In Tab. 13.2 sind die geografischen Verbreitungsgebiete, in denen wichtige Wildarten endemisch vorkommen, aufgeführt.

Wildformen innerhalb der Gattung *Malus* haben oft einen hohen Zierwert und stellen eine breite genetische Ressource für die Züchtung dar. Ihre Nutzbarmachung erfordert

Abb. 13.2 *Malus sylvestris,*
der Holz-Apfel

Tab. 13.2 Natürliche Verbreitung der wichtigsten Wildarten bei *Malus*

Region	Wildarten		
Nordamerika	*M. angustifolia* *M. coronaria*	*M. fusca* *M. ioensis*	
Europa	*M. florentina*	*M. sylvestris*	*M. trilobata*
Asien (gemäßigte Zone)	*M. baccata* *M. baoshenensis* *M. halliana* *M. honanensis* *M. hupehensis*[b] *M. kansuensis*[c]	*M. komarovii* *M. mandshurica* *M. orientalis* *M. prattii* *M. prunifolia* *M. sieversii*	*M. sikkimensis* *M. toringo* *M. xiaojinensis* *M. yunnanensis*[a] *M. zhaojianensis* *M. zumi*
Asien (tropische Zone)	*M. baccata* *M. chitralensis*	*M. sikkimensis* *M. yunnanensis*	
Kaukasus	*M. orientalis*		
Sibirien, Zentralasien	*M. baccata*	*M. prunifolia*	*M. robusta*
Japan	*M. floribunda* *M. sargenti*[d]	*M. toringo* *M. tschonoskii*	*M. zumi*
China[e]	*M. asiatica*	*M. micromalus*	

[a] Aus der chinesischen Provinz Yun-nan.
[b] Aus der chinesischen Provinz Hupē.
[c] Aus der chinesischen Provinz Kansu.
[d] Nach Charles Sprague Sargent, einem amerikanischen Botaniker.
[e] Aufgeführt sind Arten, die in GRIN nicht in den tropischen und gemäßigten Zonen Asiens gelistet sind.

Tab. 13.3 **Botanische Beschreibung der Gattung** *Malus*. (Unter Verwendung von Hegi 1995b, S. 298–328)

Merkmal	Beschreibung
Natürliche Verbreitung	Europa, Asien, Nordamerika; gemäßigte Klimazone, aber auch in subtropischen und tropischen Zonen vorkommend. Die meisten Kultursorten können nicht in tropischen Regionen angebaut werden
Pflanze	Sommergrüne, mittelgroße Bäume oder hohe Sträucher, mit oder ohne Sprossdornen
Blatt	Wechselständig, in der Knospenanlage gerollt, gestielt, ungeteilt. Nebenblätter deutlich, aber früh abfallend
Blüte	Infloreszenz als beblätterte Doldentraube; Blüten groß, zwittrig, an Kurztrieben am älteren Holz; fünf Kelchblätter, meist kurz; fünf Kronblätter, länglich-elliptisch, deutlich genagelt, weiß, rosa oder außen rot und innen weiß, schwach behaart, wie die Kelchblätter dachziegelartig angeordnet; 15–20 (~ 50) Staubblätter, in zwei Reihen; (drei bis) fünf Fruchtblätter, pergamentartig, am Rücken und oben mit dem Blütenbecher verwachsen, seitlich und am Grund miteinander verbunden; meist zwei Samenanlagen je Fruchtblatt; (drei ~) fünf Griffel, nur an der Basis verwachsen; Blüten streng vorweiblich
Frucht	Rundlich, essbar, bei einigen Arten roh ungenießbar; Fruchtfleisch entsteht nicht aus Fruchtknoten, sondern aus der Blütenachse (Scheinfrucht: Sammelbalgfrucht); selten Steinzellen; Samen braun oder schwarz, zehn und mehr Samen
Reproduktionsbiologie	Fremdbefruchtung, Insektenbestäubung; Interspezifische Hybridisierung möglich, keine Sterilität der Hybriden bekannt; interspezifische Arten kommen natürlich vor; Grundsätzlich selbstinkompatibel, einige Kultursorten bilden nach Selbstbestäubung Samen; Selbstinkompatibilität gametophytisch (S-Lokus mit mehr als 40 unterschiedlichen Allelen); Juvenile Phase bei Sämlingen zwischen drei und zehn Jahren bzw. länger; klonal vermehrte adult Bäume benötigen etwa drei Jahre bis zum Auftreten der Blütenbildung; Apomixis relativ selten, z. T. nur fakultativ, (nachgewiesen bei *M. coronaria, M. hupehensis, M. sargentii, M. sikkimensis, M. toringo*). Apomixis kann auch spontan bei Kultursorten vorkommen; Parthenokarpie selten und nur bei einigen Kultursorten
Ploidie	Allopolyploid (hervorgegangen aus einer Hybridisierung zwischen einem Vorfahren der *Spiraeoideae*, x = 9, und der *Prunoidae*, x = 8), Chromosomengrundzahl x = 17; die meisten *Malus*-Arten sind diploid (2 n = 34), einige sind triploid (z. B. *M. coronaria, M. hupehensis*), tetraploid (*M. sargentii*) oder innerhalb der Art mit unterschiedlichen Ploidiegraden; Länge der Chromosomen bei *M. domestica* 1,5–3,5 µm; hochgradig heterozygot
Genomgröße	Der DNA-Gehalt je Zelle beträgt beim Kulturapfel *M. domestica* rund 1,6 pg im diploiden (2C) Kern. Die Genomgröße liegt bei etwa 750 Mbp. Innerhalb der diploiden *Malus*-Arten schwankt der DNA-Gehalt pro Zelle zwischen 1,2 pg für *M. tschonoskii* (geschätzte Genomgröße 579 Mbp) und 1,7 pg für *M. florentina* (geschätzte Genomgröße 798 Mbp). Die triploiden Arten haben einen durchschnittlichen 2C-Gehalt von 2,3 pg mit einer geschätzten Genomgröße von 1097 Mbp, die tetraploiden Arten von 3 pg (geschätzte Genomgröße 1448 Mbp) und die penta- bis hexaploiden von 3,9 pg (geschätzte Genomgröße 1882 Mbp)

Tab. 13.3　(Fortsetzung)

Merkmal	Beschreibung
Kältebedürfnis	500–1000 h für Apfelsorten des gemäßigten Klimas; für Sorten in subtropischen Zonen nur 400–600 h; Wildarten bis 1600 h
Vegetative Vermehrung	Auf Unterlagen (Sämlings- bzw. Klonunterlagen); auch durch Wurzelsprosse; Stecklingsvermehrung möglich

jedoch die Aufklärung der genetischen Beziehungen zwischen den Arten und in ihrem Verhältnis zum Kulturapfel. Der Kulturapfel und seine wilden Verwandten sind ein geeignetes Modellsystem für Untersuchungen zur Domestikation von langlebigen perennierenden Arten.

Eine botanische Beschreibung der Gattung *Malus* ist in Tab. 13.3 zusammengefasst.

13.2.2　Apfel

Der Apfel ist eine Obstart, die überall in der gemäßigten Klimazone vorkommt und am besten an diese angepasst ist. Der Kulturapfel ist das Ergebnis einer interspezifischen Hybridisierung mit der binären wissenschaftlichen Bezeichnung *Malus domestica* Borkh., die die bisherige Bezeichnung *M. pumila*[19] ersetzt (Korban und Skirvin 1984). Der Kulturapfel ist allopolyploid ($2\,n = 2\,x = 34$), gametophytisch selbstinkompatibel und Fremdbefruchter. Die meisten Sorten sind diploid, wobei es auch triploide Sorten gibt. Triploide Sorten, z. B. 'Jonagold', 'Mutsu', 'Schöner von Boskoop', haben größere Früchte und Blätter, bilden aber vorwiegend sterile Pollen.

Der Apfel ist das beliebteste Frischobst der Deutschen mit einem Verzehr von etwa 18 kg pro Jahr und Kopf. Unbestritten ist die gesundheitsfördernde Wirkung von Äpfeln, was sich auch in dem Sprichwort „An apple a day keeps the doctor away" niederschlägt. Ein Apfel enthält etwa 12 % Kohlenhydrate, kaum Fett und wenig Eiweiß, dafür viele lebenswichtige Vitamine, Ballast- und Mineralstoffe, Spurenelemente und sekundäre Pflanzenstoffe.

Während Äpfel für den Frischmarkt heute überwiegend in Niederstammanlagen produziert werden, gibt es Streuobstbestände, die einen hohen landeskulturellen Wert besitzen und wesentliche Teile der Landschaft mitgestalten. Das dort produzierte Obst wird meist vermostet. In den Streuobstbeständen findet sich eine größere Sortenvielfalt als in den Niederstammanlagen, da nur wenige Sorten von den großen Vermarktern nachgefragt werden. Apfel ist eine Dauerkultur, die auch in den Produktionsanlagen länger als 20 Jahre stehen kann. Dementsprechend hoch sind der Krankheitsdruck und die notwendige Pflegeintensität.

Der Apfel ist anfällig gegenüber einer Reihe von bakteriellen, pilzlichen und viralen Schaderregern (Tab. 13.4).

---

[19] Lat. *pumilus* für Zwerg, klein.

Tab. 13.4 Wichtigste Krankheiten bei Apfel

Krankheit	Schaderreger	Beschreibung
Bakterielle Erkrankungen		
Feuerbrand	*Erwinia amylovora*	Es treten verwelkte Blätter und Blüten auf, die sich nach einer Weile schwarz färben, als wären sie verbrannt. Junge Triebe welken und zeigen an der Spitze eine zunehmende Krümmung (Hirtenstabsyndrom). Die Früchte vertrocknen und hängen wie Mumien in den Bäumen. Feuerbrand ist eine meldepflichtige Quarantänekrankheit (Abb. 13.3)
Pilzliche Erkrankungen		
Apfelschorf	*Venturia inaequalis*	Der Befall zeigt sich an den Blättern mit matt-olivgrünen, später braunen oder schwärzlichen Flecken, die zusammen-fließen können und in der Folge größere Nekrosen bilden. Das führt meist zu einem vorzeitigen Blattverlust der Bäu-me. Die Früchte weisen meist dunkler gefärbte Flecken auf, in denen sternförmige Risse auftreten können
Apfelmehltau	*Podosphaera leucotricha*	Blütenbüschel und die Blattknospen weisen beim Austrieb einen weißen Belag auf. Blüten, Blätter und Triebspitzen sind bei Befall im Wachstum gehemmt. Die Blätter sind schmaler, rollen sich ein und wellen sich, vertrocknen schließlich und fallen ab. Sind die Blüten befallen, entwi-ckeln sich keine Früchte. Die Früchte von anfälligen Sorten weisen oftmals eine netzartige Berostung auf
Blattfall-krankheit	*Marssonina coronaria*	Runde gräulich-braune Flecken (5–10 mm) auf vollständig entfalteten Blättern, Übergangsbereich ins gesunde Gewebe teilweise purpurn, später schwarze Acervuli, Gewebe wird zunehmend chlorotisch gelb, später fallen die Blätter ab (Abb. 13.4)
Obstbaum-krebs	*Nectria galligena*	Krebsartige Wucherungen an älteren Trieben, oberhalb ster-ben die Äste ab, bei jüngeren Trieben ist die Rinde teilweise eingetrocknet
Fliegen-schmutz	*Schizothyrium pomi*	Grauer fleckenartiger Belag auf der Fruchthaut mit zahlrei-chen, rundlichen, schwarzen, fliegenfleckenartigen Punkten (0,3 mm)
Rußflecken	Erregerkomplex verschiedener Arten[a]	Grünlich-schwarze Flecken auf der Fruchtoberfläche, wirken verwaschen, Größe ist unterschiedlich, können z. T. mecha-nisch durch Reiben entfernt werden, bei starkem Befall ist die Frucht fast vollständig mit rußfarbenem Belag überzogen
Kragenfäule	*Phytophthora cactorum*	Verfärbung der Rinde über der Veredelungsstelle, geht in Fäulnis über, später vertrocknet erkranktes Gewebe, Laub-verfärbung bis Blattfall

Tab. 13.4 (Fortsetzung)

Krankheit	Schaderreger	Beschreibung
Parasitäre pilzliche Lagerkrankheiten auf Früchten		
Lentizellen-fäule	Verschiedene Pilze der Gattung *Gloeosporium*	Braune, leicht eingefallene Faulflecken mit Sporenlagern um die Lentizellen
Lagerschorf	*Venturia inaequalis*	Punktförmige, schwarze Flecken
Kernhaus-fäule	*Fusarium* spp	Weiß-gelbes bis rosa Myzel im Kernhaus und Faulstellen an Kernhaus und Stielgrube
Schwarzfäule	*Monilinia fructigena, M. laxa*	Schale der Frucht verfärbt sich schwarz und wird ledrig, Fruchtfleisch von Myzel durchwuchert
Graufäule	*Botrytis cinerea*	Pilz infiziert durch Hautverletzungen, Frucht wird braun und wässrig-weich
Kelchfäule	*Nectria galligena*	Symptome wie Lentizellenfäule
Grünfäule	*Penicillium*-Arten, hauptsächlich *P. expansum*	Weiche, braune Faulstellen mit weißen, später grünlich-grauen Pusteln
Virosen. Apfelmosaik (*Apple mosaic*), Chlorotische Blattfleckung des Apfels (*Apple chlorotic leafspot*)		
Phytoplasmen		
Apfeltrieb-sucht	Candidatus *Phytoplasma mali*	Symptome im Herbst sind Hexenbesen und vergrößerte, gezahnte Nebenblätter, des Weiteren Kleinfrüchtigkeit, gestauchte Triebe, Nachblüte und Rotlaubigkeit. Apfeltriebsucht ist eine meldepflichtige Quarantänekrankheit.

Tierische Schaderreger. Apfelsägewespe (*Hoplocampa testudinea*), Apfelfaltenläuse (*Dysaphis anthrisci, D. derecta*), Mehlige Apfelblattlaus (*Dysaphis plantaginea*), Apfelblutlaus (*Eriosoma lanigerum*), Apfelwickler (*Cydia pomonella*)

[a]U. a. *Geastrumia polystigmatis*, *Leptodontidium elatius* und *Peltaster fructicola*; in Deutschland vorwiegend *Phialophora sessilis*, *Tripospermum myrti*, *Tripospermum camelopardus*.

Abb. 13.3 Feuerbrand an Apfel. Die Blätter einiger Triebe sind schwarzbraun verfärbt und vertrocknet. Das Bakterium nutzt die Leitungsbahnen, um von der Eintrittsstelle, z. B. der Blüte, in den Trieb zu gelangen. Die Leitungsbahnen verstopfen, sodass die Blätter nicht mehr gut mit Wasser und Nährstoffen versorgt werden können. Ist bei einem älteren Baum die Krankheit noch nicht so weit vorangeschritten, kann ein Rückschnitt bis ins gesunde Holz helfen. Jüngere Bäume, die stark befallen sind, sollten gerodet werden

Abb. 13.4 *Marssonina-*Blattfallkrankheit an Apfel. Zunächst färben sich einzelne Blätter, v. a. in Stammnähe, quittengelb. Die Blätter weisen alsbald verbräunte Flecken auf. Meist zeigen die noch grünen Blätter um die gelben Stellen herum ebenfalls nekrotische Flecken. In diesen Flecken findet man blattoberseits oft kleine, ovale, tiefschwarz glänzende, sich netzartig verästelnde Pünktchen. Dabei handelt es sich um die Fruchtkörper (Acervuli) des Pilzes, in dem die Sporen (Konidien) für die weitere Verbreitung gebildet werden

13.3   Herkunft, Domestikation und Beginn der Züchtung

Der Apfel geht auf Pflanzen zurück, die vor 65–70 Mio. Jahren in den tropischen und subtropischen Bergtälern Südostasiens (Südchina, Indochina) vorkamen. Von dort aus breiteten sich die Arten der Gattung *Malus* in Richtung Osten (Ostasien, Nordamerika), Norden (China, Zentral- und Nordasien) und Westen aus. Die Domestikation fand vor 10.000–4000 Jahren im Tien-Shan in Zentralasien statt. Dort wurde *M. sieversii* als ursprünglicher Stammvater in Kultur genommen. Auf dem Weg der Verbreitung nach Westen, entlang der Alten Seidenstraße, fanden dann spontane Hybridisierungen mit verwandten Wildarten statt. Die Arten *M. sieversii*, *M. baccata*, *M. orientalis* und *M. sylvestris* sind verwandtschaftlich der Kulturform am nächsten und waren an deren Evolution beteiligt (Abb. 13.5, 13.6 und 13.7). Offenbar hybridisierte *M. sieversii* im Osten auch mit *M. prunifolia*, *M. baccata* und *M. sieboldii*. Für die Evolution des Kulturapfels war seit dem Neolithikum die Verbreitung der Apfelsamen durch Vögel, Tiere und den Menschen entlang der Handelswege auf der Seidenstraße entscheidend, insbesondere im Abschnitt zwischen Westchina und dem Schwarzen Meer (Juniper et al. 1998; Abb. 13.8).

Die großfrüchtige domestizierte Art *M. domestica* hat ihren Ursprung in Mittelasien, wahrscheinlich in den Wäldern um Almaty, Kasachstan (Dzhangaliev 2003). Neuere Expeditionen nach Kasachstan (Forsline et al. 2003). stützen die Hypothese von Vavilov

Abb. 13.5   Biodiversität bei *Malus baccata*. Der Sibirische Beerenapfel besitzt sehr kleine kugelförmige Früchte und kommt in einer großen Variabilität bezüglich seiner Fruchtfarbe vor; **a** MAL 0004; **b** MAL 0328; **c** MAL 0419; **d** MAL 1017 der Obstgenbank JKI Dresden

Abb. 13.6 Biodiversität bei
Malus sieversii. Der Asiatische Wild-Apfel zeigt eine hohe Variabilität der Früchte, sowohl in der Fruchtgröße, der Ausfärbung der Früchte und auch im Geschmack. Seine Früchte sind unter allen Wildäpfeln die größten

(1951), dass die Art *M. sieversii* der hauptsächliche Vorfahre des Kulturapfels ist, was inzwischen auch auf molekularer Ebene bestätigt wurde. Übrigens war es der deutsche Naturforscher Peter Simon Pallas (1741–1811), Professor für Naturgeschichte in St. Petersburg, der erstmalig Wild-Äpfel im Kaukasus bei seinen Expeditionen in den Süden des Russischen Reiches am Ende des 18. Jahrhunderts beschrieb. Der deutsch-estnische Botaniker Carl Friedrich von Ledebour (1786–1851) entdeckte die Art *M. sieversii* (als *Pyrus sieversii*) im Jahr 1833 erstmals und veröffentlichte dies in der *Flora des Altaigebirges*.

Sammlungsmaterial von *M. sieversii* aus Kasachstan zeigt Fruchtmerkmale, die denen der modernen Sorten sehr ähnlich sind. Die Früchte sind groß und wohlschmeckend und die Fruchtfarbe reicht von rot, über gelb bis grün. Es wird vermutet, dass die Selektion auf große Früchte weniger vom Menschen beeinflusst worden ist. Wesentlich wahrscheinlicher ist es, dass dafür Bären verantwortlich sind, die endemisch in den Ursprungsgebieten vorkommen, gern Äpfel verzehren und über Millionen von Jahren auf diese Weise zur Selektion beigetragen haben. Alle anderen *Malus*-Arten wurden von Vögeln verbreitet, sodass kein Selektionsmechanismus auf Fruchtgröße stattgefunden hat.

Abb. 13.7 Biodiversität bei
Malus orientalis. Der Kaukasus-Apfel besitzt 2–3 cm große, kugelige Früchte, die i. d. R. gelblich grün bis grün sind, süß bis sauer schmecken, oft jedoch bitter und adstringierend sind

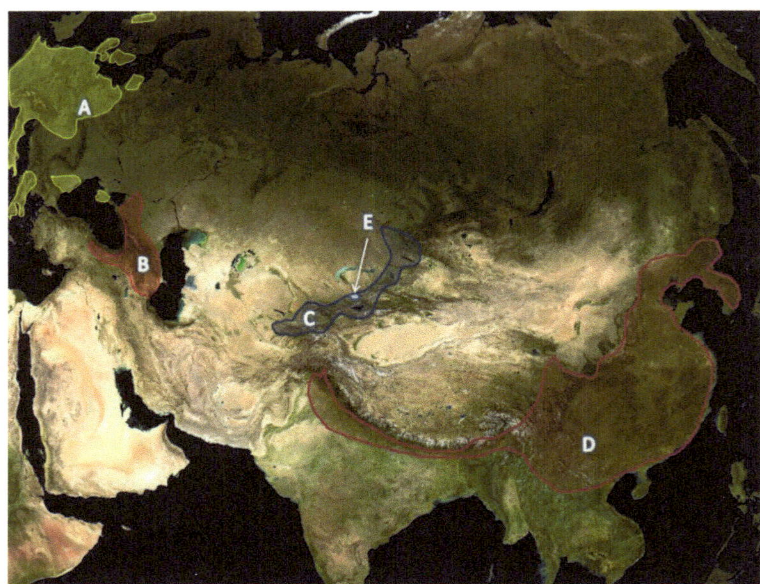

Abb. 13.8 **Endemische Vorkommen von Wild-Apfelarten, die an der Evolution des Kulturapfels beteiligt waren.** *A Malus sylvestris*; *B Malus orientalis*; *c Malus sieversii*; *D Malus baccata*; *E* Almaty am Nordrand des Tien-Shan

Es ist schwierig zu benennen, wann diese großfrüchtigen, süßen Äpfel aus Mittelasien Europa erreicht haben. Sicherlich entstanden erste Selektionen aus zufälliger Hybridisierung und wurden dann durch Veredelung verbreitet. Die Technik der Veredelung war in den hochentwickelten Zivilisationen im Nahen Osten bereits 4000 Jahre v. Chr. bekannt. Erste Angaben über Äpfel können in der sumerischen Literatur gefunden werden. Sie beziehen sich möglicherweise aber auf die indigene, bitter schmeckende, kleinfrüchtige Art *M. orientalis*. Die ersten archäologischen Beweise über die Nutzung von Äpfeln in der menschlichen Ernährung wurden im Grab der sumerischen Königin Puabi (2500 v. Chr.) auf dem Königsfriedhof von Ur in Mesopotamien, in der Nähe der heutigen Stadt Nasiriya, Irak, in Form von kleinen getrockneten Apfelringen gefunden. Wild-Äpfel sind i. d. R. bitter. Sie verlieren jedoch ihre Bitterkeit nach dem Trocknen und konnten so auch konsumiert werden (Janick und Paull 2008, S. 661–674).

Die Bedeutung des Apfels in Anatolien des 2. Jahrtausends v. Chr. und sein Anteil an der Wirtschaft der Hethiter, deren Reich sich zu dieser Zeit zwischen Schwarzem Meer und Mittelmeer erstreckte, ist belegt. Im Alltag wurden Äpfel meist als Tafelobst verwendet. Teilweise wurden sie aber auch verarbeitet und für medizinische Zwecke genutzt. Der Apfel spielte bei den Hethitern auch eine Rolle im kultischen Bereich und wurde den Göttern als Votivgabe dargebracht. Die modernen Städte Anatoliens Amasya, Çankiri, Kastamonou und Malatya, die damals die nördlichen und östlichen Regionen des hethitischen Kerngebiets darstellten, sind die Orte, wo Äpfel reichlich und in hervorragender

Qualität gedeihen. Im Hohelied (Kap. 2, Vers 3), wahrscheinlich in der Zeit des Hellenismus (300 v. Chr.) entstanden, wird der Geliebte mit einem Apfelbaum verglichen. Homer, 8. Jahrhundert v. Chr., beschreibt im siebten Buch der Odyssee rötlich gesprenkelte Äpfel im Garten des Alkinoos, dem König der Phaiaken. Aufgrund der historischen Befunde ist anzunehmen, dass Äpfel im 1. Jahrtausend v. Chr. Teil der westlichen Gartenbaukultur waren (Janick und Paull 2008, S. 661–674).

Der Apfel durchquerte in der Antike (800 v. Chr. bis 600 n. Chr.) Griechenland und die hellenistische Welt sowie das Römische Reich, wo die Anbautechnologie der Apfelbäume ihre Vollendung fand. Offenbar waren zu dieser Zeit bereits selektierte, leicht vermehrbare und schwachwüchsige Unterlagen vorhanden, die man für die Veredelung nutzte. Apfelbäume wurden von den Römern kultiviert und in ganz Europa verbreitet. Dabei wurden Tausende von verschiedenen Genotypen vermehrt. In der Folge kam es offenbar zwischen diesen Klonen und der kleinfrüchtigen, weit verbreiteten Wildart *M. sylvestris* immer wieder zu Hybridisierungen, sodass an der Entstehung des heutigen Kulturapfels neben anderen botanischen Arten, auch der Holz-Apfel beteiligt war (Vavilov 1951). Sehr viele Sorten wurden vom römischen Geschichtsschreiber Plinus um 100 n. Chr. beschrieben. Der Apfel fand zu dieser Zeit einen wichtigen Platz in der Küche, in der Medizin und in der Mythologie. Pomona[20] war die römische Göttin der Baumfrüchte. Auch in den folgenden Jahrhunderten der Verbreitung des Christentums und des Islams in Europa wurde der Apfelbaum bewahrt und insbesondere in Klostergärten kultiviert. Dadurch wurde möglicherweise der natürlich vorkommende Wild-Apfel, der bis dahin in der Ernährung der Kelten, Gallier, Franken und Skandinavier eine Rolle gespielt hatte, verdrängt. Die Erhaltung und die Pflege von Obstgärten zählten in den Klöstern zu den grundlegenden Tugenden, sodass eine Vielzahl an Apfelsorten bewahrt wurde. Auch in der muslimischen Welt auf der Iberischen Halbinsel und am östlichen Mittelmeer wurde der Obstbau gemeinsam mit dem Koran gelehrt und die Fertigkeiten des Veredelns, der Baumerziehung und des Schnitts waren bereits hochentwickelt. Ab dem 13. Jahrhundert wurden Apfelbäume in ganz Europa gepflanzt. Im 17. Jahrhundert gab es in Westeuropa bereits 120 beschriebene Sorten. Die Verbreitung des Protestantismus, der den Apfel als eine göttliche Frucht bezeichnete, führte zur Ausdehnung des Apfelanbaus nach Nord- und Osteuropa. Am Ende des 19. Jahrhunderts gab es mehr als tausend Apfelsorten, die nach ihrer Verwendung in z. B. Koch- und Backäpfel, Cideräpfel und aromatische Äpfel für den Frischverzehr eingeteilt wurden und die oftmals lokale Bedeutung besaßen. Durch den Import von Äpfeln aus Neuseeland, Südafrika und den USA nach Europa und durch marktwirtschaftliche Zwänge kam es im 20. Jahrhundert dazu, dass die Apfelanlagen an Fläche größer wurden und die Anzahl der angebauten Sorten sich weiter einschränkte.

Aus Europa kam der Apfel um 1650 nach Südafrika, wo der Apfelanbau begann, um die Siedler und die Niederländische Ostindien-Kompanie zu bedienen. In Australien wurde der Apfel um 1788 eingeführt und der Anbau begann in den frühen Jahren des 19. Jahrhunderts durch Siedler auf Tasmanien und in Neusüdwales. Nach Neuseeland kam er 1814

---

[20] Lat. *pomum* für Baumfrucht, Obstfrucht.

durch englische Missionare aus Australien. In der Folge entstanden große Anbaugebiete in Hawkes Bay und Nelson im 19. und 20. Jahrhundert. Im 16./17. Jahrhundert brachten europäische Kolonisten den Apfel nach Amerika (Hancock 2008, S. 1–37).

Vor 1900 wurden kaum zielgerichtete Kreuzungen zwischen verschiedenen Apfelsorten durchgeführt. Die selektierten Sorten waren v. a. Zufallssämlinge, die besondere Qualitäten aufwiesen. Zu den bekanntesten Sorten dieser Zeit gehören u. a. 'McIntosh' (1796, USA), 'Jonathan' (1826, USA), 'Rome Beauty' (1848, USA), 'Cox Orange' (1850, Großbritannien), 'Granny Smith' (1868, Australien), 'Red Delicious' (1880, USA) und 'Golden Delicious' (1890, USA). Einige dieser Sorten sind noch immer unter den wichtigsten Sorten im Weltanbau. Die ersten Apfelsorten aus der Kreuzungszüchtung entstanden zwischen 1930 und 1940 und wurden etwa 1960/70 auf den Markt gebracht. Zu diesen gehören z. B. 'Royal Gala' ('Kidd's Orange Red' × 'Golden Delicious'), 'Jonagold' ('Delicious' × 'Jonathan'), 'Fuji' ('Ralls Janet' × 'Delicious') und 'Elstar' ('Ingrid Marie' × 'Golden Delicious'). Bedeutende Erfolge wurden im letzten Jahrhundert v. a. in der Resistenzzüchtung erreicht. Einer der Grundsteine dafür wurde durch das langjährige kooperative Züchtungsprogramm in den USA zwischen der Purdue Universität, der Universität New Jersey in Rudgers und der Universität in Illinois gelegt. Bekannt geworden ist dieses Programm, das in den 1940er-Jahren entstand, unter dem Namen PRI-Programm. Aus diesem Programm ging die erste schorfresistente Sorte 'Prima' (1970) hervor (Hancock 2008, S. 1–37). Apfelzüchtungsprogramme gibt es in vielen Ländern Europas, in Asien, auf dem amerikanischen Kontinent, in Neuseeland und auch Australien.

13.4 Zuchtziele und Zuchtfortschritt

Fruchtqualität

Das prinzipielle Zuchtziel bei Apfel besteht darin, die Marktfähigkeit der Frucht zu verbessern (Tab. 13.5). Die meisten Züchtungsprogramme sind darauf ausgerichtet, neue Sorten für den Frischmarkt zu züchten. Der Fokus liegt dabei auf dem äußeren Erscheinungsbild und der Essqualität der Frucht. Damit wird versucht, der Erwartung des Konsumenten bezüglich eines angenehmen Verzehrgenusses entgegenzukommen. Daneben hat die Lagerfähigkeit der Frucht eine zunehmende Bedeutung. Durch eine Verbesserung der Lagerfähigkeit soll das Vermarktungsfenster erweitert werden, sodass einzelne Sorten ganzjährig zur Verfügung stehen. Die Selektionskriterien für äußere Fruchtqualität beziehen sich meistens auf die Farbe der Schale, die Art und Verteilung der Deckfarbe, die Größe und Form der Frucht, während sich die Kriterien der inneren Fruchtqualität auf die Konsistenz des Fruchtfleischs und auf den Geschmack beziehen. Die meisten Merkmale, die Ertragskomponenten darstellen oder sich auf die Anpassung an die Umwelt beziehen, stellen quantitativ vererbbare Merkmale dar.

Resistenz

Ein zweites wesentliches Zuchtziel ist die Krankheits- und Schädlingsresistenz (Tab. 13.5). Der Apfel wird stark von Schaderregern reflektiert, was in der kommerziellen Produktion

Tab. 13.5 Aktuelle Zuchtziele für Tafeläpfel

Zuchtziel	Merkmal
Fruchtqualität	Visueller Eindruck der Frucht
	Fruchtgröße (über 60 mm bzw. 90 g)[a]
	Geschmack (ausgeglichenes Zucker-Säure-Verhältnis, Aroma)
	Fruchtfestigkeit (mehr als 7 kg/cm^2)
	Knackigkeit und Saftigkeit der Frucht
	Shelf life und Lagereignung
Resistenz gegen Krankheiten und Schädlinge	Gegen verschiedene Rassen von Apfelschorf und Apfelmehltau durch Pyramidisierung rassenspezifischer Resistenzgene
	Gegen Apfelmehltau, Feuerbrand, Kragenfäule, parasitäre Lagerkrankheiten
Ertrag	Regelmäßig, nicht alternierend

[a]Entsprechend Vermarktungsnorm für Äpfel, EU Nr. 543/2011 vom 7.6.2011.

ein intensives Pflanzenschutzmanagement voraussetzt. Obwohl es inzwischen resistente Apfelsorten auf dem Markt gibt, wird deren Erfolg v. a. durch die äußere Fruchtqualität im Wettbewerb mit krankheitsanfälligen Sorten bestimmt. Resistente Sorten werden sich nur dann durchsetzen, wenn die Fruchtqualität konkurrenzfähig, die Resistenz nachhaltig und ein ökonomischer Mehrwert durch deren Anbau zu erzielen ist.

Die Nachhaltigkeit der Resistenz stellt ein besonderes Problem dar, was an folgendem Beispiel erläutert werden soll: Seit Beginn der Apfelzüchtung auf wissenschaftlicher Basis wurde der Resistenz gegenüber Schorf besondere Bedeutung beigemessen. Dabei wurde als Resistenzquelle die Apfelwildartenakzession *Malus floribunda* 821 (Resistenzgen *Vf*, neue Bezeichnung *Rvi*6) verwendet. Basierend auf *M. floribunda* 821 sind inzwischen etwa 100 schorfresistente Sorten weltweit entstanden. Die fast ausschließliche Nutzung von *Rvi*6 in der Apfelzüchtung stellt nunmehr eine Gefahr für die Nachhaltigkeit der Resistenz dar, da die Resistenz in Europa bereits durch neue Erregerrassen durchbrochen ist. Die Entwicklung virulenter Rassen des Schorfpilzes ist vermutlich auch im Anbau dieser Sorten ohne hinreichenden Fungizidschutz, wie es in den ersten Jahren geschah, begründet. Das ist z. B. bei der im Ökoanbau verwendeten schorfresistenten Sorte 'Topaz' der Fall. Um eine Dauerhaftigkeit der Resistenz gewährleisten zu können, wird daher eine sog. Pyramidisierung von verschiedenen Resistenzgenen angestrebt. Inzwischen sind etwa 20 Schorfresistenzgene im Apfelgenom kartiert, die auch züchterisch genutzt werden. Dadurch wird selbst im Fall des Durchbrechens einer monogenen Resistenz die Dauerhaftigkeit der Resistenz eines Genotyps aufgrund der Anwesenheit weiterer Resistenzgene gewährleistet. Die gleiche Strategie wird auch für Mehltau angewandt.

Das Pathosystem von *Venturia inaequalis* (Erreger des Apfelschorfs) und *Malus* war eines der ersten Systeme bei Obst, für das das Flor'sche Konzept (Gen-für-Gen-Beziehung) basierend auf dem Vorkommen unterschiedlicher *Avr*-Gene des Pathogens demonstriert wurde. Heute wird die Resistenz als eine spezifische Erkennungsreaktion, direkt oder indirekt, zwischen dem *R*-Genprodukt des Wirts und dem korrespondierenden *Avr*-Gen-

Tab. 13.6 Nomenklatur der Gen-für-Gen-Beziehung zwischen *Venturia inaequalis* und *Malus*. (Nach Bus et al. 2011; Caffier et al. 2014)

Wirt: *Malus*					Pathogen: *Venturia inaequalis*	
Differenzialwirt	Phäno-typ	Resistenzlocus			Aviru-lenzlocus	Rasse
		Historisch	Kopplungs-gruppe	NEU	NEU	
(0) Royal Gala[a]	Anfällig			–		0
(1) Golden Delicious	Nekrose	*Vg*	12	*Rvi1*[b]	*AvrRvi1*	1
(2) TSR34T15 (F2 von Russian seedling R12740-7A)	SN	*Vh2*	02	*Rvi2*	*AvrRvi2*	2
(3) Geneva[c] (Selektion von *M. pumila*, rotlaubig)	SN	*Vh3*	04	*Rvi3*	*AvrRvi3*[d]	3
(4) TSR33T239 (F2 von Russian seedling R12740-7A)	HR	*Vh4* = *Vx* = *Vr*1	02	*Rvi4*	*AvrRvi4*[d]	4
(5) 9-AR2T196 (F2 von *M. micromalus*)	HR	*Vm*	17	*Rvi5*	*AvrRvi5*	5
(6) Priscilla	Chl	*Vf*	01	*Rvi6*	*AvrRvi6*	6
(7) LPG3-29 (F1 von *M. floribunda* 821)	HR	*Vfh*	08	*Rvi7*	*AvrRvi7*	7
(8) B45 (F1 von *M. sieversii* GMAL4302-X8)	SN	*Vh8*	02	*Rvi8*	*AvrRvi8*	8
(9) K2 (Population Elstar × Dolgo)	SN	*Vdg*	02	*Rvi9*	*AvrRvi9*	9
(10) A723-6[c] (F1 von PI 172623 [BVIII 33,25] = Antonovka f.a.)	HR	*Va*	01[e]	*Rvi10*	*AvrRvi10*[d]	10
(11) A722-7 (F1 von *M. baccata jackii*)	SN/Chl	*Vbj*	02	*Rvi11*	*AvrRvi11*[d]	11
(12) Hansen's baccata #2[c]	Chl	*Vb*	12	*Rvi12*	*AvrRvi12*[d]	12
(13) Durello di Forli	SN	*Vd*	10	*Rvi13*	*AvrRvi13*[d]	13
(14) Dülmener Rosenapfel[c]	Chl	*Vdr1*	06	*Rvi14*	*AvrRvi14*[d]	14
(15) GMAL2473	HR	*Vr2*	02	*Rvi15*	*AvrRvi15*[d]	15
(16) MIS (Population von 93.051 G07-098 f.a.)[c]	HR	*Vmis*	03	*Rvi16*	*AvrRvi16*[d]	16
(17) Antonovka APF22[c]	Chl	*Va1*	01	*Rvi17*	*AvrRvi17*[d]	17

SN Sternnekrose, *HR* Hypersensitive Reaktion, *Chl* Chlorose; *f.a.* frei abgeblüht.

[a]Dieser Wirt besitzt kein *R*-Gen und ist damit anfällig gegenüber allen *V. inaequalis*-Isolaten.

[b]Schmalspektrumresistenzgen.

[c]vorläufiger Differenzialwirt, solange nicht bestätigt ist, dass die Resistenz des Wirts monogen ist.

[d] Gen-für-Gen-Beziehung nicht bestätigt.

[e] vorläufig.

produkt des Pathogens beschrieben. *V. inaequalis*-Populationen sind gewöhnlich genetisch sehr divers. Die jährliche sexuelle Phase mit anschließender asexueller Vermehrung des Pilzes ermöglicht eine adaptative Selektion von neuen Pilzrassen. Ein Einzelsporisolat des Pathogens wird als Rasse definiert, wenn es komplett die Resistenz des Wirts durchbrechen kann. In diesem Fall führt beim Pathogen eine Mutation am *Avr*-Locus dazu, dass die Erkennungsreaktion des Wirts verhindert wird und der Wirt damit anfällig ist. In *Malus*-Wildpopulationen oder in Sammlungen genetisch diverser Lokalsorten ist diese Selektion aufgrund einer hohen Diversität an *R*-Genen ausgewogen. In einer Monokultur an Sorten, wie wir sie im Erwerbsanbau finden, besteht ein enges Spektrum an *R*-Genen, sodass ein hoher Selektionsdruck auf die Pathogenpopulation ausgeübt wird. Zwischen *V. inaequalis* und *Malus* sind gegenwärtig 17 mögliche Gen-für-Gen-Beziehungen beschrieben (Tab. 13.6).

Weitere Zuchtziele

Aufgrund der globalen Klimaänderungen werden zunehmend Zuchtziele aktuell, die bisher nicht im Fokus standen:

- **Kältebedürfnis.** Infolge der globalen Erwärmung besteht in den Apfelanbauregionen der gemäßigten Zone zunehmend Bedarf an Sorten, die ein geringeres Kältebedürfnis haben. Die Befriedigung des Kältebedürfnisses ist notwendig zur Brechung der Dormanz (Knospenruhe), um im Frühjahr austreiben und die Blütenorgane ausreichend gut differenzieren zu können.
- **Frostresistenz.** In Regionen mit adäquaten Wintertemperaturen ist Frostresistenz eine Zielstellung, wenn bei plötzlichen Erwärmungen die Bäume vorfristig austreiben und es anschließend zur Schädigung der Knospen und Blüten durch Frühjahrsfröste kommt.
- **Sonnenbrand, Hitzetoleranz.** Infolge zunehmender Temperaturen im Sommer besteht ein Bedarf an Sorten, die trockentolerant sind und mit geringeren Wassermengen zurechtkommen. Gleichzeitig leiden die Früchte zunehmend unter der Sonneneinstrahlung, sodass es zu Schädigungen der Fruchtschale kommt.
- **Neue Pathogene.** Mit der Klimaerwärmung wird es in den nördlicheren Anbaugebieten zum Auftreten von Schaderregern kommen, die bislang in südlicheren Regionen vorgekommen sind. Hierzu zählt z. B. die durch *Marssonina coronaria* hervorgerufene Blattfallkrankheit bei Apfel.

13.5 Zuchtmethoden und -techniken

13.5.1 Kombinationszüchtung

Auslesezüchtung war bis vor etwa 200 Jahren die wesentliche Züchtungsmethode bei Apfel, die durch gezielte Hybridisierung (Kombinationszüchtung) abgelöst worden ist.

Allerdings wurden am Anfang nur kleine Fortschritte bei der Verbesserung der Sortenmerkmale erreicht, was darauf zurückzuführen ist, dass die Auswahl der für die Hybridisierung verwendeten Eltern aufgrund fehlender Kenntnisse über einzelne Merkmale und deren Vererbung mangelhaft war. Der spätere Anstieg des Zuchterfolgs ist v. a. dadurch entstanden, dass für die Kreuzungen hochwertige Elternsorten verwendet worden sind. Dabei entstanden Sorten wie 'Royal Gala', 'Fuji' und 'Jonagold' aus Kreuzungen mit kommerziell anbauwürdigen Sorten, wie 'Golden Delicious' und 'Delicious'. Da der Apfel selbstinkompatibel und hochgradig heterozygot ist, ist die Diversität in einer Kreuzungsnachkommenschaft sehr hoch (Abb. 13.9). Es entstehen oft nur wenige Sämlinge, die die Eltern in bestimmten Merkmalen übertreffen. Hinzu kommt, dass viele wirtschaftlich relevante Merkmale polygen bedingt sind, sodass die Effizienz in der Verbesserung der Merkmalsausprägung gering ist. Die meisten Züchtungsstrategien bei Apfel basieren

Abb. 13.9 Kreuzung von zwei Genotypen mit a weißem ('Pinova') bzw. b rotem (Nachkomme von *M. pumila* var. *niedzwetzkyana*) Fruchtfleisch und c Aufspaltung dieses Merkmals in der Nachkommenschaft (c)

auf einer rekurrenten Selektion. Aus verschiedenen Kreuzungen werden die besten Individuen selektiert und als Eltern für neue Kreuzungen verwendet. Dabei ist die Anzahl an verschiedenen Populationen aufgrund des hohen Platzbedarfs in der Baumobstzüchtung eher klein. Das trifft auch für die Anzahl an Individuen je Population zu (etwa 100–3000). Weiterhin stammen diese Populationen oft nur von einer geringen Anzahl ausgewählter Eltern ab. Die Erhöhung der Vielfalt bei der Wahl der Eltern ist sicher wünschenswert, jedoch in einem erfolgsorientierten Züchtungsprogramm aufgrund bestehender Grenzen in der Verfügbarkeit von Platz, Personal und monetären Mitteln nur bedingt möglich. Testkreuzungen zur Schätzung der allgemeinen und speziellen Kombinationseignung finden bei Baumobst i. d. R. aus Zeitgründen nicht statt, jedoch kann insbesondere bei quantitativ vererbbaren Merkmalen die Auswahl der Eltern nach ihrer spezifischen Kombinationseignung getroffen werden. Einige wenige Ansätze dazu hat es bereits in der Vergangenheit gegeben. Große Anstrengungen werden derzeit in die markergestützte Selektion der Eltern investiert. Hier werden sowohl Untersuchungen zum Vorkommen einzelner Gene (z. B. Resistenzgene) durchgeführt, aber auch Analysen zur Bestimmung positiver Allele von quantitativ vererbten Merkmalen entwickelt.

Sämlingsselektion
Ein Teil der Merkmale kann bereits am Sämling bewertet werden. Das ist z. B. für verschiedene Resistenzen möglich. Ein gutes Beispiel dafür ist die Widerstandsfähigkeit gegenüber Schorf. Bereits wenige Wochen nach dem Auflaufen der Sämlinge kann eine Inokulation durch Aufsprühen einer Sporensuspension durchgeführt werden. Innerhalb weniger Tage und Wochen zeigen sich dann die ersten Symptome, sodass anfällige Sämlinge verworfen werden können (Abb. 13.10). Ähnlich funktioniert das auch bei anderen Pilzkrankheiten wie Mehltau (Abb. 13.11) oder *Marssonina*-Blattfall. Bei Feuerbrand ist zu beachten, dass es sich um einen Quarantäneschaderreger handelt. Da infizierte Pflanzen nicht weiterkultiviert werden dürfen, ist es notwendig, jeden Sämling für den Test zu verklonen. Dazu werden von jedem Sämling im ersten Jahr Reiser gewonnen und auf Unterlagen veredelt. Diese veredelten Pflanzen werden dann im zweiten Jahr inokuliert. Dazu werden die Pflanzen in einer Größe von 20 bis 30 cm mit dem Bakterium infiziert, indem man die Triebspitze oder das jüngste Blatt mit einer in eine Bakteriensuspension getauchten Schere anschneidet.

Ein Beispiel für eine phänotypische Selektion anhand eines morphologischen Markers ist die Selektion auf Rotfleischigkeit vom Typ I der Früchte. Nur Apfelbäume mit rotem Laub können rotfleischige Früchte haben. Alle grünlaubigen Sämlinge können also schon im frühen Sämlingsstadium verworfen werden.

Das Ziel des Züchters ist es, jeweils Material ohne die gewünschten Eigenschaften so früh wie möglich zu verwerfen. Dazu wird heutzutage die markergestützte Sämlingsselektion (MASS, engl. *marker assisted seedling selection*) benutzt. Im Wesentlichen geschieht dies für Resistenzgene und einzelne Qualitätsmerkmale. Ein Züchtungsprogramm zur Pyramidisierung von Resistenzgenen ist darauf angewiesen, dass sich die für die Pyramidisierung vorgesehenen Gene molekular auch nachweisen lassen, da sie im Phänotyp

Abb. 13.10 Künstliche Infektion von Apfelsämlingen mit dem Schorfpilz *Venturia inaequalis*.
In der **a** Aussaatschale erscheinen **b** anfällige Sämlinge wie auch resistente Sämlinge nebeneinander. Erste Symptome zeigen sich auf den Blättern in Form von olivgrünen, später braun-schwarzen Flecken entlang der Blattadern

nicht erkennbar sind. DNA-Marker werden in Abschn. 13.5 behandelt. Während bislang v. a. SSR-Marker angewandt wurden, geht die Tendenz jetzt zur Verwendung von Single-nucleotide-polymorphism(SNP)-Chips. In Neuseeland wird bereits die genomweite Selektion (GWS, engl. *genome wide selection*) an Sämlingspopulationen erprobt.

Abb. 13.11 Künstliche Infektion von Apfelsämlingen mit dem Mehltaupilz *Podosphaera leucotricha* im Gewächshaus. Die anfälligen Sämlinge zeigen alsbald nach der Infektion einen weißen Belag mit Pilzmyzel. Resistente Sämlinge haben saubere Blätter

13.5.2 Methoden zur Erzeugung von Variabilität

Interspezifische und intergenerische Hybridisierung

Die meisten züchterischen Ansätze in der Welt basieren auf einfachen Sortenkreuzungen. Interspezifische Hybridisierungen werden lediglich in der Vorlaufzüchtung (engl. *pre-breeding*) bzw. in der Unterlagenzüchtung durchgeführt. In der Vorlaufzüchtung liegt das Ziel vielfach in der Introgression neuer Resistenzen aus *Malus*-Wildarten. Da bei der Kreuzung mit Wildarten neben dem gewünschten Merkmal auch unerwünschte Merkmale (engl. *genetic drag*) vererbt werden, ist eine sog. Verdrängungszüchtung erforderlich. Man geht von fünf bis acht Pseudorückkreuzungsschritten aus bis wieder die hinreichende Qualität einer Kultursorte (z. B. Fruchtgröße) erreicht ist (Abb. 13.12).

Für die Unterlagenzüchtung sind v. a. der reduzierte Wuchs und eine gute Vermehrbarkeit sowie verschiedene Resistenzen (z. B. Feuerbrand, Obstbaumkrebs, Triebsucht) und Toleranzen (z. B. Frost, Nachbaukrankheit, Trockenstress) einzelner Apfelwildartenakzessionen von Interesse. Die intergenerische Hybridisierung hat derzeit keine große Bedeutung. Es gibt zwar einige Ansätze zur Erzeugung von Apfel-Birnen-Hybriden, inwieweit diese aber zu einer nachhaltigen Verbesserung einzelner Merkmale führen werden, bleibt abzuwarten.

Abb. 13.12 Kreuzung der Kultursorte 'Idared' (a) mit der kleinfrüchtigen Wildart *Malus robusta* 5 (b). Derartige interspezifische Kreuzungen werden i. d. R. zur Übertragung von Resistenzgenen in den Kulturapfel vorgenommen. In diesem Fall geht es um die Verbesserung der Feuerbrandresistenz. In den Nachkommen (c) kommt es zu einer starken Aufspaltung polygener Merkmale, z. B. der Fruchtgröße. Die Fruchtgröße einer Kultursorte wird erst nach mehreren Rückkreuzungsschritten wieder erreicht

Mutationszüchtung

Die Mutationszüchtung hat bei Apfel nach wie vor einen sehr hohen Stellenwert. Sie beschränkt sich aber fast ausschließlich auf die Auslese spontaner Mutanten wirtschaftlich erfolgreicher Sorten. Versuche zur Mutationsinduktion werden in der praktischen Sortenzüchtung derzeit nicht durchgeführt.

Ploidiezüchtung

Die Ploidiezüchtung spielt bei Apfel keine Rolle. Im Spektrum der Kultursorten sind die meisten Genotypen diploid. Zahlreiche triploide Sorten sind bekannt, doch deren Nutzen ist aufgrund der bestehenden Kreuzungsinkompatibilität für die Züchtung stark begrenzt. Höhere Ploidiestufen kommen in einigen Apfelwildarten vor. Bislang war es jedoch nicht zwingend notwendig, auf Merkmale solcher Akzessionen zurückgreifen zu müssen.

13.5.3 Bio- und gentechnologische Methoden

In-vitro-Techniken

Die Verfahren der In-vitro-Kultur, einschließlich der Mikrovermehrung, wurden in den 1970er- bis 1980er-Jahren umfassend publiziert. Sie spielten v. a. für die Vermehrung (z. B. Unterlagen) und Virusfreimachung von Vermehrungsmaterial eine Rolle. Der Apfel gehörte neben der Erdbeere zu den Obstpflanzen, die primär im Fokus standen. Als Einflussfaktoren wurden genotypische Besonderheiten, Auswahl des Ausgangsexplantats, Komponenten des Nährmediums, Sterilisation der Explantate und Besonderheiten der Überführung in das Gewächshaus beschrieben. Insbesondere die Eignung der verschiedenen Sorten, aber auch der Unterlagen, wurde weitreichend untersucht. Heute hat die In-vitro-Kultur v. a. bei der Erhaltung von genetischen Ressourcen eine praktische Bedeutung. Die *Malus*-Unterlagenvermehrung *in vitro* wurde für eine leistungsstarke Produktion von virusfreien Unterlagen entwickelt und wird heute in einer Reihe von Laboratorien, die Baumschulen angeschlossen sind, kommerziell betrieben.

Bei Apfel werden heute, vorwiegend zum Zweck der Züchtungsforschung, verschiedene gentechnologische Methoden angewendet. Dafür ist es notwendig, dass an somatischem Gewebe Sprosse entstehen, die dann zu ganzen Pflanzen regeneriert werden können. Anfang der 1980er-Jahre erschienen erstmalig Publikationen zur In-vitro-Regeneration von Adventivsprossen an Apfelblättern. Der kritische Faktor dabei war die Effizienz, mit der solche Sprosse am Explantat entstehen. Um eine Transformation erfolgreich durchführen zu können, müssen möglichst viele Sprosse regenerieren. Aus diesem Grund wurden in zahlreichen Untersuchungen Einflussfaktoren wie der Genotyp, die Herkunft und das Alter des Explantats, die Medienzusammensetzung, die Lage des Explantats auf dem Medium u. a. geprüft.

Die erste Transformation bei Apfel wurde 1989 durch James et al. (1989). publiziert. Inzwischen ist die Technologie des Gentransfers Routine in vielen Laboratorien der Welt. Obwohl auch andere Methoden geprüft worden sind (Gentransfer in Protoplasten, Partikelbeschuss, Nutzung von *Agrobacterium rhizogenes*), erwies sich die Methode des *Agrobacterium-tumefaciens*-vermittelten Gentransfers in Blattscheiben am effizientesten. Zu den wichtigsten Merkmalen, die im Fokus der gentechnologischen Veränderung stehen, gehört die Verbesserung von Resistenzen gegenüber Schaderregern wie Bakterien (Feuerbrand), Pilzen (Schorf, Mehltau) und Insekten. Aber auch andere Merkmale wurden verändert, wie die Induktion von Schwachwuchs, die Verringerung der Allergenität der Frucht, die Verhinderung der Fruchtfleischverbräunung, die Verbesserung der Lagereigenschaften und die Verkürzung der juvenilen Phase durch frühzeitige Blüte. Dabei wurde stets davon ausgegangen, dass die spezifischen Eigenschaften der Sorte erhalten bleiben und ein einzelnes (i. d. R. monogenes) Merkmal verändert werden kann. Die Transformationsprotokolle sind inzwischen so gut an die spezifischen Erfordernisse der verwendeten Sorten angepasst, dass Transformationsraten von 5 bis 15 % erreicht werden können. Dabei wurde – beginnend mit der Sorte 'Greensleeves' – mit einer großen Anzahl verschiedener Sorten und Unterlagen gearbeitet. Die ersten Freisetzungen transgener Apfelbäume fanden Anfang der 1990er-Jahre in den USA statt. Mittlerweile sind zwei Apfelsorten, bei denen das Fruchtfleisch nicht verbräunt, wenn man den Apfel aufschneidet, ARCTIC® GRANNY und ARCTIC ® GOLDEN, in Kanada und den USA dereguliert worden. Bei diesen Sorten wurde der Gehalt an Polyphenoloxidase (PPO) in der Frucht gentechnisch verringert.

Der Apfel war die erste Obstart, bei der die Cisgen-Technologie erfolgreich angewandt wurde. Gentechnologische Verfahren sind auch bestens dafür geeignet, die Funktion von Genen zu überprüfen (engl. *functional genomics*). Dafür werden einzelne Kandidatengene überexprimiert (engl. *overexpression*) oder abgeschaltet (engl. *gene silencing*) und die Auswirkungen geprüft.

Die Methode der Embryokultur (engl. *embryo rescue*) hat bei Apfel für die Züchtung kaum Bedeutung, da eine klassische Aussaat von Samen ausreichend ist. Die Anwendung der Antheren- oder Pollenkultur wie auch die Protoplastentechnologie wurden bei Apfel methodisch etabliert, fanden jedoch aufgrund geringer Effizienz und einer sehr geringen Anzahl an regenerierten Pflanzen keinen Eingang in die züchterische Praxis.

Tab. 13.7 Ausgewählte Resistenzen gegenüber verschiedenen Krankheiten, für die es z. T. molekulare Marker gibt

Krankheit Pathogen	Resistenzquelle (Art, Sorte, Klon)	Kopplungs- gruppe	QTL/*Gen*
Feuerbrand *Erwinia amylovora*	*Malus robusta 5*	3	Major-QTL/*Fb_Mr5*
	Fiesta	7	Major-QTL/FBF7
	M. fusca	10	Major-QTL/*Mfu10*[a]
	M. baccata	12	Major-QTL
	Evereste	12	Major-QTL
	M. floribunda 821	12	Major-QTL

Tab. 13.7 (Fortsetzung)

Krankheit Pathogen	Resistenzquelle (Art, Sorte, Klon)	Kopplungs-gruppe	QTL/*Gen*
Apfelschorf *Venturia inaequalis*	Golden Delicious	12	*Rvi1 (Vg)*
	TSR34T15	2	*Rvi2 (Vh2)*
	Geneva	4	*Rvi3 (Vh3)*
	TSR33T239	2	*Rvi4 (Vh4, Vx, Vr1)*
	9-AR2T196	17	*Rvi5 (Vm)*
	Priscilla	1	*Rvi6 (Vf)*[a]
	M. floribunda 821	8	*Rvi7 (Vfh)*
	B45	2	*Rvi8 (Vh8)*
	K2	2	*Rvi9 (Vdg)*
	A723–6	1	*Rvi10 (Va)*
	A722–7	2	*Rvi11 (Vbj)*
	Hansen's baccata #2	12	*Rvi12 (Vb)*
	Durello di Forli	10	*Rvi13 (Vd)*
	Dülmener Rosenapfel	6	*Rvi14 (Vdr1)*
	GMAL2473	2	*Rvi15 (Vr2)*
	MIS op 93.051 G07–098b	3	*Rvi16 (Vmis)*
	Antonovka APF22	1	*Rvi17 (Va1)*
	1980-015-025	11	*Rvi18 (V25)*
Apfelmehltau *Podosphaera leucotricha*	*M. robusta*	12	*Pl1*
	M. zumi	11	*Pl2*
	White Angel	8	*Pl-w*
	D12	12	*Pl-d*
	Novosibirski Sweet (91.117 A01-003)		*Pl-n*
	Mildew Immune Selection		*Pl-m*
	Aotea 1		*Pl-a*
Apfelfaltenlaus *Dysaphis derecta*	Cox's Orange Pepping	7	*Sd-1*
	Double Red Northern Spy	7	*Sd-2*
Mehlige Apfelblattlaus *Dysaphis plantaginea*	Florina	8	*Dp-fl*
Apfelblutlaus *Eriosoma lanigerum*	Northern Spy	8	*Er-1*
	M. robusta 5	17	*Er-2*
	Aotea 1	8	*Er-3*
	MIS op 93.051 G02-054	7	*Er-4*
	93.051 G07-62	?	*Er-m*
Wurzelhalsgallen *Agrobacterium tumefaciens*	*M. sieboldii* Sanashi 63	2	*Cg*

[a] Die Positionen der Gene im Apfelgenom sind in Abb. 13.15 zu sehen.

DNA-Marker

Bei Apfel wurden in der Vergangenheit viele verschiedene Markertypen getestet und etabliert. Von diesen haben sich jedoch nur wenige durchgesetzt. Heute finden v. a. SSR-, SCAR-, CAPS- und SNP-Marker Anwendung in der praktischen Züchtung. Marker wurden sowohl für monogen vererbte Merkmale, z. B. für viele Schorfresistenzen, als auch für quantitativ (polygen) vererbte Merkmale entwickelt. Die Tab. 13.7 und 13.8 zeigen eine Auswahl an Merkmalen, für die es bereits relativ eng gekoppelte Marker gibt. Tab. 13.7 enthält v. a. monogene Resistenzen, aber auch Resistenzen bei denen ein Major-QTL einen Großteil der phänotypischen Varianz erklärt. Daneben gibt es eine Vielzahl weiterer kartierter quantitativer Resistenzen, die durch mehrere QTL vererbt werden. Diese sind hier nicht aufgeführt. Molekulare Marker werden beim Apfel auch genutzt, um die Abstammung (engl. *pedigree*) von Sorten zu verifizieren. Ein Beispiel für zwei Sorten aus der Pillnitzer Züchtung zeigt Abb. 13.13.

Tab. 13.8 Auswahl an Merkmalen, für die bereits QTL im Apfelgenom detektiert werden konnten

Merkmal	Genotyp/Population	QTL/Gen	Kopplungsgruppe
Schalenberostung	Renetta Grigia di Torriana	Major-QTL/	12
	Orin × Akane	*Ru_RGT*	4, 6, 8, 15
		QTL	
Textur	X3259 × X3263	QTL	1, 2, 3, 4, 5, 6, 7, 8, 10, 11, 12, 15, 17
	Fuji × Delearly	QTL/*Md_PG1*	10
Stippigkeit	Redchief × X6688	Major-QTL	16
Fruchtlänge	Jonathan	QTL	11, 7, 1
Fruchtdurchmesser		QTL	3
Fruchtformindex		QTL	11, 5
Fruchtgröße	Royal Gala	QTL/*MdARF6*,	8, 15
	Starkrimson × Granny Smith	*MdARF106*	
Fruchtfestigkeit	Jonathan × Golden Delicious	QTL	11
Fruchtgewicht		QTL	3, 5
Maleinsäuregehalt		QTL	8
Zitronensäuregehalt		QTL	8, 15
Essigsäuregehalt		QTL	7
Fruktosegehalt		QTL	1
Saccharosegehalt		QTL	1
Essigsäureester	Selektierte Sämlinge aus	QTL/*MpAAT1*	2, 4, 8
Ethylester	einem Set an Primitivsorten	QTL/*MdCXE4*	1, 10, 17
Alkohole		QTL	2, 4, 5, 6, 7, 13, 15
Terpene		QTL	1, 10, 12, 17
Sensorische Aromaintensität		QTL	1, 2, 6, 8, 16

Tab. 13.8 Auswahl an Merkmalen, für die bereits QTL im Apfelgenom detektiert werden konnten

Merkmal	Genotyp/Population	QTL/Gen	Kopplungsgruppe
Ethylenproduktion	Golden Delicious × Braeburn Fuji × Mondial Gala	Major-QTL/*Md-ACS1*, *Md-ACO1*	10, 15
Erntereife	Orin × Akane	QTL	3, 10, 15, 16
Vorerntefruchtfall		Major-QTL/*Md-ACS1*	15
Brix-Wert		QTL	15, 16
Fruchtesterproduktion	Royal Gala × Granny Smith	Major-QTL/*AAT1*	2
Säulenwuchs (columnar)	Fuji × Maypole	Major-QTL/*Co*	10
Frühe Fruchtreife		Major-QTL	9
Bewurzlungsfähigkeit (Unterlagenstecklinge)	JM107 × Sanashi	Major-QTL, Minor-QTL	17, 13
Schwachwuchs	M13 × M9; MM106 × M27	QTLs/*Dw1*, *Dw2*, *Dw3*	5, 11, 13
Stammanatomie und hydraulische Parameter	Starkrimson × Granny Smith	QTL	2, 8, 9, 11, 13
Aufbruch vegetative Knospen	Golden Delicious × Anna Sharpe's Early × Anna	QTL	9
Vitamin-C-Gehalt	Telamon × Braeburn	QTL/*MdGGP1-3*, *MdNAT7-2*, *MdDHAR3-3*	10, 11, 16, 17

Bei einigen Trägern (Donoren) mit polygener Resistenz (z. B. Schorfresistenz in 'Geneva') wurde gezeigt, dass die Resistenz dieser Genotypen auf einer Resistenzgenpyramide von mehreren monogenen Resistenzen besteht. Neueren Untersuchungen zufolge scheint dies auch beim 'Dülmener Rosenapfel' der Fall zu sein.

Tab. 13.8 enthält eine Auswahl an weiteren Merkmalen, für die bereits QTL im Apfelgenom kartiert wurden. Unter diesen Merkmalen gibt es einige (z. B. Säulenwuchs oder Stippigkeit), für die nur ein einziger starker QTL detektiert wurde. Bei solchen Merkmalen ist davon auszugehen, dass es im Bereich des QTL ein oder einige wenige Gene gibt, die dieses Merkmal bedingen (Major-QTL). Das Vorhandensein von zusätzlichen Minor-QTL kann jedoch nicht ausgeschlossen werden. Für andere Merkmale (z. B. Textur oder Erntereife) konnte die quantitative Vererbung nachgewiesen werden. Sie ist durch mehrere QTL bedingt, die z. T. auf verschiedenen Kopplungsgruppen liegen und alle einen prozentualen Beitrag zur Ausprägung des jeweiligen Merkmals leisten.

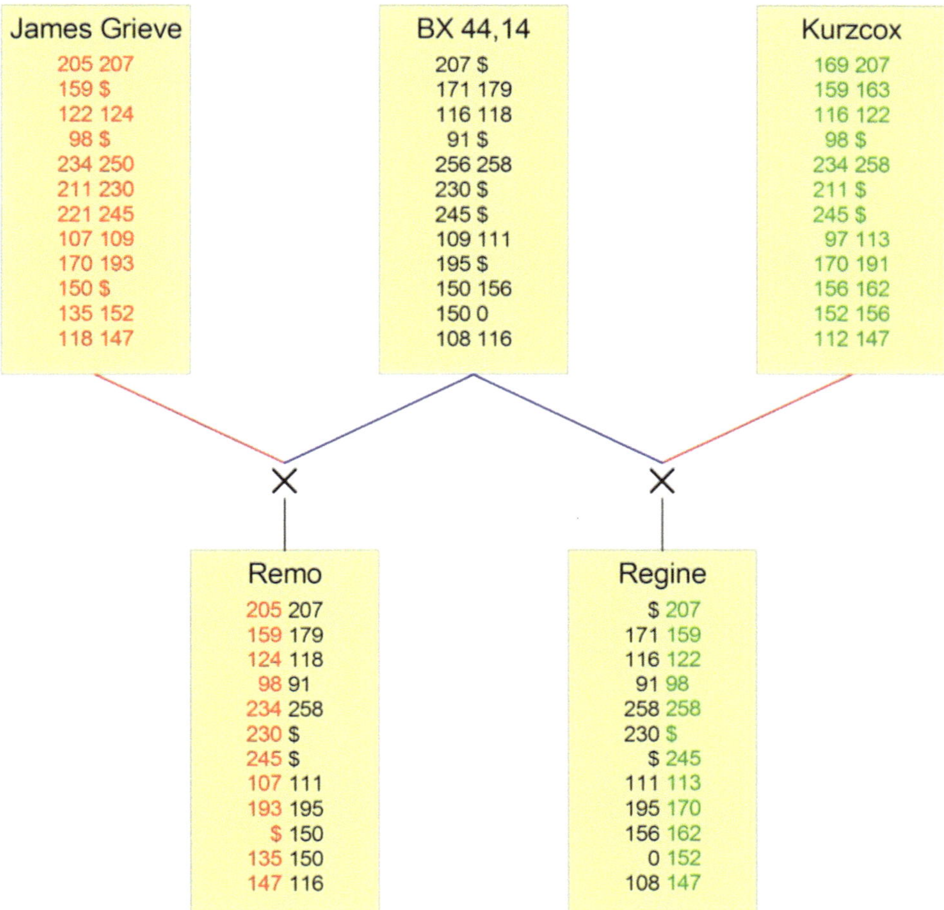

Abb. 13.13 Überprüfung der Abstammung von zwei Pillnitzer Apfelsorten 'Remo' ('James Grieve' × BX 44,14) und 'Regine' (BX 44,14 × 'Kurzcox') mithilfe eines Fingerprints von zwölf Mikrosatellitenmarkern. Es sind jeweils die Fragmentgrößen für die Allele der Eltern aufgeführt und in unterschiedlichen Farben für den entsprechenden Elter gekennzeichnet, um die Vererbung an die Nachkommen zu veranschaulichen. $ erstes Allel homozygot oder Nullallel; *0* Nullallel – keine Amplifikation eines Fragments. (A. Peil, unveröffentlicht)

Molekulare Marker können auch für Verwandtschaftsuntersuchungen innerhalb einer Art oder Gattung verwendet werden. Ein Beispiel zeigt Abb. 13.14.

Kartierung

Bei Apfel existiert eine Vielzahl an genetischen Karten. Allein die Genomdatenbank für Rosengewächse (https://www.rosaceae.org) enthält Informationen zu etwa 60 verschiedenen Apfelkarten. Diese Karten stammen von Kreuzungspopulationen z. T. ganz unterschiedlicher Elterngenotypen und wurden mit unterschiedlichen Markersystemen erzeugt.

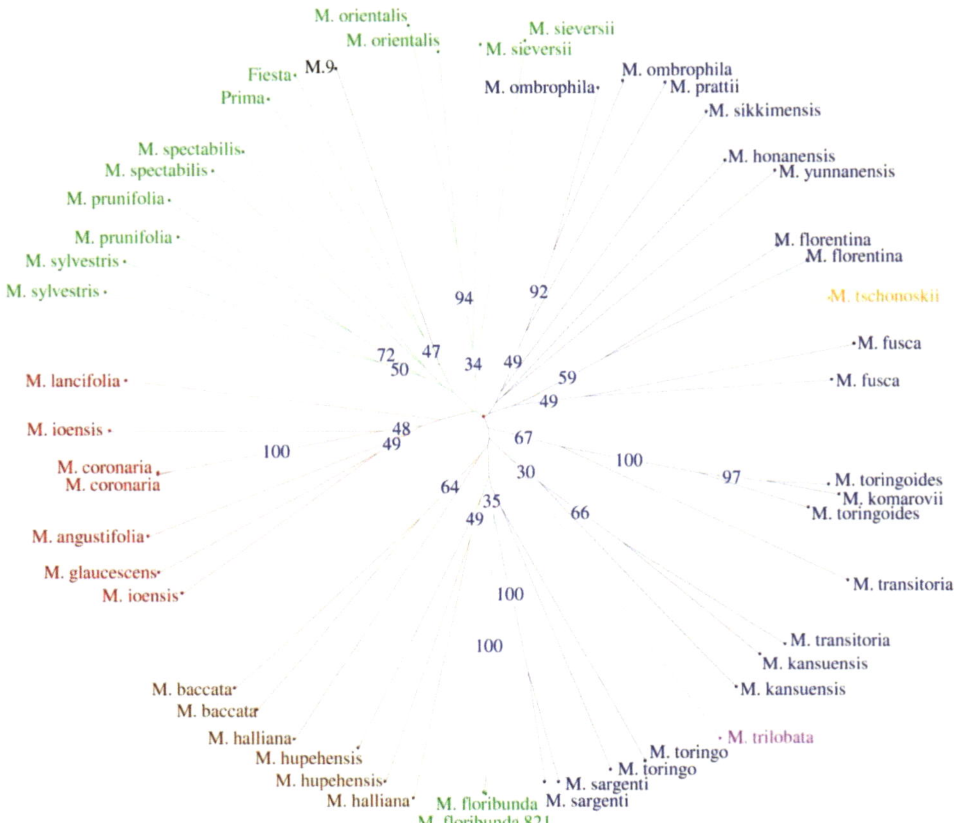

Abb. 13.14 Beispiel für eine genetische Abstandsanalyse von Akzessionen verschiedener *Malus*-Arten, durchgeführt mit zwölf SSR-Markern. Für die Erstellung dieses Baums wurden die einzelnen Allele der SSR-Marker in eine 0-1-Matrix (0 = Allel in diesem Genotyp nicht vorhanden, 1 = Allel in diesem Genotyp vorhanden) überführt. Anschließend wurden die genetischen Distanzen zwischen den einzelnen Akzessionen mit dem Programm DARwin 5.0.158 und dem Jaccard-Algorithmus berechnet. Aus den Distanzen wurde der Baum mit dem Unweighted-neighbour-joining-Verfahren erstellt. Zur Absicherung für die Richtigkeit des Baums wurden 1000-Bootstrap-Wiederholungen durchgeführt. Dafür wurde der Baum 1000 Mal neu gerechnet. Dabei wurden bei jeder neuen Berechnung einzelne Akzessionen doppelt verwendet, während andere nicht mit in die Berechnung eingeflossen sind. Bootstrap-Werte sind ein prozentuales Maß für die Zuverlässigkeit eines erstellten Baums. Sie geben an, in wie viel Prozent der Fälle zwei Akzessionen gemeinsam einer Gruppe zugeordnet wurden. Werte über 50 % gelten als relativ sicher. In dieser Darstellung sind nur die Bootstrap-Werte, die über 30 % betragen, aufgeführt. Die unterschiedlichen Farben repräsentieren die sechs Sektionen der Gattung *Malus*, zu denen die jeweiligen Arten gehören: *blau Amygdaloidae*; *braun Gymnomeles*; *grün Malus*; *lila Eriolobus*; *orange Docyniopsis*; *rot Chloromeles*. Die Unterlage M9 ist eine Hybride und deshalb schwarz dargestellt. (A. Peil, unveröffentlicht)

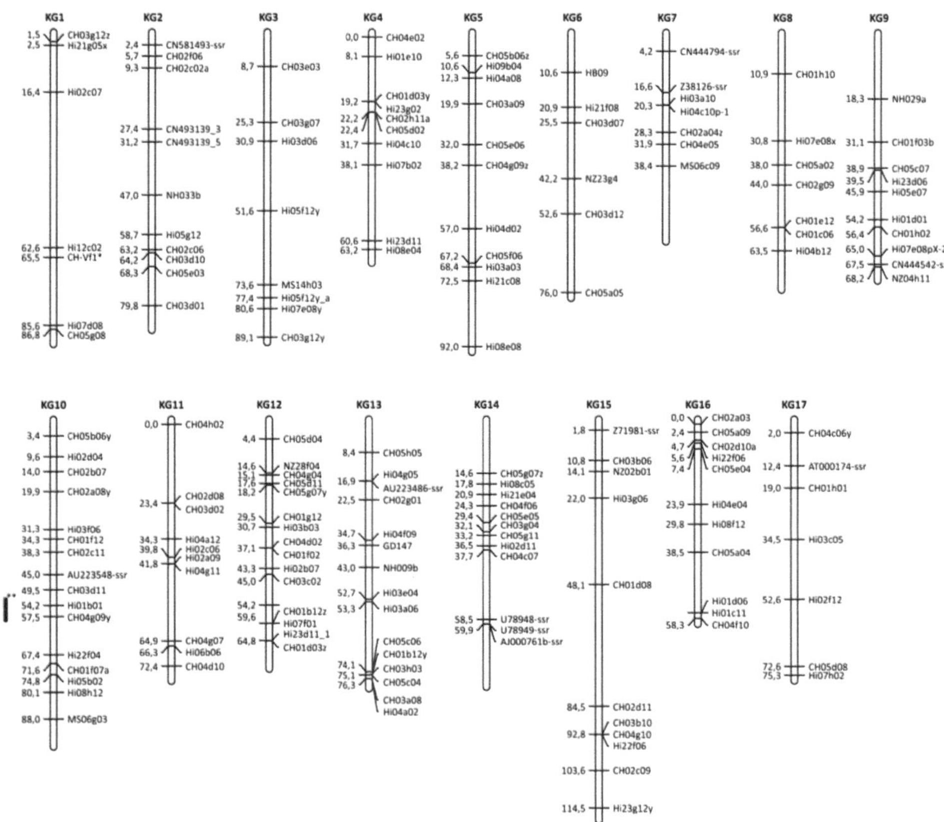

Abb. 13.15   Integrierte genetische Karte der 17 Kopplungsgruppen (KG) des Apfelgenoms. Die Daten zur Erstellung der KG wurden der Website www.hidras.unimi.it entnommen. Die Marker und deren Positionen wurden aus vorhandenen Daten zu verschiedenen genetischen Apfelkarten zu einer integrierten Karte zusammengesetzt. Dargestellt sind im Wesentlichen SSR-Marker. *Marker für das Schorfresistenzgen *Rvi6;* **Position des QTL für Feuerbrandresistenz *Mfu10* aus der Apfelwildart *Malus fusca.* (A. Peil, unveröffentlicht)

In den letzten Jahren haben sich für die genetische Kartierung bei Apfel v. a. SSR- und SNP-Marker durchgesetzt. In Abb. 13.15 ist eine integrierte genetische Karte mit den 17 Kopplungsgruppen des Apfels dargestellt. Zur Erstellung der integrierten Karte wurden die Daten aus unterschiedlichen genetischen Karten zusammengeführt.

Sequenzierte Genome und SNP-Chips

Bei Apfel existiert bislang die vollständige Genomsequenz eines Referenzgenoms. Dabei handelt es sich um das Genom der Sorte 'Golden Delicious'. Von mehr als 60 weiteren Sorten wurde das Genom auf der Basis des 'Golden Delicious'-Genoms resequenziert. Die dabei erhaltene Sequenzinformation wurde v. a. für die Entwicklung hochauflösender SNP-Marker-Chips verwendet. Bei Apfel existieren zurzeit 6K-, 8K- und 9K-Chips, die

vom International Rosaceae SNP Consortium (IRSC) entwickelt worden sind. Darüber
hinaus existieren noch ein 20K- sowie ein 480K-SNP-Chip. All diese Informationen sind
über die Genomdatenbank der Rosengewächse (https://www.rosaceae.org) frei zugänglich.

13.5.4 Erhaltungszüchtung

Die Erhaltungszüchtung erfolgt i. d. R. durch den jeweiligen Züchter, der gewährleisten
soll, dass eine Sorte in ihrer Merkmalsausprägung homogen und beständig bleibt. Dies
ist eine Voraussetzung für den Fortbestand des Sortenschutzes. Nur von Apfelsorten, die
zugelassen oder geschützt sind, kann zertifiziertes Material erzeugt und in den Verkehr
gebracht werden. Dieses Material muss grundlegende phytosanitäre Anforderungen erfüllen. Um dieses zu gewährleisten, ist ein Stufenaufbau geregelt. Das Vorstufenmaterial
muss insektensicher gehalten werden, um Infektionen mit Pathogenen zu verhindern (z. B.
in insektensicheren Gewächshäusern). Aus dem Vorstufenmaterial werden Mutterpflanzen
und Basismaterial erzeugt.

Die Erhaltungszüchtung bei Apfel erfolgte in Deutschland bislang in Reiserschnittanlagen. Diese befanden sich z. T. direkt beim Züchter oder in Reisermuttergärten unterschiedlicher Trägerschaft. Aufgrund der Tatsache, dass die Reisermuttergärten zunehmend Schwierigkeiten haben, ihren phytosanitären Status aufrechtzuerhalten, ist es fraglich, wie eine Erhaltung und Vermehrung von zertifiziertem Material in Zukunft sichergestellt werden kann.

13.5.5 Biologische Besonderheiten der Art

Selbstinkompatibilitätssystem
Selbstfertilität kommt bei Apfel nur sehr selten vor. Der Apfel hat ein gametophytisches
Selbstinkompatibilitätssystem. Dieses wird bestimmt durch den sog. S-Lokus, der sich am
unteren Ende von Kopplungsgruppe 17 befindet. An diesem Lokus existiert ein Gen für
eine griffelspezifische S-RNase sowie mehrere pollenspezifische F-Box-Gene. Von der
S-RNase ist eine Reihe unterschiedlicher Allele bekannt. Der griffelspezifische Teil der
Selbstinkompatibilität wird bei diploiden Äpfeln von bis zu zwei Allelen dieser S-RNase
bestimmt, bei triploiden Äpfeln von bis zu drei Allelen. Der pollenspezifische Teil der
Selbstinkompatibilität wird durch die F-Box-Gene bestimmt, von denen mehrere (meist
mehr als zehn) in direkter Umgebung der S-RNase lokalisiert sind. Diese F-Box-Gene sind
auch als S-locus-F-box-brothers(SFBB)-Gene bekannt. Jedes dieser F-Box-Proteine ist in
seiner Funktion gegen ein oder mehrere Allele der S-RNase gerichtet und in der Lage,
diese zu inaktivieren. Inzwischen sind 57 verschiedene S-Allele in verschiedenen Apfel-
arten beschrieben. Eine vergleichende Sequenzanalyse der bislang registrierten Sequenzen
identifizierter S-Allele in der NCBI-GenBank ergab, dass einige S-Allele identisch sind

Tab. 13.9 S-Allele bei einer Auswahl von wichtigen Apfelsorten im Erwerbsanbau

Sorte	S-Allele
Braeburn	*S9 S24*
Elstar	*S3 S5*
Fuji	*S1 S9*
Gala	*S2 S5*
Golden Delicious	S2 S3
Granny Smith	*S3 S23*
Idared	*S3 S7*
Pinova	*S2 S22*

mit anderen, sodass vor Kurzem eine neue Klassifizierung vorgeschlagen worden ist (Kim et al. 2016). Basierend auf den Sequenzen der bislang bekannten S-Allele wurden molekulare Marker entwickelt. Mit deren Hilfe ist eine gezielte Bestimmung der S-Allele im Vorfeld von Kreuzungen möglich. Damit können mögliche Eltern besser ausgewählt werden, was zu einer Erhöhung der Effizienz des Züchtungsprogramms führt. In Tab. 13.9 sind die S-Allele für eine Auswahl von Apfelsorten dargestellt.

Juvenilität

Apfelsämlinge durchlaufen nach der Keimung eine juvenile Entwicklungsphase, bevor sie in die fruchtbare Altersphase eintreten. In der juvenilen Phase (Jugendphase, von lat. *iuvenis* für jugendlich) werden keine Blüten und folglich auch keine Früchte gebildet. Die Pflanze unterscheidet sich in der Ausprägung morphologischer Merkmale von einem adulten (Altersphase von lat. *adultus* für Erwachsener) Baum. Die Blätter sind schmaler, die Triebe dünner. Der Knospenaufbruch ist zeitiger, der Blattfall später. Zwischen der juvenilen und der adulten Phase gibt es eine Übergangsphase. In der Übergangsphase ist der untere Teil der Pflanze noch juvenil, während der obere Teil bereits adult ist. Die Dauer der juvenilen Phase liegt zwischen drei und zehn Jahren, abhängig vom Genotyp. Erst nach dieser Zeit werden Früchte gebildet. Eine phänotypische Bewertung von Fruchtmerkmalen ist somit erst in der adulten Phase möglich. Deshalb versuchen Züchter seither Methoden zur Verkürzung der juvenilen Phase zu entwickeln. Eine Verkürzung gelingt v. a. dann, wenn man den Sämling so stark wie möglich in seinem Wuchs fördert. Das ist z. B. durch Kultivierung im Gewächshaus bei guter Belichtung möglich. Sämlinge, die unter optimalen Bedingungen im Gewächshaus kultiviert werden, können in einer Vegetationsperiode bis zu 3 m Höhe erreichen. Entscheidend ist hier die Anzahl der Internodien, die der Sämling im ersten Wachstumsjahr erreichen kann. Eine weitere Beschleunigung des Eintritts in die Blütenbildung wird dadurch erreicht, dass die Knospen aus dem oberen Teil des Sämlings (die sich schon in der adulten Phase befinden) auf schwachwachsende Unterlagen mit Stammbildner, z. B. M9 oder M27 mit 'Hibernal' als Stammbildner, direkt in das Feld veredelt werden.

Die juvenile Phase bei Apfel kann auch mit gentechnologischen Methoden verkürzt werden (s. Abschn. 13.5.3). Es gelang, den Generationszyklus auf rund 13 Monate zu verkürzen. Dadurch wird auch die Introgression einer Resistenz aus einer Wildart (s. Abschn. 13.5.2) in einem überschaubaren Zeitraum möglich. Der Clou dieser Methode ist das Herausmendeln des Transgens in einer späten Stufe des Pseudorückkreuzungsprogramms, sodass die entstehende Sorte nicht transgen ist (Flachowsky et al. 2011).

Apomixis

Fakultative Apomixis ist charakteristisch für eine Reihe von meist polyploiden *Malus*-Wildarten. Bei diesen Arten kommt es zur Bildung von apomiktischen Samen, aber auch von Samen aus unreduzierten Zellen. Es kann aber auch zur Befruchtung unreduzierter generativer Zellen kommen, sodass nicht alle aus Apomixis entstandenen Nachkommen muttergleich sind. Das Besondere an der apomiktischen Fortpflanzungsweise ist, dass die Sämlinge ausreichend uniform sind, da i. d. R. muttergleich. Das ist v. a. für Unterlagensorten vorteilhaft. Hier hätte eine Vermehrung über Samen den Vorteil, dass die entstehenden Pflanzen virusfrei sind. Aus diesem Grund versuchen einige Unterlagenzüchter apomiktische Formen zu selektieren.

13.6 Erfolge der Züchtung und Ausblick

Die Selektion und Vermehrung von individuellen Apfelgenotypen durch den Menschen hat über viele Jahrhunderte hinweg zur Entstehung von tausenden Apfelsorten geführt. Viele von ihnen haben jedoch nur eine lokale und im Anbauumfang sehr begrenzte Bedeutung erlangt. Wirtschaftlich bedeutend sind heute nur sehr wenige Sorten. Ein Großteil der Weltapfelproduktion wird mit weniger als zehn Sorten realisiert. Dennoch ist gerade in den letzten Jahren eine Zunahme der Anzahl neuer Sorten am Markt zu verzeichnen. Das liegt zum einen an dem sich ändernden Ernährungs- und Umweltbewusstsein der Konsumenten, zum anderen an den sich ändernden Rahmenbedingungen für den Obstbau. Besonders die starke Reduktion der Anzahl zugelassener Pflanzenschutzmittel und auch die Nachfrage von Handelsketten nach rückstandsfreien Äpfeln, unabhängig von vorgegebenen Grenzwerten, führen zu einem steigenden Bedarf an resistenten Sorten. In der Vergangenheit hatten viele resistente Sorten noch eine unbefriedigende Fruchtqualität und ihre Resistenz beruhte meist nur auf der monogenen Schorfresistenz aus *M. floribunda* 821. Heute existieren erste Zuchtklone und Sorten mit pyramidisierten Resistenzen gegenüber mehreren Krankheiten und einer Fruchtqualität, die mit den Topsorten am Markt konkurrieren kann. Gerade zur Bekämpfung des Apfelschorfs stehen dem Züchter mit nahezu 20 verschiedenen Resistenzgenen heute viele Kombinationsmöglichkeiten zur Verfügung. Ähnlich sieht das auch bei anderen Krankheiten aus. Der in den letzten 20 Jahren erreichte Wissenszuwachs im Bereich der Resistenzzüchtung wird in den nächsten beiden Jahrzehnten zu einem sprunghaften Anstieg in der Züchtung neuer, dauerhaft resistenter Apfelsorten führen. Gleichzeitig wurde aber auch intensiv an der Erforschung der

Vererbung anderer wertgebender Eigenschaften wie z. B. Fruchtqualität, Lagerfähigkeit und Blüten- bzw. Fruchtbildung gearbeitet. Das Wissen über die genetischen Prozesse, die diesen Eigenschaften zugrunde liegen, führt zu einer wesentlich zielgerichteteren Auswahl geeigneter Eltern und zu einer deutlichen Steigerung der Selektionseffizienz.

Neben dem kontinuierlichen Ausbau der klassischen Züchtung wurde auch an der Entwicklung moderner Zuchtmethoden gearbeitet. So wurden in den vergangenen 30 Jahren bei Apfel u. a. bedeutende Erfolge in der Anwendung gentechnologischer Methoden zur Verbesserung von Merkmalen der am Markt etablierten Sorten erreicht. Diese Arbeiten waren dadurch gekrönt, dass erstmals apfeleigene Resistenzgene aus Wildarten in den Kulturapfel übertragen werden konnten. Die Anwendung solcher Verfahren in der Züchtungsforschung erleichtert die Erforschung der Funktion einzelner Gene erheblich. Ob diese Verfahren jedoch auch eine Anwendung in der praktischen Sortenzüchtung finden werden, bleibt nach wie vor offen. Ein großes Potenzial liegt in der markergestützten Selektion, die die Pyramidisierung von Resistenzgenen erst ermöglicht. Bestrebungen gehen zur Entwicklung und Anwendung der sog. genomweiten Selektion, bei der nicht einzelne Marker, sondern das gesamte Genom der Sämlinge untersucht wird. Die Auswahl der besten Genotypen erfolgt dann auf Grundlage vieler Merkmale.

Herr von Ribbeck auf Ribbeck im Havelland, Ein Birnbaum in seinem Garten stand, Und kam die goldene Herbsteszeit, Und die Birnen leuchteten weit und breit, Da stopfte, wenn's Mittag vom Thurme scholl, Der von Ribbeck sich beide Taschen voll [...]
(Theodor Fontane)

14.1 Einführung

lateinisch	*Pyrus communis* L.
deutsch	(Europäische) Birne
englisch	pear
französisch	poire
russisch	gruša

Wenn Deutschland auch kein Birnenland ist, so gehört die Europäische Birne (*Pyrus*[1] *communis*[2]) doch zu den beliebtesten Früchten in Herbst und Winter. Birnen haben vergleichsweise zum Apfel höhere Ansprüche an Boden und Klima und die Früchte sind weniger lagerfähig. Es gibt jedoch wenige andere Früchte, die ein so reiches Spektrum an Aromanuancen wie die Birne entfalten. Der Birnbaum hatte eine große mythologische Bedeutung bei unseren Vorfahren. Er wurde insbesondere in die Nähe des Hauses gepflanzt, möglichst an die Hausfassade als Beschützer des Hauses und seiner Bewohner vor Blitzschlag. Von den Sorben wurden Birnenbäume besonders verehrt, da sie als Sitz der Götter galten. Aus diesem Grund gibt es insbesondere in der Lausitz noch viele alte Birnen als Hofbäume. Birnen werden vorrangig als Frischobst verkauft, aber auch als Konserve, ge-

---

[1] Lat. *pirus, pirum* für Birnbaum, Birne, woraus dt. Birne wurde, das samt gr. *apios, apion* für Birnbaum, Birne aus einer Mittelmeersprache entlehnt ist.
[2] Lat. *communis* für gemein, gewöhnlich.

© Springer-Verlag GmbH Germany 2017
M.-V. Hanke und H. Flachowsky, *Obstzüchtung und wissenschaftliche Grundlagen*,
DOI 10.1007/978-3-662-54085-5_14

trocknet und verarbeitet als Saft und Mus. Ein alkoholisches Cidergetränk wird in England und Frankreich aus Birnen hergestellt. In den letzten Jahren gewinnen Birnen in Deutschland im Erwerbsanbau, im Kleingarten und auch im landschaftsprägenden Streuobstanbau wieder an Bedeutung.

Birnen werden kommerziell in allen Regionen der Erde mit gemäßigtem Klima angebaut. Die Sorten der Europäischen Birne (*P. communis*) dominieren in Europa, Nordamerika, Südamerika, Afrika und Australien. Die Nashi-Birne (*P. pyrifolia*[3]) ist die am meisten kultivierte Art in Süd- und Zentralchina, Japan und Südostasien. In Asien werden weiterhin die Ussuri-Birne (*P. ussuriensis*[4]) und Hybridformen zwischen *P. pyrifolia* und *P. ussuriensis* angebaut. Das Interesse an asiatischen Birnen, besonders an den japanischen Sorten, nimmt in Westeuropa, Nordamerika, Neuseeland und Australien zu. Europäische Birnen haben dagegen nur eine kleine Bedeutung für Asien, außer in Nordjapan, wo die meisten asiatischen Birnensorten zu wenig winterfest sind (Hancock 2008, S. 299–335).

In der Welt betrug die Produktion an Birnen im Jahr 2013 25 Mio. t (FAOSTAT). Damit rangiert die Birne unter den Früchten der gemäßigten Zone an zweiter Stelle hinter dem Apfel. Bei Betrachtung dieser Produktionsmenge ist jedoch zu beachten, dass der Hauptanteil der Birnenproduktion nicht durch Sorten der Europäischen Birne, sondern durch Sorten asiatischer Birnenarten gestellt wird. China ist der Hauptproduzent an Birnen (mehr als 50 % der Weltproduktion). Allerdings werden hier ausschließlich asiatische Birnensorten (*P. pyrifolia* und *P. ussuriensis*) kultiviert. Bei europäischen Birnensorten (*P. communis*) sind die Hauptproduzenten die USA, Argentinien, Italien und Spanien. Im Jahr 2015 wurde die Menge an verkaufsfähigen Birnen in der EU auf 2,35 Mio. t geschätzt (Tab. 14.1). Wenn auch durch Züchtung und Selektion in den letzten Jahrhunderten einige hundert Sorten entstanden sind, so werden erwerbsmäßig nur wenige dieser neuen Sorten angebaut. In Europa sind das die acht Sorten 'Conference', 'Williams Christ'/'Bartlett'/'Bon Crétien', 'Abate Fétel', 'Blanquilla'/'Spadona', 'Doyenne du Comice', 'Kaiser Alexander'/'Bosc's Flaschenbirne', 'Dr. Jules Guyot' und 'Coscia'. Diese machen etwa 80 % der Produktion aus. Die wichtigsten Anbauländer sind Italien, Spani-

Tab. 14.1 **Birnenproduktion nach Sorten in der EU-28, Prognose 2015.** (Schwartau 2015)

Birnensorte	Menge (1000 t)
Abate Fétel	334
Blanquilla	48
Conference	934
Dr. Jules Guyot	75
Rocha	151
Williams Christ	262

---

[3] Lat. *pyrifolia* für birnenblättrig.
[4] Vom Ussuri, Nebenfluss des Amur in Russland und China.

en und Belgien. Für Deutschland lag die Birnenproduktion im Jahr 2015 bei 40.605 t und damit an dritter Stelle hinter Apfel und Pflaume/Zwetschge (Statistisches Jahrbuch 2015).

14.2   Botanische Beschreibung

14.2.1   Gattung *Pyrus* L.

Die Gattung *Pyrus* (Box 14.1) besteht aus zwei Sektionen (*Pashia* und *Pyrus*) mit 40 Arten. Einige Arten sind Sekundärarten, d. h. entstanden aus Hybridisierungen zwischen verschiedenen Wildarten.[5] Die Bezeichnung und die Verbreitung der Arten erfolgt entsprechend GRIN.

Box 14.1 Botanische Zuordnung der Gattung *Pyrus*

Familie	Rosaceae
Unterfamilie	Amygdaloideae
Tribus	Maleae
Subtribus	Malinae
Gattung	*Pyrus* L.

Die Arten der Gattung *Pyrus* können in vier Gruppen eingeteilt werden (Hegi 1995b, S. 278–298):[6]

1. **Westasiatisch-europäische Birnen:** *P. communis* subsp. *caucasica*[7] (Abb. 14.1), *P. communis* subsp. *pyraster*[8] (Abb. 14.2), *P. elaeagrifolia*[9] (Abb. 14.3), *P. nivalis*[10] (Abb. 14.4), *P. salicifolia*[11] (Abb. 14.5), *P. spinosa*[12], *P. syriaca*[13] (Abb. 14.6),

---

[5] GRIN – Germplasm Resources Information Network, https://npgsweb.ars-grin.gov/gringlobal/taxonomygenus.aspx?id=10194 (Stand 12.7.2016).

[6] Die Bezeichnungen der Arten wurden an GRIN angepasst.

[7] Aus dem Kaukasus stammend.

[8] Gr. *pŷr* für Feuer in Verbindung mit Volksetymologie.

[9] Die Bezeichnung basiert auf der Blattform und bezieht sich ursprünglich bewusst auf das gr. Wort *elaia agri* für Wilder Ölbaum, nicht auf gr. *elaegnos* für Ölweide (*Elaeagnus angustifolia*). Die Bezeichnung *P. elaeagnifolia* (Ölweidenblättrige Birne) ist daher nicht als orthografischer Fehler zu korrigieren (https://npgsweb.ars-grin.gov/gringlobal/taxonomydetail.aspx?30491).

[10] Lat. *nivalis* für Schnee-, schneeweiß.

[11] Lat. *salix* für Weide und *folius* für blättrig.

[12] Lat. *spinosus* für dornig, stachelig.

[13] Aus Syrien stammend.

2. **Intermediäre Arten unterschiedlicher Verbreitung:** *P. betulifolia*[14], *P. cordata*[15] (Abb. 14.7), *P. cossonii*,
3. **Mittelgroßfrüchtige südostasiatische Birnen:** *P. hondoensis*, *P. pashia*, *P. pyrifolia* (Abb. 14.8), *P. ussuriensis* (Abb. 14.9 und 14.10),
4. **Ostasiatische Erbsenbirnen:** *P. calleryana*, *P. dimorphophylla*[16], *P. fauriei*, *P. koehnei*.

Abb. 14.1 *Pyrus communis* **subsp.** *caucasica*, die Kaukasische Birne, ist ein schmaler Baum mit einer pyramidalen oder ovalen Krone. Die Früchte sind bis zu 3 cm im Durchmesser, rund oder birnenförmig, gelb oder grünlich gelb. Sie kommt endemisch im Kaukasus vor bis zu einer Höhe von 1900 m über NN. Diese Art ist der Vorfahre vieler Lokalsorten, z. B. in Georgien

Abb. 14.2 *Pyrus communis* **subsp.** *pyraster*, die Holzbirne, kommt als Baum oder mittelgroßer Strauch vor. Die Früchte sind rundlich bis verkehrt-eiförmig, gelblich-rot mit körnigen Einschlüssen und von herbem Geschmack. Die Äste sind dornenbesetzt. Die Holzbirne ist der Vorfahre von einigen Kultursorten

---

[14] Lat. *betula* für Birke und *folius* für blättrig.
[15] Lat. *cor* für Herz bzw. *cordatus* für herzblättrig.
[16] Gr. *dimorphos* für zweigestaltig und *phyllon* für Blatt.

Abb. 14.3 *Pyrus elaeagri-folia*, die Ölweidenbirne, ist ein kleiner Baum, der trockene Gebiet bevorzugt und bis in Höhen von 1700 m vorkommt. Diese Art ist resistent gegenüber Trockenheit und Winterfrost

Abb. 14.4 *Pyrus nivalis*, die Schneebirne, ist ein kleiner Baum mit tief ansetzender, kegelförmiger Krone, im Vergleich zur Holzbirne meist unbewehrt

Abb. 14.5 *Pyrus salicifolia*, die Weidenblättrige Birne, ist ein kleiner und bedornter Baum mit graufilzigen, weidenähnlichen Laubblättern. Die Früchte sind birnenförmig bis kugelig. Sie wird als Ziergehölz genutzt

Abb. 14.6 *Pyrus syriaca*, die **Syrische Birne**

Abb. 14.7 *Pyrus cordata*, die Plymouth-Birne

Abb. 14.8 Die Kultursorte 'Nijisseki' ist eine Nashi-Birne aus Japan und gehört zur Art *Pyrus pyrifolia.* Die Früchte sind mittelgroß, rund bis leicht abgeplattet, gelbgrün und glattschalig. Sie schmecken süßsäuerlich, sind saftig und leicht parfümiert

Abb. 14.9 *Pyrus ussuriensis*, die Ussuri-Birne. Einige Akzessionen dieser Art sind resistent gegenüber Feuerbrand

Abb. 14.10 **Die Kultursorte 'Tse Li' ist eine Nashi-Birne aus China und geht auf die Art *Pyrus ussuriensis* zurück.** Die Früchte sind groß, birnenförmig, grün bis gelbgrün gefärbt. Sie schmecken süß, ohne Säure und sind saftig

In Europa sind fünf *Pyrus*-Arten heimisch:

- *P. communis* in zwei Unterarten:
  - subsp. *caucasica*. Indigen vorkommend in der gemäßigten Zone Asiens (Kaukasus und Transkaukasien: Armenien, Aserbaidschan, Georgien, Russland sowie Westasien – Türkei) und Osteuropa (Ukraine);
  - subsp. *pyraster*. Indigen vorkommend in Mitteleuropa, Südosteuropa und Südwesteuropa sowie in der Türkei (Box 14.2).
- *P. cordata*. Indigen vorkommend in England, Frankreich, Portugal, Spanien,
- *P. elaeagrifolia*. Indigen vorkommend in Osteuropa (Krim), Südosteuropa (Albanien, Bulgarien, Griechenland, Rumänien) und Westasien (Türkei),
- *P. nivalis*. Indigen vorkommend in Osteuropa (Krim), Mitteleuropa (Belgien, Österreich, Polen, Schweiz, Slowakei, Tschechien, Ungarn), Südosteuropa (Bulgarien, Kroatien, Griechenland, Italien, Rumänien, Serbien, Slowenien), Südwesteuropa (Frankreich) und Westasien (Türkei),
- *P. spinosa*. Indigen vorkommend in Südosteuropa (Albanien, Bulgarien, Griechenland, Italien, Kroatien, Mazedonien, Montenegro, Serbien, Slowenien), Südwesteuropa (Frankreich, Spanien) und Westasien (Türkei).

> **Box 14.2 *Pyrus communis* subsp. pyraster – die Wild-Birne**
>
> **Verbreitung.** Albanien, Bulgarien, Deutschland, Frankreich, Griechenland, Italien, Mazedonien, Österreich, Polen, Portugal, Rumänien, Spanien, Tschechien, Ungarn.
>
> **Vorkommen.** Zerstreut, aber stellenweise an sonnigen Hängen, in Hecken und Gebüschen, zuweilen auch an Felsen, seltener in lichten, sonnigen Laubmischwäldern und deren Rändern, selten in Auwäldern. Lichtbedürftig, meist nicht über 950 m über NN vorkommend (Hegi 1995b, S. 278–298).
>
> **Botanische Beschreibung.** Sträucher oder bis 20 m hohe Bäume mit abstehenden oder aufsteigenden, kahlen oder verkahlten Zweigen. Dornen fast immer vorhanden. Knospen kegelig, kahl bis filzig. Borke dick, später kleinfeldrig aufbrechend. Blätter rundlich bis eiförmig, fein gezähnt, seltener ganzrandig. Spreite dünn, 2,5–7,0 × 2,0–5,0 cm groß. Blattstiel so lang wie oder kürzer als die Spreite, anfangs behaart, später kahl. Blüten 2–3 cm im Durchmesser, mit lineal-pfriemlichen Kelchblättern und elliptischen Kronblättern. Kelchblätter bis zu 7 mm lang. Früchte 1,5–3,0 cm im Durchmesser, kugelig oder kurz-birnförmig, stumpfgelb, reif meist braungefleckt, roh herb und zusammenziehend im Geschmack. Fruchtstiel bis 2 mm dick (Hegi 1995b, S. 278–298).
>
> **Variabilität der Art.** Sehr formenreich.

Eine Auswahl der *Pyrus*-Arten, die obstbaulich genutzt werden, ist in Tab. 14.2 dargestellt. Die Gattung *Pyrus* hat eine Chromosomengrundzahl x = 17 und entstand offenbar als amphidiploider Bastard aus zwei primitiven Formen der *Prunoideae* (x = 8) und *Spiroideae* (x = 9). Alle *Pyrus*-Arten, soweit bekannt, sind diploid (2 n = 2 x = 34). Tri- und tetraploide Sorten können vorkommen.

Eine botanische Beschreibung der Gattung *Pyrus* ist in Tab. 14.3 zusammengefasst.

In Abhängigkeit vom indigenen Vorkommen werden einige Birnenarten als Sämlings- oder Klonunterlagen verwendet, z. B. in China.

Tab. 14.2 Ausgewählte *Pyrus*-Arten mit Bedeutung für den Anbau. (Janick und Puall 2008, S. 733–745)

Geografische Gruppe	Botanische Art	Biodiversitätszentrum	Nutzung
Europa	*P. communis*	Mittel-, West-, Ost-, Südosteuropa	1, 2
	P. elaeagrifolia	Südosteuropa, Türkei, Ukraine	1
	P. nivalis	Mittel-, Südosteuropa, Frankreich, Ukraine	1, 3
	P. spinosa	Südosteuropa, Frankreich, Spanien	1
Afrika	*P. cossonii*	Algerien	1
Gemäßigte Zone Asiens	*P. betulifolia*	China	1, 4
	P. calleryana	China, Korea, Taiwan	1, 4
	P. communis	Armenien, Kirgisistan, Russland, Türkei	1, 2
	P. fauriei	Korea	1, 4
	P. pashia	Afghanistan, China, Iran	1
	P. pyrifolia	China	1, 2
	P. regelii	China, Kirgisistan	1
	P. salicifolia	Armenien, Aserbeidschan, Türkei	1, 4
	P. syriaca	Armenien, Iran, Irak Syrien, Türkei	1
	P. ussuriensis	China, Japan, Korea Russland	1, 2
Tropische Zone Asiens	*P. betulifolia*	Laos	1
	P. calleryana	Vietnam	1, 4
	P. pashia	Bhutan, Indien, Nepal, Pakistan; Vietnam	1
	P. pyrifolia	Laos, Vietnam	1, 2
China[a]	*P. armeniacifolia*	China	1
	P. bretschneideri	China	2
	P. koehnei	China	1, 4
	P. sinkiangensis	China	2
	P. xerophila	China	1

1 Unterlage; *2* Fruchtproduktion; *3* Mostproduktion; *4* Zierpflanze.
[a] Aufgeführt sind alle Arten, die laut GRIN nur in China vorkommen.

Tab. 14.3 Botanische Beschreibung der Gattung *Pyrus*. (Unter Verwendung von Hegi 1995b, S. 278–298)

Merkmal	Beschreibung
Natürliche Verbreitung	Europa (außer Norden), Nordafrika, Westasien, Ostasien, Japan
Pflanze	Sommergrüne, mittelgroße Bäume oder vereinzelt Sträucher, manchmal dornig, besonders in der Jugendphase
Blatt	Wechselständig, ungeteilt, gestielt; Blattrand gezähnt oder ganzrandig; freie Nebenblätter; Knospenlage nach beiden Seiten gleichmäßig eingerollt

Tab. 14.3 (Fortsetzung)

Merkmal	Beschreibung
Blüte	Blüte erscheint gleichzeitig mit oder vor den Blättern; Infloreszenz doldentraubig; Blüten gestielt, zwittrig; fünf Kelchblätter, gewöhnlich zurückgebogen oder ausgebreitet; fünf Kronblätter, genagelt, fast kreisrund bis breit-länglich, weiß, selten rötlich; (10 bis) 15–30 Staubblätter, Staubbeutel meist rot; (zwei bis) fünf Fruchtblätter, am Rücken fast vollständig mit dem Blütenbecher verwachsen, innen am Grunde miteinander verbunden, mit je zwei paarweise angeordneten Samenanlagen; Blüten vorweiblich
Frucht	Meist birnenförmig, selten auch rundlich, 2,5–6,0 cm lang; bei Kulturformen auch viel größer, bei asiatischen kleiner; Fruchtfächer mit pergament- bis knorpelartigen Wänden, im Fruchtfleisch zahlreiche grießartige Gruppen von Steinzellen, können aber auch fehlen; Samen schwarz oder fast schwarz
Reproduktionsbiologie	Fremdbefruchtung, Insektenbestäubung Interspezifische Hybridisierung möglich, keine Sterilität der Hybriden bekannt; interspezifische Arten kommen natürlich vor Grundsätzlich selbstinkompatibel, einige Kultursorten bilden nach Selbstbestäubung Samen; Selbstinkompatibilität gametophytisch (S-Lokus); zytoplasmatische männliche Sterilität kommt vor, Restorergen für Fertilität vorhanden Juvenile Phase bei Sämlingen zwischen drei und acht Jahren oder noch länger; klonal vermehrte adulte Bäume benötigen etwa drei Jahre bis zum Auftreten der Blütenbildung Apomixis kommt spontan nicht vor; Parthenokarpie tritt auf in Abhängigkeit von Umweltbedingungen
Ploidie	Chromosomengrundzahl $x = 17$; Wildarten sind diploid ($2\,n = 2\,x = 34$); Triploide nur bei Kulturformen; Tetraploidie sehr selten
Genomgröße	Der DNA-Gehalt je Zelle beträgt bei *P. communis* 1,03 pg im diploiden (2C-)Kern. Die Genomgröße liegt bei etwa 577 Mbp im haploiden Kern, bei *P. bretschneideri* bei etwa 527 Mbp. Die Anzahl Gene wird auf ungefähr 43.000 geschätzt
Kältebedürfnis	900–1000 h für europäische Birnen; *P. pyrifolia*-Sorten 300–600 h
Vegetative Vermehrung	Auf Unterlagen (Sämlings- bzw. Klonunterlagen von Quitte oder *P. communis),* über Wurzelsprosse; Stecklingsvermehrung möglich

14.2.2 Birne

Die Europäische Birne (*P. communis*) ist eine Obstart der gemäßigten Klimazone. Sie ist an diese hervorragend angepasst und kommt dort auch nahezu überall vor. Die Europäische Birne ist allopolyploid ($2\,n = 2\,x = 34$), Fremdbefruchter und gametophytisch selbstinkompatibel. Die meisten Sorten sind diploid. Daneben gibt es auch viele triploide ($2\,n = 3\,x = 51$) Sorten, z. B. 'Alexander Lucas', 'Amanlis Butterbirne', 'Diels Butterbirne', 'Gute Graue', 'Hofrathsbirne', 'Nordhäuser Winterforelle', 'Regentin', 'Saint Remy', 'Weiße Herbstbutterbirne'. Tetraploide Genotypen ($2\,n = 4\,x = 68$) sind in der Literatur auch beschrieben, jedoch wurden diese meist künstlich erzeugt. Polyploide Birnen zeichnen sich durch eine höhere Blattmasse und vergrößerte Stomata aus.

Ähnlich wie der Apfel hat auch die Birne eine gesundheitsfördernde Wirkung. Die Europäische Birne hat einen Kohlenhydratgehalt von etwa 12 %, aber mit 1–3 ‰ deutlich weniger Säure als der Apfel und ist darum oft bekömmlicher.

Als Dauerkultur ist die Birne auch zahlreichen Schaderregern ausgesetzt. Die bakteriellen und pilzlichen Pathogene sind in Tab. 14.4 aufgeführt.

Tab. 14.4 **Wichtigste Krankheiten bei Birne**

Krankheit	Schaderreger	Beschreibung
Bakterielle Erkrankungen		
Feuerbrand	*Erwinia amylovora*	Es treten verwelkte Blätter und Blüten auf, die sich nach einer Weile schwarz färben, als wären sie verbrannt. Die Früchte vertrocknen und hängen wie Mumien in den Bäumen. Feuerbrand ist eine Quarantänekrankheit und meldepflichtig
Bakterienbrand	*Pseudomonas syringae*	Das Bakterium dringt über Blüten, junge Blätter ein und verbreitet sich im Holz. Rinde nahe den Endknospen ist im Winter eingesunken und rissig. Im Frühling kann dort Gummifluss austreten. Die Blätter und Blüten bleiben klein und trocknen ein, Fruchtspieße sterben ab. An den Langtrieben tritt eine streifige, schwärzliche Rindenverfärbung auf. Verwechselungsgefahr bei Blütenbefall mit Feuerbrand. Die meisten Kultursorten sind anfällig
Pilzliche Erkrankungen		
Birnenschorf	*Venturia pyrina*	Junge Birnen sind rissig und von schwarzgrauen Schorfstellen bedeckt. Die Früchte fallen oft vorzeitig ab. Ältere Früchte sind ebenfalls rissig und häufig verkrüppelt. Auf den Blättern bildet sich grünlich-schwarzer Pilzrasen. Starker Befall lässt Blätter absterben und abfallen. Ein weiteres Symptom ist das Aufreißen der Rinde junger Triebe
Fleckenkrankheit	*Fabraea maculata*	Auf jungen Blättern rötliche bis violette nadelartige (1–3 mm) Flecken, die sich in der Folge vergrößern und dunkelbraun färben (teilweise mit chlorotischem Ring). Ähnliche Symptome treten auch an Früchten auf. Diese können z. T. aufreißen. Stark befallene Blätter fallen ab
Obstbaumkrebs	*Nectria galligena*	Krebsartige Wucherungen an älteren Trieben, oberhalb können die Äste absterben, bei jüngeren Trieben ist die Rinde teilweise eingetrocknet und die Triebe sterben ab, wenn die Rinde triebumfassend zerstört wird
Monilia-Fruchtfäule	*Monilinia fructigena*	Reifende Birnen zeigen im Hoch- und Spätsommer ringförmige braune Faulstellen, die später die ganze Frucht erfassen. Auf dem faulenden Fruchtgewebe kreisförmig angeordnete Schimmelpolster. Ein Teil der infizierten Früchte trocknet am Baum ein und bildet Fruchtmumien
Birnengitterrost	*Gymnosporangium sabinae*	Auf den Blättern der Birne bilden sich zuerst kleine, gelbe, dann größere, leuchtend-orange Flecke. Im Spätsommer und Herbst entwickeln sich an diesen Stellen blattunterseitig warzenförmige Wucherungen (Sporenlager; Abb. 14.11)

Tab. 14.4 (Fortsetzung)

Krankheit	Schaderreger	Beschreibung
Fruchtfäulen während der Lagerung	*Penicillium expansum, Botrytis cinerea* u. a.	Alle Kultursorten sind anfällig gegenüber Schimmelpilzen

Virosen. Ringfleckenmosaik (*Pear ring pattern mosaic*), Adernvergilbung und Rotfleckigkeit (*Pear vein yellows and red mottle*), Steinfrüchtigkeit (*Pear stone pit*)

Phytoplasmen

Birnenverfall	Candidatus *Phytoplasma pyri*	Wird durch Vektoren übertragen (Birnblattsauger). Der Befall führt v. a. in Junganlagen zu vorzeitiger Rotlaubigkeit im Herbst, schwachem Wuchs, vermindertem Ertrag und Kleinfrüchtigkeit bis hin zum Absterben der Bäume. Ältere Bestände zeigen oft nur schwache Symptome

Tierische Schaderreger. Apfelfaltenlaus (*Dysaphis anthrisci, D. derecta*), Mehlige Apfelblattlaus (*D. plantaginea*), Birnensägewespe (*Hoplocampa brevis*), Birnengallmücke (*Contarinia pyrivora*), Birnenblattsauger (*Psylla pyri* u. a.)

Abb. 14.11 Symptome des Birnengitterrosts auf Blättern (a) und Früchten (b). Der Birnengitterrost ist eine wirtswechselnde Pilzkrankheit, die für ihre Entwicklung zwei verschiedene Pflanzenarten benötigt. Während des Sommers lebt der Pilz an der Birne und zum Herbst wechselt er auf bestimmte Wacholderarten über, wo er anschließend an den Trieben überwintert. Am Wacholder zeigt sich ein Befall durch auffällige Triebanschwellungen, die im Winter zunächst unscheinbar dunkelbraun gefärbt sind, im Frühjahr bei feuchtem Wetter aber deutlich anschwellen (gallertartige Gebilde) und dann eine orangebraune Färbung annehmen (Wacholderrost). Etwa im März/April werden aus diesen aufgequollenen Sporenlagern neue Sporen ausgeschleudert, die anschließend wiederum die Birne infizieren. An den Blättern von Birnen sind ab Mai/Juni orangefarbene bis orangerote Flecken zu finden, während sich auf den Blattunterseiten im Lauf des Sommers knötchenartige Warzen entwickeln

14.3   Herkunft, Domestikation und Beginn der Züchtung

Die Gattung *Pyrus* entstand aller Wahrscheinlichkeit nach während des Tertiärs vor 65–55 Mio. Jahren im Vorland des Tien-Shan-Gebirges in der heutigen Province Xinjiang in Westchina. Von da aus erfolgte eine Verbreitung nach Osten und nach Westen, die mit Isolation und Adaption an die Umwelt verbunden war. Auf diese Weise kam es zur Bildung verschiedener Arten. Wild-Birnen sind in der gesamten eurasischen Zone zu finden. Vavilov (1951) identifizierte drei Genzentren für die Gattung, in denen die Domestikation stattfand:

- China für asiatische Birnen, wie *P. pyrifolia* und *P. ussuriensis*,
- Zentralasien (Tadschikistan, Usbekistan, Indien, Afghanistan, westlicher Tien-Shan), wo intermediäre Formen zwischen *P. communis* und *P. bretschneideri* (Abb. 14.12) vorkommen und wo *P. communis* möglicherweise mit *P. regelii* hybridisierte und
- Naher Osten/Kleinasien, Kaukasus, wo domestizierte Formen von *P. communis* vorkommen (Kole 2011, S. 147–178).

In Europa kommt im Wesentlichen *P. communis* subsp. *pyraster*, die Holzbirne, in natürlichen Wildbeständen vor. Im Kaukasus ist es *P. communis* subsp. *caucasica*. Diese beiden Birnenwildarten haben kleine Früchte, die die Frühmenschen vermutlich geerntet und getrocknet haben. Es ist sehr wahrscheinlich, dass interspezifische Hybridisierungen bei der Entstehung von Kulturformen eine große Rolle spielten. Die modernen Sorten von *P. communis* zeigen Merkmale, die wenigstens von drei Arten stammen, *P. elaeagrifolia*, *P. salicifolia* und *P. syriaca* (Hancock 2008, S. 299–335). Eine Domestikation erfolgte ausgehend von Bäumen mit hochwertigeren Früchten. Wie bei Apfel spielte dabei die Veredlungstechnik eine große Rolle. Nur mit ihrer Hilfe konnten die „besseren" Genotypen in Zentralasien und im östlichen Mittelmeerraum verbreitet werden.

Abb. 14.12 *Pyrus bretschneideri*, **Bretschneiders Birne**

P. communis gilt als die Ausgangsform für die europäischen Birnensorten, die durch intensives Fruchtaroma, Verringerung der Fruchtfestigkeit im Reifeverlauf und eine große Variabilität in der Fruchtgröße und Fruchtform gekennzeichnet sind. Homer (8. Jahrhundert v. Chr.) besingt im siebten Gesang der Odyssee die Gärten des Alkinoos, wo balsamische Birnen, Granatäpfel, Oliven, Feigen und Äpfel wachsen. Zurzeit von Theophrastus (371–286 v. Chr.) war der Birnenanbau in Griechenland gut etabliert und unterscheidbare Sorten wurden über Veredlungstechniken vermehrt. Plinius der Ältere beschreibt sehr viele verschiedene Gruppen von Birnen in seiner *Naturalis historia* (77 n. Chr.). Er schrieb, dass von allen Sorten die 'Crustumian' und die syrischen Birnen geschmacklich die Besten sind. Die 'Crustumian' stammen aus Crustuminum, einer antiken Stadt in Latium (italienisch *Lazio*, Region in Mittelitalien). Mit der Ausbreitung des Römischen Reichs kamen diese Sorten in Form von Reisern in die eroberten Gebiete, so auch nach Mitteleuropa. Viele hundert Jahre haben die Birnen wie auch andere gärtnerische Kulturpflanzen dann in den Klöstern überdauert, ohne wesentliche Veränderungen in ihren typischen Sortenmerkmalen zu erfahren. Zum Teil fanden in den Klöstern bereits auch erste Züchtungsarbeiten statt. Frankreich entwickelte sich im 16./17. Jahrhundert zum führenden Anbaugebiet von Birnen. Hier kam es in der Folge zur Entstehung von zahlreichen neuen Sorten (Abb. 14.13). Im frühen 18. Jahrhundert gab es in Frankreich mehr als 900 Birnensorten (Hancock 2008, S. 299–335). Im 18. Jahrhundert wurde dann Belgien das Zentrum des Birnenanbaus und der Sortenentwicklung. Dort fand auch zum ersten Mal eine systematische Züchtung statt. Erstmals wurden Sorten gezüchtet, die ein schmelzendes, buttriges Fleisch hatten. Vor dieser Zeit waren die meisten Birnensorten knackig, wie Äpfel, oder hartfleischig und nur zum Kochen geeignet. Der erste Hobbyzüchter war Nicolas Hardenpont (1705–1774), ein Abt in der Stadt Mons. Er säte zwischen 1730 und 1740 große Mengen an Samen aus, um neue Birnensorten mit hoher Fruchtqualität zu erhalten. Dabei hatte er v. a. Butterbirnen im Fokus. Um 1760 selektierte Hardenpont ein Dutzend neuer Sorten, von denen sechs weichfleischig und als Tafelfrucht geeignet waren. Das war ein historischer Fortschritt jener Zeit. Die bekannteste Sorte war 'Hardenponts Winterbutterbirne' ('Beurré d' Hardenpont'). Es wird sogar angenommen, dass Hardenpont lange vor Knight (1759–1838), der als Pionier für die Durchführung kontrollierter Kreuzungen bei Apfel gilt, diese Technologie bei Birne einsetzte. Hardenpont hatte bald viele Nachahmer. Am bekanntesten wurde Jean Baptiste Van Mos (1765–1842), ein belgischer Physiker, Chemiker, Botaniker, Gärtner und Pomologe, der noch heute als der produktivste Birnenzüchter Belgiens gilt. Aus seinen Aussaatversuchen gingen tausende von Sämlingen hervor, mit denen er in mehreren Aussaatgenerationen weiterarbeitete und aus denen er zahlreiche Sorten (z. B. 'Anjou' und 'Boscs Flaschenbirne') aufgrund ihrer Frucht- und Wuchseigenschaften selektierte, weiter vermehrte und verbreitete. Van Mons züchtete über 400 neue Birnensorten. Im Jahr 1874 waren in Belgien 146 Hobbyzüchter bekannt, die mehr als 1100 Birnensorten im 18./19. Jahrhundert hervorbrachten. Belgien entwickelte sich auf diese Art und Weise zu einem sekundären Biodiversitätszentrum für Birne (Janick 2005; Lateur 1997).

Abb. 14.13 Die 'Pastorenbirne', gefunden als Wildling von Pfarrer Leroy 1760 im Wald von Clion in Frankreich. Sie wurde als 'Poire de Clion' verbreitet und hat eine Menge Synonyme, u. a. 'Cure'. Der Pomologe Johann Georg Conrad Oberdieck (1794–1880), Pfarrer und einer der bedeutendsten deutschen Pomologen des 19. Jahrhunderts, gab ihr den Namen 'Pastorenbirne'. (Oberdieck et al. 1860)

In Asien (China und Japan) kommen die Arten *P. pyrifolia, P. bretschneiderii* und *P. ussuriensis* vor, die sich durch knackige, süße und runde Früchte auszeichnen. Die Sorten von *P. pyrifolia* werden oft mit dem japanischen Namen Nashi-Birnen bezeichnet. In China begann die Domestikation dieser Birnen vor etwa 3300 Jahren; über erste Birnenanlagen wird seit 2000 Jahren berichtet. In Japan werden Birnen seit dem 18. Jahrhundert kultiviert.

Nach Nordamerika kamen europäische Birnen mit den ersten französischen und englischen Siedlern, sodass die ersten Birnenanlagen in Neuengland im frühen 17. Jahrhundert entstanden. Im 17./18. Jahrhundert wurden in Nordamerika lediglich Sorten von *P. communis* angebaut. Erst im frühen 19. Jahrhundert kamen dann asiatische Birnen mit Immigranten aus China auch in die USA (Hancock 2008, S. 299–335). Das erste Züchtungsprogamm in den USA gibt es seit 1915. In China begann eine systematische Züchtung bei Birne trotz der langen Tradition im Anbau erst in den 1950er-Jahren.

14.4 Zuchtziele und Zuchtfortschritt

Es gibt in etwa 20 Ländern der Erde Züchtungsprogramme bei Birne, insbesondere in Europa (Frankreich, Italien, Rumänien), den USA, Kanada, Neuseeland, Japan, China und Südkorea. Länder, die seit 1990 neue Sorten der europäischen Birne auf den Markt gebracht haben, sind im Wesentlichen die USA, Kanada, Deutschland, Frankreich, Italien und Russland. Jedoch sind darunter nur ganz wenige Sorten, die das Potenzial hätten, die klassischen Birnensorten vom Markt zu verdrängen. In Asien wurde in den letzten Jahrzehnten eine Reihe von neuen Sorten auf den Markt gebracht, die auf asiatischen Arten wie *P. ussuriensis, P. bretschneideri* bzw. *P. pyrifolia* beruhen. In China gibt es eine breite regionale Diversität von Sorten, die an die dort vorherrschenden Umweltbedingungen, z. B. strenge Fröste im Winter, angepasst sind. Einige Zuchtprogramme, v. a. in Italien und Neuseeland, arbeiten an der Entwicklung neuer Birnentypen durch die Erstellung von Hybriden aus Europäischer und Nashi-Birne.

Zuchtziele zur Verbesserung der europäischen Birne sind in Tab. 14.5 aufgeführt. Im Vordergrund stehen zunächst Merkmale der Frucht, wie die Verbesserung der Fleischstruktur und der Geschmacksqualitäten (Feinzelligkeit, saftig, aromatisch, süß, ohne Steinzellen), rote Fruchtschale, verbesserte Nacherntequalität (gutes shelf life, keine Fleischverbräunung im Kühllager) und eine Ausdehnung der Erntesaison (frühe bzw. späte Sorten). Die Verbesserung des Geschmacks und der Fruchtfleischkonsistenz soll i. d. R. durch das Einkreuzen von asiatischen Birnen in den europäischen Genpool erreicht werden. Eine große Rolle für den Anbau spielt die Anpassungsfähigkeit des Baums an die Umweltbedingungen, wie z. B. eine größere Toleranz gegenüber Kälte. Für wärmere Regionen sind ein geringes Kältebedürfnis während der Wintermonate zur Brechung der Knospenruhe sowie eine höhere Toleranz gegenüber Hitze wichtig. Die Birne ist weniger ökologisch anpassungsfähig als der Apfel. Dadurch ist die Birnenproduktion ge-

Tab. 14.5 Aktuelle Zuchtziele bei Tafelbirnen

Zuchtziel	Merkmal
Fruchtqualität	Attraktivität Schalenfarbe Fleischtextur Geschmack Shelf life und Lagereignung
Resistenz gegen Krankheiten und Schädlinge	Feuerbrand, Birnenschorf, Birnenblattsauger
Anpassung an Umweltbedingungen	Kalte Winter-, hohe Sommertemperaturen Spätfröste im Frühjahr
Ertrag	Frühe oder späte Reifezeit Selbstfertilität Früher Ertragseintritt
Wuchs des Baums	Kompakter, spindelförmiger Wuchs

Tab. 14.6 Vergleich der ökologischen Anpassungsfähigkeit von Apfel und Birne

	Apfel	Birne
Produktion	Größere geografische Ausdehnung möglich	Begrenzt auf geografische Regionen
Wintertemperaturen	Tolerant gegen niedrige Temperaturen	Toleranz für niedrige Temperaturen gering (bis −15 °C)
Frühjahrsfröste	Anfällig	Aufgrund der früheren Blüte anfälliger als der Apfel
Blüte	Nachblüte gelegentlich bei einigen Sorten	Nachblüte häufig vorkommend
Fruchtentwicklung	Parthenokarpie selten; Fruchtansatz mit entsprechenden Bestäubersorten ausreichend; Fruchtfall in drei Perioden	Neigung zur Parthenokarpie, insbesondere nach Kaltwetterperioden und schlechter Befruchtung; Fruchtansatz oft gering wegen schlechter Befruchtung; häufig langanhaltender Fruchtfall

nerell wie auch die Verwendung bestimmter Sorten stark an einzelne Regionen gebunden (Tab. 14.6).

Ein wesentliches Zuchtziel bei Birne ist die Verbesserung der Krankheitsresistenz. Dabei steht das Auffinden von Resistenzgenen gegenüber biotischen Schaderregern im Fokus. Wichtige Krankheitserreger sind der Feuerbrand (*Erwinia amylovora*), der Gemeine Birnenblattsauger (*Cacopsylla pyri*) als Vektor für den Birnenverfall (engl. *pear decline*), hervorgerufen durch *Candidatus Phytoplasma pyri*, der Birnenschorf (*Venturia pyrina*) und der Birnengitterrost (*Gymnosporangium sabinae*). Die Resistenzzüchtung gegenüber Feuerbrand führte inzwischen zu einigen resistenten Sorten, z. B. 'Harrow Sweet', 'AC Harrow Crisp', 'AC Harrow Gold' (alle aus Kanada).

Interspezifische Kreuzungen in der Gattung *Pyrus* sind generell möglich. Für eine Reihe von ökonomisch wichtigen Merkmalen gibt es Donoren, oftmals jedoch nicht innerhalb der Kultursorten, sodass auch auf andere *Pyrus*-Arten zurückgegriffen wird. Im Folgenden sind einige Beispiele für Artkreuzungen aufgeführt.

- **Kältebedürfnis.** Aufgrund des Klimawandels (kürzere wärmere Winterperioden) und für wärmere Anbauregionen generell spielt das Kältebedürfnis im Winter eine Rolle. Innerhalb der Art *P. communis* ist die Anzahl an Kältestunden, die zur Brechung der Dormanz notwendig ist, relativ hoch. Im Gegensatz dazu hat *P. pyrifolia* eher ein geringes Kältebedürfnis. Da beide Arten miteinander kreuzbar sind, wird versucht, das geringere Kältebedürfnis von *P. pyrifolia* in die Art *P. communis* mithilfe interspezifischer Hybridisierung zu übertragen.

- **Neue Fruchtfleischkonsistenz und Geschmack.** Die deutlichsten Unterschiede zwischen europäischen und asiatischen Birnen betreffen die Fruchtfleischkonsistenz (engl. *texture*). Europäische Birnen sind schmelzend, buttrig, während die Früchte von *P. pyrifolia* süß und saftig sind sowie ein körniges (aufgrund von Steinzellen), knackiges

Fruchtfleisch und wenig Aroma haben. Die Kombination des Geschmacks europäischer Birnensorten mit dem knackigen Fruchtfleisch der besten japanischen *P. pyrifolia*-Sorten sowie mit dem langen Lagerpotenzial von *P. bretschneideri* sind daher bedeutende Zuchtziele. Gleichzeitig wird auf rotschalige Sorten selektiert. Dieses Merkmal kommt v. a. in der Art *P. bretschneideri* vor.

- **Winterhärte.** In den nördlichen Regionen der Erde sind die Winterhärte sowie die Widerstandsfähigkeit der Blüten gegen Frühjahrsfröste gefragt. Donoren sind in der Art *P. ussuriensis* zu finden. Bisherige interspezifische Hybriden erreichen jedoch noch nicht die Fruchtqualität, wie sie normalerweise bei *P. communis* zu finden ist.
- **Feuerbrandresistenz.** Feuerbrand ist die bedeutendste Erkrankung bei Birne in Nordamerika und Europa. Feuerbrandresistenz ist in *P. communis* sehr selten ('Kieffer' und 'Old Home' sind zwei der wenigen Donoren). Ein höherer Grad an Resistenz ist in den asiatischen Arten zu finden, insbesondere in *P. pyrifolia*, *P. calleryana* und *P. ussuriensis*.
- **Resistenz gegenüber Birnenblattsaugern (*Psylla*-Arten).** Die meisten kommerziellen europäischen Birnensorten sind anfällig. *Psylla*-Resistenz findet man in *P. calleryana*, *P. fauriei*, *P. ussuriensis* und *P. pyrifolia*.
- **Birnengitterrost.** Donoren sind bislang noch nicht identifiziert worden. Aufgrund der steigenden Bedeutung der Krankheit liegt ein Fokus in der Evaluierung genetischer Ressourcen.

14.5 Zuchtmethoden und -techniken

14.5.1 Kombinationszüchtung

Die Auslesezüchtung war über lange Zeit hinweg die wesentlichste Züchtungsmethode bei Birne. Mit ihrer Hilfe wurden u. a. Sorten wie 'Conference' (Sämling aus freier Abblüte der Sorte 'Léon Leclerc de Laval'), 'Vereinsdechant' (Zufallssämling) und 'Abate Fetel' (Zufallssämling, auch unter 'Abbé Fétel' bekannt) ausgelesen, die noch heute große Bedeutung im Anbau haben. Später wurde die Auslesezüchtung von der Kombinationszüchtung ersetzt. Neuere Sorten wie z. B. 'Desertnaya' ('Boscs Flaschenbirne' × 'Olivier de Serres'), 'Gerburg' ('Clapps Liebling' × 'Nordhäuser Winterforelle'), 'Schöne Helene' ('Conference' × 'Gute Luise'), 'AC Harrow Gold' ('Harvest Queen' × 'Harrow Delight'), 'AC Harrow Crisp' ('Williams Christ' × US 56112-146) sowie 'Thimo' ('Nordhäuser Winterforelle' × 'Madame Verté') stammen aus einfachen Kreuzungsprogrammen mit traditionellen und erfolgreichen Sorten bzw. mit Zuchtklonen als Kreuzungseltern.

Auf dem Gebiet der Resistenzzüchtung steht bei Birne die Verbesserung der Widerstandsfähigkeit gegenüber Feuerbrand an erster Stelle. Ähnlich wie bei Apfel wird die künstliche Infektion der Sämlinge im Gewächshaus durchgeführt (Abb. 14.14).

Durch den rasanten Wissenszuwachs auf dem Gebiet der Genomanalyse in den letzten beiden Jahrzehnten hat sich auch die Ausgangssituation in der Birnenzüchtung verändert.

Abb. 14.14 Künstliche Infektion der Birnensämlinge mit dem Feuerbrandbakterium im Gewächshaus. **a** Die Inokulation erfolgt durch Anschneiden des jüngsten Blatts an der Triebspitze mit einer Schere, die vorher in eine Bakteriensuspension getaucht worden ist. Das Bakterium wandert basipetal in den Leitgefäßen, sodass der Trieb oberhalb der Infektionsstelle durch die Verstopfung der Leitgefäße vom Saftstrom abgeschnitten wird, vertrocknet und sich braun färbt. **b** An befallenen Stellen tritt Bakterienschleim (Exsudat) in Form von Töpfchen auf und es bildet sich das typische Hirtenstabsymptom

Im Moment werden zahlreiche Anstrengungen zur Kartierung verschiedenster Merkmale unternommen. Basierend auf den Ergebnissen dieser Arbeiten werden molekulare Marker entwickelt, mit deren Hilfe noch einmal ein deutlicher Schritt in Richtung gezielter Kombinationszüchtung zu erwarten ist.

Auch bei der Birne wird bei der Einkreuzung von Merkmalen aus Wildarten mit pseudorekurrenter Selektion gearbeitet. Unerwünschte Merkmale (engl. *genetic drag*) werden durch Pseudorückkreuzung mit qualitativ hochwertigen Sorten über mehrere Generationen verdrängt.

14.5.2 Methoden zur Erzeugung von Variabilität

Interspezifische und intergenerische Hybridisierung

Der Genpool bei Birne, der dem Züchter zur Verfügung steht, ist sehr umfangreich. Da die Ploidiestufe bei den meisten Birnenarten gleich ist, kommt es i. d. R. nicht zur interspezifischen Kreuzungsunverträglichkeit. Kreuzungsprogramme stützen sich daher sowohl auf genetische Ressourcen verschiedener *Pyrus*-Arten wie auch auf vorhandene Zuchtklone sowie alte und neue Sorten.

Neben der interspezifischen Hybridisierung innerhalb der Gattung *Pyrus* hat es in der Vergangenheit auch immer wieder Versuche zur Erzeugung intergenerischer Hybriden gegeben. So gibt es eine ganze Reihe an *Pyrus* × *Malus*-Hybriden. Obwohl solche Hybriden aus den vielfältigsten Gründen (Geschmack, Konsistenz des Fruchtfleischs, Lagereignung, verschiedene Resistenzen) interessant für die Züchtung sind, sind daraus bis heute noch keine kultivierbaren Sorten entstanden. In Russland wurden Kreuzungen zwischen *M. baccata* bzw. verschiedenen Apfelsorten und Birne sowie zwischen *Sorbus* spp. und Birne durchgeführt. Diese Kreuzungen sind jedoch oft inkompatibel. Nachkommen aus solchen Kreuzungen sind häufig steril, sodass die Weiternutzung der Hybriden sehr beschränkt ist. Auch zwischen Birnen und Quitten wurden in der Vergangenheit Hybriden erzeugt. Diese hatten oftmals das Ziel, neues Ausgangsmaterial für die Birnenunterlagenzüchtung zu erzeugen.

Mutationszüchtung

Die Methoden der Mutationsinduktion nahmen bei Birne niemals einen großen Raum ein. Dennoch gab es hin und wieder Versuche, bei denen Merkmale wie die Farbe der Schale, ein kompakter Baumwuchs oder Tetraploidie im Fokus standen. Der Erfolg der induzierten Mutagenese war eher gering. Bei asiatischen Birnen gibt es Mutanten von Sorten, die durch γ-Bestrahlung entstanden und resistent gegen die Blattfleckenkrankheit sind. Natürliche Mutanten kommen bei Birne relativ häufig vor (Abb. 14.15). Kommt es dabei zu einer Verbesserung in einer Werteigenschaft, wird die Mutante als abgeleitete Sorte angebaut. Zu nennen sind hier die neueren Sorten, wie 'Red Comice', 'Soledano' und 'Sweet Sensation', alles rotschalige Mutanten von 'Vereinsdechant' ('Comice').

Ploidiezüchtung

Da die meisten Genotypen bei *Pyrus* diploid sind, spielt die Ploidiezüchtung bei Birne keine Rolle. Dennoch gab es, vorwiegend in der ersten Hälfte des letzten Jahrhunderts, einige wenige Versuche, mithilfe von Colchicin, tetraploide Typen bei *P. communis* und *P. pyrifolia* zu erzeugen. Diese Versuche waren aber eher akademischer Natur und nicht auf Fragen der praktischen Züchtung ausgerichtet.

Abb. 14.15 **Die Birnensorte a 'Williams Christ' (Original Name 'Williams Bon Cretien') und b deren rotschalige Mutante 'Rote Williams Christ', die in den USA entdeckt und als 'Max Red Bartlett' seit etwa 1945 verbreitet wurde**

14.5.3   Bio- und gentechnologische Methoden

In-vitro-Techniken

In-vitro-Vermehrungsverfahren wurden seit den späten 1970er-Jahren für über 20 europäische Birnensorten, wie 'Durondeau', 'Conference' und 'Abbé Fetel', für Unterlagen, wie BA29, und für *Pyrus*-Arten wie *P. pyraster* entwickelt. Neben der klonalen Mikrovermehrung standen auch Experimente zur Erweiterung der genetischen Variabilität über In-vitro-Verfahren im Fokus. Die Technik der Haploidisierung durch Induktion einer Parthenogenese, ausgelöst durch bestrahlten Pollen sowie anschließendes Embryo rescue und Kultivierung der daraus entstandenen haploiden Pflanzen *in vitro* wurde erfolgreich entwickelt. Mit dem Ziel der Selektion neuartiger Genotypen über somaklonale Variation wurden Techniken zur Induktion von Adventivsprossen an Blattexplantaten etabliert. Die Anwendung der Technik ist wenig zielführend. Mit geringer Frequenz wurde die Selektion von feuerbrandresistenten und eisenchlorosetoleranten Sprossen demonstriert. Die Protoplastentechnologie wurde bei Birne ebenfalls etabliert. Eine somatische Hybridisierung zwischen den sexuell inkompatiblen Unterlagen *P. communis* var. *pyraster* und *Prunus avium* × *Prunus pseudocerasus* war ebenfalls erfolgreich.

Abb. 14.16 **Phylogenetischer (Gr. *phylon* für Stamm und gr. *genesis* für Ursprung. Mit Phylogenie bezeichnet man die stammesgeschichtliche Entwicklung sowohl der Gesamtheit aller Lebewesen als auch bestimmter Verwandtschaftsgruppen auf allen Ebenen der biologischen Systematik.) Baum für 26 Sorten von *Pyrus communis* und acht *Pyrus*-Arten basierend auf elf SSR-Markern.** Aus der Abbildung ist ersichtlich, dass moderne Birnensorten und Wildarten weitestgehend in zwei getrennten Clustern (Gruppen) lokalisiert sind. Ältere Lokalsorten, z. B. 'Grüne Hoyerswerder', 'Stuttgarter Geißhirtle', 'Leipziger Rettichbirne', sind den Wildartenakzessionen von *P. communis* subsp. *pyraster* und *P. communis* subsp. *caucasica* ähnlicher als andere Birnensorten. Vermutlich handelt es sich um Selektionen aus diesen Wildarten. Sorten, die aus Kreuzungen entstanden sind, wie 'Thimo' ('Nordhäuser Winterforelle' × 'Madame Verte'), 'Gepa' ('Nordhäuser Winterforelle' × 'Baierschmidt'), 'Eckehard' ('Nordhäuser Winterforelle' × 'Clapps Liebling'), 'Gerburg' ('Clapps Liebling' × 'Nordhäuser Winterforelle') liegen in einem Cluster mit den verwendeten Elternsorten 'Clapps Liebling' und 'Nordhäuser Winterforelle'. Die Sorte 'Uta' ('Madame Verte' × 'Boscs Flaschenbirne') clustert mit 'Boscs Flaschenbirne'. Einige Wildartenakzessionen, z. B. *P. regelii*, *P. communis* subsp. *caucasica*, clustern gut als Art, andere eher nicht. Zwei Akzessionen von *P. regelii* sind identisch. Insgesamt sind die Bootstrap-Werte (Im Fall dieses Baums wurden 1000 Einzelversuche unternommen, den Baum zu berechnen. Dabei wurden bei jedem Einzelversuch einige Akzessionen weggelassen, andere wurden doppelt verwendet. Anschließend wurde überprüft, in wie viel Prozent der Fälle zwei Akzessionen in gleicher Weise miteinander gruppiert wurden. Ein Bootstrap-Wert von 100 heißt also, dass in 100 % der Fälle ($n = 1000$) diese beiden Akzessionen in die gleiche Gruppe eingeordnet wurden. Ein Wert von 1 heißt, in 99 % der Fälle war der Baum anders. Normalerweise werden nur Werte über 50 % als zuverlässig betrachtet.) eher gering (bis auf Ausnahmen). Das liegt zum einen an der geringen Anzahl an Akzessionen der einzelnen Arten, zum anderen an der geringen Anzahl an Merkmalen (Markern), die in diese Analyse eingeflossen sind. Um einen wirklich guten phylogenetischen Baum zu erstellen, werden wesentlich mehr Einzeldaten benötigt

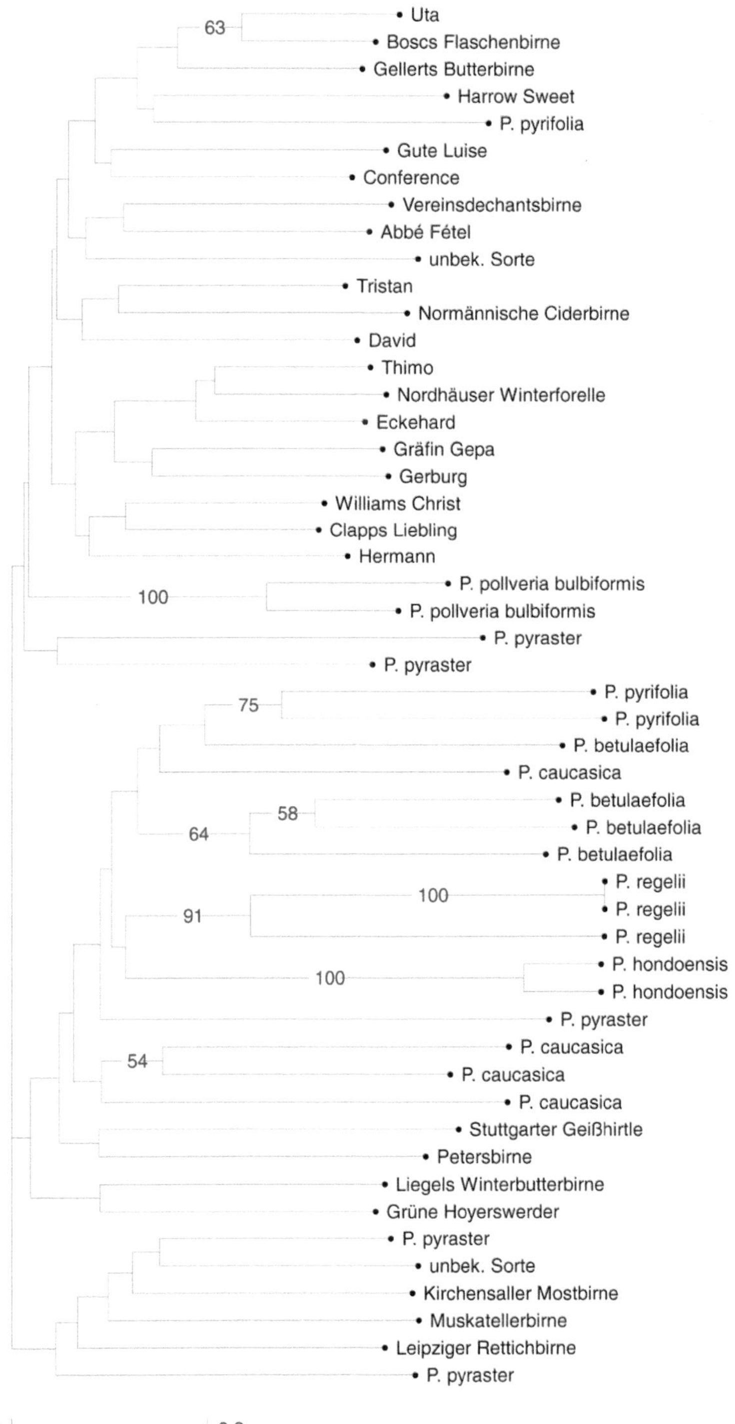
63
Uta
Boscs Flaschenbirne
Gellerts Butterbirne
Harrow Sweet
P. pyrifolia
Gute Luise
Conference
Vereinsdechantsbirne
Abbé Fétel
unbek. Sorte
Tristan
Normännische Ciderbirne
David
Thimo
Nordhäuser Winterforelle
Eckehard
Gräfin Gepa
Gerburg
Williams Christ
Clapps Liebling
Hermann
100
P. pollveria bulbiformis
P. pollveria bulbiformis
P. pyraster
P. pyraster
75
P. pyrifolia
P. pyrifolia
P. betulaefolia
P. caucasica
58
P. betulaefolia
P. betulaefolia
64
P. betulaefolia
100
P. regelii
P. regelii
P. regelii
91
100
P. hondoensis
P. hondoensis
P. pyraster
54
P. caucasica
P. caucasica
P. caucasica
Stuttgarter Geißhirtle
Petersbirne
Liegels Winterbutterbirne
Grüne Hoyerswerder
P. pyraster
unbek. Sorte
Kirchensaller Mostbirne
Muskatellerbirne
Leipziger Rettichbirne
P. pyraster
0   0.2

Tab. 14.7 Übersicht über erfolgreiche Transformationen bei Birne. (Mod. nach Folta und Gardiner 2009, S. 163–186)

Land	Birnensorte	Nutzgene/Merkmal	Merkmal
USA	Beurré Bosc	*rol C*[a]	Baumarchitektur
Frankreich	Passe Crassane	Attacin, Lysozym, Lactoferrin, Harpin N, EPS-Depolymerase	Feuerbrandresistenz
USA	Williams Christ	Lytisches Peptid	Psyllaresistenz, Feuerbrandresistenz[b]
Russland	Burakovka	Thaumatin II	Geschmack
		Defensin	Pilzresistenz
Schweden	Unterlagenzuchtklon	*rol B*[c]	Bewurzelungsfähigkeit
China	Fertility	Defensin	Pilzresistenz
Israel	Spadona	Stilbensynthase	Feuerbrandresistenz
		Blühgen (Silencing *PcT-FL1*[d])	Juvenilität
Japan	La France, Ballade	Blühgen (*CiFT*[e])	Juvenilität
		ACC-Oxidase	Fruchtreife
		Spermidinsynthase	Abiotischer Stress
China	Xueqing	*Cryl Ac*	Insektenresistenz

[a]Gen aus dem Pflanzenpathogen *Agrobacterium rhizogenes.*
[b]Über die Resistenz gegenüber dem Vektor soll Feuerbrandresistenz erreicht werden.
[c]Gen aus dem Pflanzenpathogen *Agrobacterium rhizogenes.*
[d]*Pyrus communis TFL1.*
[e]*Citrus unshiu FT.*

Für die Transformation bei Birne wurden erfolgreich Blattexplantate und *Agrobacterium tumefaciens* als Vektor für den Gentransfer verwendet. Die erste erfolgreiche Transformation bei europäischen Birnen wurde 1996 von Mourgues et al. (1996) publiziert. Seit 1999 wurde eine Reihe von agronomisch wichtigen Merkmalen übertragen (Tab. 14.7), wobei sehr viele Arbeiten auf die Verbesserung der Feuerbrandresistenz abzielten. In den USA fanden im Zeitraum von 1999 bis 2001 insgesamt fünf Freisetzungen bei Birne statt, ausgerichtet auf die Verbesserung der Feuerbrandresistenz, der Reifeverzögerung und des Wuchsverhaltens.[17] In Europa fanden ausschließlich in Schweden Freisetzungen bei Birne für eine transgene Unterlage statt.

DNA-Marker
Bei Birne wurden in der Vergangenheit viele verschiedene Markertypen getestet und etabliert. Der Großteil der Arbeiten auf diesem Gebiet war allerdings auf die genetische Differenzierung von Genotypen fokussiert. Von all den getesteten Markertypen haben sich v. a. SSR-, SCAR-, CAPS- und SNP-Marker durchgesetzt. Obwohl inzwischen auch ei-

---

[17] Information Systems for Biotechnology, http://www.isb.vt.edu (Stand Juli 2016).

nige Marker für monogen und polygen vererbte Merkmale etabliert wurden, ist dieser Bereich der Züchtungsforschung noch weit weniger entwickelt als beim Apfel, was sicherlich auch ein Resultat der vergleichsweise geringeren ökonomischen Bedeutung der Birne ist. Die Tab. 14.8 und 14.9 zeigen eine Auswahl an Merkmalen, für die es bereits relativ eng gekoppelte Marker gibt.

Für eine Reihe von Fruchtmerkmalen wurde in den letzten Jahren eine Vielzahl an QTL detektiert. Diese erklären aber i. d. R. jeweils nur einen geringen Anteil der phänotypischen Varianz. Daher ist es noch fraglich, inwieweit diese QTL für die praktische Züchtung von Interesse sind.

Genetische Marker werden auch für die Aufklärung von verwandtschaftlichen Beziehungen zwischen Sorten und Wildarten verwendet. Ein Beispiel dafür zeigt Abb. 14.16.

Tab. 14.8 **Auswahl an Merkmalen, die von nur einem Gen bzw. im Wesentlichen durch einen Major-QTL bedingt werden**

Merkmal	Art	Genotyp/Population	QTL/Gen	Kopplungs-gruppe
Anfälligkeit gegenüber *Alternaria alternata*	*P. pyrifolia*	Kinchaku	*Aki*	11
		Osa Nijisseiki	*Ani*	11
		Nansui	*Ana*	11
Resistenz gegenüber *Cacopsylla pyri* (Gemeiner Birnenblattsauger)	*P. communis*	NY10353 × Doyenne du Comice	QTL	17
Resistenz gegenüber Birnenschorf	*P. communis*	Euras	QTL	4
		P3480	QTL	1
	P. pyrifolia	Kinchaku	*Vnk*	1
	P. communis	Navara × Angélys	*Rvp1*	2
	P. hybr.	PS2-93-3-98	*Rvn2*	2
Resistenz gegenüber Feuerbrand	*P. ussuriensis*	Vereinsdechant × *P. ussuriensis*	QTL	11
Resistenz gegenüber der Mehligen Birnenblattlaus	*P. nivalis*	Vereinsdechant × *P. nivalis* EM	*Dp-1*	17
Zwergwuchs	*P. communis*	Aihuali	*PcDw*	16
Fruchtfestigkeit	*P. communis*	Passe Crassane × HarrowSweet	*Md-Exp7*	1
Vorerntefruchtfall	*P. pyrifolia*	Orin × Akane	QTL	15
Rote Schalenfarbe	*P. communis*	Abbe Fetel × Max Red Bartlett	QTL	4
	P. pyrifolia	Akiakari × Taihaku	QTL	8

Tab. 14.9 Auswahl an Merkmalen, für die mehrere QTL im Genom von Birne detektiert wurden

Merkmal	Art	Genotyp/Population	QTL/Gen	Kopplungsgruppe
Resistenz gegenüber Feuerbrand	*P. communis*	Harrow Sweet	QTL	2, 4
Zwergwuchs	*P. communis*	Old Home × Gute Luise	Ortholog zu *Dw1* (Apfel)	5
Verkürzte Jugendphase	*P. communis*	Old Home × Gute Luise	QTL	6
Resistenz gegenüber Schorf	*P. spp.*	Pear1 × Pear2	QTL	7, 10
Erntezeitpunkt	*P. pyrifolia*	Akiakari × Taihaku	QTL	3, 15

Kartierung

Genetische Karten existieren inzwischen für eine ganze Reihe Genotypen verschiedener *Pyrus*-Arten. In der Genomdatenbank für Rosengewächse (https://www.rosaceae.org) sind Karten der Sorten 'Williams Christ' (*P. communis*), 'Housui' (*P. pyrifolia*) und 'Kinchaku' (*P. pyrifolia*) zu finden. In der Literatur sind u. a. noch Karten für 'Passe Crassane', 'Harrow Sweet', 'Abate Fetel', 'Aihuali', 'Moonglow' (alle *P. communis*) sowie 'Chili' (*P. bretschneideri*) und Pear3 (*P. bretschneideri* × *P. communis*) verfügbar. Auch für *P. ussuriensis* existieren erste Kopplungskarten. Bislang erfolgt die Kartierung bei Birne vorwiegend noch mit SSR- und teilweise mit AFLP-Markern.

Sequenzierte Genome und SNP-Chips

Erste vollständige Genomsequenzen existieren von *P. communis* (Sorte 'Bartlett') sowie von *P. bretschneideri*. Für die genomweite Selektion existiert ein erster 9K-SNP-Chip.

14.5.4 Erhaltungszüchtung

Die Erhaltungszüchtung erfolgt bei Birne im Prinzip wie bei Apfel, d. h. der Züchter soll gewährleisten, dass eine Sorte in ihrer Merkmalsausprägung homogen und beständig bleibt. Dies ist eine Voraussetzung für den Fortbestand des Sortenschutzes. Auch die Vermehrung und das Inverkehrbringen von Material sind analog zum Apfel. Aufgrund der Tatsache, dass die Reisermuttergärten zunehmend Schwierigkeiten haben, ihren phytosanitären Status aufrechtzuerhalten, ist es fraglich, wie eine Erhaltung und Vermehrung von zertifiziertem Birnenmaterial in Zukunft sichergestellt werden kann.

14.5.5 Biologische Besonderheiten der Art

Selbstinkompatibilitätssystem

Die meisten Birnensorten sind selbstinkompatibel. Sie besitzen ein gametophytisches Selbstinkompatibilitätssystem. Dieses wird vom sog. S-Lokus vererbt, der sich am unteren Ende von Chromosom 17 befindet. Am S-Lokus befinden sich ein Gen für eine griffelspezifische S-RNase sowie mehrere pollenspezifische F-Box-Gene. Der griffelspezifische Teil der Selbstinkompatibilität wird von der S-RNase bestimmt, von der bislang eine ganze Reihe verschiedener Allele identifiziert wurden. Der pollenspezifische Teil wird durch die F-Box-Gene bestimmt, von denen mehrere in direkter Umgebung der S-RNase lokalisieren. Die Funktion des Selbstinkompatibilitätssystems ist identisch zum Apfel. Bei der Japanischen Birne wurden bislang 10 verschiedene Allele der S-RNase (*S1-S9* und *Sk*) identifiziert. Die Sorte 'Osa-Nijisseiki' wird als selbstkompatibel beschrieben. Sie besitzt mit dem *S4sm*-Allel ein Nullallel am S-Lokus. Bei dieser Sorte fehlt eine 236 kbp große Region im Genom, die u. a. auch das Gen für die S-RNase enthält. Bei der Europäischen Birne sind bislang 28 (*S101* bis *S128*) verschiedene S-RNase-Allele bekannt. Diese hatten in der Vergangenheit recht unterschiedliche Bezeichnungen (Tab. 14.10), was zum Teil zu Verwirrung geführt hat. Um eine einheitliche und leicht zu verstehende Systematik zu finden, die sich auch von der der Japanischen Birne unterscheidet, wurde im Jahr 2009 eine neue Bezeichnung eingeführt (Goldway et al. 2009). Beispiele für Selbstfertilität gibt es auch bei der Europäischen Birne. So ist z. B. in den Sorten 'Abugo', 'CeremeA' und 'Azucar' das *S21*-Allel vorhanden, bei dem der pollenspezifische Teil des Selbstinkompatibilitätssystems nicht funktionsfähig ist. Bei einigen S-RNase-Allelen existieren neutrale Varianten (z. B. *S104-1* und *S104-2*). Diese Varianten zeigen zwar geringfügige Unterschiede auf der Ebene der Nukleinsäuresequenz, besitzen aber exakt die gleiche Funktionalität.

Tab. 14.10 Neue und alte Bezeichnungen für eine Auswahl an S-RNase-Allelen bei Birne

Alte Bezeichnungen	Ursprungssorte[a]	Neue Bezeichnung
Sj, Se, S1	Spadona	*S101*
Sl, S2	Spadoncina	*S102*
Sk, S3	Spadoncina	*S103*
Sb, S4	Vereinsdechant	*S104*
Sa, S5	Vereinsdechant	*S105*
Si, S6	Gentile	*S106*
Sh, S7	Boscs Flaschenbirne	*S107*
Sd, S8	Gellerts Butterbirne	*S108*
Sp, S9	Delbard Première	*S109*
Sg, S10	Passe Crassane	*S110*

[a] Sorte, aus der das S-RNase-Allel zuerst kloniert wurde.

Tab. 14.11 S-RNase-Allele bei einer Auswahl von Birnensorten

Sorte	S-Allele
Abate Fetel	*S104, S105*
Conference	*S108, S119*
Gellerts Butterbirne	S108, S114
Harrow Sweet	S102, S105
Passe Crassane	*S110, S119*
Vereinsdechant[a], SWEET SENSATION®[b]	*S104, S105*

[a] Syn. 'Doyenne du Comice'.
[b] Rotschalige Mutante von 'Vereinsdechant'.

Für die Identifikation des S-Genotyps von Birnensorten wurden molekulare Marker entwickelt, mit deren Hilfe bislang mehr als 160 verschiedene Sorten charakterisiert wurden. Die Tab. 14.11 zeigt eine Auswahl von Birnensorten und deren S-Allel-Konfiguration. Für einige der derzeit im Erwerbsobstbau bedeutenden Sorten fehlen jedoch diese Informationen.

Juvenilität

Birnensämlinge durchlaufen nach der Keimung eine juvenile Entwicklungsphase von durchschnittlich vier bis sieben Jahren. In dieser Phase sind sie nicht in der Lage, Blüten bzw. Früchte zu bilden. Um die juvenile Phase von Birnensämlingen zur Beschleunigung des Zuchtprozesses zu verkürzen, wurden ähnliche Verfahren wie beim Apfel getestet. Bislang waren diese jedoch nur wenig erfolgreich. Vor allem die Veredlung auf Zwergunterlagen könnte auch bei Birne zu einem schnelleren Übergang in die blühfähige Phase führen. Derzeit laufen Arbeiten zur Untersuchung der Vererbung dieses Merkmals in verschiedenen Unterlagengenotypen und deren Einfluss auf das Edelreis. Erste QTL wurden bereits ermittelt. Die dabei identifizierten Regionen sind synthenisch zu denen des Apfels. Das bietet die Möglichkeit zur Züchtung von Unterlagen, die zu einer Verkürzung der juvenilen Phase beitragen.

14.6 Erfolge der Züchtung und Ausblick

Das Sortiment bei Birne hat sich in Deutschland in den letzten Jahrzehnten kaum verändert. Über die Erzeugermärkte wird in erster Linie 'Alexander Lucas' vermarktet. An zweiter Stelle steht 'Conference', gefolgt von 'Williams Christ'. Alle drei Sorten zeichnen sich durch hohe und regelmäßige Erträge aus. 'Alexander Lucas' und 'Conference' sind zudem lange lagerfähig. Während 'Conference' v. a. im Beneluxbereich Europas gut gedeiht, kann 'Williams Christ' südlichere Lagen gut vertragen. Im Südwesten Deutschlands wird sie neben ihrem Gebrauch als Tafelbirne v. a. auch für die Destillaterzeugung genutzt. Nachteile von 'Alexander Lucas' sind die auftretende Orangenhäutigkeit und die Steinzellen. 'Conference' neigt zur Kleinfrüchtigkeit und ist i. d. R. stark berostet. Die 'Köstliche aus Charneux' und 'Clapps Liebling' sind weitere Hauptsorten. Die oben genannten Sorten sind stark anfällig für Feuerbrand. Gerade in der Resistenzzüchtung gegenüber Feuerbrand wurden jedoch Erfolge in der Züchtung erzielt (z. B. 'AC Harrow Gold' oder 'Harrow Delight'), trotzdem konnten diese Sorten bislang keinen größeren Marktanteil gewinnen.

Betrachtet man die in Europa und Amerika im Anbau befindlichen Marktsorten (Tab. 14.12), dann fällt auf, dass diese Sorten im Wesentlichen Zufallssämlinge oder Nachkommen aus Kreuzungen aus dem 19. Jahrhundert sind. Ein echter Zuchtfortschritt,

Tab. 14.12 Marktsorten bei Birne

Sorte	Synonyme	Jahr der Ersterwähnung	Herkunft
Sorten mit Anbaubedeutung in der EU			
Conference		1895	England
Abbé Fétel	Abate Fetel	1866	Frankreich
Williams Bon Chrétien	Williams Christ, Bartlett	1770	England
Rocha	Pêra Rocha do Oeste	1836	Portugal
Blanca de Aranjuez	Blanquilla	1747	Anbau nur in Spanien
Vereinsdechant	Doyenné du Comice	1849	Frankreich
Jules Guyot	Limonera	1870	Frankreich
Coscia	Ercolini		Anbau in Südeuropa
Beurré Bosc	Boscs Flaschenbirne, Kaiser Alexander	1807	Belgien
Clapps Liebling	Clapp's Favorite	Etwa 1860	USA
Passe Crassane		1855	Frankreich
Sorten mit Anbaubedeutung in den USA			
Bartlett	Williams Christ	1770	England
Beurré d'Anjou	Williams Bon Chrétien	Mitte 19. Jahrhundert	Belgien oder Frankreich
Beurré Bosc	Boscs Flaschenbirne, Kaiser Alexander	1807	Belgien
Doyenné du Comice	Vereinsdechant	1849	Frankreich
Sorten mit Anbaubedeutung in Argentinien, Chile, Australien, Südafrika			
Packham's Triumph		1897	Australien
Sorten mit Anbaubedeutung in Japan und Korea (*P. pyrifolia*)			
Kosui		1959	Japan
Hosuiv		1972	Japan
Nijisseiki		1898	Japan
Niitaka		1915	Japan

der sich auch im Anbau niederschlägt, ist bei Birne seit mehr als 100 Jahren nicht zu verzeichnen.

In Deutschland gibt es dennoch zwei Birnensorten, denen Potenzial zugetraut wird. Das ist zum einen 'Uta', eine Sorte aus der Pillnitzer Züchtung, die hohe, regelmäßige Erträge hervorbringt, lange lagerfähig ist und durch ihren bronzeähnlichen Farbton sehr charakteristisch aussieht. Vor allem im Ökobereich findet 'Uta' zurzeit guten Eingang. Die zweite Sorte heißt 'Nojabrskaja' (syn. Novemberbirne, Xenia), stammt aus Moldawien und zeichnet sich ebenfalls durch hohe stabile Erträge und eine sehr gute Lagerfähigkeit aus. Ob diese Sorten das Potenzial haben, sich zu Weltsorten zu entwickeln, wird die Zukunft zeigen.

Neue Birnensorten, die erfolgreich am Markt platziert werden sollen, müssen folgende Eigenschaften haben:

- mindestens so hohe und sichere Erträge wie die Hauptsorten,
- mindestens so gut lagerfähig,
- eine attraktive Frucht,
- gute Verträglichkeit zur Quittenunterlage und
- Toleranz gegenüber Feuerbrand.

Diese Eigenschaften gewährleisten, dass die Anbauer einer neuen Sorte auf dem Markt konkurrenzfähig sind. Unter dem Gesichtspunkt, dass der Birnenanbau in Europa eher traditionell im Extensivobstbau stattfindet und auf bestimmte Regionen begrenzt ist, wird die Birne v. a. im ökologischen Anbau eine Zukunft haben. Daher kommen in der Züchtung solchen Zuchtzielen wie Anpassung einer Sorte an die Umweltbedingungen und Toleranz gegenüber biotischen und abiotischen Faktoren eine besondere Bedeutung zu, um den chemischen Pflanzenschutzeinsatz zu minimieren.

Einmal im Jahr, so ist die Sitte, einmal im Jahr, da reift die Quitte.
Einmal im Jahr, wenn herbstlich Mitte. Einmal im Jahr schmeckt
süß die Schnitte. Es ist die Zeit, wenn diese Quitte nach alter gelber
Quitten-Sitte dem Pflücker flüstert eine Bitte: So köchel mich weich,
für die Schnitte! Damit ich fortan als Gelee auf Brot mich bette
anbei zum Tee (Quitten-Bitte von Hubertus Janssen).

15.1 Einführung

lateinisch	*Cydonia oblonga* Mill.
deutsch	Quitte
englisch	quince
französisch	coing
russisch	ajva
türkisch	ayva

Die Quitte (*Cydonia*[1] *oblonga*[2]) findet man in Deutschland im Wesentlichen im Hausgarten. Der erwerbsmäßige Anbau ist selten. Aufgrund der hohen potenziellen Erträge, der relativ einfachen Kulturführung und der guten Absatz- und Verarbeitungsmöglichkeiten kann die Quitte jedoch eine interessante Nischenkultur in Deutschland sein. Die Hauptproduzenten in der Welt sind die Türkei und China mit jeweils etwa 25 % der Weltproduktion. Weitere Länder, in denen Quitten in bedeutendem Umfang angebaut werden,

---

[1] Lat. *mala cydonia* für Quitten, daneben *cotoneum malum* für Quitte, vlat. *qudenaea* (wird zu frz. *coing*, engl. *quince*, it. *cotogno*, ahd. *kutina*, nhd. *Quitte*), entlehnt aus gr. *kodonia*, eine kleinasiatische Feigenart; die Wörter stammen aus einer Sprache Kleinasiens (die Frucht wurde aus dem Kaukasus eingeführt) und wurden nachträglich nach dem Namen der Stadt Kydonia auf Kreta bzw. nach dem Volk der Kydonen benannt.

[2] Lat. *oblongus* für länglich.

© Springer-Verlag GmbH Germany 2017
M.-V. Hanke und H. Flachowsky, *Obstzüchtung und wissenschaftliche Grundlagen*,
DOI 10.1007/978-3-662-54085-5_15

sind Usbekistan, Marokko, Iran, Argentinien, Aserbaidschan, Spanien, Serbien, Algerien und die Ukraine. Die Weltproduktion beläuft sich schätzungsweise auf 500.000 t im Jahr.

Die Quittenfrucht findet Verwendung als Lebensmittel. In der Regel sind die Früchte nicht für den Rohverzehr geeignet, da sie hart, bitter und an der Oberfläche auch flaumig sind. Es gibt jedoch, insbesondere in der Türkei, auch Sorten, die roh gegessen werden können. Aus den Früchten kann man eine Reihe von Produkten wie Gelee, Likör, Saft und Wein herstellen. Quitten werden auch für medizinische Zwecke verwendet.

15.2   Botanische Beschreibung

Die Gattung *Cydonia* (Box 15.1) enthält nur eine einzige Art *Cydonia oblonga.*[3]

Box 15.1. Botanische Zuordnung der Gattung *Cydonia*

Familie	Rosaceae
Unterfamilie	Amygdaloideae
Tribus	Maleae
Subtribus	Malinae
Gattung	*Cydonia* Mill.

Die Arten der Gattung *Chaenomeles* (Zierquitten) als auch der Gattung *Pseudocydonia*, die als einzige Art *Pseudocydonia sinensis* (Chinesische Quitte, Holzquitte) enthält, sind mit der Quitte verwandt und gehörten früher auch zu dieser Gattung. Inzwischen werden sie jedoch als eigene Gattungen geführt. Zierquitten, wie die Japanische Zierquitte (*Chaenomeles japonica*) oder die Chinesische Zierquitte (*Chaenomeles speciosa*), stammen aus dem östlichen Asien und werden als Zierpflanzen und Wildobst in Gärten und Parks verwendet.

Eine botanische Beschreibung der Quitte ist in Tab. 15.1 zusammengefasst.

---

[3] GRIN – Germplasm Resources Information Network, https://npgsweb.ars-grin.gov/gringlobal/ taxonomygenus.aspx?id=3254 (Stand 12.7.2016).

Tab. 15.1 Botanische Beschreibung der Quitte. (Unter Verwendung von Hegi 1995b, S. 273–278)

Merkmal	Beschreibung
Natürliche Verbreitung, Vorkommen	Kaukasus, Nordiran; sekundäre Verwilderungen; angepasst an heißes, trockenes Klima und saure Böden
Pflanze	Sommergrüne, dornenlose Bäume, selten Sträucher, mit abstehenden Ästen
Blatt	Eiförmig, breit, elliptisch, wechselständig, ungeteilt, gestielt; Blattstiel, Blattspreite behaart; Nebenblätter vorhanden
Blüte	Blüten stehen einzeln, terminal am einjährigen Trieb; Blütenstiel behaart; Blüte zwittrig; fünf Kelchblätter, mit Drüsen besetzt, bis zur Fruchtreife vergrößernd, bleibend; fünf Kronblätter, weiß oder rosa; 15–25 Staubblätter, in drei Reihen; fünf freie Griffel; fünf Fruchtblätter unterständig, mit dem Blütenbecher vollständig, untereinander im Grund verwachsen; jeweils viele Samenanlagen; Blüte schwach vorweiblich
Frucht	Groß, gelb, duftend, behaart, vielsamig, laubartiger Kelch; Sammelbalgfrucht; Samen enthalten Schleimstoffe und giftige, cyanogene Glykoside; Fruchtfleisch reich an Steinzellen. Die Fruchtgröße der Kultursorten kann die der Wildvorkommen um ein Vielfaches übertreffen
Reproduktionsbiologie	Fremdbefruchtung, Insektenbestäubung
Ploidie	$2\,n = 2\,x = 34$, diploid
Genomgröße	Der DNA-Gehalt je Zelle beträgt bei *Cydonia oblonga* 1,45 pg im diploiden (2C-)Kern. Die Genomgröße liegt bei etwa 700 Mbp im haploiden Kern. Sie liegt damit zwischen Birne und Apfel und ist in etwa vergleichbar mit der Sauerkirsche
Vegetative Vermehrung	Durch Wurzelsprosse
Besonderheit	Nutzung als schwachwachsende Unterlage für Birnen zur Wuchsreduzierung und Verfrühung des Ertragseintritts: Quitte A – mittelstark wachsend, Quitte C – schwachwachsend, beide anfällig für Chlorose auf kalkhaltigen Böden; Quitte BA29 mittelstark wachsend, am kalktolerantesten
Unterteilung bei Quitte	Nach der Form der Frucht Unterscheidung in Apfelquitten (*Cydonia oblonga* subsp. *maliformis*) und Birnenquitten (*Cydonia oblonga* subsp. *pyriformis*)

15.3 Herkunft und Domestikation

Das Genzentrum für Quitte bilden der Nordiran, Turkmenistan und der Kaukasus, einschließlich der Länder Armenien, Aserbaidschan und Russland. In der Antike wurde die Quitte aus dem Genzentrum nach Osten in die Regionen am Himalaya und nach Westen in Richtung Europa verbreitet. Die gegenwärtige Ausbreitung schließt warme und gemäßigte Klimagebiete in Zentralasien, Transkaukasien, dem Kaukasus bis in den Mittleren Osten ein. Besonders reiche Vorkommen mit hoher Diversität an Quitten gibt es im Iran und in der Türkei, mit Populationen in Syrien, Turkmenistan und Afghanistan. Erste Nachweise über kultivierte Quitten aus dem Kaukasus reichen 4000 Jahre zurück, in Griechenland sind sie ab 600 v. Chr. bekannt, bei den Römern ab 200 v. Chr. In Mitteleuropa wurden Quitten ab dem 9. Jahrhundert angebaut. Da sie sehr wärmeliebend sind, erfolgte der Anbau besonders in Weinbaugebieten.

Quitten haben eine große Bedeutung im Mittleren Osten und könnten gar die Frucht der Versuchung im Garten Eden sein. Der antike Name für Quitte ist *kydonion melon* (Apfel aus Kydonia) und die Kultivierung von Quitten in Mesopotamien erfolgte bereits früher als von Apfel. Die Region im heutigen Irak ist sehr für den Quitten- und Granatapfelanbau geeignet. Für den Anbau von Apfel ist es dort eher zu heiß und trocken. Quitten waren im antiken Griechenland das Symbol für Liebe und Fruchtbarkeit und wurden der Braut am Hochzeitstag gereicht. Quitten sind auch eine wichtige Heilpflanze. Der Chronist des Obstanbaus und der Obstsorten im römischen Reich, Plinius der Ältere (Gaius Plinius Secundus) beschreibt eine Reihe von Quittensorten, wie Goldquitten, neapolitanische Quitten, Vogelquitten u. a. in seiner *Historia Naturalis* (77 n. Chr.). Er beschreibt auch mulvianische Quitten, die man roh essen kann (15. Buch, 11. Kapitel). Alle Quittensorten variierten in Größe, Aroma, Geschmack.

15.4 Züchtungspotenzial

Der Anbau von Quitten ist insbesondere durch die Anfälligkeit gegenüber Feuerbrand, hervorgerufen durch das Bakterium *Erwinia amylovora*, limitiert. Die Gattung *Cydonia* ist eine der anfälligsten Gattungen gegenüber dieser Krankheit innerhalb der Rosengewächse. Daraus ergibt sich die Resistenz gegenüber Feuerbrand als ein primäres Zuchtziel.

Züchterische Verbesserungen bei Quitte bestehen insbesondere auch in der Erweiterung der Nutzungsmöglichkeiten als Birnenunterlage. Dafür müsste sowohl eine Verbesserung der Resistenz gegenüber Feuerbrand, insbesondere in warmen und feuchten Klimagebieten, und eine Verbesserung der Winterhärte in nördlichen Klimazonen erreicht werden. Die Anpassung an alkalische Böden würde eine Quittenproduktion auf unterschiedlichen Böden ermöglichen, sowohl als Unterlage als auch für die Fruchtproduktion. Herkömmliche Quittenunterlagen sind oft inkompatibel bei der Veredelung mit Birnensorten und zeigen Chlorosen auf kalkhaltigen Lehmböden aufgrund von Eisenmangel.

Die Züchtung bei Quitte für die Fruchtproduktion wie auch für die Unterlagennutzung basiert hauptsächlich auf intraspezifischen Kreuzungen. Wenige Ausnahmen stellen intergenerische Hybridisierungen dar. Kreuzungen zwischen *C. oblonga, Pseudocydonia sinensis* und *Chaenomeles sinensis* waren nicht erfolgreich. Das gleiche gilt auch für Kreuzungen zwischen *Cydonia* und *Sorbus*. Ein erster Hybrid *Pyrus pyrifolia* × *Cydonia oblonga* (*Pyronia veitchii*) stammt noch aus dem Jahr 1916 und wird als Virusindikator genutzt. Aus Russland kommen eine Reihe von *Cydomalus*-Genotypen, künstliche Hybride von Apfel (*Malus*) und Quitte (*Cydonia*). Eine der Hybriden bildete parthenokarpe Früchte. Bei Rückkreuzungen entstanden diploide, triploide und tetraploide Sämlinge. In der Regel waren die morphologischen Eigenschaften beider Eltern gut repräsentiert. In der

Zwischenzeit gibt es auch einige Hybriden mit verschiedenen *Pyrus*-Arten. Eine Rolle im Anbau spielen diese aber nicht.

Innerhalb der Gattung *Cydonia* basierte die taxonomische Klassifikation zunächst auf morphologischen Merkmalen, wie Fruchtform und -größe oder Wuchsformen. Wie bei Apfel und Birne beschränkten sich die ersten molekularen Arbeiten zur Identifikation von Genotypen auf Isoenzympolymorphismen. RFLP-Analysen (engl. *restriction fragment length-polymorphism*) der Chloroplasten-DNA ergaben, dass *Cydonia* näher mit *Pyrus* als mit *Malus* und *Chaenomeles* verwandt ist. Untersuchungen zur ITS-Region bei verwandten Arten zeigten nahe Beziehungen zwischen *Cydonia* und *Pseudocydonia*, was durch RAPD-Analysen bestätigt worden ist. Für SSR-Analysen erwies sich eine Reihe von Markern, die für Apfel und Birne entwickelt wurden, als verwendbar bei Quitte. So wurde eine genetische Unterscheidung zwischen Unterlagensorten und Fruchtproduktionssorten möglich (Badenes und Byrne 2012, S. 97–147). Obwohl es einige wenige Arbeiten zur molekulargenetischen Charakterisierung von Quittengenotypen gibt, existiert weltweit keine richtige Züchtungsforschung für diese Obstart. Es fehlt an gut etablierten Markersystemen, wie auch an genetischen Karten und grundlegenden genetischen Studien zur Vererbung individueller Werteigenschaften, im Wesentlichen aber auch am ökonomischen Interesse an dieser Frucht.

Cydionia oblonga ist die einzige Art in der Gattung *Cydonia*. Daher sind sämtliche genetische Ressourcen in Wildpopulationen oder kultivierten Formen zu finden. Die Erhaltung und Evaluierung der genetischen Ressourcen bei *Cydonia oblonga* wird unterschiedlich gehandhabt und ist v. a. auch im Hinblick auf die Züchtung von starkem Interesse.

Eine In-situ-Erhaltung von Quitten in ihrem Entstehungszentrum wäre die beste und wohl auch praktikabelste Lösung. Ein entsprechendes Programm (*Central Asia and the Caucasus Regional Program*) dazu gibt es seit 1989 vom International Center for Agricultural Research in the Dry Areas (ICARDA). Dennoch spielt die In-situ-Erhaltung bei Quitte derzeit noch eine untergeordnete Rolle. Quitten werden vorwiegend in Ex-situ-Sammlungen erhalten. Ende des letzten Jahrhunderts existierten mehr als 25 solcher Sammlungen in 16 verschiedenen Ländern. Die meisten dieser Sammlungen an genetischen Ressourcen bei Quitte befinden sich in den Ländern, die zum Genzentrum der Quitte zählen. In der Türkei besteht eine solche Genbank seit 1964, wo insbesondere regionale Sorten und Landrassen gesammelt werden. Weitere Sammlungen gibt es im Iran, Turkmenistan, Aserbaidschan und im National Clonal Germplasm Repository Corvallis, Oregon USA, wo etwa 100 Klone aus etwa 15 Ländern vorhanden sind (Kole 2011, S. 1–16). Die meisten Akzessionen sind Sorten für die Fruchtproduktion und Klone, die als Birnenunterlagen geeignet sind, aber auch Wildformen und Sämlinge werden erhalten. Darunter gibt es Formen, die resistent gegenüber Feuerbrand sind und aus Sammlungsreisen nach Bulgarien stammen. Neben der Erhaltung in Aktivsammlungen im Feld wurden auch Methoden der In-vitro-Kultur (einschließlich In-vitro-Kühllagerung) sowie der Kryokonservierung etabliert. Welchen Umfang diese aber bei der praktischen Erhaltungsarbeit tatsächlich einnehmen, ist nicht bekannt.

Süßkirsche (*Prunus avium*) und Sauerkirsche (*Prunus cerasus*) 16

Geerntet der Kirschbaum, der Juni zu Ende, aber im Traum trug ich Kirschen zurück in die Bäume, hängte sie zwischen die Blätter und rief: Die Kirschenzeit ist gekommen, bring Körbe und Leitern und flieg in den Kirschbaum zu mir, wir träumen nicht lange! (Meckel 1980)

16.1 Einführung

lateinisch	*Prunus avium* (L.) L.
deutsch	Süßkirsche
englisch	sweet cherry
französisch	cerise
russisch	čerešnâ

lateinisch	*Prunus cerasus* L.
deutsch	Sauerkirsche
englisch	sour (tart) cherry
französisch	griotte
russisch	višnâ

© Springer-Verlag GmbH Germany 2017
M.-V. Hanke und H. Flachowsky, *Obstzüchtung und wissenschaftliche Grundlagen*,
DOI 10.1007/978-3-662-54085-5_16

Süßkirschen[1] (*Prunus*[2] *avium*[3]) gehören zu den beliebtesten Früchten, ungeachtet des hohen Preises am Markt. Die Früchte sind attraktiv, glänzend, leuchtend in der Farbe und werden vom Konsumenten aufgrund von Geschmack und Aussehen geschätzt. Sauerkirschen (*Prunus cerasus*[4]) liefern beliebte Verarbeitungsprodukte, den Kirschkuchen im Hochsommer, getrocknete Kirschen für Müsli oder in Schokolade, Sauerkirschkaltschale, den Sauerkirschsaft für die Schorle und vieles mehr.

Die Kirschproduktion ist an die gemäßigte Klimazone mit moderaten Wintertemperaturen gebunden. In der Welt betrug die Produktion von Süßkirschen im Jahr 2013 etwa 2,3 Mio. t und von Sauerkirschen 1,3 Mio. t (FAOSTAT). Die Hauptproduzenten bei Süßkirschen sind die Türkei (etwa 0,5 Mio. t), die USA und der Iran. Bei Sauerkirsche sind es die Ukraine, Russland sowie Polen. In den letzten 20 Jahren hat die Türkei die Kirschproduktion und -vermarktung gewaltig vorangetrieben und sich zum weltweit größten Produzenten und Exporteur bei Tafelkirschen (Süßkirschen) entwickelt. Dabei beruht die Kirschproduktion fast ausschließlich auf der traditionellen Sorte '0900 Ziraat', auch 'Dunkle Napoleon' genannt, und verschiedenen Selektionen dieser Sorte.

In Deutschland betrug die Erntemenge bei Süßkirschen im Jahr 2015 31.400 t und war damit die drittgrößte in den vergangenen fünf Jahren (AMI Markt Bilanz Obst 2016).

Der konventionelle Tafelkirschenmarkt für Süßkirschen hat sich stark verändert. Traditionell wurden Süßkirschen auf Hoch- und Halbstammbäumen produziert und erbrachten eher kleine Früchte (> 21 mm Durchmesser). Heute haben praktisch nur noch Niederstammanlagen mit schwachwachsenden Unterlagen und mit großfrüchtigen, knackigen Sorten wie 'Kordia' und 'Regina' Marktchancen. Weil sie bei Regen während der Reife jedoch leicht platzen, sind diese Sorten im Profibereich nur unter Witterungsschutz anzubauen. In den letzten Jahrzehnten wurden Sorten gezüchtet, die qualitativ hochwertige Eigenschaften besitzen, sodass in Kombination mit wuchsreduzierenden Unterlagen ein intensiver Kirschanbau betrieben werden kann.

Der Sauerkirschanbau wird weltweit durch eine kleine Anzahl an Sorten bestimmt. In vielen Fällen sind diese Sorten Landrassen oder Selektionen von Lokalsorten. In Mitteleuropa dominiert die Sorte 'Schattenmorelle' mit vielen regionalen Synonymen, wie 'Łutovka' in Polen, 'Griotte du Nord' oder 'Griotte Noir Tardive' in Frankreich und den Beneluxländern sowie 'English Morello' in Großbritannien. In den USA wird hauptsächlich die 400 Jahre alte Sorte 'Montmorency', die aus Frankreich stammt, angebaut.

---

[1] Nach Erhardt et al. (2014) Zander-Handwörterbuch der Pflanzennamen (S. 15) müsste das Bestimmungswort mit Bindestrich vom Stammwort getrennt stehen, d. h. Süß-Kirsche und Sauer-Kirsche. Dem allgemeinen Sprachgebrauch folgend und dem Duden entsprechend soll hier Süßkirsche und Sauerkirsche verwendet werden.

[2] Lat. *prunus*, *prunum* für Pflaumenbaum, Pflaume, entlehnt aus gr. *proûnos* für Wilder Pflaumenbaum, kleinasiatische Herkunft.

[3] Lat. *avis* für Vogel, wegen der Früchte, die von Vögeln verzehrt werden.

[4] Lat. *cerasus*, *cerasum* für Kirschbaum, Kirsche.

16.2 Botanische Beschreibung

16.2.1 Gattung *Prunus* L.

Prunus-Arten kommen in vielen Habitaten vor, von Wäldern bis zu Wüstengebieten, und auf allen Höhenstufen, vom Flachland bis zum Hochgebirge. Die Gattung *Prunus* ist am meisten in der gemäßigten Zone der nördlichen Hemisphäre (Nordamerika, Europa, nördliches Asien) verbreitet. Einige Arten findet man auch in subtropischen und tropischen Gebieten.

Box 16.1. Botanische Zuordnung der Gattung *Prunus*

Familie	Rosaceae
Unterfamilie	Amygdaloideae
Tribus	Amygdaleae
Gattung	*Prunus* L.

Die Gattung *Prunus* (Box 16.1) besteht aus den Untergattungen *Amygdalus*, *Cerasus*, *Emplectocladus* und *Prunus*[5], die z. T. in Sektionen unterteilt sind. Die Gattung ist sehr artenreich. In der Datenbank von GRIN sind 175 Arten aufgeführt, die teilweise als Varietäten und Formen unterteilt sind. Die Gattung enthält alle ökonomisch wichtigen Steinobstarten (Tab. 16.1).

Die taxonomische Untergliederung der Gattung *Prunus* unterliegt sehr unterschiedlichen wissenschaftlichen Auffassungen. Zugrunde gelegt wurde insbesondere die Klassifikation nach Rehder (1940), der fünf Untergattungen verwendete. Diese Untergliederung wurde später mehrfach modifiziert (s. Potter 2011; Kole 2011, S. 129–145). Die aktuellen Auffassungen aus GRIN sind in Auszügen in Tab. 16.2 zusammengefasst.

Die intragenerische Klassifikation basiert hauptsächlich auf morphologischen Merkmalen, u. a. der Keimfalte am Pollen, der Anzahl axillarer Knospen an den Zweigen, Merkmale der Infloreszenz. Molekulargenetische Analysen zur Phylogenie der Gattung ergaben, dass viele Untergattungen und Sektionen nicht auf eine gemeinsame Stammart zurückgehen. Basierend auf den neusten Ergebnissen ist eine Überarbeitung der intragenerischen Klassifikation notwendig. Konsens besteht darin, dass es innerhalb von *Prunus* verschiedene Abstammungsgemeinschaften (Kladen) gibt; dabei sind viele Beziehungen zwischen den Arten noch unzureichend aufgeklärt. Das liegt u. a. auch an dem geringen Umfang an gesammelten Individuen einzelner Arten. Obwohl phylogenetische Studien sowohl auf der Gattungsebene als auch auf der Ebene der Familie der Rosaceae möglicherweise zum Überdenken der Systematik führen werden, gibt es für *Prunus* Synapomorphie

---

[5] GRIN – Germplasm Resources Information Network, https://npgsweb.ars-grin.gov/gringlobal/taxonomygenus.aspx?id=9887.

Tab. 16.1 *Prunus*-**Arten, die als essbare Früchte oder Samen genutzt werden**

Botanische Art	Obstart	Ploidiegrad	Endemische Vorkommen
P. americana	Amerikanische Pflaume	2 x	Nordamerika
P. armeniaca	Aprikose	2 x	Gemäßigte Zone Asiens
P. avium	Süßkirsche	2 x	Gemäßigte Zone Asiens, Europa
P. cerasifera	Kirschpflaume	2 x	Gemäßigte/tropische Zone Asiens, Europa
P. cerasus	Sauerkirsche	4 x	Eurasien
P. domestica subsp. *domestica*	Pflaume, Zwetschge	6 x	Eurasien
P. domestica subsp. *insititia*	Hafer-, Kriechen-pflaume	6 x	Gemäßigte/tropische Zone Asiens, Europa
P. dulcis	Mandel	2 x	Gemäßigte Zone Asiens
P. fruticosa	Zwergkirsche	4 x	Gemäßigte Zone Asiens, Europa
P. persica	Pfirsich, Nektarine	2 x	China
P. salicina	Japanische Pflaume	2 x	Gemäßigte/tropische Zone Asiens
P. spinosa	Schlehe	4 x	Gemäßigte Zone Asiens, Europa

in folgenden Merkmalen: das Gynözeum besteht aus einem Karpell mit einem oberständigen Fruchtknoten und entwickelt sich zur Steinfrucht und die Chromosomengrundzahl beträgt x = 8.

In Mitteleuropa sind sieben *Prunus*-Arten heimisch:

- *P. avium* (Box 16.2),
- *P. fruticosa* (Box 16.3),
- *P. mahaleb* (Box 16.4),
- *P. padus* (Box 16.5),
- *P. spinosa* (Box 16.6),
- *P. eminens* – indigen vorkommend in Österreich, Polen, Slowakei, Tschechien, Ungarn,
- *P. tenella* – indigen vorkommend in Bulgarien, China, Kasachstan, Kroatien, Mazedonien, Moldawien, Österreich, Russland, Rumänien, Serbien, Slowakei, Tschechien, Ukraine, Ungarn.

P. avium, *P. fruticosa* und *P. mahaleb* sind an ihren Wuchsformen und an den Blättern leicht erkennbar (Abb. 16.1).

Weiterhin kommen außerhalb Mitteleuropas in den anderen Regionen Europas noch *P. brigantina*, *P. cerasifera*, *P. cocomilia*, *P. discolor*, *P. laurocerasus*, *P. lusitanica*, *P. prostrata*, *P. ramburii*, *P. spinosissima*, *P. stepposa* und *P. webbii* vor.

Tab. 16.2 **Gliederung der Gattung** *Prunus L.* (GRIN – Germplasm Resources Information Network, https://npgsweb.ars-grin.gov/gringlobal/taxonomygenus.aspx?id=9887)

Untergattung	Obstarten	Sektion	Repräsentative Arten
Amygdalus	Pfirsich, Mandel		*P. davidiana* (Davids Pfirsich), *P. dulcis* (Mandel), *P. kansuensis* (Kansu-Pfirsich), *P. mira* (Tibet-Pfirsich), *P. persica* (Pfirsich)
Cerasus	Kirsche	*Cerasus*	*P. avium* (Süßkirsche, Vogel-Kirsche), *P. canescens* (Graublättrige Kirsche), *P. cerasus* (Sauerkirsche, Weichsel-Kirsche[a]), *P. fruticosa* (Steppen-Kirsche), *P. incisa* (März-Kirsche), *P. maackii* (Mandschurische Kirsche, Amur-Kirsche, Traubenkirsche), *P. mahaleb* (Felsen-Kirsche), *P. nipponica* (Nippon-Kirsche), *P. pensylvanica* (Pennsylvanische Kirsche, Feuer-Kirsche), *P. serrulata* (Japanische Blüten-Kirsche), *P. yedoensis* (Yoshino-Kirsche, Tokio-Kirsche)
		Laurocerasus	*P. africana* (Afrikanische Kirsche). *P. laurocerasus* (Lorbeerkirsche), *P. padus* (Gemeine Traubenkirsche), *P. serotina* (Spätblühende Traubenkirsche), *P. virginiana* (Virginische Traubenkirsche, Rote Traubenkirsche)
Emplectocladus			*P. fasciulata* (Wilde Mandel, Wüsten-Mandel)
Prunus	Pflaume, Aprikose	*Armeniaca*	Aprikosen. *P. armeniaca* (Aprikose), *P. mandshurica* (Mandschurische Aprikose), *P. mume* (Japanische Aprikose), *P. sibirica* (Sibirische Aprikose)
		Microcerasus	*P. glandulosa* (Drüsen-Kirsche), *P. tomentosa* (Japanische Mandel-Kirsche)
		Penarmeniaca	*P. pumila* (Sand-Kirsche)
		Prunocerasus	Nordamerikanische Pflaumen. *P. americana* (Amerikanische Wild-Pflaume), *P. maritima* (Strand-Pflaume), *P. umbellata* (Alleghany-Pflaume)
		Prunus	Eurasische Pflaumen. *P. cerasifera* (Kirsch-Pflaume, Myrobalane), *P. domestica* subsp. *domestica* (Pflaume), *P. domestica* subsp. *insititia* (Hafer-Pflaume, Kriechen-Pflaume), *P. domestica* subsp. *italica* (Rund-Pflaume, Reneklode), *P. domestica* subsp. *syriaca* (Mirabelle), *P. salicina* (Japanische Pflaume), *P. spinosa* (Schlehe)

[a]Weichsel – ahd. *wihsila*, mhd. *wîhsel*, scheint sich zunächst auf die Süßkirsche zu beziehen. Erst etwa seit dem 13. Jahrhundert wurde der Name auf die Sauerkirsche übertragen. Der Name Weichsel hat idg. Wurzeln nach dem harzähnlichen, klebrigen Saft (Gummi), der aus der Rinde von Kirschbäumen ausfließt; vgl. auch das lat. Wort *viscum* für Mistel bzw. aus Mistelbeeren hergestellter Vogelleim, abgeleitet davon *viscosus* für klebrig, zäh. Zur gleichen Wurzel gehören auch russ. *višnja*, poln. *wisnia*. It. *visciola*, *vissola* für Weichsel-Kirsche ist aus dem Germanischen entlehnt. Weichsel ist v. a. in den oberdeutschen Dialekten verbreitet (nach Marzell 1977).

Abb. 16.1 Blattformen der heimischen Arten a *P. avium*, b *P. fruticosa* und c *P. mahaleb*

Box 16.2 *Prunus avium* – **die Vogel-Kirsche**

Verbreitung in Europa. Albanien, Belgien, Bosnien und Herzegowina, Bulgarien, Dänemark, Deutschland, Frankreich, Griechenland, Großbritannien, Irland, Italien, Kroatien, Mazedonien, Moldawien, Niederlande, Norwegen, Österreich, Polen, Portugal, Schweden, Schweiz, Serbien, Slowakei, Slowenien Spanien, Tschechien, Ukraine, Ungarn, Weißrussland; weiterhin in Asien (Afghanistan, Armenien, Aserbaidschan, Georgien, Iran, Russland, Türkei)

Vorkommen. In krautreichen Laub- und Nadelmischwaldgesellschaften; als wärmeliebendes Halbschattengehölz auch an Waldrändern und Vorwaldgesellschaften, auch in Hecken, auf Steinrücken und Gebüschen (Hegi 1995b, S. 446–510)

Botanische Beschreibung. 15–20 m hoher Baum mit breit kegelförmiger Krone; dicke, reichlich mit Kurztrieben versehene Zweige; Rinde rötlichgrau, glänzend, mit breiten rostfarbenen Lentizellen; junger Trieb kahl, glatt, später mit Ringelborke. Blätter länglich-oval, 6–15 cm lang, 3,5–7,0 cm breit, zugespitzt, grob und unregelmäßig gezähnt, oberseits kahl, unterseits in der Jugend behaart an den

Nerven. Blattstiel 2–5 cm mit zwei rötlichen Drüsen am oberen Ende. Blüten zu 2–4 in sitzenden Dolden, 2,5–3,5 cm im Durchmesser. Blüten mit Blättern erscheinend. Blütenbecher kahl, Kelchblätter kahl, rötlich; Kronblätter oval, ganzrandig, 9–15 mm, weiß. 20 Staubblätter, kürzer als Kronblätter. Frucht fast kugelig bis ellipsoid, 6–25 mm im Durchmesser, schwarzrot, mit süßem Fleisch. Steinkern länglich-eiförmig, 7–9 mm (Hegi 1995b, S. 446–510)

Box 16.3 *Prunus fruticosa* – die Steppen-Kirsche
Verbreitung in Europa. Bulgarien, Deutschland, Italien, Kroatien, Moldawien, Montenegro, Österreich, Polen, Rumänien, Russland, Serbien, Slowakei, Tschechien, Ukraine, Ungarn, Weißrussland; weiterhin in Asien (China, Kasachstan, Russland)

Vorkommen. Charakterart thermophiler, osteuropäischer Gebüschgesellschaften, in Hecken, an Wegrändern, Felskanten, Weinbergmauern und in trockenen Grassteppen (Hegi 1995b, S. 446–510)

Botanische Beschreibung. Niedriger, 20–100 cm hoher, sparriger Strauch mit dichter Krone aus dünnen, abstehenden, früh verkahlenden Zweigen und Wurzelsprossen. Blätter elliptisch-lanzettförmig bis verkehrt-eiförmig-länglich, klein, 2–3 cm am Kurztrieb und 4–5 cm am Langtrieb, abgestumpft bis kurz zugespitzt, gleichmäßig stumpf gesägt, dunkelgrün, derb, oberseits glänzend. Blattstiel 0,5– 1,2 cm ohne Drüsen. 2–5 Blüten in fest sitzenden Dolden, 1,5 cm im Durchmesser, mit den Blättern erscheinend. Blütenbecher kahl. Kelchblätter breit stumpf. Kronblätter oval, 5–7 mm lang, weiß. Frucht kugelig, 7–9 mm im Durchmesser, dunkelrot, süßsauer, nur vollreif schmeckend. Steinkern eiförmig-kugelig, 5–9 mm (Hegi 1995b, S. 446–510)

Box 16.4 *Prunus mahaleb* – die Felsen-Kirsche
Verbreitung in Europa. Belgien, Deutschland, Moldawien, Österreich, Schweiz, Slowakei, Tschechien, Ukraine, Ungarn; weiterhin in Asien und Afrika (Armenien, Aserbaidschan, Irak, Iran, Marokko, Pakistan, Türkei)

Vorkommen. In Trockenbusch- und Trockenwaldgesellschaften des submediterran-kontinentalen Klimas, in sonnigen Buchen- und Eichenwäldern, an felsigen Hängen (Hegi 1995b, S. 446–510)

Botanische Beschreibung. Strauch oder kleiner, bis 10 m hoher, rundkroniger Baum mit sparrigen, später überhängenden, in der Jugend dicht drüsenhaarigen Zweigen. Rinde dunkelgrau, längsrissig. Blätter breit eiförmig bis fast kreisrund, 3–6 cm, abgerundete, schwach herzförmige Basis, leicht ausgezogene Spitze, stumpf gezähnt, deutliche Randdrüsen, kahl, nur unterseits an Mittelrippe behaart. Blattstiel 0,3–2 cm. 4–10 Blüten in kurzen, abstehenden Schirmtrauben, 1,5 cm im Durchmesser. Kelchblätter eiförmig. Kronblätter breit oval, 5–8 mm lang, weiß. 20–25 Staubblätter, so lang wie die Kronblätter. Frucht kugelig bis eiförmig, zugespitzt, 7–10 mm im Durchmesser, schwarz, mit dünnschichtigem, bitterem Fruchtfleisch. Steinkern eiförmig, 6–7 mm (Hegi 1995b, S. 446–510)

Box 16.5 *Prunus padus* **– die Gewöhnliche Traubenkirsche**

Verbreitung in Europa. Albanien, Belgien, Bulgarien, Dänemark, Deutschland, Estland, Finnland, Frankreich, Großbritannien, Irland, Italien, Kroatien, Lettland, Litauen, Moldawien, Montenegro, Niederlande, Norwegen, Österreich, Polen, Portugal, Rumänien, Russland, Schweden, Schweiz, Slowakei, Spanien, Tschechien, Ukraine, Ungarn, Weißrussland; weiterhin in Asien und Afrika (Armenien, China, Georgien, Japan, Korea, Kasachstan, Mongolei, Marokko, Russland, Türkei)

Vorkommen. In feuchte Laubmischwaldgesellschaften, im Unterstand von Auenwäldern, an Waldrändern. Eschen- und Erlenbegleiter, aber auch im feuchten Buchen- und Eichenwald. Dringt bis in montane Regionen vor (Hegi 1995b, S. 446–510)

Botanische Beschreibung. Strauch oder bis 10 m hoher Baum mit aufsteigenden Ästen. Rinde schwarzgrau, später dünne, längsrissige Borke bildend, übelriechend. Junge Triebe fein und kurz behaart, bald verkahlend. Blätter breit lanzettlich, 6–12 cm lang, 3–6 cm breit, plötzlich zugespitzt, an der Basis abgerundet bis fast herzförmig, zugespitzte Zähne am Blattrand, oberseits dunkelgrün, kahl, unterseits graugrün, behaart im Nervenwinkel. Blattstiel 1,0–1,5 cm, meist mit zwei grünen Drüsen. Blüten zu 12–15 in 10–15 cm langen Trauben, 1,0–1,5 cm im Durchmesser. Blütenbecher innen behaart. Kelchblätter gefranst, drüsig. Kronblätter oval, 6–10 mm lang, weiß. 20–30 Staubblätter, halb so lang wie Kronblätter. Frucht kugelig, 6–8 mm im Durchmesser, schwarz, glänzend, kahl. Fruchtfleisch bitter, adstringierend. Steinkern fast kugelig, grubig gefurcht, Früchte sind zwar essbar, aber nicht wohlschmeckend und in größeren Mengen unverträglich (Hegi 1995b, S. 446–510)

Box 16.6 *Prunus spinosa* – die Schlehe

Verbreitung. Albanien, Belgien, Bulgarien, Dänemark, Deutschland, Estland, Finnland, Frankreich, Großbritannien, Irland, Italien, Kroatien, Lettland, Litauen, Mazedonien, Moldawien, Montenegro, Niederlande, Norwegen, Österreich, Polen, Portugal, Rumänien, Russland, Schweden, Schweiz, Serbien, Slowakei, Slowenien, Spanien, Tschechien, Ukraine, Ungarn, Weißrussland; weiterhin in Asien (Armenien, Aserbaidschan, China, Georgien, Iran, Kasachstan, Russland, Türkei)

Vorkommen. In Hecken- und Gebüschgesellschaften, an Wald- und Wegrändern, in Ruderalgebieten, in hellen, lichten Wäldern (Hegi 1995b, S. 446–510)

Botanische Beschreibung. Flachwurzelnder, bis 4 m hoher Strauch mit viel Wurzelbrut. Rinde leicht rissig, dunkelgrau. Zahlreiche, sparrig abstehende Zweig und dornige Kurztriebe. Junge Triebe rotbraun, feinfilzig behaart, später kahl. Langtrieb ohne Endknospe. Knospen meist klein. Blütenknospen am Ende der Kurztriebe ohne Internodien gehäuft. Blätter elliptisch-eiförmig bis länglich-lanzettlich, 2–4 cm lang, 1,0–2,5 cm breit, mit stumpfer Spitze, an der Basis keilförmig, im Jugendstadium behaart, später kahl, stumpfgrün, Blattrand fein oder grob gesägt. Blattstiel 2–10 mm, meist ohne Drüsen. Blüten meist einzeln, 1–1,5 cm im Durchmesser, vor den Blättern erscheinend. Kelchblätter 2 mm lang. Kronblätter oval, 5–7 mm lang, weiß. 20 Staubblätter, 5–7 mm lang. Frucht kugelig bis schwach ellipsoid, aufrecht, 7–18 mm im Durchmesser, kahl, gefurcht, blauschwarz, bereift, Fruchtfleisch grün, meist mit saurem, herbem Geschmack, im Spätherbst reifend. Steinkern fast kugelig, doppelspitzig, vom Fruchtfleisch nicht lösend (Hegi 1995b, S. 446–510)

Eine botanische Beschreibung der Gattung *Prunus* ist in Tab. 16.3 zusammengefasst.

Tab. 16.3 Botanische Beschreibung der Gattung *Prunus*. (Unter Verwendung von Hegi 1995b, S. 446–510)

Merkmal	Beschreibung
Natürliche Verbreitung	Gemäßigte Zone der Nordhalbkugel, selten in tropischen Regionen
Pflanze	Sommergrüne, selten immergrüne Sträucher und Bäume, i. d. R. mit Wurzelsprossen; Stamm mit meist glatter Rinde und ausgeprägtem Kernholz
Blatt	Wechselständig, ungeteilt gestielt, gesägt, gekerbt, selten ganzrandig oder gelappt, oft mit sitzenden oder gestielten extrafloralen Nektarien an Stiel und Spreite; Blattfläche meist nicht behaart; in Knospenanlage gerollt oder gefaltet; Nebenblätter frei, klein, unscheinbar, oft hinfällig
Blüte	In Trauben, Schirmtrauben, Dolden oder einzeln an Kurztrieben, ohne Vorblätter, zwittrig, radiär; fünf Kelchblätter, auf einem Blütenbecher stehend, meist nach der Blüte abfallend, nach innen meist Nektar absondernd, Knospendeckung dachig; fünf Kronblätter, oval bis rundlich, weiß oder rosa bis rot, vor dem Welken abfallend; 20–30 Staubblätter, am Rand oder an der Innenseite des Blütenbechers angeordnet, Staubbeutel am Staubblatt bauchseitig; ein Fruchtknoten, einblättrig, mit verlängertem, fast endständigem Griffel und kopfiger Narbe; zwei Samenanlagen. Blüten vorweiblich
Frucht	Steinfrucht; Samen ohne Nährgewebe, meist mit cyanogenen Glykosiden (giftig, bitterer Geschmack), ölhaltig; Samenschale membranartig, Keimblätter flach. Frucht besteht aus Exokarp, das die meist glatte, oft durch Wachsüberzug bereifte oder selten behaarte Epidermis und einige kleinzellige Schichten umfasst, dem großzelligen, saftigen, selten zähen Mesokarp und dem steinigen Endokarp mit dem Samen
Reproduktionsbiologie	Fremdbefruchtung und Selbstbefruchtung, Insektenbestäubung Interspezifische Hybridisierung weit verbreitet; bei einigen Arten gametophytische Selbstinkompatibilität (S-Lokus); selbststerile und selbstfertile Formen: Intersterilität vorkommend
Ploidie	Chromosomengrundzahl x = 8; diploide, tetraploide und hexaploide Arten vorhanden, allopolyploider Ursprung
Genomgröße	Der DNA-Gehalt je Zelle beträgt bei *P. avium* 0,67 pg im diploiden (2C-)Kern. Die Genomgröße liegt bei etwa 338 Mbp im haploiden Kern. *P. cerasus* hat einen DNA-Gehalt von 1,42 pg und eine Genomgröße von etwa 599 Mbp
Kältebedürfnis	750–1400 h bei Kirsche; > 1000 h bei Europäischer Pflaume; 500–800 h bei Japanischer Pflaume
Vegetative Vermehrung	Durch wurzelbürtige Sprosse bei wildwachsenden Formen; Auftreten von Sprossdornen bei Wildformen

16.2.2　Süßkirsche, Sauerkirsche

In der Untergattung *Cerasus* der Gattung *Prunus* gibt es zwei wichtige Arten, die als domestizierte Obstarten im Marktobstbau und im Hausgarten Bedeutung haben: die diploide Süßkirsche (2 n = 2 x = 16), *Prunus avium*, und die allotetraploide Sauerkirsche (2 n = 4 x = 32), *Prunus cerasus*. Verwandtschaftlich nahe ist die tetraploide Zwerg- oder

Steppen-Kirsche, *P. fruticosa*[6] $(2\,n = 4\,x = 32)$, die mit *P. cerasus* hybridisieren kann und entscheidend zur genetischen und morphologischen Diversität beigetragen hat. Wirtschaftliche Bedeutung haben auch Bastardkirschen (Halbkirsche, engl. *duke cherry*), *P. gondouinii*. Sie sind ebenfalls tetraploid und wahrscheinlich durch Befruchtung der Sauerkirsche mit unreduziertem Pollen $(2\,n)$ der Süßkirsche entstanden. Baum- und Wuchsmerkmale der Halbkirschen sind intermediär zwischen *P. avium* und *P. cerasus*. Die erste Sorte dieser Art war 'May Duke', erstmals beschrieben in Frankreich Mitte des 17. Jahrhunderts.

Die gebräuchlichsten Kirschenunterlagen stammen von der Weichsel-Kirsche *P. mahaleb*[7] $(2\,n = 2\,x = 16)$, der Vogel-Kirsche *P. avium* und von Hybriden zwischen Sauerkirsche und der diploiden Art *P. canescens*[8] ab.

Bei *P. avium* unterscheidet man zwischen der Wilden Vogel-Kirsche und zwei Sortengruppen, den Herz- und den Knorpelkirschen (Hegi 1995b, S. 446–510). Nach Scholz und Scholz (1995) werden diese drei Unterarten zugeordnet, die in GRIN (Stand 08.08.2016) aktuell nicht aufgeführt sind:

- subsp. *avium*, die Wilde Vogel-Kirsche, mit kleinen, dunkelroten Früchten (Durchmesser < 1 cm), von der die Kirschsorten abstammen;
- subsp. *duracina*[9], die Knorpelkirschen (franz. *bigarreau*), gelb bis rote Kirschen, mit festem, knorpeligem Fruchtfleisch und farblosem Saft, z. B. 'Büttners Rote Knorpelkirsche' (Abb. 16.2a), 'Dönissens Gelbe Knorpelkirsche', 'Schneiders Späte Knorpelkirsche', 'Burlat';
- subsp. *juliana*[10], die Herzkirschen, mit weichem, sehr saftigem Fleisch und dunkelrotem Saft, z. B. 'Werdersche Braune', 'Teickners Schwarze Herzkirsche' (Abb. 16.2b), 'Alma'.

Eine eindeutige Zuordnung der Kirschsorten in beide Unterarten ist jedoch aufgrund der hohen Diversität an morphologischen Merkmalen sehr schwierig.

Nach ihrer Reifezeit werden die Süßkirschsorten in Reifewochen (sog. Kirschwochen, KW) gegliedert[11]. Die KW bezeichnen die relative Reife der Sorten untereinander. Die KW beginnen regional unterschiedlich mit der Reife der Kirschsorte 'Früheste der Mark'. Es ist daher wichtig, für bestimmte Anbaugebiete die Reifezeit für Standardsorten zu benennen, an denen man sich dann orientieren kann.

---

[6] Lat. *fruticosus* für strauchartig.

[7] Über franz. *mahaleb*, engl. *mahaleb* aus arab. *malab*, *maaleb* für Kirsche mit biegsamen Zweigen entlehnt.

[8] Lat. *canescens* für weißgrau werdend.

[9] Lat. *duracinus* für hartfrüchtig.

[10] Lat. *julianus* für im Juli reifend.

[11] Die KW wurden vom Kirschpomologen Christian Truchseß von Wetzhausen zu Bettenburg (1755–1826) für Deutschland verbindlich festgelegt und bis heute beibehalten. Eine KW dauert 15 Tage. Die KW beginnen um den 1. Mai und erstrecken sich bis zum 15. August. Inzwischen gibt es noch spätere Sorten, sodass die KW bis zur 12. KW erweitert worden sind.

Abb. 16.2 Die Süßkirschsorten a 'Büttners Rote
Knorpelkirsche'und
b 'Teickners Schwarze Herzkirsche'

Bei *P. cerasus* unterscheidet GRIN (Stand 09.08.2016) zwischen den Varietäten (var.) *cerasus*, *marasca* und *semperflorens* und den beiden Formae (f.) *salicifolia* und *umbraculifera*.

Scholz und Scholz (1995) unterscheiden bei *P. cerasus* zwei Unterarten (Hegi 1995b, S. 446–510):

- subsp. *cerasus*, Baum-Sauerkirsche. Die Kultursorten bilden zwei Varietäten:
  - var. *cerasus*, Amarellen[12] (Glaskirschen) mit blassroten Früchten, die an den Fruchtenden mehr oder wenig abgeflacht sind. Amarellen sind heute fast gänzlich vom Markt verschwunden. Dabei können gerade ihre feine Säure und ihr spezielles Aroma für ganz neue Geschmackserlebnisse sorgen, z. B. 'Ludwigs Frühe' (Abb. 16.3a),

---

[12] Lat. *amarellum* für Frucht, *amarellus* für bitter, sauer; lat. *amarus* für bitter.

Abb. 16.3 Die Sauerkirschsorten a 'Ludwigs Frühe',
b 'Röhrigs Weichsel' und c
'Kelleriis 16'

- var. *austera*, Süßweichsel (Morellen[13]) mit roten Früchten, süß-sauer, mit gefärbtem
  Saft, z. B. 'Ungarische Weichsel', 'Röhrigs Weichsel' (Abb. 16.3b).
- subsp. *acida*[14], Strauchsauerkirsche, mit dunkelroten Früchten, die sauer schme-
  cken und einen gefärbten Saft haben. Dazu gehören die meisten Kultursorten der
  Sauerkirsche, z. B. 'Minister von Podbielski', 'Kelleriis 16' (Abb. 16.3c), sowie
  'Schattenmorelle'.

In die Varietät *P. cerasus* var. *marasca* werden die Maraskakirschen (Maraschinokir-
schen), die natürlicherweise in Dalmatien in der Nähe von Zadar an der kroatischen Küste
vorkommen, eingeordnet. Die Früchte sind klein und herb. Aus ihnen werden der Ma-
raschinolikör und die Maraschinococktailkirschen hergestellt. Die dänische Lokalsorte

---

[13] Morelle ist wohl nur die Abkürzung für Amarelle, nicht zu it. *morello* für schwarzbraun nach der
Farbe des Fruchtsafts gehörend. Der Name scheint aus Norditalien zu uns gekommen zu sein, wo
morel der häufigste Name für Sauerkirsche ist.
[14] Lat. *acidus* für sauer.

Abb. 16.4 Symptome von *Monilia*-Spitzendürre an *P. cerasus* 'Schattenmorelle' a an einem einjährigen Trieb und b nach einer Blüteninfektion

'Stevnsbaer' ist in Baum- und Fruchtmerkmalen der Maraskakirsche sehr ähnlich und stammt möglicherweise von dieser ab.

Der kontinuierliche Austausch genetischer Information (engl. *gene flow*) zwischen der Sauerkirsche und nahe verwandten Arten brachte einen großen Nachteil in der Reproduktionsbiologie dieser Art hervor. Die Sauerkirsche hat eine sehr eingeschränkte Fertilität, die auf Unregelmäßigkeiten in der Meiose aufgrund von nicht balancierten Genomanteilen beruht. So kommen i. d. R. quadrivalente und multivalente Assoziationen von Chromosomen vor. Die Süßkirsche besitzt ein klassisches gametophytisches Selbstinkompatibilitätssystem (GSI).

Süßkirschen sind große laubabwerfende Bäume, die bis zu 20 m hoch werden können. Die Blätter sind groß, etwa 10 cm lang und 5 cm breit mit Kerbungen am Blattrand. Die Blüten sind weiß, etwa 2,5 cm im Durchmesser. Die meisten Blüten entstehen an mehrjährigen Kurztrieben im mehrjährigen Astbereich. Die Infloreszenzen können zwei bis fünf Blüten enthalten. Einige Blüten werden auch an der Basis des einjährigen Triebs gebildet. Das Fruchtgewicht beträgt i. d. R. 8–12 g. Sauerkirschen sind gewöhnlich kleiner, zwischen 3,5 und 6 g. Sauerkirschbäume sind kleiner als Süßkirschbäume und bilden oftmals Büsche. Einige Formen können aus der Basis Wurzelausschlag bilden, wodurch in der freien Natur regelrechte Hecken entstehen können. Die Blätter sind kleiner als bei der Süßkirsche. Die Blüten der Sauerkirsche entstehen lateral sowohl am einjährigen Langtrieb, aber auch an Kurztrieben. Die produktivsten Kurztriebe befinden sich am zwei- und dreijährigen Holz.

Die wichtigsten Krankheiten bei Kirsche sind in Tab. 16.4 aufgeführt.

16.3 Herkunft, Domestikation und Beginn der Züchtung

Die ersten diploiden *Prunus*-Arten sind in Zentralasien entstanden. Süßkirsche, Sauerkirsche und Zwergkirsche waren die ersten Arten, die sich von dieser Urform abtrennten. Süß- und Sauerkirsche haben ihren genetischen Ursprung in Kleinasien, im Iran und Irak, in Syrien, der Ukraine und den Ländern südlich des Kaukasus (Badenes und Byrne 2012, S. 459–504; Abb. 16.5). Die modernen Süßkirschsorten gehen auf Vorfahren

Tab. 16.4 **Wichtigste Krankheiten bei Süß- und Sauerkirsche**

Krankheit	Schaderreger	Beschreibung
Bakterielle Erkrankungen		
Bakterien-brand	*Pseudomonas syringae* (pv. *syringae* eher an Süßkirsche, pv. *morspru-norum* eher an Sauerkirsche)	Im Frühsommer treten Blattflecken, geschädigte Knospen oder Rindennekrosen auf. Die Infektion erfolgt über Wunden, Risse, Blattnarben oder Spaltöffnungen. Auf den Blättern bilden sich zuerst nekrotische Flecken, die meist von einem hellen Hof umgeben sind, später Löcher. Blüten erscheinen verwelkt. Rindennekrosen sind die Folge von Infektionen aus dem vorherigen Jahr. Befallene Rindenpartien sind meist etwas eingesunken und dunkel verfärbt. Es kommt zum Auftreten von Rissen und zum Gummifluss. Zweige, Äste oder ganze Bäume können als Folge der Rindennekrosen in kurzer Zeit absterben
Pilzliche Erkrankungen		
Sprühflecken-krankheit	*Blumeriella jaapii*	Ende Mai/Anfang Juni kommt es zum Auftreten von rot-violetten Flecken auf der Blattoberseite. Es bilden sich schnell gelbliche Verfärbungen. Auf der Unterseite sind die Flecken braun. Die Folge ist ein vorzeitiger Blattfall. Im Unterschied zur Schrotschusskrankheit fallen die Flecken nicht aus
Schrotschuss-krankheit	*Clasterosporium carpophilum*	Mai/Juni auf den Blättern Auftreten von rotbraunen Flecken, die später absterben und aus dem Blattgewebe herausfallen. Die Blätter erscheinen durchlöchert. Bei starkem Befall Gelbfärbung der Blätter und vorzeitiger Blattfall. An Trieben längliche, dunkle Nekrosen auf der Rinde. Auftreten von Fruchtschäden durch schwärzliche, leicht eingesunkene Punkte und Flecken. Früchte verkrüppeln, reißen teilweise auf und fallen vom Baum
Valsa- oder Krötenhaut-krankheit	*Cytospora personii* (anamorphe Form)	Befallene Triebe vertrocknen und die Rinde stirbt ab. Es entstehen zunächst kleine schwarze warzenähnliche Strukturen (Krötenhaut). Später werden weiß leuchtende Gebilde sichtbar, aus denen rötliche Schleimranken entlassen werden. Geschädigte Rindenpartien färben sich braunrot und sind durch Einsinken gegenüber der Umgebung abgegrenzt
Gnomonia-Blattbräune	*Gnomonia erythrostoma*	Die Blätter befallener Triebe verbräunen, rollen sich ein und sterben ab. Die Früchte werden rissig, verkrüppeln und verfaulen
Kirschen-schorf	*Venturia cerasi*	Der Erreger ist mit dem Apfelschorf verwandt und diesem sehr ähnlich. Bei Befall entstehen schwarzgrüne, undeutliche Flecken auf den Blättern. Auf den Früchten entstehen kleine, runde, olivgrüne bis schwarze Flecken. Bei starkem Befall kommt es zum Schrumpfen der Früchte
Monilia-Spitzendürre und Monilia-Fruchtfäule	*Monilinia laxa, Monilinia fructigena*	Nach normalem Austrieb wird plötzlich ein großer Teil der Blüten braun, stirbt ab. Kurz darauf trocknen die jungen Triebe ein; Absterben ergreift nicht selten ganze Zweigpartien. Vertrocknete Blüten/Blätter bleiben den Sommer über bis in den Winter am Baum hängen. Fruchtfäule: graugelbe Sporenlager auf der Fruchtschale. Befallene Früchte fallen ab oder bleiben eingeschrumpft als Fruchtmumien über den Winter an den Bäumen hängen (Abb. 16.4)

Tab. 16.4 (Fortsetzung)

Krankheit	Schaderreger	Beschreibung
Virosen		
Nekrotisches Ringflecken-virus	*Prunus necrotic ringspot virus* (PNRV)	Sauerkirsche: Stecklenberger Krankheit mit nekrotischen Ringflecken auf Blättern; Nekrosen brechen aus (Schrotschuss-effekt) Süßkirsche: schwache Symptome oder ausgedehnte Nekrotisierung der Blätter

Tierische Schaderreger. Kirschblattläuse (*Myzus cerasi, M. pruniavium*), Europäische Kirschfruchtfliege (*Rhagoletis cerasi*)

zurück, die um das Kaspische Meer und das Schwarze Meer heimisch waren und sich später über Europa verbreitet haben. Die Verbreitung erfolgte durch Vögel, später auch durch die Wanderungsbewegungen der Menschen. Auf diese Weise entstanden verschiedene Ökotypen, die sich in der Winterhärte, der Baumwuchsform sowie in Frucht- und Blattmerkmalen unterscheiden (Janick und Paull 2008, S. 687–694). Sauerkirschen haben ihr Genzentrum in Südosteuropa an der südlichen Grenze des Schwarzen Meeres, über Anatolien und den Südkaukasus bis zum Iran.

Die Vogel-Kirsche *P. avium* wurde schon früh vom Menschen als Wildobst genutzt. Erste archäologische Funde an Kirschsteinen können in Europa auf 4000–5000 v. Chr. datiert werden. Die Domestikation erfolgte wahrscheinlich in der Donauebene im Neoli-

Abb. 16.5 **Genzentren für *Prunus avium* und *P. cerasus*.** (Mod. nach Badenes und Byrne 2012, S. 459–504)

thikum vor 4000 Jahren. Sauerkirschen kamen zwischen dem 6. und 8. Jahrhundert von Westasien nach Ost- und Südosteuropa und von dort nach Mitteleuropa.

Die Kultivierung der Süßkirsche erfolgte in Europa seit etwa 300 v. Chr. in Griechenland, wo sowohl Frucht als auch Holz genutzt wurden. In den Jahren 76/74 v. Chr. wurden die Kirsche – wie auch die Aprikose – durch Lucius Licinius Lucullus vom Pontus nach Italien gebracht. Wenig ist über die Entwicklung von Kirschsorten während des Mittelalters bekannt. Im 16. Jahrhundert erschienen erste Sortenbeschreibungen über Gartenkirschen aus England, die dann im 18. Jahrhundert auch ins Deutsche übersetzt wurden (Hancock 2008, S. 151–175; Box 16.7). Wahrscheinlich wurden Kirschen in mehreren europäischen Ländern angebaut und es entwickelten sich sehr viele Landrassen, die sich meist nur in wenigen Merkmalen unterschieden. Meistens waren diese Landrassen direkt mit dem Namen der Region oder der Stadt ihres Ursprungs verbunden. Die ersten Züchtungsarbeiten bestanden daher in der Auslese individueller Genotypen aus dieser großen Vielfalt. Noch heute gehen viele europäische Kirschsorten auf derartige Selektionen zurück. Auf dem amerikanischen Kontinent kommen *P. avium* und *P. cerasus* natürlicherweise nicht vor. Sie wurden von frühen Siedlern in Form von Kirschsteinen aus Europa nach Nordamerika mitgebracht, wo bis Mitte des 18. Jahrhunderts die Vermehrung von Kirschbäumen aus Steinen erfolgte. Später breitete sich die Kirsche in Amerika westwärts aus (Janick und Paull 2008, S. 687–694).

Box 16.7
Aus *Vollständige Anleitung zur Erziehung und Wartung aller in Deutschland in freier Luft zu ziehender Obst- und Fruchtbäume, und Fruchtsträucher*, aus dem Englischen des Herrn Joh. Abercrombie übersetzt, und mit einer vollständigen Beschreibung aller brittischen Obst- und Fruchtsorten vermehrt von F. H. H. Lueder. Lübeck, 1781.

…

Von den gemeinen oder Gartenkirschen sind folgende Sorten die besten:

1. Kentish or Common Cherry, kentische oder gemeine Kirsche,
2. Early May Cherry, frühe Maykirsche,
3. Common May Duke Cherry, gemeine May Herzogskirsche,
4. Arch Duke Cherry, Erzherzogskirsche,
5. White Heart Cherry, weisse Herzkirsche,
6. Red Heart Cherry, rothe Herzkirsche,
7. Black Heart Cherry, schwarze Herzkirsche,
8. Amber Heart Cherry, bernsteinfärbige Herzkirsche,
9. Bleeding Heart Cherry, blutrothe Herzkirsche,
10. Ox-Heart Cherry, Ochsenherzkirsche.

… und noch weitere 21 Sorten, die von 1768 bis 1779 in England zu kaufen waren.

Süßkirsche. *P. avium* umfasst die Süßkirsche, die der menschlichen Ernährung dient, und die Wildform, die Vogel-Kirsche, die als Waldbaum zur Holzgewinnung, aber auch als Unterlage für Edelsorten verwendet wird. Obwohl Kirschen seit mehr als 2000 Jahren kultiviert werden, begann bei Süßkirsche eine systematische Züchtung relativ spät, ungefähr in den frühen Jahren des 19. Jahrhunderts. Aber noch heute ist die Entwicklung moderner Süßkirschsorten nur wenige Generationen von den Ausgangsformen entfernt.

Sauerkirsche. Die Sauerkirsche entstand wahrscheinlich durch natürliche Hybridisierung zwischen Zwergkirsche und Süßkirsche. Die Variabilität in der Baummorphologie und in verschiedenen Fruchtmerkmalen ist bei der Sauerkirsche sehr hoch. Das ist besonders bei genetischen Ressourcen der Fall, die aus den natürlichen Herkunftsgebieten in Osteuropa und Kleinasien stammen. In diesen Regionen ist die Sauerkirsche von ihren Vorfahren nicht isoliert und kann frei hybridisieren, sodass sich ein hoher Grad an Biodiversität entwickelt hat. Es treten oftmals Sauerkirschtypen auf, die in ihren Merkmalen mehr Ähnlichkeit mit der Süßkirsche haben, wie auch solche, die der Zwergkirsche ähnlicher sind. Rückkreuzungen, die hin und wieder unter natürlichen Bedingungen stattfinden, sind daher nicht auszuschließen.

Bei Sauerkirsche war die Auslesezüchtung die Grundlage der Domestikation und hat in den traditionellen Anbaugebieten in Mittel-, Ost- und Südeuropa dazu beigetragen, dass aus Landsorten bekannte Sorten geworden sind. Beispiele dafür sind 'Schattenmorelle', 'Vladimirskaâ', 'Pandy', 'Cigany', 'Újfehértói Fürtös', 'Debreceni bötermö', 'Csengödi', 'Oblačinska' und 'Marasca'. Diese Landsorten zeigten eine hohe Anpassung an die lokalen Umwelt- und Anbaubedingungen. Der hohe Grad der Anpassung an unterschiedlichste Bedingungen hat dazu geführt, dass sie zur Basis einer modernen Kreuzungszüchtung geworden sind. Heute basieren nur noch wenige Züchtungsprogramme wie in Ungarn, Serbien und der Türkei auf der Auslese von neuen Typen aus lokalen, natürlich vorkommenden Kirschpopulationen.

16.4 Zuchtziele und Zuchtfortschritt

16.4.1 Süßkirsche

Die Züchtung neuer Süßkirschsorten mit herausragenden Merkmalen gestaltet sich sehr schwierig, da die genetische Basis, die dem Züchter bei dieser Art zur Verfügung steht, sehr stark begrenzt ist. Das belegen auch verschiedene molekulargenetische Untersuchungen, die unter Nutzung von verschiedenen Markersystemen (RAPD-, AFLP-, Isoenzym- bzw. SSR-Marker) durchgeführt wurden. Die derzeit verfügbaren Süßkirschsorten zeigen einen geringen Grad an Polymorphismus und weisen eine eingeschränkte genetische Diversität auf. So basieren z. B. die vier nordamerikanischen Züchtungsprogramme auf lediglich fünf Sorten (Badenes und Byrne 2012, S. 459–504). Um die aktuellen Zuchtziele bei Süßkirsche realisieren zu können, ist daher die breite Nutzung von genetischen Ressourcen bei *Prunus* sinnvoll. Die wichtigsten Zuchtziele für die Entwicklung neuer

Tab. 16.5 Aktuelle Zuchtziele für Süßkirsche

Zuchtziel	Merkmal
Fruchtqualität	Große Früchte (Durchmesser 30 mm)
	Feste Früchte
	Attraktive Früchte (dunkle Haut und dunkles Fleisch)
	Glänzende Früchte
	Platzfestigkeit
	Gute Transportfähigkeit
Resistenz gegen Krankheiten und Schädlinge	Gegen *Pseudomonas*, *Monilia* u. a.
Anpassung an Umweltbedingungen	Winterfrosthärte
	Späte Blüte in Lagen mit Frühjahrsfrösten
Ertrag	Frühzeitiger Eintritt in die Ertragsphase
	Hohe Ertragsleistung
	Reifezeitstaffelung (frühe Sorte – späte Sorte)
	Selbstfertilität

Sorten sind in Tab. 16.5 dargestellt. Im Folgenden soll auf einige Merkmale detaillierter eingegangen werden.

Das Merkmal Selbstfertilität ist zu einem Hauptzuchtziel in vielen Züchtungsprogrammen bei Süßkirsche geworden. Die Entwicklung selbstfertiler Sorten hatte signifikante Auswirkung auf die Süßkirschproduktion. Süßkirschen sind normalerweise selbstinkompatibel und benötigen eine Sorte, die als Bestäuber dient und zu einer anderen Inkompatibilitätsgruppe gehört. Bestäubersorten nehmen etwa 10 % der Bäume in einer Süßkirschanlage ein. Genetisch bedingte Selbstkompatibilität verringert die Notwendigkeit von Bestäubersorten, sodass die Beerntung qualitativ schlechter Früchte von Bestäubersorten in kommerziellen Beständen der Hauptsorte entfällt. Bei ungünstigen Witterungsbedingungen kann eine Selbstbefruchtung auch unmittelbar entscheidend sein, ob in der Anlage ein Ertrag erzielt werden kann. Die erste selbstfertile Sorte 'Stella' (1968) mit einem mutierten Allel von *S4* (S4′) am Selbstinkompatibilitätslokus wurde inzwischen vielfach in der Züchtung genutzt. Diese Sorte war auch der Ausgangspunkt für die meisten selbstfertilen Sorten, die heute auf dem Markt sind. Sie ist die Basis für die überaus erfolgreiche Selektion von qualitativ hochwertigen Süßkirschsorten des Pacific Agriculture and Agri-Food Research Centre in Summerland, Kanada. Aus diesem Züchtungsprogramm stammen die Sorten 'Lapins', 'Sweetheart', STACCATO®, SENTENNIAL®, 'Sovereign', 'Sandra Rose', 'Sumleta Sonata' u. a. Neben dem mutierten *S4*′-Allel aus der Sorte 'Stella' wird in der Züchtung auch die ungarische Sorte 'Axel' genutzt, die ein mutiertes *S3*-Allel (S3′) besitzt.

Die Fruchtgröße ist zu einem Faktor geworden, der den Preis für Süßkirschen auf dem globalen Weltmarkt bestimmt. Somit sehen die Anbauer die Fruchtgröße als ein prioritäres Merkmal an. In den letzten Jahren wurde bei diesem Merkmal eine signifikante Zunahme erreicht, was sich z. B. bei Sorten wie 'Grace Star', 'Regina', 'Summit', 'Sunburst', 'Skeena' und 'Sumste Samba' zeigt. In der Literatur ist beschrieben, dass ein Fruchtgewicht von etwa 12 g einen optimalen Wert darstellt. Auch die Platzfestigkeit der Früchte spielt eine große Rolle, da das Aufplatzen der Früchte bei Regen den Verkaufswert stark einschränkt. Das Wissen über den genetischen Mechanismus der Toleranz gegenüber dem Platzen ist jedoch sehr gering. Adäquate Testverfahren sind schwierig nachzustellen, da mehrere Umweltfaktoren eine Rolle bei diesem Prozess spielen, wie Wind, Feuchtigkeit, Dauer und Menge des Niederschlags, Baumstruktur, Fruchtbehang, Reifezustand der Früchte. Das Platzen der Früchte wird zunehmend durch die Einführung von Überdachungen verhindert. Die Fruchtfestigkeit der neuen Sorten ist wesentlich besser als bei Standardsorten und spielt insbesondere eine Rolle für den Transport von Süßkirschen im globalen Handel (Badenes und Byrne 2012, S. 459–504).

In vielen Züchtungsprogrammen liegt ein Fokus der Züchtung auf der Verlängerung der Reifezeit. Die Anbauer sind daran interessiert, Kirschen v. a. außerhalb der Hauptproduktionszeit anzubieten, um Vorteile bei der Preisgestaltung mitzunehmen. Dabei gilt es, Sorten mit früher Reife noch vor der Standardsorte 'Burlat' zu entwickeln. Bislang können jedoch keine Sortenkandidaten die hervorragenden Fruchtqualitäten von 'Burlat' überbieten. Die Entwicklung qualitativ hochwertiger spätreifender Sorten scheint im Gegensatz dazu eher möglich.

Seit vielen Jahren ist die Verringerung der Baumgröße ein wichtiges Ziel der Züchtung. Genetische Zwerge kommen bei Kirsche immer wieder in Kreuzungen vor. So ist die Sorte 'Garden Bing' (Züchter: F. Zaiger, Kalifornien) die erste Süßkirsche auf dem Markt, die eine starke Verkürzung der Internodien aufweist. Diese Sorte wurde inzwischen intensiv in der Züchtung für Säulen oder Schwachwuchs genutzt. Mit der Entwicklung wachstumsreduzierender Unterlagen trat das Merkmal Schwachwuchs bei der Sortenzüchtung in den Hintergrund, zumal neue Schnitt- und Erziehungssysteme bei Süßkirsche ebenfalls dazu beigetragen haben, die Baumgröße zu verringern. Wichtige Kriterien sind heute ein früher Eintritt der Sorte in die Ertragsphase sowie eine hohe und v. a. regelmäßige Ertragsleistung. Um diese Merkmale sicher evaluieren zu können, sind mehrortige Prüfungen unter unterschiedlichen Umweltbedingungen eine notwendige Voraussetzung.

Resistenz gegenüber biotischen und Toleranz gegenüber abiotischen Faktoren wird bei Süßkirschen künftig immer mehr Bedeutung erlangen. Winterfrostresistenz ist besonders für Länder relevant, die Süßkirschen in kontinentalen und nördlichen Regionen des gemäßigten Klimas produzieren, wie z. B. in Russland oder der Ukraine. In diesen Regionen ist der Anbau westeuropäischer Kirschsorten aufgrund fehlender Winterfrosthärte oftmals stark gefährdet, sodass eher regionale, jedoch qualitativ minderwertige Sorten bevorzugt werden. In den Zuchtprogrammen dieser Länder steht daher das Merkmal Winterfrostresistenz im Mittelpunkt. Ein steigendes Interesse für den Anbau von Süßkirschen zeigt sich in Regionen mit mildem Klima, wie Kalifornien, Chile, Spanien oder Nordafrika. In diesen Anbaugebieten sind die Winter oftmals zu mild, sodass das Kältebedürfnis einiger Sorten nicht erfüllt wird. Das betrifft v. a. ausländische Sorten, die an diese Breitengrade nicht angepasst sind. Bei Süßkirsche gibt es nur sehr wenige Sorten mit einem geringen Kältebedürfnis (engl. *low-chilling*), die in der Züchtung verwendet werden könnten.

Eine Ausnahme stellt die Sorte 'Cristobalina' mit einer sehr frühen Blüte dar. Die Züchtungsfirma Zaiger Genetics (Kalifornien) hat sehr früh blühende Sorten mit geringem Kältebedürfnis (400–500 h unter 7 °C) entwickelt. Zu diesen gehören u. a. 'Royal Hazel', 'Royal Lee', 'Royal Marie', 'Royal Tenaya' und 'Royal Tioga'. Die frühe Blüte bei Sorten mit geringem Kältebedürfnis kann jedoch ein Nachteil sein, v. a. dann, wenn in der Region Frühjahrsfröste auftreten. Aus diesem Grund besteht das Zuchtziel darin, Genotypen zu selektieren, die ein geringes Kältebedürfnis besitzen, Austrieb und Blüte jedoch verzögert sind.

Im Zusammenhang mit der globalen Erwärmung kommt es verstärkt zur Bildung von Doppelfrüchten bei Süßkirschen. Genetische Untersuchungen zu diesem physiologischen Schadbild liegen noch nicht vor.

Die wichtigsten Krankheiten bei Süßkirsche werden durch *Pseudomonas* spp. und *Monilinia* spp. hervorgerufen. Leider gibt es sehr wenige wissenschaftlich fundierte Informationen über das Vorkommen von Resistenzen in genetischen Ressourcen innerhalb der Gattung *Prunus* gegenüber diesen Schaderregern, sodass die Nutzung eines breiten Genpools nicht ausreichend in der Züchtung realisiert werden kann. Voraussetzung für die Evaluierung genetischer Ressourcen ist die Entwicklung effizienter und reproduzierbarer Resistenzprüfverfahren. Erste Ansätze dazu gibt es in verschiedenen Züchtungsprogrammen. Dennoch benötigt dieses Forschungsgebiet entschieden mehr Aufmerksamkeit. Eine noch größere Gefahr für den Kirschanbau geht derzeit von der Kirschfruchtfliege (*Rhagoletis* spp.) und der inzwischen auch in nördlichen Regionen auftretenden Kirschessigfliege (*Drosophila suzukii*) aus. Die Resistenzzüchtung auf diesem Gebiet steht erst am Anfang.

16.4.2 Sauerkirsche

Der Sauerkirschanbau wird von einer geringen Anzahl Sorten dominiert. Da Sauerkirschen meistens als verarbeitete Produkte verwendet werden, sind die wichtigsten Zuchtziele eher auf die in Tab. 16.6 dargestellten Eigenschaften gerichtet.

Die Baumform variiert bei Sauerkirsche vom aufrechten, kräftigen Wuchstyp (ähnlich der Süßkirsche) bis zur buschigen, schwachwüchsigen Form (ähnlich der Steppen-Kirsche). Für Erwerbsanlagen mit Dichtpflanzungen, die besonders für die maschinelle Ernte konzipiert sind, werden weniger starkwüchsige Formen bevorzugt. Das Zuchtziel besteht daher in der Selektion schwachwüchsiger Sauerkirschen, um eine Beerntung mit Portalmaschinen zu ermöglichen. Eine andere Möglichkeit, den Baumwuchs zu reduzieren, besteht in der Verwendung schwachwuchsinduzierender Unterlagen.

Sauerkirschen fruchten vorrangig am einjährigen Holz, nur ein kleiner Anteil an Früchten wird an Kurztrieben am mehrjährigen Holz gebildet. Aufgrund dieser Eigenschaft neigen Sauerkirschen zur Verkahlung der älteren Triebbereiche, wie das z. B. bei der Sorte 'Schattenmorelle' der Fall ist. Im Vordergrund der Züchtung steht daher die Selektion von aufrecht wachsenden Typen, bei denen die Früchte an Kurztrieben gebildet werden, meistens in älteren Holzbereichen. Dieser Wuchstyp ist für die meisten Erntetechnologi-

Tab. 16.6 Aktuelle Zuchtziele für Sauerkirsche

Zuchtziel	Merkmal
Fruchtqualität mit guter Verarbeitungseignung	Kleine Steine, nicht mehr als 7 % des Frischgewichts der Kirsche Fruchtdurchmesser 21–24 mm Dunkel gefärbter Saft Brix-Wert 15 % Säurewert 25 g/L Apfelsäure Gutes Kirscharoma
Resistenz gegen Krankheiten und Schädlinge	
Anpassung an Umweltbedingungen	Toleranz gegen Hitze, Trockenheit, Kälte
Ertrag	Hoher Ertrag Ausdehnung der Ernteperiode
Eignung für maschinelle Ernteverfahren	Feste und gegen Quetschen tolerante Früchte Gute Lösbarkeit der Früchte vom Stiel Trockene Narbe beim Abtrennen des Fruchtstiels zur Vermeidung des Saftens Aufrechter Baumwuchs Gute Verankerung des Baums im Boden Maximale Wuchshöhe 3,0–3,5 m

en geeignet und erfordert einen geringen Schnittaufwand, da verkahltes Holz nicht mehr entfernt werden muss. Die Sorte 'Achat' ist dafür ein Beispiel.

Die Ertragsleistung des Baums ist von vorrangiger Bedeutung für den Anbau, insbesondere für maschinelle Ernteverfahren. In dieser Hinsicht ist es sehr schwer, neue Sorten auf den Markt zu bringen, die in ihrer Leistung die ertragreiche Sorte 'Schattenmorelle' in Europa überbieten könnten. Ähnlich verhält es sich mit der Sorte 'Montmorency' in den USA, die dort die am meisten angebaute Sorte ist. Die Ertragsleistung wird insbesondere durch den Fruchtansatz bestimmt. Sauerkirschen sind häufig selbstfertil (Fruchtansatz von mehr als 15 % nach Selbstung), obwohl auch selbststerile (kein Fruchtansatz nach Selbstung) und partiell selbstfertile (Fruchtansatz von 1 % bis zu 14 % nach Selbstung) Formen vorkommen. Einige Sorten sind untereinander inkompatibel bei Kreuzungen, sowohl reziprok als auch unilateral. Diese Inkompatibilität beruht auf einem gametophytischen Inkompatibilitätssystem, bei dem viele S-Allele von Süßkirsche abstammen. Selbstkompatibilität bei Sauerkirsche setzt voraus, dass als Minimum zwei nicht funktionierende Allele am S-Lokus vorkommen.

Winterfrost ist für den Sauerkirschanbau in kälteren Regionen wie Russland und Kanada ein kritischer Faktor. Um die Winterfrosthärte zu verbessern, werden in der Züchtung Sorten und interspezifische Hybriden verwendet, die auf *P. fruticosa* oder *P. maackii*[15] zurückgehen. Aufgrund der frühen Blütezeit bei Sauerkirsche spielt auch die Toleranz der

---

[15] Nach R. Maack (1825–1886), russ. Naturforscher.

Abb. 16.6 Entwicklung eines Methode zur künstlichen Infektion von *Prunus cerasus* 'Schattenmorelle'. **a** Anzucht von *Monilinia laxa* auf Pfirsichagar, **b** artifizielle Inokulation eines Kirschtriebs mithilfe eines mit *M. laxa* beimpften Agarplugs, **c** vergleichende Triebinokulation mit Agarplug ohne Bewuchs (*oben*) und mit Bewuchs durch *M. laxa* (*unten*)

Blüten und jungen Früchte gegenüber Frühjahrsfrösten eine Rolle. Sorten mit später Blüte, wie die russische Sorte 'Plodorodnaâ Mičurina' sind daher gute Kreuzungspartner.

Die wichtigsten Krankheiten bei Sauerkirsche sind die durch pilzliche Schaderreger hervorgerufene Monilia-Spitzendürre (*Monilinia laxa*) und die Sprühfleckenkrankheit (*Blumeriella jaapii*). Beide Krankheiten können zu signifikanten Ertragsverlusten führen. Bislang sind keine Wildartenakzessionen als Resistenzdonoren gegenüber *M. laxa* bekannt. Resistenz gegenüber *B. jaapii* wurden in *P. maackii*, *P. canescens* und anderen Wildartenakzessionen gefunden. An der Entwicklung von Methoden zur Resistenzevaluierung mithilfe von künstlichen Infektionen wird gearbeitet (Abb. 16.6).

16.5 Zuchtmethoden und -techniken

16.5.1 Kombinationszüchtung

Bei Kirsche werden sowohl die Auslesezüchtung, die auf der Selektion bevorzugter Klone innerhalb von Wildbeständen oder Lokalsorten beruht, als auch die Kombinationszüchtung angewandt. Dabei ist die vorhandene genetische Variabilität in der Gattung *Prunus* nur ansatzweise genutzt.

Das klassische Züchtungsprogramm bei Kirsche unterscheidet sich nicht von dem bei anderen Baumobstarten. Wichtig bei der Auswahl der Kreuzungseltern ist, dass der Virusstatus des Ausgangsmaterials beachtet wird, da Viren bei *Prunus* samen- und pollenübertragbar sind. Eine Reihe dieser Viren können heute mithilfe von ELISA (engl. *enzyme-linked immunosorbent assay*)- und PCR-basierten Verfahren detektiert werden.

Die Kastration der Blüten durch Entfernen der Staubgefäße ist aufgrund der ausgeprägten Selbstinkompatibilität bei Süßkirsche nicht grundsätzlich notwendig. Ausnahmen bilden jedoch die selbstfruchtbaren Süß- und Sauerkirschsorten. Ungewollte Fremdbefruchtung wird verhindert, indem vor der Blüte Zweige mithilfe eines feinmaschigen Netzgewebes eingetütet werden. Die Kastration der Blüten wird so durchgeführt, dass man mit dem Fingernagel oder einer Pinzette den Blütenbecher, an dem sich die Staubgefäße befinden, abstreift. Dabei darf der Stempel, der insbesondere bei Sauerkirsche sehr empfindlich ist, nicht beschädigt werden. Der Pollen für die Kreuzungsbestäubung wird kurz vor dem Aufblühen gesammelt. Man sammelt ungeöffnete Blüten, separiert die Staubgefäße und trocknet diese 12 h bei Raumtemperatur. Getrocknete Antheren platzen und setzen den Pollen leicht frei. Der so gesammelte und getrocknete Pollen kann über mehrere Jahre gelagert werden. Für die Bestäubung wird der Pollen auf die Narbe des nackten Stempels mit einem Pinsel aufgetragen. Dies ist in Abhängigkeit von der Muttersorte bis zu zwei, drei Tage nach der Kastration möglich und hängt von der Lebensfähigkeit der Eizelle ab, die wiederum auch temperaturabhängig sehr kurz sein kann. Aus diesem Grund werden eine unmittelbare Bestäubung nach der Kastration und/oder eine Wiederholung der Bestäubung 18–30 h nach der ersten Bestäubung empfohlen.

Die Kreuzungsfrüchte werden zur normalen Reifezeit geerntet. Oftmals sind die Samen voll entwickelt, bevor die Frucht reif ist, sodass das Ernten von leicht unreifen Früchten auch kein Problem darstellt. Der Stein sollte umgehend nach der Ernte aus der Frucht herausgelöst, gewaschen und geschrubbt werden, um Reste von Fruchtfleisch zu entfernen. Danach sollte er desinfiziert und in Wasser gespült werden. Dabei können auch Fungizide verwendet werden. Anschließend werden die Samen einer Kältebehandlung (Stratifikation) bei 0–5 °C für drei bis sechs Monate in feuchtem Milieu unterzogen. Trotz ausreichender Stratifikation der Samen kann die Keimungsrate bei Kirsche sehr gering sein. Sie liegt oftmals unter 10 %. Das Aufknacken der Steine und das Entfernen der Samenschale fördern die Keimung. Samen von frühreifenden Muttersorten keimen schlecht und die Embryonen werden noch vor der Nachreifebehandlung abortiert. In diesem Fall hilft eine Embryokultur (engl. *embryo rescue*) auf künstlichen Nährmedien. Die Keimung kann für Embryonen, die man aus den Samen präpariert, in die In-vitro-Kultur verlegt und mit einer Kältebehandlung zur Brechung der Samendormanz verbunden werden. Ein weiteres Problem stellt das schwache Wachstum des Sämlings nach der Keimung dar.

In der Kirschzüchtung ist es oftmals schwer, größere Populationen aus Kreuzungen zu erhalten. Die Gründe dafür liegen im geringen Fruchtansatz nach künstlicher Befruchtung, der Tatsache, dass nur ein Stein pro Frucht (bestäubter Blüte) zu erhalten ist, der geringen Keimungsrate der Samen und der relativ geringen Ausbeute bei der Sämlingsanzucht. Das hat zur Folge, dass ein großer Pflegeaufwand betrieben werden muss, bevor die Sämlinge die notwendige Größe für eine Feldpflanzung aufweisen.

Die Kirschsämlinge beginnen idealerweise drei bis vier Jahre nach der Pflanzung in das Feld zu blühen.

16.5.2 Methoden zur Erzeugung von Variabilität

Interspezifische und intergenerische Hybridisierung

Interspezifische Hybridisierung ist ein wichtiger Bestandteil der Kreuzungszüchtung bei Kirsche, wobei verschiedene *Prunus*-Arten als Donoren für unterschiedliche Merkmale genutzt werden. Einer der ersten Wissenschaftler, der interspezifische Hybridisierung bei Kirsche einsetzte, war der russische Züchter I. V. Mičurin (1855–1935). Er nutzte *P. maackii* (Syn. *Padus maackii*) und *P. fruticosa* zur Verbesserung der Winterfrosthärte und der Krankheitsresistenz, insbesondere gegenüber der Sprühfleckenkrankheit. Die interspezifi-

Abb. 16.7 Interspezifische Hybridisierung bei Kirsche. Für die Verbesserung der Krankheitsresistenz der Sauerkrische wurde **a** *Prunus cerasus* 'Vowi' mit **b** *P. maackii* gekreuzt. **c** In der F1-Nachkommenschaft wird die intermediäre Vererbung an den Früchten sichtbar, sowohl bei der Fruchtgröße als auch beim Fruchtstand. **d** Nach Rückkreuzung mit *P. cerasus* nimmt die Fruchtgröße weiter zu und der Fruchtstand ist morphologisch der Sauerkirsche ähnlich

schen Hybriden, bei denen *P. maackii* als Pollenelter diente, nannte er 'Cerapadus', mit den Formen 'Cerapadus No. 1' (*P. fruticosa* × *P. maackii*), 'Cerapadus krupny' und 'Cerapadus sladki' ('Ideal' [*P. fruticosa* × *P. pensylvanica]* × *P. maackii*). Für Hybride, bei denen *P. maackii* als Mutter verwendet worden ist, verwendete Mičurin die Bezeichnung 'Padocerasus', wie z. B. für die Nachkommen aus *P. maackii* × 'Plodorodnaâ Mičurina'. Ähnliche Arbeiten fanden auch in der Ukraine und in Kanada statt und werden noch immer unter unterschiedlichen Gesichtspunkten in verschiedenen Zuchtprogrammen durchgeführt (Abb. 16.7).

Mutationszüchtung

Bei Kirsche ist die Mutationszüchtung ein geeignetes Werkzeug, um einen kompakten Wuchstyp und Selbstkompatibilität zu induzieren. Im Unterschied zu Apfel waren schwachwüchsige Unterlagen lange Zeit nicht vorhanden, sodass neue Wege erschlossen wurden, um das Wuchsverhalten der Kirsche zu bremsen. Spontane Mutationen, wie Chlorophyllmutationen, veränderte Reifezeit, Fruchtgröße und -form sind für Kirsche mehrfach beschrieben. Induzierte Mutationen, durchgeführt in den 1960/1980er-Jahren, durch Bestrahlung (X- oder γ-Strahlen bei etwa 40 Gy) oder chemische Behandlung waren ebenfalls erfolgreich. Selbstkompatibilität wurde durch Verwendung von bestrahltem Pollen bei Befruchtungsversuchen mit inkompatiblen Mutterpflanzen erzielt. Diese Versuche resultierten in der ersten selbstfertilen Süßkirschsorte 'Stella', die auch kommerziell angebaut wurde. Lapins (1965, 1970, 1975) war auch erfolgreich bei der Induktion von kompakten Wuchsformen und brachte die kommerziell nutzbaren Süßkirschsorten 'Lambert Compact' und 'Compact Stella' heraus. Kompakte Wuchstypen aus Mutageneseversuchen gibt es auch von den Sorten 'Van', 'Bing', 'Burlat' sowie 'Duron Nero I' und 'Duron Nero II'.

Ploidiezüchtung

Ploidiezüchtung spielt in der praktischen Kirschsortenzüchtung keine Rolle. Versuche zur Polyploidisierung hat es im letzten Jahrhundert zwar gegeben, jedoch waren diese eher akademischer Natur. In der Unterlagenzüchtung wurden erfolgreiche Versuche zur Polyploidisierung der triploiden Sorte 'Colt' durchgeführt.

16.5.3 Bio- und gentechnologische Methoden

In-vitro-Techniken

Die Verfahren der In-vitro-Kultur einschließlich Mikrovermehrung sind bei Kirsche in den 1980er-Jahren intensiv erarbeitet und ausreichend publiziert worden. Als Einflussfaktoren wurden genotypische Besonderheiten, Auswahl des Ausgangsexplantats, Komponenten des Nährmediums, Sterilisation der Explantate und Besonderheiten der Überführung in das Gewächshaus beschrieben. Die Mikrovermehrung spielt bei *Prunus* insbesondere für die Anzucht wurzeleigener Pflanzen eine Rolle. Die *Prunus*-Unterlagenvermehrung wird

Abb. 16.8 Embryokultur bei Süßkirsche. a Präparierter Embryo *in vitro* auf Nährboden; **b** gereinigte Steine, aus denen der Embryo präpariert worden ist; **c–e** Entwicklung des Sämlings *in vitro*, **c** entfaltete Keimblätter (Kotyledonen), **d** erste Laubblätter sichtbar, **e** Sämling mit Spross und Wurzel

inzwischen in einigen Laboratorien kommerziell über Mikrovermehrung *in vitro* betrieben. Meristemkultur in Kombination mit Wärmetherapie wird ebenfalls zur Produktion virusfreien Pflanzguts eingesetzt.

Eine wichtige Rolle in der Süßkirschzüchtung spielt die Embryokultur, insbesondere dann, wenn als Kreuzungsmütter frühreifende Sorten verwendet werden und der Embryo in der Frucht daher nicht ausreifen kann (Abb. 16.8). Gute Ergebnisse wurden erzielt, wenn nach dem Knacken und Öffnen des Steins sowie der Oberflächensterilisation die Integumente vorsichtig entfernt und die Embryonen anschließend einer Stratifikation bei 5 °C über zwei bis vier Monate unterzogen wurden.

Die Anwendung der Antheren- oder Pollenkultur bei Kirsche zur Etablierung haploider Pflanzen war wenig erfolgreich, da es nicht gelang, ganze Pflanzen zu regenerieren. Die erste erfolgreiche Regeneration von Pflanzen über Organogenese an Blattexplantaten und Internodienkallus wurde 1984 durch David James (James et al. 1984). für die triploide, sterile Kirschunterlage 'Colt' publiziert. Die Methode der Adventivsprossbildung wurde später noch weiterentwickelt, indem unterschiedliches Ausgangsgewebe, z. B. Wurzelkallus, verwendet wurde. Das Ziel bestand darin, fertile Klone von 'Colt' über Polyploidisierung durch Behandlung mit Colchicin zu erzeugen. Mithilfe solcher fertilen Klone sollte die Unterlage für die Züchtung nutzbar gemacht werden, um das Ziel der Förderung des Schwachwuchses zu erreichen. Im Ergebnis dieser Versuche wurden hexaploide Klone selektiert, die sich in vegetativen Merkmalen von den triploiden Pflanzen unterscheiden ließen. Gleichzeitig wurden diese Versuche dazu genutzt, den Erfolg zur Induktion von somaklonaler Variation über In-vitro-Kultur zu untersuchen. Generell ist die Regeneration von Pflanzen bei Süß- und Sauerkirsche am erfolgreichsten, wenn man anstelle von Blattgewebe Samengewebe verwendet, z. B. Kotyledonen.

Die Protoplastentechnologie wurde ebenfalls an 'Colt' etabliert. Mit ihrer Hilfe war erstmalig eine erfolgreiche Regeneration von Pflanzen aus Mesophyllprotoplasten beim Baumobst erfolgreich. Die Technologie wurde weiterhin genutzt, um eine somatische Hybridisierung zwischen Birne und 'Colt' zu realisieren. Die erfolgreiche Pflanzenregeneration war der erste Beweis zur Herstellung von somatischen Hybriden bei Gehölzen der Rosaceae.

Gentransfer

Verfahren zur Regeneration von Adventivsprossen aus Blattexplantaten wurden bei Süß- und Sauerkirsche erfolgreich etabliert. Adventivsprosse wurden auch an unreifen Kotyledonen regeneriert. Die Methode des *Agrobacterium-tumefaciens*-vermittelten Gentransfers ist sowohl bei Süß- als auch bei Sauerkirsche etabliert, wurde aber im Vergleich zu anderen Obstarten, wie z. B. Apfel und Birne, vergleichsweise selten angewandt. Bei Süßkirsche wurden v. a. Gene zur Verbesserung der Kälteresistenz getestet. Bei Kirschunterlagen wurde ein Gen für Herbizidresistenz übertragen.

Kürzlich wurden transgene Kirschenunterlagen der Sorte 'Gisela 6' hergestellt. Diese Pflanzen exprimieren ein Haarnadelkonstrukt, das einen Teil der Sequenz des *RNA3*-Gens des *Prunus necrotic ringspot*(PNR)-Virus enthält. Dadurch kommt es zur Produktion kleiner RNA-Moleküle mit einer Länge von 21 bp in den transgenen Unterlagen, die homolog zur viralen *RNA3*-mRNA sind. Diese RNA-Moleküle werden effektiv in der gesamten Pflanze (auch im nichttransgenen Edelreis) verteilt und bewirken überall eine effektive Bekämpfung des PNR-Virus durch ein gezieltes Abschalten des viralen *RNA3*-Gens. Dieses Verfahren hätte das Potenzial, Viruserkrankungen effektiv bekämpfen zu können. Obwohl die Früchte keine gentechnisch bekannten Veränderung mehr besitzen und eine Ausbreitung des Genkonstrukts über Pollen und Samen ausgeschlossen ist, ist eine kommerzielle Anwendung dieser Technologie zumindest in Europa in der nächsten Zeit nicht zu erwarten.

Transiente Verfahren zur virusinduzierten Stilllegung von Genen wurden ebenfalls vor Kurzem an Süßkirschen etabliert. Diese Verfahren dienen v. a. der Erforschung der Funktion einzelner Gene. So zeigte eine chinesische Arbeitsgruppe im Jahr 2014, dass die

Tab. 16.7 Auswahl an bekannten *QTL* bei Kirsche

Merkmal	Art	QTL/Gen	Kopplungsgruppe
Fruchtgewicht	*P. avium*	QTL	1, 3, 5, 6
	P. cerasus	QTL	4
Fruchtfestigkeit	*P. avium*	QTL	6
Fruchtgröße	*P. avium*	QTL	1, 2, 3, 4, 6
	P. cerasus	QTL	2
Kältebedürfnis und Blühzeitpunkt	*P. avium*	QTL	4
Zellzahl je Frucht	*P. avium*	QTL, *PavCNR12*, *PavCNR20*	2, 4
Fruchthaut- und Fruchtfleischfarbe	*P. avium*	QTL, *PavMYB10*	3, 6, 8
Sprühfleckenresistenz	*P. canescens*	QTL	4
Stammdurchmesser	*P. avium*	QTL	7, 8

Stilllegung des *PacMYBA*-Gens in Kirschen verantwortlich für die Regulation der Farbbiosynthese in reifen Früchten ist.

DNA-Marker

Bei Kirsche wurden in der Vergangenheit viele verschiedene Markertypen getestet und etabliert. Der Großteil der Arbeiten auf diesem Gebiet war allerdings auf die genetische Differenzierung von Genotypen fokussiert. Von all den getesteten Markertypen haben sich nur einige wenige durchgesetzt. Heute finden v. a. SSR-, SCAR-, CAPS- und SNP-Marker Anwendung. Obwohl die Erstellung geeigneter Kartierungspopulationen bei Kirsche aufgrund der Probleme bei der Kreuzung und Anzucht der Samen schwierig ist, wurden in den letzten Jahren erste QTL für züchtungsrelevante Merkmale kartiert (Tab. 16.7).

Kartierung

Die Anzahl genetischer Karten für Süß- und Sauerkirsche ist vergleichsweise gering. Dennoch existieren inzwischen einige Karten, die z. T. auch in der Genomdatenbank für Rosengewächse (https://www.rosaceae.org) zu finden sind. Bei den für die Erstellung der Karten verwendeten Populationen handelt es sich ausschließlich um F1-Nachkommenschaften. Die Anzahl der Individuen je Population liegt in den meisten Fällen, aus den bereits erwähnten Gründen, unter 100 oder nur unwesentlich darüber. Der Fortschritt in der Züchtungsforschung bei Kirschen wird in den nächsten Jahrzehnten v. a. davon abhängen, ob es gelingt, große Kartierungspopulationen aufzubauen.

Sequenzierte Genome und SNP-Chips

Eine vollständige Genomsequenz, die öffentlich zugänglich ist, existiert momentan weder für Süß- noch für Sauerkirsche. Für Süßkirsche gibt es jedoch seit einigen Jahren ein Genomsequenzierungsprojekt an der Washington State University (https://genomics.wsu.edu/sweet-cherry-genome-project). Ziel ist die Sequenzierung des Genoms der Sorte

'Stella'. Wie weit dieses Projekt vorangeschritten ist, ist nicht bekannt. Für die genomweite Selektion existiert ein erster 6K-SNP-Chip. Momentan wird durch das RosBREED SNP consortium ein Infinium 15K-Chip erstellt.

16.5.4 Erhaltungszüchtung

Die Erhaltungszüchtung erfolgt bei Kirsche im Prinzip wie bei Kernobst. Der Züchter muss gewährleisten, dass eine Sorte in ihrer Merkmalsausprägung homogen und beständig bleibt. Dies ist eine Voraussetzung für den Fortbestand des Sortenschutzes. Auch die Vermehrung und das Inverkehrbringen von Material sind analog zum Apfel. Die Haltung des Vorstufenmaterials in insektensicheren Gewächshäusern ist bei *Prunus* besonders wichtig, da die Übertragung von Viren durch Pollen oder Samen erfolgt. Aufgrund der zunehmenden Probleme in den Reisermuttergärten ist die Erhaltungszüchtung bei Kirschen in Deutschland zurzeit gefährdet.

16.5.5 Biologische Besonderheiten der Art

Selbstinkompatibilitätssystem
Die meisten Süßkirschsorten sind selbststeril. Selbstfertilität kommt nur bei wenigen Genotypen vor. Alle Kirschen haben ein gametophytisches Selbstinkompatibilitätssystem (GSI). Dieses wird durch einen sog. S-Lokus determiniert, der sich am unteren Ende von Kopplungsgruppe 6 befindet.

An diesem Lokus existieren ein Gen für eine griffelspezifische S-RNase sowie ein Gen für ein pollenspezifisches F-Box-Gen. Von der S-RNase ist eine Reihe von unterschiedlichen Allelen bekannt. Der griffelspezifische Teil der Selbstinkompatibilität wird bei diploiden Süßkirschen von bis zu zwei unterschiedlichen Allelen dieser S-RNase bestimmt. Bei tetraploiden Sauerkirschen wird der griffelspezifische Teil von bis zu vier Allelen bestimmt. Der pollenspezifische Teil der Selbstinkompatibilität wird durch ein F-Box-Gen bestimmt, das in direkter Nähe zur S-RNase lokalisiert ist und ebenfalls in unterschiedlichen Allelen auftreten kann. Dieses F-box-Gen ist auch als S-haplotype-specific F-box protein(SFB)-Gen bekannt.

Selbstfertile Kirschen besitzen einzelne mutierte (nicht funktionsfähige) S-Allele. Dabei kann sowohl das pollenspezifische F-Box-Protein (z. B. bei den nicht funktionsfähigen Allelen *S3'*, *S4'*, *S5'* und *S13'*) als auch die griffelspezifische S-RNase (z. B. bei den nicht funktionsfähigen Allelen *S6m2* bzw. *S13m*) zerstört sein. Bei anderen Allelen, wie z. B. *S7m*, ist die Funktion noch unklar.

Bei Sauerkirschen kommt es häufiger zum Auftreten von Selbstfertilität. Das liegt v. a. an einer Anhäufung von mutierten S-Allelen und nicht an einer kompetitiven Interaktion[16] zwischen verschiedenen S-Allelen, wie das bei anderen polyploiden Pflanzenarten der Fall ist.

Bei der Planung von Kreuzungen und der Auswahl der Elternsorten ist die genaue Kenntnis der S-Allele notwendig. In Süß- (Wild- und kultivierte Kirschen) und Sauerkirschen wurden bislang 37 verschiedene funktionsfähige S-Allele (*S1–S36*) beschrieben. In kultivierten Süßkirschen wurden dabei die Allele *S1*, *S2*, *S3/S8*[17], *S4*, *S5/S15*, *S6*, *S7/S11*, *S9*, *S10*, *S12*, *S13*, *S14/S23*, *S16/Sx*, *S17*, *S19*, *S21/S25*, *S22*, *S24*, *S34* und *S37* nachgewiesen. Die Allele *S18*, *S20*, *S27*, *S28*, *S29*, *S30*, *S31* und *S32* wurden bislang nur in Wildformen von *P. avium* detektiert. In Sauerkirsche wurden die Allele *S1*, *S4*, *S6*, *S9*, *S12*, *S13*, *S14*, *S16*, *S26*, *S33*, *S34*, *S35*, *S36a*, *S36b*, *S36b2*, *S36b3* und *S?* nachgewiesen.

Aufgrund des Vorkommens gleicher S-Allele in beiden Eltern sind manche Kreuzungen nicht realisierbar. Basierend auf ihren S-Allelen werden Süßkirschen deshalb in wenigstens 48 Inkompatibilitätsgruppen und Sauerkirschen in 21 Inkompatibilitätsgruppen eingeteilt. Eine Auswahl an Inkompatibilitätsgruppen bei Süßkirsche sowie einige der zugehörigen Sorten sind in Tab. 16.8 dargestellt. Die Tab. 16.9 zeigt eine Auswahl an Sauerkirschsorten und deren S-Allele. In Süßkirsche kommen v. a. die mutierten S-Allele *S3′*, *S4′*, *S5′* und das noch ungeklärte *S7m* Allel vor. Bei Sauerkirsche wurden die mutierten S-Allele *S1′*, *S6/6 m*, *S6m*, *S13/13′*, *S13m*, *S13′*, *S36a*, *S36b/b2/b3*, *S36b*, *S36b2*, *S36b3* gefunden.

Bei Kreuzungen mit selbstkompatiblen Partnern ist zu beachten, welcher der beiden Eltern ein mutiertes S-Allel besitzt und von welchem Typ (F-Box-Gen bzw. S-RNase) das defekte Allel ist. So kommt es bei *SaSb* × *SaSb′* zum Fruchtansatz, weil das mutierte Allel *Sb′* des Pollens durch den Griffel wachsen kann. Stellt man jedoch eine reziproke Kreuzung zwischen *SaSb′* × *SaSb* her, dann gibt es keinen Fruchtansatz, da diese Kreuzung inkompatibel ist.

Mithilfe von PCR-Primern ist es möglich, die vorhandenen S-Allele eines Genotyps zu bestimmen. Das trifft sowohl für S-RNase als auch für das F-Box-Gen zu. Damit kann der mögliche Erfolg einer Kreuzungskombination im Vorfeld der Kreuzung bereits vorhergesagt werden.

---

[16] Bei einigen polyploiden Pflanzenarten kann es zu einer kompetitiven Interaktion zwischen verschiedenen S-Allelen (z. B. *S1* und *S2*) kommen. Heterothallische Pollen tetraploider Pflanzen vom Typ *S1S2* würden bei diesen Pflanzen keine Inkompatibilitätsfunktion mehr besitzen, während homothallische Pollen vom Typ *S1S1* bzw. *S2S2* weiterhin zur Inkompatibilität führen.

[17] Allele, die durch einen Schrägstrich getrennt sind, sind identisch.

Tab. 16.8 S-Allele bei Süßkirsche. (Schuster 2012; Hancock 2008, S. 151–175)

S-Allele	Sorten
S1S2	Sumgita, Ferdouce, Summit, Starking Hardy Giant
S1S3	Areko, Black Star, Sumnue, Helga, Kasandra, Regina, Oktavia, Sumste Samba, Sumele, Sumbigo, Sumbola, Van
S1S4	Hudson, Namati, Rainier, Sylvia
S1S5	Bianca, Valera
S1S6	Fabiola, Fernier, Hertford, Vanda
S1S7	Dollenseppler
S1S9	Bellise, Brooks, Rivedel, Early Red, Tamara, Valerij Chkalov, Zoe
S1S13	Giorgia
S1S14	Fermina
S2S3	Enjidel, Coralis
S2S4	Royalton, Sam
S2S5	Vista
S2S6	Arcina, Early Korvik, Korvik
S2S9	Ferprime, Narana
S3S4	Badascony, Bing, Büttners Späte Knorpelkirsche, Emperor Francis, Jacinta, Karina, Namare, Napoleon, Lambert, Somerset
S3S5	Early Burlat, Hedelfinger
S3S6	Christiana, Duroni 3, Ferdiva, Fertard, Kordia, Techlovan
S3S9	Burlat, Chelan, Moreau, Nafrina, Naprumi, Tieton
S3S12	0900 Ziraat, Germersdorfer, Noire de Meched, Rubin, Schneiders Späte Knorpelkirsche
S3S13	Reverchon
S4S5	Carmen, Späte Schwarze Knorpelkirsche
S4S6	Larian
S4S9	Cashmere, Inge, Merchant
S5S6	Colney
S5S9	Krupnoplodnaja
S5S22	Rita
S6S9	Folfer, Penny
S6S13	Noble
Selbstfertil mit mutiertem S-Allel	
S1S4'	Sumpaca, Lapins, Royal Helen, Royal Edie, Santina, Skeena
S3S4'	Habunt, Petrus, Sandra Rose, STACCATO®, Stella, Sumesi, Sunburst, Sumtare
S3S3'	Axel
S4'S6	Blackgold, Blaze Star
S4'S9	Grace Star, Sandor, Swing, Paulus

Tab. 16.9 S-Allel bei Sauerkirsche. (Hancock 2008, S. 151–175)

Sorte	SK oder SI[a]	S-Allele
Érdi Bőtermő	*SK*	*S4S6′S27aS30*
Meteor	*SK*	*S13′S27aS27bS28*
Montmorency	*SK*	*S6S13′S27aS30*
Schattenmorelle	*SK*	*S6S13′S26S27a*
Újfehértói fürtös	*SK*	*S1′S4S27aS30*
Pandy (Köröser)	*SI*	*S1S4S27bS30*
Jade	*SI*	*S4S13/13′S36b2*
Spinell	*SI*	*S1S13′S36b2*
Jachim	*SI*	*S1S13S36b(S36b)*

[a]*SK* selbstkompatibel; *SI* selbstinkompatibel.

16.6 Erfolge der Züchtung und Ausblick

Im Vergleich zu Obstarten wie Apfel oder Pfirsich sind die züchterischen Erfolge bei Kirsche in den letzten 100 Jahren eher geringer. Das liegt v. a. an der vergleichsweise geringeren Bedeutung im Anbau und der damit verbundenen geringeren Intensität in der Züchtung, aber auch in der Züchtungsforschung. In den letzten Jahren wurden jedoch zahlreiche Bemühungen unternommen, diese Lücke zu schließen. Das trifft im Speziellen auch im Bereich der molekularen Züchtungsforschung zu. Die Entwicklung von Markern für bestimmte Merkmale ist hier von besonderer Bedeutung.

Ein großer Meilenstein in der Süßkirschzüchtung war die Entwicklung und Einführung der ersten selbstfertilen Süßkirschsorte 'Stella' durch Lapins im Jahr 1970, was in der Folge zu einer Reihe von selbstfertilen Sorten auf dem Markt geführt hat. Diese selbstfertilen Sorten tragen dazu bei, die Kirschproduktion unter ungünstigen Umweltbedingungen stabiler und zuverlässiger zu gestalten.

Eine deutliche Zunahme des Zuchtfortschritts ist in den nächsten Jahrzehnten v. a. bei der Fruchtgröße zu erwarten. Hier wurden bereits erste QTL detektiert und eng gekoppelte Marker für die praktische Züchtung etabliert. Ähnliche Anstrengungen wurden auch zur Verbesserung der Platzfestigkeit unternommen. Hier wurden erste Kandidatengene identifiziert. Ob es aber tatsächlich gelingt, mithilfe der molekularen Selektion großfrüchtige und platzfeste Süßkirschsorten zu züchten, wird die Zeit zeigen.

Die Fortschritte in der Sauerkirschzüchtung in Europa und Russland waren in den letzten Jahrzehnten recht bedeutend. Für den Markt stehen inzwischen neue Sorten zur Verfügung, die z. B. für die Verarbeitung aber auch für den Frischmarkt geeignet sind. Ein Beispiel dafür ist die Sorte 'Jade' aus der Pillnitzer Züchtung.

Zur Verbesserung der Widerstandsfähigkeit gegenüber Pilzkrankheiten wurden z. B. Resistenzen gegenüber der Sprühfleckenkrankheit und der Monilia-Spitzendürre in einigen genetischen Ressourcen, u. a. auch in Sorten, gefunden. Die Verwendung solcher Resistenzdonoren lassen erfolgreiche Züchtungsprogramme erwarten. Die Erforschung weiterer Resistenzen gegenüber anderen Krankheiten darf jedoch nicht aus den Augen verloren werden und sollte vor dem Hintergrund eines ökologischen, ressourcenschonenden Anbaus forciert werden.

Das ist der Daumen, der schüttelt die Pflaumen, der liest sie auf,
der trägt sie nach Haus und der kleine Schelm isst sie alle, alle auf
(Abzählreim).

17.1 Einführung

lateinisch	*Prunus domestica* L.
deutsch	(Europäische) Pflaume, Zwetschge
englisch	plum
französisch	prune
russisch	sliva

Wenn die Tage kürzer werden, hat die Pflaume Saison und mit ihrem süßen Geschmack erinnert sie an den Sommer. Pflaumen sind gesund und fördern die Verdauung. Für kaum eine andere Frucht gibt es so viele Rezepte, vom Pflaumenkuchen über Pflaumenmus bis zur Pflaumensuppe.

Pflaumen wachsen weltweit, aber hauptsächlich in der gemäßigten Zone. Die Weltproduktion lag im Jahr 2013 bei 11,5 Mio. t, zuzüglich 323.000 t Trockenpflaumen (FAO-STAT). Der Hauptproduzent bei Pflaumen ist China mit 6 Mio. t, gefolgt von Serbien, Rumänien, Chile und der Türkei. Fast die gesamte Produktion in China basiert auf der Japanischen Pflaume (*Prunus salicina*[1]). Bei Trockenpflaumen ist der Hauptproduzent die USA, gefolgt von Chile und Argentinien.

In Deutschland wurden im Jahr 2015 46.900 t Pflaumen und Zwetschen geerntet. Damit stehen die Pflaumen als wichtige Baumobstart an zweiter Stelle (AMI Markt Bilanz Obst 2016).

---

[1] Lat. *salicinus* für weidenblättrig.

© Springer-Verlag GmbH Germany 2017
M.-V. Hanke und H. Flachowsky, *Obstzüchtung und wissenschaftliche Grundlagen*,
DOI 10.1007/978-3-662-54085-5_17

In Europa werden im Wesentlichen Europäische Pflaumen (*Prunus domestica*), die an kühlere Temperaturen angepasst sind, angebaut. Sie werden vielseitig verwendet, für den Frischmarkt, für die Verarbeitung und als Trockenpflaumen. Japanische Pflaumen hingegen haben eine größere Adaptationsbreite vom gemäßigten Klima bis zu subtropischen Regionen. Die Früchte werden meist als Tafelobst gegessen.

Weiterhin gibt es noch andere Arten, wie die Myrobalane (*Prunus cerasifera*[2]; Abb. 17.1) und die Schlehe (*Prunus spinosa*[3]; Abb. 17.2), die in Europa für die Verarbeitung und in der Schnapsindustrie genutzt werden.

Abb. 17.1 *Prunus cerasifera*, **die Myrobalane oder Kirschpflaume.** Diese Wildart stammt ursprünglich aus dem Kaukasus und den angrenzenden Gebieten, wurde in Deutschland Ende des 16. Jahrhunderts erstmals erwähnt und dient in Europa als Pflaumenunterlage. Die Früchte sind beliebt für den Fischverzehr und zur Herstellung von Marmelade. Es gibt zahlreiche unterschiedliche Ökotypen. Die Fruchtfarbe reicht von hellgrün über gelb bis rot und dunkelrot. Die Früchte sind klein bis mittelgroß, rundlich bis oval (8–16 g). Die Früchte auf der Abbildung stammen von Sämlingen, die im Nordkaukasus 2011 im Rahmen einer botanischen Expedition gesammelt wurden

---

[2] Lat. *cerasifera* von *cerasus* für Kirsche und *-fer* für tragend, kirschtragend.
[3] Lat. *spinosus* für dornig.

Abb. 17.2 *Prunus spinosa*, **die Schlehe.** Diese Wildart stammt aus Vorderasien und ist heute in Europa weit verbreitet. Sie diente bereits den Steinzeitmenschen als Sammelfrucht. Die Schlehe wurde vielfach in der Züchtung als Kreuzungspartner für interspezifische Hybridisierungen genutzt. Die Früchte sind kugelig, kirschgroß und hellblau bis schwarz gefärbt sowie bläulich bereift. Das Fruchtfleisch ist erst nach dem Frost genießbar

17.2 Botanische Beschreibung

17.2.1 Gattung *Prunus*

Die Gattung *Prunus* wurde in Abschn. 16.2 ausführlich beschrieben.

17.2.2 Pflaume

Pflaumen gehören zur Untergattung *Prunus* der Gattung *Prunus*. Diese Untergattung enthält fünf Sektionen[4], u. a.

- *Prunus* mit den Pflaumen in Europa, Asien und Nordafrika,
- *Prunocerasus* mit den Pflaumen in Nordamerika und
- *Armeniaca* mit den Aprikosen.[5]

Die Arten in der Sektion *Prunus* können von den Arten der anderen Sektionen durch folgende Merkmale unterschieden werden (Reales et al. 2010): die Knospenlage ist convolut, Fruchtknoten und Früchte sind unbehaart, die Blüten sind gestielt. In der Sektion *Prunocerasus* ist die Knospenlage conduplicat, während in der Sektion *Armeniaca* Frucht-

---

[4] *Armeniaca, Microcerasus, Penarmeniaca, Prunocerasus, Prunus.*
[5] GRIN – Germplasm Ressources Information Network, https://npgsweb.ars-grin.gov/gringlobal/taxonomygenus.aspx?id=9887 (Stand 12.7.2016).

knoten und Früchte fein behaart, die Blüten stiellos sind oder kurze Stiele haben und die Blätter in der Knospe eingerollt sind.

In der Sektion *Prunus* gibt es etwa 20 europäische und asiatische Pflaumenarten, von denen einige ökonomische Bedeutung besitzen. Die meisten Pflaumenarten sind diploid ($2n = 2x = 16$), einige sind tetraploid ($2n = 4x = 32$). Die hexaploide Europäische Pflaume *P. domestica* ($2n = 6x = 48$), eine der am meisten angebauten Kulturarten, kommt im Wildbestand nicht vor und ist bislang das Objekt kontroverser Diskussion bezüglich ihrer evolutionären Entstehung. Neben *P. domestica* hat auch die diploide Japanische Pflaume *P. salicina* ($2n = 2x = 16$) eine große wirtschaftliche Bedeutung erlangt. Beide Arten sind zwar in derselben taxonomischen Sektion, differieren aber grundsätzlich in ihrer Herkunft, Domestikation, Adaptation an die Umwelt und in ihrer Nutzung. Europäische Pflaumen wachsen in kühleren Gebieten und Japanische Pflaumen eher in warmen Regionen. Beide Arten unterscheiden sich in bedeutenden Merkmalen, die für die Züchtung eine Rolle spielen (Tab. 17.1).

P. domestica stellt ein Gemisch von Formen mit unterschiedlichem Hybridcharakter dar, was eine taxonomische Einteilung sehr erschwert. So findet man gleitende Übergänge zu den vermutlichen Stammarten *P. spinosa* und *P. cerasifera*. Nach Ohle (1986; Hegi 1995b, S. 446–510) werden sieben Unterarten angenommen (Tab. 17.2).

Die Halbzwetschen *P. domestica* subsp. *intermedia* (Box 17.1) und die Edelpflaumen *P. domestica* subsp. *italica* (Box 17.2) bilden vier bzw. zwei Sortengruppen.

Tab. 17.1 **Unterschiedliche Merkmale der Europäischen und der Japanischen Pflaume**

	Merkmal
Europäische Pflaume *Prunus domestica*	Säuregehalt, Aroma der Frucht Spätere Blüte Resistenz gegenüber Scharka-Virus Meist selbstfertil Hexoploid
Japanische Pflaume *Prunus salicina*	Große und feste Früchte, farbliche attraktiv Früchte transport- und lagerfähig Fremdbefruchtung, selbstinkompatibel Diploid

Tab. 17.2 Unterarten der Pflaume *Prunus domestica*

Unterart	Botanische Bezeichnung; Sorte
Echte Zwetsche	*P. domestica* subsp. *domestica*; 'Bühler Frühzwetsche', 'Hauszwetsche', 'Ortenauer', 'Stanley'; Abb. 17.3
Haferpflaume	*P. domestica* subsp. *insititia*[a] – Verwendung als Unterlage: z. B. 'St. Julien'; Abb. 17.4
Halbzwetsche	*P. domestica* subsp. *intermedia*[b]; Box 17.1
Edelpflaume	*P. domestica* subsp. *italica*[c]; Box 17.2
Spilling	*P. domestica* subsp. *pomariorum*[d]; Abb. 17.5
Ziparte	*P. domestica* subsp. *prisca*[e]; Abb. 17.6
Mirabelle	*P. domestica* subsp. *syriaca*[f]; 'Frühe Mirabelle', 'Nancymirabelle'; Abb. 17.7

[a]Lat. *insiticius* für aus dem Ausland, eingeführt.

[b]Lat. *intermedia* für zwischenstehend, zwischen Zwetsche und Haferpflaume.

[c]Lat. *italica* für aus Italien.

[d]Lat. *pomarium* für Obstgarten.

[e]Lat. *priscus* für alt, altertümlich.

[f]Lat. *syriaca* für aus Syrien.

Abb. 17.3 **'Hauszwetsche'**, seit dem 17. Jahrhundert in Deutschland verbreitet, die häufigste Sorte im Streuobstanbau, sehr anfällig gegenüber Scharka-Krankheit. Es gibt verschiedene Typen mit unterschiedlichen Reifezeiten

Abb. 17.4 **'St. Julien'** ist ein Vertreter von *Prunus domestica* subsp. *insititia*, Haferpflaume oder Kriechenpflaume, und wird als Unterlage für Pflaume verwendet

Abb. 17.5 '**Gelbroter Spilling**' gehört zu den Primitivpflaumen und hat kleine länglich-ovale Früchte, geschmacklich sehr gut

Abb. 17.6 Ziparte, eine Wildpflaume mit kleinen, gelbgrünen, breitovalen Früchten, die nur für die Brennerei zu verwenden sind. Die Ziparte ist seit der Jungsteinzeit unverändert erhalten geblieben. Es gibt verschiedene Typen, die sich in Reifezeit und Fruchtgröße unterscheiden

Abb. 17.7 Die 'Nancymirabelle' wird schon seit 1490 in Frankreich angebaut und wurde Mitte des 18. Jahrhunderts nach Deutschland eingeführt. Sie erhielt ihren Namen nach der Stadt Nancy in Lothringen. Die Früchte sind klein, kugelig bis kurzoval und bei Vollreife goldgelb

Abb. 17.8 Die Pflaumensorte 'Anna Späth' wurde 1870 von Franz Späth als Sämling in Ungarn erworben und von seiner Baumschule 1874 in den Handel gebracht. Sie ist noch heute eine wertvolle, sehr spät reifende und Scharka-tolerante Sorte für wärmere Anbaugebiete

---

Box 17.1 Sortengruppen bei Halbzwetschen

Kuchel-Zwetsche. *P. domestica* subsp. *intermedia* var. *cullinaria* Werneck; Fruchtfleisch süß; vermutlich die Stammform aller Halb-Zwetschen; z. B. 'Anna Späth' (Abb. 17.8), 'Königin Victoria', 'Wangenheims Frühzwetsche'.

Dattel- oder Rotzwetsche. *P. domestica* subsp. *intermedia* var. *mamillaris* (Schuebler et Martens) Werneck; Frucht flaschen- oder birnenförmig, groß; z. B. 'Rote Dattelzwetsche'.

Eierzwetsche. *P. domestica* subsp. *intermedia* var. *ovoidea* Martens; Frucht gelb oder rot bis violett, rundlich-eiförmig, zum Stiel verjüngend; z. B. 'Gelbe Eierpflaume'.

Oval- oder Spitzzwetsche oder Echte Damascene. *P. domestica* subsp. *intermedia* var. *oxycarpa* Bechst.; Frucht verschmälert sich an beiden Enden; z. B. 'Frühe Altländer Katharinenpflaume', 'Ruth Gerstetter', 'Späth Früheste', 'The Czar' (Abb. 17.9), 'Emma Leppermann'.

Box 17.2 Sortengruppen bei Edelpflaumen

Echte Edelpflaume. *P. domestica* var. *subrotunda* (Bechst.) Werneck; Früchte kugelig, dunkelrot bis schwarz, auch weinrot; Fruchtfleisch mäßig süß; z. B. 'Frühe Königspflaume', 'Ontariopflaume'.

Reineclaude. *P. domestica* var. *claudiana* (Poiret) Gams; Früchte kugelig, gelbgrün; Fruchtfleisch ziemlich süß; z. B. 'Graf Althanns Reneklode' (Abb. 17.10), 'Große Grüne Reneklode' (Abb. 17.11), 'Oullins Reneklode'.

Abb. 17.9 Die Pflaumensorte 'The Czar' ist die erste Sorte bei der Europäischen Pflaume, die aus einer gezielten Kreuzung stammt, die durch T. Rivers in Hertfordshire, Großbritannien, in den 1870er-Jahren durchgeführt worden ist. Seit Ende des 19. Jahrhunderts wird sie in Deutschland angebaut. Die Frucht ist mittelgroß, rundlich bis leicht oval mit flacher Bauchnaht und dunkelviolett

Pflaumen sind laubabwerfende Bäume oder Sträucher in einer Größe von 6–10 m und einem aufrechten oder ausladenden Wuchs. Die Blätter sind länglich-elliptisch, oberseits stumpfgrün, meist kahl und selten behaart. Zwei bis drei Blüten befinden sich in Dolden und erscheinen mit den Blättern oder kurz vorher. Der Blütenstiel ist kahl oder leicht behaart. Die Früchte sind kugelig bis länglich-eiförmig, hängend, gefurcht, schwarz, blau, rot, violett, gelb, gelbgrün mit Variationen zwischen diesen Farben und meist bereift. Das

Abb. 17.10 Die Pflaumensorte 'Graf Althanns Reneklode' wurde um 1850 in der Grafschaft Swoyschitz in Böhmen (Svojšice bei Pardubice in Tschechien) als Sämling der 'Großen Grünen Reneklode' vom Gärtner J. Procházka angezogen und nach dem Besitzer des Schlosses Michael Joseph Graf von Althann, Freiherr auf der Goldburg zu Murstetten benannt. Die Sorte ist in ganz Mitteleuropa verbreitet und hat einen sehr angenehmen Geschmack. Leider ist sie nur begrenzt transportfähig. Sie hat mittelgroße bis große, rundliche Früchte. Die Schale ist gelb, orange oder rosa und bei reifen Früchten hat sie einen rötlich violetten Farbton. (Grzybowski 2014, S. 126–127)

Abb. 17.11 Die 'Große Grüne Reneklode' (Synonym 'Reine Claude') ist eine sehr alte Sorte, die wahrscheinlich aus Armenien oder Syrien stammt und seit Mitte des 15. Jahrhunderts in Frankreich im Anbau ist. Sie wurde wahrscheinlich nach der Gemahlin Claudia von König Franz I benannt. Die Früchte sind klein bis mittelgroß, rundlich, grün bis goldgelb

Tab. 17.3 Wichtigste Krankheiten bei Pflaume

Krankheit	Schaderreger	Beschreibung
Bakterielle Erkrankungen		
Pseudomonas-Bakterienbrand	*Pseudomonas syringae* pv. *morsprunorum*	Symptome reichen von Blattflecken, Blütenfäule, schwärzlichen Fruchtflecken, Rindennekrosen (sog. Rindenbrand), über Triebsterben bis schließlich auch Baumsterben (z. B. häufig bei Pflaumen)
Pilzliche Erkrankungen		
Monilia-Fruchtfäule	*Monilinia laxa, M. fructigena*	Auf befallenen Früchten bilden sich graue, zunächst in konzentrischen Ringen angelegte Sporenlager; erkrankte Früchte schrumpfen zu Fruchtmumien und bleiben bis zum folgenden Frühjahr am Baum hängen
Narren- oder Taschenkrankheit	*Taphrina pruni*	Befallene Früchte schwellen unnatürlich an; es entstehen langgestreckte, oft gekrümmte, flache Gebilde; Früchte zunächst glatt, hellgrün, später mit weißem mehligen Überzug; Früchte schrumpeln, verfärben sich braun und trocknen ein oder verfaulen
Schrotschusskrankheit	*Clasterosporium carpophilum*	Nach dem Austrieb entstehen auf den Blättern schrotkorngroße karminrote Flecke, in deren Bereich sehr bald das Gewebe abstirbt und ausfällt; stärker geschädigte Blätter fallen vorzeitig ab
Zwetschgenrost	*Tranzschelia discolor, T. pruni spinosae*	Kleine gelbe Flecke blattoberseits, denen später blattunterseits durch die Adern begrenzte braune, später schwarz werdende Pusteln folgen; Blätter fallen bei starkem Befall vorzeitig vom Baum

Tab. 17.3 (Fortsetzung)

Krankheit	Schaderreger	Beschreibung
Viruserkrankungen		
Scharka-Krankheit, Pockenkrankheit	Scharka-Virus (*plum pox virus*, PPV)	Unregelmäßige Einsenkungen auf der Fruchtoberfläche, die an Pockennarben erinnern; Fruchtfleisch rotbraun verfärbt; geschädigte Früchte reifen vorzeitig und fallen ab; Blattsymptome sind hell- bis gelbgrüne Flecke. Überträger: Grüne Pfirsichblattlaus, Kleine und Große Pflaumenblattlaus (Abb. 17.12)

Tierische Schaderreger. Kirschessigfliege (*Drosophila suzukii*), Pflaumenwickler (*Grapholita funebrana*), Pflaumenblattbeutelgallmilbe (*Phytoptus similis*), Blattläuse (*Brachycaudus cardui, B. helichrysi, Hyalopterus pruni*), Pflaumensägewespe (*Hoplocampa flava*)

Abb. 17.12 Symptome der Scharka-Krankheit auf **a** Blättern und **b** Früchten bei Pflaume, hervorgerufen durch eine Infektion mit dem Scharka-Virus (*Plum pox virus*, PPV)

Fruchtfleisch ist saftig, süß bis herb. Die Früchte sind einsamige Steinfrüchte. Der Stein ist kugelig bis ellipsoid (Hegi 1995b, S. 446–510).

Pflaumen sind anfällig gegenüber einer Reihe von pilzlichen und viralen Schaderregern (Tab. 17.3).

17.3 Herkunft, Domestikation und Beginn der Züchtung

Die Domestikation bei Pflaume erfolgte unabhängig voneinander in Europa, Amerika und Asien. In Europa ist *P. domestica* die ausschließliche Quelle für Kulturpflaumensorten, die seit etwa 2000 Jahren kultiviert werden. In Asien sind v. a. Kultursorten von *P. salicina* entstanden, die seit der Antike in China kultiviert werden. Vor 200 bis 400 Jahren wurden sie von China nach Japan gebracht und von dort aus haben sie sich über die ganze Welt verbreitet. In Nordamerika gibt es einen dritten Ursprung für die Domestikation der Pflaume. Dort ist eine große Diversität von natürlich vorkommenden Arten, wie *P. americana*[6],

---

[6] Lat. *americanus* für aus Amerika.

P. hortulana[7], *P. munsoniana*, *P. angustifolia*[8] und *P. maritima*[9] vorhanden (Kole 2007, S. 119–135).

Europäische Arten

Prunus domestica, die Europäische Pflaume oder Kulturpflaume, stammt wahrscheinlich aus Westasien, aus der Region südlich vom Kaukasus bis zum Kaspischen Meer und verbreitete sich von dort aus nach Westeuropa. Das Genzentrum von *P. domestica* ist mit dem Genzentrum von *P. cerasifera* überlappend.

Es wird vermutet, dass der Mensch bereits in der späten Jungsteinzeit, um etwa 2300 v. Chr., mit der Kultivierung begann. Dafür sprechen Funde von Pflaumensteinen in Mähren und in der Bodenseeregion. Offenbar handelt es sich bei diesen Pflaumen um Selektionen der Haferpflaume oder von Ziparten. Auch aus der Bronzezeit (2200–800 v. Chr.) gibt es Steinfunde in Deutschland, der Schweiz und Österreich. Aus der Römerzeit stammen Steine von Haferpflaumen, Zwetschen, Rundpflaumen und Spillingen. Als Zentrum des Pflaumenhandels etablierte sich in der Antike die Gegend um Damaskus. Es wird vermutet, dass es sich beim Begriff Zwetsche um die Entlehnung und nachfolgende Angleichung vom ursprünglich romanischen Wort *damascena* (Pflaume aus Damaskus) handeln könnte. Die ältesten Zeugnisse des deutschen Worts sind aus dem 15./16. Jahrhundert und stammen aus dem Südwesten des Sprachgebiets.[10] Die Kunst des Veredelns von Bäumen, die von den Römern beherrscht und nach Mitteleuropa gebracht wurde, ermöglichte die Vermehrung erster primitiver Sorten. Echte Zwetschen gibt es in Mitteleuropa erstmalig im Mittelalter. Bei den großflächigen Ausgrabungen in Haithabu (9./10. Jahrhundert) und in Schleswig (11.–17. Jahrhundert) kamen Fruchtsteine von *P. domestica* in Mengen zutage, wie sie bisher in prähistorischen Grabungen unbekannt waren. Die Steine konnten verschiedenen Formenkreisen der Pflaume zugeordnet werden. Sicher ist, dass schon in der Wikingerzeit in diesem Raum zwei verschiedene Pflaumensorten kultiviert wurden, die eher den Haferpflaumen zuzuordnen waren. Erst im 12. Jahrhundert erhöhte sich die Zahl auf vier Sorten. Gleichzeitig kam die Zwetsche hinzu, die jedoch bis ins 16./17. Jahrhundert keine wesentliche Bedeutung erlangte. Die Entwicklung der neuen Sorten fand nicht in Haithabu und Schleswig statt. Diese Sorten wurden von außerhalb in dieses Gebiet gebracht und hier weiterkultiviert (Behre 1978). Die Mirabelle wurde vermutlich recht spät aus Syrien oder Arabien über Griechenland nach Italien, Frankreich und Mitteleuropa gebracht. Sie wurde erst nach 1500 in Deutschland kultiviert (Hegi 1995b, S. 446–510). Im 17. Jahrhundert wurden durch Siedler Pflaumensorten aus Europa auch nach Amerika verbreitet.

Die Entstehung der Pflaume ist bislang nicht vollständig geklärt. *P. domestica* wird von einigen Autoren als allopolyploide Hybridart zwischen der diploiden Myrobalane *P. cer-*

---

[7] Lat. *hortulanus* für Garten-.
[8] Lat. *angustifolius* für schmalblättrig.
[9] Lat. *maritimus* für Meer-, See-, Strand-.
[10] Deutsches Wörterbuch von Jacob und Wilhelm Grimm.

asifera und der tetraploiden Schlehe *P. spinosa* betrachtet. In letzter Zeit bleibt die Beteiligung von *P. spinosa* jedoch fragwürdig. Basierend auf Ergebnissen von Untersuchungen an Chloroplasten-DNA (cpDNA) schlussfolgern einige Autoren, dass *P. domestica* zumindest in der mütterlichen Linie von einer hexaploiden Form von *P. cerasifera* abstammt (Reales et al. 2010). Phylogenetische Untersuchungen über die eurasischen Pflaumen in der Sektion *Prunus* haben ergeben, dass die Arten dieser Sektion eine monophyletische Gruppe bilden. Die Sektion teilt sich in vier Kladen auf, die der geografischen Verteilung dieser Arten entsprechen. Die hexaploiden Arten konnten keiner der unterschiedlichen Gruppen zugeordnet werden. Sie bildeten eine eigene Gruppe außerhalb der tetraploiden Arten, was auf eine individuelle evolutionäre Entstehung hinweist. Die engen Beziehungen zwischen den hexaploiden Arten und den diploiden Arten *P. divaricata*[11], *P. cerasifera* und *P. ursina*[12] weisen darauf hin, dass es möglicherweise einen gemeinsamen Vorfahren von *P. cerasifera* gibt.

Zu den Wildformen der Pflaume gehören in Mitteleuropa die Myrobalane *P. cerasifera*, die Haferpflaume *P. domestica* subsp. *insititia* und die Schlehe *P. spinosa*.

Die Myrobalane (auch Kirschpflaume oder Türkenkirsche) *P. cerasifera* ist in den Wäldern Mittelasiens, dem Iran und Irak, im Kaukasus, auf der Krim, in Anatolien und auf dem Balkan zu finden. Sie verbreitete sich über die Slowakei und Österreich bis nach Mitteleuropa, wo sie sporadisch, aber nicht indigen, vorkommt. Am Mittelmeer und auf dem Balkan wird sie seit der Römerzeit, etwa 200 v. Chr., kultiviert. Die Myrobalane wird sowohl als Unterlage, als auch Ziergehölz und Frucht verwendet (Kole 2007, S. 119–135). Es wird angenommen, dass ihre Wildform die westasiatische Art *P. divaricata* ist. Weiterhin wird vermutet, dass *P. ursina*, die wild in den Ländern des östlichen Mittelmeers vorkommt, eine Unterart von *P. divaricata* oder eine Form von *P. cocomilia* ist. *P. cocomilia* ist ein kleiner Baum, der oft in Süditalien, auf dem Balkan und in der Westtürkei anzutreffen ist. Eine weitere isolierte europäische Art ist *P. brigantina*[13], die wild in den Alpentälern zwischen Frankreich und Italien vorkommt. Diese Art wurde lange als Aprikosenart bezeichnet, was den aktuellen molekulargenetischen Erkenntnissen jedoch widerspricht. Eine weitere endemische Art in Europa ist *P. ramburii*, ein mit Dornen besetzter Busch, der wild in den Bergen Südspaniens vorkommt. Morphologisch ist diese Art der tetraploiden Schlehe *P. spinosa* sehr ähnlich, jedoch mit kleineren Früchten und Blättern, sodass angenommen wird, dass diese Art ein Relikt ist (Reales et al. 2010).

Die Haferpflaume *P. insititia* ist eine Wildpflaumenart, die verschiedene Formen und regional verwendete Namen hat. Bezeichnungen wie Kriechenpflaume, Haferschlehe, St.-Julien-Pflaume, Saupflaume, Scheißpfläumle, Weinkrieche, Weinling, Saukrieche u. a. sind in verschiedenen Regionen verbreitet. Die Haferpflaume wird oftmals als Unterart von *P. domestica* betrachtet, *P. domestica* subsp. *insititia*, oder gar als dieselbe Art (Tab. 17.2).

---

[11] Lat. *divaricatus* für auseinander gespreizt, sperrig.
[12] Lat. *ursinus* für Bären.
[13] Aus Briançon (frz. Westalpen).

Die Schlehe *P. spinosa* ist heimisch in ganz Europa bis zum Ural, in Nordafrika, Anatolien, im Kaukasus, im Iran und in Turkmenistan. Sie ist die bekannteste Wildpflaumenart und hat ebenfalls verschiedene Namen, wie Schlehendorn, Schwarzdorn, Hagedorn, Heckendorn u. a. Die Früchte sind vielseitig verwendbar, z. B. in der Volksmedizin und für die Brennerei.

Einer der ersten Pflaumenzüchter war Thomas Andrew Knight in England, dessen Arbeiten Inspiration für die beiden Baumschuler Thomas Rivers und Thomas Laxton waren. Rivers brachte schon 1834 die erste Pflaumensorte 'River's Early Prolific', auch 'Early Rivers' genannt, auf den Markt, die von einer französischen Sorte 'Precoce de Tours' abstammt. Später züchtete er die Sorte 'The Czar' ('Prinz Englebert' × 'Early Rivers'), die 1874 ihren Namen anlässlich des Besuchs des russischen Zaren in England erhielt und noch heute im Anbau ist. Im frühen 20. Jahrhundert war die Pflaumenzüchtung in England in Long Ashton (später in East Malling) und am John Innes Centre in Merton angesiedelt. In Nordamerika begann die Pflaumenzüchtung in Geneva, New York, im Jahr 1893. Aus diesem Programm ging die Sorte 'Stanley' hervor, die 1913 aus einer Kreuzung von 'Agen' × 'Grand Duke' ausgelesen wurde. Stanley ist seit 1926 im Anbau, wurde 1930 nach Deutschland eingeführt, wo sie heute noch erfolgreich angebaut wird. Heute wird in Nordamerika in mehreren Bundesstaaten Pflaumenzüchtung betrieben, u. a. in Kalifornien an der University of California, Davis. In Osteuropa hat die Pflaumenzüchtung eine Historie von mehr als 50 Jahren mit großen Traditionen in Serbien, Rumänien, Tschechien, Russland und Bulgarien.

Orientalische Arten

Die Chinesische (oder Japanische) Pflaume *P. salicina* kommt wild in Nord- und Südostchina vor, wahrscheinlich stammt sie aus dem Becken des Yangtze Flusses. Eine Kultivierung in Japan erfolgte vermutlich schon 1000 v. Chr. bis 300 n. Chr. Diese Art ist heute eine der wichtigsten im Pflaumenanbau und viele Sorten sind insbesondere zwischen *P. salicina* und anderen diploiden *Prunus*-Arten entstanden. Die Chinesische Pflaume wird in der amerikanischen Literatur als Japanische Pflaume bezeichnet, weil sie in die USA 1870 von Japan aus eingeführt worden ist. Später kam sie dann nach Europa (Badenes und Byrne 2012, S. 571–622). In Kalifornien begann am Ende des 19. Jahrhunderts eine intensive Pflaumenzüchtung durch Kreuzung der Japanischen Pflaumen mit in Amerika heimischen Arten. Pionier dieser Züchtung war Luther Burbank[14].

P. simonii, die Simon- oder Aprikosenpflaume, stammt aus Nordchina. Sie wurde intensiv für die Kreuzung mit *P. salicina* genutzt, da sie v. a. winterhart ist und ein festes Fleisch besitzt. Der Geschmack erinnert an Aprikose, Pfirsich und Ananas.

P. ussuriensis ist endemisch vorkommend in Nordostchina und Ostsibirien. *P. sogdiana* wächst in Wildvorkommen im Tien-Shan und Zentralasien. Von beiden letzteren Arten gibt es Kultursorten in den Ländern Zentralasiens und im fernen Osten Russlands.

---

[14] Luther Burbank (1849–1926) – US-amerikanischer Pflanzenzüchter, der mehrere hundert neuer Obst-, Gemüse- und Zierpflanzensorten züchtete.

Amerikanische Arten

In Abhängigkeit von den Taxonomen gibt es 13–23 amerikanische Pflaumenarten in der Sektion *Prunocerasus*. Dazu gehören *P. maritima*, *P. hortulana*, *P. angustifolia*, *P. americana* u. a. Diese Wildarten wurden durch die Ureinwohner und frühen Siedler Nordamerikas kultiviert. Am Ende des 19. Jahrhunderts gab es etwa 150 Sorten mit Namen, die direkte Selektionen von Wildformen waren. Viele dieser Sorten waren sehr gut an die klimatischen Bedingungen angepasst. Im kommerziellen Anbau wurden sie jedoch später von europäischen Sorten ersetzt (Badenes und Byrne 2012, S. 571–622).

17.4 Zuchtziele und Zuchtfortschritt

Zuchtziele bei Pflaume umfassen sowohl die Sortenzüchtung wie auch die Unterlagenzüchtung (Tab. 17.4).

Ein wichtiges Zuchtziel bei Pflaume ist die Ausdehnung der Ernteperiode durch den Anbau von Sorten mit unterschiedlicher Reifeperiode. Die Dauer der Fruchtentwicklung (und damit der Zeitpunkt der Ernte) werden qualitativ vererbt, sodass die Nachkommen i. d. R. dieses Merkmal ähnlich wie die verwendeten Eltern ausprägen. Daher ist es schwer, einen Zuchtfortschritt zu erreichen, der eine deutliche Änderung der Dauer der Fruchtentwicklung beinhaltet. Zu den Fruchtmerkmalen, die insbesondere den Konsumenten visuell beeinflussen, gehören Größe, Farbe und Form der Frucht, aber auch organoleptische Eigenschaften, wie Aroma, Festigkeit, Textur und Saftigkeit. Die Zielstellung der Züchtung richtet sich zunehmend auf eine Verbesserung der Fruchtqualität wie sie in Tab. 17.4 aufgeführt ist. Dabei spielen neben den genannten Merkmalen auch die Lösbarkeit des Steins vom Fruchtfleisch, die Neigung zur Berostung der Fruchthaut, das Aufbrechen des

Tab. 17.4 Aktuelle Zuchtziele für Pflaumensorten

Zuchtziel	Merkmal
Fruchtqualität	Große Früchte (> 50 g für den Frischmarkt, < 40 g für die Verarbeitung)
	Ausgewogenes Säure-Zucker-Verhältnis im Geschmack
	Hinreichend festes Fruchtfleisch
	Hitzestabil, transport- und lagerfähig
	Gute Lösbarkeit des Steins vom Fruchtfleisch
	Kein Steinbruch
Resistenz gegen Krankheiten und Schädlinge	Gegen das Scharka-Virus (PPV)
	Gegen Befall mit *Monilinia* an Früchten, Blüten und Zweigen
	Gegen Bakterienbrand (*Pseudomonas syringae*)
Ertrag	Ausdehnung der Ernteperiode durch unterschiedliche Reifezeiten der Sorten
	Selbstkompatibilität
Eignung für verschiedene Verwendungszwecke	Für den Frischmarkt (als Belagsfrucht und als Tafelobst)
	Für die Verwertung (Marmelade, Saft, Nektar, Trockenfrucht u. a.)

Endokarps und die damit oft einhergehende Kavernenbildung im Innern der Frucht eine zunehmende Rolle. Gerade die beiden letztgenannten Merkmale führen zu deutlichen Qualitätsverlusten bei der Vermarktung der Früchte über den Handel.

Bei den Europäischen Pflaumen besteht eine hohe Heritabilität für die Merkmale Blühzeitpunkt, Reifezeitpunkt (unterschiedliche Angaben) und Fruchtgewicht. Der Blühzeitpunkt ist ein wichtiges Merkmal für Anbauregionen, in denen Frühjahrsfröste auftreten. Dort wird eher eine späte Blüte verlangt. Andererseits spielt auch das Kältebedürfnis einer Sorte eine Rolle. In wärmeren Regionen würde für Sorten mit einem hohen Kältebedürfnis die Ertragsleistung gemindert, da das Kältebedürfnis zur Brechung der Knospenruhe (Dormanz) nicht befriedigt wird. In den nördlichen Regionen spielt die Winterfrosthärte eine große Rolle. Hier werden v. a. Sorten benötigt, die Temperaturen von bis zu unter $-30\,°C$ überstehen können. Donoren für Winterfrosthärte in *P. domestica* sind eine Reihe russischer Sorten, z. B. 'Vengerka Moskovskaâ'. In Mittel- und Südeuropa kommt es zunehmend zu Schädigungen der Frucht aufgrund von hohen Temperaturen ($>35\,°C$) in den Sommermonaten. Flecken auf der Fruchthaut, aber auch Schädigungen (z. B. Verbräunung, Zerfall) des Fruchtfleischs sind bei anfälligen Sorten die Folge. Erste Zuchtklone, wie z. B. 'Hoh 459' ('Ortenauer' × 'Ruth Gerstetter') aus dem Hohenheimer Züchtungsprogramm zeigen eine gute Stabilität gegenüber solchen Temperatureinflüssen. Selbstinkompatibilität spielt bei Pflaume auch eine Rolle. Die meisten Japanischen Pflaumen und einige Europäische Pflaumen sind selbstinkompatibel. Die Züchtung selbstfertiler Sorten ist daher auch ein Zuchtziel, insbesondere für den Anbau in Erwerbsanlagen.

Resistenz gegenüber Scharka-Virus

Die Scharka-Krankheit hat verheerende Auswirkungen auf den europäischen Anbau von Pflaumen, Zwetschen, Aprikosen und Pfirsichen. Sie gehört heute in Europa zu den bedeutendsten Krankheiten beim Steinobst (Abb. 17.12). Sie wird durch das Scharka-Virus (engl. *plum pox virus*, PPV) hervorgerufen. Das PPV stammt ursprünglich aus Osteuropa (Bulgarien) und hat sich von dort aus über den gesamten europäischen Kontinent verteilt. In Deutschland ist die Scharka-Krankheit in den 1960er-Jahren aufgetreten und hat sich seitdem auch hier flächendeckend verbreitet. Eine Infektion von Erwerbsobstanlagen mit der Scharka-Krankheit kann in extremen Fällen zu Ertragsausfällen von bis zu 100 % führen. Eine Bekämpfung dieser Krankheit ist nur indirekt möglich. Diese Maßnahmen schließen die Verwendung von virusfreiem[15] (zertifiziertes) Material, die Vermeidung der Pflanzung neuer Wirtspflanzen in Befallsgebieten, eine verstärkte Nutzung toleranter bzw. resistenter Sorten, eine effektive Vektorkontrolle (Vektoren für PPV sind Blattläuse) sowie eine Rodung und Vernichtung von befallenen Bäumen ein. Aufgrund seiner ökonomischen Bedeutung und dem Mangel an effektiven Bekämpfungsstrategien wird das PPV in der A2-Liste der European and Mediterranean Plant Protection Organization (EPPO) als Quarantäneschaderreger geführt.

---

[15] Eine Verschleppung von PPV ist mit infiziertem Pflanzenmaterial über große Distanzen bzw. in befallsfreie Gebiete möglich.

Im Ergebnis des flächendeckenden Auftretens der Scharka-Krankheit (Box 17.3) in den europäischen Anbauländern schließen Bekämpfungsprogramme v. a. auch die Züchtung toleranter[16] oder resistenter[17] Sorten der genannten Obstarten mit ein. Besonders anfällig sind weitverbreitete und wirtschaftlich bedeutende Pflaumensorten, wie 'Hauszwetsche' und 'Fellenberg'.

Box 17.3 Scharka-Krankheit bei der Europäischen Pflaume

Symptome. Helloliv- bis olivgrüne Ringe auf den Blättern im Frühjahr, die sich zu Nekrosen ausbreiten können; Einsenkungen an den Früchten, die pockennarbig oder linienförmig sind und unter denen das Fruchtfleisch eine rötliche Farbe und gummiartige Konsistenz annimmt. Infolge dessen kommt es zum vorzeitigen Abfall der Früchte. Diese Früchte sind ungenießbar.

Übertragung des Virus. Durch Blattläuse.

Bekämpfung. Keine direkte Bekämpfung möglich.

Ausbreitung. Reduzierbar durch Bekämpfung der übertragenden Insekten; Rodung infizierter Pflanzen; Verwendung virusfreier Unterlagen und Reiser; Verwendung wenig virusanfälliger/toleranter/resistenter Sorten/Unterlagen.

Gemäß der Verordnung zur Bekämpfung der Scharka-Krankheit (Scharka-Ordnung) ist die Krankheit meldepflichtig!

17.5 Zuchtmethoden und -techniken

17.5.1 Kombinationszüchtung

Die klassische Pflaumenzüchtung entspricht dem allgemeinen Schema der Kreuzungszüchtung: Sammeln des Pollens der Vatersorte aus ungeöffneten Blüten, Kastration der Blüten der Muttersorte (nur bei selbstkompatiblen Genotypen und bei interspezifischen Kreuzungen), Auftragen des Pollens auf die Narbe der Blüten der Mutterpflanze, Isolation der Blütenstände gegen Fremdbefruchtung. Bei selbstinkompatiblen Sorten ist die Kastration der Blüten nicht notwendig. Aus den reifen Früchten werden die Steine gesammelt, das Endokarp wird entfernt und die Samen werden bei 4 °C über ein bis drei Monate stratifiziert. Mütter, die eine sehr kurze Dauer für die Fruchtentwicklung benötigen (frühe

---

[16] Tolerante Sorten können infiziert werden, zeigen aber keine Symptome auf den Früchten und/oder Blättern.

[17] Bisher ist nur eine Form der Resistenz, als Hypersensibilität bezeichnet, bekannt.

Reife), produzieren oftmals unreife Samen, die nur eine geringe Keimungsrate haben. In diesem Fall kann die Embryokultur angewendet werden. Diese Embryo-rescue-Technik ist besonders wichtig für frühreifende Sorten und für die Anzucht von interspezifischen Hybriden, bei der der Embryo aufgrund von Inkompatibilität nach der Befruchtung abortiert werden kann.

Eine andere Möglichkeit, frühreifende Sorten zu züchten, besteht in der Nutzung einer Transgression der Reifezeit von der Vatersorte auf die Nachkommen. Bei einer Kreuzung zwischen einer Muttersorte mit mittlerer Reifezeit und einer frühreifenden Vatersorte entstehen z. T. Nachkommen, die noch früher reifen als die Vatersorte. Ein gutes Beispiel dafür ist die Sorte 'Ruth Gerstetter'. Diese Sorte wurde 1920 von Adolf Gerstetter in Besigheim (Württemberg) aus einer Kreuzung von 'Czar' × 'Gute von Bry' gezüchtet und reift früher ab als beide Elternsorten. Durch die gezielte Nutzung der Transgression können die Probleme der schlechten Keimfähigkeit bei der Züchtung auf frühe Reife gut umgangen werden. Zu den sehr früh und frühreifenden Pflaumensorten gehören z. B. 'Czernowitzer', 'Lützelsachser', 'Zwintschers Frühe', 'Haroma', 'Jojo', 'Opal', 'President' und 'Ruth Gerstetter'. Im mittleren Bereich befinden sich 'Hanita', 'Hanka', 'Katinka', 'Top', 'Topper' und 'Topking'. Späte und sehr späte Sorten sind 'Auerbacher', 'Anna Späth', 'Herman', 'Stanley', 'Tophit' und 'Blue Bell'.

Resistenz gegenüber der Scharka-Krankheit
Anfang des 20. Jahrhunderts wurde in der europäischen Pflaumenzüchtung erkannt, dass zur Sicherung des europäischen Anbaus eine Resistenzzüchtung gegenüber der Scharka-Krankheit dringend geboten ist. Insbesondere in den Zuchtstationen der südeuropäischen Länder wie Serbien, Rumänien und Bulgarien wurden Züchtungsprogramme aufgelegt. Dafür wurden zahlreiche Evaluierungsprogramme zur Bewertung von genetischen Ressourcen unter Feldbedingungen durchgeführt. Sorten wie 'Čačanska najbolâ', 'Chrudimer', 'Czernowitzer', 'Nancymirabelle', 'Ontariopflaume', 'Opal' und 'Oullins Reneklode' zeigten dabei weder (oder nur sehr geringe) Symptome an Blättern noch an den Früchten.

Im Rahmen von Untersuchungen zu den Ursachen der Resistenz wurden im Sortenspektrum der Europäischen Pflaume sowohl quantitative als auch qualitative Resistenzen, wie bei der Sorte 'Jojo', gefunden. 'Jojo' ist die erste deutsche Sorte der Europäischen Pflaume, die eine sehr stabile Resistenz gegenüber allen bislang getesteten Stämmen des PPV aufweist. Die Resistenz von 'Jojo' wird durch eine hypersensitive Reaktion bedingt. Wenn die Scharka-Viren über die virusübertragenden Blattläuse in Pflanzenzellen gelangen, sterben infizierte Zellen sofort ab. Die Viren können sich in diesen Zellen dadurch nicht weitervermehren und es erfolgt keine Ausbreitung in andere Zellen. Die hypersensible Pflanze bleibt infolge dessen virusfrei. 'Jojo' wurde bereits in der Züchtung als Donor für Scharka-Resistenz benutzt. Neuere Sorten, die 'Jojo' in ihrem Stammbaum haben, sind 'Jofela' und 'Joganta'.

Ein Ziel der Züchtung besteht derzeit darin, sowohl quantitative als auch qualitative Resistenz in das Pflaumengenom einzubringen und nach Möglichkeit zu pyramidisieren. Bei der Japanischen Pflaume sind dagegen keine Resistenzquellen bekannt.

17.5.2　Methoden zur Erzeugung von Variabilität

Interspezifische und intergenerische Hybridisierung

Diploide Pflaumen sind überaus geeignet für interspezifische Hybridisierung innerhalb der Untergattung *Prunus*. Dies betrifft Arten innerhalb aller Sektionen: *Prunus*, *Prunocerasus* und *Armeniaca*. Die diploiden Arten der Pflaume sind auch kreuzbar mit Arten der Untergattung *Amygdalus* (Pfirsich, Mandel) und *Cerasus* (Kirsche), wenn auch mit geringer Fertilität. Diese entfernten Kreuzungen sind besonders in der Unterlagenzüchtung von großer Bedeutung. Durch interspezifische Hybridisierung sind auch die sog. Plumcots entstanden, eine Kreuzung aus Japanischen Pflaumen und Aprikosen, deren Bezeichnung von Luther Burbank kreiert wurde. Das ursprüngliche Ziel dabei war, das feste Fleisch und die Variabilität in der Blüh- und Reifezeit von Pflaumen mit dem Aroma und den Geschmacksqualitäten von Aprikose zu vereinigen. Die Plumcots sind mit Markennamen wie PLUOT® und APRIUM® im Handel. Pluots (z. B. 'Spring Flavor', 'Amigo 1', 'Early Dapple', 'Dapple Jack', 'Flavorite' und 'Honey Punch') haben vorrangig morphologische Merkmale der Pflaumen. Apriums (z. B. 'Tasty Rich', 'Country Cot', 'Betty-Cot', 'Coral Cot' und 'Escort') gehen phänotypisch in Richtung Aprikose. Weiterhin gibt es PEACOTUM® (Pfirsich-Pflaume-Aprikose-Hybriden, beispielsweise die Sorte 'Bella Gold'), NECTAPLUM® (Nektarine-Pflaume-Hybriden, beispielsweise die Sorte 'Spice Zee') und 'Pluerry' (Japanische Pflaume-Süßkirsche-Hybriden, wie die Sorten 'Candy Heart' oder 'Sweet Treat'). Die ersten Pluots wurden im späten 20. Jahrhundert von Floyd Zaiger entwickelt. Heute stellen die Zaiger-Sorten ein wesentliches Segment der Obstindustrie in Australien, Chile, Spanien und Südamerika dar (Badenes und Byrne 2012, S. 571–622). Neben den genannten Beispielen hat die interspezifische Hybridisierung noch eine Rolle bei der Introgression von Merkmalen in die jeweils zu züchtende Art.

Mutationszüchtung

Mutationszüchtung spielt bei Pflaumen keine große Rolle. Das betrifft sowohl die Selektion von natürlich auftretenden Spurtypen als auch die Nutzung von künstlicher Mutagenese. Einzig in Frankreich wurde vom Institut National de la Recherche Agronomique (INRA) Anfang der 1990er-Jahre mit 'Ferco' (Handelsname 'Sprudente') eine Sorte aus künstlicher Mutagenese zugelassen. 'Sprudente' zeichnet sich durch eine um acht bis zehn Tage frühere Reife und einen um etwa 30 % verringerten Aufwand beim Winterschnitt aus. In anderen Versuchen wurden Wuchs- und Fruchtmutanten erzeugt, von denen aber keine bis in den praktischen Anbau gelangt ist.

Ploidiezüchtung

Ploidiezüchtung spielt in der praktischen Pflaumenzüchtung keine Rolle. Versuche zur Polyploidisierung hat es v. a. bei den diploiden *Prunus*-Arten gegeben. Diese hatten jedoch meist nur wissenschaftliche Zielstellungen, wie z. B. die Aufklärung der Evolution des Genoms der hexaploiden Europäischen Pflaume.

17.5.3 Bio-und gentechnologische Methoden

In-vitro-Techniken

Obstgehölze gehören zu den widerspenstigen Pflanzenarten, wenn es darum geht, eine Sprossregeneration über Adventivsprosse an Geweben zu induzieren. Diese Eigenschaft ist oftmals der limitierende Faktor für die Entwicklung gentechnologischer Verfahren. Bei der Europäischen Pflaume gelang es, Regenerationsprotokolle für unterschiedliche Gewebetypen wie Blattexplantate und samenbürtige Gewebe zu entwickeln. Das generelle Verfahren der genetischen Transformation von Pflaume besteht im *Agrobacterium- tumefaciens*-vermittelten Gentransfer. Am erfolgreichsten ist die Transformation unter Verwendung von embryonalem Hypocotylgewebe.

Resistenz gegenüber dem Scharka-Virus Als alternative Methode zur klassischen Resistenzzüchtung wurden bei Pflaume gentechnologische Verfahren sehr erfolgreich etabliert. Sanford und Johnston beschrieben 1985 erstmals ein neues Konzept der pathogenvermittelten Resistenz (engl. *pathogen derived resistance*) durch gentechnische Introgression von Genen des Pathogens in die Wirtspflanze. Damit wurde ein prinzipielles System der Erzeugung von Pathogenresistenz durch Expression eines Gens des Pathogens im Wirt, was zur Interferenz mit Prozessen der Pathogenvermehrung führt, postuliert. Im Jahr 1989 begannen in den USA die Arbeiten zur Entwicklung der Resistenz gegenüber PPV mithilfe der Gentechnik. Scorza et al. (1994) klonierten erfolgreich das Hüllproteingen (CP – engl. *coat protein*) des PPV und übertrugen es in *P. domestica*. Ein Pflaumenklon mit der Bezeichnung C5 wurde in Gewächshausversuchen als resistent selektiert, obwohl keine Expression des PPV-CP stattfand. Der zugrundeliegende Mechanismus erwies sich später als posttranskriptionelles Gen-Silencing (Gen-Stilllegung). Zur Überprüfung der Stabilität dieser PP-Resistenz wurde der gentechnisch veränderte Pflaumenklon C5 unter Feldbedingungen in Regionen geprüft, in denen ein hoher Infektionsdruck bestand. An dem Experiment nahmen auch europäische Partner teil (Polen, Rumänien, Spanien). Nach mehr als fünf Jahren unter unterschiedlichen Freilandbedingungen und unabhängig von den vorhandenen PPV-Stämmen blieb die transgene C5-Pflaumenlinie gesund. Weiterhin wurde gezeigt, dass bei Hybridisierung mit anderen Pflaumensorten die Virusresistenz als monogenes Merkmal vererbt wurde. Die Linie C5 wurde als Pflaumensorte 'HoneySweet' patentiert.

'HoneySweet' stammt aus einer Transformation mit einem PPV-CP-Konstrukt in Sense-Richtung. Es war der einzige Klon, der sich bei Nutzung dieses Konstrukts als resistent erwies. Später wurde herausgefunden, dass der Klon ein dupliziertes und umgebautes Transgeninsert trägt, das eine Haarnadelstruktur (engl. *hairpin loop*) bildet, wodurch vermutlich die Effizienz der RNA-Stilllegung des PPV-Gens erreicht wird. Diese PPV-CP-Haarnadelstruktur aus 'HoneySweet' wurde inzwischen kloniert und für weitere Transformationen zur Erzeugung resistenter Pflaumenklone genutzt. Ein anderer Ansatz für die Transformation ist die Insertion eines Konstrukts mit Gensequenzen, die zueinander selbstkomplementär und durch ein Intron getrennt sind, sodass eine Intron-RNA-Haarnadelstruktur entsteht. Dieses Konstrukt wurde ebenfalls für weitere Arbeiten verwendet.

Inzwischen ist eine weitere Strategie in Arbeit, die zu den sog. neuen Züchtungstechnologien gehört. Dabei ermöglichen frühblühende Pflaumenklone, die ein blühförderndes Gen tragen, die Umsetzung des Fast Breeding-Ansatzes, wie er bei Apfel beschrieben ist. Bei Pflaume wurde insbesondere das Blühgen *FT* (*FLOWERING LOCUS T*) aus der Pappel verwendet (*PtFT*1), um an den Ausgangspflanzen eine Blütenbildung zu induzieren. Die erzeugten Pflanzen zeigten einen buschigen Wuchstyp mit hängenden Zweigen und blühten bereits nach kurzer Zeit. Durch die Expression von *PtFT1* wird die juvenile Phase des Mutterbaums überwunden, sodass Kreuzungsnachkommenschaften jährlich neu erzeugt werden können, wo in konventioneller Weise drei bis sechs Jahre benötigt werden. Mit diesem System können sehr effizient Merkmale aus Wildarten in die Pflaume übertragen werden. Anschließend müssen vier bis fünf Rückkreuzungen mit Kultursorten zur Verbesserung der Fruchtqualität durchgeführt werden. Am Ende werden wie bei Apfel nicht-transgene Pflanzen selektiert und als Ausgangsmaterial für weitere Kreuzungen genutzt.

DNA-Marker

Molekulare Marker, die Anwendung in der praktischen Pflaumenzüchtung finden könnten, gibt es bislang nicht. Es wurden zwar mit RAPD-, RFLP-, AFLP- und SSR-Markern verschiedene Systeme etabliert, diese wurden aber i. d. R. für Studien zur genetischen Diversität benutzt. Für die Entwicklung von Markern fehlt es v. a. an der Verfügbarkeit von Kartierungspopulationen.

Kartierung

Für die Europäische Pflaume existiert bis heute noch keine genetische Karte. Das liegt v. a. an ihrem hexaploiden Genom und den Schwierigkeiten bei der Erstellung ausreichend großer Kartierungspopulationen. Für einige diploide Arten, wie *P. cerasifera*, existieren bereits erste Karten. Diese wurden meist unter Verwendung von relativ kleinen Populationen (< 100 Individuen) erstellt. Kürzlich wurde für die Japanische Pflaume eine hochauflösende Kopplungskarte publiziert. Diese basiert auf einer Genotyping-by-Sequencing(GBS)-Strategie und zeigt große Ähnlichkeit zu genetischen Karten bei Pfirsich und anderen *Prunus*-Arten.

Sequenzierte Genome und SNP-Chips
Eine vollständige Genomsequenz, die öffentlich zugänglich ist, existiert momentan weder
für die Europäische noch für die Japanische Pflaume. Für die Europäische Pflaume wurden jedoch am United States Department for Agriculture (USDA) in Kearneysville (USA)
erste Arbeiten zur Sequenzierung der Genome von 'Improved French' und 'HoneySweet'
durchgeführt. Dabei wurden für 'HoneySweet' 374 Mio. 101 bp lange Paired-end-Reads
und für 'Improved French' 268 Mio. 101 bp lange Paired-end-Reads erhalten. Anschließend wurde eine De-novo-Assemblierung durchgeführt. Im Vergleich zur Genomsequenz
des Pfirsichs wurde festgestellt, dass diese vorläufige Genomsequenz der Europäischen
Pflaume etwa 53 % des Genoms abdeckt. Die Schwierigkeiten, eine gute Referenzgenom-
sequenz zu erstellen, liegen bei der Europäischen Pflaume v. a. am hexaploiden Genom
und dem Fehlen von genetischen Karten sowie molekularen Markern, mit deren Hilfe DNA-Sequenzen den einzelnen Chromosomenabschnitten besser zugeordnet werden
könnten. SNP-Chips für Pflaume existieren bislang nicht, jedoch können aufgrund der hohen Ähnlichkeit der Genome verschiedener *Prunus*-Arten für einige Fragestellungen auch
der 6K-SNP-Chip für Kirsche bzw. der 9K-SNP-Chip für Pfirsich ausreichend sein.

17.5.4 Erhaltungszüchtung

Die Erhaltungszüchtung bei Pflaume erfolgt in Deutschland in gleicher Form wie bei den
anderen Baumobstarten in Reiserschnittanlagen. Diese befinden sich beim Züchter oder
in Reisermuttergärten. Seit Kurzem ist mit DOCERA®6 eine Unterlage verfügbar, die in
ihren Eigenschaften vergleichbar mit der traditionellen Unterlage 'St. Julien A' ist. Zusätzlich ist DOCERA®6 hypersensibel gegenüber PPV. Pfropfreiser, die mit PPV infiziert
sind, können auf DOCERA®6 nicht anwachsen. Diese neue Unterlage ist zumindest für
eine Zwischenveredelung mit dem Ziel der Scharka-Kontrolle des Vermehrungsmaterials
zu empfehlen. Ob diese Unterlage auch für eine routinemäßige Reinhaltung von Genbank-
und Vermehrungsbeständen geeignet ist, muss noch genauer untersucht werden.

17.5.5 Biologische Besonderheiten der Art

Selbstinkompatibilität
Pflaumen verfügen über ein gametophytisches Selbstinkompatibilitätssystem (GSI), das
in seiner Funktion identisch zu dem von Kirsche ist. Auch bei Pflaume gibt es einen S-
Lokus mit einem Gen für eine griffelspezifische S-RNase und einem Gen für ein pollenspezifisches F-Box-Protein (SFB). Untersuchungen zu S-Allelen gibt es bei Pflaume
wesentlich weniger als z. B. bei Kirsche und Pfirsich. Für die Japanische Pflaume wurden
bislang 42 S-RNase-Allele und 15 SFB-Allele beschrieben. Insgesamt 222 untersuchte
Sorten konnten 26 Inkompatibilitätsgruppen zugeordnet werden. Vierzehn Sorten sind
selbstfertil. Das sind die Sorten 'Rio', 'Nubiana', 'Zanzi Sun', 'Honey Rosa', 'Methley',

'Karari', 'Beauty', 'Late Santa Rosa', 'Santa Rosa', 'Casselman', 'Red Rosa', 'Rubirosa', 'Laetitia' und 'Simka'.

Für die Europäische Pflaume laufen in Ungarn derzeit erste Arbeiten zur Identifizierung und Isolierung von S-Allelen. Auffällig ist, dass es bei dieser polyploiden Art ähnlich viele selbst- und partiell selbstfertile Sorten gibt wie bei anderen polyploiden Arten (z. B. Sauerkirsche). Zu den selbstfertilen Pflaumensorten gehören 'Auerbacher', 'Hermann', 'Katinka', 'Haroma', 'Stanley', 'Topfit', 'Topfive' und die 'Nancymirabelle'. Partiell selbstfertil sind 'Bluefree', 'Orthenauer', 'Tophit', 'Chrudimer' und 'Ersinger'. Selbstinkompatibel sind z. B. die Sorten 'Lützelsachser', 'Ruth Gerstetter', 'Opal' sowie 'Zimmers Frühzwetsche'.

17.6   Erfolge der Züchtung und Ausblick

In den letzten Jahren hat sich das Sortenspektrum bei Pflaumen sehr stark erweitert. Das betrifft sowohl die Europäische und Japanische Pflaume als auch den ganzen Bereich der interspezifischen Hybriden. Damit steht dem Anbau eine große Vielfalt zur Verfügung. Dennoch steht die Pflaumenzüchtung vor einer ganzen Reihe an Herausforderungen. Dazu gehören v. a. die Identifizierung von geeigneten Donoren für verschiedene Werteigenschaften, die Aufklärung der Vererbung dieser und die Entwicklung eng gekoppelter molekularer Marker für die Selektion. Für einige Merkmale, wie z. B. die Resistenz gegenüber *Monilinia* müssen erst noch geeignete Testsysteme zur Bewertung der Merkmalsausprägung etabliert werden. Von der Sortenzüchtung werden selbstfertile, qualitativ hochwertige Sorten mit dauerhafter Resistenz gegenüber PPV, einer geringen Neigung zum Platzen der Steine sowie zur Kavernenbildung, in verschiedenen Farben und Formen sowie Reifegruppen erwartet.

Voll Blüten steht der Pfirsichbaum, nicht jede wächst zur Frucht, sie schimmern hell wie Rosenschaum – durch Blau und Wolkenflucht. Wie Blüten geh'n Gedanken auf, Hundert an jedem Tag – laß blühen! laß dem Ding den Lauf! Frag nicht nach dem Ertrag! Es muss auch Spiel und Unschuld sein Und Blütenüberfluß, Sonst wär' die Welt uns viel zu klein Und Leben kein Genuß. (Hermann Hesse 1918)

18.1 Einführung

lateinisch	*Prunus persica* Batsch
deutsch	Pfirsich
englisch	peach
französisch	pêche
russisch	persik

lateinisch	*Prunus armeniaca* L.
deutsch	Aprikose
englisch	apricot
französisch	abricot
russisch	abrikos

Pfirsiche (*Prunus persica*[1]) und Nektarinen liegen mit ihrem Produktionsvolumen in der EU an vierter Stelle nach Weintrauben, Äpfeln und Orangen. Sie werden in Europa v. a. in Spanien, Frankreich, Italien, Ungarn, Rumänien, Bulgarien, und Griechenland pro-

---

[1] Lat. *persicus* für persisch, entlehnt aus gr. *persikos*, daher *mêlon persikon* (Zitrone, Pfirsich), *Persike melea* für Pfirsichbaum, wonach lat. *malum Persicum, persicum, persica* für Pfirsich wurde.

© Springer-Verlag GmbH Germany 2017
M.-V. Hanke und H. Flachowsky, *Obstzüchtung und wissenschaftliche Grundlagen*,
DOI 10.1007/978-3-662-54085-5_18

duziert. Außerhalb Europas werden sie in weiten Teilen Asiens, in Nord- und Südamerika, Südafrika und in Australien kultiviert. Dabei ist die Anfälligkeit gegenüber Krankheiten ein limitierender Faktor, insbesondere bei hoher Luftfeuchte. Die Weltproduktion lag bei Pfirsichen und Nektarinen im Jahr 2013 bei 21,6 Mio. t (FAOSTAT). Der Hauptproduzent ist China mit 11,9 Mio. t, gefolgt von Italien, Spanien den USA. Der größte Anteil der Produktion ist für den Frischmarkt bestimmt. Pfirsiche werden aber auch zu Konserven, Konfitüre, Saft und Likör verarbeitet. Sie weisen eine sehr hohe Diversität auf. In der Form der Früchte variieren sie von rund, über spitz bis flach, in der Farbe von gelb, über weiß bis rot, im Fruchtfleisch von schmelzend bis fest. Sie können steinlösend sein, d. h. der Stein ist leicht vom Fruchtfleisch zu trennen, oder auch nicht.

Aprikosen (*P. armeniaca*[2]), auch Marillen[3] genannt, werden im Mittelmeerraum, in Ungarn, auf der Krim, an der Wolga, im Kaukasus, im Nordiran, in Zentral- und Ostasien, Indien, Nord- und Südamerika, Südosteuropa und den USA angebaut. Sie benötigen ein warmes und trockenes Klima im Sommer mit einer Jahresdurchschnittstemperatur von mehr als 8 °C und weniger als 800 mm Niederschlag. Aprikosen gehören aufgrund ihrer attraktiven Früchte und des lieblichen Geschmacks zu den beliebtesten Sommerfrüchten, besitzen aber auch eine Reihe negativer Eigenschaften, wie eine hohe Anfälligkeit gegenüber Krankheiten und eine geringe Vielfalt bei den am Markt vorhandenen Sorten. Die Weltproduktion bei Aprikosen lag im Jahr 2013 bei 4,1 Mio. t, zuzüglich 210.000 t getrocknete Aprikosen (FAOSTAT). In den letzten 10 Jahren ist die Weltproduktion um über 40 % angestiegen. Hauptgrund dafür sind große Pflanzungen in Asien und Afrika. Die Hauptproduzenten sind die Türkei mit 800.000 t, gefolgt vom Iran, Usbekistan und Algerien. Aprikosen sind vielseitig verwendbar. Sie werden als Tafelfrüchte und Trockenfrüchte gehandelt, aber auch zur Erzeugung von Verarbeitungsprodukten, wie Konservenfrüchte, Saft, Konfitüre, Püree, Wein, Likör und Aprikosenöl, das aus den Steinen gewonnen wird, verwendet.

Im deutschen Erwerbsobstbau spielen Pfirsiche und Aprikosen nur eine untergeordnete Rolle. Aus diesem Grund werden sie in diesem Buch weniger intensiv behandelt als beispielsweise der Apfel und die Birne.

---

[2] Lat. *armeniaca arbor*, *armeniaca malum* für Aprikosenbaum, Aprikose, entlehnt aus gr. *mêlon armeniakon* für armenische Frucht, zu gr. *Armeniakos* für armenisch. Bei der Bezeichnung handelt es sich um die Übersetzung von syr. *hazzura armenaja* für armenischer Apfel.
[3] Die Bezeichnung Marille wird für Aprikosen vorwiegend in Bayern und Österreich verwendet. Sie stammt von *armellino* (it.) ab und diese wiederum von *malum armeniacum* für Apfel aus Armenien.

18.2 Botanische Beschreibung

18.2.1 Gattung *Prunus* L.

Die Gattung *Prunus* ist ausführlich in Abschn. 16.2 beschrieben.

18.2.2 Pfirsich

P. persica gehört zur Untergattung *Amygdalus* der Gattung *Prunus*. Aufgrund der Frucht-form unterscheidet man bei Pfirsich drei Varietäten (Hegi 1995b, S. 446–510; Abb. 18.1):

- *P. persica* var. *persica*, Gewöhnlicher Pfirsich, mit samtigen, weichfleischigen Früch-ten;
- *P. persica* var. *nucipersica* (auch *P. persica* var. *nectarina*), Nektarine, mit glatten, höchstens schwach flaumigen, festfleischigen Früchten;
- *P. persica* var. *platycarpa*[4], Platt-Pfirsich oder Teller-Pfirsich, mit stark abgeflachten Früchten, der Stein ist klein und unregelmäßig. In GRIN wird diese Bezeichnung als Synonym für *P. persica* f. *compressa* aufgeführt.

Interfertile Arten der Untergattung *Amygdalus* sind u. a. Mandel *P. dulcis*[5], Davids Pfirsich *P. davidiana*, Fergana-Pfirsich *P. ferganensis*, Kansu-Pfirsich *P. kansuensis* und

Abb. 18.1 Die Varietäten bei *Prunus persica.* **a** Nektarine, **b** Pfirsich und **c** Platt-Pfirsich

---

[4] Gr. *platys* für flach und gr. *karpos* für Frucht.
[5] Lat. *dulcis* für süß.

Tibet-Pfirsich *P. mira*. Diese Arten wurden in der Unterlagenzüchtung und in der Ziergehölzzüchtung, jedoch nicht in der Edelsortenzüchtung verwendet.

Pfirsiche werden vorrangig in der gemäßigten Zone angebaut. Sie haben ein Kältebedürfnis zur Brechung ihrer Knospenruhe (Dormanz) von 100 bis 1000 h unter 7 °C und sind i. d. R. sehr anfällig gegenüber Frühjahrsfrösten. Es gibt jedoch auch immergrüne Pfirsiche. Die lateralen Knospen dieser Pfirsiche benötigen weniger als 100 h Kälte und das terminale Wachstum setzt sich das ganze Jahr fort, weil die terminalen Knospen nicht durch tiefe Temperaturen geschädigt werden.

Pfirsiche werden von einer Reihe an Krankheiten befallen, von denen neben der Kräuselkrankheit (*Taphrina deformans*) v. a. die Triebspitzendürre (*Monilinia laxa*), die *Monilia*-Fruchtfäulen (*M. fructigena*, *M. laxa*), der Bakterienbrand (*Pseudomonas syringae* pv. *syringae*), die Schrotschusskrankheit (*Clasterosporium carpophilum*), der Pfirsichmehltau (*Podosphaera pannosa*) und der Pfirsichschorf (*Megacladosporium carpophilum*) Bedeutung haben. Darüber hinaus gibt es eine ganze Menge an tierischen Schaderregern, von denen hier lediglich Blattläuse, wie die Grüne Pfirsichblattlaus (*Myzus persicae*), die Schwarzgefleckte Pfirsichblattlaus (*Brachycaudus schwartzi*) und die Schwarze Pfirsichblattlaus (*B. persicae*) sowie die Obstbaumspinnmilbe (*Panonychus ulmi*), die Pflaumenrostmilbe (*Aculus fockeui*) und der Pfirsichwickler (*Cydia molesta*) genannt werden sollen. Bei den viralen Krankheitserregern hat bei Pfirsich das Scharka-Virus PPV die größte Bedeutung. Zunehmende Bedeutung hat ebenfalls eine Reihe von Phytoplasmosen, die unter dem englischen Begriff *European Stone Fruit Yellows* (ESFY) zusammengefasst werden und zu chlorotischen Blattrollerscheinungen führen.

Obwohl der Pfirsich über ein GSI gametophytisches Selbsinkompatibilitätssystem verfügt, das auf der Expression einer griffelspezifischen S-RNase und eines pollenspezifischen F-Box-Proteins (SFB) beruht, sind die meisten Pfirsichsorten selbstfertil. Dies führte im Verlauf der Domestikation zu einem geringeren Grad an Diversität im Vergleich zu anderen Arten. Einige Pfirsichsorten sind jedoch pollensteril. Die männliche Sterilität wird bei diesen Genotypen durch ein rezessives Gen bestimmt.

Innerhalb der Gattung *Prunus* gilt der Pfirsich als Modellpflanze. Dafür gibt es im Wesentlichen drei Gründe:

- die große ökonomische Bedeutung der Obstart für die südlichen Anbauländer;
- die Befähigung zur Selbstbefruchtung und die daraus resultierende Möglichkeit, klassische F2-Nachkommenschaften zu generieren und
- die kurze juvenile Phase mit ein bis zwei Jahren nach der Pflanzung (Kole 2007, 137–156).

18.2.3   Aprikose

P. armeniaca gehört zur Sektion *Armeniaca*, Untergattung *Prunus* der Gattung *Prunus*. In Abhängigkeit vom System der Klassifikation gibt es in der Sektion *Armeniaca* drei bis zwölf Arten. Gewöhnlich unterscheidet man jedoch sechs Arten (Zhebentyayeva et al. 2012, S. 415–458):

- *P. brigantina*, Briançonaprikose (Alpen-Aprikose), ist die einzige aprikosenähnliche Wildart, die in Europa heimisch ist. Sie wächst in den französischen Alpen.
- *P. holosericea*[6], die Tibet-Aprikose, kommt indigen in Tibet und China vor. In GRIN wird diese Art inzwischen als Varietät von *P. armeniaca* var. *holosericea* ausgewiesen.
- *P. armeniaca*, Gemeine Aprikose, ist indigen vorkommend in Zentral- und Westchina, der Mongolei, Zentralasien, Japan und Korea.
- *P. mandshurica*, Mandschurische Aprikose, kommt indigen in Nordostchina, der Mandschurei, Korea und Ostrussland vor.
- *P. sibirica*, Sibirische Aprikose, ist indigen vorkommend in Ostsibirien, der Mongolei, in Nord- und Ostchina und Transbaikalien (Daurien).
- *P. mume*[7], Ume, auch Japanische Aprikose, ist eine indigen vorkommende Art in Japan und China.

Alle diese Arten sind diploid ($2\,n = 2\,x = 16$) und interfertil. Die meisten essbaren Aprikosensorten gehören zur Art *P. armeniaca*, obwohl in der Vergangenheit auch eine Introgression von Merkmalen aus *P. mume* und in geringer Weise auch aus *P. mandshurica* und *P. sibirica* stattgefunden hat.

Aufgrund der Fruchtform unterscheidet man bei *P. armeniaca* vier Varietäten (Hegi 1995b, S. 446–510):

- *P. armeniaca* var. *communis*, Gemeine Aprikose, mit dunkelgelbem Fruchtfleisch, weich, süß;
- *P. armeniaca* var. *minor*, Kleine Marille, mit nussgroßen Früchten, fast filzig, Fruchtfleisch härter, säuerlich;
- *P. armeniaca* var. *dulcis,* Mandel-Aprikose, mit breiteren Früchten, stärker gerötet;
- *P. armeniaca* var. *persicoides*[8], Pfirsich-Aprikose, mit stärker abgeflachten Früchten und Steinen.

Aprikosen können in geografisch diversen Gebieten angebaut werden. Das Anbauspektrum reicht von den kalten Winterregionen Sibiriens bis in die Regionen des subtropischen Klimas in Nordafrika, von den Wüstengebieten Zentralasiens bis in feuchte Regionen Ja-

---

[6] Spätlat. *holosericeus* für aus reiner Seide.
[7] Japan. *mume*, *momo* für Pfirsich.
[8] Lat. *persicoides* für pfirsichartig.

pans und Ostchinas. Das Kältebedürfnis zur Brechung der Knospenruhe liegt zwischen 300 und 1200 h.

Auch die Aprikose kann von einer Vielzahl Krankheiten befallen werden. Von großer Bedeutung sind v. a. die bereits bei Pfirsich aufgeführten Erreger.

P. armeniaca-Sorten sind entweder selbststeril oder selbstfertil. Die Selbstinkompatibilität beruht auf dem gametophytischen System, das für die *Prunus*-Arten bereits beschrieben wurde. Es wird durch zwei gekoppelte Gene bestimmt, die für eine S-RNase bzw. ein SFB-Protein kodieren und für die es viele unterschiedliche Allele gibt. Die meisten europäischen Sorten sind selbstkompatibel, während Sorten mit Herkunft aus Nordafrika, dem Nahen Osten, aus Zentralasien und dem Kaukasus selbstinkompatibel sind (Janick und Paull 2008, S. 678–687). Männliche Sterilität tritt auch bei Aprikose auf. Heterozygote Individuen besitzen einen voll funktionsfähigen Pollen, sodass die Kreuzung zwischen Heterozygoten möglich ist.

18.3 Herkunft, Domestikation und Beginn der Züchtung

18.3.1 Pfirsich

Der Pfirsich stammt aus China, wo er vermutlich schon vor etwa 6000–7000 Jahren gegessen und vor 3000–4000 Jahren als Gartenpflanze angebaut worden ist. In China kommt der Pfirsich als Wildform in vielen Provinzen vor und zeigt eine sehr große Variabilität in den Merkmalen. Es gibt sowohl weißfleischige als auch gelb- und rotfleischige Genotypen, die entweder steinlösend oder nicht steinlösend sind (Janick und Moore 1996, S. 325–440). Von China aus verbreitete sich der Pfirsich in die gemäßigten und subtropischen Gebiete, zunächst innerhalb Asiens, wie z. B. nach Turkestan, und vor etwa 1500–2000 Jahren nach Japan. Von Asien kam er über die Seidenstraße nach Persien (heute Iran) und vor etwa 2000 Jahren auch nach Europa. Dass der Pfirsich in das Mittelmeerbecken aus Persien kam, stammt insbesondere von den griechischen und römischen Geschichtsschreibern; es wurde daher auch im lateinischen Namen *persica* hinterlegt. Die Einführung des Pfirsichs in die griechische Kultur erfolgte etwa 400–300 v. Chr. und bei den Römern findet man den Pfirsich ab 100 n. Chr. (Janick und Moore 1996, S. 325–440). Die Römer verbreiteten den Pfirsich in ihrem Reich, obgleich ihn auch frühere Migrationsbewegungen in Nordafrika und die Mauren in Spanien einführten.

Nach Amerika wurde der Pfirsich erst im 16. Jahrhundert mit den spanischen und portugiesischen Kolonialisten gebracht (Badenes und Byrne 2012, S. 505–569). Bis zur ersten Hälfte des 19. Jahrhunderts wurde er in Nordamerika und Europa über Samen vermehrt, sodass es zahlreiche Landrassen bei Pfirsich gibt, die einer Selektion auf Anpassung an die Umweltbedingungen über Jahrhunderte hinweg unterworfen waren (Abb. 18.2).

Die ursprüngliche Herkunft von Nektarinen ist unklar. Es ist aber zu vermuten, dass sie als Mutationen von Pfirsich im Verlauf der Anpassung an klimatische Verhältnisse entstanden sind. Dieser Schluss liegt nahe, da Nektarinen immer wieder in Nachkommenschaften

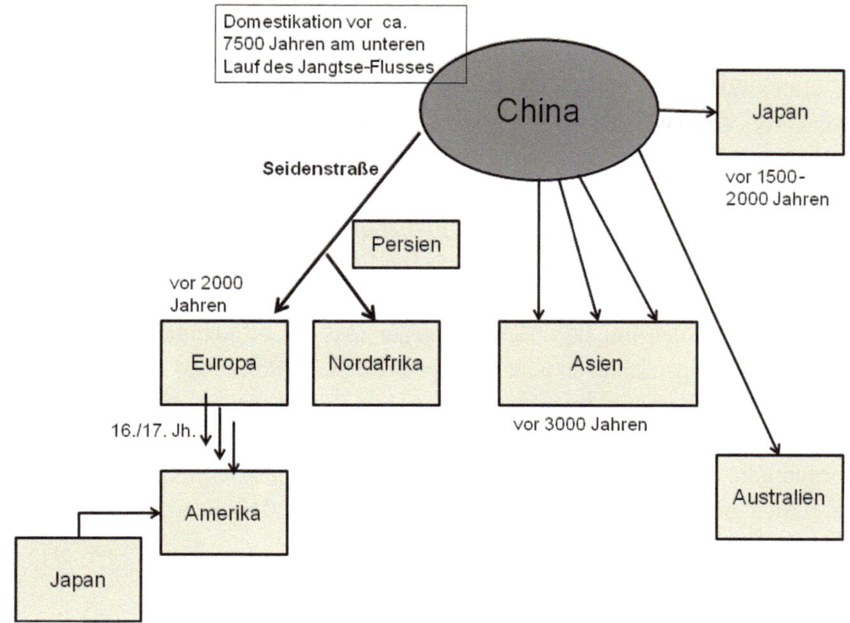

Abb. 18.2 Herkunft und Verbreitung des Pfirsichs. (*Ovale Fläche* – Primäres Genzentrum)

bei Pfirsich spontan auftreten. In China waren Nektarinen lange unbekannt, sodass das Diversitätszentrum für Nektarinen wahrscheinlich in Zentralasien zu suchen ist. Nektarinen sind empfindlicher gegen das Platzen und Faulen der Früchte bei Regenperioden. Sie gedeihen daher eher in trockeneren Gebieten. Einige Sorten erreichten auch Europa, wo sie zunächst aber keine kommerzielle Nutzung erfuhren und daher in der Literatur auch nicht erwähnt wurden. Der Begriff Nektarine wurde erstmalig 1629 benutzt. Der botanische Name *P. persica* var. *nucipersica* bedeutet Nuss-Pfirsich. Pfirsiche und Nektarinen gehören also zur gleichen botanischen Art, auch wenn sie kommerziell unterschiedliche Fruchtarten darstellen. Im Unterschied zum Pfirsich, bei dem die Fruchtschale einen Flaum aus Haaren (Trichome) besitzt, sind die Früchte der Nektarine glattschalig und besitzen keine Trichome. Genetische Untersuchungen deuten darauf hin, dass Nektarinen zwei rezessive Allele (*gg*) eines auf dem Chromosom 5 lokalisierten Gens (*G*) für das Merkmal behaarte Fruchthaut besitzen, während Pfirsiche für dieses Merkmal mindestens ein dominantes Allel dieses Gens tragen (Janick und Paull 2008, S. 717–727). Kürzlich wurde mit dem Gen *PpeMYB25* ein erstes Kandidatengen identifiziert, das in Nektarinen infolge einer Insertion eines Long-terminal-repeat(LTR)-Retroelements in das dritte Exon seine Funktion verloren hat.

Die ersten Pfirsichsorten waren Sämlinge unbekannter Abstammung. Im Jahr 1895 wurde in den USA in Geneva, New York, erstmals ein Züchtungsprogramm für Pfirsich aufgelegt. Institutionelle Züchtungsprogramme in anderen Staaten der USA sowie private

Züchtungsprogramme, z. B. in Kalifornien, folgten. Die meisten Programme hatten das Ziel, lokal adaptierte Sorten mit schmelzendem Fleisch für den Frischmarkt zu entwickeln. In der zweiten Hälfte des 20. Jahrhunderts entstanden auch Züchtungsprogramme in Südamerika (Brasilien, Mexiko, Chile, Uruguay, Argentinien). Dabei stand nunmehr nicht nur der Frischmarkt im Fokus, sondern auch die Konservenindustrie. Es wurden daher Sorten mit nicht schmelzendem, also festem, Fruchtfleisch selektiert. In Europa wurden Züchtungsprogramme erst in den 1920er-Jahren in Italien und in den 1960er-Jahren in Frankreich aufgelegt, obwohl der Pfirsich hier schon im Mittelalter weit verbreitet war. Später befassten sich auch Spanien, Rumänien, Serbien, Griechenland, Bulgarien, die Ukraine und Polen mit der Züchtung neuer und besser adaptierter Sorten. Die anfänglichen Züchtungsinitiativen bauten hauptsächlich auf Sorten aus den USA auf, sodass bis heute viele der europäischen Sorten sehr nah mit den nordamerikanischen Sorten verwandt sind. In Asien, wo der Pfirsich schon einige tausend Jahre als Kulturform bekannt war, begann die Züchtung erst vor etwa 50–60 Jahren, zunächst in Japan, später in China, Korea, Indien und auch in Thailand (Badenes und Byrne 2012, S. 505–569).

18.3.2 Aprikose

Die Aprikose stammt nicht aus den Ebenen Armeniens, wie der lateinische Name vermuten lässt. Seit dem 1. Jahrhundert werden Aprikosen in Armenien kultiviert, kamen aber ursprünglich aus östlicher liegenden Ursprungsgebieten dorthin. Für die Aprikose beschrieb Vavilov (1951) drei Genzentren (Tab. 18.1). Das Nahostzentrum kann dabei als sekundäres Genzentrum betrachtet werden. Die Feststellung, dass Bergregionen die genetische Diversität manifestiert haben, trifft im Fall der Aprikosen besonders zu. Bei den Aprikosen sind Wildarten und erste Kulturformen sehr eng mit den Bergregionen assoziiert (Janick und Moore 1996, S. 79–111).

Die Aprikose scheint bereits seit 3000 v. Chr. in China kultiviert worden zu sein. In Zentralasien war das erst 2000–1000 v. Chr. der Fall. Ein Austausch von genetischen Ressourcen erfolgte entlang der Seidenstraße, die im 2. und 3. Jahrtausend v. Chr. etabliert wurde. Wildvorkommen an Aprikosen im Tien-Shan sind offenbar der hauptsächliche Genpool für die Domestikation in Zentralasien und für die Verbreitung der Aprikose nach Westen. Darüber hinaus gibt es für die Kulturaprikosen ein sekundäres Genzentrum im

Tab. 18.1 Genzentren der Aprikose

Genzentrum	Geographische Region
Zentralasiatisches Zentrum	Afghanistan, Nordwestindien, Pakistan, Tadschikistan, Usbekistan, Xinjiang in China und westlicher Tien-Shan
Chinesisches Zentrum	Berg- und Talregionen Zentral- und Westchinas, Tibet
Nahostzentrum	Kleinasien, Transkaukasien, Iran, Turkmenistan, Türkei

Nahen Osten, insbesondere auf dem Iranischen Plateau. Molekulare und morphologische Analysen belegen, dass sowohl Lokalsorten aus Zentralasien wie auch aus China in die Entstehung der Aprikosenkultur im Nahen Osten einbezogen waren. Für die Verbreitung der Aprikose aus dem Nahen Osten nach Europa gibt es mehrere Wege:

- Zuerst erfolgte die Verbreitung im mittleren Osten, Ägypten und Nordafrika, später dann durch die Araber nach Spanien. Diese Sorten haben ein geringes Kältebedürfnis.
- Die Verbreitung erfolgte nördlich des Schwarzen Meeres, ausgehend von der Türkei oder direkt aus dem Iran.
- Es gab eine zentrale Route der Verbreitung entlang der Donau bis nach Deutschland durch die Römer. Dadurch entstanden die europäischen Sorten mit großen Früchten und Anpassung an die neuen Umweltbedingungen.
- Eine südliche Route führte nach Griechenland, dann nach Süd- und Mitteleuropa, d. h. nördlich des Mittelmeers. Auf diese Weise sind die südeuropäischen Sorten entstanden.

Die Verbreitung der Aprikose von China und Zentralasien nach Europa erfolgte in den letzten 3000–4000 Jahren, danach nach Nordamerika aus Europa über den Atlantischen Ozean und aus China über den Pazifischen Ozean (Badenes und Byrne 2012, S. 415–458; Abb. 18.3).

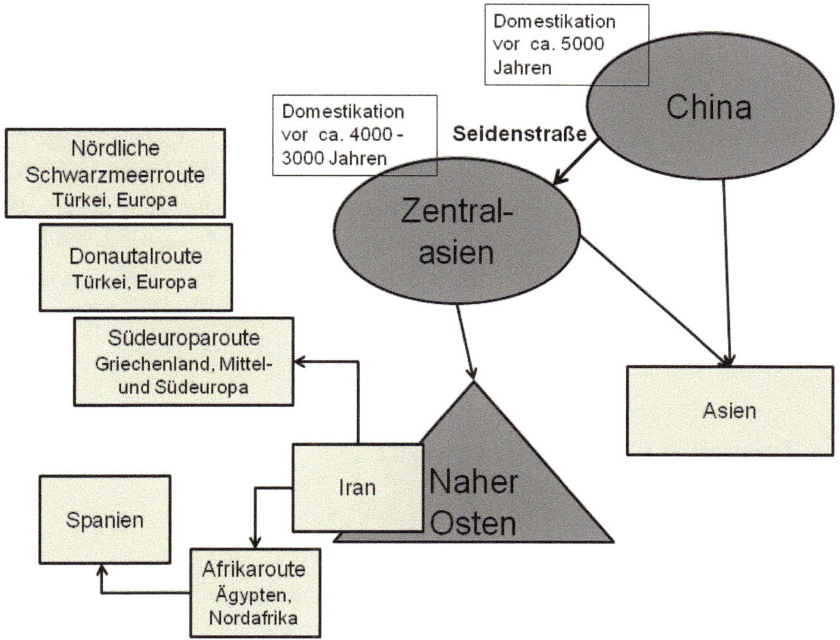

Abb. 18.3   Herkunft und Verbreitung der Aprikose. *Ovale Fläche* primäres Genzentrum, *dreieckige Fläche* sekundäres Genzentrum

Die genetischen Ressourcen bei Aprikosen werden auf der Basis ihrer morphologischen Merkmale sowie der Anpassung an spezifische Umweltbedingungen in vier große ökogeografische Gruppen eingeteilt (Box 18.1).

Box 18.1 Einteilung der Aprikose in ökogeografische Gruppen

- Zentralasiatische Gruppe mit regionalen Untergruppen,
- Iran-Kaukasus-Gruppe,
- Europäische Gruppe mit den östlichen, westlichen und nördlichen Untergruppen,
- Chinesische Gruppe.

Die Chinesische und die Zentralasiatische Gruppe der Kultursorten und Wildformen sind die ältesten Gruppen und zeigen die größte Diversität. Bis heute wurden sie jedoch züchterisch kaum genutzt. Die zentralasiatischen Untergruppen verteilen sich auf das Ferghanatal, das Serafschan-Tal, das Gebiet um Shahrisabz, das Tiefland von Choresm, das Kopet-Dag-Gebirge, den Dsungarischen Alatau und den Transili-Alatau. Die Iran-Kaukasus-Gruppe umfasst Lokalsorten aus Armenien, Aserbaidschan, Georgien, Dagestan, Iran, Irak, Syrien und der Türkei, die oftmals nur Synonyme derselben Genotypen (gleicher Genotyp unter verschiedenen Namen) darstellen. Diese Sorten haben ein geringes Kältebedürfnis und blühen bereits im zeitigen Frühjahr. Die europäische Gruppe ist am besten charakterisiert und repräsentiert die jüngste Gruppe in der Entstehung (Badenes und Byrne 2012, S. 415–458).

Die Selektion bei Aprikose auf bessere Fruchtqualität und die klonale Vermehrung dieser Selektionen begannen etwa 600 n. Chr. in China. Eine weit verbreitete Vermehrung der Aprikose erfolgte jedoch über Samen. Diese Form der Vermehrung wird noch heute in vielen Regionen angewandt. Eine bewusste züchterische Verbesserung begann erst, als man sich der Veredelungstechnologie bedienen konnte. Sorten mit einem eigenen Namen tauchten erstmalig in der europäischen Literatur des 17. Jahrhunderts auf (Hancock 2008, S. 39–82).

18.4 Zuchtziele und Zuchtfortschritt

18.4.1 Pfirsich

Voraussetzung für eine erfolgreiche Pfirsichproduktion ist die Anpassungsfähigkeit der Sorte an die Umwelt- und Klimabedingungen, insbesondere an die Jahresschwankungen von Temperatur und Niederschlag. Aktuelle Zuchtziele sind in Tab. 18.2 dargestellt.

Der Blühtermin bei Pfirsich wird sowohl durch das Kältebedürfnis im Winter als auch durch entsprechende Temperatursummen vor der Blüte determiniert. Ein geringes Kälte-

Tab. 18.2 Aktuelle Zuchtziele bei Pfirsich

Zuchtziel	Merkmal
Fruchtqualität	Aroma, Geschmack, Fruchtgröße, Fruchtfleisch orange/rot Hoher Gehalt an Zucker, Antioxidantien, gesundheitsfördernden Stoffen Verbessertes Nachernteverhalten
Resistenz gegen Krankheiten und Schädlinge	Gegenüber Monilia-Fruchtfäulen und Triebspitzendürre (*Monilinia laxa, M. fructigena, M. fructicola*) Gegenüber Schrotschusskrankheit (*Clasterosporium carpophilum*) Gegen Kräuselkrankheit (*Taphrina deformans*) Gegen Pfirsichmehltau (*Podosphaera pannosa*), Pfirsichschorf (*Megacladosporium carpophilum*) Gegen Scharka-Krankheit (PPV)
Anpassung an Umweltbedingungen	Winterhärte, Kältebedürfnis und Blühzeitpunkt, Hitzetoleranz, Baumwuchs

bedürfnis ist ein prioritäres Zuchtziel. Dieses Merkmal wird sehr gut vererbt, sodass ein schneller Zuchtfortschritt erreicht werden kann, wenn der Züchter entsprechend die Eltern auf der Grundlage phänotypischer und zunehmend auch genotypischer Daten auswählt. Kürzlich wurde mithilfe einer immergrünen Pfirsichmutante (engl. *evergrowing*) der sog. *EVG*-Lokus identifiziert, der für das Kältebedürfnis verantwortlich ist. An diesem Lokus befinden sich in Pflanzen mit hohem Kältebedürfnis sechs Dormanz-assoziierte MADS-Box-(DAM)-Gene (engl. *dormancy associated MADS box genes*), die mit *PpDAM1* bis *PpDAM6* bezeichnet werden. In der immergrünen Mutante ist ein 42 kbp großer Bereich von diesem Lokus, einschließlich vier der sechs *PpDAM* Gene, verloren gegangen.

Die Veränderung des Sortenspektrums in Richtung geringes Kältebedürfnis (150 h) macht es möglich, Pfirsiche in subtropischen und tropischen Regionen anzubauen. Hohe Temperaturen während der Blüte haben einen negativen Effekt auf den Fruchtansatz und den Ertrag. Aus diesem Grund besteht das Ziel darin, bei Sorten mit geringem Kältebedürfnis auch die Toleranz gegenüber hohen Temperaturen während der Blüte zu verbessern. Toleranz gegenüber Frost während der Blüte ist ebenfalls von Bedeutung, insbesondere in Regionen, in denen Frühjahrsfröste auftreten. In diesem Sinn sind Sorten gefragt, die spät blühen und einen hohen Blütenansatz zeigen.

Pfirsiche und Nektarinen werden von einer Reihe von Schaderregern befallen. Obwohl schon längere Zeit große Bemühungen im Bereich der Resistenzzüchtung unternommen werden, sind die Fortschritte jedoch sehr begrenzt. Das liegt u. a. daran, dass nur sehr wenig über Resistenzquellen und über die Vererbung der Resistenz bekannt ist. Das größte Virusproblem bei *Prunus* in Europa, die Scharka-Krankheit, ist auch für Pfirsich relevant. Obwohl es Feldresistenz und Toleranz gegenüber PPV bei Pfirsich gibt, befinden sich die geeignetsten Resistenzquellen in der verwandten Art *P. davidiana*. Die Resistenz von *P. davidiana* ist oligogen bedingt. Ob diese Resistenz in naher Zukunft zu einer Verbesserung im Anbauspektrum führen wird, bleibt abzuwarten. Pfirsiche werden neben den bereits erwähnten Krankheiten auch von einer Reihe von Nematoden, darunter Wurzelgallnematoden und Ringnematoden, befallen. Gegenüber einigen dieser Nematoden wurden bereits Resistenzgene identifiziert.

Ein wichtiges Zuchtziel bei Pfirsich ist die Toleranz gegenüber hohen pH-Werten auf kalkhaltigen Böden. Diese pH-Werte bedingen einen Eisenmangel, der in der Folge zu Chlorosen und dadurch bedingten Ertragsverlusten führt. Toleranzen gegenüber hohen pH-Werten wurden in Pfirsich, Pflaume und Mandel identifiziert. Dieses Merkmal spielt insbesondere in der Unterlagenzüchtung eine Rolle.

Ein weiteres Zuchtziel bei Pfirsich ist die Wuchsreduzierung des Baums, damit der Aufwand für Ernte und Schnitt in Dichtpflanzungen effizienter gestaltet werden kann. Es wurde eine Reihe an rezessiven Genen identifiziert, die schachwachsende, mittelschwach-wachsende, kompakte, buschige und hängende Wuchsformen hervorbrachten. Eine besondere Wuchsform stellt der aufrechte, säulenartige (auch columnar genannte) Wuchs dar. Diese in der Vergangenheit im Englischen auch als *broomy* oder *pillar* bezeichnete Wuchsform wird durch ein rezessives Gen (*brbr*) hervorgerufen. Besonders in den USA und in Italien wurde diese Wuchsform bislang intensiv in der Züchtung von Säulentypen genutzt; kürzlich wurde mit dem Gen *Ppa010082* ein erstes Kandidatengen identifiziert. Dieses Gen zeigt eine hohe Sequenzähnlichkeit zu dem in Reis identifizierten *TAC1*-Gen (engl. *tiller angle control 1*) und wurde aus diesem Grund auch *PpeTAC1* genannt.

18.4.2 Aprikose

Bei Aprikose ist die Züchtung darauf orientiert, Sorten zu selektieren, die besser an die jeweils gegebenen ökologischen Bedingungen adaptiert sind. Gegenwärtig ist es sehr schwierig, eine neue Sorte einzuführen, wenn sie unter anderen ökologischen Bedingungen gezüchtet wurde. Bedarf an neuen Sorten besteht sowohl für unterschiedliche Anbaugebiete als auch für unterschiedliche Märkte. Die aktuellen Zuchtziele sind in Tab. 18.3 dargestellt.

Das Auftreten der Scharka-Krankheit ist in den europäischen Ländern zunehmend zu einem limitierenden Faktor für den Aprikosenanbau geworden. Alle Aprikosensorten europäischer Herkunft sind anfällig gegenüber PPV. Die züchterische Entwicklung von PPV-resistenten Sorten wird durch folgende Faktoren erschwert:

- PPV-Resistenzdonoren haben ein großes Kältebedürfnis und eine mittlere bis späte Reifezeit. Diese Eigenschaften sind für Züchtungsprogramme in den südlichen Ländern nicht zielführend.
- Die Testung der PPV-Resistenz ist langwierig und erfordert umfangreiche biologische Tests. Daher ist es für Züchter schwer, PPV-resistente Sorten zu entwickeln. Resistenzquellen gegenüber PPV sind in einigen nordamerikanischen Sorten, z. B. 'Stella', 'Stark Early Orange', zu finden, wie auch in ostasiatischen Arten, wie z. B. *P. mandshurica*, *P. sibirica* und *P. mume*, die in der Züchtung nordamerikanischer Sorten verwendet worden sind.

Tab. 18.3 Aktuelle Zuchtziele bei Aprikose

Zuchtziel	Merkmal
Fruchtqualität für Frischmarkt und Verarbeitung	Aroma, Geschmack, Fruchtgröße, Steinlösbarkeit und Fruchtfarbe
	Uniforme Früchte, einheitliche Fruchtreife am Baum
	Platzfestigkeit
	Transportfestigkeit der Früchte
	Keine Fleischbräune während der Lagerung
Resistenz gegen Krankheiten und Schädlinge	Gegen Scharka-Virus
	Gegenüber Monilia-Fruchfäulen und Triebspitzendürre (*Monilinia laxa, M. fructigena, M. fructicola*), Bakterienbrand (*Pseudomonas syringae*), Schrotschusskrankheit (*Stigmina carpophila*)
Anpassung an Umweltbedingungen	Toleranz gegenüber Wassermangel, niedrigen Temperaturen im Winter und Blütenfrost im Frühjahr
	Baumwuchs
Ertrag	Hoher Ertrag, nicht alternierend
	Ausdehnung der Reife- und Ernteperiode
	Selbstfertilität

18.5 Zuchtmethoden und -techniken

18.5.1 Kombinationszüchtung

Pfirsich Die Entwicklung einer neuen Sorte bei Pfirsich dauert etwa 20 Jahre und umfasst die bei Baumobst üblichen Schritte von der Kreuzung, wie

- Auswahl des Pollenelters und Gewinnung des Pollens,
- Kastration der Blüten am mütterlichen Elter,
- manuelle Bestäubung,
- Gewinnung der Samen, deren Stratifikation, Keimung und Anzucht der Sämlinge
- Kultivierung der Sämlinge im Freiland und Selektion in den verschiedenen Selektionsstufen.

Die juvenile Phase dauert zwei bis fünf Jahre. Kreuzungszüchtung stellt bei Pfirsich und bei Aprikose die hauptsächlich verwendete Methode dar. Bei Pfirsich sind viele Sorten auch durch Selbstbefruchtung oder Kreuzung eng verwandter Eltern entstanden. Die Pfirsichzüchtung geht auf einen relativ kleinen Genpool mit einem hohen Grad an Inzucht zurück. Da der Pfirsich tolerant gegenüber Inzuchtdepression ist, ist es auch möglich, samenvermehrbare Genotypen herzustellen, die sortenecht sind. Dies wurde bisher insbesondere in der Unterlagenvermehrung genutzt.

Ein wichtiges Werkzeug in der Pfirsichzüchtung stellt die Embryokultur dar. Insbesondere wenn bei Kreuzungen früh reifende Sorten als Mütter verwendet werden, z. B. in subtropischen Gebieten, werden die Früchte eher reif, als der Embryo seine Reife vollzogen hat. In diesen Fällen kann der Embryo *in vitro* zum Sämling entwickelt werden.

Aprikose In der Aprikosenzüchtung wird oftmals eine rekurrente Massenselektion als Methode bevorzugt (Abb. 18.4). Dies bedeutet, dass zunächst eine Reihe von Elterngenotypen aufgrund ihrer Merkmale ausgewählt wird. Diese Genotypen lässt der Züchter durch freie Abblüte miteinander hybridisieren. Auf diese Weise entsteht eine Nachkommenschaft, die nicht aus der Verpaarung von zwei ausgewählten Eltern entstanden ist. Aus dieser Nachkommenschaft werden wiederum Genotypen ausgelesen und als Eltern für die nächste Generation genutzt. Dies führt zu einer relativ effizienten genetischen Verbesserung der Population im Verlauf von wenigen Generationen. Diese Vorgehensweise ist einfach und sehr kosteneffizient. Gerade in der Aprikosenzüchtung, wo finanzielle Mittel vielfach knapp sind und umfassende Untersuchungen genetischer Ressourcen zum Auftreten einzelner Wunschmerkmale und deren Vererbung fehlen, hat diese Methode viele Vorteile. Neben der Massenauslese wird oft auch eine modifizierte Rückkreuzung durchgeführt. Dieses Verfahren wird v. a. dann benutzt, wenn es darum geht, einzelne wichtige pomologische Merkmale zielgerichtet in die Nachkommenschaft zu übertragen. Voraussetzung dafür ist, dass eine adäquate Evaluierungsmethode für das entsprechende Merkmal existiert, mit der man den gewünschten Phänotyp an den Sämlingen eindeutig identifizieren kann. Für die Rückkreuzung dieser Sämlinge werden qualitativ hochwertige Eltern benötigt.

18.5.2 Methoden zur Erzeugung von Variabilität

Interspezifische und intergenerische Hybridisierung
Intraspezifische Hybridisierung ist in der Züchtung von Aprikosen und Pfirsichsorten die am meisten angewandte Methode, wohingegen in der Unterlagenzüchtung interspezifische Hybridisierung innerhalb der Gattung *Prunus* verwendet wird. Wenn das Ziel darin besteht, neuartige Merkmale zu integrieren, dann wird jedoch auch in der Sortenzüchtung auf die Methode der interspezifischen Kreuzung zurückgegriffen.

Pfirsich Bei Pfirsich wurden interspezifische Hybridisierungen zwischen *P. persica*, *P. davidiana*, *P. mira*, *P. dulcis* und *P. kansuensis* durchgeführt. Die bei diesen Kreuzungen erzeugten Hybriden sind i. d. R. aufgrund der genomischen Äquivalenz fertil und zeigen keine Störungen in der Meiose. Erst in der F2-Generation können Anomalitäten auftreten, da nicht mehr alle Allele der Partner vorhanden sind. In diesen Fällen ist eine Rückkreuzung mit einem der ursprünglichen Eltern hilfreich; die volle Fertilität wird nach zwei bis drei Rückkreuzungsgenerationen wieder hergestellt. Bei entfernten Kreuzungen, wie zwischen Pfirsich und Kirsche oder Pflaume, kann man oft matro- oder patrokline Vererbung finden. Das kann darauf hinweisen, dass infertile Gameten induziert wurden und die Hybriden keine echten Hybriden sind. Bis jetzt konnte jedoch durch interspezifische Hybridisierung keine neue Pfirsichsorte entwickelt werden (Janick und Moore 1996, S. 325–440).

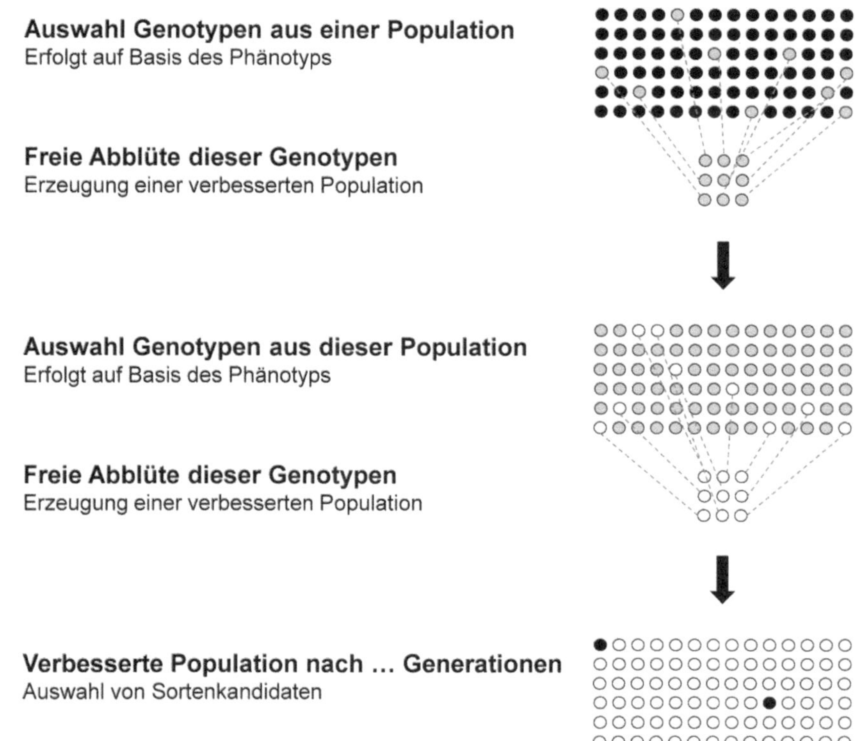

Abb. 18.4 Schema einer Massenauslese am Beispiel der Züchtung bei Aprikose

Aprikose Bei Aprikose gibt es eine Reihe von Merkmalen, wie z. B. späte Blüte, verbesserte Krankheitsresistenz, Winterhärte und besondere Wuchsformen, die bei anderen *Prunus*-Arten vorhanden sind und von besonderem Wert für Aprikose sind. Es gibt daher eine Reihe von Versuchen zur Introgression solcher Merkmale durch Kreuzung von *P. armeniaca* mit Pflaumen, insbesondere *P. cerasifera, P. salicina, P. dasycarpa* und *P. pumila* var. *besseyi*. Erfolgversprechend ist es auch, innerhalb der Art *P. armeniaca* Vertreter der unterschiedlichen öko-geografischen Gruppen miteinander zu kreuzen, z. B. Europäische Gruppe × Zentralasiatische Gruppe, Europäische Gruppe × Iran-Kaukasische Gruppe usw. (Janick und Moore 1996, S. 79–111).

Mutationszüchtung

Pfirsich Knospenmutationen kommen bei Pfirsich sehr häufig natürlicherweise vor. Meistens sind dies Mutationen in einem Majorgen, das für ein visuell sichtbares Merkmal kodiert. Das können monogene Merkmale sein oder auch quantitativ vererbte Eigenschaften, wie z. B. auffallende Blütenformen und -farben oder ein kompakter Wuchs. Zu erwähnen sind auch Veränderungen in der Blüh- und Reifezeit im Vergleich zur Ausgangssorte. Mithilfe solcher Knospenmutationen wurden einige früh reifende Typen von Standardsorten identifiziert. Diese natürlichen Mutationen sind züchterisch nur nutzbar, wenn sie stabil sind und auch nach der Vermehrung erhalten bleiben. Oftmals kommen jedoch Chimären vor, bei denen das Gewebe nur teilweise mutiert ist. In Kreuzungen mit derartigen Mutanten bleibt das Merkmal dann nicht in jedem Fall erhalten.

Künstliche Mutationen durch Bestrahlung wurden bei Pfirsich ebenfalls induziert. So wurden nach Bestrahlung der Sorte 'Fertilia' mit einer Kobaltquelle eine Nektarine namens 'Fernec' und eine 24 Tage früher reifende Pfirsichsorte namens 'Ferer' ausgelesen. Dennoch wurden mithilfe der Mutationszüchtung keine verwertbaren neuen Sorten mit kommerzieller Bedeutung entwickelt.

Aprikose Bei Aprikose ist die Sorte 'Early Blenheim' durch Neutronenbestrahlung entstanden und 1972 als eine früh reifende Sorte in den Markt eingeführt worden. Weitere Sorten, die durch Mutationszüchtung entstanden, sind nicht bekannt (Janick und Moore 1996, S. 79–111).

Ploidiezüchtung

Pfirsich Bei Pfirsich existieren neben den normalerweise diploiden auch einige wenige tetraploide Sorten wie 'Golden Jubilee' und 'Goldeneast'. Bei diesen Sorten handelt es sich um Periklinalchimären, deren Gewebe aus einem Mix von diploiden und tetraploiden Zellen besteht. Aus Kreuzungen zwischen di- und tetraploiden Sorten wurden auch triploide Genotypen erzeugt. Ökonomische Bedeutung haben diese Typen aber nie erreicht. Versuche mit Colchicin wurden in den 1930er- und 1940er-Jahren durchgeführt. Dabei konnten hin und wieder polyploide Pflanzen erzeugt werden; i. d. R. waren das Chimären, die oft noch steril waren. Da die meisten kreuzbaren Arten diploid sind, besteht kein Bedarf an weiteren Experimenten zur Polyploidisierung.

Aprikose Versuche mit Colchicin wurden auch bei Aprikose durchgeführt. Dabei entstanden sowohl tetraploide als auch aneuploide und diploide Mutanten. Die tetraploiden Pflanzen waren meist steril oder hatten nur wenige sehr große, aber meist unregelmäßige Früchte. Die aneuploiden Pflanzen litten alle unter Fertilitätsstörungen. Lediglich bei den diploiden Mutanten konnten einige ausgelesen werden, die z. B. eine veränderte Reifezeit zeigten.

18.5.3 Bio- und gentechnologische Methoden

In-vitro-Techniken

Pfirsich Bei Pfirsich wurden In-vitro-Verfahren zur Mikrovermehrung in den 1980er-Jahren etabliert. Dabei wurde insbesondere samenbürtiges Gewebe verwendet. Die ersten

Untersuchungen zur pflanzlichen Regeneration erfolgten an unreifen zygotischen Embryonen. Später wurden die Techniken verbessert und es wurden andere Gewebeteile, beispielsweise unentwickelte Kotyledonen, Embryogewebe, reife Kotyledonen, reife Embryonen und schließlich Blattgewebe, getestet. Obwohl für Pfirsich somatische Embryogenese beschrieben wird, ist die Konversion von somatischen Embryonen noch weit von einer Routinemethode entfernt.

In den 1980er- und 1990er-Jahren wurden auch Versuche zur Erzeugung von Doppelhaploiden (DH) durchgeführt. Bei einer anschließenden Evaluierung auf deren züchterischen Nutzen zeigte sich, dass Selbstungen solcher DH-Pflanzen fertil sind und die DH-Pflanzen selbst keine oder zumindest kaum nennenswerte Inzuchtdepressionen gegenüber dem Ausgangsgenotyp zeigen. Infolgedessen entstand die Idee, DH-Pflanzen als samenvermehrbare Sorten zu vermarkten. Eingang in die praktische Sortenzüchtung hat dieses Verfahren jedoch nie gefunden.

Auf dem Gebiet der genetischen Transformation gibt es bei Pfirsich wenig erfolgreiche Berichte, da die Effizienz der Pflanzenregeneration nach wie vor gering ist. Dabei wurden verschiedene Verfahren genutzt, wie Gentransfer in den embryogenen Kallus aus unreifen Embryonen oder in Embryoexplantate aus Samen. Die Regenerationsraten sind jedoch so gering, dass es einer Weiterentwicklung der Protokolle bedarf. Die Nutzung von Ausgangsmaterial aus zygotischen Embryonen ist auch nicht die Vorzugsvariante für die pflanzliche Transformation, denn die Möglichkeit, mithilfe der Gentechnik einen etablierten Genotyp zu verbessern, ist nicht mehr gegeben. Jeder Genotyp, der sich aus samenbürtigem Gewebe entwickelt ist einmalig und stellt damit keinen Klon der Elternform dar. Für die Erzeugung gentechnisch veränderter Gewebe wurde sowohl der *Agrobacterium-tumefaciens*-vermittelte Gentransfer als auch der Partikelbeschuss verwendet. Kürzlich wurde ein Verfahren zum virusinduzierten Gen-Silencing (engl. *virus induced gene silencing*, VIGS) an Pfirsich beschrieben. Dieses Verfahren hat zumindest gute Chancen, eine Anwendung in der funktionellen Genomanalyse zu finden.

Aprikose Bei Aprikose wurde die Methodik zur Mikrovermehrung in den späten 1970er-Jahren etabliert. Die Regeneration von Adventivsprossen an samenbürtigem Gewebe war hier bereits in den 1980-Jahren erfolgreich. Basierend auf diesen Experimenten wurden die ersten Transformationen zur Erzeugung von PPV-resistenten transgenen Pflanzen durchgeführt. Erste Erfolge, die unter Verwendung des PPV-Hüllproteingens zu verzeichnen waren, wurden bereits 1992 erzielt. Ein ähnlicher Ansatz wurde später auch für Pflaume verwendet. Da die Verwendung samenbürtiger Gewebe für vegetativ vermehrte Arten nicht zielführend ist, wurde versucht, Regenerationsprotokolle für vegetatives Gewebe kommerzieller Sorten zu entwickeln. Im Jahr 2000 wurde erstmals von einer erfolgreichen Adventivsprossbildung aus Blattgewebe berichtet. Das dabei entwickelte Verfahren war reproduzierbar und effizient. Es wurde für eine erfolgreiche Transformation der Aprikosensorte 'Helena' verwendet. Später wurde dann auch eine Methode zur chemisch induzierbaren sequenzspezifischen Entfernung des *nptII*-Markergens mithilfe des Cre-*LoxP*-Rekombinasesystems an Aprikose etabliert.

DNA-Marker

Pfirsich Bei Pfirsich wurden bis heute nahezu alle verfügbaren Markersysteme getestet und etabliert. Durchgesetzt haben sich v. a. SSR- und SNP-Marker. Zu den Merkmalen, für die es inzwischen diagnostische Marker gibt, gehören u. a. Blattlausresistenz, Nematodenresistenz, immergrüner Phänotyp, Fruchtqualitätsmerkmale, Resistenz gegenüber *Monilia*-Fruchtfäule, *Xanthomonas* und Mehltau, Fruchtreifezeitpunkt, einzelne Aromastoffe, flache Fruchtform, rote Fruchtfleischfarbe, Fruchtsäuregehalt, Mehligkeit des Fruchtfleischs, Kältebedürfnis (engl. *chilling requirement*), Frosttoleranz sowie Zwergwuchs. Bei Pfirsich und Aprikose wurden bislang für 56 Eigenschaften Marker-Merkmal-Assoziationen gefunden.

Aprikose Bei Aprikose wurden viele verschiedene Markersysteme getestet und etabliert. Marker, die für eine markergestützte Selektion geeignet sind, gibt es v. a. für PPV-Resistenz sowie einige Frucht-, Fruchtqualitäts- und physiologische Merkmale.

Kartierung

Pfirsich Die erste genetische Kopplungskarte wurde bei Pfirsich im Jahr 1992 mithilfe von RFLP-Markern erstellt. Im Jahr 1994 wurden bereits mit RAPD- und Isoenzymmarkern erste Loci für Merkmale wie Trauerwuchs, weiße Blütenfarbe, eine Blütenmutation, die Nektarinenmutation, das Blattlausresistenzgen *Rm1* und die Säulenwuchsform kartiert. Kurze Zeit später folgten Merkmale wie Mehltauresistenz, Wuchsform der Pflanze, Fruchtfleischfarbe, die Adhäsion der Frucht am Baum, die Fruchtfleischtextur und die Pollenfertilität. Erste QTL für Fruchtqualität sowie ein Locus für Nematodenresistenz wurden 1998 mithilfe von AFLP- und ersten SSR-Markern identifiziert. In den Jahren um die Jahrtausendwende setzten sich die SSR-Marker zunehmend durch. Diese wurden sowohl zur Kartierung innerhalb der Art *P. persica* als auch zur Erstellung von interspezifischen Kopplungskarten und zur vergleichenden Genomkartierung zwischen *P. persica* und *P. dulcis* bzw. *P. persica* und *P. davidiana* verwendet. Heute gibt es bei Pfirsich und Aprikose mehr als 86 genetische Kopplungskarten, die mithilfe von 103.342 Markern erstellt wurden. Unter Verwendung dieser Karten wurden insgesamt 1235 QTL kartiert (www.rosaceae.org).

Aprikose Die ersten genetischen Kopplungskarten bei Aprikose wurden im Jahr 2002 für die beiden Sorten 'Goldrich' und 'Valenciano' erstellt. Beide Karten basieren auf RAPD-, RFLP- und AFLP-Markern. Es gelang dabei, einen ersten Lokus für PPV-Resistenz zu identifizieren. Später wurde dieser QTL in Anlehnung an die *Prunus*-Referenzkarte von Pfirsich der Kopplungsgruppe G1 zugeordnet. Im Jahr 2003 wurden in einer F2-Population 'Lito' × 'Lito', die auf eine Kreuzung von 'Stark Early Orange' und 'Tyrinthos' zurückgeht, ein zweiter Lokus für PPV-Resistenz auf G1 sowie ein Lokus für Selbstinkompatibilität auf G6 kartiert. Dafür wurden erstmals auch SSR-Marker verwendet. Im

Jahr 2005 wurden in diese Karte durch eine kombinierte Technik aus AFLP-Markern und RGA-Sequenzen (engl. *resistance gene analogs*) die Genorte von 27 putativen Resistenzgenen integriert. Später wurden mit Hilfe von Sequenzen aus einer BAC-Bank (engl. *bacterial artificial chromosome*) SSR-Marker für bestimmte Regionen auf G1 entwickelt. Im Jahr 2007 wurden gleich drei QTL für PPV-Resistenz auf den Gruppen G1, G3 und G5 in einer Population von 'Polonais' × 'Stark Early Orange' identifiziert. Der QTL auf G1 wurde dabei in einer ähnlichen Region wie der in 'Goldrich' identifizierte QTL lokalisiert und erklärt 56 % der phänotypischen Varianz. Das deutete auf ein dominantes Majorgen für PPV-Resistenz in dieser Region hin. In den Jahren darauf wurden die Loci für PPV-Resistenz auf G1 sowohl in 'Goldrich' als auch 'Lito' mithilfe zusätzlicher Marker (inklusive SNP) in weiteren Populationen und unter Verwendung unterschiedlicher PPV-Stämme weiter eingegrenzt. Neben den Arbeiten zur PPV-Resistenz wurden auch QTL für Fruchtqualität, für pomologische Merkmale wie Fruchtgröße, für *Xanthomonas*-Resistenz, für den Gehalt an Bitterstoffen in der Frucht, den Blühzeitpunkt, das Kältebedürfnis zur Brechung der Dormanz und den Zeitpunkt des Aufbrechens der Knospen identifiziert.

Sequenzierte Genome und SNP-Chips

Pfirsich Erste Aktivitäten zur Sequenzierung des Pfirsichgenoms gehen zurück auf das Jahr 2002. Einer der ersten Akteure war Jerry Tuskan vom Joint Genome Institute in den USA. Später wurde in Italien ein nationales Projekt mit dem Namen DRUPOMICS initiiert, um das Gesamtvorhaben zu unterstützen. Eine erste Genomsequenz mit einer achtfachen Abdeckung wurde 2010 veröffentlicht. Im Jahr 2012 erschien das erste Assembly einschließlich einer Annotation, die unter dem Namen Peach v1.0 über die Genomdatenbank der Rosengewächse (www.rosaceae.org) verfügbar gemacht wurde. Diese Sequenz wurde für die doppelhaploide (DH)-Sorte 'Lovell' erzeugt. Das Genom dieser Sorte hat eine Größe von 227 Mbp und enthält 28.689 proteincodierende Transkripte. Der DH-Status von 'Lovell' wurde im Vorfeld der Sequenzierung mit 200 SSR-Markern überprüft. Alle Marker waren erwartungsgemäß monomorph. Die Tatsache, dass 'Lovell' doppelhaploid ist, hat zu entscheidenden Vorteilen bei der Genomsequenzierung und beim Assembly geführt. Zum einen wurde mit geringerem Aufwand eine größere Abdeckung erreicht, zum anderen waren aufgrund der fehlenden Allelvariabilität das Assembly und die Annotation einzelner Gene wesentlich einfacher. Seit 2012 existiert mit dem IPSC (*International Peach SNP Consortium*) peach 9K-SNP array v1" auch ein kommerziell verfügbarer SNP-Chip, der auch in anderen Arten der Gattung *Prunus* Anwendung findet.

Aprikose Bei Aprikose gibt es noch kein vollständig sequenziertes Genom. Die Größe des Genoms wird auf 240 Mbp geschätzt, was in etwa einem Drittel der Größe des Apfelgenoms entspricht. Aufgrund des hohen Grads an Syntenie innerhalb der Gattung *Prunus* wird bei den meisten Arten dieser Gattung die Genomsequenz von Pfirsich als Referenz verwendet.

18.5.4 Erhaltungszüchtung

Die Erhaltungszüchtung bei Pfirsich und Aprikose ist ähnlich organisiert wie bei den anderen Baumobstarten. Von besonderer Bedeutung ist hier jedoch die Bereitstellung von virusfreiem Pflanzgut. Gerade bei den Arten in der Gattung *Prunus* ist das aufgrund des nahezu flächendeckenden Befalls mit PPV in Europa sehr problematisch. Eine effektive Vektorbekämpfung ist schwierig und kann aufgrund der existierenden Pflanzenschutzbestimmungen kaum zuverlässig gewährleistet werden. Einige Länder, z. B. Österreich, haben deshalb in insektensichere Gewächshäuser investiert. Diese sind recht kostenintensiv und die Erhaltung von einem umfangreichen Spektrum an Sorten und genetischen Ressourcen ist aufgrund des begrenzten Platzes kaum möglich. Pflanzungen in Gesundlagen (PPV-freie Gebiete) würden hier sicherlich (zumindest zeitweilig) eine Alternative darstellen. Das erfordert jedoch die Bereitschaft unterschiedlicher Akteure und eine gute Koordination, da PPV-freie Zonen oft in Gebieten liegen, wo Obstbau keine vordergründige Rolle spielt.

18.5.5 Biologische Besonderheiten der Art

Selbstfertilität bei Pfirsich und Aprikose
Pfirsich und Aprikose besitzen ein gametophytisches Selbstinkompatibilitätssystem, das auf der Expression einer griffelspezifischen S-RNase und eines pollenspezifischen F-Box-Proteins (SFB) beruht. Die Gene, die für die S-RNase und das F-Box-Protein kodieren, sind eng gekoppelt und liegen in einem Abstand von wenigen Kilobasen (2,9–49 kbp) Entfernung am sog. S-Lokus auf Kopplungsgruppe G6. Bei beiden Arten sind v. a. selbstfertile Genotypen für den Anbau ausgelesen worden. Die Selbstfertilität kann dabei drei verschiedene Ursachen haben. Bei einigen Genotypen ist die griffelspezifische S-RNase defekt oder zumindest nicht stabil. Die verringerte Stabilität kann ihre Ursache z. B. in einem Cystein-zu-Tyrosin-Austausch in der C5-Domäne der S-RNase haben. Bei anderen Genotypen ist das *SFB*-Gen mutiert. In den meisten Fällen liegt diese Mutation am Vorkommen von Indels, die zu einer Leserasterverschiebung (engl. *frame shift*) und damit zu nichtfunktionellen, meist unvollständigen (engl. *truncated*) Proteinen führen. Darüber hinaus gibt es Hinweise, dass es noch weitere Gene gibt, die das Selbstinkompatibilitätssystem modifizieren, aber nicht am S-Lokus liegen. Mutationen in solchen Genen können zur Selbstfertilität führen. Bei Aprikosen wurde kürzlich ein solcher pollenspezifischer Faktor in einer etwa 273 kbp großen Region auf Kopplungsgruppe G3 identifiziert. Welcher Natur dieser Faktor ist und welche Funktion er hat, ist bislang nicht zweifelsfrei geklärt.

Homozygotie bei Pfirsich
Die Fremdbefruchtungsrate ist bei Pfirsich mit rund 15–30 % vergleichsweise gering. Viele Sorten werden von jeher über Samen vermehrt. Für diese samenvermehrbaren Pfir-

sichsorten bedeutet dies, dass es kaum Variabilität in den Baum- und Fruchtmerkmalen bei den Nachkommen gibt und man von einem hohen Grad an Homozygotie ausgehen muss. Oftmals ist selbst bei Kreuzungen zwischen Sorten eine sehr geringe Aufspaltung der Merkmale in den Nachkommenschaften zu finden. Während dieser hohe Grad an Homozygotie wünschenswert für samenvermehrbare Unterlagen ist, ist gerade Heterozygotie die Grundlage für die Selektion neuer Genotypen. Bei Pfirsich wird daher oftmals die Methode der Kreuzung von entfernt verwandten Individuen durchgeführt. Eine andere Vorgehensweise zielt auf die Verbesserung existierender Sorten ab und schließt die Inzucht ganz bewusst mit ein. Zunächst wird eine Fremdbefruchtung durchgeführt. Danach werden Selbstungen über mehrere Generationen angeschlossen bzw. Rückkreuzungen mit einer am Markt erfolgreichen Sorte. Dabei ist selten Inzuchtdepression anzutreffen, da diese eher ein Merkmal bei Arten mit hoher natürlicher Fremdbefruchtungsrate ist (Janick und Moore 1996, S. 325–440).

18.6   Erfolge der Züchtung und Ausblick

Pfirsich

Es gibt Hunderte von Pfirsich- und Nektarinensorten weltweit im Anbau. In den letzten Jahrzehnten wurde die Züchtung bei Pfirsich stark intensiviert, sodass man weltweit etwa mit 100 neuen Sorten pro Jahr rechnet (Janick und Paull 2008, S. 717–727). Die drei wichtigsten Erfolge der Pfirsichzüchtung in den letzten Jahren bestehen in der

- Erweiterung der Anpassung neuer Sorten an unterschiedliche Anbau- und Umweltbedingungen. Die Verbreitung des Pfirsichs durch Samen aus dem Genzentrum in Nord- und Nordwestchina nach Südchina und dann über die ganze Welt hat im Lauf von Jahrhunderten zur Auslese von lokalen Sorten geführt, die an verschiedene Klimazonen angepasst sind. Auf der Basis dieser Lokalsorten wurden später kommerzielle Sorten entwickelt, die heute die Grundlage für die Pfirsichzüchtung darstellen.
- Verlängerung der Reife- und Ernteperiode. Die Reifezeit bei Pfirsich betrug früher etwa ein bis zwei Monate. Inzwischen wurden neue Sorten geschaffen, mit denen Ernteperioden von bis zu acht Monaten erreicht werden. Das war insbesondere über die Selektion von früh blühenden Genotypen möglich. Gleichzeitig war auch die Selektion von Genotypen mit geringerem Kältebedürfnis ein wichtiges Zuchtziel, um eine frühe Blüte sowie eine frühe Reife zu induzieren.
- Diversifikation der Vermarktung. Anfänglich war der Pfirsich ein Produkt für lokale Märkte. Inzwischen sind Pfirsiche dank verbesserter Fruchtqualität (große, attraktive und feste Früchte) für nationale und internationale Märkte geeignet.

Zukünftig wird die Resistenzzüchtung bei Pfirsich eine größere Rolle spielen, insbesondere unter dem Gesichtspunkt, den Einsatz von Pflanzenschutzmitteln zu minimieren. Eine Reihe von Schaderregern war bislang nur regional von Bedeutung, was sich durch die

Ausweitung der globalen Märkte und den Klimawandel verändert hat. Weiterhin werden im Vordergrund der Selektion auch Merkmale der inneren Fruchtqualität, wie Zuckergehalt, Gehalt an Antioxidanzien, sowie Toleranz gegenüber Nacherntekrankheiten stehen.

Aprikose

Bei Aprikose wurden die ersten Sorten aus zielgerichteten Kreuzungen, die in Russland durchgeführt worden waren, in den Markt eingeführt. Inzwischen gibt es eine Reihe wertvoller Sorten, die auch aus anderen Regionen der Erde stammen. Trotzdem stammen noch sehr viele Sorten aus offener Bestäubung. Vor allem neue Sorten haben inzwischen einen bedeutenden Einfluss auf die Anbaugebiete, was u. a. an ihrer deutlich größeren Winterhärte sowie der verbesserten Krankheitsresistenz liegt. Damit wurde eindrucksvoll gezeigt, dass Aprikosen durch Züchtung durchaus an die ökologischen Bedingungen angepasst werden können und dadurch heute im Fruchtsektor einen zunehmend wichtigen Platz einnehmen. In der Aprikosenzüchtung werden zukünftig interspezifische Kreuzungen an Bedeutung gewinnen, um die Anpassungsfähigkeit noch weiter zu verbessern.

[…] Elise. Erdbeeren, sie lachen von fern mich schon an, Ich hab' so recht meine Freude dran. So oft ich sie kostete, hab' ich gedacht, Gott hat sie wohl nur für die Engel gemacht. So duftig, so schön von Farb' und Gestalt, Die herrlichste Frucht im ganzen Wald! O könnt' ich sie pflücken – An jedem Ort, Ich würde mich bücken – In Einem fort! […] („Erdbeerlese", A. H. Hoffmann von Fallersleben).

19.1 Einführung

lateinisch	*Fragaria ananassa* Duchesne ex Rozier
deutsch	Kultur-Erdbeere
französisch	fraise
englisch	strawberry
russisch	klubnika

Erdbeeren sind die ersten Früchte, die den Sommer verkünden. Obwohl sie inzwischen durch Importe aus allen Regionen der Welt zur Verfügung stehen, stellen sie die ersten Früchte aus heimischer Produktion im Jahresverlauf dar. Erdbeerfrüchte werden aufgrund ihres Geschmacks, ihres Aussehens und ihres Aromas besonders geschätzt und können einer sehr breiten Verwendung zugeführt werden.

Die Kultur-Erdbeere *Fragaria ananassa* Duch. gehört zu den Beerenobstarten, die in der Welt am weitesten verbreitet sind. Sie kann in jedem Land der gemäßigten und der subtropischen Klimazone, oftmals sogar bis in die Tropen, angebaut werden.

Die Weltproduktion bei Erdbeeren lag im Jahr 2013 bei 7,7 Mio. t (FAOSTAT). Die Hauptproduzenten sind China, die USA, Mexiko, die Türkei und Spanien. Deutschland nimmt bei der Erdbeerproduktion in Europa nach Spanien und Polen den dritten Platz ein.

In Deutschland betrug die Erntemenge im Jahr 2015 rund 172.600 t. Diese wurden auf insgesamt 14.000 ha im Freiland sowie auf 730 ha im geschützten Anbau produziert. Der

© Springer-Verlag GmbH Germany 2017
M.-V. Hanke und H. Flachowsky, *Obstzüchtung und wissenschaftliche Grundlagen*,
DOI 10.1007/978-3-662-54085-5_19

Eigenbedarf bei Erdbeeren wird in Deutschland nicht gedeckt. Es werden jährlich etwa 100.000 t importiert (AMI Markt Bilanz Obst 2016).

19.2 Botanische Beschreibung

19.2.1 Gattung *Fragaria* L.

Die Gattung *Fragaria* (Box 19.1) umfasst 25 Arten.[1]

Box 19.1 Botanische Zuordnung der Gattung *Fragaria*

Familie	Rosaceae
Unterfamilie	Rosoideae
Tribus	Potentilleae
Subtribus	Fragariinae
Gattung	*Fragaria* L.

Diese Arten sind in Fertilitätsgruppen eingeordnet, die v. a. durch die Anzahl Chromosomen und den Ploidiegrad der Arten bedingt sind (Tab. 19.1). Die diploiden *Fragaria*-Arten sind holarktisch verbreitet. Die tetraploiden Arten finden sich nur in Ostasien. Die einzige hexaploide Art (*F. moschata*) ist in Mittel- und Osteuropa beheimatet. Die oktoploiden Arten sind auf den amerikanischen Kontinent beschränkt, mit Ausnahme von *F. iturupensis* von der Kurilleninsel Iturup. *F. chiloensis* ist der einzige Vertreter der Gattung *Fragaria* in Südamerika.

Eine botanische Beschreibung der Gattung ist in Tab. 19.2 dargestellt.

In Europa sind drei Arten heimisch (Box 19.2).

---

[1] GRIN – Germplasm Resources Information Network, https://npgsweb.ars-grin.gov/gringlobal/taxonomygenus.aspx?id=4744 (Stand 12.7.2016).

Tab. 19.1 **Botanische Arten in der Gattung *Fragaria*.** (Mod. nach Kole 2011, S. 17–44)

Ploidiegrad	Art	Deutsche Bezeichnung	Natürliche Vorkommen
diploid (2 n = 14)	*F. bifera*		Europa
	F. bucharica[a]		Mittel- und Westasien, indischer Subkontinent
	F. chinensis[b]		China
	F. daltoniana		China, indischer Subkontinent, Indochina
	F. iinumae		Japan, ferner Osten Russland
	F. mandshurica[c]		China, Ostasien, Mongolei, ferner Osten Russland, Sibirien
	F. nilgerrensis		China, indischer Subkontinent, Indochina
	F. nipponica[d]		Ostasien, ferner Osten Russland
	F. nubicola		China, indischer Subkontinent, Indochina
	F. pentaphylla[e]		China
	F. vesca[f]	Wald-Erdbeere	Nordafrika, Kaukasus, China, Mittel- und Westasien, Mongolei, Sibirien, Ost-, Mittel- und Nordeuropa, Südost- und Südwesteuropa, Ost- und Westkanada, USA
	F. viridis[g]	Knack-Erdbeere, Hügel-Erdbeere	Kaukasus, Mittel- und Westasien, Sibirien, Ost-, Mittel- und Nordeuropa, Südost- und Südwesteuropa
tetraploid (2 n = 28)	*F. corymbosa*[h]		China
	F. gracilis[i]		China
	F. moupinensis		China
	F. orientalis[j]		China, Mongolei, ferner Osten Russland, Sibirien
	F. tibetica[k]		China
pentaploid (2 n = 35)	*F. bringhurstii*[l]		Südwest-USA
hexaploid (2 n = 42)	*F. moschata*[m]	Zimt-, Moschus-Erdbeere	Kaukasus, Sibirien, Ost-, Mitteleuropa, Südost- und Südwesteuropa
oktoploid (2 n = 56)	*F. chiloensis*[n]	Chile-erdbeere	Nordwest und Südwest-USA, Subarktis, Westkanada, Nordzentralpazifik, südliches Südamerika
	F. virginiana[o]	Virginia-, Scharlach-Erdbeere	Ost- und Westkanada, Nordzentral-, Nordost-, Nordwest-, Südzentral-, Südost-, Südwest-USA, Subarktis
	F. ananassa[p]	Garten-, Kultur-Erdbeere	Weltweit kultiviert

Tab. 19.1 (Fortsetzung)

Ploidiegrad	Art	Deutsche Bezeichnung	Natürliche Vorkommen
dekaploid (2 n = 70)	*F. iturupensis* (auch oktoploid)		Insel Iturup (Kurilen)
	F. virginiana subsp. *platypetala*[q]		Nordzentral-, Nordwest-, Südwest-USA, Westkanada
	Fragaria × *vescana*		Kultiviert in Europa

[a] *bucharica* für aus Buchara, Stadt in Usbekistan.

[b] *chinensis* für chinesisch.

[c] *mandshurica* für aus der Mandschurei.

[d] *nipponica* für japanisch.

[e] Gr. *pentaphyllos* für fünfblättrig.

[f] Lat. *vescus* für mager, dürftig.

[g] Lat. *viridis* für grün.

[h] Lat. *corymbosus* für doldentraubig.

[i] Lat. *gracilis* für schlank.

[j] Lat. *orientalis* für morgenländisch, östlich, orientalisch.

[k] *tibetica* für aus Tibet.

[l] Nach R. Bringhurst, amerikanischer Erdbeerzüchter.

[m] Lat. *moschatus* für nach Moschus duftend.

[n] Lat. *chiloensis* für von der Küsteninsel Chiloe stammend, auch Chilenische Riesenerdbeere, Chile-Erdbeere.

[o] Lat. *virginianus* für aus Virginien stammend.

[p] Nach der Ähnlichkeit der Frucht in Aussehen und Geruch mit der Frucht der Ananaspflanze (*Ananas comosus*).

[q] Gr. *platys* für flach, breit und gr. *petalon* für Blatt, Kronblatt.

Tab. 19.2 **Beschreibung der Gattung *Fragaria*.** (Unter Verwendung von Hegi 1995a, S. 597–619)

Merkmal	Beschreibung
Vorkommen	Nördliche Hemisphäre; eine Art in Südamerika
Pflanze	Mehrjährige, wintergrüne Rosettenstauden mit kurzlebiger Hauptwurzel und sprossbürtigen Wurzeln; bilden Rhizome und oberirdisch kriechende Ausläufer, die aus den Achseln der Rosettenblätter entspringen und mehrere Tochterpflanzen bilden
Blatt	Grundständig, lang gestielt; meist dreizählig gefingert; Teilblättchen oval bis rhombisch, fest sitzend; Nebenblätter an der Basis des Blattstiels angewachsen
Blüte	Infloreszenz ist unregelmäßiges Dichasium mit Vorblättern; Blüte mit je fünf Außen- und Kelchblättern, bei Kultursorten mehr; fünf Kronblätter, oval bis rundlich, kurz benagelt, weiß bis gelblich weiß, selten rosa; Staubblätter meist 20 in drei Kreisen; Fruchtblätter frei, einsamig, sehr zahlreich; zwittrige oder unvollkommen eingeschlechtige Blüten (zweihäusige Arten); zwittrige Blüten vorweiblich

Tab. 19.2 (Fortsetzung)

Merkmal	Beschreibung
Frucht	Zahlreiche kleine, braune oder rötlich braune, eiförmige, mit einer Samenanlage versehene Nüsschen; aufsitzend auf dem fleischig-saftigen, nach der Blüte sich stark vergrößernden Blütenboden; Scheinfrucht, Sammelnussfrucht
Reprodukti-onsbiologie	Normale Befruchtung und Apomixis; alle diploiden Wildarten sind zwittrig, alle polyploiden Wildarten sind zweihäusig (diözisch); die polyploiden Kulturarten sind wieder zwittrig; selbstfertil (Ausnahme: *F. viridis*)
Ploidie	Chromosomengrundzahl x = 7; die Arten der Gattung bilden eine polyploide Reihe von diploid bis dekaploid; abweichende Ploidiegrade entstehen durch natürliche Bastardierung (pentaploid, nonaploid, dekaploid, dodekaploid), zu-rückzuführen auf unreduzierte Gameten; unterschiedliche Aussagen zu Allo- oder Autoploidie für die Entstehung einzelner Ploidiestufen
Genomgröße	Der DNA-Gehalt je Zelle variiert zwischen 0,2 pg/2C (98 Mbp = haploides Genom) bei *F. viridis* (2 x) und 2,32 pg/2C (1120 Mbp = haploides Genom) bei *F. iturupensis* (10 x). Dazwischen rangieren *F. vesca* (2 x; 0,48 pg/2C), *F. orientalis* (4 x; 0,94 pg/2C), *F. moschata* (6 x; 1,34 pg/2C), *F. ananassa* (8 x; 1,56 pg/2C), *F. virginiana* (8 x; 1,56 pg/2C), *F. chiloensis* (8 x; 1,66 pg/2C) und *F. vescana* (10 x, 2,0 pg/2C)
Vegetative Vermehrung	Über Tochterpflanzen an Ausläufern
Photope-riodisches Verhalten	Kurztagspflanzen und tagneutrale Pflanzen; Langtagspflanzen gibt es in Kalifornien

Box 19.2 Heimisch vorkommende Erdbeerarten (Hegi 1995a, S. 597–619; Abb. 19.1)

***Fragaria vesca* L.: Wald-Erdbeere**

Verbreitung und Vorkommen. Am weitesten verbreitete Art der Gattung; lichte Laub- und Nadelwälder, Waldränder, Ränder von Waldwegen; liebt mäßig nährstoffreichen Boden; Halblichtpflanze; von der Ebene bis an die Baumgrenze.

Früchte. Länglich-rundlich, stumpf-kegelförmig; anfangs grünlich, später außen leuchtend hellrot und glänzend; innen weich, Fruchtfleisch weiß, leicht vom Kelch lösend; süß bis fein säuerlich schmeckend, charakteristisches Aroma.

2 n = 2 x = 14, diploid

Zahlreiche Varietäten beschrieben, u. a. *F. vesca* subsp. *vesca* forma *semperflorens* (Duchesne) Staudt – Monatserdbeere

Anbau in Gärten, Entwicklung von Sorten 'Baron Solemacher', 'Weiße Solemacher', 'Alexandria', 'Golden Alexandria', 'Rügen', 'Yellow Wonder'.

Fragaria moschata Weston: Moschus- oder Zimt-Erdbeere

Verbreitung und Vorkommen. Mittel- bis Südosteuropa mit gemäßigter kontinentaler Verbreitung; nicht so häufig wie Wald-Erdbeere; liebt lichte, frische feuchte Laubmischwälder oder offene Magerwiesen; wärmebedürftig, kommt nicht in den Alpen und im nördlichen Mitteleuropa vor.

Pflanze. Wie Wald-Erdbeere, nur in allen Teilen größer und kräftiger, reichblütiger und stärker behaart; einzige zweihäusige Art des Gebiets.

Früchte. Weich, blutrot, etwas glänzend, sehr wohlschmeckend und süß, intensives Erdbeeraroma, in der Form variabel, meist länglich-birnförmig.

$2\,n = 6\,x = 42$, einzige hexaploide *Fragaria*-Art.

Anbau in Gärten, Entwicklung von Sorten 'Black Hautbois', 'Royal Hautbois', 'Monstrueux Hautbois', 'Schöne Wienerin', 'Kamptal', 'Capron', 'Profumata di Tortona'.

Fragaria viridis Weston: Hügel-, Knack-Erdbeere oder Knackelbeere

Verbreitung und Vorkommen. Temperiertes Eurasien; wächst an stärker besonnten Stellen, auf Magerwiesen, Böschungen, Halbtrockenrasen, in lichten Trockenwäldern.

Früchte. Meist rundlich bis leicht birnförmig, locker behaart, hart, kaum glänzend, rötlich bis dunkelblutrot, auf der Schattenseite weißlich-grün bleibend, säuerlich-süß, ohne typisches Erdbeeraroma; beim Pflücken der Frucht reißt der Blütenstiel mit deutlich hörbarem Knacken ab.

$2\,n = 2\,x = 14$, diploid.

Keine Sortenentwicklung, dennoch gibt es für Liebhaber einige wenige Auslesen, wie z. B. 'Ussolje'.

Abb. 19.1 a Wald-Erdbeere *Fragaria vesca* und b weißfrüchtige Form *F. vesca f. alba*, c Moschus-Erdbeere *F. moschata* 'Capron', d Hügel-Erdbeere *F. viridis*

19.2.2 Erdbeere

Die Kultur- oder Gartenerdbeere *F. ananassa* ist oktoploid ($2\,n = 8\,x = 56$) und eine interspezifische Hybride von den beiden oktoploiden ($2\,n = 8\,x = 56$) amerikanischen Arten *F. chiloensis* und *F. virginiana*, die beide i. d. R. diözisch sind (Box 19.3). Taxonomisch ist die Erdbeere eng mit *Duchesnea* und *Potentilla* verwandt. Die Blüten von *F. ananassa* sind nur selten ausgeglichen zwittrig. Meistens sind Verweiblichungen oder Vermännlichungen erkennbar. Die Geschlechtsrelationen können sich in der Anlagefolge der Blüten verschieben.

Die Kultursorten der Erdbeere sind ökologisch sehr anpassungsfähig. Tageslänge und Temperatur bestimmen das Wachstum und die Blühinduktion. Es gibt zwei Sortentypen, die kommerziell angebaut werden: Kurztags(KT)-Pflanzen und tagneutrale Pflanzen (TN). Langtags(LT)-Pflanzen kommen auch vor, finden aber im Erwerbsobstbau selten Verwendung. Die KT-Typen sind fakultative KT-Pflanzen und induzieren Blüten, wenn die Tageslänge weniger als 14 h beträgt oder wenn die Temperaturen unter 15 °C liegen. Bei Temperaturen über 15 °C liegt die kritische Tageslänge für die Blühinduktion zwischen 8 und 12 h. LT-Typen induzieren Blüten, wenn die Tageslänge über 12 h beträgt und mittlere Temperaturen herrschen. Die minimale Anzahl photoinduktiver Zyklen, die für eine Blühinduktion bei KT-Pflanzen notwendig sind, wird in Abhängigkeit von Sorte und Temperatur mit 7–24 angegeben. Die meisten Erdbeersorten werden als TN- oder KT-Typen eingeordnet. Diese Einordnung ist für den einzelnen Genotyp oftmals schwierig, da es komplexe Wechselbeziehungen zwischen Genotyp, Temperatur und Photoperiode gibt. TN-Pflanzen bilden unabhängig von der Tageslänge einen Wurzelstock und etwa drei Monate nach der Pflanzung Blütenknospen. Die Blütenknospen werden während der gesamten Vegetationsperiode gebildet. Hohe Temperaturen beeinträchtigen die Blütenbildung. Bei KT-Pflanzen werden die Ausläufer während des Langtags (> 10 h Licht) bei Temperaturen zwischen 21–30 °C gebildet. Bei TN-Pflanzen erfolgt die Ausläuferbildung ebenfalls im Langtag, allerdings bei mittleren Temperaturen und wesentlich sporadischer als bei KT-Pflanzen (Janick und Paull 2008, S. 651–661).

Abb. 19.2   a Scharlach-Erdbeere *Fragaria virginiana*, b Chile-Erdbeere *Fragaria chiloensis*

---

[2] The Jepson Herbarium. Jepson eFlora. http://ucjeps.berkeley.edu/IJM.html.
[3] The Jepson Herbarium. Jepson eFlora. http://ucjeps.berkeley.edu/IJM.html.

Tab. 19.3 **Wichtigste Krankheiten bei Erdbeere**

Krankheit	Schaderreger	Beschreibung
Bakterielle Erkrankungen		
Eckige Blattflecken-krankheit	*Xanthomonas fragariae*	Kleine, zunächst durchscheinende, wässrig bis olivgrüne, dann gelblichbraune, stets eckige Flecken; im Verlauf der Entwicklung Vergrößerung der Flecken; Blattfläche verfärbt sich gelblich; Nekrosen am infizierten Gewebe; blattunterseits Bakterienschleim; Früchte vertrocknen
Pilzliche Erkrankungen		
Anthraknose	*Colletotrichum gloeosporioides, C. acutatum*	Schadsymptome zunächst an Blättern, die sich kräuseln; an Blatt- und Blütenstielen sowie Stolonen kleine, eingesunkene, ellipsenförmige Flecken mit rötlichem Hof und Durchmesser bis zu 1–2 cm; Blattflecken braun bis schwarz, bei Sporenbildung Weißfärbung; an Früchten runde, eingesunkene braunschwarze, feste Flecken mit Durchmesser von 1–2 cm; Absterben einzelner Blüten- und Fruchtstände; Früchte später vollständig mumifiziert
Echter Mehltau	*Sphaerotheca macularis*	Kräuseln der Blattränder; blattunterseits weißes Pilzmyzel; auch Blütenblätter und Früchte können befallen sein; Früchte bleiben grünlichbraun und reifen nicht aus
Weiß- und Rotflecken-krankheit	*Mycosphaerella fragariae, Diplocarpon earliana*	Weißfleckenkrankheit: auf der Oberseite v. a. älterer Blätter kleine rote Flecken, deren Zentrum später weiß bis grau wird Rotfleckenkrankheit: auch hier entwickeln sich Flecken, deren Zentrum aber nicht weiß oder grau wird; Flecken fließen ineinander, die Blätter sterben ab; ähnliche Symptome auch an Blatt- und Fruchtstielen, Kelchblättern oder Ausläufern; Ertragsausfälle können vorkommen
Erdbeerwelke	*Verticillium albo-atrum, V. dahliae*	Ab Frühsommer bei warmem, trockenem Wetter welken die äußeren Blätter, vergilben oder legen sich flach auf den Boden, vertrocknen; Wuchsdepression bei einjährigen Beständen; Absterben voll ausgebildeter Außenblätter, Herzblätter bleiben erhalten, dunkelgrün bis rötlich gefärbt; Auftreten nesterweise; bei feuchtem Sommerwetter Erholung der Pflanzen, Zentralzylinder zeigt verbräunte Gefäßringe
Rhizomfäule	*Phytophthora cactorum*	Zeitpunkt des Auftretens etwa vier Wochen nach der Pflanzung bzw. kurz nach der Blüte; Herzblätter welken, alle Blätter werden mattgrün und schlapp; Pflanze bricht am Stängelgrund ab; Zentralzylinder rotbraun verfärbt, scharf abgegrenzt; fehlende Faserwurzeln
Rote Wurzel-fäule	*Phytophthora fragariae*	Bei höheren Temperaturen welken Außenblätter oder ganze Pflanzen; Befall meist nesterweise Pflanze: Wuchshemmung, Stauchung, ältere Blätter später gelb oder rötlichbraun; Bildung von Kümmerfrüchten, die noch vor der Ernte vertrocknen Wurzel: Ausläuferbildung stark gehemmt, Fehlen der verfaulten Seitenwurzeln, Hauptwurzel bekommt rattenschwanzähnliches Aussehen; Zentralzylinder der Wurzeln rotbraun verfärbt

Tab. 19.3 (Fortsetzung)

Krankheit	Schaderreger	Beschreibung
Grauschimmel	*Botrytis cinerea*	Früchte faulen bei feuchter Witterung, werden grau und von einem stäubenden Pilzrasen überzogen; an unreifen Früchten Befallsstellen oft aus der Blüteninfektion als braune Flecken sichtbar, Infektion geht meist von der Kelchregion aus; Fruchtfleisch im Bereich der Flecken wird weichfaul; zur Zeit der Ernte sind befallene Früchte matschig, von Pilzmyzelien durchsetzt; hohe Ansteckungsgefahr, sodass der ganze Fruchtstand befallen werden kann
Gnomia-Fruchtfäule	*Gnomonia fructicola*	Blätter zeigen dunkelbraune, unregelmäßige Flecken, die später ineinander laufen, Blätter sterben ab; Welkerscheinungen, Verbräunung der Kelchblätter und des Fruchtstiels; reife Früchte gummiartig, verfaulen, Pilzrasen gegebenenfalls mit gelblichen Schleimabsonderungen

Tierische Schaderreger. Himbeer-/Erdbeerblütenstecher (*Anthonomus rubi*), Erdbeermilbe (*Steneotarsonemus pallidus fragariae*), Blatt- und Stängelälchen (*Aphelenchoides fragariae, A. ritzemabosi, Ditylenchus dipsaci*), Gefurchter Dickmaulrüssler (*Otiorrhynchus sulcatus*)

Box 19.3 Oktoploide *Fragaria*-Arten als Stammeltern der Kultur-Erdbeere (Abb. 19.2)
***Fragaria virginiana* Mill.: Scharlach-, Virginia-Erdbeere**

Verbreitung und Vorkommen. Mit vielen Unterarten in Nordamerika, Alaska und Kanada; auf Wiesen und in lichten Wäldern bis zu 1200–3300 m über NN.

Pflanze. 2–12 cm; Blätter dünn, dunkelgrün; Mittelfieder und Seitenfieder deutlich gestielt 1–3 mm lang; Mittelfieder 15–60 mm, verkehrt-eiförmig, rund bis kegelstumpfförmig, 7–13 Blattzähne, länger als breit, spitz; Infloreszenz unter dem Laub; Blüte 10–20 mm breit, Kelchblätter 3–6 mm, Kronblätter 4–9 mm; Blütenboden 10 mm, Achänen 1,5 mm.[2]

Sorte. 'Little Scarlet'.

F. virginiana wurde von französischen Siedlern am Sankt-Lorenz-Strom entdeckt und Anfang des 17. Jahrhunderts, möglicherweise schon im 16. Jahrhundert, nach Europa eingeführt.

***Fragaria chiloensis* Mill.: Chile-Erdbeere**

Verbreitung und Vorkommen. Entlang der pazifischen Küsten von Alaska über Kalifornien bis Südamerika, auch im südamerikanischen Binnenland und auf Hawaii, nicht in Mittelamerika; an Stränden und Grasland bis zu 200 m über NN.

Pflanze. 5–20 cm hoch; Blätter dick, ledrig, Oberseite kahl, Unterseite rauhaarig; Mittelfieder deutlich gestielt, 1–10 mm lang, Seitenfieder schwach gestielt, Mittelfieder 10–60 mm, verkehrt-eiförmig, rund bis kegelstumpfförmig, 7–11 Blattzähne, breiter als lang; Infloreszenz über dem Laub; Blüten 20–40 mm breit, Kelchblätter 6–10 mm, Kronblätter 8–18 mm; Frucht kahl, Blütenboden 10–20 mm, Achänen 1,5–2 mm^3.

Sorten. 'Yaquina A', 'Awaitsumo', 'Chaval'.

F. chiloensis wurde wahrscheinlich schon mehrere hundert Jahre von den Inkas kultiviert. Der Armeeoffizier Amédée-François Frézier, ein französischer Spion im Auftrag von König Louis XIV. in Chile und Peru unterwegs, brachte wenige Pflanzen im Jahr 1714 nach Frankreich mit. Diese Erdbeeren wurden auf Feldern in der Nähe der Stadt Concepción, Chile auf nährstoffreichen Böden angebaut und waren offenbar von den Indianern ausgelesene Gigaformen.

„Nur fünf der aus Chile mitgenommenen Pflanzen überlebten die Reise. Davon behielt der für die Wasserzuteilung zuständige Schiffsoffizier zwei, eine gab Frézier an Antoine de Jussieu vom Jardin du Roi in Paris, eine an den Directeur général de fortifications und die fünfte behielt er selbst." (Heilmeyer et al. 2008)

Erdbeeren sind anfällig gegenüber einer Reihe von bakteriellen, pilzlichen und viralen Schaderregern (Tab. 19.3).

19.3 Herkunft, Domestikation und Beginn der Züchtung

Seit dem 14. Jahrhundert wurden Wald-Erdbeeren (*F. vesca*) in den Gärten Frankreichs und kurze Zeit später auch in England gepflanzt. In Deutschland war ein wichtiges Zentrum der Erdbeerkultur die Flussmarschlandschaft Vierlanden bei Hamburg, wo bereits seit dem späten 17. Jahrhundert Moschus-Erdbeeren (*F. moschata*) angebaut wurden. An diese Zeit erinnert noch heute die Bezeichnung 'Vierländer Erdbeere' für die Moschus-Erdbeere. Großfrüchtige Kulturerdbeersorten wurden dagegen erst zum Ende des 18. Jahrhunderts beschrieben.

Die Großfrüchtigkeit der modernen Erdbeersorten stammt mit hoher Wahrscheinlichkeit von der Chile-Erdbeere (*F. chiloensis*). Diese Eigenschaft kommt in den europäischen Erdbeerarten (Hügel-, Wald- und Moschus-Erdbeere) nicht vor. Nach ihrer Einführung in Europa hatte die Chile-Erdbeere eine schwierige Zeit, da die von Frézier aus Chile mitgebrachten Pflanzen alle weiblich waren und aufgrund mangelnder Befruchtung keine Früchte bildeten. Obwohl sich einige Botaniker in Frankreich, Holland und England mit dem Problem befassten, gelang es erst Duchesne 1766 eine Lösung für eine erfolgreiche Befruchtung zu schaffen. Er empfahl für die Bestäubung *F. moschata* oder *F. virginiana* zu pflanzen. In der Nähe von Brest (Bretagne), in Plougastel-Daoulas, wo es noch heute ein Erdbeermuseum gibt, gedieh die südamerikanische Erdbeere gut. Ein Grund dafür ist sicher auch das mit Chile vergleichbare Klima. In keiner anderen Region Europas war das zu dieser Zeit möglich. Die „Weiße Erdbeere aus Chile" (franz. *La Fraise Blanche du Chile*) trug lediglich dann Früchte, wenn Pflanzen von *F. virginiana* als Befruchter dazwischen gepflanzt wurden. Um Plougastel-Daoulas entwickelte sich bis etwa 1875 auf der Basis von *F. chiloensis* eine große Erdbeerproduktion. Danach nahm die Popularität der Chile-Erdbeere ab, v. a. als neue großfrüchtige Sorten von *F. ananassa* auftauchten, die eine breitere Anpassung an die vorherrschenden Umweltbedingungen hatten.

In den Beständen von *F. chiloensis* kam es hin und wieder zu Zufallssämlingen, die aus Hybridisierungen mit *F. virginiana* hervorgegangen waren. Diese Zufallssämlinge vereinten in sich die Robustheit und die Produktivität von *F. virginiana* mit der relativ großen Fruchtgröße von *F. chiloensis*. *F. chiloensis* wurde somit zur Mutter aller Kultur-Erdbeeren. So wie Frézier die zentrale Rolle bei der Einführung von *F. chiloensis* hatte, war es der französische Botaniker Antoine Nicolas Duchesne, der die botanische Beschreibung der Kultur-Erdbeere *F. ananassa* lieferte. Duchesne dokumentierte als Erster das Auftreten verschiedener Geschlechtstypen (männliche, weibliche und bisexuelle Blüten) sowie das Auftreten oder Fehlen eines Fruchtansatzes aufgrund von Fertilität bzw. Sterilität der Blüten. Er lieferte auch im Jahr 1766 die botanische Bezeichnung dieser neuen Art. Aufgrund der großen Frucht und des außerordentlichen Aromas wurde sie als *F. ananassa* (Ananas-Erdbeere) benannt. Philip Miller, ein englischer Botaniker, beschrieb die erste großfrüchtige und zwittrige Erdbeersorte der neuen botanischen Art erstmalig 1759 in der 7. Auflage des *The Gardeners Dictionary*. Schon bald gab es eine Reihe von Ausgangsformen der neuen Art in Frankreich, Holland und England. Sie begründete den modernen Erdbeeranbau vor mehr als 250 Jahren. Nach Deutschland kamen die neuen großfrüchtigen Erdbeersorten auf Umwegen über Holland und England. Georg II., König von Großbritannien, und als Georg August zugleich Kurfürst von Hannover, ließ 1751 die ersten Erdbeeren anbauen. Es dauerte noch bis um das Jahr 1840, ehe in der Nähe von Baden-Baden der kommerzielle Anbau begann. Bis etwa 1870 stammten alle Erdbeeren, die in Deutschland angebaut wurden, aus Frankreich und England.

Erste Züchtungsaktivitäten begannen in den frühen 1800er-Jahren, zunächst in Großbritannien. 'Downton', 'Elton' (Züchter Thomas Knight, 1817) und 'Keen's Seedling' (Züchter Michael Keen, 1819) waren die ersten Sorten aus Kreuzungen. Sie wurden später in vielen europäischen Züchtungsprogrammen als Eltern eingesetzt. Die Selektion von neuen Sorten resultierte in einer enormen Veränderung der ursprünglichen Pflanzen. Aus einer vorwiegend diözischen Form mit männlichen und weiblichen Pflanzen entwickelte sich eine hermaphrodite Art. Die auffälligste züchterische Veränderung gegenüber den Wildarten besteht v. a. darin, dass die Anzahl Nüsschen bei den Kulturformen vergrößert worden ist. Damit setzte auch eine Vergrößerung der Blütenachse ein, deren Wachstum hormonell durch die Nüsschen beeinflusst wird.

In Deutschland wurde mit der Züchtung bei Erdbeere erst nach 1870 durch den Köthener Gärtner Gottlieb Göschke begonnen, der als erster deutscher Erdbeerzüchter gilt. Aus seinen Arbeiten gingen etwa 20 Sorten hervor, zu denen z. B. 'Wunder von Köthen', 'Schöne Meißnerin' und 'König Albert von Sachsen' gehören. Gottlieb Göschkes Sohn, Franz Göschke setzte das Werk seines Vaters erfolgreich fort. Er wurde Gartenbaudirektor und Leiter des Königlich Preußischen Pomologischen Instituts in Proskau (Schlesien) und kreierte viele neue Erdbeersorten. Seine erfolgreichste Schöpfung benannte er nach der Königin Luise. Diese Erdbeere war in der ersten Hälfte des 20. Jahrhunderts in fast allen deutschen Gärten (und darüber hinaus) zu finden. Obgleich die Sortenzüchtung eine Aufgabe beruflicher Pflanzenzüchter ist, gab und gibt es gerade beim Beerenobst Laien, die neue Sorten entwickeln und sich als Hobby mit der Züchtung beschäftigen. Einer davon war Georg Soltwedel, der 1891 einen Spezialbetrieb für Erdbeerzüchtung und Vermehrung in Deutsch Evern bei Lüneburg gründete. Dieser Betrieb ist heute Deutschlands ältester Spezialbetrieb für Erdbeeren. Hier entstanden die Sorten 'Deutsch Evern', die fast 50 Jahre die meistangebaute Frühsorte in Europa war, und 'Georg Soltwedel', die Mitte des 20. Jahrhunderts der Standard für Wohlgeschmack, Ertrag und Gesundheit war. Zu den deutschen Züchtern, die erfolgreich Erdbeersorten entwickelten, gehörten E. Lieke (die Sorte 'Späte von Leopoldshall' war interessant aufgrund ihrer späten Reife), Oswald Macherauch (Sorte 'Eva Macherauch', gefolgt von 'Macherauchs Frühernte' als sehr früh reifende Sorte, 'Macherauchs Späternte' als spät reifende Sorte, 'Macherauchs Marieva' als mittelspäte Sorte sowie 'Macherauchs Dauerernte' als remontierende Sorte). Die Diversität einiger der genannten Sorten zeigt Abb. 19.3.

In der Welt gibt es heute zahlreiche Züchtungsprogramme bei Erdbeere, die privat oder staatlich finanziert sind. In Europa findet man die meisten Aktivitäten in Frankreich, Italien, den Niederlanden, Spanien und Großbritannien. Die Programme in Nordamerika

Abb. 19.3 Diversität verschiedener Fruchtmerkmale wie Farbe der Fruchthaut, Farbe des Fruchtfleischs, Sitz und Farbe der Nüsschen, Farbe, Größe und Form des Zapfens anhand der Erdbeersorten **a** 'Weiße Ananas', **b** 'Deutsch Evern', **c** 'Wunder von Köthen', **d** 'Mieze Schindler'

werden in British Columbia, Kalifornien, Florida, Maryland, New York, Neuschottland, Ontario, Oregon und Quebec durchgeführt. In Asien findet man Aktivitäten in Japan und China. Auch in Chile gibt es Züchtungsprogramme, die sich sehr an der Verbesserung von *F. chiloensis* orientieren.

19.4   Zuchtziele und Zuchtfortschritt

Wesentliche Zuchtziele für Erdbeeren sind in Tab. 19.4 aufgeführt. Der Zuchtfortschritt bei der Kultur-Erdbeere ist beeindruckend und betrifft insbesondere die Fruchtgröße und den Ertrag. Viele moderne Sorten, wie 'Flair', 'Clery', 'Elegance', 'Florence' und 'Malwina' haben heute einen Anteil von 80 % und mehr an Früchten mit einem Durchmesser von > 30 mm. Wenn bei der Scharlach-Erdbeere die Fruchtmasse bei 1–3 g liegt, so haben moderne Sorten eine Fruchtmasse von 18–20 g und mehr. Große Fortschritte wurden bei der mechanischen Belastbarkeit der Frucht erreicht. Da derzeit Erdbeeren weltweit ganzjährig angeboten und dafür weite Transportstrecken in Kauf genommen werden, bestanden die züchterischen Herausforderungen insbesondere in der Erhöhung der Festigkeit der Frucht und der Elastizität der Fruchthaut sowie der Verbesserung der Lagerfähigkeit (shelf life) der Früchte nach der Ernte. Die Fruchtfestigkeit ist dabei ein kritischer Parameter, da sie meist mit einem geringeren Geschmack und weniger Aroma korreliert. Hier ist ein ausgewogenes Maß zwischen notwendiger Festigkeit und möglichst gutem Geschmack anzustreben. Im Zug der Industrialisierung und der Produktion von Erdbeeren auf großen Flächen standen auch Merkmale im Mittelpunkt der züchterischen Verbesserung, die eine Handernte effizienter gestalten lassen, wie z. B. längere Fruchtstände (Früchte liegen gut sichtbar rund um die Pflanze; Fruchtstände sollten jedoch nicht bis in die Reihe reichen), gute Pflückbarkeit (Lösen der Frucht vom Fruchtstand). Beeindruckende Verbesserungen wurden auch im Ertrag und in der Fruchtreife erreicht. Beispielsweise wurde die Sorte 'Camarosa' (1993 zugelassen, Universität Kalifornien, Davis) sehr schnell die dominierende Sorte für den Anbau in den Mittelmeerländern, v. a. aufgrund der großen Fruchtfestigkeit und der Nacherntequalität, aber auch wegen ihrer hohen Ertragsleistung.

Die Geschmacksqualitäten der modernen Erdbeersorten lassen leider oft zu wünschen übrig, da meist das typische Erdbeeraroma vermisst wird. Auf einer Boniturskala von 1 (sehr schlecht) bis 9 (exzellent) liegen die meisten Sorten im Erwerbsobstbau beim Geschmack in einem Bereich zwischen 5 und 6. Etwas besser im Geschmack (> 6) sind dabei Sorten wie 'Lambada', 'Korona', 'Darselect' und 'Polka'. Hohe Boniturwerte (8–9) werden jedoch von keiner dieser Sorten erreicht. Der Verbesserung des Aromas wird daher in vielen Erdbeerzüchtungsprogrammen besondere Bedeutung zugemessen.

Erdbeeren werden unter vielfältigen Umwelt- und Klimabedingungen angebaut. Dabei werden die Ertragsleistungen durch verschiedene Faktoren, wie Hitze und Kälte, Salzgehalt der Böden, Winterfrost, Frühlingsfröste und ungenügende Vernalisation beeinflusst. Die Zuchtziele in den einzelnen Züchtungsprogrammen weltweit orientieren sich daher streng an den vorhandenen Umweltbedingungen. Aufgrund von Klimaänderungen wer-

Tab. 19.4 Aktuelle Zuchtziele für Erdbeeren

Zuchtziel	Merkmal
Fruchtqualität	Größe: > 25 mm Durchmesser für Handelsklasse „Extra", > 18 mm für Handelsklasse I
	Festigkeit: Fruchtfleischfestigkeit, v. a. aber mechanische Belastbarkeit der Fruchthaut
	Geschmack, Aroma
	Farbe: Hell- bis mittelrot, gleichmäßig ausgefärbt
	Lage der Nüsschen: Auf der Fruchthaut liegende Nüsschen werden of negativ bei Geschmacksbewertungen wahrgenommen
Resistenz gegen Krankheiten und Schädlinge	Gegen Erkrankungen der Wurzel und des Rhizoms: Erdbeerwelke, Rhizomfäule, Rote Wurzelfäule
	Gegen Fruchterkrankungen: Anthraknose, Grauschimmel
	Gegen Blattkrankheiten: Echter Mehltau, Eckige Blattfleckenkrankheit, Weiß- und Rotfleckenkrankheit
Anpassung an Umweltbedingungen	Toleranz gegenüber Hitze und Kälte
	Toleranz gegenüber salzhaltigen Böden
	Winterhärte und Toleranz gegenüber Frühjahrsfrösten
	Geringes Kältebedürfnis
Ertrag	Hohe Ertragsleistung je Pflanze: > 650–800 g/Pflanze bei Grünpflanzen, > 850–1000 g/Pflanze bei Frigopflanzen
	Verbesserung des Anteils an marktfähiger Ware
	Reifezeitstaffelung in den Sorten für ein Anbaugebiet (momentan sind recht gute Sorten im frühen bis mittleren Bereich verfügbar, es fehlen Sorten im sehr frühen sowie späten und sehr späten Bereich)
	Homogene Fruchtform: Keine oder wenige Krüppelfrüchte, homogenes Aussehen als Schalenware
Pflanze	Lockerer, aufrechter Wuchs: Früchte gut sichtbar, gute Durchlüftung des Bestands, weniger Risiko für *Botrytis*-Befall
	Ausläuferbildung: Nicht zu früh einsetzend, aber ausreichend für eine problemlose Pflanzenvermehrung
	Blütenstände unter dem Laub: Reduzierung des Risikos für Schäden durch Blütenfrost

den auch in anderen Regionen Zuchtziele aktuell, die bislang dort nicht im Fokus standen. Eine große Bedeutung wird daher die spezifische Anpassung von Sorten an die klimatischen Bedingungen der Anbauregion haben.

19.5 Zuchtmethoden und -techniken

19.5.1 Kombinationszüchtung

Für die Züchtung bei Erdbeere werden vorrangig die Methoden der klassischen Kreuzungszüchtung angewandt. Mit dem Ziel, die Merkmale bestimmter Eltern in den Nachkommen zu kombinieren, werden zunächst Eltern (stark heterozygot aufgrund der Fremd-befruchtung) ausgewählt und miteinander gekreuzt. Anschließend werden in der F1-Generation Sämlinge selektiert, die die erwünschten Zuchtziele am besten repräsentieren, und klonal vermehrt. Nach dem Prinzip der Klonzüchtung wird die Anzahl der selektierten Klone in jeder Vermehrungsstufe geringer, während die Anzahl Pflanzen pro Klon stufenweise erhöht wird. Später schließen sich mehrortige Prüfungen der Eliteklone unter unterschiedlichen Umweltbedingungen an.

Kreuzungen bei Erdbeere werden i. d. R. im Gewächshaus durchgeführt, da dies unabhängig von den Witterungsbedingungen und mit geringerem körperlichem Einsatz erfolgen kann. Die Kreuzungstechnik, die Gewinnung der Samen und die Anzucht der Sämlinge sind in Abb. 19.4 dargestellt und können wie folgt beschrieben werden:

- Die für die Kreuzungen vorgesehenen Elternpflanzen werden im Herbst getopft und ins Gewächshaus überführt. Anfang Januar werden die väterlichen Pflanzen für etwa zwei bis vier Wochen kalt gestellt (1–4 °C) und anschließend in einer warmen (> 20 °C) Gewächshauskabine für die Pollengewinnung zur Blüte gebracht. Die gleiche Behandlung erfolgt an den mütterlichen Pflanzen etwa zwei Wochen später. Die Mutterpflanzen werden gegen Fremdbestäubung isoliert (Abb. 19.4a).
- Antheren des väterlichen Elters werden von Blüten, die leicht geöffnet sind, gewonnen und in Glasschälchen zum Trocknen in den Exsikkator gestellt. Die Antheren platzen innerhalb weniger Tage auf und entlassen den reifen Pollen. Dieser kann für längere Zeit bei 4 °C bzw. mehrere Jahre bei −80 °C gelagert werden.
- Von den Pflanzen, die als Mütter verwendet werden, erfolgt die Kastration durch Entfernen der Antheren mit einer Pinzette an den Blüten in der Reihenfolge des Aufblühens, etwa einen Tag vor der Entfaltung der Blütenblätter (Abb. 19.4b–d).
- Der Pollen wird anschließend (Februar) mit einem Pinsel auf die kastrierte Blüte aufgebracht und vorsichtig über die Fruchtblätter gestrichen (Abb. 19.4e).
- Aus der handbestäubten Blüte entwickelt sich eine Frucht. Bei der Erdbeere bildet der aufgewölbte Blütenboden die essbare Frucht, auf der die eigentlichen kleinen Nussfrüchte (Achänen) sitzen. Da die Erdbeere über eine Vielzahl von Fruchtblättern verfügt, entstehen aus den Fruchtknoten zahlreiche einsamige Nüsschen, die auf der wachsenden Frucht angeordnet sind. Man spricht von einer Sammelnussfrucht (Abb. 19.4f, g).
- Wenn die Frucht reif ist (März, April), wird die Fruchthaut mit den aufsitzenden Samen mit dem Messer abgeschält und auf Filterpapier getrocknet. Die getrockneten Samen können dann mit der Pinzette abgenommen und in Glasfläschchen im Kühlschrank aufbewahrt werden (Abb. 19.4h, i).
- Die Samen werden im Frühjahr (April, Mai) in einem Erde-Sand-Gemisch ausgesät. Danach wird die Aussaatschale mit einer dünnen Schicht Sand und Papier abgedeckt und angefeuchtet. Die Stratifikation der ausgesäten Erdbeersamen erfolgt direkt in den Aussaatschalen, die in Folientüten eingepackt und bei einer Temperatur von etwa 0 °C aufbewahrt werden. Die Stratifikation dauert 14 Tage. Im Anschluss werden die Samen

Abb. 19.4 Ablauf der Kreuzung bei Erdbeere bis zur Anzucht der Nachkommen im Gewächshaus. a Vorbereitung des mütterlichen Elter für die Kreuzung und Isolierung der Pflanze gegen Fremdbestäubung mithilfe eines Gazecontainers; **b** zwittrige Blüte bei Erdbeere; **c, d** Kastration der Blüte durch Entfernen der Antheren mit Hilfe einer Pinzette; **e** Bestäubung mit Fremdpollen unter Verwendung eines Pinsels; **f** Kennzeichnung der bestäubten Blüten mit roten Fäden; **g** Entwicklung von Kreuzungsfrüchten aus bestäubten Blüten; **h** Trocknen der auf den Kreuzungsfrüchten sitzenden Nüsschen und **i** deren Gewinnung; **k** Aussaat der Samen und Entwicklung der Sämlinge im frühen Stadium; Sämlinge nach dem **l** Pikieren und **m** Topfen

im Gewächshaus bei etwa 20 °C zur Keimung gebracht. Nach zwei bis drei Wochen laufen die ersten Erdbeersämlinge auf, die Keimung der meisten Samen ist nach sechs bis sieben Wochen abgeschlossen (Abb. 19.4k).

- Wenn die Sämlinge zwei bis drei echte Blätter haben, werden sie in größere Töpfe gepflanzt und kommen anschließend bis spätestens Anfang August ins Freiland zur weiteren Evaluierung (Abb. 19.4l, m).

Von den Züchtungskategorien findet bei Erdbeere vorwiegend die Klonzüchtung Anwendung. Zunehmend wird auch an der Etablierung von Hybridzüchtungsverfahren gearbeitet. Vorteile und Ablauf eines solchen Züchtungsprogramms sind im Kap. 5 dargestellt. Derzeit führend auf diesem Gebiet der Hybridzüchtung ist die Firma ABZ Seeds mit Sitz in Andijk, Niederlande. Diese Firma hat mit den Sorten 'Golan', 'Durban', 'Milan' und 'Elan' bereits erste F1-Hybriden im Anbau. Bisherige Erfahrungen mit der Sorte 'Elan' zeigen, dass Erträge von 1,5 kg/Pflanze mit solchen F1-Hybriden durchaus realisiert werden können. Ähnliche Programme befinden sich zurzeit an der Universität in Guelph (Provinz Ontario, Kanada) sowie in Busan (Korea) im Aufbau. Bislang erfolgt die Erzeugung der homozygoten Inzuchtlinien noch traditionell über mehrere (10–12) Selbstungsgenerationen. Das ist sehr aufwendig und zeitraubend. Effektive Methoden zur Erzeugung von DH-Pflanzen, z. B. über Antherenkultur, fehlen. Alle Bemühungen, diese an Erdbeeren zu etablieren, waren bislang wenig erfolgreich. Dennoch ist zu erwarten, dass ein solches System im Erfolgsfall zu einem enormen Fortschritt in der Erdbeerzüchtung führen würde. Ein alternativer Ansatz könnte in der Nutzung von reverser Züchtung (vs. Abschn. 7.6) bestehen. Dass solche Strategien Anwendung finden, ist für den amerikanischen Kontinent sowie für Asien sehr wahrscheinlich. Ob diese Methode auch in Europa zum Einsatz kommt, wird die Zeit zeigen.

19.5.2   Methoden zur Erzeugung von Variabilität

Interspezifische und intergenerische Hybridisierung
Bereits Anfang des 20. Jahrhunderts begannen züchterische Aktivitäten zur interspezifischen Hybridisierung bei *Fragaria*, v. a. in den USA. In Erdbeerarten mit niedrigeren Ploidiestufen kommen wertvolle Merkmale vor, die für die Züchtung oktoploider Kultur-Erdbeeren nützlich sein können (Tab. 19.5).

Die Übertragung der nutzbaren Merkmale aus Wildarten niederer Ploidiestufe wird auf zwei Wegen realisiert: der Pollen der Wildarten wird genutzt, wobei mit hoher Wahrscheinlichkeit auch unreduzierte Pollen vorkommen können, oder es wird eine künstliche Verdopplung der Chromosomen hervorgerufen. Diese Herangehensweise wurde für verschiedene Arten der Gattungen *Fragaria* und *Potentilla* gezeigt (Hancock 2008, S. 393–438).

Auch natürlich vorkommende Klone der oktoploiden Arten *F. chiloensis* und *F. virginiana* sind aufgrund wertvoller Eigenschaften für die Züchtung der Kultur-Erdbeere interessant (Tab. 19.6). Die Kreuzung zwischen den oktoploiden Arten ist problemlos möglich. Im Rahmen der Evaluierung von natürlich vorkommenden Klonen dieser Arten wurden in der Nationalen Genbank der USA in Corvallis Klone der verschiedenen botanischen Unterarten bzw. Formen selektiert, deren Wertmerkmale genau beschrieben sind und die für züchterische Arbeiten zur Verfügung stehen. Mithilfe dieser Eliteklone soll nun die Art *F. ananassa* rekonstruiert werden, um die genetische Diversität zu erhöhen. Diese ist in der Kultur-Erdbeere aufgrund ihrer Entstehungsgeschichte sehr stark eingeschränkt.

Tab. 19.5 Merkmale, die in *Fragaria*-Wildarten für die Züchtung der Kultur-Erdbeere zur Verfügung stehen

Art	Merkmal
F. chiloensis	Resistenz gegenüber Blattläusen, Spinnmilben, Roter Wurzelfäule, Mehltau, Wurzelnematoden; Fruchtgröße; Wuchsstärke; frühe Blüte; hoher Fruchtansatz; lange Fruchtstände; tagneutrale Formen
F. iinumae	Toleranz gegenüber Kälte
F. moschata	Resistenz gegenüber Mehltau und Blattkrankheiten, Winterfrosttoleranz
F. nilgerrensis	Resistenz gegenüber Blattläusen und Blattkrankheiten
F. nipponica	Toleranz gegenüber Kälte
F. vesca	Toleranz gegenüber Hitze, Kälte und Trockenheit; Resistenz gegenüber *Verticillium*-Welke, Mehltau, Rhizomfäule; sehr gutes Aroma
F. virginiana	Winterhärte; tiefrote Fruchtfarbe; frühe Blüte; Fruchtanzahl; Ausläuferbildung; lange Fruchtstände; tagneutrale Formen
F. viridis	Toleranz gegenüber basischen Böden

Mutationszüchtung

Die Mutationszüchtung hat bei Erdbeere keine Bedeutung für die praktische Sortenzüchtung. Es hat zwar in der Vergangenheit zahlreiche Versuche mit unterschiedlichen Mutagenen an verschiedenen Gewebetypen gegeben, aber die meisten der dabei entstandenen Mutanten waren nutzlos für die Züchtung. Lediglich einige wenige Klone zeigten

Tab. 19.6 Ausgewählte Eliteklone von *F. virginiana* und *F. chiloensis* mit wertvollen Eigenschaften für die Züchtung. (Hancock et al. 2010)

Genotyp	Art	Akzessionsnummer	Besondere Merkmale
Eagle 14	*F. virginiana*	PI-612492	Großfrüchtig, nematodenresistent
Frederick 9	*F. virginiana*	PI-612493	Rotes Fruchtfleisch, sehr wüchsig, resistent gegenüber Mehltau, Rotflecken und Nematoden
RH 30	*F. virginiana*	PI-612499	Viele Blüten pro Blütenstand, dunkelrotes Fruchtfleisch, resistent gegenüber Rotflecken, Schwarze Wurzelfäule, Weißflecken und mäßig widerstandsfähig gegenüber Mehltau
RH 43 (N8688)	*F. virginiana*	PI-612500	Stark remontierend
Del Norte	*F. chiloensis*	PI-551753	Resistent gegenüber Blattläusen, *Phytophthora fragariae* und Weißflecken
HM1	*F. chiloensis*	PI-612489	Viele Blüten, hellrote Früchte
NAH 4	*F. chiloensis*	PI-612318	Tolerant gegenüber Trockenstress, großfrüchtig, nematodenresistent
CA 1541	*F. chiloensis*	PI-551736	Sehr große rötliche Früchte, gute Winterhärte, nematodenresistent

interessante Eigenschaften, wie eine sehr frühe Blüte, eine hohe Fertilität, Resistenz gegenüber *Phytopthora cactorum* oder eine verbesserte Toleranz gegenüber Trockenstress. Im Gegensatz zur Kultur-Erdbeere werden bei der Wald-Erdbeere derzeit viele Versuche zur Erzeugung von Mutanten durchgeführt. Hier gibt es effektive Verfahren, die auf der Anwendung von Ethylmethansulfonat (EMS), Gamma-Strahlung bzw. transposonvermittelter Insertionsmutagenese mithilfe des Ac/Dc (engl. *activation/dissociation*)-Systems basieren. Diese Versuche haben das Ziel, die Funktion einzelner Gene besser verstehen zu lernen. Einen direkten Nutzen für die praktische Züchtung haben die dabei entstehenden Pflanzen nicht. Dennoch sind sie wertvoll, da das mit ihrer Hilfe erzeugte Wissen direkten Eingang in die Züchtung finden kann.

Ploidiezüchtung

Die Arten der Gattung *Fragaria* sind sehr gut für eine Polyploidiezüchtung geeignet, da sie bereits natürlicherweise eine polyploide Reihe bilden und untereinander hybridisieren können. Die Vermehrung der Chromosomensätze in Polyploiden hat in der Evolution zu dramatischen Erbgutveränderungen geführt und ging einher mit der Anpassung an Umweltveränderungen, die das Klima und die Bodenbeschaffenheit betreffen. Infolgedessen wurden insbesondere Eigenschaften der Pflanze verändert wie z. B. die Wüchsigkeit. Bei Erdbeere führte dies u. a. zur Zunahme der Fruchtgröße.

Züchterische Aktivitäten, bei denen mithilfe von interspezifischer Hybridisierung polyploide Formen mit veränderten Merkmalen erzeugt werden sollten, wurden in Deutschland durch R. Bauer in den 1950er-Jahren begonnen. Dabei sollten die Eigenschaften von *F. vesca* (Wald-Erdbeere, 2 x) mit denen von *F. ananassa* (Kultur-Erdbeere, 8 x) kombiniert werden. Beide Elternarten sind kreuzbar, die Nachkommen sind jedoch meist steril. Dennoch ist es gelungen, in drei Schritten dekaploide F2-Hybriden herzustellen:

1. Tetraploidisierung von *F. vesca* (2 x) mithilfe von Colchicin,
2. Hybridisierung von *F. ananassa* (8 x) und *F. vesca* (4 x). Im Ergebnis sind hexaploide Sämlinge (6 x) entstanden, die teilweise fertil waren,
3. Rückkreuzung der Hybriden (6 x) mit *F.-ananassa*-Sorten (8 x). Im Ergebnis sind Sämlinge mit unterschiedlichem Ploidiegrad entstanden. Darunter waren wenige fertile Dekaploide, die auf die Verschmelzung unreduzierter Gameten des hexaploiden Elter mit den 4 x-Gameten von *F. ananassa* zurückgingen.

Bauer benannte diese Hybriden *F.* × *vescana* R. & A. Bauer (2 n = 10 x = 70; Bauer und Weber 1989), die aus zwei *F.-vesca-* und acht *F.-ananassa*-Genomen bestehen. Aus diesen Hybriden sind die Sorten 'Spadeka' (1977) und 'Florika' (1989) hervorgegangen, die neben einigen wenigen anderen *F.-* × *-vescana*-Sorten (z. B. 'Sara') noch heute in Gartenkatalogen zu finden sind. Die Pflanzen von *F.* × *vescana* sind generell wüchsig mit großem, dunkelgrünem Laub. Die Blütenstände stehen aufrecht und häufig über dem Laub. Durch die geringe Bestockung altert die Einzelpflanze nur wenig. Durch die starke Ausläuferbildung wird schnell eine gute Bodendeckung erreicht. Die Früchte sind kleiner als bei der Kultur-Erdbeere, sie sind weichfleischig und sehr aromatisch. Dieser Wuchstyp ist für ein flächiges Anbausystem als Erdbeerwiese geeignet und kann maschinell beerntet werden. Für die Züchtung sind diese dekaploiden Formen v. a. für die Introgression von Merkmalen aus den diploiden und hexaploiden Wildarten interessant. Hier bieten sich Brückenkreuzungen an, bei denen diploide Pflanzen mit dekaploiden gekreuzt werden. In der Nachkommenschaft können Hexaploide ausgelesen werden. Kreuzt man diese mit dekaploiden *F.* × *vescana,* entstehen u. a. auch oktoploide Nachkommen. Diese können dann direkt mit der Kultur-Erdbeere gekreuzt werden.

19.5.3 Bio- und gentechnologische Methoden

In-vitro-Techniken

Erdbeeren gehörten zu den ersten Kulturpflanzen für die ein routinemäßiges System der Mikrovermehrung vor etwa 40 Jahren aufgebaut worden ist. Die Vorteile der Mikrovermehrung gegenüber der klassischen Vermehrung über Ausläuferpflanzen im Feld lag v. a. darin, dass Probleme, die durch bodenbürtige Schaderreger entstehen, umgangen werden konnten. Gleichzeitig liefern die mikrovermehrten Pflanzen in kürzerer Zeit wesentlich mehr Jungpflanzen je Mutterpflanze. Die neue Vermehrungsmethode wurde auch dafür eingesetzt, dass in der Züchtung rasch Sortenkandidaten vermehrt und genetische Ressourcen der Erdbeere *in vitro* unter Kühlbedingungen erhalten werden konnten. Die Mikrovermehrung bei Erdbeere erfolgt generell über Adventivsprossbildung aus vorhandenen Meristemen in den Blattachseln der gestauchten Sprosse. Eine erfolgreiche Kultur kann sowohl an vereinzelten Meristemen, an meristematischem Kallus und aus Nodienkulturen initiiert werden.

Ein weiterer bedeutender Vorteil der In-vitro-Kultur bei Erdbeere war die Möglichkeit der Erstellung von virus- und pilzfreien Erdbeerpflanzen. Dafür kann eine Meristemkultur mit einer Hitzebehandlung (Thermotherapie) kombiniert werden. Die Thermotherapie kann sowohl an Einzelpflanzen *in vitro* oder an Mutterpflanzen im Gewächshaus durchgeführt werden und dauert etwa sechs Wochen bei einer Temperatur von 36–38 °C. Danach werden an den behandelten Pflanzen die Meristeme isoliert und *in vitro* weiterkultiviert.

Im Hinblick auf die Entwicklung von Methoden für die Regeneration von Pflanzen im Rahmen des Gentransfers wurden bei Erdbeere verschiedene Verfahren zur Adventivsprossregeneration entwickelt. Dabei wurden als Ausgangsexplantate Blätter, Blattstiele, Blütenteile, Ausläufer und Wurzeln verwendet. Die Protoplastentechnologie, Antherenkultur und Embryokultur wurden für Erdbeere ebenfalls mit mehr oder weniger Erfolg etabliert, jedoch nie zu routinemäßig verwendbaren Methoden weiterentwickelt.

Die Methoden zur genetischen Transformation haben sich in den letzten Jahrzehnten zu sehr hilfreichen Verfahren im Rahmen der funktionellen Genomanalyse entwickelt. Gerade vor dem Hintergrund der bestehenden Probleme bei der genetischen Kartierung wurden bei Erdbeere v. a. Kandidatengenansätze verfolgt. Dabei werden basierend auf dem Wissen von Modellpflanzen (i. d. R. *Arabidopsis thaliana*) putativ homologe Gene über konservierte DNA-Sequenzregionen aus dem Genom der Erdbeere isoliert. Anschließend wird deren Funktion mithilfe von gentechnischen Ansätzen sowie Verfahren der Genexpressionsanalyse (z. B. quantitative Real-time-PCR, RNA-Sequenzierung) überprüft. Die Methode des Gentransfers wurde Ende der 1980er-Jahre erstmals publiziert. Obwohl auch ein direkter Gentransfer (Partikelbeschuss) bei Erdbeere möglich ist, werden doch meistens Blattexplantate und *Agrobacterium tumefaciens* als Vektorshuttle verwendet. Für die Erzeugung stabil transgener Pflanzen wurde in den meisten Fällen das *nptII*-Markergen verwendet, das eine Kanamycinresistenz vermittelt. Erdbeere war auch die erste Obstkultur, bei der markergenfreie Pflanzen entwickelt worden sind. Dies gelang unter Verwendung einer chemisch induzierbaren Rekombinase, die in der Lage ist, das Markergen nach erfolgter Selektion transgener Pflanzen wieder aus deren Genom auszuschneiden. Transformationen wurden bei Erdbeere mit unterschiedlichen Zielstellungen durchgeführt. Neben der Verbesserung der Resistenz gegenüber biotischen Schaderregern (z. B. Nematoden, Anthraknose, Graufäule und Mehltau), ging es auch um die Erhöhung der Stresstoleranz (z. B. Salzstress, Frost) und des Vitamin-C-Gehalts. Es wurden transgene Pflanzen erzeugt, mit deren Hilfe Gene charakterisiert wurden, die einen Einfluss auf die Fruchtfestigkeit, die Fertilität, das allgemeine Wuchsverhalten, die Remontierneigung und den Sekundärstoffwechsel haben. All diese Pflanzen wurden zu rein wissenschaftlichen Zwecken erzeugt. Eine kommerzielle Nutzung gentechnisch veränderter Erdbeerpflanzen ist bislang nicht in Sicht.

Im Jahr 2006 wurde am Lehrstuhl für Biotechnologie der Naturstoffe der TU München ein Verfahren zur transienten Expression von Gensequenzen in sich entwickelnden Erdbeerfrüchten etabliert. Bei diesem System werden Agrobakterien in sich entwickelnde Früchte gespritzt. Anschließend kann die Auswirkung der Expression der von den Agrobakterien übertragenen Gensequenzen über einen längeren Zeitraum hinweg studiert werden. Dieses Verfahren ist einfach, sehr schnell durchführbar und für eine erste funktionelle Charakterisierung von Genen, die bei der Fruchtentwicklung eine Rolle spielen, gut geeignet. Seit dieser Zeit wurden mehr als 25 verschiedene Gene (Genkonstrukte) mit diesem System untersucht. Das waren v. a. Gene, die im Sekundärstoffwechsel (z. B. Flavonoidbiosynthese), bei der Fruchtfestigkeit, der Fruchtreife, dem Aroma, der Pathogenresistenz oder der Allergenität eine Rolle spielen. Kürzlich wurde auch ein System zum Virus-induzierten Gen-Silencing (VIGS) an Erdbeere etabliert. Dabei werden die Pflanzen mit einem Virusvektor transformiert, der sich in der Folge in der gesamten Pflanze systemisch ausbreitet. Dieser Vektor enthält eine Kassette mit den zu untersuchenden Gensequenzen. Dieses System ist sehr komfortabel, da die Funktion eines Gens in der gesamten Pflanze studiert werden kann, ohne dabei eine stabil transgene Pflanze erzeugen zu müssen.

DNA-Marker

An Erdbeere wurden in der Vergangenheit so ziemlich alle Markertypen getestet, die jemals entwickelt wurden. Zu diesen gehören neben anderen v. a. RAPD-, AFLP-, SCAR-, STS-, SSR-, ISSR-, SNP-, EST- und DArT-Marker. Meist wurden diese Marker für phylogenetische Studien, zur Sortenidentifikation oder zur Aufklärung evolutionärer

Zusammenhänge benutzt. Die Anzahl von molekularen Markern, die an züchterisch relevante Merkmale gekoppelt und für eine markergestützte Selektion nutzbar sind, ist vergleichsweise gering. Bei diploiden Erdbeeren wurden Marker für gelbe Fruchtfarbe, Selbstinkompatibilität, fehlende Ausläuferbildung, blassgrüne Blattfarbe, Resistenz gegenüber *Phytophthora cactorum*, saisonale Fruchtbildung (einmal tragend) sowie Remontierneigung (immer tragend) entwickelt.

Für die Kultur-Erdbeere wurden bislang Marker für die Resistenz gegenüber *Phytophthora fragariae*, *Podosphaera aphanis* und *Colletotrichum acutatum* sowie für Remontierneigung entwickelt.

Kartierung

Die genetische Kartierung war bei der oktoploiden Kultur-Erdbeere bis vor wenigen Jahren noch fast undenkbar. Die Gründe dafür sind in der vergleichsweise großen Anzahl an Chromosomen ($2\,n = 8\,x = 56$), dem hohen Grad an Syntenie zwischen den einzelnen Genomen und der eingeschränkten genetischen Diversität im Genpool der Kultur-Erdbeere zu sehen. Das machte es schwierig, mit herkömmlichen Markersystemen wie den SSR-Markern genügend Polymorphismen für einen bezahlbaren Preis zu erzeugen. Deshalb wurden in der Vergangenheit interessante Merkmale zuerst in diploiden Arten wie *F. vesca* kartiert, um anschließend die eng gekoppelten Marker in *F. ananassa* zu überprüfen. Für diploide Erdbeeren (*F. vesca*, *F. viridis*, *F. nubicola*, *F. iinumae*) gibt es eine ganze Reihe an genetischen Karten, die mit unterschiedlichen Markersystemen, zu verschiedenen Zwecken an der Art selbst oder an interspezifischen Kartierungspopulationen erzeugt wurden. Genetische Kopplungskarten für die Genome der oktoploiden Erdbeerarten wurden erst vor wenigen Jahren (2003 und 2008 für *F. ananassa*, 2008 für *F. virginiana*) mit SSR- und AFLP-Markern erzeugt. Seit der Einführung von SNP- und DArT-Markern sowie der Etablierung der Next-generation-sequencing-Verfahren hat sich dieses Gebiet der Züchtungsforschung jedoch recht zügig entwickelt. Heute gibt es bereits mehrere genetische Karten für *F. ananassa* (allein acht in der Genomdatenbank für Rosengewächse www.rosaceae.org), mit deren Hilfe genetische Loci für Fruchtqualität, agronomisch interessante Eigenschaften (Fruchtgröße, Fruchtfestigkeit, Blühzeitpunkt, Ertrag, Pflanzenhöhe und Umfang, Anzahl der Früchte etc.), Resistenz gegenüber *Xanthomonas fragariae*, Tagneutralität und Ausläuferbildung identifiziert wurden. Gleichzeitig wurde der Locus für die Geschlechtsvererbung in der subdiözischen Art *F. virginiana* und der diözischen Art *F. chiloensis* kartiert. Im Jahr 2013 wurde mithilfe von 4474 SSR-Markern eine erste hochauflösende integrierte Karte für *F. ananassa* erstellt. Diese Karte besteht aus 1856 Loci, die sich auf 28 Kopplungsgruppen befinden, und hat eine Länge von 2364,1 cM. Damit war eine solide Grundlage für alle künftigen Arbeiten auf dem Gebiet der QTL- und Genkartierung bei Erdbeere gelegt. Ein weiterer großer Schritt war die Schaffung einer kommerziell verfügbaren Affymetrix-90K-Axiom®-IStraw90®-SNP-Genotypisierungsplattform. Mit dieser Plattform wurden sowohl hochauflösende Karten bei Kulturerdbeersorten wie 'Darselect' und 'Monterey' erzeugt, als auch erste Arbeiten auf dem Gebiet der Assoziationskartierung in *F. virginiana* und *F. chiloensis* realisiert.

Sequenzierte Genome und SNP-Chips

Bei Erdbeere wurden in den letzten Jahren mehrere Genome sequenziert. Das erste vollständig sequenzierte Genom war das von dem Genotyp *F. vesca* var. *semperflorens* 'Hawaii 4' (209,8 Mbp). Das Genom-Assembly wurde unter Zuhilfenahme von drei Kopplungskarten von *F. vesca* ssp. *bracteata* durchgeführt, sodass dieses Genom heute eine gute Referenz für weitere Erdbeergenome darstellt. Kürzlich wurde die erste Genomsequenz der oktoploiden Kultur-Erdbeere (Sorte 'Reikou', 692 Mbp) veröffentlicht. Diese Genomsequenz basiert auf einer De-novo-Sequenzierung mithilfe von Illumina- und Roche-454-Sequenzierungsplattformen. Gleichzeitig wurden die Genome der diploiden Wildarten *F. iinumae* (221 Mbp), *F. nipponica* (208 Mbp), *F. nubicola* (202 Mbp) und *F. orientalis* (349,3 Mbp) sequenziert und für das Assembly des oktoploiden Genoms mit herangezogen. Alle diese Sequenzen sind auf den Genomdatenbank der Rosengewächse (www. rosaceae.org) öffentlich zugänglich.

Für die Genotypisierung von Erdbeeren gibt es seit Kurzem den bereits erwähnten SNP-Marker-Chip Affymetrix 90K Axiom® IStraw90®. Diese kommerziell verfügbare Genotypisierungsplattform bietet eine gute Ausgangsbasis für künftige Arbeiten auf dem Gebiet der strukturellen Genomanalyse bei Erdbeere.

19.5.4 Erhaltungszüchtung

Der schematische Aufbau der Erhaltungszüchtung bei Erdbeere ist in Abb. 5.3, Kap. 5 beschrieben.

19.5.5 Biologische Besonderheiten der Art

Polyploidie

Bezeichnend für die Arten der Gattung *Fragaria* ist das häufige Auftreten von Polyploidie. Für die oktoploiden Arten *F. chiloensis*, *F. virginiana* und folglich auch *F. ananassa* wurden in der Vergangenheit drei verschiedene Möglichkeiten für die Zusammensetzung der Genome diskutiert. Von diesen schien das Modell von Bringhurst (1990) für lange Zeit am plausibelsten. Bei diesem Modell ist das oktoploide Genom aus vier A- und vier B-Genomen aufgebaut. Die Konstitution des Genoms ist dabei AAA′A′BBB′B′. *F. vesca* hat bei diesem Modell das A-Genom geliefert und *F. iinumae* das B-Genom (Folta und Gardiner 2009, S. 413–435). Seit 2014 steht dieses Modell jedoch sehr stark infrage (Tennessen et al. 2014). Mithilfe eines als POLiMAPS (engl. *Phylogenetics Of Linkage-Map-Anchored Polyploid Subgenomes*) bezeichneten Verfahrens wurde ein neues Modell etabliert, das heute als wahrscheinlicher gilt. Bei diesem Modell besteht das Genom aus zwei A- und sechs B-Genomen und hat eine Konstitution von AABBB′B′B″B″. Das A-Genom stammt mit hoher Wahrscheinlichkeit von *F. vesca* und die B-Genome von *F. iinumae*. Evolutionär gesehen ist es wahrscheinlich, dass ein *F.-vesca*-ähnlicher Genotyp AA mit einem

F.-iinumae-ähnlichen Genotyp BB zu einem allotetraploiden Hybriden AABB hybridisierte. Anschließend führte dieser Genotyp mit einem autotetraploiden *F.-iinumae*-ähnlichen Genotyp B′B′B″B″ zu einem allooktoploiden Vorfahren von *F. chiloensis* und *F. virginiana* (Abb. 19.5). Offenbar sind die oktoploiden Arten in Nordostasien entstanden, wo beide Genomarten A und B vorkommen. Die polyploiden Abkömmlinge migrierten dann über die Beringstraße und verteilten sich in Nordamerika. Möglicherweise sind *F. chiloensis* und *F. virginiana* extreme Formen derselben biologischen Art, die während des Pleistozäns separiert worden sind. In der Folge haben sich diese Arten an unterschiedliche Habitate (Küstenregion versus Bergregion) angepasst. Polyploidie ist in *Fragaria* durch die Vereinigung von 2 n-Gameten entstanden, da unreduzierte Gameten hier relativ häufig auftreten. Die hexaploiden und die oktoploiden Arten sind allopolyploiden Ursprungs (Hancock 2008, S. 393–438).

Zwischen den diploiden *Fragaria*-Arten besteht prinzipiell Interfertilität und diese Arten sind untereinander kreuzbar. Die Meiose läuft bei den Hybriden normal ab, obwohl einige interspezifische Hybriden auch steril sein können (Hancock 2008, S. 393–438).

Auftreten und Vererbung unterschiedlicher Geschlechter (Sex)
Die meisten Erdbeerarten und -sorten sind zwittrig, d. h. hermaphrodit. Es kommen in der Gattung *Fragaria* allerdings auch rein weibliche und rein männliche Pflanzen vor (Abb. 19.6). Für die Vererbung des Geschlechts von Erdbeeren gibt es verschiedene Modelle. Die Ausbildung des Geschlechts bei *F. vesca*, *F. chiloensis*, *F. virginiana* und *F. ananassa* wurde in der Vergangenheit mit zwei verschiedenen Modellen erklärt. Bei dem

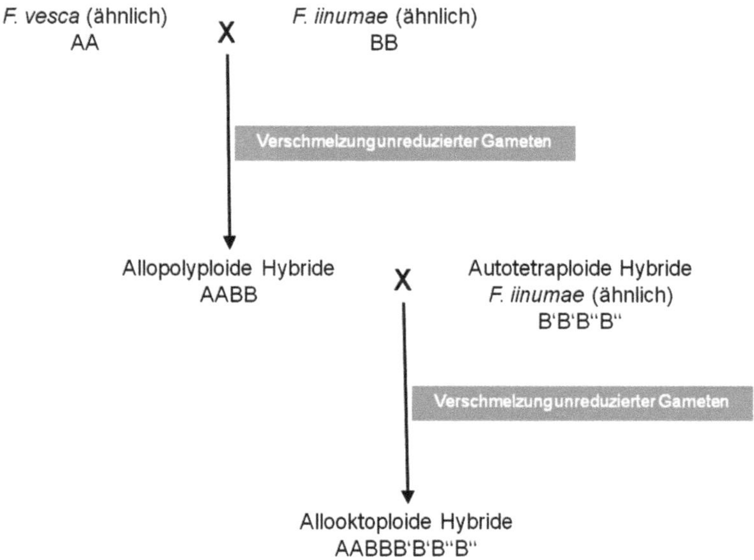

Abb. 19.5 Entstehung des oktoploiden Genoms der Kultur-Erdbeere

ersten Modell handelt es sich um ein Einzellokusmodell (engl. *single locus*). Bei diesem Modell existiert ein Gen mit den Allelen *F* für Weiblichkeit, *H* für Zwittrigkeit und *M* für Männlichkeit. *F* dominiert über *H* und dieses wiederum über *M*. Weiblichkeit ist heterogametisch[4] (*Fh* oder *Fm*), während Zwittrigkeit sowohl homogametisch als auch heterogametisch (*hh* oder *hm*) sein kann und Männlichkeit ist homogametisch (*mm*). Hermaphrodite Pflanzen können einen unterschiedlichen Grad an Fertilität zeigen, von selbstunfruchtbar bis zu einem vollständigen Fruchtansatz. Bei dem zweiten Modell handelt es sich um ein Zweilokusmodell (engl. *two locus*). Bei diesem Modell wird von zwei dominanten Genen ausgegangen, wobei Gen *A* zu männlicher Sterilität und Gen *G* zu weiblicher Fertilität führt. Weibliche Pflanzen sind nach diesem Modell *AaGg* oder *AaGG*, hermaphrodite Pflanzen *aaGg* oder *aaGG* und männliche Pflanzen *aagg*. Neutren lassen sich bei diesem mit *Aagg* erklären, während beim ersten Modell von einem Nullallel ausgegangen wird. Mithilfe von genetischer Kartierung der geschlechtsbestimmenden Region(en) in *F. virginiana* und *F. chiloensis* wurde die Richtigkeit des Zweilokus-Modells gezeigt. Beide Arten verfügen über ein Protogeschlechtschromosom, das zwei gekoppelte Loci trägt, einen Lokus für männliche Sterilität und einen Lokus für weibliche Fertilität. Auffällig ist, dass sich diese Loci in *F. virginiana* und *F. chiloensis* an den entgegengesetzten Enden des Protogeschlechtschromosoms befinden (Abb. 19.7). In der Diskussion über deren evolutionäre Entstehung werden zurzeit verschiedene Szenarien von Translokationsereignissen geprüft.

Bei *F. orientalis* (4 x) und *F. moschata* (6 x) wird eine tetrasome Vererbung für die Geschlechtschromosomen vermutet. Dabei sind die Allele für das Geschlecht wie folgt bezeichnet: ein männlicher Suppressor *SuM* (weibliches Geschlecht) ist dominant zu einem

Abb. 19.6   a Hermaphrodite, b weibliche Blüte der Erdbeersorte 'Mieze Schindler'

---

[4] Von gr. *hetero* für verschieden, anders und gr. *gametēs* für Gatte.

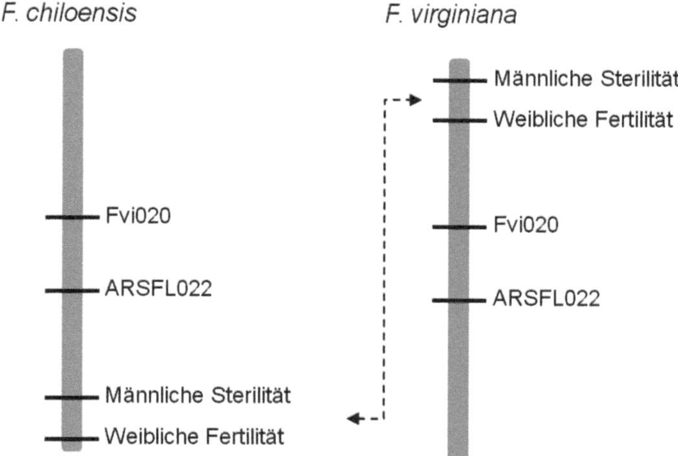

Abb. 19.7 **Schematische Darstellung der Protogeschlechtschromosomen von** *F. chiloensis* **und** *F. virginiana.* Fvi020 und ARSFL022 sind zwei molekulare Marker, die ihre ungefähre Region auf dem Chromosom anzeigen. Translokation der geschlechtsvererbenden Region von einem Chromosomenende zum anderen (*gestrichelte Linie*)

männlichen Inducer *Su+* (hermaphrodites Geschlecht) und zu einem weiblichen Suppressor *SuF* (männliches Geschlecht). *SuF* ist dominant zu *Su+* (Hancock 2008, S. 393–438).

19.6 Erfolge der Züchtung und Ausblick

Die Erdbeere hat sich in den letzten 10–15 Jahren zu einer der am besten untersuchten Obstarten entwickelt. Bei keiner anderen Art ist ein so sprunghafter Zuwachs an Wissen auf den Gebieten der strukturellen und funktionellen Genomanalyse zu verzeichnen. Das wird sich zunehmend auch in der Qualität von neuen Sorten widerspiegeln.

Gerade bei Erdbeeren dreht sich das Sortenkarussell aufgrund einer kürzeren Kulturdauer viel schneller als bei den Dauerkulturen der Baumobstgehölze. In kurzer Abfolge kommen immer wieder neue Sorten auf den Markt, die sowohl für den Erwerbsanbau als auch für den Selbstversorgeranbau im Klein- und Hausgarten von Bedeutung sind. Entsprechend groß ist das Interesse, an solide Informationen zu neuen Sorten zu kommen. In Deutschland gibt es eine Reihe von Versuchsanstellern in den Landesversuchsanstalten und Landwirtschaftskammern, die neue Sorten auf ihren Anbauwert prüfen und für bestimmte Marktsegmente empfehlen. Wichtige Merkmale der Sortenprüfung sind immer noch die Fruchtfarbe, die Fruchtfestigkeit, der Ertrag und der Geschmack. Das Gesamtbild einer Sorte über die Saison und über mehrere Jahre macht dann die Aussage möglich, ob eine Sorte zur Verbesserung des aktuellen Sortiments beiträgt oder nicht. Die Pflanzgutproduzenten möchten gern neue Sorten exklusiv anbieten und suchen daher nach vielversprechenden Sorten.

Die hohen Himbeerwände – Trennten dich und mich, Doch im Laubwerk unsre Hände – Fanden von selber sich. Die Hecke konnt' es nicht wehren, Wie hoch sie immer stund: Ich reichte dir die Beeren, Und du reichtest mir deinen Mund. Ach, schrittest du durch den Garten – Noch einmal im raschen Gang, Wie gerne wollt' ich warten, Warten stundenlang (Theodor Fontane).

20.1 Einführung

lateinisch	*Rubus idaeus* L.
deutsch	Himbeere
englisch	red raspberry
französisch	framboise
russisch	malina

lateinisch	*Rubus fruticosus* L. agg.
deutsch	Brombeere
englisch	blackberry
französisch	mûre
russisch	eževíka

Himbeeren und Brombeeren sind wahrscheinlich seit Menschengedenken Sammelobst und ein Teil der Ernährung, denn die Beeren waren an Waldrändern und in Wäldern im Sommer stets vorhanden und vielseitig zu verwenden. Die Arten der Gattung *Rubus* gehören zu den Pionierpflanzen bei der Besiedlung von unbewirtschafteten Flächen in der gesamten nördlichen Hemisphäre und in Südamerika.

© Springer-Verlag GmbH Germany 2017
M.-V. Hanke und H. Flachowsky, *Obstzüchtung und wissenschaftliche Grundlagen*,
DOI 10.1007/978-3-662-54085-5_20

Die Weltproduktion bei Himbeeren lag 2013 bei rund 578.000 t (FAOSTAT), wobei Russland, Polen, die USA und Serbien die Hauptproduzenten sind. Der Hauptproduzent bei Brombeeren sind die USA.

Die Produktion von Himbeeren und Brombeeren in Deutschland ist bislang von geringerer Bedeutung als die von Baumobstarten und Erdbeeren. Im Handel gehören Himbeeren dennoch zu den bedeutendsten einheimischen Beerenobstarten. Der Großteil an Himbeeren wird für den Frischmarkt erzeugt. Die Hauptanbaugebiete befinden sich in Baden-Württemberg, Niedersachsen, Bayern und Nordrhein-Westfalen. Mehr als 90 % der vermarkteten Himbeeren (etwa 17.000 t jährlich, Statistisches Bundesamt) werden importiert und das trotz hoher Erzeugerpreise und einer durchweg guten Situation am Markt. Das zeigt, dass ein Ausbau des Anbauumfangs durchaus möglich wäre. Dennoch ist der Produktionsumfang rückläufig. Die Gründe dafür liegen zum einen in der starken Zunahme von Pilzerkrankungen an den Ruten (Himbeerrutenkrankheit), die in der Folge zu

Abb. 20.1 Schädigung der Himbeere durch Befall mit der Kirschessigfliege (*Drosophila suzukii*). Die Weibchen der Kirschessigfliege besitzen einen sägeartigen Eiablageapparat am Hinterleib, mit dem sie die Beerenhaut gesunder Früchte durchdringen, um die Eier in das Innere der Frucht zu legen. **a** Die befallenen Früchte zeigen Essigfäule. **b** Aus den Eiern in der Himbeerfrucht schlüpfen Larven, die sich später verpuppen. **c** Adultes Männchen der Kirschessigfliege, zu erkennen an den schwarzen Punkten am hinteren Ende der Flügel

Ertragsverlusten führen und befallene Anlagen oft schon im zweiten oder dritten Standjahr unrentabel machen. Zum anderen ist es in den letzten Jahren zum verstärkten Auftreten neuer Schaderreger wie der Kirschessigfliege *Drosophila suzukii* gekommen. Diese Fliege legt ihre Eier in den sich entwickelnden Himbeerfrüchten ab. Die daraus entstehenden Larven verderben das gesamte Erntegut (Abb. 20.1). Eine Bekämpfung dieser Krankheiten ist schwierig. Meist stehen dem Anbau nur indirekte Bekämpfungsmöglichkeiten (z. B. Rutenmanagement, Entfernung befallener Früchte, Schutznetze bei kleineren Flächen) zur Verfügung. Auswege aus dieser Situation sind im geschützten Anbau (z. B. Foliezelt bzw. unter Glas) oder im Anbau resistenter Sorten zu sehen. Eine Züchtung von Himbeeren für den Erwerbsobstbau existiert erst seit Kurzem wieder in Deutschland. Dennoch gibt es einige kleinere private Initiativen, die seit längerer Zeit für den Haus- und Kleingarten züchten.

Brombeeren sind eine Nischenkultur mit geringer Anbaubedeutung. Im Jahr 2015 wurden Himbeeren in Deutschland auf 1022 ha und Brombeeren auf 139 ha angebaut (AMI Markt Bilanz Obst 2016).

20.2 Botanische Beschreibung

20.2.1 Gattung *Rubus* L.

In der Gattung *Rubus* (Box 20.1) gibt es 15 Untergattungen, u. a. *Idaeobatus* und *Rubus*. In GRIN sind 409 *Rubus*-Arten aufgeführt.[1] Brombeere (*R. fruticosus*), Rote Himbeere (*R. idaeus*) und Schwarze Himbeere (*R. occidentalis*) sind die kommerziell am meisten angebauten Kulturformen der Gattung *Rubus*.[2] In Nordeuropa spielt zunehmend noch die Moltebeere (*R. chamaemorus*) eine Rolle. Für Moltebeeren gibt es noch kleinere Züchtungsprogramme in Finnland und Norwegen. Das Ursprungszentrum der Gattung *Rubus* liegt im subtropischen China und in Indochina (Hegi 1995a, S. 284–594).

Die Gattung *Rubus* ist außerordentlich vielgestaltig und ihre Größe ist kaum abzuschätzen, da sie u. a. auch in Europa noch ungenügend erforscht ist. Außer *R. idaeus*, *R. caesius* (Kratzbeere), *R. saxatilis* (Steinbeere) und *R. chamaemorus* (Moltebeere) können in Mitteleuropa nur die diploiden und sexuellen Brombeersippen *R. ulmifolius* (Sand-Brombeere) und *R. canescens* (Filz-Brombeere) als biologische Arten angesehen werden. Die übrigen Sippen der Brombeeren bilden einen agamen Komplex, dessen Individuen ihre Merkmale durch Pseudogamie weitervererben und durch Hybridisierung neue Biotypen bilden. Lediglich apomiktische Brombeeren, die ein Mindestareal in der Verbreitung erreicht haben, werden als taxonomische Arten aufgenommen (Hegi 1995a, S. 284–594).

---

[1] GRIN – Germplasm Resources Information Network, https://npgsweb.ars-grin.gov/gringlobal/taxonomygenus.aspx?id=10574 (Stand 12.7.2016).
[2] Lat. *rubus* für Brombeerstrauch, Brombeere, idg. Wurzel *reub-*, reißen, rupfen (lat. *rumpere* für brechen), nach den reißenden Stacheln.

Box 20.1 Botanische Zuordnung der Gattung *Rubus*

Familie	Rosaceae
Unterfamilie	Rosoideae
Tribus	Rubeae
Gattung	*Rubus* L.

Eine botanische Beschreibung der Gattung ist in Tab. 20.1 dargestellt.

20.2.2 Himbeere

Die Rote Himbeere *R. idaeus*[3] ist diploid mit $2\,n = 2\,x = 14$ Chromosomen und gehört zur Untergattung *Idaeobatus*. Die Arten dieser Untergattung sind dadurch gekennzeichnet, dass sich die Steinfrüchte von der Basis ablösen lassen, sodass die Frucht während des Pflückens vom Receptaculum (Blütenboden) separiert werden kann. Bei den Arten der Untergattung *Rubus* (Brombeere) ist die Trennzone an der Basis des Blütenbodens nicht ausgeprägt und der Blütenboden wird daher mit geerntet und gegessen. Dieser botanische Unterschied ist die Basis für die taxonomische Separierung von Arten innerhalb der Gattung *Rubus*, wenngleich diese Teilung fragwürdig ist, da sie lediglich ein morphologisches Merkmal zugrunde legt.

Die Untergattung *Idaeobatus* enthält 121 Arten,[4] die i. d. R. diploid sind; einige triploide und tetraploide Arten kommen vor. Die *Idaeobatus*-Arten sind indigen für Nordasien, Afrika, Australien, Europa und Nordamerika. Die größte Diversität ist in Südwestchina, dem wahrscheinlichen Ursprungsgebiet der Untergattung zu finden (Hegi 1995a, S. 284–594). Die meisten Arten sind interfertil. Eine botanische Beschreibung der Untergattung ist in Tab. 20.2 dargestellt.

Die Himbeere *R. idaeus* kommt in zwei Formen vor, die lange Zeit botanisch als Unterarten bezeichnet worden sind:

- *R. idaeus* subsp. *idaeus* – die Europäische Himbeere, natürlich vorkommend in Nordafrika, im Kaukasus, in China, Ost- und Mittelasien, Sibirien, Westasien;

---

[3] Lat. *batus Idaea* für Himbeerstrauch, entlehnt aus gr. *batos Idaia* (bei Dioskurides), zu gr. *batos* für Dornenstrauch und *Idaios* für vom Berge Ida in Phrygien (zu gr. *ide* für Wald, kleinasiatisches Fremdwort); vielleicht auch entlehnt aus arab. *idah* für Dornenstrauch. Wenn der lateinische Pflanzenname sich wirklich auf die Himbeere bezieht, so dürfte hier das Idagebirge in Kleinasien gemeint sein, nicht der Berg Ida auf Kreta, da Dioskurides aus Kilikien in Kleinasien stammte. Der Strauch kommt auf Kreta auch nicht vor (nach Marzell 1977).

[4] GRIN – Germplasm Resources Information Network, https://npgsweb.ars-grin.gov/gringlobal/taxonomygenus.aspx?id=10574 (Stand 12.7.2016).

Tab. 20.1 **Beschreibung der Gattung *Rubus*.** (Hegi 1995a, S. 284–594)

Merkmal	Beschreibung
Vorkommen und Verbreitung	Weltweit, fehlt nur in der Antarktis, im äußersten Norden und in extremen Trockengebieten
Pflanze	Immergrüne oder laubabwerfende Sträucher und Stauden; Wurzeln oft weit-kriechend, Wurzelsprosse treibend; Sprosse verholzend und ausdauernd oder zweijährig; blütenloser Schössling im ersten Jahr, der nach dem Fruchten im zweiten Jahr abstirbt; Spross meist verzweigt und gestachelt, bereift oder unbereift, oft behaart und mit Drüsen, aufrecht wachsend oder kletternd, aber auch kriechend
Blatt	Wechselständig, bei primitiven Formen ungeteilt, sonst tief gelappt, gefingert oder gefiedert; Nebenblätter vorhanden
Blüte	Meist in Trauben oder Rispen, selten einzeln; zwittrig, auch diözisch vorkommend; in der Regel fünfzählig; Außenkelch fehlend; Kelchblätter dreieckig bis zugespitzt eiförmig, am Grund zum Blütenbecher verwachsen; Kronblätter weiß bis rot, manchmal leicht gelblich; schmal bis rund, mit wenig bis stark abgesetztem Nagel; Staubblätter zahlreich, mehrreihig, den Griffel überragend oder bis sehr viel kürzer, dem Rand des Blütenbechers aufsitzend; Antheren nach innen gewendet, nicht selten behaart; Fruchtblätter zahlreich, manchmal nur drei bis acht, bei der Reife fest zusammenhängend und mit dem kegelförmigen Fruchtboden (Zapfen) abfallend oder sich von diesem lösend; Fruchtknoten mit zwei Samenanlagen, von denen sich nur eine entwickelt; endständiger Griffel
Frucht	Teilfrüchte einsamig, saftig, schwarz, rot, gelb, Steinfrüchte als Sammelfrucht
Reproduktions-biologie	Auftreten von Apomikten, die sich meist aus unreduzierten Embryosackzellen entwickeln; Samenbildung wird durch Bestäubung induziert (Pseudogamie)
Ploidie	Chromosomengrundzahl $x = 7$ Polyploide Reihe in der Gattung mit $2\,n = 2\,x = 14$, 21, 28, 35, 42, 49 und 56
Genomgröße	Der DNA-Gehalt je Zelle beträgt bei den Roten Himbeeren ($2\,n = 2\,x = 14$) 0,58 pg/2C. Das entspricht einer haploiden Genomgröße von 275 Mbp. Ähnlich groß (243 Mbp) ist auch das Genom der Schwarzen Himbeere ($2\,n = 2\,x = 14$). Die oktoploiden Moltebeeren ($2\,n = 8\,x = 56$) haben einen DNA-Gehalt von 2,46 pg/2C, was in etwa einer Genomgröße von 1187 Mbp entspricht. Die Genomgröße von diploiden Brombeeren ist vergleichbar mit den Roten Himbeeren. Hier schwanken die DNA-Gehalte zwischen 0,56 und 0,59 pg im 2C-Kern
Vegetative Vermehrung	Durch Wurzelsprosse, an weitreichenden Wurzelausläufern entstehend
Besonderheiten	In der Vielgestaltigkeit alle übrigen Gattungen der Rosaceae übertreffend

Tab. 20.2 **Beschreibung der Untergattung *Idaeobatus* unter besonderer Berücksichtigung der Art *Rubus idaeus*.** (Unter Verwendung von Hegi 1995a, S. 284–594)

Merkmal	Beschreibung
Vorkommen	Zahlreiche Arten v. a. in Asien, Amerika, Afrika, Australien, in Europa nur durch *R. idaeus* vertreten
Pflanze	Sommergrüne belaubte, meist aufrecht wachsende Sträucher; meist zweijährig, meist bestachelt, oft drüsenhaltige Sprosse *R. idaeus*: zweijähriger Strauch, Schösslinge adventiv aus weithin kriechenden Wurzeln entstehend; gewöhnlich unverzweigt, aufrecht, grün oder durch Behaarung und Reif weißlich, drüsenlos, mit Stacheln oder stachellos
Blatt	Unpaarig, drei- bis elfzählig gefiedert, vereinzelt auch fünfzählig gefingert; Nebenblätter dem Stiel aufsitzend *R. idaeus*: meist fünfzählig gefiedert, oberseits meist kahl, unterseits filzig
Blüte	*R. idaeus*: Infloreszenz kurz, traubig-rispig; Kelch filzig, nach der Blüte zurückgeschlagen, Kronblätter grünlich-weiß, kürzer als der Kelch, kahl; Staubblätter kürzer als Griffel; Fruchtknoten filzig
Frucht	Fruchtboden konisch, sich gewöhnlich von der Sammelfrucht leicht lösend *R. idaeus*: Sammelfrucht rundlich bis konisch aus roten (selten gelblichen) behaarten Steinfrüchten, leicht vom kegelförmigen Fruchtboden lösend
Ploidie	Chromosomenzahl $2\,n = 2\,x = 14$
Vegetative Vermehrung	Vegetativ durch unterirdische Kriechsprosse (Wurzelsprosse)
Unterteilung bei Himbeere	Sommerhimbeeren (floricane) – fruchten an zweijährigen Tragruten (Altruten), Jungruten wachsen zwischen den Tragruten und fruchten im Folgejahr. Altruten werden nach der Ernte entfernt. Herbsthimbeeren (primocane), remontierend fruchten mehrmals jährlich an den einjährigen Tragruten. Alle Ruten werden nach der Ernte entfernt. Werden die Ruten nicht entfernt, dann fruchten sie erneut im zweiten Jahr. Twotimer[a] – besonders auf Remontierneigung selektierte Herbstsorten. Diese fruchten im Herbst an den einjährigen Ruten. Im Februar wird von diesen der abgetragene (obere) Teil der Ruten entfernt. Im Juli des Folgejahres fruchten diese Sorten am verbliebenen Teil der nun zweijährigen Ruten. Gleichzeitig bilden sich die neuen Tragruten, an denen bereits im Herbst der gleichen Saison wieder Früchte geerntet werden können. In einer Saison sind somit zwei Ernten möglich. Schwarze Himbeeren sind gewöhnlich Sommerhimbeeren (floricane). Violette Himbeeren haben einen Hybridcharakter und können zu beiden Typen gehören

[a] Bei den Twotimer-Sorten handelt es sich um Herbstsorten mit einer spezifischen Art der Kulturführung, eingeführt von der Firma Lubera, Schweiz. Diese Kulturführung ist eher für den Kleingarten- und Hobbybereich geeignet. Auch bei den Twotimer-Sorten ist, wie für Herbstsorten typisch, der Ertrag im Juni an der zweijährigen Rute dem Ertrag im Herbst an der einjährigen Rute qualitativ unterlegen.

- *R. idaeus* subsp. *strigosus*[5] – die Amerikanische Himbeere, natürlich vorkommend in Nordamerika. Sie wird inzwischen als eigene Art *R. strigosus* bezeichnet.

Die Amerikanische Himbeere unterscheidet sich von der Europäischen Himbeere durch das Vorhandensein von Stieldrüsen und durch eine steife, fast borstenmäßige Behaarung auf dem dunkelfarbigen Schössling und anderen Achsen (Hegi 1995a, S. 284–594).

- Weiterhin gehört zur Untergattung *Ideobatus* auch die Schwarze Himbeere *R. occidentalis*[6], die in Nordamerika vorkommt.

Gelbe Himbeeren sind Mutationen der Roten Himbeeren. Violette Himbeeren sind Hybriden aus Roten und Schwarzen Himbeeren.
In anderen Regionen der Erde gibt es noch weitere domestizierte Arten, wie

- *R. coreanus*[7], *R. crataegifolius*[8], *R. niveus*[9], *R. parvifolius*[10], *R. phoenicolasius*[11] in Asien (China, Korea, Japan u. a.);
- *R. arcticus*[12] in der Untergattung *Cylactis*, indigen vorkommend in Ost- und Nordeuropa, Asien und Nordamerika, mit Bedeutung in Skandinavien;
- *R. chamaemorus*[13] in der Untergattung *Chamaemorus*, indigen vorkommend in Asien, Ost-, Mittel- und Nordeuropa sowie Nordamerika, mit Bedeutung in Skandinavien.

Die Sorten der Kultur-Himbeere entstanden im Wesentlichen aus der Europäischen Himbeere *R. idaeus* und der Amerikanischen Himbeere *R. strigosus*. Die genetische Basis, die für die Züchtung von Himbeersorten verwendet worden ist, ist sehr eng. Im Wesentlichen gibt es nur fünf Elternformen, auf die die modernen Sorten zurückgehen. Das sind die Sorten 'Lloyd George' und 'Pyne's Royal', abstammend von *R. idaeus*, sowie 'Preussen', 'Cuthbert' und 'Newburgh', von *R. idaeus* und *R. strigosus* abstammend. Die Kulturformen bei Himbeeren unterscheiden sich stark von den Wildformen, die eine große Anzahl an kurzen und dünnen Ruten bilden sowie kleine, weiche und krümelige Früchte haben.
Himbeeren sind anfällig gegenüber einer Reihe von bakteriellen, pilzlichen, viralen und tierischen Schaderregern (Tab. 20.3).

---

[5] Lat. *strigosus* für schmächtig, dürr.

[6] Lat. *occidentalis* für westlich, abendlich.

[7] Lat. *coreanus* für aus Korea.

[8] Lat. *crataegus* für Weißdorn und lat. *folius* für blättrig: weißdornähnliche Blätter.

[9] Lat. *niveus* für schneeweiß.

[10] Lat. *parvus* für klein und lat. *folius* für blättrig: kleinblättrig.

[11] Lat. *phoenix* für purpurrot und gr. *lasios* für dicht behaart, zottig: purpurzottig.

[12] Lat. *arcticus* für nordisch.

[13] Lat. *chamae* für am Boden, an der Erde, niedrig und lat. *morus* für Maulbeerbaum: kleine Pflanze, deren Blätter und Früchte dem Maulbeerbaum ähneln.

Tab. 20.3 Wichtigste Krankheiten bei Himbeere

Krankheit	Schaderreger	Beschreibung
Pilzliche Erkrankungen		
Himbeerrutenkrankheit	Schadkomplex unter Beteiligung von: *Fusarium avenaceum* *Didymella applanata* *Leptosphaeria coniothyrium* *Botrytis cinerea* *Elsinoe veneta* Himbeerrutengallmücke *Thomaiana theobaldi*	Erste Symptome im Frühjahr, wenn die jungen Triebe 20–40 cm hoch sind; an Blattansatzstellen und Knospen violett bis bräunlich gefärbte Flecken, die sich rasch ausdehnen können. Befallene Rindenpartien sterben ab, färben sich silbrig-grau und reißen auf. Befallene Knospen bleiben im Wachstum zurück, vertrocknen im Herbst oder sterben im Winter ab
Himbeerrost	*Phragmidium rubi-idaei*	Blattoberseits grüngelbe Aufhellungen, später Pustelbildung; blattunterseits, an Blattstielen und Ruten kleine orangerote Sporenlager; vorzeitiger Blattfall
Grauschimmel	*Botrytis cinerea*	Befallene Früchte von mausgrauem Pilzüberzug bedeckt; faule Früchte schrumpfen und verhärten
Anthraknose	*Colletotrichum gloeosporioides*	Ungleichmäßige Beerenreife, partielles Eintrocknen der Einzelbeerchen, Fruchtverkrüppelung
Wurzelsterben	*Phytophthora fragariae* var. *rubi*	Blätter hellgrün und klein, oft mit Nekrosen, Triebspitzen welken, junge Ruten sterben plötzlich mitten in der Vegetation
Verticillium-Welke	*Verticillium dahliae*	Welkesymptome an oberirdischen Pflanzenteilen (einzelne Blätter, Triebe), Blattwelke von außen nach innen, Pflanze stirbt im Verlauf der Krankheit ab, Leitungsbahnen zeigen punktuelle Verbräunungen
Bakterienkrankheiten		
Feuerbrand	*Erwinia amylovora*	Jungruten bilden Hirtenstabsyndrom, Läsionen auf den Blättern saugen sich voll Wasser, Austreten von gelblich-orangem Bakterienschleim, befallene Pflanzen werden dunkel bis schwarz, Früchte werden dunkel (braun bis schwarz), hart und bleiben hängen
Bakterienbrand	*Pseudomonas syringae*	Symptome ähnlich wie beim Feuerbrand, Braun- bis Schwarzfärbung des Gewebes, langsame Ausbreitung, manchmal ähnlich wie Herbizidschäden
Virosen		
Himbeermosaik (Raspberry-common-mosaic-Komplex)	Komplex an Viren	Drei Typen lassen sich unterscheiden: Fleckenmosaik (scharf abgegrenzte chlorotische Flecken gleichmäßig verteilt auf Blättern), Adernbänderung (chlorotische Verfärbung um Haupt- und Seitenadern der Blätter sowie Kräuseln der Spitzenblätter) und Adernchlorose (netzartige Aufhellung der Seitenadern); Übertragung durch Blattläuse *Aphis idaei*, *Amphorophora idaei*

Tab. 20.3 (Fortsetzung)

Krankheit	Schaderreger	Beschreibung
Phytoplasmen		
Verzwergungskrankheit der Himbeere und Brombeere (*Rubus stunt*)	*Candidatus Phytoplasma rubi*	Gedrungenes, hexenbesenartiges Aussehen der Pflanze; Bildung zahlreicher dünner, verzweigter Triebe; Fruchtblätter sind verlaubt, Kelchblätter verlängert, Früchte ungenießbar Übertragung durch Zikaden *Macropsis fuscula, M. scotti*

Tierische Schaderreger. Himbeerkäfer (*Byturus tomentosus*), Himbeerrutengallmücke (*Thomasiniana theobaldi*), Himbeer-/Erdbeerblütenstecher (*Anthonomus rubi*), Himbeerblattgallmücke (*Phyllocoptes gracilis*), Kirschessigfliege (*Drosophila suzukii*)

20.2.3 Brombeere

Die Untergattung *Rubus* ist in zwölf Sektionen unterteilt und enthält 265 Arten.[14] Kultivierte Formen der Brombeere entstanden aus Arten der Sektionen *Allegheniensis, Arguti, Rubus* und *Ursini*. Viele Arten dieser Sektionen wurden als wichtige Ressource für die Züchtung eingestuft. Die meisten Kultursorten bei Brombeeren stammen von zwei oder mehr Arten ab und haben daher auch oft kein Epitheton. Die Chromosomenzahl in *Rubus* geht von diploid $2\,n = 2\,x = 14$ bis $2\,n = 18\,x = 126$, einschließlich anorthoploider und aneuploider Formen. Die Kulturformen bei Brombeere können wie folgt gruppiert werden (Clark et al. 2007; Badenes und Byrne 2012, S. 151–190):

- Rankende Brombeeren mit komplexem genetischem Hintergrund. Abstammung von Himbeeren (diploid) und Brombeeren (tetraploid) aus dem Osten Nordamerikas. Prädominierend ist jedoch die im Westen Nordamerikas vorkommende Art *R. ursinus*[15] ($2\,n = 8\,x = 56$ bzw. 84 Chromosomen). Ansonsten kommen die rankenden Brombeeren mit den Chromosomenzahlen 42, 49, 56, 63, 72 und 80 sowie als aneuploide Formen vor. Sie haben einen exzellenten und aromatischen Geschmack und besitzen weniger Samen in den Früchten. Sorten der rankenden Brombeeren wurden im Wesentlichen in Oregon/USA entwickelt. Zu diesen gehören z. B. 'Black Diamond' und 'Obsidan'.
- Aufrechte Brombeeren. Abstammung von domestizierten diploiden und tetraploiden Arten aus dem Osten Nordamerikas. Diese Sorten wurden im Wesentlichen in Arkansas/USA entwickelt und tragen Namen von Indianerstämmen. Dazu gehören 'Navaho', 'Kiowa', 'Apache', 'Chickasaw' und 'Ouachita'. Generell sind diese Sorten stachellos. Herbsttragende Sorten sind die jüngste Entwicklung auf diesem Gebiet.

---

[14] GRIN – Germplasm Resources Information Network, https://npgsweb.ars-grin.gov/gringlobal/taxonomygenus.aspx?id=10574 (Stand 12.7.2016).

[15] Lat. *ursinus* für Bären-, von *ursus* für der Bär.

- Halb aufrechte Sorten. Gehen auf einen ähnlichen genetischen Hintergrund wie die aufrechten Sorten zurück. Sie sind stachellos, sehr wüchsig und haben lange Ruten bis zu 6 m. Sie sind oftmals unwahrscheinlich ertragreich. Dazu gehören 'Thornfree', 'Black Satin', 'Loch Ness' und 'Loch Tay'.
- Europäische Brombeeren. Stammen von diploiden und polyploiden Arten (mit 28, 42, 56 Chromosomen) ab. Der genetische Hintergrund ist so vermischt, dass die Bezeichnung *R. fruticosus*[16] L. agg. üblich ist. In GRIN wird die Art als *R. fruticosus* auct.

Tab. 20.4 Beschreibung der Untergattung *Rubus* unter besonderer Berücksichtigung der Art *R. fruticosus*. (Unter Verwendung von Hegi 1995a, S. 284–594)

Merkmal	Beschreibung
Vorkommen	Zahlreiche Arten in Europa, Nordamerika, in den Gebirgen Südamerikas, in Afrika, im westlichen Asien, im nördlichen Indien, in Japan und Neuseeland
Pflanze	Zweijährige Sträucher; im ersten Jahr werden blütenlose, sommer- oder wintergrüne mehr- oder minder verzweigte Langsprosse gebildet; im nächsten Jahr entstehen an diesen Sprossen in den Achseln Blütenstände. Nach der Fruchtreife sterben die Sprosse ab. Sprosse bestachelt, aufrecht, bogig oder kriechend *R. fruticosus*: mehrjähriger winterkahler oder wintergrüner Strauch mit zweijährigen Zweigen; häufig Kletterpflanzen (Spreizklimmer); Sprossachse stachelig und verholzend; Brombeeren sind generell wüchsiger als Himbeeren
Blatt	Dreizählig bis vier- bis fünfzählig, selten gefiedert oder gefingert *R. fruticosus*: wechselständig; unpaarig gefiedert, bestehend aus drei, fünf oder sieben gezähnten Fiederblättern
Blüte	*R. fruticosus*: Infloreszenz entwickelt sich endständig im zweiten Jahr, wenn Seitentriebe gebildet worden sind; Rispe oder Traube; Blüte zwittrig, fünfzählig mit doppelter Blütenhülle; Blütenboden vorgewölbt; Blütenblätter meist weiß, auch rosa; fünf Kelch- und fünf Blütenblätter; über 20 Staubblätter, frei, fertil; viele Fruchtblätter, frei; Blüte proterogyn, Apomixis vorkommend; Insektenbestäuber
Frucht	Sammelfrucht mit schwarzen, selten roten/grünlichen fleischigen Teilfrüchten, die sich mit dem konischen Boden als Ganzes ablösen *R. fruticosus*: meist blauschwarz; Sammelsteinfrucht, fest am Blütenboden
Reproduktionssystem	Europäische polyploide Brombeeren: fakultative oder obligate Apomixis (Pseudogamie) Nordamerikanische Arten des Ostens: selbstinkompatibel, Pseudogamie kann vorkommen Nordamerikanische Art des Westens: *R. ursinus* zweihäusig
Ploidie	Polyploide Reihe
Vegetative Vermehrung	Vegetativ durch Ausläufer, auch durch Wurzelsprosse und Absenker von Zweigen
Unterteilung bei Brombeeren	Wuchstyp aufrecht/halb aufrecht und rankend; bestachelt oder stachellos; meist an Altruten tragend, die im Vorjahr gebildet werden (floricane); Ausnahme bilden neue Sorten aus Arkansas, die an Jungruten des laufenden Jahres im Herbst tragen (primocane)

---

[16] Lat. *fruticosus* für buschig, staudig, strauchig.

bezeichnet. Dabei wird der Artname im Sinn einer Artengruppe, also agg., angegeben, um die meisten *Rubus*-Arten der Sektion *Rubus* einbeziehen zu können.[17]

- Die Untergattung *Rubus* kommt in der gemäßigten Zone Europas, in Nordafrika, Vorderasien und Nordamerika vor. Eine botanische Beschreibung der Untergattung ist in Tab. 20.4 dargestellt.

Brombeeren sind anfällig gegenüber einer Reihe von pilzlichen und tierischen Schaderregern (Tab. 20.5).

Tab. 20.5 Wichtigste Krankheiten bei Brombeeren

Krankheit	Schaderreger	Beschreibung
Pilzliche Erkrankungen		
Brombeerranken-krankheit	*Rhabdospora ramealis*	Im unteren Bereich der jungen Ranken stecknadelgroße, dunkelgrüne Flecken, die sich rötlich färben; Flecken werden bräunlich, fließen zusammen und breiten sich nach oben aus; Absterben der Ranken im nächsten Jahr
Gnomonia-Rindenkrankheit	*Gnomonia rubi*	Silbrig-weiße bis hellbraune Flecken mit dunklem Rand an Fruchtranken, Knospen und Blattansätzen; Oberhaut der Rinde reißt auf, Rinde verfärbt sich dunkelbraun; Absterben der Ranken
Brombeerost	*Phragmidium violaceum*	Blattoberseits dunkelrote Flecken, blattunterseits gelborange bis orangerote Sporenlager; vorzeitiger Blattfall möglich
Grauschimmel	*Botrytis cinerea*	Befallene Früchte sind von mausgrauem Pilzüberzug bedeckt; faule Früchte schrumpfen und verhärten
Brennflecken-krankheit	*Elsinoe veneta*	An den Ruten weiße Flecken mit rötlichem Rand, später verfärbt sich das Zentrum der Flecken grau und es kommt zum Zusammenfließen der Flecken. Die Triebe oberhalb der Befallsstelle verkümmern oder sterben ab
Anthraknose	*Colletotrichum gloeosporioides*	Ungleichmäßige Beerenreife, partielles Eintrocknen der Einzelbeerchen, Fruchtverkrüppelung
Phytoplasmen		
Rubus-Stauche (*Rubus stunt*), Verzwergungs-krankheit	*Candidatus Phytoplasma pruni*	Gestauchter Habitus der Rute, kurze Ruten, viele kurze Jungruten, lange, breite Kelchblätter, Blütenvergrünung, Durchwuchs einer Blüte oder Frucht aus einer Frucht Übertragung: Zikaden (*Macropsis fuscula*)

Tierische Schaderreger. Brombeergallmilbe (*Acalitus essigi*), Brombeerblattlaus (*Amphorophora rubi*), Kirschessigfliege (*Drosophila suzukii*)

---

[17] https://npgsweb.ars-grin.gov/gringlobal/taxonomydetail.aspx?id=419819.

20.3　Herkunft, Domestikation und Beginn der Züchtung

20.3.1　Himbeere

Himbeeren wurden bereits lange v. Chr. von den Menschen konsumiert, wie archäologische Befunde belegen. Der erste historische Hinweis auf die Europäische Himbeere stammt von Plinius dem Älteren, der in seinem Werk *Naturalis historica* beschreibt, dass die Griechen Früchte ernteten, die nur am Berg Ida wachsen. Wahrscheinlich ist die Art nach dem Ida-Gebirge in der heutigen Türkei benannt. Der Name 'ida' wurde später von Carl von Linné für die Artbezeichnung *idaeus* verwendet. Als Gattungsname wurde *Rubus* eingeführt, was im Lateinischen 'rot' bedeutet. Die Himbeere ist bereits seit dem Altertum als Heilpflanze bekannt. Im Mittelalter wurde sie in Klöstern kultiviert. Im 16. Jahrhundert wurden Himbeeren bereits in ganz Europa angebaut. Am Anfang des 19. Jahrhundert gab es schon mehr als 20 Sorten in den Gärten Englands. Die nordamerikanische Rote Himbeere wurde zu Beginn des 19. Jahrhunderts nach Europa eingeführt, sodass es alsbald auch natürliche Hybridformen zwischen europäischen und nordamerikanischen Roten Himbeeren gab (Hancock 2008, S. 359–392).

Die frühen kommerziell angebauten Himbeersorten waren Selektionen aus Wildbeständen der europäischen Roten Himbeere *R. idaeus*, der amerikanischen Roten Himbeere *R. strigosus* und der nordamerikanischen Schwarzen Himbeere *R. occidentalis*. Aufgrund von ständiger Selbstbefruchtung und Inzucht kam es zu einem Rückgang in der Produktivität.

Zu Beginn des 20. Jahrhunderts befasste sich George Pyne in England mit der Züchtung neuer Sorten, indem er Samen aus freier Abblüte aussäte. Seine erfolgreichste Sorte war 'Pyne's Royal'. Die Sorte 'Lloyd George', eine sommertragende Sorte mit wenigen Früchten am einjährigen Trieb, wurde in den Wäldern bei Kent, in England gefunden. Beide Sorten sind reine *R.-idaeus*-Selektionen und wurden sehr intensiv für Kreuzungen im Züchtungsprogramm in East Malling, Großbritannien (Horticultural Research International) eingesetzt, das in den frühen 1950er-Jahren gestartet worden ist. Die Sorten aus diesem Programm wurden als Malling-Serie in den Anbau gegeben, z. B. 'Malling Promise', 'Malling Jewel'. In East Malling entstanden auch die ersten Herbsthimbeeren, remontierende Formen, von denen u. a. die Sorte 'Autumn Bliss' sehr bekannt ist. Das schottische Züchtungsprogramm am Scottish Crop Research Institute entwickelte die Glen-Serie für neue Sorten, wie 'Glen Moy', 'Glen Prosen' und 'Glen Ample'. Diese sind stachellos, besitzen eine hervorragende Fruchtqualität und eine schöne Fruchtform. Die Himbeersorte 'Glen Ample' wurde gemeinsam mit 'Tulameen' zur Standardsorte in Europa für den Frischmarkt. Letztere ist eine 1980 gezüchtete Sorte aus dem Züchtungsprogramm in Vancouver, Britisch Columbia, Kanada.

In Nordamerika wurden die ersten zielgerichteten Kreuzungen bereits vor den ersten Züchtungsarbeiten in Europa begonnen. Die Sorte 'Latham' (zugelassen 1912) wurde die führende Sorte in den Rocky Mountains und ist dort noch immer im Anbau. Ein großer Fortschritt in der Sortenentwicklung wurde durch die Kreuzung der europäischen

Art *R. idaeus* mit der nordamerikanischen Art *R. strigosus* erreicht. Züchtungsprogramme im pazifischen Nordwesten der USA und Kanada entwickelten Anfang bis Mitte des 20. Jahrhunderts wichtige Sommersorten, wie z. B. 'Willamette', aber auch remontierende Sorten mit kommerzieller Bedeutung. Die Sorte 'Meeker' ist noch heute die Standardsorte für die Verarbeitung in vielen Regionen der USA. Neuere Sorten wie 'Cascade Delight' und 'Cascade Bounty' besitzen inzwischen eine gute Toleranz gegenüber der Roten Wurzelfäule. Nach der Gründung der britischen Züchtung profitierte u. a. das kanadische Zuchtprogramm von der Zusammenarbeit mit den britischen Züchtern. Durch einen regen Austausch von Zuchtmaterial wurden in den Folgejahren Sorten mit exzellenter Fruchtqualität für den Frischmarkt geschaffen. Zu diesen gehören so erfolgreiche Sorten wie 'Nootka' und später 'Tulameen'.

In der zweiten Hälfte des 20. Jahrhunderts wurde in vielen Ländern der Erde Züchtung bei *Rubus* betrieben oder neu gestartet. Eine im Jahr 2001 durchgeführte Umfrage ergab, dass es zu dieser Zeit etwa 40 Züchtungsprogramme in 19 Ländern gab, die meisten Aktivitäten in Europa und Nordamerika. Aus allen diesen Programmen wurden in der Zeit von 1980 bis 2001 insgesamt 142 Himbeer- und 50 Brombeer- bzw. Arthybridsorten zugelassen. Bei Himbeere waren das allein 50 Herbst- und 92 Sommersorten. Die meisten Züchtungsprogramme sind staatlich finanziert oder basieren auf einer Kofinanzierung staatlicher Einrichtungen mit privater Unterstützung. Bei Him- und Brombeere gibt es nur wenige große private Züchtungsprogramme, wie z. B. Driscoll's in den USA.

20.3.2 Brombeere

Archäologische Funde von Brombeersamen gehen auf den Zeitraum um 8000 v. Chr. zurück (Badenes und Byrne 2012, S. 151–190). 300 Jahre v. Chr. schrieb Theophrastos, dass Brombeerhecken angebaut wurden, um die feindliche Armee fernzuhalten. Illustrationen von europäischen Himbeeren und Brombeeren sind in Werken der Antike zu finden. Auch in der Bibel kommt die Brombeere vor, da sie im Heiligen Land heimisch war. Brombeeren, insbesondere Blätter und Triebe, wurden schon in frühen medizinischen Schriften zur Heilung empfohlen. Ein Beispiel dafür ist *De Materia Medica* von Pedanios Dioskurides aus dem 1. Jahrhundert. Das erste Bild von einem Brombeerstrauch findet man im Anicia-Juliana-Kodex (Wiener Dioskurides), einer spätantiken Sammelhandschrift, angefertigt um 512 n. Chr. (Abb. 20.2). Ab dem 17. Jahrhundert wurden Brombeeren auch in Gartenbüchern erwähnt. Da die Brombeeren i. d. R. in Wildbeständen weit verbreitet waren, bestand kaum ein Interesse an einer Domestikation. Über Jahrtausende blieb sie eine typische Sammelfrucht. Erst im 19. Jahrhundert wurde sie tatsächlich auch in Gärten angebaut. Zu dieser Zeit wurden erste Auslesen aus Wildbeständen kultiviert. Die erste Sorte, die namentlich genannt worden ist, war 'Dorchester' im Jahr 1841 in Nordamerika. Später folgte dann die Sorte 'Lawton' (1854), die weithin in Nordamerika gepflanzt worden ist. Neben der Züchtung neuer Brombeersorten wurden auch einige interspezifi-

Abb. 20.2 Brombeerstrauch aus dem Kodex Wiener Dioskurides. (Quelle: Seite aus dem *Codex medicus graecus 1* der Österreichischen Nationalbibliothek, fol 83 recto)

sche *Rubus*-Hybriden, wie Longanbeere, Boysenbeere und Taybeere erzeugt. Von diesen Hybridbeeren existieren inzwischen jeweils verschiedene Sorten (Tab. 20.9; Abb. 20.3).

Die Loganbeere (*R. loganobaccus*) entstand in den 1880er-Jahren als allohexaploide Hybride zwischen einer *R.-ursinus*-Selektion 'Aughinbaugh' (8 x) und der *R.-idaeus*-Sorte 'Red Antwerp' (2 x) im Garten von Judge James Logan in Kalifornien, auf den der Name verweist (Hancock 2008, S. 83–114). Inzwischen gibt es eine Reihe von Sorten der Loganbeere. Darunter befinden sich auch stachellose Formen.

Eine der Loganbeere ähnliche Hybride unsicherer Herkunft ist die um 1920 von Rudolf Boysen in Kalifornien ausgelesene Boysenbeere. Diese Hybride ist heptaploid (7 x) und stammt vermutlich aus einer Kreuzung zwischen der Loganbeere und einer nordamerikanischen Brombeerart. Auch von der Boysenbeere gibt es inzwischen einige Sorten. Große wirtschaftliche Bedeutung hat die Boysenbeere v. a. in Neuseeland.

Die Taybeere ist eine Hybride, die durch Kreuzung des oktoploiden Bastards 'Aurora' mit einer tetraploiden Sorte von *R. idaeus* im Jahr 1962 am Scottish Crop Research Institute entstanden ist (Abb. 20.3).

Die ersten Züchtungsprogramme auf wissenschaftlicher Basis entstanden in den USA, gefolgt vom John Innes Institut in England, das den größten Erfolg mit der Entwicklung von 'Merton Thornless' hatte. Diese Sorte wurde später zur primären Quelle der Stachellosigkeit für alle tetraploiden Sorten. In den USA gibt es heute mehrere aktive Züchtungsprogramme bei Brombeere. Eine besondere Entwicklung sind die rankenden Brombeeren, die zur Entstehung eines neuen Industriezweigs geführt haben. Diese Pflanzen bilden sehr lange Ruten, die am Boden ranken oder an Drähten in einem Spalier gebunden werden. Sie haben eine exzellente Fruchtqualität, aber nur geringe Winterhärte. Um den Anbau zu erleichtern, wurden inzwischen auch stachellose Formen der rankenden Brombeeren entwickelt. Neben der Züchtung rankender Sorten wird zudem an der Verbesserung aufrecht wachsender Sorten gearbeitet. Auch hier wurden stachellose Genotypen eingekreuzt. Im Ergebnis entstand 1989 'Navaho', die erste aufrecht wachsende Brombeersorte ohne Stacheln (Züchter: Universität Arkansa, USA). 'Navaho' besitzt große, sehr feste und sehr aromatische Früchte. Diese Sorte ist robust und gesund. Auf der Basis von 'Navaho' ist inzwischen eine Reihe von aufrecht wachsenden Formen entstanden. Eine weitere Errungenschaft ist die Entwicklung erster Herbstbrombeersorten, wie z. B. 'Prime-Jan', 'Prime-Jim' und 'Prime-Ark45'. Diese blühen und fruchten ähnlich wie die

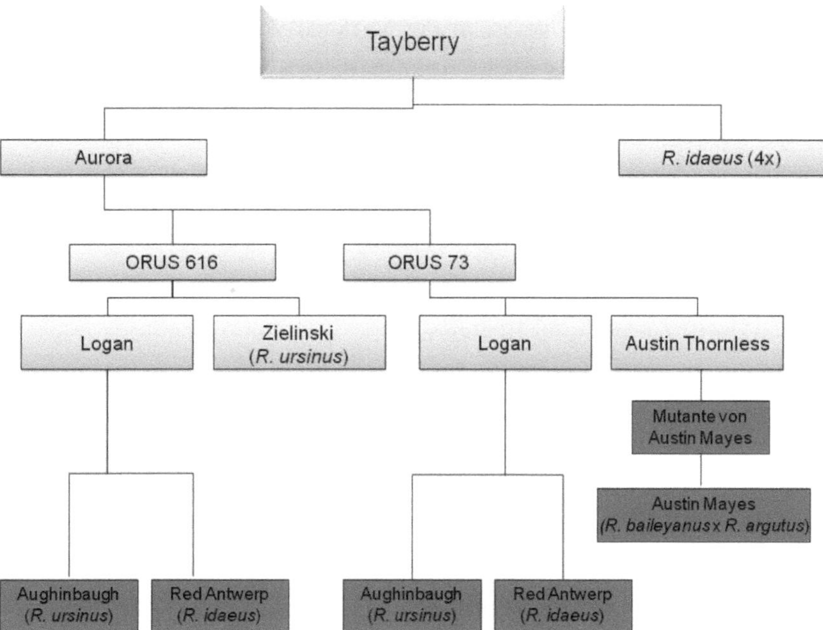

Abb. 20.3 Stammbaum der Taybeere, einer komplexen interspezifischen *Rubus*-Hybride

Herbsthimbeeren sehr spät in der Vegetationsperiode an den Ruten des laufenden Jahres. Die heute verfügbaren Sorten haben alle noch Stacheln. An stachellosen Formen wird jedoch gearbeitet. In Europa werden weiterhin Brombeersorten aus schottischer Züchtung angeboten, beispielsweise 'Loch Ness' und 'Loch Tay', die halb aufrecht wachsen und sich gut als Hecke erziehen lassen.

20.4 Zuchtziele und Zuchtfortschritt

20.4.1 Himbeere

Wesentliche Zuchtziele für Himbeeren sind in Tab. 20.6 aufgeführt. Zur Erreichung dieser Zuchtziele steht die Nutzung von Allelen aus dem Genpool der Wildarten im Vordergrund. Voraussetzungen dafür sind ein tief greifendes Verständnis der molekularen Grundlagen für die Vererbung von Schlüsselmerkmalen sowie die Verbesserung der phänotypischen und genotypischen Evaluierung von genetischen Ressourcen.

Um den Anbau von Himbeeren regional ausweiten und auf klimatische Veränderungen reagieren zu können, stehen im Mittelpunkt der züchterischen Anstrengungen Toleranzen gegenüber abiotischen Stressfaktoren, wie Winterhärte, hohe Temperaturen im Sommer und ein geringes Kältebedürfnis. Winterhärte beinhaltet die Fähigkeit zur Abhärtung im Herbst, die Widerstandsfähigkeit gegenüber tiefen Temperaturen im Winter, die Fähigkeit, Temperaturschwankungen zu überstehen, ohne dass die Dormanz gebrochen wird, sowie ein später Austrieb. Donoren für das Merkmal Winterhärte sind insbesondere in vielen *Rubus*-Wildarten wie *R. idaeus*, *R. sachalinensis*, *R. chamaemorus*, *R. crataegifolius* und *R. arcticus* zu finden. Die Entwicklung der herbsttragenden Himbeeren war eine bedeutende Leistung im Hinblick auf Winterhärte. Da die Ruten im Herbst entfernt werden, können tiefe Temperaturen keine Schäden an den Jungruten anrichten. Lediglich der in der Erde verbleibende Pflanzenstock könnte betroffen werden. In südlicheren Gebieten werden dagegen solche Zuchtziele wie Hitze- und Trockentoleranz relevant. In diesen

Tab. 20.6 Aktuelle Zuchtziele für Himbeeren

Zuchtziel	Merkmal
Fruchtqualität	Bessere Vorerntequalität Besseres Nachernteverhalten (shelf life) Größere Früchte, Attraktivität der Frucht, Fruchtfarbe Toleranz gegen physikalische Verletzung durch Wind, Hagel, Maschinen Samenlosigkeit oder kleine Samen
Resistenz und Anpassung an Umweltbedingungen	Gegen Ruten- und Wurzelkrankheiten, Fruchtfäulen, Viruserkrankungen Toleranz gegen Hitze, Trockenheit, Kälte
Ertrag	Hohe Anzahl an Früchten je Rute und Seitentrieb Eignung für maschinelle Ernte

Regionen werden Sorten benötigt, die ein geringes Kältebedürfnis aufweisen, damit es zu weniger morphologischen Fehlbildungen in fruchtenden Knospen kommt, wenn das Kältebedürfnis nicht vollständig befriedigt ist.

Ein wichtiges, aber sehr komplexes Zuchtziel ist die Eignung der Früchte für die maschinelle Ernte. Dafür sind genaue Kenntnisse zur Variabilität des Reifeprozesses und zum optimalen Zeitpunkt für das Ablösen der Früchte notwendig. In der Regel gibt es bei Himbeeren eine Anpassung der Sorten an spezifische Verwendungszwecke. Nach der angestrebten Verwendung richtet sich auch die Fruchtfarbe. Tiefrote Früchte sind für die Verarbeitung, hellrote Früchte für den Frischmarkt geeignet. Die Größe der Samen trägt zur Fruchtqualität bei. Da Samenlosigkeit oder Parthenokarpie bei einzelnen Genotypen vorkommt, wurde versucht, dieses Merkmal in Sorten einzubringen.

In den meisten Anbauregionen für Himbeeren sind inzwischen erhebliche Ausfälle des Bestands aufgrund von Wurzel- und Rutenerkrankungen zu verzeichnen. Diese sind in den letzten Jahren zu einem produktionslimitierenden Faktor geworden. Zu den Erkrankungen gehört die Wurzelfäule, die den Himbeeranbau vollständig zum Erliegen bringen kann. Der Schaderreger ist *Phytophthora fragariae* var. *rubi*, der Rassen in Europa und Nordamerika bildet. Neben der Anwendung verschiedener pflanzenbaulicher Maßnahmen, einschließlich Fungizidapplikation, ist der Anbau resistenter Sorten die effektivste Kontrolle der Erkrankung. Quantitative Resistenzen sind in den Sorten 'Newburgh', 'Meeker' und 'Sumner' vorhanden. In anderen Sorten wie in 'Winklers Sämling' (syn. 'Asker') und 'Latham', wurden mono- bzw. digene Resistenzen gefunden. Viele europäische Sorten zeigen rassespezifische (meist monogene) Resistenzen. Solche monogenen Resistenzen sind allein nur bedingt brauchbar, da sie aufgrund der Rassenbildung des Erregers schnell durchbrochen werden können. In der Züchtung muss daher das Ziel der Pyramidisierung durch Erschließung von verschiedenen Resistenzquellen verfolgt werden. Als Resistenzquellen gelten eine Reihe von Himbeersorten aus amerikanischer Züchtung sowie *Rubus*-Wildarten, einschließlich der Brombeere *R. ursinus*. Die Resistenzprüfung in Züchtungsprogrammen wird durch künstliche Infektion im Gewächshaus oder bei hohem Infektionsdruck im Freiland durchgeführt (Abb. 20.4). Aus solchen Züchtungsprogrammen sind mit 'Cascade Delight', 'Boyne', 'Prelude', 'Cascade Dawn' und 'Cascade Bounty' inzwischen einige tolerante bzw. resistente Sommersorten hervorgegangen. Leider erwies sich 'Cascade Delight' in Deutschland als anfällig gegenüber der Himbeerrutenkrankheit. Auch bei den Herbstsorten gibt es mit 'Autumn Bliss', 'Jaclyn' und 'Josephine' einige mit guter Resistenz gegenüber der *Phytophthora*-Wurzelfäule.

Zu den gefürchteten Krankheiten an den Früchten gehört der Grauschimmel, hervorgerufen durch *Botrytis cinerea*. Diese Krankheit ist der Hauptgrund für die Einführung des geschützten Anbaus in Folietunneln für die Frischmarktproduktion. *B. cinerea* befällt auch Ruten. Resistenzquellen für *Botrytis*-Fruchtfäule sind ebenfalls in *Rubus*-Wildarten zu finden. Fruchtmerkmale, die die Fruchtqualität erhöhen, beispielsweise Festigkeit, geringe Größe der Einzelfrüchtchen und eine feste Fruchthaut, helfen ebenfalls, die Widerstandsfähigkeit gegenüber der Fruchtfäule zu verbessern.

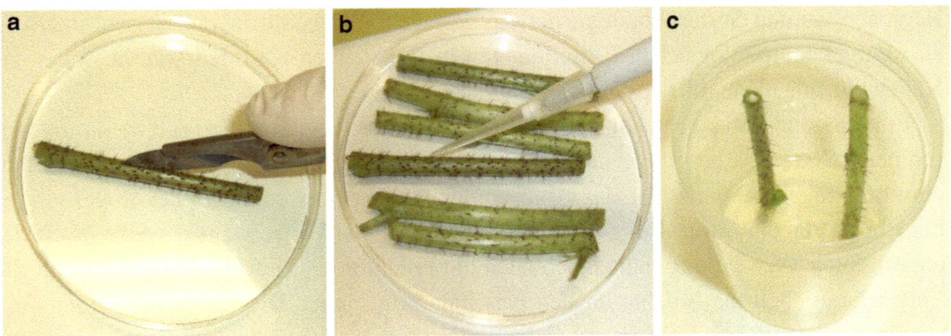

Abb. 20.4 Prüfung von Himbeersorten im Labor auf Anfälligkeit gegenüber Himbeerrutenkrankheit. a Von den Jungruten werden Stängelstücke entnommen, die unter sterilen Bedingungen mit einem Skalpell über eine Länge von 1 cm angeritzt werden. **b** Anschließend wird in die Verletzung eine definierte Menge Inokulum (mit definierter Erregerkonzentration) aus einer Pilzkultur eingebracht. **c** Die infizierten Rutenabschnitte werden dann auf künstlichem Nährmedium kultiviert. In definierten Zeitabschnitten werden die Ausbreitung und die Entwicklung der Infektion bewertet

An dem Schadkomplex der Himbeerrutenkrankheit sind die Pilze *Didymella applanata*, *B. cinerea*, *Leptosphaeria coniothyrium*, *Elsinoe veneta* und *Fusarium avenaceum* sowie die Himbeergallmücke als Wegbereiter beteiligt. Die Abb. 20.5. zeigt die Anfälligkeit verschiedener Sorten von Himbeeren gegenüber *Fusarium avenaceum*. Die in Deutschland vorrangig angebauten Sorten 'Tulameen' und 'Glen Ample' sind anfällig. Gegen die genannten Erreger sind Resistenzquellen in *Rubus*-Wildarten zu finden. Diese werden in einer Reihe von Züchtungsprogrammen in der Welt eingekreuzt.

Die Himbeere ist als vegetativ vermehrbare Kulturpflanze stark für eine Vielzahl an Viruserkrankungen prädestiniert. Um eine wirtschaftliche Produktion gewährleisten zu können, ist die Verwendung von virusfreiem Pflanzgut notwendig. Große Bedeutung hat der Himbeermosaikkomplex, an dem eine Reihe von Viren[18] beteiligt ist. Der Ansatz zur Züchtung vektorresistenter (Vektoren sind Blattläuse wie *Amphorophora idaei*, *A. rubi* und *A. agathonica*) Himbeersorten wird in East Malling seit mehr als 50 Jahren erfolgreich verfolgt. Inzwischen ist Vektorresistenz ein wichtiges Zuchtziel in vielen Programmen und wird ebenfalls bei Brombeere angestrebt. Es gibt eine Reihe von Biotypen (fünf bei *A. idaei*, vier bei *A. rubi* und sechs bei *A. agathonica*) und nicht jede Resistenz wirkt gegen jeden dieser Typen. Inzwischen wurden mehrere pflanzliche Resistenzgene (Ag_1-Ag_5 in *R. occidentalis*, A_1-A_{10} in *R. idaeus*) identifiziert, die in ihrer Effizienz unterschiedlich sind. Ziel der Züchtung ist es heute, diese Resistenzen zu pyramidisieren und weitere, möglichst unterschiedliche Resistenzquellen zu erschließen, damit ein Durchbrechen der Resistenz durch das Auftreten neuer Biotypen verhindert werden kann.

---

[18] *Rubus yellow net virus* (RYNV), *Black raspberry necrosis virus* (BRNV), *Raspberry leaf mottle virus* (RLMV), *Raspberry leaf spot virus* (RLSV).

Abb. 20.5   Auswertung eines Versuchs zur künstlichen Infektion von Himbeerruten mit *Fusarium avenaceum* im Labor. In Abhängigkeit von der Anfälligkeit der geprüften Genotypen bei Himbeere entwickelt sich der Pilz an der Infektionsstelle über verschiedene Stadien der Nekrosenbildung bis zur Sporulation

Pollen- und samenübertragbar ist das Zwergbuschvirus (engl. raspberry *bushy dwarf virus*) (RBDV), das weltweit vorkommt und sich rasch in anfälligen Sorten ausbreiten kann. Es kommt auch an Schwarzer Himbeere und Brombeere vor. Der Befall zeigt sich insbesondere in Krümelfrüchtigkeit. Es gibt mehr als 80 Sorten, die das Resistenzgen *Bu* tragen und als widerstandsfähig gelten. Es gibt bislang nur zwei Sorten mit einer Feldresistenz gegenüber diesem virulenten Stamm. Eine Sorte ist 'Schönemann'. Es wird zurzeit daran gearbeitet, die Resistenzzüchtung gegenüber RBDV mit markergestützter Selektion zu realisieren. Parallel dazu wurden in den USA resistente Pflanzen mithilfe genetischer Transformation erzeugt, die jedoch aufgrund der gentechnischen Veränderung nicht für den Anbau zugelassen worden sind.

20.4.2   Brombeere

Wesentliche Zuchtziele für Brombeeren sind in Tab. 20.7 aufgeführt. Der Anbau von Brombeeren basierte zunächst auf Auslesen wild wachsender Brombeerarten oder Zufallssämlingen. Diese Genotypen waren die Basis für die genetische Verbesserung seit den frühen Jahren des 20. Jahrhunderts. Eine der ersten Erfolge war die Kombination der Brombeerarten aus dem Osten der USA mit den Brombeer- und Himbeerarten aus dem Westen der USA, wodurch ein unermesslich großer Genpool entstanden ist. Folglich wandelte sich die Obstart Brombeere von einer wild wachsenden Pflanze zu einer kommerziellen Obstart im Supermarkt. Ausschlaggebend dafür war, dass in allen Züchtungs-

Tab. 20.7 Aktuelle Zuchtziele für Brombeeren

Zuchtziel	Merkmal
Fruchtqualität	Aroma und ausgeglichenes Zucker-zu-Säure-Verhältnis Mehr Süße für den Frischmarkt Keine Bitter- und Gerbstoffe Lagerfähigkeit und hohe Nacherntequalität der Früchte Mittlere Fruchtgröße (8–10 g) Kleine Samen
Resistenz und Anpassung an Umweltbedingungen	Winterfestigkeit Toleranz gegenüber Sonnenbrand und Hitze Geringes Kältebedürfnis (*low chilling requirement*) Breite Anpassung an Umweltbedingungen in anderen Klimaregionen (bis in die Tropen)
Ertrag	Reifezeitstaffelung der Sorten Eignung für maschinelle Ernte bei bestimmten Wuchstypen
Pflanzenwuchs	Wuchstyp für verschiedene Anbausysteme und Verwendungszwecke Stachellosigkeit

programmen die Verbesserung der Fruchtqualität bei Brombeere eines der wichtigsten Kriterien darstellte. Die für die Brombeerzüchtung vorhandenen genetischen Ressourcen bieten eine große Variabilität zur Verbesserung der Merkmale Fruchtqualität, Ertrag, Stachellosigkeit, Wuchs, Resistenz gegen biotische Schaderreger sowie Anpassung an Klimabedingungen. Limitiert ist dagegen die Verbesserung der Merkmale Samenlosigkeit, Anpassung an Hitzestress bei remontierenden Sorten, Resistenz gegenüber Sonnenbrand, Virusresistenz, Winterhärte und Regenfestigkeit.

Brombeeren sind generell breit an klimatische Bedingungen und Böden angepasst. Sie vertragen weniger gut tiefere Wintertemperaturen als Himbeeren. Tiefe Temperaturen im Winter sind daher oft begrenzend für den Anbau und führen zu Schäden an Ruten und Blütenknospen. Herbsttragende Brombeeren könnten in diesem Fall von Vorteil sein.

Unzureichende Summen an niedrigen Temperaturen im Winter kompensieren das Kältebedürfnis nicht. Aus diesem Grund sind für wärmere Regionen Sorten mit geringerem Vernalisationsbedarf notwendig. In Brasilien und den USA wird daran züchterisch gearbeitet. Die neuen Sorten aus Arkansas wie 'Prime-Jim' und 'Kiowa' benötigen nur noch 200–300 h unter 7 °C im Vergleich zu 'Navaho' mit 800–900 h (Badenes und Byrne 2012, S. 151–190).

Brombeeren sind toleranter gegenüber Hitze und UV-Strahlung als Himbeeren. Dennoch ist Toleranz gegenüber diesen abiotischen Faktoren ein wichtiges Zuchtziel, um Brombeeren in unterschiedlichen Regionen anbauen zu können.

Den Merkmalen Wuchstyp (rankend, halb aufrecht und aufrecht wachsend) sowie Stachelbesatz wird in der Züchtung viel Aufmerksamkeit geschenkt. Der Wuchstyp der Ruten ist ein quantitatives Merkmal, sodass in Nachkommenschaften verschiedene Genotypen in unterschiedlichen Verhältnissen vorkommen. Die verschiedenen Wuchstypen haben bei

Brombeeren unterschiedliche Vorteile für die einzelnen Produktionsverfahren. Aufrecht wachsende Formen können z. B. maschinell beerntet werden und benötigen kein Stützsystem. Herbsttragende Brombeeren sind gerade erst in der Entwicklung. Da dieses Merkmal rezessiv vererbt wird, treten in einer Nachkommenschaft nur wenige Genotypen mit diesem Merkmal auf. Das macht ein Zuchtprogramm recht aufwendig.

Brombeeren sind entweder ohne Stacheln oder haben Stacheln, die unterschiedliche Formen aufweisen. Oftmals werden die Stacheln als Dornen, insbesondere mit dem englischen Begriff *thorn*, bezeichnet. Botanisch gesehen sind es jedoch Stacheln. Für Stachellosigkeit gibt es eine Reihe von Donoren. Einige von ihnen vererben das Merkmal rezessiv, andere dominant. Stacheln gibt es auf unterschiedlichen Ploidiestufen (4 x, 6 x oder höherploid). Bei einigen ist dieses Merkmal an unerwünschte Merkmale gekoppelt. Vier Quellen für Stachellosigkeit sind dabei von besonderem Interesse:

- das rezessive Gen s aus 'Merton Thornless',
- das dominante Gen S_f aus 'Austin Thornless',
- das dominante Gen S_{TE} aus 'Thornless Evergreen' (eine tetraploide rankende Brombeere und Periklinalchimäre der $R.$-*laciniatus*[19]-Sorte 'Evergreen') und
- das dominante Allel S_{fL} aus 'Lincoln Logan'.

Die Stachellosigkeit von 'Merton Thornless' stammt ursprünglich aus *R. ulmifolius* und wird durch vier rezessive Allele des Gens s bedingt. Bei einer Kreuzung stachellos × stachellos entsteht eine Nachkommenschaft, in der alle Sämlinge stachellos sind. Dagegen ergibt mit Stacheln × stachellos immer auch heterozygote Nachkommen. Die 'Merton-Thornless'-Quelle wurde stark für die Entwicklung von tetraploiden aufrecht und halb aufrecht wachsenden Sorten genutzt. Die Stachellosigkeit von 'Austin Thornless' wird oft in der Züchtung auf dem hexa- und höherploidem Niveau benutzt. Sie ist somit insbesondere für die Züchtung von rankenden Sorten relevant. Die Tab. 20.8 enthält einige Beispiele für stachellose Sorten bei Brombeere und gibt Auskunft über den genetischen Ursprung der Stachellosigkeit.

Fruchtqualität hat Priorität sowohl für Brombeeren als Verarbeitungsprodukte wie auch für den Frischmarkt. Für die Verarbeitung besteht eher Bedarf an einem höheren Säuregehalt, um die Stabilität der Anthocyane während der Verarbeitung zu garantieren. Für den Fischmarkt spielen Aroma und Süße der Früchte eine Rolle. Die Lagerfähigkeit der Früchte ist von großer Bedeutung für den Transport aus den USA nach Europa. Hier sind Attraktivität der Früchte, Fruchtfestigkeit und Aroma relevant. Es hat sich gezeigt, dass die Fruchtfestigkeit auf dem Feld kein zuverlässiger Indikator für das Nacherntehalten ist. Für die Verarbeitung spielen andere Merkmale eine Rolle: leichtes Abtrennen der Früchte von der Pflanze bei Nutzung einer Schüttelerntemaschine, Festigkeit bei der Ernte und Sortierung, intensive Fruchtfarbe, geringe Samengröße.

---

[19] Lat. *laciniatus* für mit Streifen besetzt.

Tab. 20.8 **Ausgewählte Beispiele für stachellose Brombeersorten.** (Coyner et al. 2005)

Sorte	Gen	Ploidie	Art der Vererbung
Merton-Thornless-Typ			
Burbank Thornless	s	2 x	Rezessiv
R. inermis[a]	s	2 x	Rezessiv
Apache	s	4 x	Rezessiv
Black Satin	s	4 x	Rezessiv
Merton Thornless	s	4 x	Rezessiv
Navaho	s	4 x	Rezessiv
Thornfree	s	4 x	Rezessiv
R.-*laciniatus*-Typ			
Everthornless	S_{TE}	4 x	Dominant
Thornless Evergreen	S_{TE}	4 x	Dominant
Austin-Thornless-Typ			
Austin Thornless	S_f	8 x	Dominant
Waldo	S_f	6 x	Dominant
Whitford-Thornless-Typ			
Whitford Thornless	–	2 x	Rezessiv
R.-*canadensis*[b]-Typ			
Per Can	–	3 x	–
Perron's Black	–	3 x	–
Logan-Thornless-Typ			
Cory Thornless	S_{fL}	6 x	Dominant
Thornless Logan	S_{fL}	6 x	Dominant
Andere Typen			
Bedford Thornless	–	6 x	Dominant
Cameron	–	–	–
Jumbo	–	–	–
Thornless Boysen	–	7 x	–

[a] Lat. *inermis* für unbewaffnet, unbewehrt.

[b] *canadensis* für kanadisch.

20.5 Zuchtmethoden und -techniken

20.5.1 Kombinationszüchtung

Die Auswahl der Eltern für eine Kreuzung erfolgt meist anhand phänotypischer Merkmale. Zunehmend wird auch der Genotyp berücksichtigt. Wichtig ist, dass virusfreies Pflanzenmaterial für die Kreuzungen verwendet wird, da einzelne Viren (z. B. RBDV) pollen- und samenübertragbar sind. Kreuzungen werden im Feld oder an getopften Pflanzen im Gewächshaus durchgeführt. Kastration, Isolation gegen ungewollte Fremdbefruchtung sowie Pollenübertragung auf die bevorzugten Mutterpflanzen erfolgen in adäquater Weise wie für Rosaceae üblich und für Erdbeere detailliert beschrieben. Die Samen werden mit unterschiedlichen Techniken aus den kleinen Früchtchen geerntet, auf Filterpapier getrocknet und für eine Langzeitlagerung im Kühlschrank aufbewahrt. Bei Brombeere kann z. B. das Herauslösen der Samen aus den Beeren dadurch erreicht werden, dass die Früchte in Wasser unter Zugabe von Pektinase verdaut werden.

Rubus-Samen keimen generell schlecht. Aus diesem Grund benötigen sie sowohl eine Skarifikation als auch eine Stratifikation. Die Methodik richtet sich nach den für die Kreuzung verwendeten *Rubus*-Arten und den daraus entstandenen Samen. Insbesondere die Samengröße und die Dicke des Perikarps der Samen sind dabei zu beachten. Die Skarifikation erfolgt in konzentrierter Schwefelsäure für bis zu 20 min mit einer anschließenden Neutralisation in Natriumbikarbonat und Kalziumhypochlorit. Danach erfolgt die Stratifikation. Für Himbeere ist eine Stratifikation bei 4–5 °C für 150–180 Tage ausreichend. Bei rankenden Brombeeren beträgt die Dauer vier bis sechs Wochen, bei aufrechten und halbaufrechten Typen 12–15 Wochen. Die Samen werden dafür vorher mit Wasser reichlich angefeuchtet, in Gaze durchlässig verpackt und in einer Kiste mit feuchtem Filterpapier gelagert. Die Stratifikation kann auch mit wechselndem Temperaturregime (warm, kalt) durchgeführt werden. Die Aussaat erfolgt in ein Torferde-Sand-Gemisch (50:50) in Aussaatschalen. Die Keimung erfolgt bei Himbeere nach zwei bis fünf Wochen, bei Brombeere dauert es bis zu vier Wochen. Anschließend werden die Sämlinge in größere Töpfe umgetopft und später in das Freiland gepflanzt. Bei schwierigen Kreuzungen, z. B. bei interspezifischer Hybridisierung, können die Samen auch *in vitro* ausgesät werden. Dabei ist jedoch ebenfalls eine Stratifikation angebracht.

An den jungen Sämlingen können bereits im Gewächshaus erste Resistenztests gegenüber pilzlichen Schaderregern durchgeführt werden, z. B. *Phytophthora rubi*. Die besten Sämlinge kommen dann in ein Sämlingsquartier. Dort werden sämtliche Pflanzen verworfen, die grundsätzlich nicht dem Zuchtziel entsprechen, z. B. virusinfizierte Pflanzen, Pflanzen mit schlechten Ertrags- und Fruchtmerkmalen oder schlechtem Wuchs. Erfolgversprechende Sämlinge werden verklont, in Wiederholungen gepflanzt und zwei Jahre nach der Pflanzung auf obstbauliche Merkmale sowohl im Feld wie auch im Labor evaluiert. Dabei spielen v. a. Merkmale wie Ertragsleistung, Wuchsform, Fruchtgröße, Festigkeit, Brix-Wert der Früchte, Geschmack, Fruchtfäule sowie Inhaltsstoffe eine Rolle. Die Pflanzen sollten aufrecht wachsende, möglichst stachelfreie Ruten haben und eine ausreichende Anzahl gesunder Jungruten bis zum Herbst bilden. Die lateralen Verzweigungen sollten kurz bis mittellang sein, aufrecht wachsen und gut verteilt Früchte positioniert haben. Während der späten Wintermonate vor dem Austrieb werden die Klone dann auf Ruten- und Wurzelkrankheiten bonitiert. Die Evaluierung der Anfälligkeit gegenüber Blattkrankheiten erfolgt im Sommer. Die besten Klone werden als Sortenkandidaten an mehreren Orten, in Wiederholungen und im Vergleich zum Standardsortiment geprüft.

20.5.2 Methoden zur Erzeugung von Variabilität

Interspezifische und intergenerische Hybridisierung
Interspezifische Hybridisierung zwischen Arten der Untergattung *Idaeobatus* und anderer
Rubus-Arten wird sehr oft genutzt, um entsprechende Gene in die Himbeere zu übertragen. Ungefähr 40 Arten der Gattung *Ideobatus* sowie einige Arten der Untergattungen
Cylactis, Anoplobatus, Chamaemorus, Dalibardastrum, Malachobatus und *Rubus* wurden
in der Himbeerzüchtung als Gendonoren genutzt (Hancock 2008, S. 359–392). Aller-
dings führt dies häufig zu Problemen bei der Zellteilung aufgrund von chromosomaler
Reorganisation und zur Entstehung einer sehr großen Variabilität in den spaltenden Populationen mit letalen, nicht lebensfähigen Individuen. Der größte Erfolg wurde dann
erreicht, wenn verwandte Arten in der Untergattung *Idaeobatus* oder die polyploide Art
R. ursinus (Brombeere) verwendet worden sind. Das sehr diverse Genmaterial ist eine
Quelle für veränderte Pflanzenarchitektur und Phänologie, biotische und abiotische Resistenz sowie für verbesserte Fruchtqualität. Allerdings dauert es mehrere Generationen,
um wieder marktfähige Genotypen zu erhalten. Die amerikanische Rote Himbeere *R. strigosus* wurde als Quelle für Resistenz gegenüber Roter Wurzelfäule sowie als alternative
Resistenzquelle gegen verschiedene Blattlausarten genutzt.

Eine Reihe von Arten der Untergattung *Idaeobatus* tragen multiple Resistenzen (Hancock 2008, S. 359–392), wie

- *R. crataegifolius* – gegen Fruchtfäule, *Botrytis*-Rutenkrankheit, Himbeerrutengallmücke, Himbeerkäfer, Wurzelnematoden;
- *R. coreanus* – gegen Blattläuse, Rutenkrankheiten, Mehltau, Himbeerkäfer, Blattkrankheiten, Wurzelfäule;
- *R. mesogaeus*[20] – gegen *Botrytis*-Rutenkrankheit, Himbeerrutengallmücke, Himbeer-
rutenkrankheiten;
- *R. parvifolius* – gegen Blattkrankheiten, Spinnmilben, Wurzelfäule, Fruchtfäule, Himbeerkäfer;
- *R. pileatus*[21] – gegen Rutenkrankheiten, Fruchtfäule, Wurzelfäule.

Einige interspezifische Hybriden, die z. T. auf sehr komplexe Kreuzungsschemata zurückgehen (Tab. 20.9), haben in verschiedenen Ländern eine große wirtschaftliche Bedeutung erlangt.

Mutationszüchtung
Bei Him- und Brombeere hat die künstliche Mutagenese bis heute keine Rolle in der
praktischen Sortenzüchtung gespielt. Dennoch gab es einige wenige Versuche, die i. d. R.
wissenschaftliche Zielstellungen in der Grundlagenforschung beinhalteten. Spontane Mu-

---

[20] Gr. *mesos* für der mittlere.
[21] Lat. *pileatus* für mit einer Filzkappe versehen.

Tab. 20.9 Ausgewählte interspezifische *Rubus*-Hybriden mit kommerziellem Nutzen

Hybride	Herkunft[a]	Ausgewählte Sorten
Longanbeere	Aughinbaugh (*R. ursinus*) × Red Antwerp (*R. idaeus*)	Phenomenal, Thornless Logan, Thornless Young, Logan LY654, Logan LY59, Sunberry
Boysenbeere	Loganbeere (*R. loganobaccus*) × nordamerikanische Brombeerart (vermutlich *R. baileyanus*)	Boysenberry, Thornless Boysenberry, Riwaka's Choice, Boysen-72
Taybeere (Abb. 20.6)	Aurora × *R. idaeus* (4 x)	Tayberry, Buckingham Tayberry, Medana Tayberry, Tummelberry

[a] Bezeichnet die Herkunft der ersten Sorte dieser Hybridbeere.

tationen wurden jedoch in vielen *Rubus*-Arten beschrieben. Für die Züchtung waren dabei v. a. Mutanten mit veränderter Fruchtfarbe oder Fruchtgröße sowie stachellose Formen von Interesse. Gerade für die Fruchtfarbe gibt es bei Himbeere zahlreiche Mutanten (Abb. 20.7). Diese meist gelbfrüchtigen Formen wurden bislang bei mehreren Sorten gefunden. Bei einigen Sorten wurden sogar mehrere Mutanten unabhängig voneinander selektiert. Das ist z. B. bei den gelbfrüchtigen Sorten 'Golden Bliss', 'Golden Everest', 'Lumina' und 'Allgold' der Fall, die alle von der rotfrüchtigen Herbstsorte 'Autumn Bliss' abstammen. 'Golden Bliss' und 'Golden Everest' sind selektierte Spurtypen, 'Allgold' ist ein Zufallssämling und für 'Lumina' wird ein apomiktischer Ursprung angenommen.

Eine stachellose Mutante ist bei Himbeere z. B. für die Sorte 'Willamette' beschrieben. Diese hat aber aufgrund ihrer unklaren Vererbung keinen Eingang in die Züchtung gefunden. Andere stachellose Formen sind durch Mutation eines dominanten Gens *S* für Stachelbildung entstanden. Damit ist das Merkmal Stachellosigkeit (*s*) in Himbeeren rezessiv vererbt. Bei anderen Formen ist die Mutation zur Stachellosigkeit nur in den äu-

Abb. 20.6 Die Früchte der Taybeere

Abb. 20.7 a Himbeersorte 'Autumn Bliss'; b,c zwei gelbfrüchtige Mutanten, b 'Golden Everest', c 'Lumina'

ßeren Gewebeschichten, nicht aber in den Gameten vorhanden. In Wurzelschösslingen ist die Mutation ebenfalls nicht ausgeprägt. Diese Formen können nur über Stängelstecklinge bzw. In-vitro-Kultur vermehrt werden. Für die Züchtung sind sie in dieser Form unbrauchbar. Das gilt auch für die stachellose Loganbeere 'Thornless Loganberry', bei der es sich ebenfalls um eine Periklinalchimäre handelt (Abb. 20.8).

Bei Brombeere wurden v. a. stachellose Mutanten selektiert. Auch hier gibt es Periklinalchimären, wie die Sorte 'Thornless Evergreen' (*R. laciniatus*). Um solche Chimären züchterisch nutzbar zu machen, müssen die unterschiedlichen chimären Zellschichten (L1, L2, L3) entmischt werden.[22] Das ist z. B. über In-vitro-Kultur möglich. Auf diese Weise wurde eine Linie von 'Thornless Evergreen' erzeugt, die nun die Mutation in allen Ge-

Abb. 20.8 Verschiedene Formen der Ausprägung von Stacheln an Genotypen bei Himbeere, von vollständig stachellos bis ausgeprägt mit Stacheln

---

[22] Das Sprossmeristem hat drei übereinanderliegende Zellschichten (L1–L3). Die L1 (Dermatogen) bildet die Epidermis. Die L2 (Subdermatogen) bildet z. B. das Mesophyll im Blatt und die Gameten (Pollen, Eizelle). Die L3 (Corpus) bildet z. B. das Leitgewebe, das Fruchtfleisch und die Seitenwurzeln. Tritt die Mutation in einer Zelle ein, so ist diese mehr oder weniger schichtgebunden. Ist die Mutation nur in den Zellen der L1, wie bei 'Thornless Evergreen', dann ist sie nicht in Eizel-

webeschichten enthält und somit auch durch sexuelle Kreuzung vererbt. Farbmutanten spielen bei Brombeere eine untergeordnete Rolle.

Ploidiezüchtung

Polyploidie ist generell nicht von Bedeutung für die Himbeerzüchtung. Himbeerarten sind gewöhnlich diploid ($2\,n = 2\,x = 14$), wobei es einige tetraploide Arten und Sorten gibt. Tetraploidie führt nicht zu einem signifikanten züchterischen Mehrwert, da die Früchte irregulär mit Veränderungen in Größe und Anzahl an Steinfrüchtchen sind. In der Brombeerzüchtung gibt es unterschiedliche Ploidiestufen. Diese werden aber durch Brückenkreuzungen überwunden. Auch hier spielen Ansätze zur künstlichen Polyploidisierung keine Rolle.

20.5.3 Bio- und gentechnologische Methoden

In-vitro-Techniken

Mikrovermehrung bei Himbeere und Brombeere wird seit den 1980er-Jahren praktiziert und sowohl für eine Massenvermehrung von bestimmten Genotypen und deren Bereitstellung als virusfreies Pflanzenmaterial, wie auch für die Erhaltung genetischer Ressourcen unter In-vitro-Bedingungen und für die Züchtung von neuen Genotypen eingesetzt. Methoden zur Regeneration von Adventivsprossen sind für verschiedene *Rubus*-Arten beschrieben. Dabei wurden unterschiedliche Explantate, wie Blätter, Blattstiele, Internodien, Kotyledonen und Embryonen, als geeignet befunden. Versuche zur genetischen Transformation wurden vorwiegend mithilfe von *Agrobacterium tumefaciens* durchgeführt. Bei Himbeere standen dabei Zielstellungen, wie ein verbessertes shelf life, eine erhöhte Resistenz gegenüber Viren (meist RBDV) sowie eine parthenokarpe Fruchtbildung im Fokus. Bei Brombeere sind diese Techniken prinzipiell auch etabliert, jedoch methodisch wesentlich schlechter entwickelt. Eine Optimierung dieser Technologien für eine routinemäßige Anwendung in der Grundlagenforschung würde die Züchtung künftig auf ein neues Niveau heben.

DNA-Marker

Bei den *Rubus*-Arten wurden in der Vergangenheit verschiedene Markertypen (RAPD, AFLP, SSR, ISSR, EST, SNP) etabliert. Der Großteil der Arbeiten erfolgte jedoch an *R. idaeus* und *R. occidentalis*. Viele dieser Arbeiten hatten das Ziel, genetische Ressourcen näher zu beschreiben und deren Diversität abzuschätzen. Heute finden v. a. SSR- und SNP-Marker Anwendung. In den letzten Jahren wurden auch zunehmend Arbeiten zur Identifizierung von QTL-Regionen, die für die Vererbung von Werteigenschaften verantwortlich sind, durchgeführt. Die Tab. 20.10 zeigt eine Auswahl an Merkmalen, die bislang

---

le und Pollen sowie in Wurzelschösslingen vorhanden. Werden die Gewebe in der In-vitro-Kultur entmischt, können Linien erzeugt werden, die nur aus L1- Gewebe bestehen.

Tab. 20.10 Auswahl einiger Loci die bereits in *Rubus* kartiert worden sind

Merkmal	Art	QTL bzw. Gen	Kopplungsgruppe
Anzahl Ruten	*R. idaeus*	QTL	3, 1
Bildung von Stängelrissen	*R. idaeus*	QTL	2, 3, 5, 6
Blattbehaarung	*R. idaeus*	QTL	2, 3, 4
Blattdichte	*R. idaeus*	QTL	3, 4, 6
Blütenfarbe	*R. idaeus*	QTL	5, 6
Botrytis-Resistenz	*R. idaeus*	QTL	2 (assoziiert mit Gen *H*), 3
Brennfleckenresistenz	*R. idaeus*	QTL	2, 4
Dichte der Pflanze (zu Blühbeginn)	*R. idaeus*	QTL	3, 4, 6
Dichte der Pflanze (zu Saisonende)	*R. idaeus*	QTL	3, 4
Didymellaresistenz	*R. idaeus*	QTL	2 (assoziiert mit Gen *H*), 3
Fruchtfarbe	*R. idaeus*	QTL	2, 3, 5
Fruchtform	*R. idaeus*	QTL	6
Fruchtgröße	*R. idaeus*	QTL	5
Gelbrostresistenz	*R. idaeus*	QTL	3, 5
Kältebedürfnis (chilling requirement)	*R. idaeus*	QTL	1, 4, 5, 6
Krümelfrüchtigkeit	*R. idaeus*	QTL	1, 3
Länge der lateralen Verzweigungen	*R. idaeus*	QTL	3, 5
Laterale Verzweigung an den zweijährigen Ruten fehlend	*R. idaeus*	QTL	2
Reifezeit	*R. idaeus*	QTL	3
Resistenz gegenüber *Amphorophora idaei*	*R. idaeus*	*A1*	3
Stachel	*R. idaeus*	QTL	1, 2 (assoziiert mit Gen *H*), 3, 6
Stachellosigkeit	*R. idaeus*	QTL/s	4
Phytophthora-Resistenz	*R. idaeus*	QTL	3, 6
Pubeszenz	*R. idaeus*	*H*	2
Wurzeldichte	*R. idaeus*		3
Wurzelquerschnitt	*R. idaeus*		3, 6
Zwergwuchs	*R. idaeus*	*Dw*	6
Sommer-/Herbsttyp	*R. fruticosus*	QTL	7
Stachellosigkeit	*R. fruticosus*	QTL	4
Resistenz gegenüber *Amphorophora agathonica*	*R. occidentalis*	*Ag4*	LG6

in verschiedenen Populationen kartiert wurden. Für einige Merkmale, z. B. Fruchtfarbe und Aroma, wurden erste Schlüsselgene über Kandidatengenansätze identifiziert. Hierbei ist die genetische Ähnlichkeit zwischen den Arten der Rosengewächse sehr hilfreich.

Kenntnisse über Gene und deren Funktion, die an anderen, z. T. wesentlich intensiver bearbeiteten Arten (z. B. Apfel, Pfirsich) erarbeitet wurden, können relativ einfach auf andere Arten übertragen werden. Zwischen einigen Arten existiert ein hohes Maß an Syntenie.

Kartierung

Die genetische Kartierung bei den *Rubus*-Arten ist insbesondere dadurch erschwert, dass es aufgrund der ausgeprägten Samendormanz und der damit verbundenen mangelhaften Keimfähigkeit der Samen relativ schwer ist, ausreichend große Populationen aufzubauen. Dennoch gibt es inzwischen genetische Karten für Rote (*R. idaeus*) und Schwarze Himbeere (*R. occidentalis*) sowie für tetraploide Brombeeren (*Rubus spp.*). In der Datenbank für Rosengewächse (www.rosaceae.org) sind neun verschiedene Karten einsehbar. Die Anzahl der Individuen liegt zwischen 188 und 500 je Population.

Sequenzierte Genome und SNP-Chips

Eine öffentlich zugängliche Genomsequenz gibt es bislang nur für die Schwarze Himbeere (*R. occidentalis*). Die geschätzte Genomgröße von 293 Mbp wurde dafür mit einer 325-fachen Abdeckung sequenziert. Das abschließende ALLPATHS-Assembly umfasst 243 Mbp, was einer Genomabdeckung von 83 % der geschätzten Genomgröße entspricht. Für eine bessere Abdeckung dieses Genoms werden hochauflösende genetische Karten benötigt, die derzeit nicht verfügbar sind. Das Genom ist auf der Genomdatenbank für Rosengewächse verfügbar (www.rosaceae.org). Für die Rote Himbeere (*R. idaeus*) wurde auf der Plant and Animal Genome XX Conference in San Diego (USA) im Jahr 2012 ein Draft-Genome-Assembly der Sorte 'Heritage' präsentiert. Diese Sequenz ist jedoch bislang nicht frei verfügbar. Bei Brombeere gibt es bislang noch keine Aktivitäten. Transkriptomdaten gibt es für verschiedene *Rubus*-Arten, einschließlich Him- und Brombeere. SNP-Chips existieren bislang nicht für *Rubus*. Dennoch wurden hochauflösende Karten mit SNP-Markern erzeugt. Dabei wurden die SNP mithilfe der GBS-Strategien gewonnen.

20.5.4 Erhaltungszüchtung

In Deutschland existiert keine Erhaltungszüchtung bei Him- und Brombeere. Wie das in anderen Ländern mit großen Züchtungsprogrammen organisiert ist, ist nicht bekannt. Generell sollte das System ähnlich wie bei Erdbeere aufgebaut sein.

Im Rahmen der Deutschen Genbank Obst, Netzwerk *Rubus*, erfolgt die Erhaltung von Himbeersorten in einem insektensicheren Gewächshaus (Abb. 20.9). Gleichzeitig kann die Erhaltung auch im Freiland erfolgen, wie in Abb. 20.10 und 20.11 dargestellt. In diesem Fall ist jedoch eine Übertragung von Krankheiten durch Vektoren, z. B. durch Blattläuse bei der Viruserkrankung Himbeermosaik oder durch Zikaden bei der Verzwergungskrankheit, einer Phytoplasmose, nicht auszuschließen.

Abb. 20.9 **Erhaltung von Himbeersorten im Rahmen der Deutschen Genbank Obst in einem insektensicheren Gewächshaus beim Bundessortenamt.** Die Seiten- und Giebelwände des Gewächshauses sind mit einem feinmaschigen Edelstahlgeflecht ausgeführt, um die Haltung unter vektorgeschützten Bedingungen zu gewährleisten

Abb. 20.10 **Erhaltung der Himbeersorten im Freiland beim Bundesortenamt im ungeschützten Anbau**

Abb. 20.11 Erhaltung der Brombeersorten im Freiland beim Bundesortenamt im ungeschützten Anbau

20.5.5 Biologische Besonderheiten der Art

Apomixis

In vielen *Rubus*-Arten kommt es natürlicherweise zum Auftreten von Apomixis (ungeschlechtliche Fortpflanzung) sowie zur Selbstbefruchtung. Beide Fälle können spontan und in unterschiedlichem Ausmaß auftreten. Gerade in natürlichen Populationen kann das Ausmaß an apomiktischer Fortpflanzung sehr hoch sein. Das ist z. B. bei *R.-alceifolius*[23]-Populationen in Madagaskar der Fall. Die Art *R. alceifolius* stammt ursprünglich aus Südostasien und wurde mit den Seefahrern etwa 1850 nach Madagaskar eingeführt. Populationen in Südostasien gehen nahezu ausschließlich auf sexuelle Fortpflanzung zurück. In Madagaskar hat *R. alceifolius* wahrscheinlich mit anderen *Rubus*-Arten hybridisiert. Die daraus entstandenen Nachkommen vermehren sich offenbar vorwiegend (> 85 %) apomiktisch. Die Apomixis ist in *Rubus* fakultativ. In den meisten Fällen entwickeln sich die apomiktischen Embryonen aus unreduzierten Embryosackzellen. Dabei ist eine Induktion der Samenentwicklung durch Bestäubung notwendig (Pseudogamie). Die Apomixis kann in *Rubus* durch Aposporie, Diplosporie oder Automixis erfolgen. In diploiden Arten kommt Apomixis eher seltener vor. Hier überwiegt die sexuelle Fortpflanzung. In triploiden Arten findet man sehr häufig (bei manchen Arten ausschließlich) unreduzierte Embryosackzellen. Hier kommt es fast ausschließlich zu Apomixis. Tetraploide Arten zeigen eine gemischte Sexualität.

---

[23] Gr. *alkea*, lat. *alcea* für eine Malvenart und lat. *folius* für blättrig.

Samendormanz

Viele *Rubus*-Arten verfügen über eine stark ausgeprägte Samendormanz. Diese wird von der Stärke, der Struktur und der chemischen Zusammensetzung der Samenschale beeinflusst. Hohe Gehalte an verschiedenen Proanthocyanen scheinen die Keimfähigkeit der Samen negativ zu beeinflussen. Um die Keimung von Samen zu induzieren, werden diese einer Skarifikation unterzogen. Das kann z. B. unter Kühlung in einem Eisbad in konzentrierter Schwefelsäure für 20 min bis zu 3 h erfolgen. Dauer der Behandlung und Konzentration der Schwefelsäure sind sehr stark abhängig von der genotypspezifischen Beschaffenheit der Samenschale.

20.6   Erfolge der Züchtung und Ausblick

In der Gattung *Rubus* gibt es ein großes Reservoir an genetischen Ressourcen, die zur weiteren züchterischen Verbesserung des Sortenspektrums beitragen können, bisher aber wenig oder gar nicht genutzt worden sind. Bei Himbeere wurden in der Vergangenheit große Fortschritte bei der Verbesserung des Ertrags, der Fruchtqualität, der Krankheitsresistenz und der Anpassung an verschiedene Umweltbedingungen erreicht. Von besonderer Bedeutung war die Entwicklung von remontierenden Himbeersorten. Bei Brombeere waren die Entdeckung einer Quelle für Stachellosigkeit sowie die Ingression dieses Merkmals in den Genpool wesentliche Durchbrüche. Das führte zu qualitativ hochwertigen, stachellosen Sorten sowohl bei rankenden, als auch bei halb aufrechten und aufrechten Sorten. Bei rankenden Brombeeren wurden Sorten mit sehr guter Eignung für die Verarbeitungsindustrie, bester Fruchtqualität und Eignung für die maschinelle Ernte gezüchtet. Ein wichtiger Zuchtfortschritt bei Brombeere wurde durch die Adaptation an unterschiedliche Klimabedingungen erreicht. Inzwischen gibt es auf dem Markt Sorten mit einer guten Winterhärte bzw. mit Anpassung an wärmere Anbauregionen und geringem Kältebedürfnis. Im Vordergrund stand bei beiden Arten die Verbesserung der Fruchtqualität, insbesondere bezüglich der Haltbarkeit nach der Ernte. Auch hier wurden Fortschritte erreicht. Ein großer Schritt war die Entwicklung von remontierenden Herbstsorten bei Brombeere, die an einjährigen Ruten tragen und wahrscheinlich, wie bei Himbeeren, eine neue Anbaumöglichkeit begründen. Diese Sorten sind auch für wärmere Klimaregionen geeignet, da keine Ruheperiode für die Induktion von Blüten notwendig ist. In den nächsten Jahren ist zu erwarten, dass v. a. die Methoden zur Genomanalyse weiter ausgebaut werden. Gerade dadurch ist ein rasanter Anstieg des Zuchtfortschritts zu erwarten.

Frau Sonne hat es brav gemacht, Sie hat die Beeren zur Reife gebracht, Die Heidelbeeren. Wir wollen uns bücken – Und fleißig pflücken – Die Heidelbeeren. Wir wollen verzehren, Frau Sonne zu Ehren, Die Heidelbeeren, Die lieben, blauen Heidelbeeren (Hoffmann von Fallersleben).

21.1 Einführung

lateinisch	*Vaccinium corymbosum* L. und andere Arten und Arthybriden
deutsch	Kulturheidelbeere, Amerikanische oder Großfrüchtige Heidelbeere
englisch	Highbush blueberry und andere

lateinisch	*Vaccinium myrtillus* L.
deutsch	Heidelbeere, Blaubeere, Schwarzbeere
englisch	bilberry
französisch	myrtille
russisch	černika

lateinisch	*Vaccinium macrocarpon* Aiton
deutsch	Cranberry, Amerikanische oder Großfrüchtige Moosbeere, Kranbeere
englisch	cranberry

© Springer-Verlag GmbH Germany 2017
M.-V. Hanke und H. Flachowsky, *Obstzüchtung und wissenschaftliche Grundlagen*,
DOI 10.1007/978-3-662-54085-5_21

lateinisch	*Vaccinium vitis-idaea* L.
deutsch	Preiselbeere
englisch	lingonberry
französisch	airelle rouge
russisch	brusníka

Die Gattung *Vaccinium* ist reich an Arten, deren Beerenfrüchte wild vorkommen und den Menschen seit Jahrtausenden als Nahrung dienten. Kulturformen, wie die Kulturheidelbeere und die Cranberry (Kranbeere) eroberten erst in den letzten Jahrzehnten den heimischen Markt. Der Verbraucher weiß jedoch über diese beiden Obstarten wenig. Sie stammen nicht, wie vielfach vermutet, von den heimischen europäischen Arten der Heidelbeere und Preiselbeere ab. Sie sind nordamerikanischer Herkunft und wurden nach Europa eingeführt.

Da die Kulturheidelbeere und die Cranberry besondere Ansprüche an den Boden und an Anbautechnologien stellen und Züchtungsaktivitäten vorrangig in den USA stattgefunden haben, hat es einige Jahre gedauert, ehe diese Obstarten im heimischen Anbau Bedeutung erlangten. Wie alle *Vaccinium*-Arten benötigen sie saure, relativ nährstoffarme Böden und tolerieren kaum Schattenlagen. Wildformen verbreiten sich rasch auf solchen Habitaten. Die Pflanzen besitzen ein feines Wurzelsystem, das keine Haarwurzeln hat, aber oft von Mykorrhiza besiedelt ist.

Die Züchtung und die Entwicklung von Anbautechnologien bei Kulturheidelbeeren und Cranberries waren in den letzten Jahrhunderten aufgrund der Herkunft dieser Obstarten auf den nordamerikanischen Kontinent beschränkt. Kulturformen wurden aus verschiedenen wild vorkommenden *Vaccinium*-Arten entwickelt. Von diesen haben jedoch v. a. die Kulturheidelbeeren und die Cranberries inzwischen einen beträchtlichen Anbauumfang erreicht. In Deutschland wurden Kulturheidelbeeren erstmals in den 1930er-Jahren gepflanzt. Zu dieser Zeit wurden auch erste züchterische Aktivitäten begonnen. Diese kamen später zum Erliegen und wurden erst in jüngster Zeit wieder neu aufgenommen.

Im Jahr 2013 betrug die Weltproduktion bei Kulturheidelbeeren etwa 420.000 t (FAO-STAT). Die wichtigsten Produktionsländer sind die USA, Kanada, Polen und Deutschland. Bei Cranberries wurden in 2013 in der Welt 540.000 t produziert, wobei die USA und Kanada die hauptsächlichen Produzenten sind.

In Deutschland nehmen Heidelbeeren unter dem Strauchbeerenobst heute den größten Anteil ein. Sie werden auf 2479 ha angebaut. Der Flächenzuwachs betrug in den letzten Jahren etwa 20 %. Die Erntemenge lag im Jahr 2015 bei 11.900 t (AMI Markt Bilanz Obst 2016).

21.2 Botanische Beschreibung der Gattung *Vaccinium* L.

Die Gattung *Vaccinium* (Box 21.1) gehört in der Familie Ericaceae zur Unterfamilie Vaccinioideae und dort zur Tribus Vaccinieae, wo sie eine der wichtigsten Gattungen in der Unterfamilie darstellt. Die Gattung *Vaccinium* wird in 31 Sektionen mit mehr als 106 Arten[1] unterteilt. Die Pflanzen dieser Gattung stammen offenbar aus den tropischen Bergregionen Südamerikas, von wo aus sie sich auf alle Kontinente, außer auf die Antarktis, nach Australien sowie einige Inseln und Archipele, verbreitet haben. *Vaccinium* ist die einzige Gattung der *Vaccinieae*, in der sich Beerenobstarten entwickelt haben. Sektionen der Gattung *Vaccinium*, in denen Arten vorkommen, die für die menschliche Ernährung verwendet werden können, sind in Tab. 21.1 dargestellt.

Box 21.1 Botanische Zuordnung der Gattung *Vaccinium*

Familie	Ericaceae
Unterfamilie	Vaccinioideae
Tribus	Vaccinieae
Gattung	*Vaccinium* L.

Vaccinium-Arten sind alle Fremdbefruchter mit einem unterschiedlichen Grad an Selbstfertilität. Dieser ist abhängig von Genotyp und Art. Cranberries und Moosbeeren sind generell selbstfertil, wobei Fremdbefruchtung die Samenproduktion verbessern kann. *Vaccinium*-Arten kommen in unterschiedlichen Ploidiegraden vor; die Chromosomengrundzahl ist x = 12.

Zusammenfassend ist eine Kurzbeschreibung der wichtigsten Arten, die als Obstart genutzt werden, in Tab. 21.2 dargestellt.

Tab. 21.1 Sektionen der Gattung *Vaccinium*, die nutzbare Beerenobstarten umfassen. (Mod. nach Janick und Paull 2008, S. 351–363)

Sektion	Arten (Auswahl)	Name deutsch/*englisch*	Endemische Verbreitung
Cyanococcus	*V. angustifolium*[a]	*Lowbush blueberry*	Nordamerika
	V. corymbosum[b]	Amerikanische Heidelbeere, *Highbush blueberry*	Nordamerika
Hemimyrtillus	*V. arctostaphylos*[c]	*Caucasian bilberry*	Kaukasus, Westasien, Südosteuropa
Myrtillus	*V. membranaceum*[d]	*Thin-leaved huckleberry*	Nordamerika
	V. myrtillus[e]	Heidelbeere, *bilberry*	Asien (gemäßigte Zone), Europa, Nordamerika

[1] GRIN – Germplasm Resources Information Network, https://npgsweb.ars-grin.gov/gringlobal/taxonomygenus.aspx?id=12610 (Stand 12.7.2016).

Tab. 21.1 (Fortsetzung)

Sektion	Arten (Auswahl)	Name deutsch/*englisch*	Endemische Verbreitung
Oxycoccus	*V. macrocarpon*[f]	Cranberry, Große Moosbeere, Kranbeere	Nordamerika
	V. oxycoccus[g]	Gewöhnliche Moosbeere, *Small cranberry*	Asien (gemäßigte Zone), Europa, Nordamerika
Polycodium	*V. stamineum*[h]	*Deerberry*	Nordamerika
Pyxothamnus	*V. floribundum*[i]	*Mortina*	Südamerika
	V. ovatum[j]	*Evergreen blueberry*	Nordamerika
Vaccinium	*V. uliginosum*[k]	Rauschbeere, *Bog blueberry*	Asien (gemäßigte Zone), Europa, Nordamerika
Vitis-Idaea	*V. vitis-idaea*[l]	Preiselbeere[m], *lingonberry*	Asien (gemäßigte Zone), Europa, Nordamerika

[a] Lat. *augustus* für majestätisch und lat. *folium* für Blatt.

[b] Lat. *corymbosus* für doldentraubig.

[c] Gr. *arktos* für Bär und gr. *staphyle* für Traube (die Beeren werden vom Bären gern gefressen).

[d] Lat. *membranaceum* für häutig.

[e] Lat. *myrtus* für Myrte, wegen der Ähnlichkeit der Heidelbeerfrüchte mit denen der Myrte.

[f] Gr. *makros* für groß und gr. *carpon* für Frucht: großfrüchtig.

[g] Gr. *oxys* für sauer und lat. *coccus* für Beere, die Beeren sind sauer und erst nach dem Frost zu genießen.

[h] Lat. *stamineus* für faserig.

[i] Lat. *floribundus* für reichblühend.

[j] Lat. *ovatus* für eiförmig.

[k] Lat. *uliginosus* für nass, sumpfig.

[l] *Vitis Idaea* ist eine Übersetzung einer Stelle bei Theophrast: Rebe vom Gebirge Ida in Kleinasien (nicht Berg Ida auf Kreta).

[m] Westslaw. Herkunft, mhd. *priuzlitse*", *priuzels-ber*, *Preyselbeer*.

Tab. 21.2 Kurzbeschreibung von *Vaccinium*-Beerenobstarten

Obstart	Taxon	Beschreibung
Europäische Arten		
Heidelbeere	*V. myrtillus*	Diploid; sommergrüner, stark verzweigter Zwergstrauch (10–60 cm hoch), Ausläufer bildend, Früchte schwarzblau einzeln stehend; Anthocyane in Fruchtfleisch und Fruchtschale (blaue Farbe!)
Preiselbeere	*V. vitis-idaea*	Diploid; immergrüner, kompakter, aufrechter bis kriechender Zwergstrauch (10–40 cm hoch), leuchtend rote Früchte
Moosbeere	*V. oxycoccus*	Tetra- bzw. hexaploid; immergrüner Zwergstrauch (2–6 cm) mit dünnen, bis 100 cm langen, niedrig liegenden Trieben; Früchte gelbrot/rot

Tab. 21.2 (Fortsetzung)

Obstart	Taxon	Beschreibung
Nordamerikanische Arten		
(Nördliche) Hoch- buschheidelbeere	*V. corymbosum*	Di-, tetra- oder hexaploid ($2\,n = 2\,x = 24$, $4\,x = 48$, $6\,x = 72$); die meisten erfolgreichen Sorten sind auto- tetraploid; sommergrüner stark verzweigter Halbstrauch (1–4 m), dunkelblaue Früchte, bereift, große Blätter; Fruchtfleisch farblos, sehr guter Geschmack
Kaninchenäugige Heidelbeere	*V. virgatum*[a]	Hexaploid; sommergrüner Halbstrauch (1–1,8 m), Blät- ter klein, Früchte dunkelblau bis schwarz mit großen Samen
Südliche Hochbusch- heidelbeere	*V. formosum*	Tetraploid; sommergrüner Halbstrauch (bis 4 m), Blät- ter groß, viele Wurzelschosser, bildet dichte Kolonien; Früchte sehr groß, blau, sehr guter Geschmack
Early lowbush blue- berry	*V. angusti- folium*	Tetraploid $2\,n = 4\,x = 48$, sommergrüner Zwergstrauch (60 cm hoch), Früchte süß, klein, dunkelblau bis schwarz; toleriert Feuer, daher starker Austrieb nach Waldbränden
Cranberries, Kran- beere, Großfrüchtige Moosbeere	*V. macrocarpon*	Diploid $2\,n = 2\,x = 24$, immergrüner Zwergstrauch, der sich mit fadenförmig niederliegenden Zweigen am Bo- den kriechend ausbreitet. Früchte so groß wie kleine Kirschen, leuchtend rot gefärbt mit vier Luftkammern im Inneren, dadurch sind sie wesentlich leichter als Wasser

[a] Lat. *virgatus* für aus Ruten geflochten, mit Streifen versehen.

21.3 Kulturheidelbeeren

21.3.1 Herkunft und Domestikation

Die kommerzielle Produktion von Heidelbeeren begann in der Mitte des 19. Jahrhunderts im nordöstlichen Teil Nordamerikas auf der Basis der „lowbush blueberry" (*V. angustifoli- um*), die bis heute eine Frucht Nordamerikas geblieben ist. Am Ende des 19. Jahrhunderts begann der erwerbsmäßige Anbau von „rabbit-eye blueberry" (*V. virgatum*) im Nordwes- ten von Florida.

Die Domestikation und Entwicklung des wichtigsten Typs von Kulturheidelbeeren, der „highbush blueberry" (Großfrüchtige Heidelbeere, *V. corymbosum*), fand erst am Anfang des 20. Jahrhunderts vorrangig in Nordamerika (New Jersey 1910, North Carolina 1920, Michigan 1930, Pacific Northwest 1940), später auch in Europa (1970), Neuseeland und Australien (1980), Chile (1980) und China (2000) statt (Janick und Paull 2008, S. 351– 363). Neben diesen auch als „Northern highbush blueberry" bezeichneten Typen wurden in den letzten Jahrzehnten (vorwiegend in den 1980er-Jahren) in den USA verschiedene Sorten gezüchtet, die auf Artkreuzungen von *V. corymbosum* mit *V. angustifolium*, *V. darrowii*, *V. virgatum*, *V. tenellum*[2] u. a. zurückgehen. Diese als „Southern highbush blueberry" bezeichneten Typen wurden ab den 1980er-Jahren in Florida, Georgia und Chile eingeführt, 1990 in Argentinien und Spanien, 2000 in Carolina und ab 2010 beginnend in Mexiko, Peru und Ecuador (Lobos und Hancock 2015). Es erfolgte insbesondere eine züchterische Anpassung an wärmere Klimaregionen und kurze Winterperioden für die südlichen Gebiete der USA, aber auch für den Anbau in Südamerika und Südeuropa. Diese Sorten fallen in die Gruppe der südlichen Kulturheidelbeeren. Eine zweite Gruppe stellen die „half high" (halbhohen) Heidelbeeren dar. Bei ihnen handelt es sich ebenfalls um Arthybriden. Diese Formen sind für den Anbau im Norden der USA, Ostkanada und Skandinavien gedacht, wo kleinwüchsigere Formen vom Schnee bedeckt werden, der einen Schutz vor kalten Wintertemperaturen bietet.

In Deutschland ist der Anbau von Kulturheidelbeeren eng mit dem Namen des Züchters Wilhelm Heermann verbunden, der in den 1930er-Jahren erste Kreuzungen von *V.-corymbosum*-Genotypen mit *V.-angustifolium*-Herkünften durchführte. Aus diesen Arbeiten entstanden die Sorten 'Blau-Weiß-Goldtraube 71' und 'Rekord'.

Gemäß der weltweiten Verbreitung werden Heidelbeeren v. a. in den USA, aber auch in Neuseeland und Australien gezüchtet. Die züchterischen Aktivitäten haben in Europa eher keine Bedeutung.

21.3.2 Züchtungspotenzial

Die Züchtung bei Kulturheidelbeeren hat keine lange Historie und wurde erst in den frühen 1900er-Jahren in den USA aufgenommen. Als Ausgangsmaterial für die Züchtung der Kulturheidelbeere wurden Akzessionen von *V. corymbosum* und *V. angustifolium* aus natürlich vorkommenden Wildbeständen verwendet. Die wichtigsten Zuchtziele bei Kulturheidelbeeren bestehen in der Auslese früh reifender Sorten mit einem starken Wuchstyp, verbesserter Krankheitsresistenz und später Blühzeit. Resistenzen wurden bislang gegenüber dem *blueberry red ringspot virus* (BBRRSV), dem Triebsterben (Erreger: *Monilinia vaccinii-corymbosi*, *Botryosphaeria dothidea*), Anthraknose (Erreger: *Colletotrichum acutatum*) und Phomopsis gefunden. Als mögliche Donoren für BBRRSV-Resistenz wurden dabei die beiden Arten *V. angustifolium* (4 x) und *V. virgatum* (6 x) sowie die Sorten 'Woodard' (6 x) und 'Earliblue' (4 x) identifiziert. Widerstandsfähig gegenüber *M. vaccinii-corymbosi* waren u. a. die Sorten 'Jersey', 'Elliot', 'Duke' und 'Stanley', während 'North Sky', 'North Blue', 'Chippewa' und 'Putte' resistent gegenüber *B. dothidea* waren. Mögliche Donoren für Phomopsis- bzw. Anthraknoseresistenz sind die Sorten 'North Sky', 'Chippewa' und 'Cumberland' bzw. 'Little Giant', 'Legacy', 'November Glow' und 'Sunshine Blue'.

---

[2] Lat. *tenellus* für sehr zart.

Hoher Ertrag, besseres Aroma und Lagereignung der Früchte sowie Eignung für die maschinelle Ernte sind wichtig. Dabei wird v. a. der Fruchtfestigkeit große Bedeutung beigemessen. Besonders feste Früchte hat beispielsweise die Sorte 'Pearl River'. In der Züchtung werden Kreuzungen mit Wildartenakzessionen wie *V. virgatum*, *V. elliottii*[3] und *V. darrowii*, die ein geringes Kältebedürfnis haben, durchgeführt. Dies erlaubt in den Südstaaten der USA die Kultur als immergrüne Pflanzen ohne Winterruhe und mit einer mehrmonatigen Ernteperiode. In den USA werden Züchtungsprogramme in einer Reihe von Bundesstaaten realisiert, wobei sich die Zuchtziele in den Südstaaten von denen in den Nordstaaten unterscheiden. Im Norden spielt insbesondere die Toleranz gegenüber niedrigen Temperaturen im Winter eine Rolle. Viele Sorten der Kulturheidelbeere sind Komplexhybriden mit Genen aus vier bis fünf Wildarten (Hancock 2008, S. 115–150). Einige Beispiele sind in Tab. 21.3 aufgeführt. Eine Zusammenfassung der Zuchtziele zeigt Tab. 21.4 (Ebert 2005).

Weltweit gibt es mehrere hundert Sorten bei Kulturheidelbeere, von denen sich wenige im Anbau durchgesetzt haben. Die Sorte 'Bluecrop' ist die führende Sorte weltweit. Sie geht zurück auf eine Mehrwegekreuzung (GM37 ['Jersey' × 'Pioneer'] × CU5 ['Stanley' × 'June']), die bereits 1934 durchgeführt und 1941 selektiert worden ist. Die Markteinführung erfolgte 1952. Diese Sorte bringt auf unterschiedlichen Standorten zuverlässig hohe und regelmäßige Erträge, ist kälte- und trockentolerant sowie nur wenig anfällig gegenüber Krankheiten und Schädlingen. Lediglich gegenüber Anthraknose ist 'Bluecrop' anfällig.

Tab. 21.3 Prozentuale Genomanteile verschiedener *Vaccinium*-Arten bei ausgewählten Sorten der Kulturheidelbeere. (Mod. nach Lobos und Hancock 2015)

Sorte	Genomanteil (%)					
	VC	VA	VD	VV	VT	Andere
Elliott, Liberty, Aurora, Jersey	100					
Duke	96	4				
Bluecrop	93,6	6,4				
Draper	84,5	6	1,6	1,2	0,4	6,3
Ozarkblue	77,3	3,9	11,3	7,5		
Legacy	73,4	1,6	25			
Jubilee	56,5	2,7	26,9	7,5		6,3

VA V. angustifolium; *VC V. corymbosum*; *VD V. darrowii*; *VT V. tenellum*; *VV V. virgatum*.

---

[3] Nach S. Elliott (1771–1830), einem amerikanischen Botaniker.

Tab. 21.4 **Zuchtziele bei Kulturheidelbeeren**

Zuchtziel	Merkmal
Fruchtqualität	Große Früchte, dunkle Fruchtfarbe mit hellem Überzug Verbesserung der Inhaltsstoffe (Anthocyane, Trockensubstanz) Fruchtfestigkeit, Platzfestigkeit, Textur, Haltbarkeit und Transportfähigkeit der Früchte Aroma und Geschmack (hoher Säure- und Zuckergehalt)
Resistenz gegen Krankheiten und Schädlinge	Gegenüber *blueberry red ringspot virus*, gegen Triebsterben, Anthraknose und Phomopsis
Anpassung an Umweltbedingungen	Erweiterung der ökologischen Anbaubreite bezüglich Klima (Kältebedürfnis) und Boden (hoher pH-Wert) Verbesserung der Winterhärte Toleranz gegenüber Frühjahrs- und Herbstfrösten Verbesserung der Toleranz gegenüber UV-, Hitze- und Trockenstress
Ertrag	Veränderung der Reifezeiten (späte Blüte, frühe Reife) und gleichmäßige Abreife Dichte Cluster der Beeren

21.3.3 Züchtungstechnologien

In-vitro-Techniken

Es gibt eine Reihe von Untersuchungen zur Entwicklung von Regenerationssystemen bei Heidelbeere. Am geeignetsten erwiesen sich dabei Blattexplantate. Einige wenige Arbeiten zur genetischen Transformation mit *Agrobacterium tumefaciens* von Heidelbeere wurden bislang ebenfalls publiziert. In den meisten Fällen ging es dabei um die Etablierung der Methodik mit verschiedenen Selektionsmarkern (Antibiotikaresistenz, Herbizidresistenz, visuelle Selektion mithilfe von β-Glucuronidase) sowie die Testung geeigneter Promotoren. Kürzlich wurde eine Arbeit zur Verbesserung der Frostresistenz publiziert. Dabei wurde das arteigene CBF- (engl. *C-repeat binding factor*)-Gen, das eine zentrale Rolle bei der Frosttoleranz spielt, konstitutiv in transgenen Heidelbeeren überexprimiert. Die transgenen Pflanzen zeigten eine verbesserte Frosttoleranz. Für den Anbau sind sie jedoch nicht vorgesehen.

Genetische Kartierung/QTL-Analyse

Der gesamte Bereich der genetischen Kartierung und QTL-Analyse, der eine Grundvoraussetzung für die markergestützte Selektion darstellt, ist bei den *Vaccinium*-Arten erst im Entstehen. Die Gründe dafür liegen neben der vergleichsweise geringeren ökonomischen Bedeutung auch in der Größe des Genoms (geschätzte Größe 3484 Mbp; 7,22 pg DNA/2C) und den Schwierigkeiten, die beim Kartieren autopolyploider Pflanzengenome zu erwarten sind. Für diploide *Vaccinium*-Genotypen existiert bereits eine genetische Karte. Diese basiert auf einer Population, die aus einer Kreuzung zwischen einer Hybride (*V. darrowii* × *V. corymbosum*) und *V. corymbosum* stammt. Mithilfe dieser

Karte wurden erste Loci für Kältetoleranz und Kältebedürfnis (engl. *chilling requirement*) identifiziert. Inzwischen wurde auch das Genom dieser Hybride sequenziert und für die Entwicklung von SNP-Markern genutzt. Für tetraploide Kulturheidelbeeren wurden im Jahr 2016 die ersten genetischen Karten für die beiden bedeutenden Sorten 'Jewel' und 'Draper' veröffentlicht. Diese Karten wurden mit SSR- und SNP-Markern erzeugt. Dabei wurden die SNP-Marker über einen GBS-Ansatz generiert. Die Karte von 'Draper' hat 12 Kopplungsgruppen und eine Länge von 1621 cM. Die Anzahl der Kopplungsgruppen repräsentiert somit das haploide Genom. Die Karte von 'Jewel' hat 20 Kopplungsgruppen und eine Länge von 1610 cM. Mit der Karte von 'Draper' steht erstmals eine genetische Kopplungskarte für autotetraploide Kulturheidelbeeren zur Verfügung, die für eine QTL-Kartierung geeignet ist. Neben diesen Arbeiten auf dem Gebiet der strukturellen Genomanalyse werden zunehmend auch Anstrengungen zur Aufklärung der Funktion einzelner Gene unternommen. Hier existieren neben mehr als 22.000 EST aus unterschiedlichen Geweben und Stadien der Knospen und Fruchtentwicklung auch erste Datensätze aus RNA-Seq-Experimenten. Dadurch gibt es inzwischen eine recht gute Vorstellung über das Transkriptom von *V. corymbosum*.

21.4 Cranberries (*Vaccinium macrocarpon*)

21.4.1 Herkunft und Domestikation

Die Kulturgeschichte der Cranberries ist älter als die der Kulturheidelbeeren. Es gibt Belege, dass diese Beerenfrüchte bereits von den nordamerikanischen Indianern gesammelt und verwendet worden sind. Sie dienten als Nahrungsmittel in Speisen und Getränken, als Farbstoff für Kleidung und als Medizin. Die Beeren wurden auch dem getrockneten und zerkleinerten Fleisch und Fett zugegeben, wobei der sog. Mokakin entstand, der den Indianern als Wintervorrat und Reiseproviant diente.

Als die europäischen Siedler an der nordamerikanischen Ostküste landeten, lernten sie von den Indianern auch die Cranberries zu nutzen. Diese Beeren halfen gegen Vitamin-C-Mangelerscheinungen und wurden daher von den Seefahrern auf Schiffsreisen genutzt, um das Auftreten von Skorbut zu verhindern.

Der natürliche Verbreitungsraum von Cranberries sind die Feuchtgebiete Nordamerikas, zu denen Sümpfe, Küstenstreifen, Uferzonen und staunasse Wiesen gehören. Ausgedehnte Bestände von *V. macrocarpon* gibt es im Osten der USA und Kanada, etwa von Minnesota bis Neufundland und von Tennessee bis North Carolina.

In den frühen 1800er-Jahren wurde die Cranberry in Nordamerika erstmals in Kultur genommen und war damit die erste Kulturform unter den *Vaccinium*-Arten. Die Domestikation erfolgte auf der Basis der Selektion von natürlichen Vorkommen in verschiedenen Regionen Nordamerikas, insbesondere an der Ostküste. Insgesamt wurden mehr als 100 Sorten selektiert, die ertragreich waren und sich durch große Früchte, kräftige Fruchtfarbe und frühe Reife auszeichneten. In den letzten Jahrzehnten erfolgte eine zielgerichtete Kreuzungszüchtung.

Der wichtigste Markt für die Produktion entwickelte sich in Boston, USA. Die Früchte wurden auch nach Europa exportiert. Die Cranberry hat v. a. Bedeutung als Verarbeitungsprodukt (Saft, Mus) und Trockenfrucht. Die Anpassung an einen sauren pH-Wert im Boden (Maximum bei pH 5,5) schränkt die Möglichkeiten des Anbaus ein (Badenes und Byrne 2012, S. 191–223).

Im deutschsprachigen Raum hat sich der ursprüngliche Begriff Kulturpreiselbeere für diese Beerenobstart nicht durchgesetzt und der amerikanische Name Cranberry fand allgemeine Verwendung.

21.4.2 Züchtungspotenzial

Das erste Züchtungsprogramm für amerikanische Moosbeeren wurde 1929 in den USA etabliert (Badenes und Byrne 2012, S. 191–223). Inzwischen ist eine Reihe von Sorten aus mehreren US-amerikanischen Zuchtprogrammen hervorgegangen, die sich durch hohe Erträge, beste Fruchtqualität und frühe Reifezeit auszeichnen. Die für die Züchtung zur Verfügung stehenden genetischen Ressourcen umfassen Sorten, die in den letzten 200 Jahren aus natürlichen Beständen selektiert und domestiziert worden sind. Natürliche Vorkommen von *V. macrocarpon* sind auch weiterhin in der Natur vorhanden. Die genetische Diversität in diesen Beständen ist relativ gering, wie genetische Markeranalysen zeigten, obwohl es deutliche phänotypische Unterschiede in bestimmten Merkmalen gibt, die offenbar eine Anpassung an die ökologischen Bedingungen darstellen.

Die amerikanische Moosbeere hat relativ wenige Züchtungszyklen seit ihrer Domestikation durchlaufen. Neben Ertragsleistung, Fruchtqualität und Reifeperiode spielen zunehmend gesundheitsrelevante Inhaltsstoffe wie Anthocyane, Proanthocyanidine, Flavonole der Früchte eine Rolle. Aber auch die Verbesserung der Krankheitsresistenz gegenüber Insekten und Pilzen steht im Mittelpunkt der Züchtung.

Interspezifische Kreuzungen zwischen diploiden Akzessionen von *V. oxycoccus* und *V. macrocarpa* innerhalb der Sektion *Oxycoccus* bringen wüchsige fertile Nachkommen. Kreuzungen zwischen verschiedenen Sektionen der Gattung führen eher zu sterilen Nachkommen.

21.4.3 Züchtungstechnologien

In-vitro-Techniken

Die erste transgene Moosbeere, in die das *Bt*-Gen aus *Bacillus thuringiensis* integriert worden ist, entstand über Partikelbeschuss. Weitere Arbeiten auf diesem Gebiet hatten eher das Ziel, die Methodik zu etablieren. Kommerzielle Zielstellungen gibt es derzeit nicht.

Genetische Kartierung/QTL-Analyse

Für *V. macrocarpon* existiert bislang eine genetische Karte. Diese besteht aus 14 Kopplungsgruppen, hat eine Länge von 879,9 cM und eine Abdeckung des Genoms (geschätzte Größe 450 Mbp) von rund 82 %. Mithilfe dieser Karte wurden bereits erste QTL für Fruchtgewicht (Vm5, Vm8), Säuregehalt (Vm3), Fruchtertrag (Vm8) und Fruchtfäuleresistenz (Vm1, Vm7, Vm11) identifiziert. In der Zwischenzeit existiert auch eine erste Genomsequenz. Diese stammt von einer S5-Linie (5. Selbstungsgeneration) mit der Bezeichnung CNJ99-125-1 der Sorte 'Ben Lear'. Von dieser Sorte existiert ein erstes Transkriptom.

[…] Rot leuchten die Johannisbeeren. Sie leuchten – locken zum Verzehren. Ein schwarzes Vogelwesen sitzt – stillvergnügt im Busch und pickt. Da rennt ein Mann hinzu und schreit. Die Amsel flieht, doch nicht sehr weit. Sie zetert laut, ist sehr empört, weil man sie bei der Mahlzeit stört. „Bleib von den Beeren!", schreit der Mann. Die schwarze Amsel hört sich's an. Der Menschen-Mann verlässt den Ort, geht heim zum Haus, verschwindet dort. Die Amsel huscht zum Busch zurück. Mittagsstille. Sommerglück. (Josef Guggenmos)

22.1 Einführung

lateinisch	*Ribes rubrum* L., *Ribes nigrum* L.
deutsch	Rote Johannisbeere, Schwarze Johannisbeere
englisch	Red currant, Black currant
französisch	groseille rouge, cassis
russisch	smorodina krasnaâ, smorodina černaâ

lateinisch	*Ribes uva-crispa* L.
deutsch	Stachelbeere
englisch	gooseberry
französisch	groseille à maquereau
russisch	kryžovnik

Johannisbeeren und Stachelbeeren sind die vitaminreichen Beeren des Sommers. Sie kann man ohne Einschränkung als heimische Obstarten bezeichnen, stammen sie doch aus Mitteleuropa. Johannisbeeren, ob rot, schwarz oder weiß, stellen nur geringe Anforderungen an den Standort. Auch halbschattige Plätze zwischen größeren Obstbäumen werden

© Springer-Verlag GmbH Germany 2017
M.-V. Hanke und H. Flachowsky, *Obstzüchtung und wissenschaftliche Grundlagen*,
DOI 10.1007/978-3-662-54085-5_22

akzeptiert. Doch nur in der Sonne gereifte Beeren entwickeln ihr volles Aroma und schmecken deutlich süßer. Stachelbeeren waren in den letzten Jahren aus den Obstgärten fast verschwunden. Der Grund dafür war die Anfälligkeit der Sorten gegenüber dem Stachelbeermehltau. Auch Stacheln (botanisch eigentlich Dornen) muss man nicht mehr fürchten, denn es gibt inzwischen stachellose Sorten. In letzter Zeit gewinnen sowohl Johannisbeeren als auch Stachelbeeren aufgrund der gesundheitsfördernden Inhaltsstoffe und des steigenden Ernährungsbewusstseins der Bevölkerung wieder an Bedeutung, insbesondere für den Hausgarten, für ökologische Produktionsformen und für mechanisierte Ernteverfahren. Schwarze Johannisbeeren werden in Europa auch großflächig angebaut und für die Saft- und Verarbeitungsproduktion genutzt. Aber auch der Bedarf für den Frischmarkt ist steigend. Rote Johannisbeeren werden per Hand gepflückt. Sie sind v. a. für die industrielle Verarbeitung zu Marmelade und Saft, Stachelbeeren eher für den Frischmarkt und die häusliche Verarbeitung interessant.

Differenzierte ökonomische Angaben zur Produktion von Beerenobst lassen sich schwer ermitteln. Die Weltproduktion betrug nach Angaben der FAO (http://faostat.fao.org) bei Johannisbeeren im Jahr 2013 707.000 t. Hauptproduzenten sind Russland, Polen, die Ukraine und Österreich. Bei Stachelbeeren waren es 53.000 t, mit den Hauptproduzenten Deutschland, Russland, Polen und der Ukraine.

In Deutschland wurden Schwarze Johannisbeeren im Jahr 2015 auf 1633 ha, Rote Johannisbeeren auf 768 ha und Stachelbeeren auf 271 ha angebaut (AMI Markt Bilanz Obst 2016). Die Erntemenge lag innerhalb der vergangenen vier Jahre zwischen 4400 und 6700 t Roten und 6300 und 7200 t Schwarzen Johannisbeeren (Würtenberger 2016). Rote Johannisbeeren stammen zum Großteil aus Deutschland, während Schwarze Johannisbeeren in größerem Stil importiert werden.

22.2 Botanische Beschreibung der Gattung *Ribes*

Johannisbeere und Stachelbeere gehören zur Familie der Grossulariaceae, Gattung *Ribes* L. (Box 22.1). In der Gattung *Ribes* gibt es fünf Untergattungen mit insgesamt 131 Arten, u. a. die Untergattungen *Grossularia* und *Ribes*, die sich wiederum in Sektionen aufteilen.[1] Die Stachelbeere (*Ribes uva-crispa* L.) wird in die Sektion *Grossularia* der Untergattung *Grossularia* eingeordnet. Die Schwarze Johannisbeere (*Ribes nigrum* L.) gehört zur Sektion *Botrycarpum* der Untergattung *Ribes* und die Rote Johannisbeere (*Ribes rubrum* L.) zur Sektion *Ribes* der Untergattung *Ribes*.

---

[1] GRIN – Germplasm Resources Information Network, https://npgsweb.ars-grin.gov/gringlobal/taxonomygenus.aspx?id=10469 (Stand 12.7.2016).

Box 22.1 Botanische Zuordnung der Gattung *Ribes*

Familie	Grossulariaceae
Gattung	*Ribes*
Untergattung	*Grossularia*
Sektion	*Grossularia*
	Ribes uva-crispa L.
Untergattung	*Ribes*
Sektion	*Botrycarpum*
	Ribes nigrum L.
Untergattung	*Ribes*
Sektion	*Ribes*
	Ribes rubrum L.

Die Gattung *Ribes* umfasst weltweit bis zu 150 Straucharten, die indigen in den nördlichen gemäßigten Zonen Europas, Nordamerikas und Asiens sowie in den Bergregionen Südamerikas und Nordafrikas vorkommen und alle diploid sind. Von diesen Arten werden jedoch nur drei als essbares Beerenobst in den Nutzgärten der gemäßigten nördlichen Erdhalbkugel angebaut. Die bekannteste Johannisbeerart ist die rotfrüchtige Johannisbeere, die auch Sorten mit weißen, gestreiften und gelblichen Früchten einschließt. Als zweite essbare Art ist die schwarzfrüchtige Johannisbeere zu nennen, und schließlich die Stachelbeere als dritte Art. Die hauptsächlichen Biodiversitätszentren für Johannisbeerarten sind in Nordskandinavien und Russland und teilweise in Asien. Für die Stachelbeerarten liegen sie in Nordamerika und kontinental in Europa.

Eine botanische Beschreibung der Gattung *Ribes* ist in Tab. 22.1 dargestellt.

In Europa sind acht *Ribes*-Arten heimisch:

- *R. alpinum.* Endemisch verbreitet in Afrika (Marokko), Asien (Kaukasus und Transkaukasien – Armenien, Georgien, Russland; Westasien – Türkei), Osteuropa (Estland, Lettland, Litauen, europäischer Teil Russlands, Weißrussland), Mitteleuropa (Deutschland, Ungarn, Österreich, Polen, Schweiz, Slowakei, Tschechien), Nordeuropa (Dänemark, Finnland, Großbritannien, Norwegen, Schweden), Südosteuropa (Albanien, Bosnien und Herzegowina, Bulgarien, Italien, Kroatien, Mazedonien, Montenegro, Rumänien, Serbien, Slowenien) und Südwesteuropa (Frankreich, Spanien).
- *R. multiflorum.* Endemisch verbreitet in Westasien (Türkei) und Südosteuropa (Albanien, Bosnien und Herzegowina, Bulgarien, Griechenland, Italien, Kroatien, Mazedonien, Montenegro, Serbien).

Tab. 22.1 **Botanische Beschreibung der Gattung *Ribes*.** (Unter Verwendung von Hegi 1995a, S. 49–68)

Merkmal	Beschreibung
Vorkommen	Gemäßigte Zone der Nordhalbkugel, Gebirge Mittel- und Südamerikas
Pflanze	Sommergrüne, selten immergrüne, kleine bis mittelhohe, manchmal fast kriechende, unbewehrte oder bestachelte Sträucher; Sträucher einhäusig (monözisch), diözische Arten vorkommend
Blatt	Wechselständig, gestielt, meist mehr oder wenig handförmig gelappt; einige Arten besitzen Blätter mit auffälligem Geruch; Nebenblätter meist fehlend
Blüte	Blüten zwittrig, manchmal eingeschlechtig; radiär, vier- bis fünfzählig, mit schüsselförmigem, glockigem oder zylindrischem Blütenbecher, meist klein und oft unscheinbar grünlich bis rotbraun, selten auffällig rot, gelb oder weiß, gewöhnlich in blattachselständigen Trauben selten in Büscheln oder einzeln; bei Schwarzer Johannisbeere Traube mit sechs bis zwölf Blüten, bei Roter Johannisbeere 16–20 Blüten, bei Stachelbeere eine bis vier Blüten; vier bis fünf Kelchblätter, am Rand des Blütenbechers aufsitzend, meist kronblattartig; Kronblätter frei, mit dem Kelch alternierend am Rand des Blütenbechers, meist viel kleiner als die Kelchblätter, schuppenförmig; Staubblätter am Rand des Blütenbechers vor den Kelchblättern stehend, meist kurzes Filament, ein Kreis mit vier bis fünf Staubblättern; zwei Fruchtblätter, Fruchtknoten meist unterständig, selten halbunterständig, zu einem einfächrigen Fruchtknoten verwachsen, viele Samenanlagen; Blüten proterogyn; Insektenbestäubung *Ribes*-Arten sind Fremdbefruchter; die meisten Sorten bei Johannisbeere und Stachelbeere sind selbstfertil
Frucht	Kugelige oder längliche, saftige Beere, meist 10–100 Samen; ölhaltig
Ploidie	Diploid, Chromosomengrundzahl $x = 8$; $2\,n = 2\,x = 16$
Genomgröße	DNA-Gehalt je Zelle beträgt bei *R. rubrum* 1,94 pg im diploiden (2C-)Kern. Die Genomgröße liegt bei etwa 951 Mbp im haploiden Kern. *R. uva-crispa* hat einen 2C-DNA-Gehalt je Zelle von 1,88 pg und eine geschätzte Genomgröße von 921 Mbp. Für *R. nigrum* gibt es keine gesicherten Angaben

- *R. nigrum.* Endemisch verbreitet in Asiens (China), Neuseeland, Nordamerika (Ostkanada, Nordzentral- und Nordost-USA) sowie Mitteleuropa (Österreich, Schweiz, Tschechien), Nordeuropa (Irland), Südosteuropa (Italien, Slowenien).

- *R. orientale.* Endemisch verbreitet in Asien (Kaukasus und Transkaukasien – Armenien, Georgien, Russland; China; Westasien – Afghanistan, Iran, Irak, Syrien, Türkei; indischer Subkontinent – Bhutan, Indien, Nepal, Pakistan) und Südosteuropa (Griechenland).

- *R. petraeum.* Endemisch verbreitet in Nordafrika (Algerien), Asien (Kaukasus – Armenien; China, Kasachstan, Mongolei, Sibirien; Westasien – Iran, Türkei) und Osteuropa (Ukraine), Mitteleuropa (Deutschland, Österreich, Polen, Schweiz, Slowakei, Tschechien, Ungarn), Südosteuropa (Albanien, Bosnien und Herzegowina, Bulgarien, Italien, Kroatien, Montenegro, Rumänien, Serbien, Slowenien) und Südwesteuropa (Frankreich, Spanien).

- *R. rubrum.* Endemisch verbreitet in Mitteleuropa (Belgien, Deutschland, Niederlande), Nordeuropa (Großbritannien), Südwesteuropa (Frankreich, Spanien).

- *R. spicatum.* Endemisch verbreitet in Asien (Kasachstan, Mongolei, Sibirien), Osteuropa (Estland, Lettland, Litauen, europäischer Teil Russlands), Mitteleuropa (Deutschland, Österreich, Polen), Nordeuropa (Dänemark, Finnland, Großbritannien, Norwegen, Schweden), Südosteuropa (Kroatien).

- *R. uva-crispa.* Endemisch verbreitet in Nordafrika (Marokko), Asien (Kaukasus und Transkaukasien – Armenien, europäischer Teil Russlands; Westasien – Iran, Türkei), Osteuropa (europäischer Teil Russlands, Ukraine, Weißrussland), Mitteleuropa (Belgien, Deutschland, Niederlande, Österreich, Polen, Schweiz, Slowakei, Tschechien, Ungarn), Nordeuropa (Großbritannien), Südosteuropa (Albanien, Bosnien und Herzegowina, Bulgarien, Griechenland, Italien, Kroatien, Mazedonien, Montenegro, Rumänien, Slowenien) und Südwesteuropa (Frankreich, Spanien).

22.3 Herkunft, Domestikation und Beginn der Züchtung

Johannisbeeren sind erst spät als Obstgehölz in Nutzung genommen worden. In der Antike und im Mittelalter waren Kulturformen von Johannisbeeren noch nicht bekannt.

Rote und Weiße Johannisbeeren

Alle in Mittel- und Westeuropa kultivierten Roten Johannisbeeren gehen auf *Ribes rubrum*[2] zurück. In der evolutionären Entstehung der Kulturformen spielten zusätzlich noch eine Rolle: *R. petraeum*[3] (Bergregionen Europas, Nordafrikas und Sibiriens), *R. multiflorum*[4] (Südeuropa) und *R. longeracemosum*[5] (Asien). Diese Arten haben v. a. für die Ausprägung langer Blüten- und Fruchtstände sowie größerer Früchte einen züchterischen Wert. Das Entstehungsgebiet der Kulturformen von Roter und Weißer Johannisbeere ist Westeuropa. Im mittleren und östlichen Mittelmeergebiet kam *R. rubrum* natürlicherweise nicht vor, sodass diese Pflanze den Römern und Griechen unbekannt war.

Die ersten Berichte über Rote Johannisbeeren stammen aus Deutschland. Im Jahr 1484 erschien das *Herbarius Maguntie Impressus*, das erste illustrierte Buch der Kräuter und Heilmittel in Deutschland zur Zeit der Inkunabel, herausgegeben von Peter Schöffer (1430-1502/03) mit Abbildungen zu Roten Johannisbeeren. Als Gartenpflanze wurde die Art in der Mitte des 16. Jahrhunderts in Italien aufgeführt.

Der Name *Ribes* soll von „Rhabarber des Libanon" (*Rheum ribes*) abgeleitet sein. Die Johannisbeere war gewissermaßen der Ersatz für den Rhabarber, den die Araber als Heilpflanze und Sirup sehr schätzten und den sie Anfang des 8. Jahrhunderts bei der Eroberung Spaniens nicht antrafen. Andererseits kommt *R. rubrum* in Spanien nicht vor und wurde

---

[2] Lat. *rubrum* für rot.
[3] Lat. *petraeus* für auf Felsen wachsend.
[4] Lat. *multiflorus* für vielblütig.
[5] Lat. *longus* für lang und lat. *racemosus* für Trauben-.

dort erst viel später kultiviert, sodass diese Deutung zweifelhaft erscheint (Hegi 1995a, S. 49–68).

Ende des 18. Jahrhunderts beschrieb Johann Kraft (1738–1808), Leiter der Kaiserlichen Obstbaumschule zu Wien, auf handkolorierten Kupferstichen Johannisbeersorten mit normalgroßen Früchten, aber auch besondere Kuriositäten, wie großfrüchtige rote und weiße Sorten, eine Sorte mit weiß-rotgestreiften Früchten sowie besonders dekorative Johannisbeersträucher mit weiß- und gelbrandigen Blättern.

Die erste Garten-Johannisbeere stammt aus dem heutigen Belgien, wo sie vermutlich eine Auslese aus der heimischen Wald-Johannisbeere darstellte *(Ribes rubrum)*. Anfang des 20. Jahrhunderts wurden erste Züchtungsprogramme in Großbritannien, Frankreich, den USA und v. a. in Holland etabliert. Die bekannte Sorte 'Jonkheer van Tets' stammt noch aus dieser Zeit. Über weiße Johannisbeeren wurde erstmals aus Holland Mitte des 17. Jahrhunderts berichtet. Noch heute ist die Sorte 'Weiße Versailles', ein Sämling mit unbekannten Eltern aus Frankreich aus dem späten 19. Jahrhundert, bekannt (Hancock 2008, S. 177–196).

Schwarze Johannisbeeren

Die Schwarze Johannisbeere hat ein eurasisches und nordamerikanisches Verbreitungsgebiet. Die Stammform ist *R. nigrum*[6] (Europa, Nord- und Zentralasien) mit den Varietäten *europeum, nigrum* und *sibiricum*. In der Evolution der Kulturform spielten weiterhin die nah verwandten Arten *R. americanum*, *R. dikuscha* (Ostsibirien), *R. ussuriense* (Sibirien, China, Korea), *R. bracteosum*[7] (Alaska bis Nordkalifornien), *R. hudsonianum* var. *petiolare*[8] (Nordamerika) eine Rolle. Diese Arten wurden als Quelle für agronomisch wichtige Merkmale wie Resistenz und Fruchtqualität identifiziert.

Die Schwarze Johannisbeere dürfte erst in der zweiten Hälfte des 16. Jahrhunderts, also einige Jahrzehnte nach der Roten Johannisbeere, in die Gärten gelangt sein. Ihre Wildform *R. nigrum* findet man selten in Wäldern. Die Domestikation von Schwarzen Johannisbeeren erfolgte in den letzten 400 Jahren. In Großbritannien findet man in den Kräuterbüchern des 17. Jahrhunderts Beschreibungen zu den medizinischen Eigenschaften der Pflanze. Bis 1826 wurden lediglich fünf Sorten durch die Royal Horticultural Society beschrieben, wobei die Anzahl an Sorten durch die Aktivitäten privater Züchter und von Baumschulen alsbald anstieg. Seit dem 20. Jahrhundert wurden eine Reihe von staatlich finanzierten Züchtungsprogrammen etabliert. Neben Großbritannien erfolgte dies insbesondere in den nordischen europäischen Ländern, wie Finnland, Schweden und in vielen Regionen Russlands. In die USA wurden Schwarze Johannisbeeren zusammen mit den Roten Johannisbeeren im 17. Jahrhundert eingeführt (Hancock 2008, S. 177–196).

---

[6] Lat. *niger* für schwarz.

[7] Lat. *bracteosus* für deckblattartig.

[8] Lat. *petiolaris* für gestielt, blattstielständig.

Stachelbeere

Die Stachelbeere *R. uva-crispa*[9] (vormals *R. grossularia*[10] L.) ist die botanische Art, die hauptsächlich an der Entstehung der Kultursorten beteiligt war. Sie wächst als Kleinstrauch mit überhängenden stacheligen Zweigen in Hecken und Gebüschen der Wälder. Kulturformen sind erst im späten Mittelalter zu uns gekommen. Erwähnungen über den Anbau finden sich in der englischen Literatur des 16. Jahrhunderts. Die ersten Sortenbeschreibungen stammen aus dem 17. Jahrhundert. Leonhart Fuchs (1501–1566), ein deutscher pflanzenkundiger Mediziner und einer der Väter der Botanik, beschreibt die Stachelbeere im *Kräuterbuch von 1543* unter dem Namen Kraußbeer oder Krüselbeer wie folgt:

„[...] ist villeicht den allten unbekant gewesen/dieweil es noch keinen rechten Lateinischen namen hat überkommen. Dann der nam Uva crispa/darbey mans yetzund nent/ist jm vo dem Teütschen her gegeben worden. Dann dieweil es krause bletter hat/und bringt schöne beerlin/haben die Teütschen dise zween namen zusamen gesetzt/und das gewechß Kraußbeer/oder Krüselbeer geheyssen." (Fuchs et al. 2001)

Um die Mitte des 18. Jahrhunderts gab es in Deutschland erst fünf Sorten, die alle aus der heimischen Wildart selektiert worden waren. Später kamen dann englische Sorten hinzu. Durch Einkreuzung von amerikanischen Stachelbeeren kam es dazu, dass bereits im 19. Jahrhundert eine größere Anzahl an Sorten zur Verfügung stand. Besonders in England gab es in der Vergangenheit zahlreiche Amateurzüchter. Ihnen ist es zu verdanken, dass es zu Beginn des 20. Jahrhunderts bereits mehr als 1000 gelistete Sorten gab. Insgesamt wird die Anzahl an Sorten, die beschrieben oder zumindest namentlich erwähnt sind, auf rund 5000 geschätzt. Wirtschaftliche Bedeutung haben jedoch nur einige wenige erlangt.

22.4 Zuchtziele und Zuchtfortschritt

Über die Anfänge der Züchtung von Kultursorten ist bei Johannis- und Stachelbeeren fast nichts bekannt. Wahrscheinlich fand zunächst eine Auslese von Zufallssämlingen statt, später eine Auslese aus Nachkommenschaften besonders guter Sorten. Mit Beginn des 19. Jahrhunderts nahm die Züchtung einen großen Aufschwung, wobei züchterische Aktivitäten in England, Deutschland, den Niederlanden und Frankreich stattfanden.

Am Kaiser-Wilhelm-Institut für Züchtungsforschung in Müncheberg wurden schon frühzeitig resistenzzüchterische Arbeiten an Stachelbeere aufgenommen. Der Stachelbeermehltau, hervorgerufen durch den Pilz *Sphaerotheca mors-uvae*, hatte in manchen Gebieten einen Anbau unmöglich gemacht. In Nordamerika waren daher Kreuzungen mit einheimischen Wildarten durchgeführt worden, die zu widerstandsfähigen, aber kleinfrüchtigen Sorten geführt hatten. Gruber führte in den 1930er-Jahren in Müncheberg umfangreiche Arbeiten zur Züchtung mehltaufester, den europäischen Sorten weitgehend

---

[9] Lat. *uva* für Traube, Weintraube und *crispus* für gekräuselt.
[10] Lat. *grossulus* für kleine, unreife Feige.

nahekommenden Stachelbeersorten durch. Dabei wurden Arten wie *R. divaricatum*[11], *R. succirubrum*[12], *R. pinetorum*[13], *R. oxyacanthoides*[14] u. a. verwendet. Diese Arbeiten waren recht erfolgreich (Schmidt 1948).

Besondere Möglichkeiten zur Schaffung neuer Obstarten eröffnen sich in der Gattung *Ribes* durch Artbastardierung, wie sie durch E. Baur und F. Gruber in Müncheberg begonnen worden sind. So gelang es E. Bauer 1922 durch Kreuzung der sehr klein- und dunkelfrüchtigen, johannisbeerähnlichen, starkwüchsigen *R. succirubrum* mit einer großfrüchtigen *R.-grossularia*-Sorte in der F2-Generation einen neuen Typ herzustellen, der den Namen Jochelbeere (aus Johannisbeere und Stachelbeere) erhielt. Diese neue Form ist sehr wüchsig, sehr ertragreich und besonders für Verarbeitungszwecke geeignet. Jochelbeeren haben dunkel-, fast schwarzblaue Früchte, die in zwei- bis dreibeerigen Trauben angeordnet sind und ein sehr feines, angenehm säuerliches Aroma besitzen. Jochelbeeren sind sehr widerstandsfähig gegenüber dem Stachelbeermehltau. Aufbauend auf den ersten Erfolgen der Artbastardierung innerhalb der Gattung *Ribes* wurden anschließend Kreuzungen zwischen Vertretern verschiedener Sektionen der Gattung durchgeführt, jedoch zunächst nur mit geringem Erfolg (Gruber 1934). In den späteren Jahren wurden diese Arbeiten in Westdeutschland durch R. Bauer und in Ostdeutschland durch H. Murawski fortgesetzt. Dabei wurden u. a. Kreuzungen zwischen Schwarzer Johannisbeere (*R. nigrum*) und Stachelbeere (*R. uva-crispa*, vormals bezeichnet als *R. grossularia*) durchgeführt. Die Jochelbeere stellt einen Artbastard mit der neuen Bezeichnung *R. × nidigrolaria* dar (Abb. 22.1). Die lateinische Bezeichnung der neuen Art setzt sich aus den Namen der Eltern zusammen: *nigrum*, *divaricatum* und *grossu-laria*.

Abb. 22.1 Die Jochelbeere aus der Pillnitzer Züchtung, ein Artbastard aus Schwarzer Johannisbeere und Stachelbeere

---

[11] Lat. *divaricatus* für auseinander gespreizt, sperrig.

[12] Lat. *succiruber* für rotsaftig.

[13] Lat. *pinetum* für Fichtenwald als Anpflanzung.

[14] Gr. *oxys* für scharf, spitz und *akantha* für Stachel, Dorn, nach den spitzen Dornen, vgl. auch *oxyakantha* Spitzdorn, viell. Berberitze.

Aus den Jochelbeeren entstanden mehrere Sorten:

- 'Jocheline' und 'Jochina', gezüchtet durch H. Murawski, Müncheberg; verbreitet ab den 1980er-Jahren, entstanden aus Kreuzungen von *R. nigrum* 'Silvergieters Schwarze' × *R. uva-crispa* 'Grüne Riesenbeere'; widerstandsfähig gegen Säulenrost, Stachelbeerrost und Johannisbeergallmilbe.
- 'Josta' und 'Jostine', tetraploide Doppelhybriden aus [(*R. nigrum* 'Langtraubige Schwarze' × *R. divaricatum*) × (*R. nigrum* 'Silvergieters Schwarze' × *R. uva-crispa* 'Grüne Hansa')]; widerstandsfähig gegen Mehltau und Gallmilbe (Bauer und Weber 1989).
- 'Jogranda' (Synonym 'Jostaki'), F3-Hybride aus ('Langtraubige Schwarze' × *R. divaricatum*); widerstandsfähig gegen Mehltau und Gallmilbe.
- 'Josta', 'Jogranda' und 'Jostine' wurden von R. Bauer, Breitbrunn gezüchtet, der ab Mitte der 1930er-Jahre mit Züchtungsarbeiten begann, zunächst um die Mehltau- und Rostresistenz der nordamerikanischen Stachelbeere *R. divaricatum* mit *R. nigrum* zu verbinden.

Gegenwärtig gibt es Züchtungsprogramme bei Schwarzer, aber auch bei Roter Johannisbeere und Stachelbeere in Osteuropa und Russland, Schottland und Neuseeland. Die Züchtungsaktivitäten sind im Wesentlichen staatlich finanziert und fokussieren sich auf nationale und regionale Bedürfnisse sowie auf Anforderungen durch die Verarbeitungsindustrie (Tab. 22.2).

Tab. 22.2 **Aktuelle Zuchtziele für Ribes**

Zuchtziel	Merkmal
Resistenz gegen Krankheiten und Schädlinge	Gegen Johannisbeergallmilbe Gegen Johannisbeerblattgallmücke Gegen Amerikanischen Stachelbeermehltau Gegen Blattfallkrankheit Gegen Rostpilze
Anpassung an die Umwelt	Winterhärte Toleranz gegen Frühjahrsfröste Geringeres Kältebedürfnis
Ertrag und Fruchtqualität	Sorten für unterschiedliche Reifezeiten[a] Verbesserung der Beerengröße[a] Erhöhung des Vitamin-C-Gehalts und der Anthocyane[a] Verbesserung der sensorischen Qualität[a] Eignung für maschinelle Ernte[a]

[a] Schwarze Johannisbeere.

Krankheits- und Schädlingsresistenz

Die Johannisbeergallmilbe (*Cecidophyopsis ribis*) führt bei Schwarzer Johannisbeere zu großen Schäden durch die Parasitierung der Knospen. Die vergallten Rundknospen treiben nur unvollständig aus und sterben ab. Die Triebe verkahlen und die Blätter sind stark missgebildet. Diese Krankheit stellt ein ernsthaftes Problem für Erwerbsanlagen dar. Die Milbenresistenz in *R. nigrum* var. *sibiricum* wird offenbar durch ein einzelnes Gen (Gen *P*) bestimmt. Die Resistenz in *R. uva-crispa* wird ebenfalls durch ein einzelnes Gen (Gen *Ce*) erklärt, das erfolgreich in die Schwarze Johannisbeere introgressiert wurde, sodass inzwischen resistente Hybridpflanzen zur Verfügung stehen (Hancock 2008, S. 177–196).

Ein weiterer Schädling bei Schwarzer Johannisbeere ist die Johannisbeerblattgallmücke (*Dasineura tetensi*). Rote und Weiße Johannisbeersträucher hingegen werden nicht befallen. Die Mücke kann Ertragsverluste von bis zu 25 % verursachen. Die Larven schlüpfen in den Falten von jungen Blättern an den Triebspitzen. Die Blätter können sich dadurch nicht entfalten, verdrehen sich, rollen sich ein und fallen ab. Es gibt klare Sortenunterschiede in der Anfälligkeit, sodass eine Resistenzzüchtung auch unter Beteiligung von Wildarten möglich ist. In *R. dikuscha* gibt es eine Resistenz, die von dem dominanten Gen *Dt* kontrolliert wird.

Amerikanischer Stachelbeermehltau, hervorgerufen durch den Pilz *Sphaerotheca mors-uva*, ist eine Blatterkrankung bei *Ribes*-Arten und -sorten. Diese Krankheit war einer der limitierenden Faktoren für eine großflächige Stachelbeerproduktion im 19./20. Jahrhundert. Bei Schwarzer Johannisbeere wurde die Resistenz gebrochen. Es gibt eine Reihe von Resistenzgenen, die für interspezifische Hybridisierungen verwendet werden können. Bei den *Ribes*-Arten gibt es die *Sph*-Reihe von dominanten Mehltauresistenzgenen. Das Resistenzgen *Sph1* stammt beispielsweise aus der Art *R. oxyacanthoides*. *Sph2* stammt aus der schwedischen Schwarzen Johannisbeersorte 'Öjebyn' und *Sph3* stammt aus der Art *R. sanguineum*[15] var. *glutinosum*[16]. Weitere Resistenzen sind in den Arten *R. carrierei*[17], *R. sanguineum*, *R. aureum*[18], *R. americanum*, *R. hudsonianum*[19], *R. hirtellum*[20], *R. aureum* var. *villosum*[21] und *R. pauciflorum*[22] beschrieben. Es gibt auch eine Reihe resistenter Sorten. Das trifft sowohl für Johannisbeeren, z. B. 'Jonkheer van Tets' und 'Red Lake', als auch für Stachelbeeren, 'Invicta' und 'Houghton', zu. Von den neueren Stachelbeersorten im Handel werden 'Remarka' und 'Rolonda' als resistent und 'Redeva', 'Rokula' und 'Captivator' als wenig anfällig bzw. sehr robust angepriesen.

Die Blattfallkrankheit bei Johannisbeere (seltener bei Schwarzer Johannisbeere) und Stachelbeere, hervorgerufen durch *Drepanopeziza ribis*, kommt in Europa, Nordamerika

---

[15] Lat. *sanguineus* für Blut-, blutrot.

[16] Lat. *glutinosus* für voller Leim, klebrig.

[17] Nach Carriére, Elie-Abel (1816–1896), frz. Gärtner und Botaniker.

[18] Lat. *aureus* für golden, goldgelb.

[19] Nach Hudson, William (1730–1793), engl. Apotheker und Botaniker.

[20] Lat. *hirtellus* für kurzborstig.

[21] Lat. *villosus* für zottig, rauh.

[22] Lat. *pauciflorus* für wenig blütig.

Tab. 22.3 Donoren für Merkmale, die in der Züchtung bei *Ribes* genutzt werden können. (Mod. nach Hancock 2008, S. 177–196)

Merkmal	Donoren für Merkmale
Resistenz gegenüber Schädlingen	
Johannisbeergallmilbe	Resistenzträger sind *R. uva-crispa*, *R. pauciflorum*, *R. procumbens*, *R. nigrum* var. *sibiricum*
Johannisbeerblattgallmücke	Resistenzträger sind *R. americanum*, *R. dikuscha*
Resistenz gegenüber Krankheiten	
Amerikanischer Stachelbeermehltau	Resistenzträger sind *R. oxyacanthoides* (dominante *Sph*-Gene), *R. divaricatum*, *R. hirtellum* für Stachelbeere; *R. americanum*, *R. carrierei*, *R. sanguineum*, *R. dikuscha*, *R. hudsonianum* var. *petiolare*, *R. pauciflorum*, *R. sanguineum* var. *glutinosum* für Schwarze Johannisbeere; *R. multiflorum*, *R. longeracemosum*, *R. petraeum* für Rote Johannisbeere
Blattfallkrankheit	*P. dikuscha*, *R. nigrum* var. *sibiricum*, *R. pauciflorum*, *R. americanum*, *R. sanguineum* var. *glutinosum* für Schwarze Johannisbeere; *R. petraeum*, *R. rubrum*, *R. spicatum*, *R. longeracemosum*, *R. moupinense*, *R. multiflorum* für Rote Johannisbeere; *R. divaricatum*, *R. oxyacanthoides* für Stachelbeere
Strobenrost	Resistenzträger sind *R. ussuriense* und kanadische Sorten der Schwarzen Johannisbeere (dominantes Gen *Cr*)
Agronomische und phänologische Merkmale	
Winterhärte	Resistenzträger sind *R. nigrum* var. *sibiricum*, *R. dikuscha*, *R. pauciflorum*, *R. procumbens* für Schwarze Johannisbeere; *R. rubrum*, *R. triste* für Rote Johannisbeere; *R. divaricatum*, *R. aciculare*, *R. burejense* für Stachelbeere
Späte Blüte	*R. petraeum*, *R. manshuricum*, *R. multiflorum* bei Roter Johannisbeere; *R. divaricatum* bei Stachelbeere
Wuchsform	*R. bracteosum*, *R. sanguineum* bei Schwarzer Johannisbeere; *R. watsonianum*, *R. leptathum* bei Stachelbeere
Frühe Reife	*R. dikuscha*, *R. nigrum* var. *sibiricum* bei Schwarzer Johannisbeere
Späte Reife	*R. bracteosum*, *R. spicatum* subsp. *palczewskii*, *R. manshuricum* bei Schwarzer Johannisbeere
Länge der Rispe	*R. bracteosum*, *R. fuscescens* bei Schwarzer Johannisbeere; *R. multiflorum* bei Roter Johannisbeere
Stachellosigkeit	*R. oxyacanthoides*, *R. cynosbati*, *R. inerme*, *R. robustum* bei Stachelbeere
Fruchtmerkmale	
Vitamin-C-Gehalt	*R. nigrum* var. *sibiricum*, *R. dikuscha*, *R. pauciflorum* für Schwarze Johannisbeere
Verrieseln der Früchte	*R. hudsonianum* bei Schwarzer Johannisbeere

und Australasien überall vor. Es entstehen gelblich-braune Flecken auf den Blättern, die sich braun färben, sich nach oben einrollen und abfallen. Die Früchte fallen in der Folge ebenfalls ab oder trocknen ein. Der Erreger bildet Rassen. Die Resistenz wird durch zwei komplementäre Gene *Pr1* und *Pr2* bedingt. Inzwischen gibt es Johannisbeersorten, die wenig anfällig sind, wie 'Fays Fruchtbare', 'Heinemanns Rote Spätlese', 'Heros', 'Jola', 'Ometa', 'Rolan', 'Rondom', 'Rote Holländische', 'Rotet', 'Rovada', 'Weiße Versailler' und 'Weiße aus Jüterbog'. Dagegen sind die Sorten 'Herosta', 'Jonkheer van Tets', 'Macheraus Späte Riesentraube', 'Red Lake', 'Rosetta', 'Rote Vierländer' anfällig. Die Schwarze Johannisbeere 'Titania' soll vollkommen resistent sein. Bei Stachelbeere sind die Sorten 'Risulfa', 'Rixanta' und 'Rolanda' wenig anfällig.

Der Rostpilz (*Cronartium ribicola*, Strobenrost, Weymouthkiefer-Blasenrost) ist ein Krankheitserreger, der u. a. meistens im Hochsommer bei feuchter, warmer Witterung Schwarze Johannisbeeren, selten Stachelbeeren, befällt. Es werden gelbe oder rötliche Pusteln auf den Unterseiten sowie gelbe Flecken auf der Oberseite der Blätter gebildet; der Ertrag ist stark vermindert, die Blätter fallen ab. Kiefern dienen dem Pilz als Zwischenwirt. Aus der nordamerikanischen Züchtung gibt es eine Reihe an Resistenzträgern. So wurde bereits 1935 von A. W. Hunter das *Cr*-Resistenzgen aus *R. ussuriense* in die Schwarze Johannisbeere eingekreuzt. Aus Hunters Arbeiten gingen Sorten wie 'Crusader' oder 'Consort' hervor. Diese Sorten waren zwar rostresistent, hatten jedoch eine minderwertige Fruchtqualität und waren anfällig gegenüber Mehltau. Im Jahr 1981 brachte der schwedische Züchter Pal Tamas die Sorte 'Titania' auf den Markt. Diese Sorte ist zwar rost- und mehltauresistent, sie ist aber ungeeignet für eine mechanische Ernte. Inzwischen gibt es einige resistente Sorten aus der polnischen Züchtung, die den Anforderungen des Markts entsprechen.

Ribes-Arten, die besonders gut als Resistenzdonoren gegenüber Krankheiten und Schädlingen geeignet sind, sind in Tab. 22.3 aufgelistet.

Anpassung an die Umwelt
Die Winterhärte ist in den meisten *Ribes*-Arten hoch. Dennoch gibt es eine Reihe von Arten, die sehr gut als Resistenzträger geeignet sind, da sie aus Gebieten mit starken Winterfrösten stammen (Tab. 22.3). Insbesondere bei Schwarzer Johannisbeere sind die im Anbau befindlichen Sorten wenig empfindlich gegenüber Winterfrösten.

Toleranz gegenüber Frühjahrsfrösten, die ein Überleben der Blüten und die damit verbundene Fruchtbildung garantiert, ist ein Zuchtziel in vielen Züchtungsprogrammen bei Schwarzer Johannisbeere. Die Ertragsleistung bei dieser Obstart kann signifikant gemindert sein, wenn unvorhergesehen Frostereignisse im Frühjahr auftreten. In den letzten Jahren wurden einige Sorten gezüchtet, z. B. 'Ben Alder' und 'Ben Tirran', die dank der Verwendung von *Ribes*-Arten aus Skandinavien als Kreuzungseltern später blühen und damit von Frösten nicht mehr so stark betroffen werden können.

Viele Johannisbeeren haben ein ausgeprägtes Kältebedürfnis (etwa 800–1600 h unter 7 °C während der Dormanz), was mit ihrer genetischen Abstammung zu begründen ist. Mit der Klimaerwärmung in Europa und den milden Wintern kommt es in wärmeren Regionen dazu, dass das Kältebedürfnis einiger Sorten der Schwarzen Johannisbeere nicht mehr in jedem Fall befriedigt werden kann. Dies führt zu Problemen beim Knospenaufbruch und in der Ertragsleistung. Die züchterische Zielstellung liegt daher in der Erweiterung der genetischen Variabilität in diesem Merkmal und der Selektion besser an das Klima angepasster Genotypen.

Ertrag und Fruchtqualität

Ein wichtiges Ziel in der Züchtung bei Schwarzer Johannisbeere ist die Bereitstellung von Sorten mit größeren Früchten und unterschiedlicher Reifezeit, um die Ernteperiode zu verlängern. Das zunehmende Interesse am Anbau von Schwarzen Johannisbeeren wird auch dadurch bestimmt, dass diese Beeren viele gesundheitsfördernde Substanzen, wie Vitamin C, Anthocyane und andere phenolische Inhaltstoffe, enthalten. Sicherlich ist auf diesem Gebiet noch viel analytische Arbeit notwendig, gerade dann, wenn es um die Erfassung der sortenspezifischen Diversität der Inhaltsstoffe und deren Veränderung im Rahmen vorherrschender Umweltbedingungen geht. Als Zuchtziel wird jedoch der gesundheitliche Aspekt heute zunehmend verfolgt. Die sensorischen Qualitäten bei Schwarzen Johannisbeeren sind ebenfalls im Fokus der Züchtung. Hier richten sich die Selektionsarbeiten allerdings danach, ob die Früchte für den Frischmarkt oder die Verarbeitung bereitgestellt werden sollen. Schwarze Johannisbeeren werden in der erwerbsmäßigen Produktion maschinell geerntet. Für die Züchtung bedeutet dies die Notwendigkeit, Pflanzen zu selektieren, die weitestgehend an die Erntemaschine angepasst sind, d. h. die Ausprägung eines aufrecht wachsenden Strauchs im Unterschied zu eher niederliegenden Wuchsformen bei Wildarten und alten Sorten.

Stachellosigkeit (Stachelbeere)

Für Stachellosigkeit (eigentlich: Dornenlosigkeit) gibt es verschiedene Donoren, die in der Vergangenheit zum Kreuzen genutzt wurden. In der englischen Züchtung wurde ein stacheloser und mehltauresistenter Zuchtklon benutzt, der auf die kanadischen Sorten 'Captivator' und 'Lancashire Lad' zurückgeht. In Nordamerika wurde u. a. die da beheimatete Art *R. oxycanthoides* benutzt. Mit ihrer Hilfe entstand eine Reihe von Genotypen, die kaum oder gar keine Stacheln mehr besitzen. In Deutschland sind stachellose bzw. stachelarme Formen schon sehr lange bekannt. So schreibt z. B. der Züchter Paul Lorenz in seinem Artikel über Kreuzungsmöglichkeiten in der Gattung *Ribes* (Lorenz 1929), dass stachellose Sorten wie 'Souvenir de Billard' bereits seit den 1860er-Jahren bekannt sind. Stachellose bzw. -arme Formen treten hin und wieder in Kreuzungen auf, v. a. dann, wenn mit verschiedenen Wildarten gekreuzt wird.

22.5 Zuchtmethoden und -techniken

Die Züchtung bei den *Ribes*-Arten erfolgt durch klassische Kreuzungszüchtung. Einige Züchter nutzen auch Saatgut aus offener Abblüte. Eine markergestützte Selektion ist bislang nicht wirklich etabliert, wenngleich es etablierte Markersysteme sowie erste eng gekoppelte Marker gibt. Es ist aber zu erwarten, dass es auf diesem Gebiet in den nächsten 10–15 Jahren Fortschritte geben wird. In-vitro-Verfahren zur Erhaltung und Vermehrung sowie Verfahren zur Kryokonservierung sind ansatzweise etabliert. Ebenso wurden erste Arbeiten zur genetischen Transformation durchgeführt.

DNA-Marker

An verschiedenen *Ribes*-Arten wurden mit RAPD-, AFLP-, SSR-, ISSR- und SNP-Markern molekulare Markersysteme etabliert, die bislang vorwiegend zur Bestimmung der genetischen Diversität und zur Identifizierung von Sorten benutzt wurden. Gerade in den letzten Jahren wurden mehrere Studien mit SSR- und ISSR-Markern zur Charakterisierung von genetischen Ressourcen durchgeführt. Dabei reichten die Zielstellungen vom Aufbau von Kernsammlungen in bestehenden Genbankbeständen bis hin zur Etablierung von Ex-situ-Erhaltungsstrategien in räumlich begrenzten Habitaten.

Genetische Karten

Für die Schwarze Johannisbeere gibt es bereits genetische Kopplungskarten. Die erste Karte wurde im Jahr 2008 veröffentlicht. Diese wurde mit AFLP-, SSR- (genomische und EST) und SNP-Markern an einer F1-Vollgeschwisterpopulation (SCRI 9328) der beiden schottischen Zuchtklone SCRI S36/1/100 ('Ben Alder' × 'Ben Loyal') und EMRS B1834 (EMRS B1426 × 'Ben Lomond') erstellt. Mithilfe dieser Karte wurde das Gen *Ce* für Resistenz gegenüber der Johannisbeergallmücke (*Cecidophyopsis ribis*) auf Chromosom 2 kartiert. Dieses Resistenzgen stammt ursprünglich aus Stachelbeere und wurde durch interspezifische Hybridisierung in die Schwarze Johannisbeere übertragen. Einer der flankierenden Marker wurde anschließend in einen einfachen PCR-Marker konvertiert und somit für eine markergestützte Selektion nutzbar gemacht. Weiterhin wurden QTL-Regionen für Blütenknospenaufbruch und Blühbeginn auf den Chromosomen 3 und 8, Vollblüte auf Chromosom 1 und volle Laubausbildung auf den Chromosomen 1, 3 und 7 identifiziert. Im Jahr 2011 wurden zwei genetische Karten mit transkriptombasierten SNP-Markern erstellt. Dafür wurde sowohl die Population SCRI 9328 als auch eine Population mit dem Namen MP7 ('Ben Finlay' × 'Hedda') benutzt. Die Kartenlänge für SCRI 9328 betrug 605 cM und für MP7 355 cM. Im Jahr 2012 wurde mit Gen *P* ein weiteres Resistenzgen gegenüber *C. ribis* mithilfe von AFLP-Markern auf Chromosom 6 kartiert. Im Jahr 2013 erschien dann die erste Karte, die mit einem genomabdeckenden GBS-Ansatz erstellt wurde. Diese Karte enthält 1587 Marker, die über die acht Chromosomen verteilt sind, und sie hat eine Länge von 771 cM. Mithilfe dieser Karte wurden erste QTL für den Brix-Wert (Chromosom 2 und 3) und das 100-Beerengewicht (Chromosom 1 und 5) identifiziert.

22.6 Erfolge der Züchtung und Ausblick

Obwohl die *Ribes*-Arten im Erwerbsanbau nur eine begrenzte Rolle spielen, wurden v. a. im 19. und 20. Jahrhundert zahlreiche züchterische Aktivitäten unternommen. So gibt es inzwischen Sorten, die resistent bzw. sehr tolerant gegenüber einer Reihe von Krankheiten sind. Dennoch werden immer wieder neue Sorten benötigt, die unter den heutigen Produktionsbedingungen (Klimawechsel, wenig oder keine Pflanzenschutzmittel, maschinelle Ernte) hohe und stabile Erträge gewährleisten. Der Erfolg in der Züchtung ist jedoch durch den geringen Stand der Züchtungsforschung (im Vergleich zu den führenden Obstarten) limitiert. Hier besteht auf jeden Fall ein großer Bedarf. Neben der Züchtung neuer Sorten wird der Erhaltung genetischer Ressourcen heute eine große Bedeutung beigemessen. Anders als bei den Baumobstarten gibt es hier nur wenige Privatakteure, die Sammlungen unterhalten. Deshalb sind v. a. staatliche Forschungseinrichtungen und Züchter in der Pflicht. Kleinere Sammlungen, die meist eher einem Arbeitssortiment mit vorwiegend modernen Sorten entsprechen, sind bei Züchtern vorhanden. Nennenswerte Sammlungen genetischer Ressourcen verschiedener *Ribes*-Arten befinden sich heute v. a. am Vavilov-Institut in Russland (www.vir.nw.ru), in der Nordischen Genbank Skandinavien (www.ngb.se) und in der Nationalen Genbank in Corvallis Oregon (USA, http://www.ars-grin.gov/ars/PacWest/Corvallis/ncgr). In Europa befindet sich eine europäische Datenbank für *Ribes* und *Rubus* im Aufbau (www.ribes-rubus.gf.vu.lt). Diese wird vom Botanischen Garten der Universität Vilnius (Litauen) gepflegt und ist Teil des European Cooperative Programme for Plant Genetic Resources (ECPGR).

23.1 Einführung

lateinisch	*Aronia melanocarpa* (Michx.) Elliott
deutsch	Aronia, Apfelbeere
englisch	black chokeberry
russisch	râbina černoplodnaâ, aroniâ

Die Apfelbeere (*Aronia*[1] *melanocarpa*[2]) gehört zu den Wildfruchtgehölzen mit großer Heilwirkung. Sie gilt als herausragendes Volksheilmittel, das besonders den Zellschutz verbessert und entzündungshemmende Eigenschaften besitzt. Als Obstart ist sie historisch sehr jung, da ein nennenswerter Anbau erst nach dem Zweiten Weltkrieg erfolgte. Vorher war die Apfelbeere im Wesentlichen als Ziergehölz bekannt.

Es gibt kaum Angaben über Produktionsflächen in der Welt. In den 70er- und 80er-Jahren des 20. Jahrhunderts wurden in der damaligen UdSSR zwischen 5000 und 18.000 ha kultiviert. Der Anbau breitete sich Richtung Westen aus, sodass Produktionsflächen in Polen, der Tschechoslowakei, in Bulgarien und in der DDR entstanden. Die gesamte Anbaufläche für Aronia in Deutschland umfasste im Jahr 2015 395 ha (AMI Markt Bilanz Obst 2016).

[1] Gr. *aronia* für eine Art Mispel, das Wort gehört sicher zu gr. *aria* für ein Strauch.
[2] Gr. *melanokarpos* für mit schwarzen Früchten, zu *melas*, *melano-* und *karpos* für Frucht.

© Springer-Verlag GmbH Germany 2017
M.-V. Hanke und H. Flachowsky, *Obstzüchtung und wissenschaftliche Grundlagen*,
DOI 10.1007/978-3-662-54085-5_23

23.2   Botanische Beschreibung

Die Gattung *Aronia* gehört zur Subtribus *Malinae* in der Unterfamilie *Amygdaloidae* innerhalb der Rosaceae (Box 23.1).[3] Die Apfelbeere *Aronia melanocarpa* und die Filzige Apfelbeere *A. arbutifolia*[4] sind die Kulturarten in der Gattung *Aronia*. Die Art *A. prunifolia*[5] wird als eigene Art beschrieben und ist eine natürliche Hybride aus *A. arbutifolia* × *A. melanocarpa*. *Aronia*-Arten hybridisieren auch leicht mit der Gattung *Sorbus*. So wird angenommen, dass die Art *A. mitschurinii*[6] eine Hybride aus *Sorbaronia fallax*[7] (*Sorbus aucuparia* × *A. melanocarpa*) × *A. melanocarpa* oder *A. prunifolia* ist. In der Gattung *Sorbaronia* gibt es neben *Sorbaronia fallax* auch weitere Gattungshybriden, z. B. *Sorbaronia dippelii* (*Sorbus aria* × *A. melanocarpa*) und *Sorbaronia sorbifolia* (*Sorbus americana* × *A. melanocarpa*).

Box 23.1 Botanische Zuordnung der Gattung *Aronia*

Familie	Rosaceae
Unterfamilie	Amygdaloideae
Tribus	Maleae
Subtribus	Malinae
Gattung	*Aronia* Medik.

Eine botanische Beschreibung der Apfelbeere ist in Tab. 23.1 dargestellt.

---

[3] GRIN – Germplasm Resources Information Network, https://npgsweb.ars-grin.gov/gringlobal/taxonomygenus.aspx?id=13463 (Stand 16.7.2016).

[4] Lat. *arbutus* für Erdbeerbaum und *folius* für blättrig.

[5] Lat. *prunifolia* für pflaumenblättrig.

[6] Nach Mičurin, I. V. (1855–1935), russ. Botaniker und Pflanzenzüchter.

[7] Lat. *fallax* für täuschend.

Tab. 23.1 Beschreibung der Apfelbeere

Merkmal	Beschreibung
Natürliche Verbreitung	Östliches Nordamerika
Vorkommen	An feuchten und sauren Standorten, auf Moorböden, an Küstenstreifen und Flussufern, auf Sanddünen, an Straßenrändern, in Wäldern, aber auch in der offenen Landschaft. Die Vermehrung erfolgt über Wurzelausläufer
Pflanze	Sommergrüner, vielstämmiger Strauch, bis zu 3 m hoch; mit spitzen weinroten Winterknospen, dornenlos
Blatt	Elliptisch bis verkehrt eiförmig, kurz zugespitzt, ähnliche Form wie bei Apfel, in Wildtypen schmaler, leuchtend rote Herbstfärbung
Blüte	Blüten (10–20) in Schirmrispen, zwittrig, fünfzählig; Kronblätter sind frei und weiß bis blass rosa, Staubblätter sind purpurfarbig und behaart, meist 20, an der Basis verwachsen. Die Blütezeit ist etwa ein bis zwei Wochen vor dem Apfel (in Deutschland Mitte April)
Frucht	Die Fruchtgröße ist vergleichbar mit *Sorbus*, Fruchtfarbe rot oder schwarz, apfelförmig, mit Kerngehäuse
Reproduktionsbiologie	Apomiktisch bei der Kulturform, bei der Wildform kommen Apomixis und Fremdbefruchtung gleichermaßen vor; Insektenbestäubung
Ploidie	$2n = 2x = 34$, ($2n = 4x = 68$), tetraploide Formen kommen sowohl in *A. melanocarpa* wie auch in *A. arbutifolia* vor. *A. mitschurinii* wird ebenfalls als tetraploid beschrieben
Genomgröße	Der DNA-Gehalt je Zelle beträgt bei *A. arbutifolia* 2,57 pg im diploiden (2C) Kern. Die geschätzte Genomgröße liegt damit bei etwa 1240 Mbp im haploiden Kern
Bedeutung	Reich an Anthocyanen, mit höchstem Gehalt zur Erntereife

23.3 Herkunft und Domestikation

Apfelbeeren sind im östlichen Nordamerika indigen verbreitet und wurden durch die Indianer als Zusatz in luftgetrocknetem Dauerproviant, der aus Fleisch und Früchten bestand, genutzt. Die Apfelbeere *A. melanocarpa* wurde nach Europa eingeführt und zunächst in botanischen Gärten kultiviert. Aus Deutschland gelangten Samen nach Russland und vor ungefähr 100 Jahren begann man in Russland mit der Entwicklung der Apfelbeere zur Kulturpflanze. Schon zu Beginn des 20. Jahrhunderts kreuzte der russische Züchter I. V. Mičurin die Apfelbeere mit Vertretern der Gattungen *Sorbus* und *Mespilus*. Ziel war die Entwicklung winterharter, süßer Ebereschen und von Fruchtarten für die heimische Obstverwertung.

Die obstbauliche Nutzung der Apfelbeere begann in der ehemaligen Sowjetunion. Im Jahr 1935 legte M. A. Lisavenko eine Versuchsanlage mit *Aronia* in Gorno-Altajsk im Altaj an. Weil dabei gute Erfahrungen mit dieser Wildobstart gemacht wurden, wurde die Apfelbeere 1946 erstmals in der ehemaligen Sowjetunion als Obstart anerkannt und für den Anbau empfohlen. In den folgenden Jahren verbreitete sich der Anbau von Sibirien aus über das gesamte Gebiet der Sowjetunion. Das dabei verwendete Pflanzenmaterial ging im Wesentlichen auf den gleichen Ursprung zurück, sodass die genetische Basis bei den kultivierten Formen extrem eingeschränkt ist.

Aufgrund der spezifischen Eigenschaften der in der Sowjetunion und in Nordeurasien weit verbreiteten Form der Apfelbeere, schien es gerechtfertigt 1982 eine eigene botanische Art zu kreieren: *A. mitschurinii*. Damit sollte auch eine Abgrenzung zu der nordamerikanischen Stammart *A. melanocarpa* gerechtfertigt werden. Die Entstehung der Art *A. mitschurinii* geht offenbar auf Mičurin zurück, der die Ursprungsart über mehrere Kreuzungsgenerationen hinweg züchterisch bearbeitete. Diese Art weist im Vergleich zur diploiden Art *A. melanocarpa* besondere Eigenschaften auf. Sie ist tetraploid, hat eine sehr hohe genotypische Stabilität der morphologischen Merkmale vegetativer Organe, größere Infloreszenzen, schwerere saftige Früchte mit rundlicher, besonders oben abgeflachter Form und stets matter Färbung und ist besonders frosthart. Es wird vermutet, dass diese *Aronia*-Kulturform durch wiederholte Kreuzung, auch unter Nutzung entfernter Hybridisierung, entstanden ist, wobei es zur Polyploidisierung kam, die mit dem Auftreten von Apomixis verbunden war.

Wegen ihrer medizinisch wertvollen Inhaltsstoffe wird die Apfelbeere heute in Osteuropa, Deutschland, Finnland, Schweden und Norwegen angebaut. Der Anbau gilt als neuartige und aussichtsreiche Spezialisierung innerhalb des Obstbaus (Janick und Paull 2008, S. 622–623; Friedrich und Schuricht 1989, S. 14–24).

23.4 Nutzung und Heilwirkung

Die Früchte der Apfelbeere sind leicht süß-säuerlich mit einem herben, z. T. sehr adstringierenden Geschmack. Mit den anderen Beerenobstarten können sie geschmacklich nicht konkurrieren. Aufgrund der hervorragenden Winterhärte wurde diese Pflanze jedoch insbesondere für kalte Anbaugebiete interessant, wo andere Beerenobstarten nicht überleben. Weitere Vorteile für diese Kultur sind deren einfache Pflege und Ernte. Die Fruchtfestigkeit erlaubt es, dass die Beeren maschinell geerntet werden können. Darüber hinaus sind bislang in Europa keine Krankheiten etabliert, die den Anbau ernsthaft gefährden können. Die Apfelbeere gewann in den letzten Jahren als gesundes Nahrungsmittel große Bedeutung. Die Beeren sind reich an Anthocyanen und können daher als Grundlage für die kommerzielle Anthocyanproduktion, als natürlicher Farbstoff und als gesundheitsförderndes Lebensmittel genutzt werden. Der Rohsaft enthält bis zu 2000 mg Anthocyane je Liter. Die Hauptkomponenten sind Cyanidin-3-Galactosid und Cyanidin-3-Arabinosid.

23.5 Züchtungspotenzial

Die aus der ehemaligen UdSSR stammenden Sorten sind tetraploid und unterscheiden sich deutlich von der ursprünglichen Stammform *A. melanocarpa*, was auf Art- oder Gattungshybridisierungen schließen lässt. Andererseits ist bekannt, dass die ursprünglichen russischen Kulturformen der Apfelbeere apomiktisch über Samen vermehrt worden sind und daher im Prinzip einen einzigen Klon darstellen. Genetische Variabilität kommt nicht vor.

In Europa werden großfrüchtige Klone als Sorten unter unterschiedlichen Namen vermarktet, z. B. 'Viking' aus Finnland, 'Aron' aus Dänemark, 'Nero' (aus Russland stammend, wahrscheinlich eher *Aronia prunifolia* zuzuordnen). Diese Sorten sind einander sehr ähnlich und stammen daher offenbar von den russischen Kulturformen ab. Es kommen jedoch auch geringe Variationen vor, die wahrscheinlich auf somatische Mutationen zurückzuführen sind. In den letzten 100 Jahren wurde im Prinzip kein Fortschritt bei dieser Kulturpflanze durch Züchtung erreicht, obwohl es auch Sorten aus Kreuzungen gibt, z. B. die ungarische Sorte 'Rubina' (Kreuzung aus 'Viking' mit einer russischen Sorte).

Einige Sorten, wie 'Burka' und 'Titan' aus Russland sowie 'Stewart' und 'Appleberry' aus Kanada, wurden durch intergenerische Hybridisierung zwischen *Aronia* und *Sorbus* erhalten. Obwohl diese Hybridsämlinge schwachwüchsig und von geringer Qualität sind, können Rückkreuzungen mit *Aronia* nach zwei bis drei Generation einen Fortschritt in der genetischen Variabilität bringen (Janick und Paull 2008, S. 622–623).

Die derzeit am häufigsten angebaute Sorte 'Nero' ist von den genannten Sorten am ertragreichsten (Abb. 23.1). Sie ist spätreifend und hat ein Fruchtgewicht von 1–1,5 g. Diese Sorte kam über Tschechien in die ehemalige DDR und soll aus der Sowjetunion stammen. In der sowjetischen Fachliteratur wird sie jedoch nicht erwähnt (Friedrich und Schuricht 1989, S. 14–24).

Abb. 23.1 **Früchte der Sorte 'Nero'**

Für eine künftige Weiterentwicklung der *Aronia*-Züchtung wäre es sinnvoll, genetische Ressourcen der wirtschaftlich genutzten sowie nah verwandten Arten zu erschließen, zu evaluieren und damit einer möglichen Nutzung zuzuführen. Anschließend sollten Kreuzungsprogramme zur gezielten Erweiterung der genetischen Basis durchgeführt werden. Es ist zu erwarten, dass eine Erweiterung der genetischen Diversität mittelfristig auch zu einem Zuchtfortschritt führen wird. So wäre z. B. mithilfe von interspezifischer Hybridisierung eine Ausdehnung der Reife- und damit der Erntezeit über vier bis fünf Monate möglich. In den USA reift *A. melanocarpa* zwischen Anfang Juli und Ende August, *A. prunifolia* zwischen Mitte August und Ende September und *A. arbutifolia* zwischen Anfang Oktober und Mitte November. Auch ein Zuwachs in der Fruchtgröße ist durchaus denkbar. Erste Evaluierungen von genetischen Ressourcen zeigen Unterschiede in der Fruchtgröße zwischen 5 g und > 25 g. Neben ersten Markersystemen (RAPD, ISSR und AFLP) sind auch Methoden zur Polyploidisierung durch Colchicin-Behandlung etabliert.

Kan schinnern Baam gibt's wie an Vugelbärbaam – Vugelbärbaam, Vugelbärbaam – Es werd a su leicht net an schinnern Baam gam – schinnern Baam gam, eicho! Eicho, eicho, an Vugelbärbaaman – an Vugelbärbaam, an Vugelbärbaam – Eicho, eicho, an Vugelbärbaaman – an Vugelbärbaam, eicho (Volkslied aus dem Erzgebirge).

24.1 Einführung

lateinisch	*Sorbus aucuparia* L.
deutsch	Eberesche, Vogelbeere
englisch	rowan tree
russisch	râbina krasnoplodnaâ

lateinisch	*Sorbus domestica* L.
deutsch	Speierling
englisch	service tree
russisch	râbina domaschnââ

lateinisch	*Sorbus torminalis* (L.) Crantz
deutsch	Elsbeere
englisch	wild service tree
russisch	râbina glogovina

© Springer-Verlag GmbH Germany 2017
M.-V. Hanke und H. Flachowsky, *Obstzüchtung und wissenschaftliche Grundlagen*,
DOI 10.1007/978-3-662-54085-5_24

24.2 Botanische Beschreibung

Die Gattung *Sorbus* (Eberesche[1]) gehört zur Subtribus Malinae in der Unterfamilie Amygdaloideae innerhalb der Rosaceae (Box 24.1).[2] Die Gattung *Sorbus* ist in fünf Untergattungen (*Albocarmesinae, Aria, Cornus, Sorbus* und *Torminaria*), die wiederum in Sektionen unterteilt sind, aufgegliedert. Zwischen den Untergattungen gibt es eine große Formenfülle an Bastarden. In GRIN sind 71 Arten innerhalb der Gattung *Sorbus* aufgeführt, wobei einige Arten als Ziergehölze ökonomisch wichtig sind. Diese Arten umfassen sowohl Primärarten als auch Sekundärarten, wie z. B. *S. thuringiaca*.

Drei Arten, die Gemeine Eberesche (*S. aucuparia*[3]), der Speierling[4] (*S. domestica*), die Elsbeere[5] (*S. torminalis*[6]), sowie Sorten, die aus intergenerischer Hybridisierung zwischen *Sorbus* und anderen Gattungen der Rosaceae stammen, besitzen essbare Früchte und werden in geringem Maß angebaut.

Neben der Eberesche, dem Speierling und der Elsbeere gehören zur Gattung *Sorbus* auch noch solche heimischen *Sorbus*-Arten wie die Mehlbeere[7] (*S. aria*[8]; Abb. 24.1) und die Zwergmehlbeere (*S. chamaemespilus*[9]).

Box 24.1 Botanische Zuordnung der Gattung *Sorbus*

Familie	Rosaceae
Unterfamilie	Amygdaloideae
Tribus	Maleae
Subtribus	Malinae
Gattung	*Sorbus* L.

---

[1] Ein gemeinsamer deutscher Gattungsname ist bei so vielen unterschiedlichen Arten schwierig zu finden. Meistens wird der Name Eberesche im engeren Sinn für *S. aucuparia* angewendet.

[2] GRIN – Germplasm Resources Information Network, https://npgsweb.ars-grin.gov/gringlobal/taxonomygenus.aspx?id=11300 (Stand 8.8.2016).

[3] Lat. *aucupium* für Vogelfang; Früchte dienen als Speise für Vögel und wurden früher auch zum Vogelfang benutzt, daher auch Vogelbeere, besonders fürden Fang von Drosseln.

[4] Auch Sperberbaum, Sperbaum, Sperbe, Spierbaum, Zahme Eberesche.

[5] Auch Elsbeerbaum, Wilder Sperberbaum.

[6] Lat. *torminalis* für Ruhr-, Bauchschmerzen-; Früchte waren gut gegen Ruhr und Durchfall.

[7] Auch Silberbaum; Rohverzehr der Früchte nach Frosteinwirkung möglich; die Früchte sind bei Baumreife trocken und mehlig und erst durch Frost weich, süß und essbar; geeignet für Kompott, Mischung mit anderen Früchten, für Gelee, Konfitüre, Saft, auch Dörren und Weinherstellung.

[8] Gr. *Aria, Areia*, eine östliche Provinz Persiens, wahrscheinlich darauf verweisend.

[9] Lat. *chamae-* für am Boden, an der Erde; hingestreckt, niedrig.

Abb. 24.1 Unreife Früchte der Mehlbeere *Sorbus aria*

Eine botanische Beschreibung der Eberesche (Vogelbeere) ist in Tab. 24.1 dargestellt. Die Art *S. aucuparia* hat fünf Unterarten:[10] *S. aucuparia* subsp. *aucuparia* (Gemeine Eberesche), *S. aucuparia* subsp. *maderensis* (kommt nur auf Madeira vor), *S. aucuparia* subsp. *pohuashanensis* (Pohuasha-Eberesche, kommt nur in der gemäßigten Zone Asiens vor), *S. aucuparia* subsp. *praemorsa* (kommt in Kalabrien, auf Sizilien und Korsika vor) und *S. aucuparia* subsp. *sibirica* (kommt in der gemäßigten Zone Asiens und in Teilen Russlands vor).

Der Speierling *S. domestica* ist ein sommergrüner Baum mit einer Höhe bis zu 20 m, der viel Ähnlichkeit mit der Gemeinen Eberesche hat. Der Stamm des Speierlings hat jedoch eine graubraune raue Borke, die in kleine rechteckige Felder mit Längsfurchen aufreißt, ähnlich wie bei Birne. Die Winterknospen sind kahl und klebrig, nicht filzig. Die Fiederblätter sind ungestielt und nicht kurzgestielt wie bei der Eberesche. Der Fruchtstand hat weniger Früchte, die birnförmig, selten apfelförmig, und grünlich gelb sind. Die Früchte sind größer als bei der Eberesche.

Die Elsbeere *S. torminalis* ist ein sommergrüner Laubbaum, der bis 20 m hoch werden kann. Er hat ähnliche Knospen wie der Speierling, die rundlich bis eiförmig und kahl sind. Die Borke der Elsbeere ist bei jungen Bäumen glatt, mit großen Lentizellen, bei älteren Bäumen ist es eine Schuppenborke, die kleinschuppig und dunkelbraun ist. Die Blätter sind kreisförmig und gelappt. Die Früchte sind verkehrt eiförmig bis rundlich, anfangs rötlich-gelb, später lederbraun, durch zahlreiche Lentizellen hell punktiert, anfangs hart und säuerlich, reif teigig und süßsauer, meist fünf bis zehn im Fruchtstand (Abb. 24.2).

---

[10] GRIN – Germplasm Resources Information Network, https://npgsweb.ars-grin.gov/gringlobal/taxonomydetail.aspx?310534 (Stand 8.8.2016).

Tab. 24.1 Beschreibung der Gemeinen Eberesche *S. aucuparia*. (Unter Verwendung von Hegi 1995b, S. 328–385)

Merkmal	Beschreibung
Natürliche Verbreitung	Kaukasus und Transkaukasien, China, Korea, Mongolei, ferner Osten Russlands, Sibirien, Türkei, Osteuropa (Russland, Ukraine, Weißrussland), Mitteleuropa (Belgien, Deutschland, Niederlande, Österreich, Polen, Schweiz, Slowakei, Tschechien, Ungarn), Nordeuropa (Dänemark, Finnland, Großbritannien, Island, Irland, Norwegen, Schweden), Südosteuropa (Albanien, Bosnien und Herzegowina, Bulgarien, Griechenland, Italien, Kroatien, Mazedonien, Montenegro, Rumänien, Serbien, Slowenien), Südwesteuropa (Frankreich, Portugal, Spanien)
Vorkommen	An felsigen Hängen, in lichten Laub- und Nadelwäldern, meist in humidem Klima, bis über die Waldgrenze vorkommend, meist als Einzelbaum; breite ökologische Amplitude
Pflanze	Mittelgroßer Baum mit rundlicher, lockerer Krone, selten strauchförmig; Borke hellgrau, glatt, glänzend, mit großen Lentizellen, erst im hohen Alter unregelmäßig längsrissig und schwärzlich; junge Zweige lockerfilzig behaart, verkahlend, grau oder rotbraun; Knospen groß, an der Spitze seidig behaart, selten kahl, lang zugespitzt; Knospenschuppen dicht bewimpert, auf dem Rücken weißzottig
Blatt	Sehr ähnlich denen von *S. domestica*, unpaarig gefiedert; Primärblätter weißdornähnlich gelappt; Blättchen zu vier bis neun Paaren, länglich-lanzettlich, oberseits dunkelgrün, spärlich behaart, verkahlend, unterseits hellgrün, stärker behaart, meist nicht vollständig verkahlend, im Herbst dunkelblutrot oder gelb
Blüte	Blütenstand breit doldenrispig, etwa 8–12 cm im Durchmesser, aufrecht, reichblütig mit 200–300 Blüten, locker, filzig behaart; Blüten weiß, 8–9 mm im Durchmesser; proterogyn
Frucht	Fast kugelig, selten länglich bis eiförmig, 9–10 mm im Durchmesser, scharlachrot, bitter schmeckend; rohe Früchte durch Parasorbinsäure schwach giftig, gekochte Früchte ungiftig
Ploidie	$2\,n = 2\,x = 34$, innerhalb der Gattung *Sorbus* kommen aber auch triploide Arten, z. B. *S. minima*, mit $2\,n = 3\,x = 51$ Chromosomen, tetraploide Arten, z. B. *S. intermedia*, *S. thuringiaca*, mit $2\,n = 4\,x = 68$ Chromosomen und pentaploide Arten mit $2\,n = 5\,x = 85$ Chromosomen, vor
Genomgröße	Die Genomgröße schwankt zwischen den einzelnen *Sorbus*-Arten recht stark. Für *S. torminalis* beträgt der DNA-Gehalt je Zelle 1,6 pg im diploiden (2C-)Kern. Die geschätzte Genomgröße liegt damit bei rund 770 Mbp im haploiden Kern. *S. aucuparia* hat mit 1,52 pg/2C eine vergleichbare Genomgröße

Abb. 24.2 Fruchtstand der
Elsbeere *Sorbus torminalis*

24.3 Herkunft und Domestikation

Die wild wachsende Gemeine Eberesche trägt Früchte, die einen bitteren Geschmack haben, was ihre Nutzung einschränkt. Um 1810 wurde in der Nähe von Ostružna (Spornhau) im Altvatergebirge (Hrubý Jeseník), in Nordmähren an der Grenze zwischen Tschechien und Polen, in einem Wildbestand von *S. aucuparia* wahrscheinlich durch Hirtenknaben ein Baum gefunden, der fast bitterstofffreie Früchte trug. Dieser Baum stellte eine Mutante dar. In der Landschaft zwischen Altvater und Grulicher Schneeberg (Králický Sněžník) stößt man häufig auf Ebereschen – nicht nur an Straßen, Rainen und Steinrücken, sondern auch im Gebirge, unmittelbar an der Waldgrenze, auf felsigem Boden, wo nichts mehr gedeiht. Der ortsansässige Bauer Christof Harmut veredelte diese süßfrüchtigen Wildlinge. Von Spornhau aus gingen Reiser in das benachbarte Peterswald (Petříkov), wo diese Bäume am Forsthaus gepflanzt wurden. Im Jahr 1864 bezog Hofrat Dr. Adametz Edelreiser und lieferte ab dem Jahr 1885 vom Ullersdorfer Landgut (Velké Losiny) aus veredelte Bäume an nordmährische Gartenbesitzer. Später wurde diese Eberesche als Mährische Eberesche[11] (Edeleberesche, Essbare Eberesche) mit der lateinischen Bezeichnung *S. aucuparia* var. *edulis* (syn. *S. aucuparia* var. *moravica*, *S. aucuparia* var. *dulcis*) über Baumschulen in Deutschland, Österreich und in ganz Europa verbreitet.

---

[11] Erstmals beschrieben von Franz Kraetzl, 1890, in der Monographie *Die süße Eberesche: Sorbus aucuparia L.* var. *dulcis.*

Abb. 24.3 a Sorte 'Neveẑinskaâ', eine Edeleberesche aus Russland, die als Ausgangsform Eingang in die Züchtung fand; b lokale Auslese 'Kubovaâ' dieser Sorte

In Zentralrussland wurde im 19. Jahrhundert in natürlichen Waldbeständen von *S. aucuparia* im Gebiet Vladimir, bei dem Dorf Nevežino eine Akzession gefunden, die ihren Namen nach dem Fundort erhielt und als 'Neveẑinskaâ' bezeichnet worden ist (Abb. 24.3). Diese Edeleberesche wurde wegen ihrer süßen Früchte vermehrt und fand breite Verbreitung in Russland. Von dieser Sorte gibt es lokale Selektionen mit den Namen 'Kubovaâ', 'Ẑeltaâ' und 'Krasnaâ', die inzwischen auch in der Züchtung verwendet werden.

Um 1900 wurden durch die Baumschule Späth in Berlin die bitterstoffarmen Sorten 'Rossica' und 'Rossica Major' in den Handel gebracht. Diese stammen ursprünglich aus Südrussland und sind mit großer Wahrscheinlichkeit Klone von 'Neveẑinskaâ'.

Die Nutzung von Früchten des Speierlings (*S. domestica*) und der Elsbeere (*S. torminalis*) geht auf die Antike in Rom und Griechenland zurück (Janick und Paull 2008, S. 757–759). Beim Speierling gibt es mit dem 'Sossenheimer Riesen', der 'Sossenheimer Schraube', dem 'Fraunsteiner' und dem 'Bovender Nordlicht' einige Selektionen, die umgangssprachlich auch als Sorten bezeichnet werden. Sorten im Sinn des Sortenschutzgesetzes sind das aber nicht. Diese sowie weitere Genotypen des Speierlings werden als Sammlung genetischer Ressourcen in einem Reiserschnittgarten der Bayerischen Landesanstalt für Wein- und Gartenbau in Veitshöchheim erhalten. Große Verdienste bei der Erhaltung von Speierling und Elsbeere hat auch der Förderkreis Speierling (www. foerderkreis-speierling.de). Bei der Elsbeere gibt es ebenfalls Selektionen, von denen laut der Datenbank Genesys (engl. *Gateway to Genetic Resources*, www.genesys-pgr.org) einige ukrainische und US-amerikanische Akzessionen den Status einer Landrasse bzw. traditionellen Sorte haben. Sorten, die aus gezielten Kreuzungen entstanden sind, gibt es bei diesen Arten jedoch bislang keine.

24.4 Nutzung und Heilwirkung

Die Früchte der Gemeinen Eberesche *S. aucuparia* eignen sich nur beschränkt als Lebensmittel, da sie einen Bitterstoff, die Parasorbinsäure, enthalten, der zu Magenproblemen führen kann. Wenn die Früchte gekocht werden, wird die Parasorbinsäure durch Hitze in Sorbinsäure umgewandelt, die gut verträglich ist. In der Volksmedizin wurden die frischen Früchte wegen des hohen Vitamin-C-Gehalts gegen Skorbut, als Abführmittel und als harntreibendes Mittel wegen des Gehalts an Parasorbinsäure verwendet. Gekochte Früchte dienen wegen der Gerbstoffe als Stopfmittel. Die Früchte werden auch für die Zubereitung verschiedener Formen Alkohol, für Fruchtsäfte, Marmeladen und Gelees verwendet.

Die Sorten der Edeleberesche haben nur noch Spuren von Parasorbinsäure und besitzen einen hohen Gehalt an Vitamin C. Der Gehalt an Sorbitol ist ebenfalls hoch. Insbesondere wegen des hohen Gehalts an L-Ascorbinsäure (Vitamin C) wurde der Edeleberesche eine besondere Bedeutung als Lieferant dieses wichtigen Vitamins beigemessen. Man bezeichnet sie deshalb als Zitrone des Nordens. Mit der Intensivierung des weltweiten Handels wurde die Edeleberesche als Nutzobst von südländischen Früchten, z. B. Zitrone und Orangen, stark zurückgedrängt. Heute haben Edelebereschen insbesondere für den landschaftsgestaltenden Anbau und den Hausgarten Bedeutung. Die Früchte können zu Saft, Kompott, Gelee, Marmelade, Likör und zum Kandieren verwendet werden. Versuche zur intensiveren Nutzung der Edeleberesche werden z. B. in Österreich am Bundesamt für Wein- und Obstbau in Klosterneuburg durchgeführt.

24.5   Züchtungspotenzial

Im Jahr 1905 begann I. V. Mičurin mit der Züchtung von Edelebereschen. Dabei verfolgte er das Ziel, neue Sorten mit süß schmeckenden Früchten zu selektieren, die an das raue Klima im Norden der Sowjetunion und in Sibirien angepasst sind und eine gute Winterfrostresistenz sowie große Früchte besitzen. Dafür führte er Gattungs- und Arthybridisierungen mit *Sorbus*, *Crataegus*, *Mespilus*, *Aronia*, *Pyrus* und *Malus* durch. Aus diesen Arbeiten ging eine Reihe von Sorten hervor (Tab. 24.2, Abb. 24.4). Diese Arbeiten wurden am Allrussischen Forschungsinstitut für Genetik und Züchtung bei Obst „I. V. Mičurin" fortgesetzt.

Im Jahr 1946 begann man im Institut für Gartenbau in Dresden-Pillnitz mit der Selektion von süß schmeckenden Klonen auf der Basis von 75 Akzessionen aus dem Erzgebirge. 1954 wurden die Sorten ‘Konzentra’ und ‘Rosina’ für den Anbau bereitgestellt (Friedrich und Schuricht 1989, S. 37–46; Box 24.2).

Tab. 24.2 Sorten der Edeleberesche aus Gattungs- und Arthybridisierungen aus der Züchtung von I. V. Mičurin

Sorte	Gattungs- bzw. Arthybridisierung
Likërnaâ[a]	*Sorbus aucuparia* × *Aronia melanocarpa* (1905)[b]
Burka	*Sorbaronia alpina* (*S. aria* × *Aronia arbutifolia*) × *S. aucuparia* (1918)
Granatnaâ[c]	*S. aucuparia* × *Crataegus sanguinea* (1925)
Mičurinskaâ desertnaâ	Likërnaâ (*S. aucuparia* × *Aronia melanocarpa*) × *Mespilus germanica* (1926)
Rubinovaâ	*S. aucuparia* × Pollengemisch von Birnensorten (*Pyrus*)[d]
Titan	*S. aucuparia* × Pollengemisch von Apfel und Birne (*Malus, Pyrus*)[d]
Alaâ Krupnaâ	*S. aucuparia* × Pollengemisch von Birnensorten (*Pyrus*)[d]

[a] Syn. 'Ivan's Beauty'.
[b] In Klammern das Jahr der Kreuzung.
[c] Syn. 'Ivan's Belle'.
[d] Selektiert am Allrussischen Forschungsinstitut für Genetik und Züchtung bei Obst „I. V. Mičurin".

Abb. 24.4 Sorten der Edeleberesche aus der Züchtung von I. V. Mičurin. **a** 'Burka', **b** 'Granatnaâ', **c** 'Lakovaâ', **d** 'Likërnaâ', **e** 'Rubinovaâ', **f** 'Titan'

Box 24.2 Sorten von Edelebereschen

Rosina. mittelstark wachsende, ertragreiche Sorte mit großen bitterstofffreien Früchten zur häuslichen (Kompott, kandierte Früchte) und industriellen Verwertung; gefunden in Sebnitz (Sachsen) als Straßenbaum (Abb. 24.5)

Konzentra. starkwüchsige Sorte mit bitterstofffreien kleinen bis mittelgroßen Früchten und hohem Vitamin-C-Gehalt, zur industriellen Verarbeitung für Flüssigerzeugnisse, weniger für die Verwertung von Früchten; als Straßenbaum gefunden

Abb. 24.5 Früchte der Edeleberesche 'Rosina' aus der Pillnitzer Züchtung

Umfangreiche Züchtungsarbeiten wurden auch in Klosterneuburg (Österreich) durchgeführt. Dort wurde eine Reihe von Edelebereschensorten selektiert, die auch im Handel erhältlich sind. Ein Beispiel dafür ist die Selektion Klosterneuburg Nr. 4. Auch in anderen Ländern wie Spanien, Großbritannien, Schottland und Serbien wurden in den letzten Jahren Anstrengungen zum Aufbau von Züchtungsprogrammen unternommen. Dabei wurden neben klassischen Kreuzungsexperimenten auch Untersuchungen zur Pollenkeimfähigkeit, zum Keimschlauchwachstum, zum Befruchtungsansatz und zur Keimfähigkeit des Kreuzungssaatguts durchgeführt. Untersuchungen zur Selbstinkompatibilität gaben kürzlich den Aufschluss, dass *Sorbus* über das gleiche Selbststerilitätssystem wie Apfel und Birne verfügt. Erste Allele der griffelspezifischen S-RNase sowie der pollenspezifischen *SFB*-Gene wurden sequenziert.

Abb. 24.6 Hagebuttenbirne *Sorbopyrus auricularis*

Unter Nutzung der Gattung *Sorbus* sind sehr viele Gattungsbastarde entstanden, die innerhalb der Subtribus *Malinae* eigenständige Gattungen bilden, z. B. *Sorbaronia* (*Sorbus* × *Aronia*), *Sorbocotoneaster* (*Sorbus* × *Cotoneaster*), *Sorbomespilus* (provisorischer Name für *Sorbus* × *Mespilus*), *Sorbopyrus* (*Sorbus* × *Pyrus*). So ist *Sorbopyrus auricularis*[12] (Abb. 24.6), die Hagebuttenbirne (auch Hambuttenbirne), ein natürlicher Gattungsbastard[13] aus *S. aria* × *Pyrus communis*. Die Früchte sind essbar, aber wenig saftig. Sie sind kugelig birnförmig und erinnern an Hagebutten.

---

[12] Lat. *auricularis* für Ohr- (nach der Form der Blätter).
[13] Wahrscheinlich Anfang des 17. Jahrhunderts im Elsass gefunden.

25.1 Einführung

Im Verlauf der Domestikation von Obstarten kam es zu einer Reihe an Innovationen in der Vermehrung der Pflanzen und Bäume. Während viele früh domestizierte Kulturarten, z. B. Einkornweizen (*Triticum monococcum*) oder Gerste (*Hordeum vulgare*) selbstbestäubend und damit hochgradig homozygot sind, sind Obstgehölze Fremdbestäuber und heterozygot. Bei einer Vermehrung aus Samen repräsentieren sie daher nicht mehr die Eigenschaften des ursprünglichen Baums. Die Domestikation bzw. die Erhaltung eines Genotyps wurde erst dadurch ermöglicht, dass Individuen von Bäumen mit besonderen Eigenschaften identisch vermehrt werden konnten. Diese Vermehrung war ungeschlechtlich (vegetativ), sodass von dem ursprünglichen Individuum Klone hergestellt werden konnten, die in ihren Eigenschaften genau dem Ausgangsgenotyp entsprachen. Anfänglich wurde dies über Ableger, z. B. durch Bewurzelung von Stecklingen, Absenken von Trieben, Abtrennen von Wurzelbrut, realisiert. Besonders geeignet dafür waren Feigen, Reben, Oliven und Granatapfel, die sich leicht über Stecklinge vermehren lassen. Obstgehölze wie Apfel, Birne und Pflaume, die sich schwer über derartige Methoden vermehren lassen, wurden daher im Grunde erst verstärkt domestiziert, als die Technik des Pfropfens entwickelt worden war. Dies war etwa zu Beginn des 1. Jahrhunderts v. Chr. Die Beherrschung der Veredelungstechnik ist daher ein entscheidender Punkt in der historischen Entwicklung der Obstgehölze und hat mit hoher Wahrscheinlichkeit die Verbreitung von Obstarten aus Zentralasien nach Europa bestimmt (Mudge et al. 2009).

Die Pflanzenveredelung wird bei Ziergehölzen, Obstbäumen, Zitrusgehölzen, Reben, Rosen, aber auch anderen Pflanzen, z. B. Kakteen, genutzt. Dabei wird eine Edelsorte (als Edelreis oder Edelauge) mit einer bewurzelten Unterlage zusammengefügt. Die dafür nutzbaren Techniken sind Pfropfen und Okulieren. Beim Pfropfen wird ein Teil eines angespitzten Zweigs in einen ab- oder eingeschnittenen Stamm der Unterlage gesteckt (Spaltpfropfen und Rindenpfropfen), sodass der obere Teil die Krone des Baums bilden kann. Beim Okulieren wird vom Edelreis nur eine ruhende Knospe (Edelauge) verwendet.

© Springer-Verlag GmbH Germany 2017
M.-V. Hanke und H. Flachowsky, *Obstzüchtung und wissenschaftliche Grundlagen*,
DOI 10.1007/978-3-662-54085-5_25

Dieses Auge wird mit einem kleinen Stück der umgebenden Rinde in die Unterlage eingesetzt. Methoden der Okulation sind z. B. T-Okulation, Chip-Budding oder Nicolieren. Entscheidend für das Gelingen einer Veredelung ist, dass die Kambien der zu veredelnden Partner übereinander liegen und verwachsen können.

Aus Sicht der Genetik wird mit der Veredelung ein zusammengesetztes genetisches System kreiert, in dem zwei (oder mehr) genetisch verschiedene Genotypen vereinigt werden, wobei jeder Partner seine genetische Integrität behält.

Des Weiteren ist eine andere genetische Betrachtung wichtig. Die Veredlung ist oft aufgrund von Inkompatibilität nur begrenzt möglich. Die taxonomische Zugehörigkeit der Veredelungspartner ist das entscheidende Kriterium, ob eine Veredlung erfolgreich durchgeführt werden kann. Intraspezifische Veredelungen sind kompatibel, während interspezifische Veredelungen innerhalb der Gattung meistens und intergenerische Veredelungen innerhalb der Familie selten kompatibel sind. Dabei gibt es eine hohe Variabilität zwischen den Taxa.[1]

Die Veredelung ist in der obstbaulichen Praxis eine sehr gut entwickelte Technologie. Die Nutzung dieser Technologie liegt auf folgenden Gebieten:

- Genetisch identische vegetative Vermehrung von Genotypen, Klonierung oder Verklonung (z. B. bei Sorten)
- Überwindung der Juvenilität und Verfrühung des Ertragsbeginns durch Aufveredeln von adultem Reisermaterial
- Wuchskontrolle des Baums durch Reduzierung der vegetativen Wuchsleistung
- Verbesserung der Toleranz gegenüber abiotischem und biotischem Stress (resistente Unterlagen)
- Nutzung in physiologischen Untersuchungen zum Stofftransport

Die gegenseitige Beeinflussung von Unterlage und Edelsorte kommt in mannigfacher Weise am gesamten Baum zum Ausdruck, z. B. in der Frosthärte, der Blühwilligkeit, dem Ertrag, der Wuchsstärke und der Größe der Baumkrone (Box 25.1). Eine Veränderung des Genotyps einer dieser Komponenten, wie durch den russischen Obstzüchter Mičurin (Mentormetode) propagierte, findet jedoch nicht statt. Der wirtschaftliche Erfolg einer Obstsorte hängt neben den Umweltbedingungen und Kulturmaßnahmen, unter denen sie angebaut wird, vom Genotyp der Edelsorte, dem Genotyp der Unterlage und deren gegenseitigen Wechselwirkungen ab. In einigen Fällen wird auf die Unterlage erst ein Stammbildner veredelt, auf den dann die Edelsorte gepfropft wird. Dadurch kann die Edelsorte früher in den Ertragsbeginn kommen, da der Stamm bereits ausgebildet ist, oder die potenzielle Unverträglichkeit zwischen Unterlage und Edelreis kann überwunden werden.

---

[1] Beispiel: Die Art *Prunus amygdalus* ist kompatibel mit *P. persica*, aber nicht mit *P. armeniaca*.

> **Box 25.1 Die Unterlage beeinflusst**
>
> - **das vegetative Wachstum des Baums.** Baumgröße, Standfestigkeit, Standraumbedarf, Verzweigung; Astansatzwinkel, Austriebsbeginn, Triebabschluss, Lebensalter,
> - **das generative Wachstum des Baums.** Eintritt in die Ertragsphase, Ertragshöhe, Fruchtqualität, Reife- und Erntetermin der Früchte,
> - **die Anpassung des Baumes an Boden und Klimaverhältnisse,**
> - **die Krankheitsanfälligkeit des Baums.**

Die Züchtung von Kern- und Steinobstarten besteht daher prinzipiell aus zwei Arbeitsfeldern: der Züchtung von Edelsorten und der Züchtung von Unterlagen. Die Zielsetzungen für beide Arbeitsfelder sind grundsätzlich verschieden, da Edelsorten andere wichtige Merkmale aufweisen müssen als Unterlagen. Auch die Züchtungsmethoden sind nicht immer gleich.

Ist eine neue Edelsorte gezüchtet, gilt es für deren Anbau die passende Unterlage ausfindig zu machen (Box 25.2), wobei die Auswahl nicht nur von der Verträglichkeit (Kompatibilität) zwischen Edelsorte und Unterlage abhängt, sondern auch von der Art der wirtschaftlichen Nutzung und den Umweltfaktoren, insbesondere Boden und Klima. Die Prüfung der Anbaueignung von neuen Sorten auf Unterlagen nimmt in Deutschland in Landesversuchsanstalten und speziell angelegten Sortenversuchen einen breiten Raum ein.

Unterlagenzüchtung bei Obstgehölzen dauert länger und ist aufwendiger als die Züchtung von Edelsorten. Vor allem die Eignung der Unterlage für möglichst viele Edelsorten und Standorte zu testen, ist sehr zeitaufwendig. Daher gibt es relativ wenige Zuchtstationen weltweit, die sich dieser Aufgabe widmen. Weiterhin werden für eine erfolgreiche Selektion sehr große Sämlingspopulationen benötigt. Dennoch werden neue Unterlagen entwickelt, um eine verbesserte ökonomische Leistung, breitere ökologische Anpassung an Klima- und Bodenverhältnisse und Widerstandsfähigkeit gegenüber biotischen Schadfaktoren zu erreichen.

Unterlagenzüchtung richtet sich auf die Selektion von Unterlagen, die sich für verschiedene Gruppen von Edelsorten als geeignet erweisen.

- Zu dieser allgemeinen Eignung gehört v. a. eine gute Pfropfverträglichkeit mit Sorten und eine günstige Beeinflussung der veredelten Sorten bezüglich eines frühen Ertragsbeginns, Ausbildung eines hohen Blütenbesatzes, Erzielung eines hohen und regelmäßigen Ertrags, guter Fruchtqualität (optimale Ausfärbung, Fruchtgröße, gleichmäßige Fruchtreife), Standfestigkeit und Langlebigkeit des Baums, Resistenz gegen Umwelteinflüsse u. a.

- Die Unterlage selbst muss ein gutes Wurzelsystem ausbilden, widerstandsfähig gegen Winterfrost, Staunässe, Trockenheit sowie Krankheiten sein und eine gute Vermehrbarkeit besitzen. Sie sollte keine Wurzelschosser bilden, ein optimales Wasser- und Nährstoffaneignungsvermögen haben und virusfrei sein.
- In der Baumschulpraxis besteht das Ziel, dass die Unterlage eine optimale Vermehrungsmöglichkeit (hohe Abrissleistung und gute Bewurzelung im Mutterbeet), lange Veredelungssaison, gleichmäßiges Wachstum im Bestand, optimale Annahme der Edelsorte und gute Transportfähigkeit der Bäume besitzt.

Unterlagen können Sämlingsunterlagen oder vegetativ vermehrbare (Klon-)Unterlagen sein. Die Individuen einer Unterlagensorte sollten möglichst einheitlich sein. Dies lässt sich auf dem Weg der Züchtung homozygoter (reinerbiger) Sorten, durch ungeschlechtliche (vegetative) Vermehrung eines einzigen heterozygoten Genotyps oder durch die Verwendung apomiktischer Genotypen erreichen.

Box 25.2 Schwach oder stark wachsende Unterlagen?
Vorteile schwachwachsender Unterlagen. Der Baum zeigt einen schwächeren Wuchs, ist für intensive Anbausysteme geeignet, tritt zeitig in die Ertragsphase ein, bildet einen regelmäßigen Ertrag und ist leichter zu pflegen und zu beernten.

Nachteile schwachwachsender Unterlagen. Der Baum stellt höhere Ansprüche an den Boden, benötigt eine sachgerechte Pflege, wird nicht sehr alt, hat eine geringe Standfestigkeit und benötigt je nach Unterlage ein Gerüst.

Für Kern- und Steinobstgehölze stehen verschiedene Unterlagen zur Verfügung, die die Obstgehölze an einen Standort und an die Bedürfnisse des Obstanbauers anpassen (Tab. 25.1).

- **Generativ vermehrbare Unterlagen** werden durch Aussaat von Samen gewonnen. Verwendet werden u. a. die Sorten 'Bittenfelder' (Apfel), 'Kirchensaller' (Birne), 'Limburger Vogel-Kirsche' (Kirsche) und 'Myrobalane' (Zwetsche). Generell spalten Sämlingspopulationen von Fremdbefruchtern aufgrund der Heterozygotie stark auf. Die Aussaat der genannten selektierten Sorten gibt jedoch ein relativ homogenes Material. Generative Sämlingsunterlagen sind kostengünstig zu produzieren. Der größte Vorteil besteht jedoch darin, dass sie virusfrei sind, da die meisten Viren nicht samenübertragbar sind. Sämlingsunterlagen sind wüchsig und bilden nach Veredelung Bäume, die sehr groß werden und langlebig sind. Diese Bäume sind meist nur für die freie Landschaft bzw. den Streuobstbau geeignet.
- **Vegetativ vermehrbare Unterlagen,** auch Typenunterlagen, entstehen aus Sämlingen freiabgeblühter Sorten oder aus Kreuzung von Sorten mit Wildarten bzw. zwischen

Tab. 25.1 Häufig verwendete Obstbaumunterlagen

	Hochstamm/Halbstamm[a]	Buschbaum[b]	Spindel
Apfel	Sämlingsunterlage ('Bittenfelder Sämling'), M25, A2	MM106, M4, M7, M26, MM111	M9, M26, M27, Supporter 4, P22
Birne	Sämlingsunterlage ('Kirchensaller Mostbirne')	Quitte A, OHF-Serie, Pyrodwarf	Quitte A, Quitte C
Kirsche	Sämlingsunterlage, F12/1	Gisela 5, Gisela 6, Colt, Piku1, Maxma 14	Gisela 3, Tabel®Edabriz
Pflaume, Pfirsich, Aprikose	Myrobalane	GF 655/2, Wangenheim, St. Julien A, Wavit	VVA-1

[a]Hochstammstammhöhe 180 cm; Halbstammstammhöhe 120 cm, veredelt auf Sämlinge oder starkwüchsige Unterlagen.

[b]Veredlung auf vegetativ vermehrbare Unterlagen, Stammhöhe 60–80 cm.

Wildarten. Für die Unterlagenzüchtung kann weitgehend dasselbe Ausgangsmaterial wie für die Edelsortenzüchtung verwendet werden. Im Selektionsprozess wird bei Unterlagensämlingen zunächst die vegetative Vermehrbarkeit geprüft. Dafür werden Abrisse des Sämlings zur Bildung eines Klons bewurzelt und die Abrissleistung der Mutterpflanzen (Zahl bewurzelter Abrisse) sowie Wuchsstärke und Bedornung festgestellt. Anschließend erfolgt die Prüfung des Unterlageneinflusses auf die Edelsorten.

25.2 Apfelunterlagen

Es wird angenommen, dass Apfelgenotypen, die als wuchskontrollierende Unterlagen genutzt werden können, aus Wildpopulationen im Tien-Shan stammen und über Persien und Armenien nach Europa kamen. Die wahrscheinlich erste Unterlage für Apfel, die schwachwuchsinduzierend wirkte und als leicht vermehrbar galt, war 'Paradise', auch als Paradies- oder Zwergapfel bezeichnet, und stellte eine Akzession von *Malus pumila*, syn. *Malus paradisiaca*[2], dar. Die gewöhnlich als Paradiesapfel bezeichneten Unterlagen waren jedoch wahrscheinlich eine ganze Gruppe an Herkünften. Durch vegetative Vermehrung blieb deren Schwachwüchsigkeit erhalten. 'Paradise' war die erste Klonunterlage, die in Europa im späten 15. Jahrhundert Eingang fand. Sie ist der Vorfahre von vielen schwach wachsenden Unterlagen, die heute im Apfelanbau verwendet werden, z. B. von M9.

[2] Ersterwähnung in der Literatur durch Campier 1472 und später durch Dalechamps 1507. 'French Paradise' wurde 1696 aus Frankreich in England eingeführt. Weiterhin gab es 'English Paradise' oder 'Doucin', zuerst beschrieben 1519, der jedoch etwas wüchsiger ist. Bei H. Jäger (1877, *Die Baumschule*) ist 'Doucin' als *M. praecox* (Wilder Süßapfel, Splittapfel) beschrieben, mittelstark wachsend. *M. praecox* ist jedoch ebenfalls ein Synonym für *M. pumila* (aus Mudge et al. 2009).

Am bekanntesten sind die Herkünfte 'English Pardise' ('Englischer Paradiesapfel') und 'French Paradise' ('Französischer Paradiesapfel'). Sie stellten einen Teil der genetischen Diversität dar, die die Basis der späteren Unterlagenselektion und -züchtung im 20. Jahrhundert war. Hinzu kamen Selektionen weiterer Unterlagen, wie der Zufallssämling 'Jaune de Metz' ('Gelber Metzer Paradies'), selektiert 1879 in Metz (Frankreich), und lokale Selektionen, wie 'Red Paradise', 'River's Paradise', 'Holsteiner Doucin'. Im Jahr 1870 listete Thomas Rivers 14 unterschiedliche Typen von 'Paradise' (Mudge et al. 2009) auf.

Aufgrund einer unüberschaubar großen Zahl an verschiedenen Paradiesapfelunterlagen in Europa wurde an der Versuchsstation East Malling in Kent (England) mit Beginn des 20. Jahrhunderts ein Programm zur Bewertung und Selektion von Unterlagen aufgelegt. Die Evaluierung bezog sich auf 71 Selektionen aus 35 Quellen in Großbritannien, Frankreich, Deutschland und den Niederlanden. Diese Selektionen standen in unterschiedlichen Quartieren, dessen Nummer sich heute im Namen wiederfindet. Die Unterlage M9[3] (das M steht für Malling und nicht, wie sehr häufig behauptet, für *Malus*) stand demnach im Quartier Nr. 9. 'Doucin' ('English Paradise') wurde als M2[4], 'Doucin Reinette' oder 'Doucin Vert' als M7, 'French Pardise' als M8 und 'Jaune de Metz' als M9 bezeichnet. Die Unterlagen wurden in Wuchsklassen eingeteilt: sehr schwach wachsend, schwach wachsend, mittelschwach wachsend, stark wachsend, sehr stark wachsend.

In Kooperation zwischen der Versuchsstation in East Malling und dem John Innes Institut für Gartenbau in Merton (England) wurde ein Kreuzungsprogramm begonnen, das auf Resistenz gegen Apfelblutlaus (*Eriosoma lanigerum*) ausgerichtet war und im Ergebnis zur Selektion der MM-Unterlagen führte (Merton Malling).

Ein weiteres Programm zwischen den Versuchsstationen in East Malling und in Long Ashton richtete sich auf die Eliminierung latenter Viren, die sich in den East-Malling-Unterlagen akkumuliert hatten. Durch Mikrovermehrung und Thermotherapie gelang es, die M- und die MM-Unterlagen zu bereinigen und die EMLA-Serie zu kreieren. So entstand aus M9 der Klon M9 EMLA. In den Niederlanden wurden in den 1950er-Jahren ebenfalls mehrere virusfreie M9-Klone eingeführt: T 337, T 338 u. a. Weitere Selektionen sind: 'Fleuren 56' (Niederlande), B984 (Deutschland), Pajam 1 und Pajam 2 (Frankreich).

Als Alternativen zur Unterlage M9, die als Standardunterlage im europäischen Intensivanbau gilt, werden inzwischen auch andere neue Unterlagen genannt. Die Budagovsky-Unterlage B9 (auch 'Red-Leaved Paradise' aufgrund ihrer roten Blätter; eine Kreuzung aus M9 × *Malus pumila* var. *niedzwetzkyana*; Züchter war V. I. Budagovskij) aus der Züchtung des Obstbau-Instituts in Mičurinsk, Russland. In diesem Züchtungsprogramm stand v. a. die Winterfrosthärte im Vordergrund. Diese Unterlage ist unter Feldbedingungen feuerbrandresistent.

---

[3] Ursprünglich wurden die Selektionen mit Römischen Ziffern bezeichnet, die später in Arabische Ziffern geändert worden sind, d. h. M IX, dann M9.
[4] M2 produziert einen mittelstark wachsenden Baum, der den Bäumen in historischen Englischen Gärten des 18./19. Jahrhunderts gleichkommt.

Tab. 25.2 Unterlagen für Apfel (Wuchsstärke aufsteigend)

Unterlage	Eigenschaften
Schwach wachsend	
M27 (M9 × M13)	Geringste Wuchsstärke unter den Apfelunterlagen; für beste Standorte mit Bewässerung, benötigt Stützsystem, sehr früher Ertragseintritt, Wuchsstärke etwa 65 % von M9
G 65 (M27 × Beauty)	Wuchsstärke ähnlich M27, feuerbrandresistent und winterhart
P22 (M9 × Antonovka)	Frosthart, guter Einfluss auf Ertrag und Qualität, Wuchsstärke ähnlich M27
M9 (Gelber Metzer Paradies, Jaune de Metz)	Im Ertragsobstbau am meisten verwendet; frühe, hohe, regelmäßige Erträge, hohe Fruchtqualität, hohe Anforderungen an den Boden, nicht standfest, hoch anfällig gegenüber Feuerbrand, anfällig gegenüber Bodenmüdigkeit
G 11 (M26 × *M. robusta* 5)	Ähnlich stark wachsend wie M9 T337; mittlere Toleranz gegenüber Nachbaukrankheit, Feuerbrandresistenz mittel, Blutlausresistenz hoch, Ertrag etwas höher als bei M9, Fruchtgröße besser als bei M9
G 16 (Ottawa 3 × M. floribunda)	Wuchsstärke wie M9 Pajam 2; Toleranz gegenüber Bodenmüdigkeit niedrig, Feuerbrandresistenz niedrig, sehr anfällig gegenüber latenten Viren
G 41 (M27 × *M. robusta* 5)	Leicht stärker wachsend als M9, wie M9 Nic29; hoch tolerant gegenüber Nachbaukrankheit, Feuerbrandresistenz sehr gut, Resistenz gegenüber Blutlaus hoch, Ertrag höher als bei M9, Fruchtgröße ähnlich M9
M26 (M16 × M9)	Stärker wachsend als M9 (etwa 15 %); etwas robuster, Standfestigkeit besser als bei M9, hochanfällig gegenüber Feuerbrand, Stützsystem notwendig
Mittelstark wachsend	
MM106 (Northern Spy × M1)	Anspruchslos, früh tragend, standfest, anfällig für Kragenfäule, tolerant gegen Trockenheit, resistent gegen Blutlaus, für leichte, wenig schwere Böden
M4 (Holsteiner Doucin)	Universalunterlage für Hobbygärtner; Ertrag setzt relativ früh ein, Fruchtqualität recht gut, hohe Erträge
M7 (Selektion von Doucin)	Ähnlich M4; verträgt Feuchtigkeit oder Trockenheit besser, geeignet für schwere und feuchte, aber auch trockene Lagen, gute Erträge
MM111 (Northern Spy × Merton 793)	Stärker wachsend als MM106; gute Trockentoleranz und Anpassung an unterschiedliche Bodenansprüche, standfest, sehr frosthart, Eignung für Wildäpfel
Stark wachsend	
M25 (M2 × Northern Spy)	Für Erziehung eines traditionellen Apfelbaums (Halb- und Hochstamm); standfest, Ertragseintritt früher als bei A2 und Sämling
A2 (Selektion von Doucin)	Ähnlich wie Sämlingsunterlagen; sehr frosthart, verträgt keine Staunässe, standfest, langlebig
Sämlingsunterlagen	Große ökologische Anpassungsfähigkeit; sehr frosthart, standfest, virusfrei, Ertrag setzt spät ein, Alternanzneigung hoch, Früchte mittelgroß mit schlechter Ausfärbung

In Dresden-Pillnitz gibt es Apfelunterlagenzüchtung seit den 1920er-Jahren. Zuchtziele waren schwach wachsende, krankheitsresistente, gut vermehrbare und standfeste Unterlagen. Aus diesen Arbeiten gingen die Unterlagen der Supporter-Serie hervor. Aus der von Schindler begonnenen Pillnitzer-Serie der Kreuzung M9 × M4 ging die Unterlage Pi 80 hervor, woraus die verbesserte Selektion 'Supporter 4' von M. Fischer resultierte. 'Supporter 4' wächst wie M26, ist sehr gut vermehrbar und besitzt eine ausgezeichnete Verträglichkeit. Weiterhin entstanden aus dieser Züchtung die Unterlagen 'Supporter 1' bis 'Supporter 3' basierend auf Kreuzungen von M9 mit *M. micromalus* bzw. *M. baccata.* Diese Unterlagen sind schwach wachsend, ähnlich M9, mit einem höheren spezifischen Ertrag und nicht ausreichend standfest, sodass sie ein Gerüst benötigen.

Ein interessanter Ansatz in der Apfelunterlagenzüchtung wurde in Ahrensburg verfolgt. Ziel war die Entwicklung apomiktischer Unterlagen. Diese Unterlagen haben den Vorteil, dass aus den Samen ein hoher Anteil muttergleicher Pflanzen erzeugt werden kann, die sich dann in den Eigenschaften entsprechen. Weiterhin sind diese Unterlagen virusfrei, da Apfelvirosen nicht samenübertragbar sind. Aus diesen Ansätzen ist die Unterlage 'D 2212' entstanden, die robust gegenüber der Phytoplasmose Apfeltriebsucht ist.

Das Züchtungsprogramm an der Cornell-Universität New York (USA), das um 1970 begonnen worden ist und auf die Selektion von Unterlagen mit guten Wuchseigenschaften und Resistenz gegenüber Krankheiten ausgerichtet ist, resultierte in den Geneva-Cornell(GC)-Unterlagen. Besonderes Augenmerk legten die Züchter auf Resistenz gegenüber Feuerbrand, Apfelblutlaus und Kragenfäule, Winterfestigkeit und Toleranz gegenüber Nachbaukrankheiten.

Die sog. P-Unterlagen, z. B. P22 und P60, stammen aus der polnischen Unterlagenzüchtung. P steht dabei für „pokladka", dem polnischen Wort für Unterlage.

Eine Zusammenstellung einer Reihe von Unterlagen bei Apfel und ihrer Eigenschaften ist in Tab. 25.2 aufgeführt.

25.3 Birnenunterlagen

Unterlagenzüchtung bei Birne ist vergleichsweise langfristiger als Birnensortenzüchtung, da die Bewertung einer neuen Unterlage auch das Wuchsverhalten der aufveredelten Sorte und die Verträglichkeit von Sorte und Unterlage nach der Veredlung einschließt.

Sämtliche Unterlagen, die heute in erwerbsmäßigen Birnenanlagen verwendet werden sind Klonunterlagen, mit Ausnahme von wenigen Sämlingsunterlagen, z. B. 'Kirchensaller Mostbirne'. Klonunterlagen gewährleisten Einheitlichkeit und einfaches Management des Bestands. Birnen können auch auf eigener Wurzel kultiviert werden.

Für die europäische Birne *Pyrus communis* werden zwei verschiedene Unterlagen genutzt: Klonunterlagen von Quitte (*Cydonia oblonga*) und von Birne. Für die Nashi-Birnen *P. pyrifolia* kann Quitte aufgrund von Inkompatibilität als Unterlage nicht genutzt werden. Daher werden in diesem Fall andere *Pyrus*-Arten, wie *P. calleryana, P. pyrifolia, P. betulaefolia, P. ussuriensis* und andere asiatische Arten verwendet. Quitte ist auch nicht vollständig kompatibel mit *P. communis*, was jedoch dazu führt, dass der Eintritt in die Ertragsphase beschleunigt und das vegetative Wachstum eingeschränkt werden. Um Inkompatibilität zu vermeiden, wird oftmals eine Zwischenveredlung (z. B. mit 'Beurré Hardy'/'Gellerts Butterbirne') durchgeführt.

Quitte als Unterlage für Birne

Dank der Selektion von Quittenunterlagen in der Versuchsstation East Malling (Großbritannien) und bei INRA Angers (Frankreich), gibt es eine Reihe von Klonunterlagen für Birne, die Intensivpflanzungen mit bis zu 2500 Bäumen pro Hektar erlauben. Quittenunterlagen sind jedoch nicht geeignet für schwere oder kalkhaltige Böden, die Eisenmangel aufweisen (Auftreten von Blattchlorosen), für Anlagen ohne Bewässerung oder für Regionen mit hohen Sommertemperaturen oder niedrigen Wintertemperaturen. Einige Quittenunterlagenklone sind anfällig gegenüber Viren und Phytoplasmosen, andere sind wiederum schwer über Steckholz vermehrbar. Vorteile und Nachteile von Quittenunterlagen sind in Box 25.3 zusammengestellt. Im modernen Birnenanbau spielen derzeit nur Quittenunterlagen eine Rolle.

Die bekanntesten Quittenunterlagen in Europa sind MA (Quitte A) und MC (Quitte C) aus East Malling, Quitte 'Sydo' und Provence-Quitte BA29 von INRA Angers sowie Quitte 'Adams' aus Belgien (Tab. 25.3).

Tab. 25.3 Unterlagen für Birne

Unterlage	Wuchs	Eigenschaften
Quitte C	Schwach	Die am schwächsten wachsende Birnenunterlage derzeit; für kleine Baumgrößen, Hausgarten, Stütze erforderlich
Quitte A	Mittelstark	Die am besten geeignet Unterlage für den Erwerbsanbau (Baumgröße entspricht Apfel/MM106); anfällig für Feuerbrand
Quitte BA29	Mittelstark	Baumgröße etwa 10 % über Quitte A; mäßig anfällig für Feuerbrand, verträglich mit vielen Sorten; geeignet für wärmeres Klima und Intensivanlagen
Pyrodwarf	Stark	Baumgröße wesentlich über Quitte A (entspricht Apfel/MM111); für wärmere Lagen, gute Resistenz gegenüber Feuerbrand
Sämlingsunterlagen von *P. communis*	Sehr stark	Produziert einen traditionellen Birnenbaum; sehr standfest, anfällig für Feuerbrand, Birnenverfall, Virosen, tolerant gegenüber Winterfrost, später Ertragsbeginn

> **Box 25.3 Einfluss der Quittenunterlagen auf die Birnenedelsorte**
>
> **Vorteile.** Schwachwuchsinduzierend, früher Ertragsbeginn, geringe Neigung zur Alternanz, größere Früchte, hohe Fruchtqualität.
>
> **Nachteile.** Frostempfindlichkeit oft zu hoch, Standfestigkeit nicht immer zufriedenstellend, Empfindlichkeit gegenüber feuchten und trockenen Standorten, Neigung zu Chlorose auf kalkhaltigen Böden, Unverträglichkeit mit bestimmten Sorten, Anfälligkeit gegenüber Feuerbrand.

Pyrus-Klonunterlagen

Die Birne selbst als Unterlage zu verwenden, war lange Zeit nur für wenig fruchtbare, trockene oder kalkreiche Böden ein Thema. Aus zwei Gründen hat das Interesse für die Birne als Unterlage wieder zu genommen: dank der Entdeckung einer Resistenzquelle gegen Feuerbrand in der amerikanischen Sorte 'Old Home' und dank der erfolgreichen Suche nach schwächer wachsenden Typen mit einer besseren Kalktoleranz als Quitte, damit verbunden geringerer Anfälligkeit für Eisenchlorose und einer guten Affinität mit den kommerziellen Birnensorten.

Die bekanntesten Klonunterlagen für Birne sind die Unterlagen der OHF-Serie. Erste gezielte Kreuzungen in den USA (Oregon State) zwischen den Birnensorten 'Old Home' (OH) und 'Farmingdale' (F) führte zur Auslese der OHF-Serie in den USA in den 1960er-Jahren. Nach massiven Baumverlusten aufgrund von Feuerbrand suchte man nach Sorten und Unterlagen, die widerstandsfähig gegen das Bakterium *Erwinia amylovora* waren. Die Unterlagen der OHF-Serie sind teilweise widerstandsfähig gegenüber Feuerbrand, aber auch gegenüber Virösem Birnenverfall (*pear decline*), sind aber relativ starkwüchsig und induzieren oftmals Kleinfrüchtigkeit.

Aus der Züchtung der Universität Bologna (Italien) stammen die Unterlagen der Fox-Serie, wie Fox 11, 16 und 9. Diese Unterlagen stammen von frei abgeblühten Sämlingen bestimmter Sorten. Sie zeigen eine gute Verträglichkeit mit Edelsorten und sollen kalktolerant sein.

Die Unterlage 'Pyrodwarf' aus Geissenheim (Deutschland), hervorgegangen aus einer Kreuzung von 'Old Home' und 'Gute Luise', zeigt sehr gute Winterhärte und Toleranz gegen kalkinduzierte Chlorosen. Der Wuchs liegt zwischen Quitte A und C. 'Pyrodwarf' ist aber nicht schwachwuchsinduzierend, wie der Name vermuten lässt (Tab. 25.3).

Dennoch kann festgestellt werden, dass es gegenwärtig keine schwachwachsende Birnenunterlage des *Pyrus*-Typs gibt, die verträglich mit den meisten Sorten, gut vermehrbar, resistent gegen Krankheiten und an Umweltbedingungen (Frostresistenz, Trockenresistenz, Kalktoleranz) angepasst wäre. Programme zur Züchtung von Birnenunterlagen konzentrieren sich daher auf die in Box 25.4 dargestellten Zuchtziele.

Box 25.4 Aktuelle Zuchtziele bei Birnenunterlagen

- Wuchsreduzierung des Baums,
- hohe Ertragsleistung und früher Ertragseintritt der Sorte,
- Resistenz gegenüber Feuerbrand und Birnenverfall,
- gute Verträglichkeit mit der aufveredelten Sorte,
- Toleranz auf Böden mit hohem pH-Wert,
- Winterfestigkeit.

25.4 Steinobstunterlagen

Die Unterlagenzüchtung bei *Prunus* basiert im Wesentlichen auf interspezifischen Hybridisierungen, um einen reduzierten Baumwuchs zu induzieren und die Resistenz gegenüber biotischen und abiotischen Faktoren zu verbessern. Dabei wurden verschiedene *Prunus*-Arten eingesetzt (Tab. 25.4). Am besten lässt sich dies an den in den letzten Jahren für Steinobst auf den Markt gekommenen Krymsk-Unterlagen aus der Zuchtstation in Krymsk (Russland) verdeutlichen. In Abhängigkeit von den verwendeten Eltern der Unterlagensorte eignen sie sich für Pflaume, Kirsche, Aprikose oder Pfirsich.

Kirsche

Bei Kirsche wurden im Anbau in der Vergangenheit stark wachsende Unterlagen wie *P. avium* und *P. mahaleb* verwendet. Seit etwa 2000 werden jedoch verstärkt schwach-

Tab. 25.4 Interspezifische Hybridisierungen in der Unterlagenzüchtung

Unterlage	Kreuzung	Geeignet als Unterlage für
Krymsk 1/VVA-1	*P. tomentosa* × *P. cerasifera*	Pflaume
Krymsk 2/VVA-2	*P. incana* × *P. tomentosa*	Pflaume, Pfirsich, Nektarine
Krymsk 5/VSL-2	*P. fruticosa* × *P. serrulata* var. *lannesiana*	Süß- und Sauerkirsche
Krymsk 6/LC-52	*P. cerasus* × *Cerapadus Mičurina*	Süß- und Sauerkirsche
Krymsk 86	*P. persica* × *P. cerasifera*	Mandel
GiSelA 3	*P. cerasus* × *P. canescens*	Süßkirsche, Sauerkirsche
GiSelA 5	*P. cerasus* × *P. canescens*	Süßkirsche, Sauerkirsche
GiSelA 6	*P. cerasus* × *P. canescens*	Süßkirsche, Sauerkirsche
Piku 1	*P. avium* × (*P. canescens* × *P. tomentosa*)	Süßkirsche, Sauerkirsche
Piku 4	*P. cerasus* × *P. Kursar*	Süßkirsche, Sauerkirsche
Colt	*P. mahaleb* × *P. pseudocerasus*	Süßkirsche, Sauerkirsche
Maxma 14	*P. mahaleb* × *P. avium*	Süßkirsche, Sauerkirsche
Maxma 60	*P. mahaleb* × *P. avium*	Süßkirsche, Sauerkirsche

wuchsinduzierende Unterlagen eingesetzt, die eine Intensivierung des Kirschanbaus ermöglichen (Tab. 25.5). Dabei gilt es allerdings, eine Reihe von pflanzenbaulichen Maßnahmen zu beachten. Je schwächer die Sortenunterlagenkombination ist, desto wichtiger

Tab. 25.5 **Unterlagen für Süßkirsche (Wuchsstärke aufsteigend)**

Unterlage	Eigenschaften
Gisela 3	Extrem schwach wachsend, etwa 30 % von *P. avium*; für beste Böden; Intensivanlagen mit Überdachung; benötigt Bewässerung, Düngung, intensive Erziehung und Schnitt
Gisela 5	Schwach wachsend, etwa 40–50 % von *P. avium*; wichtigste Unterlage in Mitteleuropa; geprüft weltweit auf Anpassungsfähigkeit an unterschiedliche Boden- und Klimaverhältnisse, Sorten, Erziehungssysteme, Pflanzabstände; empfohlen für gute Böden, auf leichten Böden mit Zusatzbewässerung
Krymsk 6	Schwach wachsend; vergleichbar mit Gisela 5; geeignet für schwere und nasse Böden; winterfest
Piku 1	Schwach bis mittelstark wachsend, etwa 60–50 % von *P. avium;* geeignet auch für trockene Standorte ohne Bewässerung
Piku 4	Mittelstark wachsend, etwa 50–70 % von *P. avium*; für leichte Böden ohne Bewässerung, früh einsetzende Erträge, gute Nachbaueignung
Gisela 6	Mittelstark wachsend, etwa 60–75 % von *P. avium*; weniger anspruchsvoll an Boden, Wasser und Erziehung als Gisela 5; Wuchs zwischen Gisela 5 und *P. avium*; geeignet für leichte bis schwere Böden ohne Bewässerung; für extensive Bewirtschaftung und größere Pflanzabstände
Krymsk 5	Mittelstark wachsend; vergleichbar mit Gisela 6; geeignet für schwere und nasse Böden; winterfest und trockenresistent
Maxma 14	Mittelstark wachsend, 60–70 % von *P. avium*; für mittlere und leichte Böden; Staunässe wird nicht vertragen; Ertragshöhe mittel; Bedeutung stark abnehmend
Colt	Mittelstark wachsend, 80 % von *P. avium*; mittlere Pfropfverträglichkeit; häufig Luftwurzeln und Wulstbildung; auch für schwere und zu Staunässe geeignete Böden; nicht für Trockenstandorte; ungünstiger Einfluss auf Ertragsbeginn und -höhe; gute Verankerung im Boden, anfällig für *Agrobacterium*
Maxma 60	Stark wachsend, etwa 90 % von *P. avium*; gute Verträglichkeit; große Anbaubreite, auch auf schweren Böden; gute Nachbaueignung, für trockene Standorte bzw. im Nachbau mit mittleren bis leichten Böden ohne Bewässerung; geeignet für mechanisch zu beerntende Sauerkirschanlagen
Sämlingsunterlagen	
P. cerasus	Schach bis mittelstark wachsend; frosthart; mittlere bis hoch Ansprüche an den Boden; Nachbauprobleme
P. mahaleb	Mittelstark bis stark wachsend, etwa 80 % von *P. avium*; nicht geeignet für schwere Böden; frosthart; Verwendung auch für Sauerkirsche
P. avium (Vogel-Kirsche)	Stark wachsend; leichte Anzucht; guter Stammbildner; mit allen Süß- und Sauerkirschen verträglich; Nachbauprobleme; Ausgangsmaterial für die generative Vermehrung von 'Limburger Vogel-Kirsche', 'Alkavo' und 'Hüttners Hochzucht' abstammend; für die vegetative Vermehrung Einsatz des englischen Klons F 12-1; Verwendung auch für Sauerkirsche

Tab. 25.6 Unterlagen für Pflaume

Stark wachsende Unterlagen	Mittelstark wachsende Unterlagen	Schwach wachsende Unterlagen
P. domestica: Wangenheimer, Brompton	*P. domestica* subsp. *insititia*: GF 655/2, St. Julien A	*P. domestica* subsp. *insititia*: Pixy
Prunus-Hybriden: Julior, GF 8/1	*Prunus*-Hybriden: Jaspi, Ishtara, DOCERA®-Serie	*Prunus*-Hybriden: Krymsk 1, Plumina, Dospina-Serie
P. cerasifera: Hamyra, Myruni	*P. domestica*: Wangenheim (WAVIT®)	

ist eine zusätzliche Wasserversorgung. Weiterhin sind entsprechende Erziehungsmaßnahmen und ausreichende Düngung notwendig. Im Kirschanbau ohne Bewässerungsmöglichkeit wurde in den letzten Jahren die Unterlage 'Maxma 14' bevorzugt (Wuchsreduktion gegenüber *P. avium* um 20–40 %). Inzwischen werden andere Unterlagen, beispielsweise 'Piku 1' oder 'Gisela 6' bevorzugt. Wo die Möglichkeit der Bewässerung besteht, findet vorwiegend die schwach wachsenden Unterlagen 'Gisela 5', die im deutschen Sprachraum inzwischen einen Marktanteil von nahezu 80 % erreicht hat, Verwendung.

Pflaume

Bei Pflaume werden sowohl Sämlings- als auch Klonunterlagen verwendet, z. B. Myrobalane (*P. cerasifera*) als Sämling oder als Klonselektionen, *P. domestica* subsp. *insititia* mit den Klonselektionen 'Pixy', 'St. Julien A' oder 'St. Julien GF 655/2', *P.-domestica*-Klone, z. B. 'Wangenheimer'. Nichtpflaumenarten aus der Sektion *Armeniaca* (Aprikose und Japanische Aprikose) und der Untergattung *Amygdalus* (Pfirsich) werden ebenfalls für Europäische Pflaume als Unterlagen genutzt, jedoch mit unterschiedlicher Kompatibilität (Tab. 25.6).

An der TU München wurde ein Unterlagenzüchtungsprogramm zur Entwicklung von schwach bis mittelstark wachsenden Unterlagen, die hypersensitiv auf das Scharka-Virus reagieren, etabliert. Dafür wurden intra- und interspezifische Hybridisierungen durchgeführt. Der Hintergrund ist folgender: Wenn ein Edelreis, das latent mit PPV infiziert ist, auf eine gegen PPV hypersensitiv reagierende Unterlage veredelt wird, dann wird das aufveredelte Reis nicht austreiben oder nach kurzem Austrieb absterben. Auf diese Art und Weise wird garantiert, dass nur PPV-freie Bäume die Baumschule verlassen und der Verbreitungsweg von PPV über große Entfernungen unterbunden werden kann. Diese Hypersensibilitätsresistenz wurde in die Unterlagen der mittel bis stark wachsenden DOCERA®-Serie (*P. domestica* × *P. cerasifera*) und der schwach wachsenden 'Dospina' (*P. domestica* × *P. spinosa*) eingeführt. Diese Unterlagen sind nutzbar für Pflaume, Aprikose, Japanische Pflaume und Pfirsich. 'Docera 6' ist die erste Scharka-hypersensible Unterlage, die auf dem Markt ist und virusfreie Neuanlagen bei Pflaume garantiert. Die Wuchsstärke der aufveredelten Sorten ist vergleichbar mit den Unterlagen der Wangenheimsgruppe und 'St. Julien A'.

Taxonomische Bezeichnungen der Pflanzenarten

Aufgeführt sind alle botanischen Arten, die im Text erwähnt worden sind. Als Quellen wurden genutzt: *GRIN – Genetic Resources Information Network*[1] für die wissenschaftlichen Namen, *Zander-Handwörterbuch der Pflanzennamen* (Erhardt et al. 2014); *Rothmaler-Exkursionsflora von Deutschland* (Jäger 2011), *Fitschen-Gehölzflora* (Fitschen et al. 2006).

Wissenschaftlicher Name[a]	Englischer Name	Deutscher Name[b]
Gattung *Aronia* Medik.		
A. arbutifolia (L.) Pers.	Red chokeberry	Filzige Apfelbeere
A. melanocarpa (Michx.) Elliott	Black chokeberry	Aronia, Kahle Apfelbeere, Schwarzfrüchtige Eberesche, Schwarze Eberesche
A. mitschurinii A. K. Skvortsov & Maitul.		
A. prunifolia (Marshall) Rehder	Purple chokeberry	Pflaumenblättrige Apfelbeere
Gattung *Chaenomeles* Lindl.		
C. japonica (Thunb.) Lindl. ex Spach	Japanese quince	Japanische Quitte
C. speciosa (Sweet) Nakai	Chinese quince	Chinesische Quitte
Gattung *Crataegus* L.		
C. sanguinea Pall.		Blut-Weißdorn
Gattung *Cydonia* Mill.		
C. oblonga Mill.	Quince	Echte Quitte
Gattung *Fragaria* L.		
F. ananassa Duchesne ex Rozier	Garden strawberry	Garten-Erdbeere, Kultur-Erdbeere
F. bifera Duchesne		

---

[1] GRIN – Germplasm Resources Information Network, Bezeichnungen unter „Common names" bei den entsprechenden Arten.

© Springer-Verlag GmbH Germany 2017
M.-V. Hanke und H. Flachowsky, *Obstzüchtung und wissenschaftliche Grundlagen*,
DOI 10.1007/978-3-662-54085-5

Wissenschaftlicher Name[a]	Englischer Name	Deutscher Name[b]
F. bringhurstii Staudt		
F. bucharica Losinsk.		
F. chiloensis (L.) Mill.	Beach strawberry, Chiloe strawberry	Chile-Erdbeere
F. chinensis Losinsk.		
F. corymbosa Losinsk.		
F. daltoniana J. Gay		
F. gracilis Losinsk.		
F. iinumae Makino		
F. iturupensis Staudt		
F. mandshurica Staudt		
F. moschata Weston	Hautbois strawberry	Zimt-Erdbeere
F. moupinensis (Franch.) Cardot		
F. nilgerrensis Schltdl. ex J. Gay		
F. nipponica Makino		
F. nubicola (Hook. f.) Lindl. ex Lacaita		
F. orientalis Losinsk.		
F. pentaphylla Losinsk.		
F. tibetica Staudt & Dickoré		
F. vesca L.	Alpine strawberry, Wild strawberry	Wald-Erdbeere
F. vesca subsp. *vesca* forma *semperflorens* (Duchesne) Staudt		Monats-Erdbeere
F. vescana Rud. Bauer & A. Bauer		
F. virginiana Mill.	Virginian strawberry	Virginische Erdbeere, Scharlach-Erdbeere
F. virginiana subsp. *platypetala* (Rydb.) Staudt		
F. viridis Weston		Knack-Erdbeere
Gattung *Malus* Mill.		
M. angustifolia (Aiton) Michx	Southern crab apple	Schmalblättriger Apfel
M. arnoldiana (Rehder) Sarg. ex Rehder		
M. asiatica Nakai		
M. atrosanguinea (hort. ex Späth) C. K. Schneid.		Karmesinroter Holz-Apfel
M. baccata (L.) Borkh.	Siberian crab apple	(Sibirischer) Beeren-Apfel
M. baoshanensis G. T. Deng		
M. chitralensis Vassilcz.		
M. coronaria (L.) Mill.	Sweet crab apple	Kronen-Apfel

Wissenschaftlicher Name[a]	Englischer Name	Deutscher Name[b]
M. crescimannoi Raimondo		
M. dawsoniana Rehder		
M. domestica Borkh.	Apple	Kultur-Apfel
M. doumeri (Bois) A. Chev.		
M. florentina (Zuccagni) C. K. Schneid.	Hawthorn-leaf crab apple	Italienischer Apfel, Florentiner Apfel
M. floribunda Sieb. ex Van Houtte	Japanese crab apple	Vielblütiger Apfel
M. fusca (Raf.) C. K. Schneid.	Oregon crab apple	Alaska-Apfel, Oregon-Apfel
M. halliana Koehne	Hall crab apple	Halls Apfel
M. hartwigii Koehne		
M. honanensis Rehder		
M. hupehensis (Pamp.) Rehder	Chinese crab apple, Hupeh crab, Tea crab apple	Tee-Apfel
M. ioensis (Alph. Wood) Britton	Iowa crab apple, Prairie crab apple, Western crab apple	Prärie-Apfel, Iowa-Apfel
M. kansuensis (Batalin) C. K. Schneid.		Kansu-Apfel
M. komarovii (Sarg.) Rehder		
M. leiocalyca S. Z. Huang		
M. magdeburgensis Hartwig		Magdeburger Apfel
M. mandshurica (Maxim.) Kom. ex Skvortsov	Manchurian crab apple	Mandschurischer Beeren-Apfel
M. micromalus Makino	Kaido crab apple	Kleiner Apfel
M. orientalis Uglitzk.		Kaukasus-Apfel, Orientalischer Apfel
M. prattii (Hemsl.) C. K. Schneid.		Pratts Apfel
M. platycarpa Rehder		
M. prunifolia (Willd.) Borkh.	Chinese crab apple, Plum-leaf apple	Kirsch-Apfel
M. pumila Mill.	Paradise apple	Paradies-Apfel, Filz-Apfel, Johannis-Apfel, Obst-Apfel
M. purpurea (A. Barbier) Rehder	Purple apple	Purpur-Apfel, Blut-Apfel
M. robusta (Carrière) Rehder	Siberian crab apple	Sibirischer Holz-Apfel
M. sargentii Rehder	Sargent's crab apple	Strauch-Apfel
M. sieboldii Rehder (Synonym für *M. toringo*)		Siebolds Apfel
M. sieversii (Ledeb.) M. Roem.		Asiatischer Wild-Apfel, Altai-Apfel
M. sikkimensis (Wenz.) Koehne ex C. K. Schneid		

Wissenschaftlicher Name[a]	Englischer Name	Deutscher Name[b]
M. soulardii (L. H. Bailey) Britton	Soulard crab apple	
M. spectabilis (Aiton) Borkh.	Asiatic apple, Chinese crab apple, Chinese flowering apple	Pracht-Apfel
M. sublobata (Dippel) Rehder		
M. sylvestris (L.) Mill.	European crab apple	Europäischer Wild-Apfel, Holz-Apfel
M. toringo (Siebold) de Vriese	Toringo crab apple	Toringo-Apfel, Siebolds Apfel, Japan-Apfel
M. transitoria (Batalin) C. K. Schneid.		Tibet-Apfel, Weißdornapfel
M. trilobata (Poir.) C. K. Schneid		Dreilappiger Apfel
M. tschonoskii (Maxim.) C. K. Schneid.	Pillar apple	Wolliger Apfel, Woll-Apfel
M. xiaojinensis M. H. Cheng & N. G. Jiang		
M. yunnanensis (Franch.) C. K. Schneid.	Yunnan crabapple	Yunnan-Apfel
M. zhaojiaoensis N. G. Jiang		
M. zumi (Matsum.) Rehder		
Gattung *Mespilus* L.		
M. germanica L.	Medlar	Mispel
Gattung *Prunus* L.		
P. africana (Hook. f.) Kalkman		
P. americana Marshall	American (red) plum	Amerikanische Pflaume
P. angustifolia Marshall	Chickasaw plum	Chickasa-Pflaume
P. armeniaca L.	Apricot	Aprikose, Marille
P. armeniaca var. *holosericea* Batalin		Tibet-Aprikose
P. avium L.	Sweet cherry, Wild cherry	Süß-Kirsche, Vogel-Kirsche
P. brigantina Vill.	Briançon-apricot	Briançon-Aprikose, Alpen-Aprikose
P. canescens Bois	Grey-leaf cherry	Graublättrige Kirsche
P. cerasifera Ehrh.	Cherry plum, Myrobalan plum	Kirsch-Pflaume, Myrobalane, Türkische Pflaume
P. cerasus L.	Sour cherry	Sauer-Kirsche, Weichsel
P. cerasus var. *cerasus*		
P. cerasus var. *marasca* (Host) Viv.	Maraschino cherry	Maraschino-Kirsche
P. cerasus forma *salicifolia* (H. Jaeger) Rehder		
P. cerasus var. *semperflorens* (Ehrh.) W. D. J. Koch		

Wissenschaftlicher Name[a]	Englischer Name	Deutscher Name[b]
P. cerasus forma *umbraculifera* H. Jaeger (Rehder)		
P. cocomilia Ten.		
P. dasycarpa Ehrh.	Black apricot	
P. davidiana (Carriere) N. E. Br.	Chinese peach	Davids Pfirsich
P. discolor (Spach) C. K. Schneid.		
P. divaricata Ledeb.		
P. domestica L.	Wild plum	Pflaume, Zwetsche
P. domestica L. subsp. *domestica*	European plum	Echte Pflaume, Zwetsche
P. domestica L. subsp. *insititia* (L.) C. K. Schneid.	Bullace plum, Damson plum	Hafer-Pflaume, Krieche, Kricke
P. domestica subsp. *intermedia* Röder (in GRIN nicht enthalten)		Halb-Zwetsche, Marunke
P. domestica subsp. *italica* (Borkh.) Gams ex Hegi	Reineclaude, Green gage	Edel-Pflaume, Rund-Pflaume, Reineclaude, Reneklode
P. domestica subsp. *prisca* Bertsch ex H. L. Werneck (in GRIN nicht enthalten)		Ziparte
P. domestica subsp. *pomariorum* (Boutigny) H. L. Werneck (in GRIN nicht enthalten)		Spilling
P. domestica subsp. *syriaca* (Borkh.) Janch. ex Mansf.	Yellow plum	Mirabelle
P. dulcis (Mill.) D. A. Webb		Mandel
P. eminens Beck		Mittlere Weichsel
P. fasciculate (Torr.) A. Gray	Desert almond	
P. ferganensis (Kostov & Rjabov) Kovalev & Kostov		Fergana-Pfirsich
P. fruticosa Pall.	Ground cherry	Steppen-Kirsche, Zwerg-Kirsche
P. glandulosa Thunb.	Chinese bush cherry	Drüsen-Kirsche
P. gondouinii (Poit. & Turp.) Rehder		
P. hortulana L. H. Bailey		
P. incisa Thunb.	Fuji cherry	Fuji-Kirsche, März-Kirsche
P. kansuensis Rehder		Kansu-Pfirsich
P. laurocerasus L.	Cherry laurel	Kirschlorbeer, Pontische Lorbeer-Kirsche
P. lusitanica L.	Portuguese laurel cherry	Portugiesische Lorbeer-Kirsche, Iberische Lorbeer-Kirsche
P. maackii Rupr.	Amur cherry, Manchurian cherry	Amur-Traubenkirsche

Wissenschaftlicher Name[a]	Englischer Name	Deutscher Name[b]
P. mahaleb L.	Mahaleb cherry	Felsen-Kirsche, Stein-Weichsel
P. mandshurica (Maxim.) Koehne		Mandschurische Aprikose
P. maritima Marshall	Beach plum	Strand-Pflaume
P. mira Koehne		Tibet-Pfirsich
P. mume Siebold & Zucc.	Japanese apricot	Japanische Aprikose, Ume, Schnee-Aprikose
P. munsoniana W. Wight & Hedrick	Wild goose plum	Gänse-Pflaume
P. nipponica Matsum.	Japanese alpin cherry	Nippon-Kirsche, Kurillenkirsche
P. padus L.	European bird cherry	Gewöhnliche Traubenkirsche, Auen-Traubenkirsche
P. pensylvanica L.	Bird cherry	Feuer-Kirsche
P. persica (L.) Batsch	Peach	Pfirsich
P. persica forma *compressa* (Loudon) Rehder	Flat peach, Pinto peach	Platt-Pfirsich
P. persica var. *nucipersica* (Suckow) C. K. Schneid.	Nectarine	Nektarine
P. persica var. *persica*	Peach	Pfirsich
P. prostrata Labill.	Mountain cherry, Rock cherry	Niedrige Kirsch-Mandel
P. pumila L.	Sand cherry	Sand-Kirsche
P. pumila var. *besseyi* (L. H. Bailey) Waugh	Bessey cherry, Dwarf cherry, Rocky mountain cherry	
P. ramburii Boiss.		
P. salicina Lindl.	Japanese plum	Chinesische Pflaume
P. serotina Ehrh.	American bird cherry	Späte Traubenkirsche
P. serrulata Lindl.	Oriental cherry	Grannen-Kirsche, Japanische Blüten-Kirsche
P. sibirica L.	Siberian apricot	Sibirische Aprikose
P. simonii Carrière	Apricot plum	Simons Pflaume
P. sogdiana Vassilcz.		
P. spinosa L.	Blackthorn, Sloe	Schleche, Schwarzdorn
P. spinosissima (Bunge) Franch.		
P. stepposa Kotov		
P. tenella Batsch	Dwarf Russian almond	Zwerg-Mandel
P. tomentosa Thunb.	Downy cherry	Japanische Mandel-Kirsche

Wissenschaftlicher Name[a]	Englischer Name	Deutscher Name[b]
P. umbellata Elliott	Allegheny plum, Flatwoods plum, Hog plum, Sloe plum	
P. ursina Kotschy		
P. ussuriensis Kovalev & Kostina		
P. virginiana L.	Virginian bird cherry	Virginische Traubenkirsche
P. webbii (Spach) Vierh.		
P. yedoensis Matsum	Tokyo cherry	Tokio-Kirsche, Yoshino-Kirsche
Gattung *Pseudocydonia* (C. K. Schneid.) C. K. Schneid.		
P. sinenesis (Thouin) C. K. Schneid.	Chinese quince	Chinesische Quitte, Holz-Quitte
Gattung *Pyrus* L.		
P. armeniacifolia T. T. Yu		
P. betulifolia Bunge	Birch-leaf pear	Birkenblättrige Birne
P. bretschneideri Rehder	Chinese white pear, White pear	Bretschneiders Birne, Chinesische weiße Birne
P. calleryana Decne.	Bradford pear, Callery pear	Chinesische Birne
P. communis L.	Pear	Garten-Birne, Kultur-Birne, Gewöhnliche Birne
P. communis subsp. *caucasica* (Fed.) Browicz		Kaukasische Birne
P. communis subsp. *pyraster* (L.) Ehrh.	Wild pear	Wild-Birne, Holz-Birne
P. cordata Desv.	Plymouth pear	Plymouth-Birne
P. cossonii Rehder		
P. dimorphophylla Makino		
P. elaeagrifolia Pall.		Ölweiden-Birne
P. fauriei C. K. Schneid.		
P. hondoensis Nakai & Kikuchi		
P. koehnei C. K. Schneid.		
P. nivalis Jacq.	Snow pear	Schnee-Birne
P. pashia Buch.-Ham. ex D. Don	Himalayan pear	Himalaya-Birne
P. pyrifolia (Burm. f.) Nakai	Nashi pear, Asian pear, Chinese pear, Japanese pear, Oriental pear, Sand pear	Nashi-Birne, China-Birne, Sand-Birne
P. regelii Rehder		
P. salicifolia Pall.	Willow-leaf pear	Weidenblättrige Birne, Weiden-Birne
P. sinkiangensis T. T. Yu	Xinjiang pear, Fragant pear	

Wissenschaftlicher Name[a]	Englischer Name	Deutscher Name[b]
P. spinosa Forssk.	Almond-leaf pear	Pfirsichblättrige Birne, Mandel-Birne
P. syriaca Boiss.		Syrische Birne
P. ussuriensis Maxim.	Ussurian pear	Ussuri-Birne, Amur-Birne, Mandschurei-Birne
P. xerophila		
Gattung *Ribes*		
R. aciculare Sm.		
R. alpinum L.	Alpine currant, Mountain currant	Alpen-Johannisbeere
R. americanum Mill.	American blackcurrant	Amerikanische Schwarze Johannisbeere, Kanadische Johannisbeere
R. aureum Pursh	Golden currant, Buffalo currant	Gold-Johannisbeere
R. aureum var. *villosum* DC.	Missouri currant, Buffalo currant, Clove currant	Wohlriechende Johannisbeere
R. burejense F. Schmidt		
R. bracteosum Douglas	Stink currant	Ahorn-Johannisbeere
R. carrierei C. K. Schneid.		
R. cynosbati L.	Dogberry	Hunds-Stachelbeere, Hagebutten-Stachelbeere
R. dikuscha Fisch. ex Turcz.		
R. divaricatum Douglas	Costal black gooseberry	Oregon-Stachelbeere
R. fuscescens (Jancz.) Jancz.		
R. hirtellum Michx.	Hairy stem gooseberry	Amerikanische Stachelbeere
R. hudsonianum Richardson	Northern black currant, Western black currant	
R. hudsonianum var. *petiolare* (Douglas) Jancz.		
R. inerme Rydb.	White-stem gooseberry	
R. leptanthum A. Gray	Trumpet gooseberry	Colorado-Stachelbeere
R. longeracemosum Franch.		
R. mandshuricum (Maxim.) Kom.		
R. moupinense Franch.		
R. multiflorum Kit. ex Schult.		Troddel-Jjohannisbeere
R. × *nidigrolaria* Rud. Bauer et A. Bauer		Josta- oder Jochelbeere
R. nigrum L.	Blackcurrant	Schwarze Johannisbeere
R. nigrum var. *europaeum* Jancz.		
R. nigrum var. *nigrum* L.		
R. nigrum var. *sibiricum* W. Wolf		

Wissenschaftlicher Name[a]	Englischer Name	Deutscher Name[b]
R. orientale Desf.		
R. oxyacanthoides L.	Canadian gooseberry, Northern gosseberry	Manitoba-Stachelbeere
R. pauciflorum Turcz. ex Pojark.		
R. petraeum Wulfen	Rock currant, Rock red currant	Felsen-Johannisbeere, Berg-Johannisbeere
R. pinetorum Greene	Orange gosseberry	Arizona-Stachelbeere
R. procumbens Pall.		
R. robustum Jancz.		
R. rubrum L.	Red currant, White currant	Rote Johannisbeere, Weiße Johannisbeere
R. sanguineum Pursh	Flowering currant, Winter currant	Blut-Johannisbeere
R. sanguineum var. *glutinosum* (Benth.) Loudon		
R. spicatum E. Robson	Downy currant, Nordic currant, Northern red currant	Ährige Johannisbeere, Nordische Johannisbeere
R. spicatum subsp. *palczewskii* (Jancz.) Malyschev		
R. succirubrum Zabel ex Jancz.		
R. triste Pall.	Swamp red currant, Wild red currant	
R. ussuriense Jancz.		
R. uva-crispa L.	English gooseberry, European gooseberry	Stachelbeere
R. watsonianum Koehne	Mount Adams gooseberry	
Gattung *Rubus*		
R. alceifolius Poir.	Giant bramble	
R. arcticus L.	Arctic raspberry	Allacker-Himbeere
R. baileyanus Britton		
R. caesius L.	(European) dewberry	Kratzbeere, Acker-Brombeere
R. canadensis L.	Smooth blackberry	
R. canescens DC.		Filz-Brombeere
R. chamaemorus L.	Baked apple berry, Cloudberry, Salmonberry, Yellow berry	Moltebeere
R. coreanus Miq.	Korean blackberry (bramble)	Korea-Himbeere
R. crataegifolius Bunge		
R. fruticosus L. agg.	European blackberry	(Europäische) Brombeere, Echte Brombeere

Wissenschaftlicher Name[a]	Englischer Name	Deutscher Name[b]
R. idaeus L.	Red raspberry	Himbeere
R. idaeus subsp. *idaeus*	European red raspberry	Himbeere
R. idaeus subsp. *strigosus* (Michx.) Focke	American red raspberry, Wild red raspberry	Amerikanische Himbeere
R. inermis Pourr.		
R. laciniatus Willd.	Cut-leaf blackberry (bramble), Evergreen blackberry, Italian blackberry, Laciniate bramble, Parsley-leaf bramble	Schlitzblatt-Brombeere
R. loganobaccus L. H. Bailey	Boysenberry, Loganberry, Tayberry	Loganbeere
R. mesogaeus Focke		
R. niveus Thunb.	Ceylon raspberry, Mysore raspberry, Hill raspberry	Mysore-Himbeere
R. occidentalis L.	Black raspberry, Black-cap, Thimbleberry	Schwarze Himbeere
R. parvifolius L.	Japanese raspberry, Small-leaf bramble, Trailing raspberry	Japan-Himbeere
R. phoenicolasius Maxim.	Hairy bramble, (Japanese) wine berry, Purple-leaf blackberry	Japanische Weinbeere, Rotborstige Himbeere, Wein-Himbeere
R. pileatus Focke		
R. sachalinensis H. Lev.		
R. saxatilis L.	Stone bramble	Steinbeere, Felsen-Himbeere
R. ulmifolius Schott	Elm-leaf blackberry	Sand-Brombeere
R. ursinus Scham. & Schltdl.	California blackberry (dewberry), Douglas berry, Pacific blackberry (dewberry)	
Gattung *Sorbaronia* C. K. Schneid.		
S. fallax (C. K. Schneid.) C. K. Schneid.		
S. dippelii (Zabel) C. K. Schneid.		
S. sorbifolia (Poir.) C. K. Schneid.		
Gattung *Sorbopyrus* C. K. Schneid.		
S. auricularis (Knoop) C. K. Schneid.	Shipova, Bollwiller pear	Hagebuttenbirne, Hambuttenbirne, Bollweilerbirne

Wissenschaftlicher Name[a]	Englischer Name	Deutscher Name[b]
Gattung *Sorbus* L.		
S. aria (L.) Crantz	Whitebeam	Echte Mehlbeere
S. aucuparia L.	Rowan tree, European mountain ash	Eberesche, Vogelbeere, Nordische Eberesche
S. aucuparia var. *edulis* Dieck		Edeleberesche
S. aucuparia subsp. *aucuparia* L.	Rowan tree, European mountain ash	Gemeine Eberesche, Vogelbeere, Süße Eberesche
S. aucuparia subsp. *maderensis* (Lowe) McAll.		
S. aucuparia subsp. *pohuashanensis* (Hance) McAll.		Pohuasha-Eberesche
S. aucuparia subsp. *praemorsa* (Guss.) Nyman		
S. aucuparia subsp. *sibirica* (Hedl.) Krylov		
S. chamaemespilus (L.) Crantz		Zwerg-Mehlbeere, Berg-Mehlbeere
S. domestica L.	Service tree	Speierling
S. intermedia (Ehrh.) Pers.		Schwedische Mehlbeere
S. minima (Ley) Hedl.		
S. thuringiaca (Nyman) Schonach		
S. torminalis (L.) Crantz	Wild service tree	Elsbeere
Gattung *Vaccinium*		
V. angustifolium Aiton	Lowbush blueberry, Early low bush blueberry, Late sweet blueberry, Low sweet blueberry, Upland lowbush blueberry	Niedrig wachsende Heidelbeere, Schmalblättrige Heidelbeere
V. arctostaphylos L	Caucasian whortleberry	Kaukasus-Strauchstachelbeere
V. corymbosum L.	Highbush blueberry, American blueberry	Amerikanische Heidelbeere, Großfrüchtige Heidelbeere, Kulturheidelbeere, Amerikanische Strauchheidelbeere
V. darrowii Camp	Darrow's blueberry, Darrow's evergreen blueberry	
V. elliottii Chapm.	Mayberry, Elliot's blueberry	
V. floribundum Kunth	Columbian blueberry	
V. formosum Andrews	Southern highbush blueberry, Swamp highbush blueberry	

Wissenschaftlicher Name[a]	Englischer Name	Deutscher Name[b]
V. macrocarpon Aiton	American cranberry, Cranberry, Large cranberry, Cultivated cranberry	Amerikanische Moosbeere, Großfrüchtige Moosbeere, Kranbeere
V. membranaceum Douglas ex Torr.	Mountain bilberry, Thinleaf huckleberry	
V. myrtillus L.	Bilberry, Blueberry, dwarf bilberry, Myrtle blueberry, European blueberry, Whortleberry	Heidelbeere, Blaubeere, Schwarzbeere
V. ovatum Pursh	California huckleberry, Evergreen huckleberry	
V. oxycoccus L.	Small cranberry, European cranberry, Wild cranberry, Bog cranberry, Swamp cranberry	Gemeine Moosbeere, Sumpf-Moosbeere
V. stamineum L.	Deerberry, Southern gooseberry, Squaw huckleberry	
V. tenellum Aiton	Small black blueberry, Small cluster blueberry, Southern blueberry	
V. uliginosum L.	Bog bilberry, Bog blueberry, Western huckleberry	Moorbeere, Rauschbeere, Trunkelbeere
V. virgatum Aiton	Rabbit-eye blueberry, Southern black blueberry, Swamp blueberry	Kaninchenäugige Heidelbeere
V. vitis-idaea L.	Lingonberry, Alpine cranberry, Cowberry, Foxberry, Lingberry, Lingon, Mountain cranberry, Rock cranberry	Preiselbeere, Kronsbeere, Steinbeere

[a]Die Benennung der Pflanzen mit wissenschaftlichen Namen wird durch den *International Code of Botanical Nomenclature* (Melbourne Code) aus dem Jahr 2011 (ICBN) geregelt.
[b]Sog. Vulgärname – Namen einer Pflanze in der jeweiligen Landessprache. Das Bestimmungswort wird mit Bindestrich vom Stammwort getrennt, wenn das Stammwort ein Taxon, meist eine Gattung bezeichnet (nach Erhardt et al. 2014, S. 15).

Additivvarianz Die phänotypische Ausprägung eines Merkmals wird durch die Effekte von wenigstens zwei Genen bedingt, welche gleichzeitig wirken. Varianz = genetische Variabilität

AFLP amplified fragment length polymorphism, basierend auf dem Zerschneiden der DNA mit zwei Restriktionsenzymen werden spezifische Muster erstellt, die zur Unterscheidung von Individuen dienen können

Adventivspross aus einer Adventivknospe hervorgegangener Spross; Adventivknospen bilden sich nicht an der Sprossspitze oder in den Blattachseln. Sie entstehen an anderen Teilen der Pflanze (z. B. an Blättern) spontan, oder als Folge von Verletzungen

Agamospermie Bildung von Samen ohne vorherige Befruchtung; Form der Apomixis (asexuelle Vermehrung)

agg. Aggregate (Sammelart), d. h. eine Gruppe schwer zu unterscheidender Arten

Akzession Muster eines bestimmten Genotyps (z. B. von einer bestimmten Sorte kann es mehrere Akzessionen geben), die zu unterschiedlichen Zeitpunkten und/oder aus unterschiedlichen Genbankbeständen bezogen wurden. Jede Akzession erhält ein eindeutiges Label, sodass zurückverfolgt werden kann, woher diese Akzession stammt. Das ist v. a. dann wichtig, wenn es nachweislich zu Verwechslungen gekommen ist. Wildarten, die aus Samen entstanden sind, stellen stets unterschiedliche Akzessionen dar

Apomixis bei Bedecktsamern gibt es zwei Formen der Apomixis, die vegetative asexuelle Fortpflanzung und die Agamosporie, die Bildung eines Samens mit Embryo ohne Befruchtung. Die Nachkommen sind dabei mit dem mütterlichen Elter genetisch identisch. Agamosporie ist u. a. möglich durch Bildung von Samen aus unbefruchteten Eizellen (Parthenogenese), aus diploiden Zellen des Nucellus (Adventivembryonie) oder aus Zellen des Megagametophyten (Diplosporie, Aposporie)

Aposporie der Embryo entsteht aus einem unreduzierten Embryosackkern, der Embryosack selbst wird dabei im Nucellus gebildet. Er bildet sich jedoch nicht wie üblich im Archespor, sondern in anderen Geweben

Archespor sporogenes Gewebe im Inneren des Sporangiums, aus dem sich die Sporenmutterzellen bilden

Asepsis gr. Keimfreiheit, ohne Fäulnis

auct. auctorum (lat. der Autoren), wird dann in der Taxonomie verwendet wenn Autoren einen anderen Artnamen verwenden, als der Erstbeschreiber

Ausläufer im Längenwachstum stark geförderte Seitensprosse, z. B. bei Erdbeeren

Automixis der Embryo entsteht durch Verschmelzen zweier Eizellen

Axillarknospe in der Blattachsel stehende Knospe

basipetal der Basis zustrebend, von der Spitze einer Pflanze zur Wurzel; Gegensatz: akropetal

BEKO (Beratungs- und Koordinierungsausschuss für genetische Ressourcen landwirtschaftlicher und gartenbaulicher Kulturpflanzen) wird vom BMEL (Bundesministerium für Ernährung und Landwirtschaft) berufen und besteht aus Experten von Bundes- und Landesbehörden, Fachverbänden und Organisationen aus Wissenschaft und Wirtschaft; gegebenenfalls können auch sachkundige Einzelpersonen berufen werden

Bonitur (Bonitierung) qualitative Beurteilung von landwirtschaftlichen Objekten, z. B. zur Erhebung von Pflanzenmerkmalen; Durchführung aller Erhebungen am Phänotyp

Boostrap-Wert Maß für die Zuverlässigkeit, dass zwei Akzessionen aufgrund ihrer Ähnlichkeit zueinander in eine Gruppe eingeordnet werden

CA-Lager (*controlled atmosphere*) die Atmosphäre im Lager wird technisch überwacht und kontrolliert; Verzögerung der Reifung klimakterischer Früchte durch gezielte Regulation von Temperatur (1–6 °C), Luftfeuchtigkeit (92 %), Sauerstoff- (2–3 %) und Kohlenstoffdioxidgehalt (2–5 %)

Chimäre Organismus, der aus genetisch verschiedenen Zellen oder Geweben (z. B. aus Zellen verschiedener Organismen bei Pfropfchimären) besteht. Eine Periklinalchimäre besteht z. B. aus genetisch verschiedenen Gewebeschichten

Choresm (Choresmien) historische Landschaft im westlichen Zentralasien, heute zu Usbekistan und Turkmenistan gehörend; eine Großoase südlich des Aralsees, am Unterlauf des Amudarja; das ist belegt durch Funde aus der Jungsteinzeit, der Bronzezeit und der frühen Eisenzeit

Colchicin toxisches Alkaloid, erbgutverändernd; kommt in der Herbstzeitlose (*Colchicum autumnale*) vor; Verwendung als Mitosehemmstoff, indem die Ausbildung der Spindelfasern unterbunden wird, während die anderen Vorgänge der Mitose normal verlaufen

Conduplicat (zusammengelegt) die Blätter sind entlang der Mittelrippe gefaltet

Convolut (gerollt) die Blätter sind als Ganzes der Länge nach eingerollt

Dichasium Form der Verzweigung bei sympodialen Sprosssystemen; Hauptachse stellt Wachstum ein und endet als Blüte, während zwei Seitensprosse gleichwertig auswachsen; Entstehung eines räumlichen Verzweigungssystems

Diplosporie der Embryo entsteht aus einem unreduzierten Embryosackkern, der Embryosack wird im Archespor gebildet

Dominanzvarianz Interaktion zwischen verschiedenen Allelen an einem Genort (Locus), wobei ein Allel das andere überlagert

Doppelfrüchte Auftreten von an einem Fruchtstiel teilweise miteinander verwachsenen Zwillingsfrüchten, z. B. bei Kirschen. Dieser Schaden tritt bei einigen Sorten in einzelnen Jahren vermehrt auf. Die Früchte sind intakt und können vollständig ausreifen, sind aber nicht vermarktungsfähig und reduzieren somit den Ertrag. Die Ursache liegt sehr früh in der Zeit der Blütendifferenzierung. Es findet hier entweder keine vollständige Trennung der Einzelblüten statt oder bei den Teilungen kommt es nicht zur Reduktion des Blütengewebes auf einen Fruchtknoten und eine Samenanlage pro Blüte. Der Schaden wird vermutlich durch sehr hohe Temperaturen in einer bestimmten Phase der Blütenentwicklung verursacht und ist daher in seiner Ausprägung jahres- und sortenabhängig (Quelle: Hortipendium)

Dornen umgebildete Sprossachsen, Blätter, Nebenblätter oder Wurzeln; sie sitzen an der Stelle eines Organs und sind stets mit Leitbündeln durchzogen

Dschungarischer Alatau Hochgebirge zwischen Kasachstan und China, entlang der Provinz Almaty und Xinjiang

Eberesche spätmhd. *eberboum*; erster Wortteil von gall. *eburos* für Eibe entlehnt, der auf idg. **ereb-* für dunkelrötlich, bräunlich zurückgeht, das die rötlich-braune Beerenfarbe bezeichnet; zweiter Wortteil abgeleitet von Esche, da die Blätter denen der Esche ähneln

Edelreis Teilstück eines i. d. R. einjährigen Triebs einer Edelsorte; verwendet werden können auch einzelne Knospen der Edelsorte, die Edelaugen

Elektroporation Verfahren, mit dem DNA unter Verwendung kurzer Elektroimpulse in Protoplasten oder Zellen übertragen werden kann, da die Permeabilität (Durchlässigkeit) der Plasmamembran kurzzeitig erhöht wird

ELISA (*enzyme linked immunosorbent assay*) ein antikörperbasiertes Nachweisverfahren

Embryokultur (auch embryo rescue für Embryorettung) In-vitro-Verfahren bei Pflanzen, bei dem ein unter natürlichen Bedingungen, z. B. nach Art- oder Gattungsbastardierung, oder nach In-vitro-Befruchtung entstandener zygotischer Embryo isoliert und unter geeigneten Bedingungen *in vitro* weiterkultiviert wird, um daraus eine vollständige Pflanze zu regenerieren

Epitheton gr. *epithetos* für hinzugefügt, nachgestellt, zugeordnet; Plural Epitheta – Attribut, Zusatz, Beiwort; der zweite Teil des wissenschaftlichen Namens einer Art

Epistasievarianz Interaktion zwischen Allelen verschiedener Genorte, wobei ein dominantes Allel ein anderes Allel hemmt

Explantat lat. *explantare* für auspflanzen; Gewebestück oder Organ eines Organismus, das zum Zweck der Gewebekultur isoliert wurde

Extrazellulär außerhalb der Zelle

Ferghanatal dichtbesiedelte Senke zwischen dem Tien-Shan und dem Altaigebirge, heute Staatsgebiet von Usbekistan, Tadschikistan und Kirgisistan, mit ersten Siedlungsspuren aus der mittleren Bronzezeit

Filialgeneration Tochtergeneration, die aus einer Kreuzung hervorgehende Generation der Nachkommen, bezeichnet mit F1 (erste Tochtergeneration), F2 (zweite Tochtergeneration) usw.

Flor'sches Konzept s. Gen-für-Gen-Beziehung

Floyd Zaiger US-amerikanischer Obstzüchter, vorrangig bei Pflaume, Pfirsich und Nektarine tätig, und Gründer von Zaiger's Genetics, einem führenden internationalen Züchtungsunternehmen in Kalifornien

Gene silencing Genregulation durch Hemmung der Übertragung einer genetischen Information von der DNA auf die mRNA (transkriptionelles Gen-silencing) oder der nachfolgenden Übersetzung der auf der mRNA gespeicherten Information in ein Protein (posttranskriptionelles Gen-silencing)

Gen-für-Gen-Beziehung zwischen Wirt und Pathogen Die Gen-für-Gen Hypothese stammt von Harold Henry Flor aus den 1940er Jahren. Auf der Basis von Versuchen zur Infektion von Gemeinem Lein mit dem Erreger des Flachsrostes kam Flor zu der Schlussfolgerung, dass eine Resistenzreaktion nur dann erfolgt, wenn ein Gen (Genprodukt) der Wirtspflanze (Resistenzgen) ein Gen (Genprodukt) des Erregers erkennt. Da diese Erkennung dazu führt, dass der Erreger nicht mehr erfolgreich infizieren kann und damit seine Virulenz verliert, wird das an der Reaktion beteiligte Gen des Erregers als Avirulenzgen bezeichnet

Genotyp Erbbild eines Organismus, repräsentiert durch den individuellen Satz an Genen. Der Genotyp entspricht der genetischen Ausstattung eines Organismus, die den Phänotyp bestimmt

Genpool Gesamtheit aller Genvarianten (Allele) einer Population (z. B. einer Art)

Gigaform genetisch bedingter Riesenwuchs durch Zunahme der Zellzahl, Größerwerden der Zellen oder Polyploidisierung

Gynözeum Gesamtheit der Fruchtblätter (Karpelle) einer Blüte

Haarnadelstruktur aufgrund von intramolekularen Basenpaarungen in einsträngiger DNA und häufiger in RNA entsteht eine kurze Schleife

Haferpflaume auch Kriechenpflaume, Krieche, Kriechele, Kreike, Kricke, Kreke, Kriechel, Kriecherle u. a. volkstümliche Bezeichnungen; benannt nach Grieche (Griechenland)

Haithabu liegt vor den Toren der Stadt Schleswig. In der Wikingerzeit (9.–11. Jahrhundert) war die frühmittelalterliche Stadt eines der bedeutendsten Handelszentren Nordeuropas

Halbzwetsche auch Marunke

Handelsklasse Die Organisation für wirtschaftliche Zusammenarbeit und Entwicklung (OECD) definiert in ihren internationalen Handelsstandards für z. B. Erdbeeren drei Handelsklassen: Extra – ausgezeichnete Qualität, I – gute Qualität und II – marktfähige Qualität

Heritabilität (h^2), Vererbbarkeit Maß für den Anteil der genetischen (abzüglich aller umweltbedingten) Einflüsse an der phänotypischen Ausprägung eines Merkmals

Heterosis Bei Kreuzung zweier (nahezu) homozygoter Innzuchtlinien miteinander übertreffen die Nachkommen die Eltern in fast allen quantitativen Eigenschaften (z. B. Ertrag). Die Differenz zwischen der Leistung der Nachkommen und dem Elternmittel nennt man Heterosis

Hethiter kleinasiatisches Volk, das im 2. Jahrtausend v. Chr. lebte und bis zum heutigen Syrien, Libanon, Palästina verbreitet war; Hauptstadt war attuša in der Provinz Çorum beim Dorf Boğazkale im anatolischen Hochland, nördlich der antiken Landschaft Kappadokiens

Hohelied auch Hoheslied Salomos, ein Buch der hebräischen Bibel bzw. des Alten Testaments

Holarktis umfasst Großteil der nördlichen Hemisphäre. Südliche Grenze: Norden von Mexiko, Kapverdische Inseln, Nordrand der Sahara und Arbische Halbinseln, entlang des Himalaya nach Südchina, Taiwan und Japan

Hybridisierung, intraspezifische Kreuzung zwischen zwei Vertretern der gleichen Art

Hybridisierung, interspezifische Kreuzung zwischen zwei Vertretern unterschiedlicher Arten der gleichen Gattung

Hybridisierung, intergenerische Kreuzung zwischen zwei Vertretern verschiedener Gattungen

Hypersensitive Reaktion Zusammenspiel verschiedener Abwehrreaktionen der Pflanze, die zum kontrollierten Absterben befallener Zellen führt (programmierter Zelltod), wodurch das Pathogen eingegrenzt oder gestoppt wird. Das Absterben der Pflanzenzellen in einem eng begrenzten Bereich um das Pathogen bewirkt, dass das Pathogen zusammen mit der Zelle eingeht, sich nicht mehr vermehren und ausbreiten kann

Indel Verschmelzung der Begriffe Insertion und Deletion bei Mutationen im Genom. Verwendung, wenn Insertionen und Deletionen zusammengefasst werden sollen, weil diese durch ihre oftmals ähnlichen Effekte entweder nicht unterscheidbar oder im Ergebnis gleich sind

Inkunabel lat. *incunabula* für Windeln, Wiege; Wiegendrucke, d. h. mit beweglichen Lettern gedruckte Bücher oder Einblattdrucke, hergestellt zwischen der Fertigstellung der Gutenberg-Bibel im Jahr 1454 und dem 31. Dezember 1500

Intron engl. *intervening region*, nicht codierender Abschnitt der DNA innerhalb eines Gens, der benachbarte Exons trennt

In-vitro-Lagerung Erhaltung von Pflanzenmaterial *in vitro*, d. h. auf künstlichen Nährböden in Gefäßen unter spezifischen Klimabedingungen (Licht, Temperatur)

Isoenzym Enzyme von gleicher oder fast gleicher Substrat- und Wirkungsspezifität, die jedoch in den Primärstrukturen mehr oder weniger große Unterschiede aufweisen

Johannisbeere Name der Beere, weil sie um Johanni (24. Juni) reift. Entlehnungen Ribesel, Ribisel u. ä. nach dem bot. Namen *Ribes*

Kältebedürfnis Viele Pflanzen gehen in den Wintermonaten in eine Phase der Knospenruhe (Dormanz). Um diese zu beenden muss die Knospe einer bestimmten Anzahl an Kältestunden ausgesetzt sein. Zur Ermittlung des Kältebedürfnisses existieren heute verschiedene Modelle, von denen das Modell nach Weinberger (Kältestundenmodell), das Utah- und das Dynamische Modell wohl die bekanntesten sind. Während das Weinberger Modell lediglich die Stunden zwischen 0 und 7,2 °C summiert (engl. *chilling hours*, CH), berücksichtigen die anderen beiden Modelle auch den störenden Einfluss höherer Temperatur, die während der Zeit der Dormanz auftreten können, und rechnen diese in Kälteeinheiten (engl. *chill units*, CU) bzw. Kälteportionen (engl. *chill portions*, CP) um

Kambium teilungsfähige Zellschicht zwischen Rinde und Holz

Klon genetisch identischer Nachkomme

Klonen Erzeugung genetisch identischer Individuen von Lebewesen; klonen von Obstbäume erfolgt vegetativ, z. B. über Pflanzenveredlung

Knospenlage (Vernation) Bezeichnung für die Lage der Blätter in der Knospe; die Knospenlage ist häufig spezifisch für bestimmte Verwandtschaftsgruppen

Kombinationseignung, allgemeine (engl. *general combining ability*, GCA) Abweichung des Mittelwerts der Nachkommenschaften eines Elters vom Gesamtmittelwert aller Nachkommenschaften des Diallels für ein bestimmtes Merkmal; Maß für die additiven Effekte der Gene für dieses Merkmal und erlaubt eine Aussage über die Eignung eines Elters im Allgemeinen für die Züchtung von Sorten für dieses Merkmal

Kombinationseignung, spezielle (engl. *specific combining ability*, SCA) erlaubt Aussage über die Eignung einer bestimmten Kombination zweier Eltern für die Züchtung einer neuen Sorte für dieses Merkmal; Maß für die nicht additiven Effekte der Gene eines bestimmten Merkmals

Kopet-Dag Gebirge an der Grenze zwischen Turkmenistan und Iran

Kranbeere auch Kraanbeere, Kranichbeere von Kraan, Kranich. Die englische Bezeichnung *cranberry* leitet sich aus *crane berries* für Kranichbeeren ab, da die Staubfäden der Blüten einen Schnabel bilden, der die ersten Siedler in Nordamerika an einen Kranichschnabel erinnerte

Kryolagerung Erhaltung von Pflanzenmaterial in flüssigem Stickstoff bei $-196\,^{\circ}\mathrm{C}$

Majorgen (Hauptgen) ein zur Merkmalsbildung notwendiges, einfach mendelndes Gen; im Fall von Resistenzgenen vermittelt es einen hohen Grad an Resistenz, z. B. eine hypersensitive Reaktion des Wirts

Markergestützte Selektion (MAS) (engl. *marker assisted selection*) heute oft auch als Smart Breeding (engl. *selection with markers and advanced reproductive technologies*) oder Präzisionszüchtung (engl. *precision breeding*) bezeichnet; dabei erfolgt Selektion auf Basis des Genotyps durch gezielten Nachweis des gewünschten Gens, wobei das Testverfahren unabhängig von der Umwelt und dem Entwicklungsstadium der Pflanze ist

matroklin mütterlich

Mentormethode von Ivan Vladimirovič Mičurin (1855–1935) entwickelt; durch Pfropfung eines Edelreises in die Krone eines Sämlings erfolgt eine Erziehung des Sämlings und damit Veränderung der Merkmale, wie z. B. Frosthärte. Die Methode basierte auf der Theorie des Neo-Lamarckismus, dass genetische Effekte durch die Umweltbedingungen induziert werden

Mikroinjektion gr. *mikros* klein, gering und lat. *iniectio* Einspritzung; die Injektion gelöster Stoffe in Einzelzellen, z. B. von DNA in den Zellkern

Mirabelle auch Gelbe Zwetschge; aus frz. *mirabelle*, das auf gr. Gewürzeichel zurückgeht. Der Name bedeutet im Altertum wahrscheinlich die gelbliche, eichelähnliche

Steinfrucht. Dass der Name von „Mirabel" für Ort in Mittelfrankreich oder von „Mirabeau" für Stadt in der Provence abgeleitet werden kann, lässt sich nicht beweisen (nach Marzell 1977)

Monophyletisch alle Arten sind Nachkommen einer nur ihnen gemeinsamen Stammart

Nagel schmaler unterer Teil eines freien Kronblatts, der sich vom breiten oberen Teil, der Platte, absetzt

Neolithische Revolution erstmaliges Vorkommen produzierender Wirtschaftsweisen (Ackerbau, Viehzucht), der Vorratshaltung und der Sesshaftigkeit in der Menschheitsgeschichte; Ende der Lebensweise als reine Jäger und Sammler; Beginn der Jungsteinzeit, dem Neolithikum

Parthenogenese eingeschlechtliche Fortpflanzung, Entstehung von Nachkommen aus unbefruchteten Eizellen

patroklin väterlich

PCR polymerase chain reaction, Polymerase-Kettenreaktion Verfahren für ein Verfahren der technischen Vervielfältigung von DNA oder RNA in einer Probe

Phänotyp Erscheinungsbild eines Organismus, repräsentiert durch die Menge an individuellen Merkmalen; bezieht sich sowohl auf morphologische als auch physiologische Eigenschaften

Phylogenie von gr. *phylon* für Stamm und gr. *genesis* für Ursprung; bezeichnet die stammesgeschichtliche Entwicklung der Gesamtheit aller Lebewesen als auch bestimmter Verwandschaftsgruppen auf allen Ebenen der biologischen Systematik

Phylogenetischer Baum repräsentiert Verwandtschaftsverhältnisse zwischen biologischen Einheiten (z. B. Sorten, Wildarten) basierend auf messbaren Eigenschaften (z. B. molekularen Sequenzen); Kladogramm, d. h. die Verwandtschaftsverhältnisse werden in sog. Kladen dargestellt

Plasmide zirkuläre (ringförmige), extrachromosomale (außerhalb der Chromosomen), doppelsträngige DNA-Moleküle, die sich als eigenständige genetische Einheit unabhängig vom im Zellkern lokalisierten Erbgut replizieren (vervielfältigen) können

Polyploidie die Zellen besitzen mehr als zwei Sätze an Chromosomen

Pflaume/Zwetsche deutsche Bezeichnung für *Prunus domestica*. Der Begriff Zwetsche ist in der hochdeutschen Umgangssprache nicht gleichmäßig verbreitet. Im Nordosten und in Teilen des Westens werden alle Sorten als Pflaume bezeichnet

Pfropfen das Zusammenfügen von Pflanzenteilen, sodass das Weiterbestehen des Gefäßsystems zwischen den Pfropfungspartnern hergestellt werden kann und die beiden genetisch unterschiedlichen Organismen als eine Pflanze funktionieren

Pseudogamie Agamospermie (s. o.), die jedoch einer Bestäubung als Auslöser bedarf

QTL (*quantitative trait locus*) gibt an, zu welchem Anteil eine bestimmte Region im Genom zur Ausprägung eines quantitativen Merkmals beiträgt

RAPD randomly amplified polymorphic DNA, eine besondere Form der PCR. Es werden kurze Primer mit einer Länge von 8 bis 12 Nukleotiden verwendet, die zufällig erzeugt wurden

Rasse ein Einzelsporisolat des Pathogens, wenn es komplett die Resistenz des Wirts durchbrechen kann. In diesem Fall führt beim Pathogen eine Mutation am *Avr*-Locus dazu, dass die Erkennungsreaktion des Wirts verhindert wird und der Wirt damit anfällig ist

Reineclaude auch Reneclode, Reneklode, Ringlotte, Ringelotte, Ringlo u. a.; aus frz. *prune de la Reine Claude*, nach der frz. Königin Claudia (1499–1524), der Gemahlin von Franz I (nach Marzell 1977)

RFLP restriction fragment length polymorphism, DNA wird mithilfe von Restriktionsenzymen geschnitten, wodurch aufgrund der unterschiedlichen Schnittstellen zwei verschiedene DNA-Proben verglichen werden können

Ribes zurückgehend auf arab. *ribas* für *Rheum ribes*, eine in Syrien und Südpersien wachsende Rhabarberart. Aus Johannisbeeren als Ersatz für die ausländische Rhabarberart stellte man ein säuerlich schmeckendes Magenmittel her. Möglicherweise ist der Name aber germanischen Ursprungs, vermutet wird eine Verwandtschaft mit dem Wort Rebe

Scharka-Virus fadenförmiges ssRNA-Virus aus der Gattung der Potyviren. Als Überträger (Vektoren) fungieren Blattläuse (Grüne Pfirsichblattlaus, Große Zwetschgenblattlaus, Grüne Zwetschgenblattlaus). Wirtspflanzen sind *Prunus domestica* (Pflaume), *P. salicina* (Japanische Pflaume), *P. armeniaca* (Aprikose) und *P. persica* (Pfirsich). Beschrieben wurden auch Isolate bei Kirsche (*P. avium*, *P. cerasus*) und *Prunus*-Wildarten

Schattenmorelle Sauerkirschsorte, der Name kann nicht als volksetymologische Umdeutung aus frz. Chateau Morel bzw. Chateau du Morelle, nach dem Ort wo sie vielleicht gezüchtet worden ist, aufgefasst werden

Schlehe ahd. *sleha*, *slehin*, *slehun*, *slehe*; geht zurück auf germ. Ursprung *slaihon* für Frucht und idg. *sloi-* für bläulich

Seidenstraße Netz von Karawanenstraßen, dessen Hauptroute von Westchina über Almaty, Taschkent, Samarkand, entlang des Kaspischen und des Schwarzen Meeres nach Europa führte

Serafschan der drittgrößte Fluss in Usbekistan, entspringt am Serafschan-Gletscher in Tadschikistan, fließt zwischen der Turkestankette und der Serafschankette nach Westen und tritt dann in das Serafschantal ein, das in der Region Samarkand, Usbekistan liegt

Shahrisabz Stadt in der Nähe von Samarkand, Usbekistan; erste Siedlungsspuren aus dem 1. Jahrhundert v. Chr., eine der antiken Städte Zentralasiens, gegründet vor mehr als 2700 Jahren

Shelf life Haltbarkeit der Früchte unter Normalbedingungen (15–20 °C), ohne Auftreten sichtbarer Qualitätsverluste

Skarifikation von lat. *scarificatio* für das Ritzen; Vorbehandlung der Samenschale, z. B. durch Aufrauen mit Sandpapier, Anritzen mit einem Messer oder durch Säureeinwirkung, um die Samenruhe (Dormanz) zu brechen

Somaklonale Variation bezeichnet das Auftreten von genotypischen und oft auch phänotypischen Veränderungen im Vergleich zur Ausgangspflanze bei der Kultivierung von Zellen und Geweben *in vitro*

Sorbus antiker Name für *S. domestica* und *S. torminalis*; wahrscheinlich von lat. *sorbere* für essen, schlürfen wegen der im überreifen Zustand essbaren Früchte. Ableitung von kelt. *sor* für rauh, herb in Bezug auf den Geschmack der Früchte ist wenig wahrscheinlich

Sporangium Bildungsstätte von Sporen

SSR simple sequence repeats, Mikrosatelliten-Marker sind kurze, nichtcodierende DNA-Sequenzen von zwei bis sechs Basenpaaren, die im Genom eines Organismus oft wiederholt werden

Stachel zugespitzter Vorsprung an der Sprossachse oder am Blatt; Emergenz (vielzelliger Auswuchs an Organen), an dessen Bildung neben der Epidermis auch tiefere Gewebeschichten beteiligt sind; kann leicht abgestreift werden

Stachelbeere Frucht mit kleinen Stacheln (Borsten) besetzt, auch die Zweige des Strauchs tragen Stacheln oder auch als Kräuselbeere bezeichnet, wegen der krausen Blätter; entlehnt aus frz. *groseille*, aus gallorom. **acricella* von lat. *acer* für scharf, nach dem säuerlichen Geschmack der unreifen Beeren oder auch nach den Stacheln des Strauchs. Möglich ist auch, dass das frz. Wort *groseille* auf das dt. Wort *Kraüselbeere* zurückgeht

Stratifikation Kältebehandlung der Samen zum Brechen der Samenruhe

Spilling auch Spille, Spinling u. a.; mhd. *spinling*, ahd. *spenila*, von lat. *spinula* für kleiner Dorn, da die wilden Formen kleine Dornen tragen

Sumerer lebten im Gebiet von Sumer (etwa zwischen Bagdad und dem Persischen Golf) im südlichen Mesopotamien im dritten Jahrtausend v. Chr.; gelten als das erste Volk, das den Schritt zur Hochkultur geleistet hat; die Keilschrift der Sumerer ist wahrscheinlich die älteste Schrift der Menschheit

Synapomorphie ein gemeinsames abgeleitetes Merkmal besitzend; durch die Aufdeckung von Synapomorphien können geschlossene Abstammungsgemeinschaften in der Natur erkannt werden. Die Synapomorphie stellt damit ein Schlüsselelement der phylogenetischen Systematik dar

Syntenie Maß an Gemeinsamkeiten, z. B. Reihenfolge von Genen und/oder Markern auf den einzelnen Chromosomen, zwischen den Genomen zweier Arten

Tapetum Bezeichnung für das Gewebe in den Sporangien, das als Nährgewebe dient; lat. für Teppich, Decke

Tien-Shan sich von Tadschikistan, Usbekistan und Kirgisistan im Wesentlichen in Ost-West-Richtung bis weit nach China hinein erstreckendes Hochgebirge, wo es in den Ebenen der Wüste Gobi endet

Totipotenz lat. *totus* für ganz und lat. *potentia* für Vermögen, Kraft; die Fähigkeit einzelner Zellen wieder ein Ganzes, also einen vollständigen und intakten Organismus bilden zu können

Transili-Alatau Hochgebirge in Kasachstan und Kirgistan, Teil des Tien-Shan, in der Provinz Almaty

Trichome epidermale Anhangsgebilde verschiedener Form, Struktur und Funktion, z. B. Haare

ULO-Lager (*ultra low oxygen*) Sonderform des CA-Lagers, bei der der Sauerstoffgehalt unter 1 % abgesenkt wird

Unterlage Wurzelsystem und ein Teil des Stamms, auf den eine Edelsorte der gleichen botanischen Familie veredelt werden kann

Varianz genetische Variabilität, Bandbreite der phänotypischen Ausprägung eines Merkmals

Variation, somaklonale jede auftretende Abweichung vom genetischen Ausgangszustand eines Individuums; In der In-vitro-Kultur können solche Veränderungen in einzelnen Zellen und Geweben auftreten, die sich dann aufgrund der vegetativen Vermehrung anreichern und erhalten können

Ziparte auch Ziberl, Zibarte, Ziper, Zipper, Zipparte, Zibärtli, Zepartly, Zipperle, Zippern, Zipperli, Zyparte, Ziegbertel u. a. volkstümliche Bezeichnungen; benannt nach Herkunft aus Zypern

Zwetsche auch Zwetschge, Zwetschke, Quetsche, Damascener Pflaume

Literatur

Bücher und Broschüren

AMI Markt Bilanz Obst (2015) Agrarmarkt Informations-Gesellschaft Bonn

AMI Markt Bilanz Obst (2016) Agrarmarkt Informations-Gesellschaft Bonn

Badenes ML, Byrne DH (Hrsg) (2012) Fruit Breeding. Springer, New York. ISBN 978-1441907622

Becker H (2011) Pflanzenzüchtung. Eugen Ulmer, Stuttgart. ISBN 978-3825235581

BMEL (Hrsg) (2014) Der Gartenbau in Deutschland. Daten und Fakten. www.bmel.de/SharedDocs/Downloads/Broschueren/Der-Gartenbau-in-Deutschland.html

BMEL (Hrsg) (2015) Pflanzengenetische Ressourcen in Deutschland. Nationales Fachprogramm zur Erhaltung und nachhaltigen Nutzung pflanzengenetischer Ressourcen landwirtschaftlicher und gartenbaulicher Kulturpflanzen

Bundessortenamt (Hrsg) (1999) Beschreibende Sortenliste Wildobstarten (ISSN 1430-9378)

Bundessortenamt (Hrsg) (2000) Richtlinien für die Durchführung von landwirtschaftlichen Wertprüfungen und Sortenversuchen. Landbuch Verlagsgesellschaft mbH, (ISSN 1431–1089)

Bundessortenamt (Hrsg) (2016) Sorten- und Saatgutrecht. Agrimedia Erling Verlag Clenze. ISBN 978-3862631070

Darrow GM (1966) The strawberry: History, Breeding, and Physiology. Holt, Rinehart and Winston, New York

Deutsches Wörterbuch von Jacob und Wilhelm Grimm, Leipzig 1854–1961. Quellenverzeichnis Leipzig 1971, Onlineversion vom 8. März 2016

Ebert G (2005) Anbau von Heidelbeeren und Cranberries. Eugen Ulmer, Stuttgart. ISBN 978-3800144204

Erhardt W et al (2014) Zander, Handwörterbuch der Pflanzennamen. Eugen Ulmer, Stuttgart. ISBN 978-3800179534

Falconer DS, Mackay TFC (1996) Introduction to Quantitative Genetics. Longman Essex, UK. ISBN 978-0582243026

Fischer M (2002) Apfelanbau. Eugen Ulmer, Stuttgart. ISBN 978-3800132379

Fischer M (2003) Farbatlas Obstsorten. Eugen Ulmer, Stuttgart. ISBN 978-3800155477

Fischer M, Weber HJ (2005) Birnenanbau. Eugen Ulmer, Stuttgart. ISBN 978-3800145768

Fitschen J et al (2007) Gehölzflora. Quelle & Meyer, Wiebelsheim. ISBN 978-3494014227

Feucht W et al (2001) Kirschen- und Zwetschenanbau. Eugen Ulmer, Stuttgart. ISBN 978-3800132683

Folta KM, Gardiner SE (Hrsg) (2009) Genetics and Genomics of Rosaceae. Springer, New York. ISBN 978-0387774909

Friedrich G, Fischer M (Hrsg) (2000) Physiologische Grundlagen des Obstbaues. Eugen Ulmer, Stuttgart. ISBN 978-3800134755

Friedrich G, Schuricht W (1989) Seltenes Kern-, Stein- und Beerenobst. Neumann Verlag, Radebeul. ISBN 978-3740200169

Fuchs L, Dobat K, Dressendörfer W (2001) Das Kräuterbuch von 1545. Taschen Verlag, Köln u. a.

Grzybowski H (2014) Altheider Weihnachtsbrief 18

Grünes Forum Pillnitz, Verband Ehemaliger Dresden-Pillnitzer e.V. (2012) 90 Jahre Dresden-Pillnitz. Lehre und Forschung für den Gartenbau. Julius-Kühn-Archiv, Bd. 435.

Hancock JF et al (Hrsg) (2008) Temperate fruit crop breeding. Springer, Netherlands. ISBN 978-1402069062

Hanke MV, Nachtigall G (2009) Pillnitzer Obstsorten. Julius Kühn-Institut-Bundesforschungsinstitut für Kulturpflanzen, Institut für Züchtungsforschung an gartenbaulichen Kulturen und Obst, Dresden

Hartmann W, Fritz E (2008) Farbatlas Alte Obstsorten. Eugen Ulmer, Stuttgart. ISBN 978-3800156726

Hegi G (1995a) Illustrierte Flora von Mitteleuropa Bd. IV, Teil 2A. Blackwell Wissenschafts-Verlag, Berlin u. a. ISBN 978-3826330162 (Scholz H, Hrsg)

Hegi G (1995b) Illustrierte Flora von Mitteleuropa Bd. IV, Teil 2B. Blackwell Wissenschafts-Verlag, Berlin u. a. ISBN 978-3826325335 (Scholz H, Hrsg)

Hegi G (1975) Illustrierte Flora von Mitteleuropa Bd. V, Teil 3. Verlag Paul Parey, Berlin u. a. ISBN 978-3489760214

Heilmeyer M et al (2008) Erdbeeren für Prinzessinnen. Potsdamer Pomologische Geschichten. Vacat, Potsdam. ISBN 978-3930752485

Heß D (1992) Biotechnologie der Pflanzen: eine Einführung. Eugen Ulmer, Stuttgart. ISBN 978-3825280604

Jäger EJ (Hrsg) (2011) Rothmaler – Exkursionsflora von Deutschland. Gefäßpflanzen. Spektrum Akademischer Verlag, Heidelberg. ISBN 978-3827416063

Janick J, Moore JN (Hrsg) (1996) Tree and Tropical Fruits. Fruit Breeding, Bd. I. John Wiley Sons, New York u. a. ISBN 978-0471310143

Janick J, Paull RE (Hrsg) (2008) The Encyclopedia of Fruits & Nuts. CAB International, Wallingford, UK. ISBN 978-0851996387

Juniper BE, Mabberley DJ (2009) The story of apple. Timber Press, Portland, Oregon

Kole C (Hrsg) (2007) Fruits and Nuts. Genome Mapping and Molecular Breeding in Plants, Bd. 4. Springer, Berlin u. a. ISBN 978-3540345312

Kole C (Hrsg) (2011) Wild Crop Relatives: Genomics and Breeding Resources. Springer, Berlin u. a. ISBN 978-3642160561

Kole C, Abbott AG (Hrsg) (2012) Genetics, Genomics and Breeding of Stone Fruits, Teil 8: Temperate Fruits. CRC Press, Boca Raton u. a. ISBN 978-1578088010

Kraetzl F (1986) Die süsse Eberesche Sorbus auciparia L. var. dulcis (Nachdruck der Monographie von 1890) In: Sudetendeutsche Landsmannschaft (Hrsg) (1986) Die Mährische Eberesche. Ein Obstbaum aus dem Sudetenland. Verlagshaus Sudetenland, München

Marzell H (1977)

Meckel C (1980) Geerntet der Kirschbaum, der Juni zu Ende. Frankfurter Anthologie, Bd. 5.

Miedaner T (2010) Grundlagen der Pflanzenzüchtung. DLG-Verlag, Frankfurt a. M. ISBN 978-3769007527

Miedaner T (2011) Resistenzgenetik und Resistenzzüchtung. DLG-Verlag, Frankfurt a. M. ISBN 978-3769008005

Mühl F (2014) Alte und neue Apfelsorten. Obst- und Gartenbauverlag, München. ISBN 978-3875960938

Mühl F (2014) Alte und neue Birnensorten, Quitten und Nashi. Obst- und Gartenbauverlag, München. ISBN 978-3875960969

Oberdieck GC, Lucas E, Jahn J (1860) Birnen. Illustriertes Handbuch der Obstkunde, Bd. 2. Ebner & Seubert, Stuttgart

Ohle H (1986) Rosaceae. In: Schultze-Motel W, Mansfeld J (Hrsg) Verzeichnis landwirtschaftlicher und gärtnerischer Kulturpflanzen, Bd 1. Akademie-Verlag, Berlin, S 346–428

Rehder A (1940) Manual of cultivated trees and shrubs. Macmillian, New York

Roemer T, Rudorf W (Hrsg) (1950) Handbuch der Pflanzenzüchtung. Obst, Reben Forstpflanzen, Gemüse Bd. 5. Paul Parey, Berlin

Rueß F (2016) Taschenatlas resistente und robuste Obstsorten. Eugen Ulmer, Stuttgart. ISBN 978-3800103423

Scholz H, Scholz I (1995) Prunoidae. In: Hegi G (Hrsg) Illustrierte Flora von Mitteleuropa, Band IV, Teil 2 B, S 446–510

Statistisches Jahrbuch (2015) Statistisches Bundesamt, Wiesbaden (Hrsg). ISBN 978-3-8246-1037-2. www.destatis.de

Trigiano RN, Gray DJ (Hrsg) (2005) Plant Development and Biotechnology. CRC Press, Boca Raton u. a. ISBN 978-0849316142

Publikationen

Abbott AJ, Whiteley E (1976) Culture of *Malus* tissues in vitro. I. Multiplication of apple plants from isolated shoot apices. Sci Hort 4:183–189

Arus P et al (1994) The European *Prunus* mapping project – progress in the almond linkage map. Euphytica 77(1-2):97–100

Arus P et al (2012) The peach genome. Tree Genet Genomes 8(3):531–547

Baab G (2004) Sortenkonsortien im Überblick. Obstbau 6:328–332

Bakker JJ et al (1999) 19e Rassenlijst voor groot-fruitgewassen. Centrum voor Plantenveredlingsen Reproductieonderozek, Wageningen

Bassil NV et al (2015) Development and preliminary evaluation of a 90K Axiom (R) SNP array for the allo-octoploid cultivated strawberry *Fragaria x ananassa*. BMC Genomics. doi:10.1186/s12864-015-1310-1

Bastiaanse H et al (2016) Scab resistance in 'Geneva' apple is conditioned by a resistance gene cluster with complex genetic control. Mol Plant Pathol 17(1):159–172

Bauer A, Weber HE (1989) *Ribes* ×*nidigrolaria* R. & A. Bauer und *Fragaria* × *vescana* R. & A. Bauer. Beschreibung zweier Hybridarten. Naturwiss Mitt 15:49–58

Behre KE (1978) Formenkreise von *Prunus domestica* L. von der Wikingerzeit bis in die frühe Neuzeit nach Fruchtsteinen aus Haithabu und Alt-Schleswig. Ber Dtsch Bot Ges 91:161–179

Bianco L (2016) Development and validation of the Axiom(®) Apple 480K SNP genotyping array. Plant J 1:62–74

Bianco L et al (2014) Development and validation of a 20K single nucleotide polymorphism (SNP) whole genome genotyping array for apple (*Malus* × *domestica* Borkh). PLOS ONE 9(10):e110377

Bielenberg DG et al (2015) Genotyping by sequencing for SNP-based linkage map construction and QTL analysis of chilling requirement and bloom date in peach [*Prunus persica* (L.) Batsch. PLOS ONE 10:e0139406

Bielsa B et al (2014) Detection of SNP and validation of a SFP InDel (deletion) in inverted repeat region of the *Prunus* species chloroplast genome. Sci Hortic-amsterdam 168:108–112

Blenda AV et al (2007) Construction of a genetic linkage map and identification of molecular markers in peach rootstocks for response to peach tree short life syndrome. Tree Genet Genomes 3(4):341–350

Bokszczanin K et al (2009) First report on the presence of fire blight resistance in linkage group 11 of *Pyrus ussuriensis* Maxim. J Appl Genet 50(2):99–103

Bouvier L et al (2012) A new pear scab resistance gene *Rvp1* from the European pear cultivar 'Navara' maps in a genomic region syntenic to an apple scab resistance gene cluster on linkage group 2. Tree Genet Genomes 8(1):53–60

Boxus P (1974) The production of strawberry plants by in vitro propagation. Hort Sci 49:209–210

Bringhurst RS (1990) Cytogenetics and Evolution in American Fragaria. Hort Sci 25:879–881

Broggini GAL et al (2009) *HcrVf* paralogs are present on linkage groups 1 and 6 of *Malus*. Genome 52(2):129–138

Bus VGM et al (2011) Revision of the nomenclature f the differential host-pathogen interactions of *Venturia inaequalis* and *Malus*. Annu Rev Phytopathol 49:19.1–19.23

Bushakra JM et al (2015a) A genetic linkage map of black raspberry (*Rubus occidentalis*) and the mapping of $Ag_{(4)}$ conferring resistance to the aphid *Amphorophora agathonica*. Theor Appl Genet 128(8):1631–1646

Bushakra JM et al (2013) QTL involved in the modification of cyanidin compounds in black and red raspberry fruit. Theor Appl Genet 126(3):847–865

Bushakra JM et al (2015b) Developing expressed sequence tag libraries and the discovery of simple sequence repeat markers for two species of raspberry (*Rubus* L.). Bmc Plant Biol. doi:10.1186/s12870-015-0629-8

Bushakra JM et al (2012) Construction of black (*Rubus occidentalis*) and red (*R. idaeus*) raspberry linkage maps and their comparison to the genomes of strawberry, apple, and peach. Theor Appl Genet 125(2):311–327

Buti M et al (2015) Identification and validation of a QTL influencing bitter pit symptoms in apple (*Malus* × *domestica*). Mol Breed. doi:10.1007/s11032-015-0258-9

Caffier V et al (2014) Virulence characterization of *Venturia inaequalis* reference isolates on the differential set of *Malus* hosts. Plant Dis 99:370–375

Calenge F et al (2005) Identification of a major QTL together with several minor additive or epistatic QTLs for resistance to fire blight in apple in two related progenies. Theor Appl Genet 111(1):128–135

Cao K et al (2015) Candidate gene prediction via quantitative trait locus analysis of fruit shape index traits in apple. Euphytica 206(2):381–391

Cao K et al (2014) Identification of a candidate gene for resistance to root-knot nematode in a wild peach and screening of its polymorphisms. Plant Breed 133(4):530–535

Cao X et al (1998) *GUS* expression in blueberry (*Vaccinium* spp.): factors influencing *Agrobacterium*-mediated gene transfer efficiency. Plant Cell Rep 18(3-4):266–270

Castro P et al (2015) Genetic mapping of day-neutrality in cultivated strawberry. Mol Breed. doi:10.1007/s11032-015-0250-4

Celton JM et al (2010) Genome-wide SNP identification by high-throughput sequencing and selective mapping allows sequence assembly positioning using a framework genetic linkage map. BMC Biol. doi:10.1186/1741-7007-8-155

Chagné D et al (2012) Genome-wide SNP detection, validation, and development of an 8K SNP array for apple. PLOS ONE 7(2):e31745

Chang YS et al (2014) Mapping of quantitative trait loci corroborates independent genetic control of apple size and shape. Sci Hortic-Amsterdam 174:126–132

Chavez DJ, Lyrene PM (2009) Production and identification of colchicine-derived tetraploid *Vaccinium darrowii* and its use in breeding. J Am Soc Hortic Sci 134(3):356–363

Chevalier M et al (1991) A microscopic study of the different classes of symptoms coded by the *Vf* gene in apple for resistance to scab (*Venturia inaequalis*). Plant Path 40:249–256

Clark JR et al (2007) Blackberry breeding and genetics. Plant Breeding Rev 29:19–144

Claverie M et al (2004a) Location of independent root-knot nematode resistance genes in plum and peach. Theor Appl Genet 108(4):765–773

Claverie M et al (2011) The *Ma* gene for complete-spectrum resistance to Meloidogyne species in *Prunus* is a TNL with a huge repeated C-terminal post-LRR region. Plant Physiol 156(2):779–792

Claverie M et al (2004b) High-resolution mapping and chromosome landing at the root-knot nematode resistance locus *Ma* from Myrobalan plum using a large-insert BAC DNA library. Theor Appl Genet 109(6):1318–1327

Costa F et al (2014) Advances in QTL mapping for ethylene production in apple (*Malus* × *domestica* Borkh.). Postharvest Biol Tec 87:126–132

Costa F et al (2008) Map position and functional allelic diversity of *Md-Exp7*, a new putative expansin gene associated with fruit softening in apple (*Malus* × *domestica* Borkh.) and pear (*Pyrus communis*). Tree Genet Genomes 4(3):575–586

Cova V et al (2015a) Fine mapping of the *Rvi5* (*Vm*) apple scab resistance locus in the 'Murray' apple genotype. Mol Breed. doi:10.1007/s11032-015-0396-0

Cova V et al (2015b) High-resolution genetic and physical map of the *Rvi1* (*Vg*) apple scab resistance locus. Mol Breed. doi:10.1007/s11032-015-0245-1

Coyner MA et al (2005) Thornlessness in blackberries: a review. Small Fruits Rev 4(2):83–106

Crandall CS (1926) Apple breeding at the University of Illinois. Illinois Agri Exp Station Bull 275:341–600

Dangl JL et al (2013) Pivoting the plant immune system from dissection to deployment. Science. doi:10.1126/science.1236011

Davik J et al (2015a) Mapping of the *RPc-1* locus for *Phytophthora cactorum* resistance in *Fragaria vesca*. Mol Breed 35(11):211. doi:10.1007/s11032-015-0405-3

Davik J et al (2015b) A ddRAD based linkage map of the cultivated strawberry, *Fragaria xananassa*. PLOS ONE 10(9):e0137746. doi:10.1371/journal.pone.0137746

Dondini L et al (2015) Identification of a QTL for psylla resistance in pear via genome scanning approach. Sci Hortic-amsterdam 197:568–572

Dunemann F, Egerer J (2010) A major resistance gene from Russian apple 'Antonovka' conferring field immunity against apple scab is closely linked to the *Vf* locus. Tree Genet Genomes 6(5):627–633

Dunemann F et al (2007) Mapping of the apple powdery mildew resistance gene *Pl1* and its genetic association with an NBS-LRR candidate resistance gene. Plant Breed 126(5):476–481

Dunemann F et al (2012) Functional allelic diversity of the apple alcohol acyl-transferase gene *MdAAT1* associated with fruit ester volatile contents in apple cultivars. Mol Breed 29(3):609–625

Durel CE et al (2009) Two distinct major QTL for resistance to fire blight co-localize on linkage group 12 in apple genotypes 'Evereste' and *Malus floribunda* clone 821. Genome 52(2):139–147

Dzhangaliev AD (2003) The wild apple tree of Kazakhstan. Hort Rev 29:63–303

Eduardo I et al (2011) QTL analysis of fruit quality traits in two peach intraspecific populations and importance of maturity date pleiotropic effect. Tree Genet Genomes 7(2):323–335

Emeriewen O et al (2014) Identification of a major quantitative trait locus for resistance to fire blight in the wild apple species *Malus fusca*. Mol Breed 34(2):407–419

Emeriewen OF et al (2015) The fire blight resistance QTL of *Malus fusca* (*Mfu10*) is affected but not broken down by the highly virulent Canadian *Erwinia amylovora* strain E2002A. Eur J Plant Pathol 141(3):631–635

EU Nr. 543/2011 vom 7.6.2011, Vermarktungsnormen Obst und Gemüse, Durchführungsbestimmungen zur Verordnung EG Nr. 1234/2007 des Rates für die Sektoren Obst und Gemüse und Verarbeitungserzeugnisse aus Obst und Gemüse

Fahrentrapp J et al (2013) A candidate gene for fire blight resistance in *Malus* × *robusta* 5 is coding for a CC-NBS-LRR. Tree Genet Genomes 9(1):237–251

Falginella L et al (2015) A major QTL controlling apple skin russeting maps on the linkage group 12 of 'Renetta Grigia di Torriana'. Bmc Plant Biol 15. doi:10.1186/s12870-015-0507-4

Fazio G et al (2014) *Dw2*, a new dwarfing locus in apple rootstocks and its relationship to induction of early bearing in apple scions. J Am Soc Hortic Sci 139(2):87–98

Finkelstein R et al (2008) Molecular aspects of seed dormancy. Ann Rev Plant Biol 59:387–415

Fiola JA, Swartz HJ (1994) Inheritance of tolerance to *Verticillium-albo-atrum* in raspberry. HortScience 29(9):1071–1073

Flachowsky H et al (2007) Overexpression of *BpMADS4* from silver birch (*Betula pendula* Roth.) induces early-flowering in apple (*Malus* × *domestica* Borkh.). Plant Breed 126:137–145

Flachowsky H et al (2011) Application of a high-speed breeding technology to apple (*Malus* × *domestica*) based on transgenic early flowering plants and marker-assisted selection. New Phytol 192:364–377

Foolad MR et al (1995) A genetic-map of prunus based on an interspecific cross between peach and almond. Theor Appl Genet 91(2):262–269

Forsline PL et al (2003) Collection, maintenance, characterization, and utilization of wild apples from central Asia. Hort Rev 29:1–61

Foulongne M et al (2003) QTLs for powdery mildew resistance in peach x *Prunus davidiana* crosses: consistency across generations and environments. Mol Breed 12(1):33–50

De Franceschi P et al (2012) Molecular bases and evolutionary dynamics of self-incompatibility in the *Pyrinae* (*Rosaceae*). J Exp Bot 63:4015–4032

Fresnedo-Ramirez J et al (2015) QTL mapping of pomological traits in peach and related species breeding germplasm. Mol Breed 35(8):166. doi:10.1007/s11032-015-0357-7

Frett TJ et al (2014) Mapping quantitative trait loci associated with blush in peach [*Prunus persica* (L.) Batsch. Tree Genet Genomes 10(2):367–381

Garcia-Seco D et al (2015) RNA-Seq analysis and transcriptome assembly for blackberry (*Rubus* sp Var. Lochness) fruit. BMC Genomics 16. doi:10.1186/s12864-014-1198-1

Gardner KM et al (2014) Fast and cost-effective genetic mapping in apple using next-generation sequencing. Genes Genomes Genet 4:1681–1687

Georgi L et al (2013) The first genetic map of the American cranberry: exploration of synteny conservation and quantitative trait loci. Theor Appl Genet 126(3):673–692

Goldway M et al (2009) Renumbering the *S-RNase* alleles of European pears (*Pyrus communis* L.) and cloning the *S109 RNase* allele. Sci Hort 119:417–422

Gonzalo MJ et al (2012) Genetic analysis of iron chlorosis tolerance in *Prunus* rootstocks. Tree Genet Genomes 8(5):943–955

Govindarajulu R et al (2013) Sex-determining chromosomes and sexual dimorphism: insights from genetic mapping of sex expression in a natural hybrid *Fragaria* × *ananassa* subsp *cuneifolia*. Heredity (Edinb) 110(5):430–438

Graeber K et al (2012) Molecular mechanisms of seed dormancy. Plant Cell Env 35:1769–1786

Graham J et al (1996) Transformation of blueberry without antibiotic selection. Ann Appl Biol 128(3):557–564

Graham J et al (2014) Genetic and environmental regulation of plant architectural traits and opportunities for pest control in raspberry. Ann Appl Biol 165(3):318–328

Graham J et al (2009) Mapping QTLs for developmental traits in raspberry from bud break to ripe fruit. Theor Appl Genet 118(6):1143–1155

Graham J et al (2011) Towards an understanding of the nature of resistance to *Phytophthora* root rot in red raspberry. Theor Appl Genet 123(4):585–601

Graham J et al (2004) The construction of a genetic linkage map of red raspberry (*Rubus idaeus* subsp *idaeus*) based on AFLPs, genomic-SSR and EST-SSR markers. Theor Appl Genet 109(4):740–749

Graham J et al (2015) Towards an understanding of the control of 'crumbly' fruit in red raspberry. Springerplus 4. doi:10.1186/s40064-015-1010-y

Graham J et al (2002) Development and use of simple sequence repeat SSR markers in *Rubus* species. Mol Ecol Notes 2(3):250–252

Grosser et al (1990) Somatic hybrid plants from sexually incompatible woody species: *Citrus reticulata* and *Citropsis gilletiana*. Plant Cell Rep 8:656–659

Gruber F (1934) Naturwissenschaften 22:819–820

Guajardo V et al (2015) Construction of high density sweet cherry (*Prunus avium* L.) linkage maps using microsatellite markers and SNPs detected by genotyping-by-sequencing (GBS). PLOS ONE. doi:10.1371/journal.pone.0127750

Guerra ME, Rodrigo J (2015) Japanese plum pollination: a review. Sci Hort 197:674–686

Gupta V et al (2015) RNA-Seq analysis and annotation of a draft blueberry genome assembly identifies candidate genes involved in fruit ripening, biosynthesis of bioactive compounds, and stage-specific alternative splicing. Gigascience 4. doi:10.1186/s13742-015-0046-9

Halasz J et al (2007) DNA-based S-genotyping of Japanese plum and pluot cultivars to clarify incompatibility relationships. HortScience 42(1):46–50

Hancock JF et al (1993) Should we reconstitute the strawberry? Acta Hort 348:86–93

Hancock JF et al (2010) Reconstruction of the Strawberry, *Fragaria × ananassa*, Using Genotypes of *F. virginiana* and *F. chiloensis*. HortScience 45(7):1006–1013

Harel-Beja R et al (2015) A novel genetic map of pomegranate based on transcript markers enriched with QTLs for fruit quality traits. Tree Genet Genomes 11(5). doi:10.1007/s11295-015-0936-0

Harrison N et al (2016) A new three-locus model for rootstock-induced dwarfing in apple revealed by genetic mapping of root bark percentage. J Exp Bot 67(6):1871–1881

Harshman JM et al (2014) Resistance to *Botrytis cinerea* and quality characteristics during storage of raspberry genotypes. HortScience 49(3):311–319

Hesse H (2003) Verliebt in die verrückte Welt. Insel Verlag, Frankfurt am Main und Leipzig

Hoffmann von Fallersleben (1859) Erdbeerlese. Aus: Hoffmann von Fallersleben. Fränzchens Lieder, Dittmer'sche Buchhandlung, Lübeck, S 82–84

Honjo M et al (2016) Simple sequence repeat markers linked to the everbearing flowering gene in long-day and day-neutral cultivars of the octoploid cultivated strawberry *Fragaria × ananassa*. Euphytica 209(2):291–303

Hyun TK et al (2014a) RNA-seq analysis of *Rubus idaeus* cv. Nova: transcriptome sequencing and de novo assembly for subsequent functional genomics approaches. Plant Cell Rep 33(10):1617–1628

Hyun TK et al (2014b) De-novo RNA sequencing and metabolite profiling to identify genes involved in anthocyanin biosynthesis in korean black raspberry (*Rubus coreanus* Miquel). PLOS ONE 9(2):e88292. doi:10.1371/journal.pone.0088292

Inoue E et al (2003) Effect of high-temperature on suppression of the lethality exhibited in the intergeneric hybrid between Japanese pear (*Pyrus pyrifolia* Nakai) and apple (*Malus × domestica* Borkh.). Sci Hort 98:385–396

Isobe SN et al (2013) Construction of an integrated high density simple sequence repeat linkage map in cultivated strawberry (*Fragaria × ananassa*) and its applicability. DNA Res 20(1):79–92

Iwata H et al (2013) Potential assessment of genome-wide association study and genomic selection in Japanese pear *Pyrus pyrifolia*. Breed Sci 63(1):125–140

James DJ et al (1984) Organogenesis in callus derived from stem and leaf tissues of apple and cherry rootstocks. Plant Cell Tissue Organ Cult 3:333–341

James DJ et al (1989) Genetic transformation of apple (*Malus pumila* Mill.). Plant Cell Rep 7:658–661

Janick J (2005) The origins of fruits, fruit growing, and fruit breeding. Plant Breeding Rev 25:255–320

Je HJ et al (2015) Development of cleaved amplified polymorphic sequence (CAPS) marker for selecting powdery mildew-resistance line in strawberry (*Fragaria* × *ananassa* Duchesne). Korean J Hortic Sci 33(5):722–729

Jha G et al (2009) The *Venturia* apple pathosystem: pathogenicity mechanisms and plant defense responses. J Biomed Biotechnol. doi:10.1155/2009/680160

Jones JDG, Dangl JL (2006) The plant immune system. Nature. doi:10.1038/nature05286

Joobeur T et al (1998) Construction of a saturated linkage map for *Prunus* using an almond x peach F-2 progeny. Theor Appl Genet 97(7):1034–1041

Juniper BE et al (1998) The origins of the apple. Acta Hort 484:27–33

Kim HT et al (2016) Identification and characterization of *S-RNase* genes in apple rootstock and the diversity of *S-RNases* in *Malus* species. J Plant Biotechnol 43:49–57

Knabel M et al (2015) Genetic control of pear rootstock-induced dwarfing and precocity is linked to a chromosomal region syntenic to the apple *Dw1* loci. Bmc Plant Biol. doi:10.1186/s12870-015-0620-4

Korban SS, Skirvin RM (1984) Nomenclature of the cultivated apple. Hort Sci 19:177–180

Kunihisa M et al (2014) Identification of QTLs for fruit quality traits in Japanese apples: QTLs for early ripening are tightly related to preharvest fruit drop. Breed Sci 64(3):240–251

Lambert P et al (2007) QTL analysis of resistance to sharka disease in the apricot (*Prunus armeniaca* L.) 'Polonais' x 'Stark Early Orange' F1 progeny. Tree Genet Genomes 3(4):299–309

Lambert P, Pascal T (2011) Mapping *Rm2* gene conferring resistance to the green peach aphid (*Myzus persicae* Sulzer) in the peach cultivar "Rubira (R)". Tree Genet Genomes 7(5):1057–1068

Lapins K (1965) The Lambert Compact cherry. Fruit Var Hort Dig 19:23–24

Lapins K (1970) The Stella cherry. Fruit Var. Hort Dig 24:19–20

Lapins K (1975) Compact Stella cherry. Fruit Var J 29:20

Lateur M (1997) Report of a Working Group on Malus/Pyrus. ECPGR, International Plant Genetic Resources Institute Rome, Italy

Le Roux PM et al (2012) Use of a transgenic early flowering approach in apple (*Malus* × *domestica* Borkh.) to introgress fire blight resistance from cultivar Evereste. Mol Breed 30(2):857–874

Le Roux PMF et al (2012) Redefinition of the map position and validation of a major quantitative trait locus for fire blight resistance of the pear cultivar 'Harrow Sweet' (*Pyrus communis* L.). Plant Breed 131(5):656–664

Lecouls AC et al (2004) Marker-assisted selection for the wide-spectrum resistance to root-knot nematodes conferred by the *Ma* gene from Myrobalan plum (*Prunus cerasifera*) in interspecific *Prunus* material. Mol Breed 13(2):113–124

Lecouls AC et al (1999) RAPD and SCAR markers linked to the *Ma1* root-knot nematode resistance gene in Myrobalan plum (*Prunus cerasifera* Ehr.). Theor Appl Genet 99(1–2):328–335

Li XY et al (2012) De novo sequencing and comparative analysis of the blueberry transcriptome to discover putative genes related to antioxidants. Gene 511(1):54–61

Linge CD et al (2015) Genetic dissection of fruit weight and size in an F-2 peach (*Prunus persica* (L.) Batsch) progeny. Mol Breed. doi:10.1007/s11032-015-0271-z

Lobos GA, Hancock JF (2015) Breeding blueberries for a changing global environment: a review. Front Plant Sci 6:782. doi:10.3389/fpls.2015.00782

Lombardo L, Zelasco S (2016) Biotech approaches to overcome the limitations of using transgenic plants in organic farming. Sustainability 8:497. doi:10.3390/su8050497

Lorenz P (1929) Hybridization in the genus *Ribes*. Züchter 1:66–68

Lu N et al (2014) Transposon based activation tagging in diploid strawberry and monoploid derivatives of potato. Plant Cell Rep 33(7):1203–1216

Lu ZX et al (1999) Development and characterization of a codominant marker linked to root-knot nematode resistance, and its application to peach rootstock breeding. Theor Appl Genet 99(1–2):115–122

Luby JJ et al (2008) Reconstructing *Fragaria* × *ananassa* utilizing wild *F. virginiana* and *F. chiloensis*: inheritance of winter injury, photoperiod sensitivity, fruit size, female fertility and disease resistance in hybrid progenies. Euphytica 163:57–65

Lusser M et al (2011) New plant breeding techniques, State-of-the-art and prospects for commercial development. JRC 63971, EUR 24760 EN. Publications Office of the European Union, Luxembourg, S 1–219 doi:10.2791/54761. ISBN 978-9279197154

Mahoney LL et al (2016) A high-density linkage map of the ancestral diploid strawberry, *Fragaria iinumae*, constructed with single nucleotide polymorphism markers from the IStraw90 Array and genotyping by sequencing. Plant Genome-us. doi:10.3835/plantgenome2015.08.0071

Mazeikiene I et al (2012) Molecular markers linked to resistance to the gall mite in blackcurrant. Plant Breed 131(6):762–766

McCallum S et al (2016) Construction of a SNP and SSR linkage map in autotetraploid blueberry using genotyping by sequencing. Mol Breed 36(4). doi:10.1007/s11032-016-0443-5

Meneses C et al (2016) A codominant diagnostic marker for the slow ripening trait in peach. Mol Breed 36(6). doi:10.1007/s11032-016-0506-7

Micheletti D et al (2015) Whole-genome analysis of diversity and snp-major gene association in peach germplasm. PLOS ONE 10(9):e0136803. doi:10.1371/journal.pone.0136803

Molina-Bravo R et al (2014) Quantitative trait locus analysis of tolerance to temperature fluctuations in winter, fruit characteristics, flower color, and prickle-free canes in raspberry. Mol Breed 33(2):267–280

Montanari S et al (2013) Identification of *Pyrus* single nucleotide polymorphisms (SNPs) and evaluation for genetic mapping in European pear and interspecific *Pyrus* hybrids. PLOS ONE 8(10):e77022

Montanari S et al (2015) Genetic mapping of *Cacopsylla pyri* resistance in an interspecific pear (*Pyrus* spp.) population. Tree Genet Genomes 11(4). doi:10.1007/s11295-015-0901-y

Montanari S et al (2016) A QTL detected in an interspecific pear population confers stable fire blight resistance across different environments and genetic backgrounds. Mol Breed 36(4). doi:10.1007/s11032-016-0473-z

Morel G, Martin G (1952) Guerison de dahlias atteintes d'une maladie a virus. C R Acad Sci (paris) 235:1324–1325

Morimoto T, Banno K (2015) Genetic and physical mapping of Co, a gene controlling the columnar trait of apple. Tree Genet Genomes 11(1). doi:10.1007/s11295-014-0807-0

Morimoto T et al (2013) A major QTL controlling earliness of fruit maturity linked to the red leaf/red flesh trait in apple cv. 'Maypole'. J Jpn Soc Hortic Sci 82(2):97–105

Moriya S et al (2010) Genetic mapping of the crown gall resistance gene of the wild apple *Malus sieboldii*. Tree Genet Genomes 6(2):195–203

Mourgues F et al (1996) Efficient Agrobacterium-mediated transformation and recovery of transgenic plants from pear (Pyrus communis L.). Plant Cell Rep. 16:245–249

Mudge K et al (2009) A history of grafting. Hort Rev 35:437–493

Neumüller M (2011) Fundamental and applied aspects of plum (*Prunus domestica*) breeding. Fruit Veg Cereal Sci Biotechnol 5(1):139–156

Nishio S et al (2016) Validation of molecular markers associated with fruit ripening day of Japanese pear (*Pyrus pyrifolia* Nakai) using variance components. Sci Hortic-amsterdam 199:9–14

Nishio S et al (2011) Environmental variance components of fruit ripening date as used in both phenotypic and marker-assisted selection in Japanese pear Breeding. HortScience 46(11):1540–1544

Ogundiwin EA et al (2009) A fruit quality gene map of *Prunus*. BMC Genomics 10. doi:10.1186/1471-2164-10-587

Pacheco I et al (2014) QTL mapping for brown rot (*Monilinia fructigena*) resistance in an intraspecific peach (*Prunus persica* L. Batsch) F1 progeny. Tree Genet Genomes 10(5):1223–1242. doi:10.1007/s11295-014-0756-7

Padmarasu S et al (2014) Fine-mapping of the apple scab resistance locus *Rvi12* (*Vb*) derived from 'Hansen's baccata #2'. Mol Breed 34(4):2119–2129

Palmieri L et al (2013) Establishment of molecular markers for germplasm management in a worldwide provenance *Ribes* spp. collection. Plant Omics 6(3):165–174

Parisi L et al (1993) A new race of *Venturia inaequalis* virulent to apples with resistance due to the *Vf* gene. Phytopathology 83:533–537

Pascal T et al (2010) Powdery mildew resistance in the peach cultivar Pamirskij 5 is genetically linked with the Gr gene for leaf color. HortScience 45(1):150–152

Peace C et al (2012) Development and evaluation of a genome-wide 6K SNP array for diploid sweet cherry and tetraploid sour cherry. PLOS ONE 7(12):e48305

Peil A et al (2007) Strong evidence for a fire blight resistance gene of Malus *robusta* located on linkage group 3. Plant Breed 126(5):470–475

Perchepied L et al (2015) Genetic mapping and pyramiding of two new pear scab resistance QTLs. Mol Breed 35(10). doi:10.1007/s11032-015-0391-5

Pessina S et al (2014) Characterization of the *MLO* gene family in Rosaceae and gene expression analysis in *Malus domestica*. BMC Genomics 15. doi:10.1186/1471-2164-15-618

Petri C et al (2011) A high-throughput transformation system allows the regeneration of marker-free plum plants (*Prunus domestica*). Ann Appl Biol 159(2):302–315

Pikunova A et al (2014) 'Schmidt's Antonovka' is identical to 'Common Antonovka', an apple cultivar widely used in Russia in breeding for biotic and abiotic stresses. Tree Genet Genomes 10(2):261–271

Pilarova P et al (2010) Quantitative trait analysis of resistance to *Plum pox virus* in the apricot F1 progeny 'Harlayne' × 'Vestar'. Tree Genet Genomes 6(3):467–475

Polak J et al (2012) Biotech/GM Crops in Horticulture: Plum cv. HoneySweet Resistant to *Plum Pox Virus*. Plant Protect Sci 48:S43–S48

Polashock JJ et al (2005) Anthracnose fruit rot resistance in blueberry cultivars. Plant Dis 89(1):33–38

Polashock JJ, Kramer M (2006) Resistance of blueberry cultivars to *Botryosphaeria* stem blight and phomopsis twig blight. HortScience 41(6):1457–1461

Potter D et al (2007) Phylogeny and classification of *Rosaceae*. Pl Syst Evol 266:5–43

Ravelonandro M et al (2014) The efficiency of RNA interference for conferring stable resistance to *Plum pox virus*. Plant Cell Tiss Org 118(2):347–356

Reales A et al (2010) Phylogenetics of Eurasian plums, *Prunus* L. Section *Prunus* (*Rosaceae*), according to coding and non-coding chloroplast DNA sequences. Tree Genet Genomes 6:37–45

Richtlinie 2001/18/EG des europäischen Parlaments und des Rates vom 12. März 2001 über die absichtliche Freisetzung genetisch veränderter Organismen in die Umwelt und zur Aufhebung der Richtlinie 90/220/EWG des Rates. Anhang 1B, Amtsblatt der Europäischen Gemeinschaften, L106/18

Richtlinie 2008/90/EG des Rates vom 29. September 2008 über das Inverkehrbringen von Vermehrungsmaterial und Pflanzen von Obstarten zur Fruchterzeugung (Neufassung). https://www.jurion.de/gesetze/eu/3200810090/

Roach JA et al (2016) *FaRXf1*: a locus conferring resistance to angular leaf spot caused by *Xanthomonas fragariae* in octoploid strawberry. Theor Appl Genet 129(6):1191–1201

Robinson JP et al (2001) Taxonomy of the genus *Malus* Mill. (*Rosaceae*) with emphasis on the cultivated apple, *Malus domestica* Borkh. Plant Syst Evol 226:35–58

Roemer und Rudorf (1950) Handbuch der Pflanzenzüchtung 5, S 3

Romeu JF et al (2014) Quantitative trait loci affecting reproductive phenology in peach. Bmc Plant Biol 14. doi:10.1186/1471-2229-14-52

Rowland LJ et al (2012) Generation and analysis of blueberry transcriptome sequences from leaves, developing fruit, and flower buds from cold acclimation through deacclimation. Bmc Plant Biol 12. doi:10.1186/1471-2229-12-46

Rowland LJ et al (2014) Construction of a genetic linkage map of an interspecific diploid blueberry population and identification of QTL for chilling requirement and cold hardiness. Mol Breed 34(4):2033–2048

Rubio M et al (2010) Quantitative trait loci analysis of *Plum pox virus* resistance in *Prunus davidiana* P1908: new insights on the organization of genomic resistance regions. Tree Genet Genomes 6(2):291–304

Rudloff CF (1931) Einiges über die Obstzüchtung in Deutschland. Züchter 3:197–204

Russell J et al (2014) The use of genotyping by sequencing in blackcurrant (*Ribes nigrum*): developing high-resolution linkage maps in species without reference genome sequences. Mol Breed 33(4):835–849

Russell JR et al (2011) Identification, utilisation and mapping of novel transcriptome-based markers from blackcurrant (*Ribes nigrum*). Bmc Plant Biol 11. doi:10.1186/1471-2229-11-147

Sadok BI et al (2015) Apple fruit texture QTLs: year and cold storage effects on sensory and instrumental traits. Tree Genet Genomes. doi:10.1007/s11295-015-0947-x

Sajer O et al (2012) Development of sequence-tagged site markers linked to the pillar growth type in peach (*Prunus persica*). Plant Breed 131(1):186–192

Salazar JA et al (2015) SNP development for genetic diversity analysis in apricot. Tree Genet Genomes 11(1). doi:10.1007/s11295-015-0845-2

Salazar JA et al (2014) Quantitative trait loci (QTL) and mendelian trait loci (MTL) analysis in *Prunus*: a breeding perspective and beyond. Plant Mol Biol Rep 32(1):1–18

Sanchez-Sevilla JF et al (2015) Diversity arrays technology (DArT) marker platforms for diversity analysis and linkage mapping in a complex crop, the octoploid cultivated strawberry (*Fragaria* × *ananassa*). PLOS ONE 10(12):e0144960. doi:10.1371/journal.pone.0144960

Sapir G et al (2007) *SFBs* of Japanese plum (*Prunus salicina*): Cloning seven alleles and determining their linkage to the S-RNase gene. HortScience 42(7):1509–1512

Sargent DJ et al (2004) A genetic linkage map of microsatellite, gene-specific and morphological markers in diploid *Fragaria*. Theor Appl Genet 109(7):1385–1391

Sargent DJ et al (2009) A genetic linkage map of the cultivated strawberry (*Fragaria* × *ananassa*) and its comparison to the diploid *Fragaria* reference map. Mol Breed 24(3):293–303

Sargent DJ et al (2016) HaploSNP affinities and linkage map positions illuminate subgenome composition in the octoploid, cultivated strawberry (*Fragaria* × *ananassa*). Plant Sci 242:140–150

Sauge MH et al (2012) Co-localisation of host plant resistance QTLs affecting the performance and feeding behaviour of the aphid *Myzus persicae* in the peach tree. Heredity (Edinb) 108(3):292–301

Schmidt M (1948) Erreichtes und Erstrebtes in der Obstzüchtung. Züchter 19(5/6):135–153

Schnell FW (1982) A synoptic study of the methods and categories of plant breeding. Z Pflanzenzüchtung 89:1–18

Schouten HJ et al (2014) Cloning and functional characterization of the *Rvi15* (*Vr2*) gene for apple scab resistance. Tree Genet Genomes 10(2):251–260

Schuster M (2012) Incompatible (S-) genotypes of sweet cherry cultivars (*Prunus avium* L.). Sci Hortic 148:59–73

Schwartau H (2015) Obstbau 9:519–521

Schwartau H, Görgens M (2011) EU-Kernobstschätzung 2011. Mitt Obstbauversuchsringes Des Alten Landes 66:288–293

Scorza R et al (1994) Transgenic plums (*Prunus domestica* L.) express the *Plum pox virus* coat protein gene. Plant Cell Rep 14:18–22

Scorza R et al (2013) Genetic engineering of *Plum pox virus* resistance: 'HoneySweet' plum-from concept to product. Plant Cell Tiss Org 115(1):1–12

Scorza R et al (2016) 'HoneySweet' (C5), the First Genetically Engineered *Plum pox virus*-resistant Plum (*Prunus domestica* L.) Cultivar. HortScience 51(5):601–603

Shimura I et al (1980) Intergeneric hybridization between Japanese pear (*Pyrus serotina* Rehd.) and apple (*Malus pumila* Mill.). Japanese J Breed 30:170–180

Socquet-Juglard D et al (2013) Identification of a major QTL for *Xanthomonas arboricola* pv. *pruni* resistance in apricot. Tree Genet Genomes 9(2):409–421

Sonneveld T et al (2001) Cloning of six cherry self-incompatibility alleles and development of allele-specific PCR detection. TAG 102:1046–1055

Soriano JM et al (2014) Fine mapping of the gene *Rvi18* (*V25*) for broad-spectrum resistance to apple scab, and development of a linked SSR marker suitable for marker-assisted breeding. Mol Breed 34(4):2021–2032

Soufflet-Freslon V et al (2008) Inheritance studies of apple scab resistance and identification of *Rvi14*, a new major gene that acts together with other broad-spectrum QTL. Genome 51(8):657–667

Souleyre EJF et al (2014) The AAT1 locus is critical for the biosynthesis of esters contributing to 'ripe apple' flavour in 'Royal Gala' and 'Granny Smith' apples. Plant J 78(6):903–915

Spigler RB, Ashman TL (2011) Sex ratio and subdioecy in *Fragaria virginiana*: the roles of plasticity and gene flow examined. New Phytol 190(4):1058–1068

Spigler RB et al (2011) Genetic architecture of sexual dimorphism in a subdioecious plant with a proto-sex chromosome. Evolution (NY) 65(4):1114–1126

Spigler RB et al (2008) Genetic mapping of sex determination in a wild strawberry, *Fragaria virginiana*, reveals earliest form of sex chromosome. Heredity (Edinb) 101(6):507–517

Srinivasan C et al (2012) Plum (*Prunus domestica*) trees transformed with poplar *FT1* result in altered architecture, dormancy requirement, and continuous flowering. PLOS ONE 7(7):e40715. doi:10.1371/journal.pone.0040715

Stoeckli S et al (2009a) Quantitative trait locus mapping of resistance in apple to *Cydia pomonella* and *Lyonetia clerkella* and of two selected fruit traits. Ann Appl Biol 154(3):377–387

Stoeckli S et al (2009b) Rust mite resistance in apple assessed by quantitative trait loci analysis. Tree Genet Genomes 5(1):257–267

Sun R et al (2015) A dense SNP genetic map constructed using restriction site-associated DNA sequencing enables detection of QTLs controlling apple fruit quality. BMC Genomics 16. doi:10.1186/s12864-015-1946-x

Tennessen JA et al (2014) Evolutionary origins and dynamics of octoploid strawberry subgenomes revealed by dense targeted capture linkage maps. Genome Biol Evol 6(12):3295–3313

Urrutia M et al (2015) A near-isogenic line (NIL) collection in diploid strawberry and its use in the genetic analysis of morphologic, phenotypic and nutritional characters. Theor Appl Genet 128(7):1261–1275

Ushijima K et al (2004) The S haplotype-specific F-box protein gene, *SFB*, is defective in self-compatible haplotypes of *Prunus avium* and *P. mume*. Plant J 39:573–586

van Dyk MM et al (2010) Identification of a major QTL for time of initial vegetative budbreak in apple (*Malus* × *domestica* Borkh.). Tree Genet Genomes 6(3):489–502

Vavilov NI (1951) The origin, variation, immunity and breeding of cultivated plants. Chron Bot 13:1–364

Verde I et al (2012) Development and evaluation of a 9K SNP array for peach by internationally coordinated SNP detection and validation in breeding germplasm. PLOS ONE 7(4):e35668

Walworth AE et al (2016) Transcript profile of flowering regulatory genes in *VcFT*-overexpressing blueberry plants. PLOS ONE 11(6):e0156993. doi:10.1371/journal.pone.0156993

Ward JA et al (2013) Saturated linkage map construction in *Rubus idaeus* using genotyping by sequencing and genome-independent imputation. BMC Genomics. doi:10.1186/1471-2164-14-2

Weber M (2004) Markteinführung neuer Apfelsorten. Obstbau 10:515–517

Weebadde CK et al (2008) Using a linkage mapping approach to identify QTL for day-neutrality in the octoploid strawberry. Plant Breed 127(1):94–101

Weismann A (1885) Die Kontinuität des Keimplasmas als Grundlage einer Theorie der Vererbung. Fischer, Jena

WHO (2003) Diet, nutrition and the prevention of chronic diseases. Report of a Joint FAO/WHO Expert Consultation. WHO Technical Report Series, Bd. 916. World Health Organization, Geneva

Williamson B, Jennings DL (1992) Resistance to cane and foliar diseases in red raspberry (*Rubus idaeus*) and related species. Euphytica 63(1-2):59–70

Wöhner T et al (2016) Homologs of the *FB_MR5* fire blight resistance gene of *Malus* × *robusta* 5 are present in other *Malus* wild species accessions. Tree Genet Genomes 12(1). doi:10.1007/s11295-015-0962-y

Wöhner TW et al (2014) QTL mapping of fire blight resistance in *Malus xrobusta* 5 after inoculation with different strains of *Erwinia amylovora*. Mol Breed 34(1):217–230

Won K et al (2014) Genetic mapping of polygenic scab (*Venturia pirina*) resistance in an interspecific pear family. Mol Breed 34(4):2179–2189

Woodhead M et al (2010) Functional markers for red raspberry. J Am Soc Hortic Sci 135(5):418–427

Woodhead M et al (2013) Identification of quantitative trait loci for cane splitting in red raspberry (*Rubus idaeus*). Mol Breed 31(1):111–122

Wu J et al (2014) High-density genetic linkage map construction and identification of fruit-related QTLs in pear using SNP and SSR markers. J Exp Bot 65(20):5771–5781

Würtenberger E (2016) Obstbau 8:414–415

Yamamoto T et al (2014) Identification of QTLs controlling harvest time and fruit skin color in Japanese pear (*Pyrus pyrifolia* Nakai). Breed Sci 64(4):351–361

Yang NN et al (2010) Construction of a genetic linkage map for identification of molecular markers associated with resistance to *Xanthomonas arboriciola* pv. *pruni* in peach [*Prunus persica* (L.) Batsch. HortScience 45(8):S304–S305

Zeballos JL et al (2016) Mapping QTLs associated with fruit quality traits in peach [*Prunus persica* (L.) Batsch] using SNP maps. Tree Genet Genomes 12(3). doi:10.1007/s11295-016-0996-9

Zohary D, Spiegel-Roy P (1975) Beginnings of fruit growing in the old world. Science 187:319–327

Zorrilla-Fontanesi Y et al (2011) Quantitative trait loci and underlying candidate genes controlling agronomical and fruit quality traits in octoploid strawberry (*Fragaria* × *ananassa*). Theor Appl Genet 123(5):755–778

Für die Erläuterungen der lateinischen Begriffe wurde folgende Quelle benutzt

Genaust H (1976) Etymologische Wörterbuch der botanischen Pflanzennamen. Birkhäuser, Basel, Stuttgart. ISBN 978-3764307554

Für die Bezeichnung der Arten mit deutschsprachigem Namen wurde folgende Quelle genutzt

Erhardt W et al (Hrsg) (2014) Zander: Handwörterbuch der Pflanzennamen, 19. Aufl. Eugen Ulmer, Stuttgart. ISBN 978-3800179534

Seebold E (2011) Kluge – Etymologisches Wörterbuch der deutschen Sprache, 25. Aufl. De Gruyter, Berlin, Boston. ISBN 978-3110223644

Marzell H Wörterbuch der deutschen Pflanzennamen. Band 1–4. S. Hirzel Verlag, F. Steiner Verlag. Nachdruck der Erstausgaben aus den Jahren 1943 Bd 1, 1972 Bd 2, 1977 Bd 3, 1979 Bd 4, im Jahr 2000, Parkland-Verlag Köln

Internetpräsentationen

BSA – Bundessortenamt. http://www.bundessortenamt.de/internet30/index.php?id=3

CPVO – Gemeinschaftliches Sortenamt. http://www.cpvo.europa.eu/main/de

DGO – Deutschen Genbank Obst. http://www.deutsche-genbank-obst.jki.bund.de/

ECPGR – European Cooperative Programme for Plant Genetic Resources. http://www.ecpgr.cgiar.org/

GENRES – Informationssystem Genetische Ressourcen. http://www.genres.de/

ISIP – Informationssystem Integrierte Pflanzenproduktion. https://www.isip.de/isip/servlet/page/deutschland/

Pflanzenschutz – Informationssystem Obstbau. http://obstbau.pflanzenschutz-information.de/